AF796111

MARTIN NEGWER

ORGANISCH-CHEMISCHE ARZNEIMITTEL UND IHRE SYNONYMA

ORGANIC-CHEMICAL DRUGS AND THEIR SYNONYMS

(an international survey)

4th revised and enlarged edition

by

MARTIN NEGWER

Volume II
Index

AKADEMIE-VERLAG · BERLIN

1971

ORGANISCH-CHEMISCHE ARZNEIMITTEL UND IHRE SYNONYMA

(eine internationale Übersicht)

4. neubearbeitete, stark erweiterte Auflage

von

MARTIN NEGWER

Band II
Register

AKADEMIE-VERLAG · BERLIN

1971

Die Wiedergabe von Gebrauchsnamen, Handelsnamen, Warenbezeichnungen usw. in diesem Buch berechtigt auch ohne besondere Kennzeichnung nicht zu der Annahme, daß solche Namen im Sinne der Warenzeichen- und Warenschutzgesetzgebung als frei zu betrachten wären und daher von jedermann benutzt werden dürfen.

Library of Congress Catalog Card Number: 74-157 397

Erschienen im Akademie-Verlag GmbH, 108 Berlin, Leipziger Straße 3—4
Copyright 1971 by Akademie-Verlag GmbH
Lizenznummer: 202 · 100/472/71
Gesamtherstellung: VEB Druckhaus „Maxim Gorki", 74 Altenburg
Bestellnummer: 5300 · ES 17 S/20 M 2
EDV-Nummer: 760 896 1
Printed in German Democratic Republic

GRUPPENREGISTER

Die Zahlen bei den einzelnen Gruppenstichworten geben die laufenden Nummern der Verbindungen an, die die entsprechenden chemischen Gruppen enthalten bzw. die zu den als Stichwort angeführten Gruppen gehören. Zahlen mit einem N als Zusatz deuten auf Verbindungen hin, die sich im Nachtrag (Seite 839—875) befinden.

Acenaphthene
2077

Acetale und Hemiacetale
394, 1169, 1881, 2523, 3860, 4809
s. auch Acetonide. Acetophenonide, 1.3-Dioxolane, Methylendioxybenzole, Thioacetale und unter Chloralhydratderivate

Acetamide Acetylaminosäuren und deren Amide
243, 369, 582, 586, 592, 593, 769, 3038, 4097, 4098, 4241, 4469, 4470, 4471
s. auch unter α-Aminosäuren (N-Acylderivate)

Acetamide N-cyclisch substituierte Acetamide
147, 216, 367, 491, 656, 826, 830, 1333, 1390, 1740, 2085, 2231, 2961, 3982, 4528, 4529

Acetamide sonstige
380, 860, 1185, 1435, 1591, 1935, 2144, 2920, 3086, 3213, 4180, 4287, 144N
s. auch Benzilamide, Dichloressigsäureamide, Glycine (Amide), Glykolsäuren (Amide), Phenoxyessigsäuren (Amide), Phenylessigsäuren (Amide), Sulfanilamide (N^1-Acetylderivate) und unter Cephalosporine, Penicilline

Acetanilide Anilide von Chloressigsäuren
632, 854, 2074

Acetanilide Derivate von As- und Sb-Verbindungen
675, 695, 696, 697, 698, 699, 703, 1426, 2971, 4859

Acetanilide sonstige
648, 681, 684, 685, 859, 911, 914, 1098, 1105, 1122, 1127a, 1198, 1335, 1443, 1447, 1622, 1698, 1726, 1727, 1892, 2086, 2263, 2338, 2347, 2559, 2575, 2648, 2649, 2660, 2746, 2922, 2995, 3000, 4707
s. auch Acetophenetidine, Glycine (Anilide), Phenylessigsäuren (Anilide), Sulfanilamide (N^4-Acetylderivate) und unter Jodbenzoesäuren und deren Ester (Trijodaminobenzoesäuren)

Acethydrazide
s. unter Hydrazine

Acetonide
s. Fluorprednisolonacetonide, Steroidacetonide

Acetophenetidine
1073, 1158, 1191, 1414, 1481, 1677 (m-), 1957, 2243

Acetophenone α-Alkylamino-hydroxyacetophenone
922, 1163, 1730

Acetophenone sonstige α-N-Derivate (N-Phenacylverbindungen)
3459, 3777, 4134, 4271, 4292, 4383, 4737, 222N

Acetophenone α-Phenylderivate (Desoxybenzoine)
4168, 4404, 4489, 184N

Acetophenone sonstige
662, 897, 1351, 1640, 1917, 1948, 1957, 2167, 2419, 2515, 2547, 2964, 2965, 4004, 154N

Acetophenonide
s. Steroidacetophenonide

Acetylsalicylsäuren
824, 827, 847, 1085, 1086, 1087, 1350, 2950 (Anhydrid)

Acetylsalicylsäuren Amide und Anilide
861, 2301, 2541, 2900, 98N (Thio)

Acetylsalicylsäuren Ester
1060, 2309, 2314, 2331, 2436, 2520, 2746, 3378, 4641

Aconine
4799

Acridane
s. Acridine (9.10-Dihydroacridine)

Acridine
1852, 1869, 1899 (Tetrahydro), 2082, 2366, 2786, 4224, 4262
s. auch Benz[c]acridine, Pyrano[2.3-c]acridine

Acridine quartäre
2142, 2573, 3087, 4457

Acridine Chlorderivate
3010, 3792, 4202, 4209

Acridine 9.10-Dihydroacridine (Acridane)
3010, 3333, 3590

Acrylsäuren
1260
s. auch unter Zimtsäuren

Acrylsäuren Amide
573, 1119, 2578

Acrylsäuren Ester
1550, 4450
s. auch 2-Cyanacrylsäureester

Adamantane
411, 1268, 1798, 3388, 4668, 175N, 233N, 238N

Adenine
217, 218, 1176, 1178, 1491, 11N, 34N, 46N
s. auch Adenosine

Adenosine (und Desoxyadenosine)
1177, 1204, 1239, 1256, 2446, 3843, 3916, 4058 (Desoxy), 4533, 4966 (Desoxy), 145N

Aesculetine (6.7-Dihydroxycumarine)
1053, 1585, 2140, 2385, 2410, 4101

Äther
149, 150, 175, 187, 188, 189, 339, 725, 2188, 3773
s. auch Acetale, Äthylenglykoläther, Alkohole (alk- bzw. aryloxysubstituierte), β-Aminoäthyläther, β-Aminoalkohole (1-Aryloxy-3-amino-2-propanole), Aminoalkyläther, Benzhydryläther, Chlorphenoläther, Cyclopentane (Cyclopentyläther), Glycerinäther, Halogenäther, Phenoläther, Phenoxyäthylamine

Äthylendiamine
59, 806, 1254, 1290, 1308, 1549, 2021, 2129, 2174, 2195, 2274, 2621, 2697, 2708, 2926, 3013, 3031, 3367, 3423, 3509, 3542, 3547, 3548, 3595, 3632, 3699, 3703, 4025, 4599, 4718, 4770, 4937
s. auch Diäthylentriamine, Tetraäthylenpentamine

Äthylendiamine Antihistaminica
2207, 2208, 2209, 2420, 2421, 2441, 2642, 2653, 2835, 2841, 2861, 3032, 3330, 3368, 3588, 3589

Äthylendiamine Antihistaminica (Bromderivate)
2175, 2618, 2619, 2840

Äthylendiamine Antihistaminica (Chlorderivate)
2176, 2405, 2620

Äthylenglykoläther
782, 1482, 1807, 1926, 1957, 2246, 2406, 2652, 3091, 3156, 3187, 3833, 4235, 4571, 4629, 4728
s. auch unter Alkohole (alk- bzw. aryloxysubstituierte), Phenoxypolyäthoxyäthanole, Piperazinyläthoxyäthanole

Äthylenglykolätherester
761, 2191, 3404, 4107, 4621, 4732, 4824
s. auch Ester (von Aminoäthoxyäthanolen)

Äthylenglykolester
690, 802, 899, 939, 1165, 1483, 2548
s. auch Äthylenglykolätherester

Äthylenimine
s. Aziridine

Alanine (2-Aminopropionsäuren)
108, 575, 2767
s. auch Cysteine, Histidine, Phenylalanine, Serine

Alanine Amide
1979, 2654, 2655, 3047, 3501

Alanine Anilide
2008, 2259

β-Alanine (3-Aminopropionsäuren)
105, 1008, 1103, 1622, 2525

β-Alanine Amide und Ester
1455, 1750, 2934 (Ester), 3123, 3258, 3916, 4123

Aldehyde
10, 152, 236, 704, 763, 1206, 1207, 1601, 2076, 2823, 3860, 4659, 4830, 4865, 4888, 4901
s. auch Benzaldehyde, Glyoxylsäuren, k-Strophanthidine, 1.3.5-Trioxane, Zimtaldehyde und unter Streptomycine

Aldehydhydrate
417, 2547
s. auch Chloralhydratderivate

Alkaloide
755, 763, 778, 1062, 1216, 1383, 1438, 1479, 1498, 1532, 1722, 1731, 1882, 1922, 1995, 2443, 2489, 2490, 2824, 3183, 3234, 3271, 3458, 3460, 3468, 3477, 3478, 3479, 3723, 3743, 3781, 3782, 4004, 4272, 4273, 4715, 4838, 23 N, 46 N, 136 N, 162 N, 186 N
s. auch Curarealkaloide, Erythrophleum-Alkaloide, Indolalkaloide, Ipecacuanha-Alkaloide, Opiumalkaloide, Protoverine, Ranunculaceen-Alkaloide, Solanaceen-Alkaloide, Steroidalkaloide, Vincaalkaloide und unter Chinuclidine (4-Chinolylmethanol-Derivate), Colchicine, Ekgonine, Indolochinolizine, Lyserg-amide, Morphinane, Oxayohimbane, Platynecine, Strychnine, Tropinester, Yohimbane

Alkinderivate (Verbindungen mit C-C-Dreifachbindungen)
27, 808, 1573, 1580, 1859, 1939, 2135, 2182, 3358, 3741
s. auch Alkin..., 2-Propinylamine, Pyrrolidine (1-[2-Butinyl]-pyrrolidine), Steroide (mit Dreifachbindung in 20.21-Stellung)

Alkinole
365, 384, 548, 1402, 3486, 3738
s. auch unter Alkinylcyclohexanolderivate

Alkinolester
576, 1065, 2134, 4081, 17 N, 191 N
s. auch unter Alkinylcyclohexanolderivate

Alkinylcyclohexanolderivate
720, 966, 1195, 1224

Alkohole
17, 51, 109, 114, 115, 116, 117, 186, 190, 199, 272, 613, 786, 1077, 1291, 1947, 3379, 4682, 37 N, 88 N
s. auch Alkinole, Aminoalkohole, Benzylalkohole, Benzhydrole, Bromalkohole, Chinolinole, Chloralkohole, Cyclohexanole, Hydroxy..., Isochinoline (Tetrahydroisochinolinole und -diole), Jodalkohole, Piperidine (Piperidylalkanole, Piperidinole), Polyhydroxyverbindungen, Pyridinmethanole, Pyridoxine, Terpenalkohole, 2-Thienylmethanole, Vitamin-A-Verbindungen, Zuckeralkohole

Alkohole alk(aryl)oxysubstituierte
678, 717, 787, 1611, 2428, 2648, 3137, 3138, 4779, 236 N
s. auch unter Glycerinäther, Phenoxypolyäthoxyäthanole, Piperazinylalkoxyalkanole

Allenolsäuren
2808, 3061

Allophansäureester
163, 1195, 94 N (Thio)

Aluminiumverbindungen und -salze
11 a, 37 c, 46 b, 95 e, 117 a, 146 a, 146 b, 305 a, 338 b, 352 b, 423 c, 423 d, 423 e, 497 f, 501 a, 516 b, 828 d, 847 g, 847 h, 865 b, 921 a, 1051 a, 1052, 1094 a, 1320 a, 1366 c, 1808 a, 1808 b, 2062 a, 2509 e, 2590 a, 2737 a, 2949 a, 4619 a, 4724 a, 4883 c

Ameisensäureester
s. Formiate

Amide
9, 230, 374, 554, 631, 767, 1006, 1247, 1410, 2527, 2550, 2915, 4086, 4784, 4947, 176 N
s. auch Amidsäuren, Aminosäuren (N-Acylderivate, Amide), Anilide, Anilsäuren, Bromacylamide, Cephalosporine, Harnstoffe, Hydroxysäuren (Amide), Penicilline, Peptide, Piperazide, Piperidide, Pyrrolidide, Sulfanilamide (N^1-Acylderivate), Sulfonamide, Thioamide, Amide spezieller Säuren und unter Oxosäuren

Amidine
771, 1013, 3045, 3123, 3236, 3343, 3499, 4016, 4431
s. auch Benzamidine

Amidine N-Carboxamidine
34, 50, 348, 1107, 1171

Amidinohydrazone
s. Aminoguanidine und Amidinohydrazone

Amidoxime
2388

Amidsäuren und deren Ester
643, 2205, 2250, 2251, 2277, 2643, 2761, 2960, 3413, 3476, 3610, 4315, 93 N
s. auch Anilsäuren, Isophthalamidsäuren und unter Bernsteinsäuren (Amide), Glutaminsäuren (Amide)

Amine
200, 247, 248, 371, 411, 445, 616, 617, 745, 792, 793, 1000, 1001, 1015, 1016, 1028, 1162, 1268, 1278, 1297, 1298, 1555, 1559, 1562, 1798, 1812, 2045, 2046, 2285, 2567b, 2771, 2930, 2942, 3261, 3707, 3931, 16N, 119N, 151N
s. auch Adenine, Amino ..., Aniline, Benzylamine, Chinolinamine, β-Chloräthylamine, Cinnamyl- und Cinnamylidenamine, Cyclopentanamine, Cyclopropanamine, Diamine, N.N-Dimethylpropylamine, 3.3-Diphenylallylamine, 3.3-Diphenylpropylamine, Dithienylalkylamine, Halogenamine, Hydroxylamine, Melamine, Naphthylamine, Phenäthylamine, Phenoxyäthylamine, Phenylalkyl- und Phenylcycloalkylamine, 2-Propinylamine, Triamine, Tryptamine

Amine alkoxyphenylsubstituierte
1472, 1525, 1532, 2022, 3615, 3616, 3722, 4010, 4079, 4728, 66N

β-**Aminoäthyläther**
1434, 1708, 2236, 2246, 2469, 2707, 2868, 2911, 2928, 3018, 3028, 3145, 3242, 3627, 3896, 4101, 4193, 4235, 4429, 4450, 4490, 213N, 221N
s. auch Ester (von Aminoäthoxyäthanolen), Phenoxyäthylamine, Pyridine (2-[α-(2-Dimethylaminoäthoxy)-benzyl]-pyridine) und unter Benzhydryläther

β-**Aminoäthyläther** quartäre (β-Ammonioäthyläther)
2292, 2294, 2995, 3084, 4106, 4571, 4629, 4636, 4916
s. auch Choline (Äther), Phenoxyäthylamine (quartäre)

β-**Aminoäthylester**
48, 57, 58, 183, 196, 412, 706, 1290, 1814, 2920
s. auch unter Ester (von Dialkylaminoalkanolen bzw. von Trialkylammonioalkanolen)

β-**Aminoäthylthioäther**
120, 970, 1144, 1458, 1828, 3875

β-**Aminoalkohole** 1-Aryloxy-3-amino-2-propanole
2025, 2221, 2253, 2263, 2458, 2459, 2635, 2636, 2889, 2909, 3077, 3683, 4234, 82N, 106N, 107N

β-**Aminoalkohole** α-(alkoxyphenyl)-substituierte
1229, 1530, 1531, 1779, 2271, 2488, 2607, 58N, 72N

β-**Aminoalkohole** α-(3.4-dihydroxyphenyl)-substituierte β-Aminoäthanole
734, 929, 968, 1228, 1526, 1527, 1736, 2825, 2839, 3029, 3345, 4087

β-**Aminoalkohole** α-(3.4-dihydroxyphenyl)-substituierte β-Aminopropanole und -butanole
967, 1226, 1227, 1529, 2029

β-**Aminoalkohole** α-(3.5-dihydroxyphenyl)-substituierte β-Aminoäthanole
1528, 1778, 2826

β-**Aminoalkohole** α-(hydroxyphenyl)-substituierte β-Aminoäthanole
728, 729, 730, 962, 963, 1222, 1229, 1776, 1794, 2030, 2864, 3362, 57N, 58N, 72N

β-**Aminoalkohole** α-(hydroxyphenyl)-substituierte β-Aminopropanole und -butanole
909, 961, 1221, 2821, 3076, 3357, 3371, 153N

β-**Aminoalkohole** α-phenylsubstituierte β-Aminoäthanole
724, 1253, 1450, 1464, 1492, 1508, 1628, 1793, 1900

β-**Aminoalkohole** α-phenylsubstituierte β-Aminopropanole (und -heptanole)
956, 957, 958, 1216, 1217, 1218, 1245, 1523, 1524, 1547, 1772, 2708, 2811, 3090, 3310, 3315, 3353 (Heptanol), 3512, 4394
s. auch Chloramphenicole

β-**Aminoalkohole** α-cyclisch (außer Phenyl) oder heterocyclisch substituierte β-Aminoäthanole
2181, 2407, 2687, 3894

β-**Aminoalkohole** quartäre (β-Ammonioalkohole)
431, 625, 1032, 2296, 2503, 3370, 4250, 4363, 4376
s. auch Choline

β-**Aminoalkohole** β-Acylaminoalkohole
933, 1357, 1592, 2042, 2747, 3182, 3324, 3584, 3653, 3842, 77N, 147N, 236N
s. auch Chloramphenicole

β-Aminoalkohole N-(2-hydroxyäthyl)-substituierte N-Heterocyclen
395, 1126, 1336, 1390, 4176, 4319
s. auch Piperazinyläthanole und unter Piperidine (Piperidylalkanole)

β-Aminoalkohole sonstige
191, 192, 193, 446, 447. 1274, 1308, 1538, 1747, 2160, 2262, 2478, 2645, 2646, 2716, 3092, 3118, 3625, 3792, 3986, 4025, 4224, 4584, 4619, 21N
s. auch 2.2'-Iminodiäthanole, Tetracycline

Aminoalkohole (sonstige)
227, 372, 413, 794, 1029, 1345, 1370, 2252, 2688, 3313, 3401, 3548, 4378, 4672
s. auch Diphenylaminoalkanole, Kohlenhydrate (Aminoderivate), Oligosaccharid-Antibiotica, Piperazinylalkanole, Piperidine (Piperidylalkanole)

Aminoalkohole (sonstige) quartäre (Ammonioalkohole)
3112, 3134, 3680, 4506

Aminoalkohole (sonstige) Acylaminoalkohole
530, 1022, 1023, 1026, 2035, 4142, 4391

Aminoalkyläther
1916, 2004, 2477, 3323, 3420, 3522, 3704, 109N
s. auch β-Aminoäthyläther, β-Aminoalkohole (1-Aryloxy-3-amino-2-propanole)

Aminoalkylphenole
723, 731, 959, 960, 964, 1219, 1220, 1548, 2821, 2825, 2826

Aminobenzoesäuren
1895
s. auch m-Aminobenzoesäuren, p-Aminobenzoesäuren, p-Aminosalicylsäuren, Anthranilsäuren, Jodbenzoesäuren und deren Ester (Trijodaminobenzoesäuren)

Aminobenzoesäuren Ester
935, 1496

m-Aminobenzoesäuren
1354, 1358, 138N

m-Aminobenzoesäuren Amide
4943

m-Aminobenzoesäuren Ester
689, 916, 923, 1459, 2012, 2480, 2702, 2916, 3427

p-Aminobenzoesäuren
482, 487, 513, 837, 2107, 2350, 4134

p-Aminobenzoesäuren Amide
884, 933, 2006, 2031, 2114, 2584, 2977, 4671, 4672, 4930, 183N
s. auch unter Pteridine

p-Aminobenzoesäuren Ester
688, 917, 1159, 1474, 1475, 1992, 2009 (Thio), 2011, 2013, 2260, 2261, 2476, 2699, 2912, 2918, 2926, 3159, 3160

p-Aminobenzoesäuren Ester von p-Acyl- und p-Alkylaminobenzoesäuren
1127a, 2262, 2475, 2478, 2649, 2899, 2913, 3325, 3750, 4164, 4667, 4732, 4745

Aminobuttersäuren
s. unter Buttersäuren

Aminoessigsäuren
s. Glycine

Aminoguanidine und Amidinohydrazone (Guanylhydrazone)
271, 341, 740, 932, 1175, 1425, 2089, 100N

Aminooxyverbindungen
s. unter Hydroxylamine

Aminophenoläther
3248, 3249, 3281, 3365, 3426, 3499, 3690, 3696, 3965, 4116, 4149, 4223
s. auch Phenetidine

Aminophenoläther N-(Alkoxyphenyl)-Derivate von N-Heterocyclen
1386, 1495, 3985, 4322

Aminophenoläther Acylaminophenoläther
914, 1447, 1726, 1727, 143N

Aminophenole
309, 311, 559, 1269, 1794, 2274, 2394, 2787, 3165, 3371, 3481, 3497, 4413, 4670
s. auch unter Arsenobenzole

Aminophenole Acylaminophenole (Hydroxyanilide)
524, 632, 684, 685, 696, 697, 698, 854, 915, 1098, 1426, 1865, 2086

α-Aminosäuren
268, 377, 396, 440, 3492
s. auch Alanine, Asparaginsäuren, Buttersäuren (2-Aminobuttersäuren), Glutaminsäuren, Glycine, Histidine, Komplexone, Lysine, Peptide, Phenylalanine, Proline, Serine, Valine

α-Aminosäuren N-Acylderivate
711 b, 738, 770, 4534
s. auch Acetamide (Acetylaminosäuren und deren Amide), Glycine (N-Acylderivate)

α-Aminosäuren Amide
s. Alanine (Amide), Glycine (Amide), Glutaminsäuren (Amide), Peptide, Phenothiazine (10-Acylderivate)

α-Aminosäuren Amide von α-Acylaminosäuren
1804, 2039
s. auch Glycine (Amide von Acylglycinen)

α-Aminosäuren Anilide
s. Alanine (Anilide), Glycine (Anilide)

α-Aminosäuren Ester
3706, 3930, 4241

α-Aminosäuren (S-Gruppen enthaltende)
164 (Lakton), 263, 593
s. auch Cysteine, Methionine

Aminosäuren (sonstige)
427, 682, 687, 765, 769, 239 N
s. auch β-Alanine, Aminobenzoesäuren, Buttersäuren (3- und 4-Aminobuttersäuren)

Aminosäuren (sonstige) Amide, Anilide und Ester
796, 1013, 2257, 2414, 2471, 2853, 137 N
s. auch β-Alanine (Amide und Ester), Buttersäuren (4-Aminobutyramide), 2.2-Diphenyl-4-aminoacylamide

p-Aminosalicylsäuren
516, 1886, 1959, 2078

p-Aminosalicylsäuren Amide und Hydrazide
552 (Hydrazid), 2254, 2648

p-Aminosalicylsäuren Ester
1677, 1866, 2015, 2479, 2701, 2917, 2919, 3424, 3425

Aminothioalkohole
55, 119, 194, 219, 1180, 3916, 11 N

Aminoxide
213, 260, 306, 337, 990, 1856, 2444, 2532, 2782, 2815, 2816, 2833, 2858, 2859, 3027, 3222, 3336, 3729, 4365, 4552, 99 N
s. auch Chinoxalin-1.4-dioxide, Nitrone

Ammoniumverbindungen (quartäre) Trimethylaminderivate
201, 276, 618, 620, 768, 796, 804, 1003, 1025, 1548, 1792, 2639, 2933, 3084, 3134, 3438, 3930, 4042, 4119, 4120

Ammoniumverbindungen (quartäre) Triäthylaminderivate
625, 803, 2495, 3920, 4080, 4363

Ammoniumverbindungen (quartäre) quartäre N-Heterocyclen
251, 868, 1853, 1909, 2637, 2710, 3025, 3208, 3478, 3523, 3727, 4140, 4221, 4237, 4444, 4890, 81 N
s. auch unter Acridine, Chinoline, Isochinoline, Morphinane, Morpholine, Phenanthridine, Piperazine, Piperidine, Pyridine, Pyrrolidine, Thiamine, Tropinäther und -ester

Ammoniumverbindungen (quartäre) Antiseptica und dgl.
2611, 2924, 3438, 3708, 3918, 3921, 3930, 4117, 4119, 4120, 4121, 4127, 4376, 4441, 4444, 4770, 4822
s. auch unter Benzylamine (quartäre)

Ammoniumverbindungen (quartäre) sonstige
1269, 2180, 2279, 2910, 3394, 3409, 3629, 3646, 3647, 4085, 4236, 4505
s. auch unter β-Aminoäthyläther, Benzilsäureester, Benzylamine, Betaine, Dicyclopentylessigsäureester, Diphenylessigsäureester, Ester, Fuchsonimoniumverbindungen, Phenothiazine, Phenoxyäthylamine, Phenylessigsäureester

Ammoniumverbindungen (mehrfachquartäre) Polymethylen-bis-trialkylammonium-Verbindungen
1032, 1563, 1827, 2293, 2296, 2503, 2720, 4828, 4837, 4852, 238 N

Ammoniumverbindungen (mehrfachquartäre) Imino-, Oxy- und Thiodialkyl-bis-trialkylammonium-Verbindungen
1828, 2048, 2049, 2294, 2295, 2721

Ammoniumverbindungen (mehrfachquartäre) bis-quartäre Verbindungen mit einem quartären N-Heterocyclus
2255, 2292, 2929, 2932, 4100, 4567

Ammoniumverbindungen (mehrfachquartäre) bis-quartäre Verbindungen mit zwei quartären N-Heterocyclen bzw. einem bis-quartären N-Heterocyclus
805, 2501, 2717, 2871, 3733, 4109, 4157, 4353, 4460, 4696, 4716, 4786, 4800, 4804, 4821, 4844, 4846, 4857, 4861, 4945
s. auch Azoniabicycloverbindungen, Dispirotripiperaziniumverbindungen

Ammoniumverbindungen (mehrfachquartäre) Antiseptica und dgl.
2871, 3414, 3733, 4109, 4460, 4716, 4800, 4837, 4852, 4861, 4916

Ammoniumverbindungen (mehrfachquartäre) sonstige
2047, 2283, 3186, 3437, 3704, 4112, 4366, 4576, 4583, 4625, 4636, 4731, 4734, 4805
s. auch unter Ester

1.4-Androstadiene
3374, 3608, 3609, 3639, 3640, 4327, 4719

3.5-Androstadiene
4432, 4503

4.6-Androstadiene
4029, 4071

Androstane
3415, 3417, 3428, 3657, 3895, 3900, 4696, 4786, 4821, 4862, 4889, 245N
s. auch Androstanolone (Dihydrotestosterone)

Androstanolone (Dihydrotestosterone)
3418, 4361, 4476, 4504

Androstanolone (Dihydrotestosterone) Methylderivate
3676, 3677, 3678, 3907, 3913, 4246

1-Androstene
3661, 4094, 4095, 4569

3-Androstene
4578

4-Androstene
3645, 3879, 4334, 4347, 4350
s. auch Testosterone

5-Androstene
3396, 3416, 3675, 3891, 4245, 4433, 4439, 4502, 4851

Angelikasäureester
s. unter Tiglinsäureester

Anhydride
124, 354, 387, 1136, 2270, 2950

Anile
s. unter Schiffsche Basen

Anilide
1309, 1454, 3085, 3325, 3448, 3449, 3541, 4257, 4588, 4667, 4671, 4672, 4928
s. auch Acetanilide, Aminophenole (Acylaminophenole), Anilsäuren, Alanine (Anilide), Benzoesäuren (Anilide), Buttersäuren (Anilide), Carbanilide, Chloraniline (N-Acylderivate), Crotonanilide, Formanilide, Glycine (Anilide), Glykolsäuren (Anilide), Methansulfonanilide, Piperidincarbonsäuren (Anilide), Propionsäuren (Anilide), Salicylsäuren (Anilide), Sulfanilamide (N^4-Acylderivate), Sulfanilanilide, Sulfonanilide, Thioanilide und unter Acetylsalicylsäuren (Amide und Anilide), Aminosäuren, Benzolsulfonamide, Capronsäuren (Amide und Anilide), Phenetidine, Valeriansäuren (Amide und Anilide)

Aniline
741, 866, 871, 977, 1079, 1148, 1170, 1184, 1245, 1338, 1340, 1367, 1379, 1455, 1582, 1600, 1705, 1890, 1936, 2212, 2585, 2617, 2791, 2834, 3128, 3716, 4023, 4203, 4445, 4460, 4597, 4703
s. auch Aminobenzoesäuren, Aminophenole, Aminophenoläther, Anilide, Anilino ..., Anilsäuren, Benzylaniline, Carbanilsäuren (Ester), Chloraniline, p.p'-Diaminodiphenylsulfone, Fuchsonimoniumverbindungen, Harnstoffe (Phenylharnstoffe), Jodaniline, Metanilamide und -ureide, Nicotinsäuren (Anilinonicotinsäuren), Nitroaniline, Phenetidine, Phenylendiamine, Piperidine (Anilinoderivate), Sulfanil ..., Triaminobenzole und unter Arsonsäuren (Benzolarsonsäuren), Stibonsäuren (Benzolstibonsäuren)

Anilinoäthansulfonsäuren
748, 1422, 2189, 2627

o-Anilinobenzoesäuren
s. Anthranilsäuren (N-Phenylanthranilsäuren)

Anilinomethansulfonsäuren
569, 945, 969, 1897, 2150, 2390, 2394, 3116

Anilinopropandisulfonsäuren
2400, 2807, 3493, 3761, 4705

Anilsäuren
s. Succinanilsäuren, p-Sulfamoylanilsäuren, p-Sulfamoylphthalanilsäuren

Ansamycine
s. unter Rifamycine

Anthracene
2979, 3255, 3515, 3770
s. auch Anthrachinone, Anthranole, Anthrone, Oligosaccharid-Antibiotica (Anthracenderivate)

Anthracene 9.10-Äthano-9.10-dihydroanthracene
s. Dibenzo[b.e]bicyclo[2.2.2]octadiene

Anthrachinone
2054, 4699

Anthranilsäuren
512, 517, 1588, 1885

Anthranilsäuren N-Phenylanthranilsäuren (o-Anilinobenzoesäuren)
1842, 2062, 2073, 2364, 84 N

Anthranilsäuren Ester und andere Derivate
2220, 2450, 3085 (Anilid), 3215, 45 N, 97 N (Piperazid), 161 N

Anthranole
2066, 2067, 3461

Anthrone
4880

Antibiotica
68, 89, 108, 522, 542, 579, 673, 674, 771, 812, 926, 996, 1013, 1034, 1139, 1176, 1179, 1225, 1318, 1449, 1491, 1740, 1769, 1853, 1856, 1905, 1914, 2032, 2071, 2143, 2202, 2304, 2425, 2472, 2578, 2580, 2750, 2939, 2953, 2964, 2986, 3099, 3228, 3255, 3379, 3582, 3734, 3938, 4058, 4070, 4089, 4138, 4378, 4381, 4440, 4517, 4518, 4566, 4695, 4699, 4730, 4836, 4894, 4904, 4923, 4952, 4974, 5 N, 40 N, 63 N, 139 N, 203 N, 216 N
s. auch Cephalosporine, Chloramphenicole, Diazoverbindungen (Antibiotica), Dithiolopyrrole, Laktone (Antibiotica), Lincomycine, Makrolid-Antibiotica, Mitomycine, Oligosaccharid-Antibiotica, Penicilline, Peptid-Antibiotica, Peptolid-Antibiotica, Piperidin-2.6-dione (Antibiotica), Polyen-Antibiotica, Rifamycine, Steroid-Antibiotica, Streptomycine, Tetracycline, Trichodermol-Antibiotica

Antimonsäureester
1579, 1797, 4859

Antimonsalze und Salze der Antimonsäure
156 b, 156 c, 423 f, 621 a, 1614 (Thio), 1688 (Thio)

Antimonverbindungen
292, 2394, 2957
s. auch Dithiastibolane, Stibonsäuren

Aporphine
2754, 3025, 3234, 3271, 3523, 3782

Arabinoside
975, 1178, 175 N

Arsenobenzole
1598, 1896, 1897, 2150, 2211, 2554, 2971, 3116, 3986, 4150, 4323

Arsenverbindungen
201 b, 309, 1371, 1406, 2394, 3714
s. auch Ars ..., Dithiarsolane

Arsinoxide
311, 849, 1090, 4115

Arsinsäuren
53

Arsonsäuren
18, 41, 99, 100, 596

Arsonsäuren Benzolarsonsäuren
310, 312, 313, 343, 344, 364, 504, 524, 546, 559, 695, 696, 697, 698, 699, 719, 902, 1454, 1586, 1597, 2174

Asparaginsäuren
168, 369, 2969, 2970, 2981, 93 N (Amid), 183 N

Azaacridine (Benzonaphthyridine)
4032

3-Azabicyclo[3.1.0]hexan-2.4-dione
1313

3-Azabicyclo[3.2.2]nonane
2222

1-Azabicyclo[2.2.2]octane
s. Chinuclidine

2-Azabicyclo[2.2.2]octane
1995

Azafluorene
s. Pyridindene

2-Azafuro[2″.3″:6.7]xanthone
193 N

Azaphenothiazine (Pyridobenzothiazine, Thiophenylpyridylamine)
2615, 2616, 3558, 3599, 3788

Azapurine
s. Triazolo[d]pyrimidine

6-Azaspiro[2.5]octane
1289

Azasteroide
3573

Azauracile
67, 739, 2173

Azepine und Perhydroazepine (Hexamethylenimine)
382, 1954, 1970, 2249, 2418, 2670, 2671, 2824, 2880, 2884, 2885, 3815, 4022, 4082, 4221, 4444, 130N, 176N
s. auch Dibenzazepine, Dibenzo[c.f]pyrazino[1.2-a]azepine

Azide
1424, 2581

Azine
2081, 4862, 4889, 245N

Aziridine (Äthylenimine)
36, 151, 395, 676, 946, 2146, 2401, 2629, 2651, 2652, 33N
s. auch Carbamidsäuren (Ester von Bis-(1-aziridinyl)-phosphinylcarbamidsäuren), Phosphorsäureamide (N.N'-Diäthylen- und N.N'.N''-Triäthylenphosphoramide)

Azobenzole
1609, 2163, 2390, 2575, 2995, 4259, 4757, 4773
s. auch 5-(p-Sulfamoylphenylazo)-salicylsäuren und unter Sulfanilamide (N⁴-Azoderivate)

Azocine (Perhydroderivate)
1303, 2891, 4020, 36N
s. auch Benzazocine, Dibenz[c.e]azocine

Azoniabicycloverbindungen
4126, 4506

Azonine
s. Dibenz[d.f]azonine und unter Vincaalkaloide

Azoverbindungen
34, 1043, 1369, 2190, 2508, 2533, 2755, 4259, 4445, 4773
s. auch Azobenzole, Biphenylenbisazo-bisnaphthylaminsulfonsäuren, Diazoaminoverbindungen, Sulfanilamide (N⁴-Azoderivate)

Azulene (Bicyclo[5.3.0]deca-2.4.6.8.10-pentaene)
2148, 2149, 2392, 2393, 2404

Barbitursäuren
747, 937, 983, 1118, 1193, 1194, 1196, 1249, 1250, 1251, 1342, 1440, 1441, 1501, 1502, 1503, 1504, 1505, 1506, 1533, 1536, 1545, 1546, 1607, 1647, 1650, 1699, 1758, 1759, 1789, 1790, 1791, 1883, 1981, 2183, 2612
s. auch Thiobarbitursäuren

Barbitursäuren bromsubstituierte
123, 1091, 1140, 1456, 1457, 1587, 1718

Barbitursäuren N-substituierte
984, 1457, 1507, 1700, 1903, 2016, 2159, 2182, 2264, 3048, 3114, 3186, 3207, 3409, 3624, 4621, 4679

Benz[c]acridine
2943, 3463

Benzaldehyde
459, 668, 859, 896, 1413, 3228
Derivate s. besonders Benzaldehydthiosemicarbazone, Isonicotinhydrazide (N²-Hydrazone/Benzylidenderivate) und unter Vanillinderivate

Benzaldehydthiosemicarbazone
864, 872, 927, 928, 945, 1105, 1122, 1173, 1447, 1489, 1490, 1655, 2807

Benzamidine
2127, 2147, 2381, 2562, 2563, 2756, 2804, 3349, 3359, 3600, 3710, 4587

Benzazocine 1.2.3.4.5.6-Hexahydro-2.6-methano-3-benzazocine (6.7-Benzomorphane)
2427, 3103, 3107, 3383, 4001

Benzhydrole (Diphenylmethanole)
2534, 2764, 2790, 2945, 3015, 3016, 3353, 3486, 3562, 3564, 3715, 3738, 3820, 3821, 4523, 4527, 120N, 191N (Ester)

Benzhydrole Hexahydroderivate (α-Cyclohexylphenylmethanole)
3401, 3667, 3680, 3684, 3920

Benzhydryläther (Diphenylmethoxyverbindungen)
2763, 2812, 2816, 3108, 3311, 3312, 3354, 3565, 3647, 3772, 4002, 4049, 4146, 4188, 4394

Benzhydryläther Brom- und Fluorderivate
2789, 3035, 3039 (Fluor)

Benzhydryläther Chlorderivate
2997, 3036, 3279, 3329, 3533, 3586, 3747, 3790, 4521, 4522 (Thioäther)

Benzhydryläther Alkyl-, Alkoxy- bzw. Alkylthioderivate
2813, 3035, 3036, 3039, 3070, 3071, 3072, 3074, 3329, 3586, 3870, 3875, 4234, 4235

Benzhydrylverbindungen
s. Benzhydrole, Benzhydryläther und unter Diphenylmethane

Benzilamide
3044, 4085, 4599, 4858 (Hydrazid)

Benzile
2052, 2068

Benzilsäureester
3021, 3521, 3574, 3575, 3779, 3830, 3831, 3834, 3979, 4341, 4401, 4488

Benzilsäureester O-Alkyl- und O-Acylderivate
3524, 3576, 3741, 3833, 4050, 4219, 4490, 214N

Benzilsäureester quartäre
3360, 3578, 3620, 3835, 3836, 3837, 3838, 3874, 4011, 4053, 4054, 4055, 4317, 4403, 4500, 206N

Benzilsäureester (Hexahydroderivate)
3126, 3151, 3630, 3648, 3649, 4081

Benzilsäureester (Hexahydroderivate) quartäre
3161, 3651, 3672, 3910, 3911, 3915

Benzimidazole
628, 879, 1040, 1610, 1851, 1962, 2083, 2184, 2343, 2633, 2867, 3013, 4026, 42N

Benzimidazole Benzimidazolylcarbamidsäureester
1962, 85N, 115N

Benzimidazole p-Chlorbenzylderivate
2335, 3241, 3510

Benzimidazolin-2-one und -2-thione
882, 2998, 3951, 3966, 4590, 4736

Benz[e]indole
4890

1.2-Benzisothiazole
461, 476, 886

Benzo[a]carbazole
4020

Benzo[a]chinolizine
2663, 3385, 3748, 4086
s. auch Benzo[a]cyclopenta[f]chinolizine, Dibenzo[a.g]chinolizine, Ipecacuanha-Alkaloide

Benzochinone
283, 301, 673, 674, 740, 1629, 2651, 2652, 2941, 4694, 4805

Benzo[c]chromene
3803, 3881, 4090

Benzo[c]cinnoline
3469

Benzocyclobutene
66N

Benzo[4.5]cyclohepta[1.2-b]pyridine
3968

Benzo[5.6]cyclohepta[1.2-b]pyridine
3011, 3498

Benzo[4.5]cyclohepta[1.2-b]thiophene
2783, 3030, 3273

Benzo[4.5]cyclohepta[2.1-b]thiophene
3054

Benzo[a]cyclopenta[f]chinolizine
2637
s. auch Azasteroide

1.4-Benzodiazepine
2523, 2532, 2549, 3222
s. auch Dibenzodiazepine, Isochinolino[2.1-d]-1.4-benzodiazepine, Pyrrolo[2.1-c]-1.4-benzodiazepine

1.4-Benzodiazepin-2-one
2058, 2303, 2311, 2361, 2521, 2522, 2524 (Thion), 2570, 3197, 3214, 3736, 99N

1.4-Benzodiazepin-2-one 7-Nitroderivate
2302, 2319, 2513, 2577, 111N

Benzo[b]-1.4-diazepin-2.4-dione
113N

1.5-Benzodiazepine
s. Benzo[b]-1.4-diazepin-2.4-dione, Pyrido[2.3-b]-1.5-benzodiazepine

Benzo[6.7]-1.4-diazepino[5.4-b]oxazole
s. Oxazolo[3.2-d]-1.4-benzodiazepine

1.4-Benzodioxane
1172, 1999, 2000, 2004, 2197, 2245, 2246, 2464, 2588, 3984, 3991, 4180, 4382

1.4-Benzodioxine
3522

Benzodioxole
s. Methylendioxybenzole

Benzo[1.2-b:3.4-b′]dipyrane
4384

Benzoesäuren
495, 682, 864, 877, 2080, 2330, 2552, 2723, 3533, 3714, 4168, 83N
s. auch Aminobenzoesäuren, Chlorbenzoesäuren, Fluoresceine, Hydroxybenzoesäuren, Salicylsäuren, p-Sulfamoylbenzoesäuren und unter Jodbenzoesäuren (und deren Ester)

Benzoesäuren Amide (Benzamide)
480, 646, 1330, 1371, 1723, 1781, 1884, 1954, 2379, 2958, 3048, 3119, 3207, 3464, 3717, 3796, 194N
s. auch 3.4.5-Trimethoxybenzoesäureamide

Benzoesäuren Anilide
2078, 2525

Benzoesäuren Ester
2090, 2091, 2166, 2333, 2510, 2722, 2731, 2987, 3132, 3254, 3328, 4392, 4422, 4451, 4476, 4646, 4647, 4702, 4755, 4799, 4845

Benzoesäuren Ester (Lokalanästhetica)
1996, 2093, 2196, 2241, 2242, 2409, 2430, 2457, 2664, 2665, 2700, 3386, 3570, 3571
s. auch unter Ekgonine

Benzoesäuren Ester von substituierten Benzoesäuren
2467, 2693, 4380, 4594, 4648, 4847
s. auch Amino-, Hydroxy-, Nitrobenzoesäureester, Salicylsäureester, 3.4.5-Trimethoxybenzoesäureester

Benzoesäuren Hydrazide
930, 2213, 2378

Benzoesäuren sonstige Derivate
457, 476, 654, 2065, 2069

Benzofurane (Cumarone)
1848, 2750, 2965, 3031, 3225, 3516
s. auch Dibenzofurane

Benzofurane 3-Benzoylbenzofurane
2728, 2730, 2742, 4166, 4393

Benzofuro[3.2-c]-1-benzoxepine
182N

Benzo[a]furo[2.3.4-m.n]xanthene
4070

Benzolarsonsäuren
s. unter Arsonsäuren

Benzolstibonsäuren
s. unter Stibonsäuren

Benzolsulfonamide und -anilide
476 (Imid), 842, 1243, 1433, 1597 (Anilid), 1906, 2028, 2470, 4112, 27N, 180N
s. auch Benzolsulfonchloramide, Chlorbenzolsulfonamide, Homosulfanilamide, Nitrobenzolsulfonamide, p-Sulfamoylbenzoesäuren, Sulfanilamide, Sulfonylharnstoffe und unter Metanilamide (und Ureide), 1.3.4-Thiadiazolsulfonamide

Benzolsulfonamide N-(2-Pyrimidinyl)-derivate
1925, 1926, 4143

Benzolsulfonchloramide (N-Chlorbenzolsulfonamide)
314, 469, 509, 527

Benzolsulfonsäuren
329, 702, 1876, 2602a, 3064, 3191, 4380, 4524, 4594, 4648, 4662b
s. auch Phenolsulfonsäuren, Sulfanilsäuren

6.7-Benzomorphane
s. unter Benzazocine

Benzonaphthyridine
s. Azaacridine

Benzo[c]phenanthridine
3458, 3479

Benzophenone
2075, 2094, 2096, 2097, 2099, 2100, 2330, 2354, 2358, 2738, 2834, 3533, 3805

Benzopyrane
1914

Benzopyrano[5.4.3-c.d.e]benzopyrane
2050

Benzopyrone
s. Chromone, Cumarine

1.2.4-Benzothiadiazin-1.1-dioxide
638, 655, 43N

1.2.4-Benzothiadiazin-1.1-dioxide 6-Brom- bzw. -Jod-7-sulfonamide
484, 489

1.2.4-Benzothiadiazin-1.1-dioxide 6-Chlor-7-sulfonamide
485, 528, 641, 650, 874, 906, 931, 1493, 1619, 1971, 2007, 2116, 2151, 2372

1.2.4-Benzothiadiazin-1.1-dioxide 6-Chlor-7-sulfonamide (3-Alkylthiomethyl-Derivate)
1092, 1407, 1431, 1690, 2341, 2373

1.2.4-Benzothiadiazin-1.1-dioxide 6-Chlor-7-sulfonamide (Fluorderivate)
1092, 1407, 2102

1.2.4-Benzothiadiazin-1.1-dioxide 6-Trifluormethyl-7-sulfonamide
633, 652, 1976, 2342

1.5-Benzothiazepine
3291
s. auch Pyrido[2.3-b]-1.5-benzothiazepine

1.4-Benzothiazine
s. unter Thieno[2.3-b]-1.4-benzothiazine

3.1-Benzothiazine
116 N

Benzothiazole
477, 478, 885, 2469, 3257, 3727, 4140

Benzothienothiepine
s. Thienobenzothiepine

Benzo[b]thiophene
1908, 1915

Benzo[c]thiophene Dihydroderivate (Thiophthalane)
3581

1.2.3-Benzotriazine
1394

1.2.4-Benzotriazine
s. unter Pyrazolo[1.2-a]-1.2.4-benzotriazine

Benzoxathiole
464, 3195

1.3-Benzoxazine
630, 1072, 1093, 3970l, 92 N

3.1-Benzoxazine
134 N

1.4-Benzoxazine
4256
s. auch Pyrimido[3.4-b]-1.4-benzoxazine

Benz[f]-2.5-oxazocine
2773

Benzoxazole
1059, 3032, 3986
s. auch Chlorbenzoxazole

Benzoxepine
s. unter Benzofuro[3.2-c]-1-benzoxepine

Benzylalkohole
486, 490, 505, 536, 538, 2030, 3362, 3472
α-Phenylderivate s. Benzhydrole

Benzylalkohole α-Alkylderivate
716, 947, 948, 1512, 2130, 2452
s. auch β-Aminoalkohole (α-Phenyl-, Hydroxyphenyl- und Alkoxyphenylderivate), Chlorphenylalkandiole

Benzylamine
732, 1237, 1409, 1463, 1497, 1721, 1956, 2126, 2212, 2386, 2582, 2583, 2605, 2621, 2810, 2811, 2815, 3037, 3722, 4056, 4079, 4145, 4146, 4728, 4770, 4957, 7 N a, 145 N, 224 N
s. auch Benzylaniline und unter Äthylendiamine (Antihistaminica)

Benzylamine quartäre (Benzylammoniumverbindungen)
1539, 1774, 3880, 4042, 4119, 4120, 4248, 4250, 4442, 4570, 4571, 4582, 4629, 4686, 4731, 4805, 4916

Benzylamine quartäre Brom- und Chlorbenzylamine
3918, 4076 (Brom), 4625, 154 N

Benzylaniline
2388, 2785, 2841, 3092, 3330, 3331, 3368, 3394, 3589

Benzylphenole und deren Äther und Ester
1862, 2105, 2814, 3253, 3355, 3822, 4553
s. auch Methylendiphenole

Bernsteinsäuren
138, 153, 154, 155, 156, 157, 1614, 1688, 7 N
s. auch Asparaginsäuren

Bernsteinsäuren Amide und Ureide
998, 1002, 1454, 1540, 2897, 4443
s. auch Succinanilsäuren

Bernsteinsäuren saure Ester (Alkyl- bzw. Arylhydrogensuccinate und deren Salze)
1266, 1404, 1665, 1989, 2374, 2925, 3197, 3225, 3227, 4073, 4399, 4412, 4420, 4425, 4426, 4467, 4468, 4473, 4474, 4479, 4601, 4785, 4803, 210 N

Bernsteinsäuren neutrale Ester (Dialkyl- bzw. Diarylsuccinate)
1282, 2289, 2719, 2951, 3700, 3705, 4902, 217 N, 233 N

Bernsteinsäuren sonstige Derivate
132, 718
s. auch Pyrrolidin-2.5-dione (Succinimide)

Betaine
32 a, 277, 359 g, 431, 591, 609, 1169, 3654, 3757 a, 209 N
s. auch unter Cephalosporine

Bicyclo[5.3.0]deca-2.4.6.8.10-pentaene
s. Azulene

Bicyclo[2.2.1]heptane und -heptene (Norbornane und Norbornene)
819, 1262, 1555, 1812, 1989, 2151, 2426, 2915, 3102, 3617, 3868, 4106, 24 N, 147 N, 158 N
s. auch Terpene (Terpenalkohole, Terpenketone)

Bicyclo[3.2.1]oct-2-ene
2183

Biguanide
195, 435, 449, 622, 1236, 1237, 4510, 4664, 29 N

Biguanide N-(Chlorphenyl)-derivate
1465, 1494, 3537, 4059

Biphenylderivate
1575, 2104, 2106, 2130, 2313, 2329, 2336, 2547, 2567, 2602 a, 2774, 2983, 3073, 3243, 3278, 3317, 3459, 3533, 3558, 3717, 4044, 4112, 4134, 4353, 4383, 4708, 4737, 4844
s. auch die folgenden Stichworte

Biphenyl-x.x'-diole
1564, 1568, 4615, 59 N

Biphenylenbisazo-bis-naphthylaminsulfonsäuren
4752, 4753, 4788, 4789

Bipiperidine
s. unter Piperidine

Bis-(β-chloräthyl)-amino-Verbindungen (N-Lostderivate)
259, 260, 403, 424, 598, 605, 721, 951, 952, 1009, 1026, 1148, 1283, 1284, 1463, 1551, 1721, 1898, 2137, 2194, 2214, 2604, 2633, 2867, 3281, 3512, 4034, 4525, 207 N
s. auch Phenylalanine (Bis-(β-chloräthyl)-aminophenylalanine)

Bis-(β-chloräthyl)-amino-Verbindungen p-[Bis-(β-chloräthyl)-amino]-phenylessigsäure-Derivate
1669, 3390, 3391, 3750, 4174, 4534, 4855, 4871, 242 N

1-[4.4-Bis-(p-fluorphenyl)-butyl]-piperazine und -piperidine
4586, 4590, 4597, 4644, 4707

Bis-(oxepinopyrrolo)-pyrazine
3470

Biuret-Derivate
426

Bleisalze
11 b

Borate (Ester)
454, 929, 4733

Borate (Salze)
281 c, 317 a, 411 a, 698 a, 1498 a, 2011 b, 2830 b, 2854 a

Borneol- und Isoborneolester
2001, 2486, 2492, 2493, 2847, 2923

Borverbindungen
2234
s. auch Borate

Brenzcatechine
285, 333, 731, 922, 925, 964, 1163, 1164, 1166, 1167, 1350, 1579, 1735, 1738, 1874, 1961 b, 2360, 3314, 4196, 4385, 4471, 4700, 47 N, 114 N
s. auch β-Aminoalkohole (α-(3.4-dihydroxyphenyl)-substituierte β-Aminoäthanole, -propanole und -butanole) und unter Flavone und Flavonglykoside; Monomethyläther s. Guajacole; Dimethyläther s. 1.2-Dimethoxybenzole; sonstige Äther s. Methylendioxybenzole und unter Phenoläther, Phenole (Alkoxyphenole)

Bromacylamide
400, 573, 597, 1242, 1967

Bromacylharnstoffe
391, 590, 992, 2235

Bromalkohole
31, 87, 158, 365, 401, 402, 505, 720, 39 N

Bromcarbonsäuren
240, 241, 460, 1321, 3174, 4122

Bromkohlenwasserstoffe
2, 24, 25, 43, 66, 302, 24 N

Bromphenoläther
1071, 2236, 2756, 4116, 4275

Bromphenole
285, 287, 293, 294, 459, 465, 505, 526, 850, 872, 1141, 1568, 1831, 2052, 2728, 3441, 3442, 59 N, 160 N
s. auch Salicylsäuren (bromsubstituierte Amide) und unter Salicylsäuren (bromsubstituierte Anilide)

Bromphenylphosphate
1568, 25 N

8-Bromtheophyllinate
191, 2812 b, 2861 a

Bromverbindungen
70, 278, 345, 392, 455, 458, 484, 823, 824, 1033, 1037, 1107, 1210, 1309, 1311, 1355, 1372, 1373, 1455, 1539, 1599, 1915, 2058, 2115, 2212, 2273, 2298, 2299, 2309, 2395, 2486, 2598, 2599, 3443, 3960, 4076, 4293, 4916, 32N, 131N
s. auch Äthylendiamine (Antihistaminica-Bromderivate), Barbitursäuren (bromsubstituierte), Benzhydryläther (Brom- und Fluorderivate), Brom..., Chinolinole (Bromchinolinole), Phenylstilbenbromide, Salicylsäuren (bromsubstituierte Anilide), Steroide (Bromderivate), Sulfanilamide (Bromderivate)

Bufadienolide und Bufatrienolide
4333, 4717, 4829, 4830

Buttersäuren 2-Aminobuttersäuren
264, 1815, 2214, 3005, 9N
s. auch Methionine, Valine

Buttersäuren 3- und 4-Aminobuttersäuren
178, 180 (3-Amino), 181, 609, 1154, 1280, 1786, 1800, 2290, 2456, 3435, 3436, 41N, 143N

Buttersäuren Hydroxybuttersäuren
177, 180, 181, 255, 416, 609, 1277, 1815, 2290, 3005, 34N, 162N

Buttersäuren 4-Oxobuttersäuren
152, 2355, 3253, 3450

Buttersäuren 2-(Trijodbenzyl- und -benzyliden)-buttersäuren
1338, 1360, 1379, 2375, 2397, 102N

Buttersäuren sonstige
239, 241, 414, 1061, 1090, 1132, 1276, 2194, 2376, 2567, 2597, 2633, 2658, 3316, 3778

Buttersäuren 4-Aminobutyramide
270, 3369, 3876, 80N
s. auch unter 2.2-Diphenyl-4-aminoacylamide

Buttersäuren 2.4-Dihydroxy-3.3-dimethylbutyramide
1008, 1022, 1023, 1280, 3916, 4123

Buttersäuren Amide (sonstige)
383, 400, 597, 766, 1019, 1020, 1152, 1410, 1804, 2039, 2908, 3049, 3050, 4034

Buttersäuren Anilide
1734, 1967, 2257, 2375, 2397, 2414

Buttersäuren Ester von 2-Methylbuttersäure
3764, 4427, 4872, 4873, 4946

Buttersäuren Ester von 3-Methylbuttersäure (Isovaleriansäureester)
1293, 1294, 2486, 2492, 2493, 2494, 2496, 2923, 3451a, 4075, 4096, 4338, 4484, 4616, 4689, 4865, 4888
s. auch Valine (Ester)

Buttersäuren Ester von 3.3-Dimethylbuttersäure
4556, 4563, 4611, 4713

Buttersäuren Ester (sonstige)
796, 2192, 2711, 3303, 4008, 4535, 4765, 4780
s. auch Phenylessigsäuren (Ester von 2-Phenylbuttersäuren), Tiglinsäureester

Butyrophenone
1880, 3153, 3739, 3976, 4303
s. auch p-Fluorbutyrophenone

Calciferole
s. unter 9.10-Secocholestane und-ergostane

Calciumsalze
6b, 9, 9a, 11c, 18a, 30, 37b, 38a, 39, 46a, 46d, 58a, 58b, 65, 77, 95c, 97, 101a, 121a, 137, 138a, 153c, 157, 167, 168d, 176, 224a, 238, 241, 245c, 262a, 282, 329, 332a, 333a, 359b, 360, 362f, 362g, 388b, 389, 414, 423, 423e, 432, 433b, 444a, 452b, 452c, 474a, 495a, 497c, 513c, 516, 516b, 516c, 532c, 543, 544a, 556, 582, 588a, 592a, 604a, 663b, 663c, 847d, 847e, 867, 888a, 898, 983a, 1051, 1140a, 1254b, 1254c, 1265, 1267b, 1276a, 1366b, 1375a, 1545b, 1553b, 1576a, 1590a, 1607c, 1621a, 1665, 1699a, 1811, 1811a, 1965a, 2078a, 2268a, 2272, 2328a, 2509b, 2553a, 2593b, 2631, 3171, 3176, 3245a, 3532a, 3700a, 3706a, 3961b, 3971a, 3972a, 4103a, 4122, 4124, 4360a, 4785, 5N, 123N

Camphersäureamide und -ester
1796, 2277 (Amid), 2705 (Amid), 3377, 3610, 3887, 4281

Caprinsäureester (Decanoate)
4628, 4764, 234N

Capronsäuren
427, 769, 996, 2983, 3229
s. auch Lysine und unter Diazoverbindungen (Antibiotica)

Capronsäuren Amide und Anilide
766, 767, 1762 (Anilid), 2286, 4516

Capronsäuren Ester (Hexanoate)
4330, 4356, 4428, 4496, 4561, 4605, 4610, 245 N

Caprylsäureamide (Octanamide) und -ester (Octanoate)
4802 (Ester), 4915, 4936

Carbamidsäuren
266 (Dithio)

Carbamidsäuren Ester mit Alkanolen (Carbamate)
73, 106, 159, 428, 429, 576, 608, 924, 966, 1065, 1160, 1161, 1224, 1279, 1476, 1483, 2498, 17 N
s. auch 3-Phenoxypropan-1.2-diole (Carbamidsäureester)

Carbamidsäuren Ester von substituierten Carbamidsäuren mit Alkanolen
231, 1165, 1956, 1968, 3147, 3206, 4396, 4840, 191 N, 195 N, 207 N
s. auch Allophansäureester, Benzimidazole (Benzimidazolylcarbamidsäureester), Carbanilsäuren (Ester) und unter den folgenden Carbamidsäure-Stichworten

Carbamidsäuren Ester mit Alkandiolen (Dicarbamate)
599, 772, 784, 1011, 1285, 1557, 1816, 2043, 2044, 4621, 73 N

Carbamidsäuren Ester mit Phenolen und Naphtholen
2105, 2106, 2463, 2691, 61 N

Carbamidsäuren Ester mit N-haltigen Alkoholen bzw. Phenolen
356, 611, 1255, 1488, 1536, 1753, 1754, 2266, 2346, 2401, 2443, 2444, 2629, 3382, 3624, 4739, 4742

Carbamidsäuren Ester mit quartären N-haltigen Alkoholen bzw. Phenolen
450, 624, 1792, 2502, 3190, 4631, 4769

Carbamidsäuren Ester mit quartären Pyridinolen
566, 985, 2399, 4102

Carbamidsäuren Ester von Bis-(1-aziridinyl)-phosphinylcarbamidsäuren
601, 1558, 1706

Carbamidsäuren Thioester
104, 182, 3217, 3339, 3935

Carbamoylpiperazine
1024, 1300, 1963

Carbanilide
1845, 1858, 1907, 2057, 2381, 3250, 3414, 4930, 4943
s. auch Thiocarbanilide

Carbanilsäuren Ester
918, 1836, 3758, 4014

Carbanilsäuren Ester von substituierten Carbanilsäuren
939, 1415, 2195, 2738, 3217 (Thio), 3339 (Thio), 3341, 3426, 4139, 4745

Carbazinsäuren (Hydrazincarbonsäuren) Amide
1586

Carbazinsäuren (Hydrazincarbonsäuren) Ester (Carbazate)
1344, 1393, 1497

Carbazole
2076, 2085, 3236, 3292
s. auch Benzo[a]carbazole, Indolizinocarbazole

β-Carboline (Pyrid[3.4-b]indole)
1882, 2975, 3468, 136 N

γ-Carboline (Pyrid[4.3-b]indole)
3244, 3786, 78 N, 168 N, 199 N

Carbonate
s. Kohlensäureester

Carbonsäuren und ihre Salze aliphatische Monocarbonsäuren
11, 37, 93, 176, 254, 414, 752, 777, 1553, 1819, 1859, 2712, 3163, 3164, 3168, 3171, 3173, 3178, 4103, 4124, 139 N, 178 N

Carbonsäuren und ihre Salze sonstige Monocarbonsäuren
166, 206, 628, 760, 812, 1059, 1068, 1262, 1703, 1898, 2168, 2943, 3463, 4749, 4781
s. auch Aminosäuren, Bromcarbonsäuren, Chinolincarbonsäuren, Chlorcarbonsäuren, Hydroxysäuren, Mercaptocarbonsäuren, Oxosäuren, Phenanthrene (Phenanthrencarbonsäuren), Phenothiazine (Phenothiazincarbonsäuren), Piperidincarbonsäuren, Porphyrine, Pyridincarbonsäuren, Thiophencarbonsäuren, spezielle Säuren und unter Cephalosporine, Jod..., Penicilline

Carbonsäuren und ihre Salze Dicarbonsäuren
29, 137, 246, 386, 389, 545, 629, 1230, 1265, 1890, 2725, 2726, 4478 (Monoester)
s. auch Bernsteinsäuren, Glutarsäuren, Malonsäuren, Phthalsäuren

Carbonsäuren und ihre Salze Tricarbonsäuren
358, 572, 3933
s. auch Citronensäuren

Carbonylharnstoffe
393, 404, 584, 654 (Thio), 986, 1002, 1004, 1010, 1540, 2235
s. auch Bromacrylharnstoffe, Crotonureide, Phenylessigsäuren (Ureide)

Cardenolide
4683, 4684, 4685, 4721, 4768, 4816, 4833, 4885, 4935
s. auch Digitoxigenine, Digoxigenine, Gitoxigenine, k-Strophanthidine

Carotine
4967

Cephalosporine
2561, 2579, 2643, 2976, 2996, 3220, 3471, 4184, 76N, 86N, 135N

Chinazoline
1645, 2084, 2185, 2565, 2863, 3277, 3372, 3373, 183N
s. auch Pyrrolo[2.1-b]chinazoline

Chinazolin-4-one
1110, 1648, 2310, 2514, 2529, 2535, 2536, 2555, 2613, 2748, 3491, 3737 (2.4-Dion)

Chinoide Verbindungen
1914, 4303, 4697
s. auch Fuchsone, Fuchsonimoniumverbindungen

Chinolinamine
2438, 3718, 4135, 4643, 4709, 90N, 91N, 161N
s. auch unter Chinoline (quartäre)

Chinolinamine Alkoxychinolinamine
1389, 2205, 2439, 2440, 2675, 2895, 2958, 3143, 3144, 3408, 3482, 4381, 4538

Chinolinamine Chlorchinolinamine
2645, 2646, 3117, 3118, 3215, 3389, 3481, 3497, 4413, 4462, 4670, 227N

Chinolincarbonsäuren
1868, 2509, 2511, 2723, 2724, 2725, 2726, 2735, 2935, 4379

Chinolincarbonsäuren Amide
3206, 3655, 3952

Chinolincarbonsäuren Ester
1623, 2736, 2832, 2954, 3094, 3200, 3219, 3529, 3623, 3963, 4130, 4352, 4879, 4942

Chinoline
1924, 2138, 4637, 172N
s. auch Aporphine, Chinolin..., Chinuclidine (4-Chinolylmethanol-Derivate), Indolizino[1.2-b]chinoline, Indolo[4.3-f.g]chinoline, Isoergolene, Lysergamide, Lysergamine, Pyrano[3'.4':6.7]indolizino[1.2-b]chinoline

Chinoline Tetrahydrochinoline
1151, 1468, 1469, 2266

Chinoline quartäre
1097, 2266, 2871, 3733, 4108, 4157, 4386, 4459, 4466, 4716, 4861

Chinolinole (Hydroxychinoline) auch als Ester
822, 828, 829, 1063, 1097, 1469, 2181, 2438, 2510, 2512, 2832, 3109, 3623, 133N

Chinolinole (Hydroxychinoline) Bromchinolinole
809, 810, 1038, 2722 (Ester)

Chinolinole (Hydroxychinoline) Chlorchinolinole
809, 811, 813, 816, 818, 1039, 1312 (Ester), 2866

Chinolinole (Hydroxychinoline) Jodchinolinole
811, 815, 820

Chinolin-2- und -4-one
1062, 1315, 3963

Chinolinsulfonsäuren
818, 820, 829, 1364, 1382g, 2938

Chinolizine
1438, 2489, 2490, 2644, 2710
s. auch Benzo[a]chinolizine, Benzocyclopentachinolizine, Dibenzo[a.g]chinolizine, Indolochinolizine

Chinone
1125, 1128, 1567, 2401, 2629, 3538, 3947, 4381
s. auch Anthrachinone, Benzochinone, Naphthacenchinone, Naphthochinone und chinoide Verbindungen

Chinoxaline
2088, 2960, 4012

Chinoxalin-1.4-dioxide
812, 1077, 1344, 2125, 37N, 38N

Chinuclidine (1-Azabicyclo[2.2.2]octane)
994, 2166, 2715, 3977, 4011, 4804

Chinuclidine 4-Chinolylmethanol-Derivate
3545, 3546, 3593, 3594, 3847, 4181, 4344, 4515, 4558, 4641, 4773, 4868

Chloräther
64, 71, 72 (Thio), 1554, 2946, 3145, 4659, 220N
s. auch Benzhydryläther (Chlorderivate), Chlorphenoläther

β-Chloräthylamine
242, 257, 606, 950, 1184, 1301, 1915, 2396, 2583, 2714, 2757, 3037, 219N
s. auch Bis-(β-chloräthyl)-amino-Verbindungen

Chloralhydratderivate
32, 161, 171, 231, 574, 722, 762, 837, 1073, 1377, 1408, 1932, 1961t, 2154, 2744, 4211, 4286

Chloralkohole
79, 162, 250, 486, 508, 548, 1428, 1464, 1492, 2252, 2472, 2534, 2790, 2945, 3185, 3735, 3950, 3998, 4523, 4586, 112N
s. auch Chlorphenylalkandiole und unter Chloralhydratderivate

Chloralkohole Ester von Chloralkoholen
78, 159, 160, 64N
s. auch Chlorcumarine, 2.2.2-Trichloräthanolester

Chloramphenicole und verwandte Antibiotica
1334, 1372, 1375, 1424, 1433, 1670, 1671, 1917, 1918, 2177, 2374, 3204, 3466, 4568, 4680, 4687, 4747

Chloraniline
297, 347, 835, 855, 1432, 1459, 1841, 1845, 1992, 2006, 2021, 2057, 2254, 2571, 4512, 89N
s. auch Biguanide (N-(Chlorphenyl)-Derivate), Chloranilinocarbonsäuren

Chloraniline N-Acylderivate
675, 1571, 1991, 2414, 2697, 4143, 110N
s. auch unter Salicylsäuren (chlorsubstituierte Anilide)

Chloranilinocarbonsäuren
1842, 1861, 2073, 51N, 84N

Chlorbenzoesäuren
468, 1588, 3439

Chlorbenzoesäuren Amide
467, 506, 903, 930 (Hydrazid), 1429, 2006, 2213, 2215, 2254, 2312, 2659, 2729, 3203, 4173, 143N, 147N

Chlorbenzoesäuren Anilide
s. unter Salicylsäuren (chlorsubstituierte Anilide)

Chlorbenzoesäuren Ester
1459, 1992

o-Chlorbenzolsulfonamide (und -disulfonamide)
315, 334, 347, 506, 547, 903, 930, 1588, 1931, 1993, 2072, 2213, 2362

p-Chlorbenzolsulfonamide
639, 1571 (m.p-Dichlor...anilid), 1638

Chlorbenzoxazole
455, 462, 466, 826, 1639

Chlorcarbonsäuren
873, 3229, 4115, 41N, 52N
s. auch Chloranilinocarbonsäuren, Chlorbenzoesäuren, Penicilline (Chlorderivate), Phenylalanine (Bis-(β-chloräthyl)-aminophenylalanine) und unter Chlorphenoxyessigsäurederivate

Chlorcumarine
2117, 2152, 2153

Chlorisocyanursäuren
62, 63

Chlorkohlenwasserstoffe
1, 3, 7, 19, 20, 21, 22, 24, 26, 44, 102, 302, 316, 626, 819, 1142, 2055, 2061, 24N

Chlorphenoläther
640 (Thio), 678, 808, 905, 932, 1109, 1916, 2104, 2215, 2253, 2254, 2506, 2561, 2659, 2750, 2924, 3278, 3462, 4076, 4117, 4143, 4173, 52N, 56N (Thio), 149N
s. auch Chlorphenoxyessigsäurederivate

Chlorphenole
284, 288, 295, 507, 649, 677, 825, 853, 1057, 1146, 1147, 1429, 1564, 1565, 1566, 1570, 1575, 1836 (Ester), 1862, 2060, 2508, 2953, 3444, 3462, 3999, 154N
s. auch Methylen-bis-chlorphenole und unter Salicylsäuren (chlorsubstituierte Anilide)

Chlorphenoxyessigsäurederivate
953b, 1094, 1460, 1668, 1689, 1880, 2237, 3483, 3484, 4151

Chlorphenylalkandiole
1461, 1462, 1720

Chlorphenylphosphate
651, 700, 1771, 25N

3-(p-Chlorphenyl)-propylamine
2600, 2601, 3476

β-Chlorpropionamide
1108, 1427

Chlor-Quecksilber-Verbindungen
45, 258, 303, 1143, 12N

o-Chlorsulfonamide
1110, 2164, 2555
s. auch 1.2.4-Benzothiadiazin-1.1-dioxide (6-Chlor-7-sulfonamide), o-Chlorbenzolsulfonamide

N-Chlorsulfonamide
s. unter Benzolsulfonchloramide

8-Chlortheophyllinate
281k, 1307, 1471a, 2011g, 2022, 2800b, 2812c, 3003a, 3035a, 3070a, 3311a

Chlorverbindungen tricyclische Chlorverbindungen
2758, 2967, 2973, 2974, 2990, 3011, 3259, 3305, 3509, 3558, 4032, 4160, 132N
s. auch Acridine (Chlorderivate), Phenothiazine (Chlorderivate), Thioxanthene (Chlorderivate)

Chlorverbindungen sonstige
34, 129, 170, 220, 283, 296, 309, 348, 461, 508, 510, 596, 638, 676, 812, 814, 817, 851, 852, 904, 1034, 1055, 1072, 1093, 1144, 1185, 1313, 1322, 1356, 1374, 1458, 1617, 1834, 1930, 1969, 2103, 2255, 2300, 2302, 2310, 2413, 2514, 2515, 2602, 2603, 2644, 2677, 2952, 2966, 2988, 2998, 3013, 3175, 3198, 3213, 3257, 3304, 3496, 3534, 3535, 3587, 3748, 3894, 3934, 3997, 4184, 4276, 4448, 4461, 4759, 4974, 60N, 100N, 113N, 116N, 134N, 168N, 222N
s. auch Acetanilide (Anilide von Chloressigsäuren), Äthylendiamine (Antihistaminica-Chlorderivate), Benzimidazole (p-Chlorbenzylderivate), 1.2.4-Benzothiadiazin-1.1-dioxide (6-Chlor-7-sulfonamide), Benzylamine (quartäre Brom- und Chlorbenzylamine), Chinolinamine (Chlorchinolinamine), Chinolinole (Chlorchinolinole), Chlor..., Dichloressigsäureamide, Imide (N-(Trichlormethylthio)-Derivate), α-Methylphenäthylamine (Chlorderivate), Penicilline (Chlorderivate), Phenylstilbenchloride, Piperazine (Chlorbenzhydrylderivate, Chlorphenylderivate), Steroide (Chlorderivate), Sulfanilamide (Chlorderivate), Sulfonylharnstoffe (p-Chlorphenylsulfonylharnstoffe), Tetracycline (Chlorderivate), Thiazole (Chloralkyl(aryl)thiazole), und unter 1.4-Benzodiazepine, 1.4-Benzodiazepin-2-one

Cholansäuren und Derivate
4351, 4368, 4369, 4370, 4430, 4499, 4723, 4726, 4784, 4965

Cholestane und Cholestene
4439 (Azaderivat), 4575, 4580, 4690, 4692, 4855, 4871

Choline
278, 279, 281, 451

Choline Äther
2036, 3108, 3384

Choline Phosphorsäureester
282, 1031, 2280, 4377

Choline sonstige Ester
280, 450, 619, 624, 795, 1550, 1824, 2289, 3147, 3189, 3190

Chromane
2911, 3683
Chroman-6-ole s. auch unter Tocopherole

Chromene
4823
s. auch Benzo[c]chromene, Chromone, Cumarine

Chromone (Benzo-γ-pyrone)
1036, 1047, 1612, 4129
s. auch Flavone, Furochromone, Isoflavone

Chrysene
2942

Cinnamyl- und Cinnamylidenamine
1395, 2339, 2345, 3285, 3309, 3310, 3496, 4390, 4449, 4452, 4456
s. auch 3.3-Diphenylallylamine

Cinnoline
s. Benzo[c]cinnoline, Pyrazolo[1.2-a]cinnoline

Citronensäuren
362, 2704, 4118

Citronensäuren Ester
1814, 3688

Cobamide (Vitamin-B_{12}-Derivate)
4954, 4959, 4960, 4961, 4962, 4966, 247 N

Colchicine
3527, 3528, 3784, 3982, 4528, 4529

4.6-Conadiene
4505

5-Conene (18.20-Methylimino-5-pregnene)
4364, 4365

Cortisone und Hydrocortisone
3858, 3893, 3899, 3914, 4074, 4206, 4232, 4420, 4563, 4565, 4674, 4882

Cortisone und Hydrocortisone Fluorcortisone und -hydrocortisone
3863, 4214, 4339

Crotonamide
1442, 1804, 2039

Crotonanilide
1673, 1953, 2445

Crotonureide
585, 758, 986

Cumarine (Benzo-α-pyrone)
1048, 1216b, 2118, 2297, 2382, 3622, 4067, 31 N
s. auch Aesculetine, Chlorcumarine, Furocumarine, 4-Hydroxycumarine, Pyranocumarine

Cumarone
s. Benzofurane

Curarealkaloide
4825, 4826, 4827, 4846, 4857

Curarealkaloide vom Strychnintyp
4856, 4903

2-Cyanacrylsäureester
214, 726, 727, 1775, 20 N

Cyanide
s. Nitrile

Cycloalkanone
s. Cyclohexanone, Cyclopentanone, Terpenketone, Tropolone

Cyclobutane
1050, 1736, 3840, 4712
s. auch Benzocyclobutene und unter α-Truxillsäureester

Cyclodecane
3607

Cycloheptane und -heptene
1981, 2451, 3420
s. auch Azulene, Benzocyclohepta..., Bicyclooctene, Colchicine, Cyclopentacycloheptafurane, Dibenzocycloheptadiene und -heptene, Tropolone

Cycloheptimidazolone
2326, 67 N

Cyclohexadiene
3538, 3633, 126 N
s. auch Benzochinone, Fuchsone und unter Fuchsonimoniumverbindungen

Cyclohexancarbonsäuren
587, 588, 765, 2155, 2270 (Anhydrid), 4385

Cyclohexancarbonsäuren Amide
1803, 2471

Cyclohexancarbonsäuren Ester
2472, 3179, 3434, 3617, 3689, 3873, 4082, 4419, 4424, 4493

Cyclohexanole
418, 1276, 2658, 2688, 2878, 4376, 4656, 235 N
s. auch Alkinylcyclohexanolderivate, Menthole, Oligosaccharid-Antibiotica, Terpene (Terpenalkohole) und unter Cyclohexancarbonsäuren

Cyclohexanol-äther
3145, 4099

Cyclohexanol-ester
1266, 1806, 2873, 2894, 2987, 3132, 4478

Cyclohexanone
1725, 1799, 1930, 2465, 2468, 2542, 2566, 2631, 2750, 2894, 2964, 3873, 3959, 4082

Cyclohexencarbonsäuren und deren Ester
2630, 2853

Cyclohexene
595, 836, 1440, 1699, 1700, 1938, 2361, 2570, 2577, 2750, 3908, 4546
s. auch unter Terpene und Vitamin-A-Verbindungen

Cyclohexylessigsäuren
1005, 1276, 2658, 3164

Cyclohexylessigsäuren Ester
2711, 3128
s. auch Benzilsäureester (Hexahydroderivate), Diphenylessigsäureester (Hexahydroderivate)

Cyclohexylidenverbindungen
2542, 3959, 4141

3-Cyclohexylpropionsäuren
1277, 2631

3-Cyclohexylpropionsäuren Ester
2041, 4560, 4622

Cyclooctane
2685

Cyclooct[b]indole
3393

Cyclopenta[3.4]cyclohepta[2.1-b]furane
3996, 3998, 4137, 4712

Cyclopenta[4.5]cyclohepta[1.2-b]furane
3606

Cyclopentane
1016, 1265, 1756, 1971, 3166, 3400, 3758, 3903, 4928
s. auch Azulene, Cyclopent…, Dicyclopentylessigsäureester, Phenylessigsäuren (Ester von α-Cyclopentylphenylessigsäuren), Prostaglandine und unter Bicyclo…

Cyclopentanamine
396, 1013, 1298, 1467, 1983, 3787

Cyclopentancarbonsäuren und Derivate
396, 542, 1013 (Amid), 2965
s. auch Camphersäureamide und -ester, 1-Phenylcyclopentancarbonsäureester

Cyclopentanol-äther (Cyclopentyläther)
4229, 4410, 4418, 4432, 4492, 4547, 4617

Cyclopentanone
542, 2690, 2965, 3606, 4720

Cyclopenta[c]pyrane
212N

Cyclopenta[c]pyran-7-spiro-2′-oxirane
4075, 4096, 4338

Cyclopenta[b]pyridine
40N

Cyclopentene und Cyclopentadiene
1441, 1647, 2690, 2886, 2965, 3172, 3173, 3692, 4327, 4511 (Dien), 4720

3-Cyclopentylpropionsäureester
4485, 4494, 4497, 4559, 4673, 4674

Cyclopropane
86, 575, 1289, 1763, 2534, 3103, 3107, 3214, 3222, 3539, 3715, 3903, 4020, 106N
s. auch Steroide (1.2-Methylensteroide)

Cyclopropane N-(Cyclopropylmethyl)-morphinane
3614, 4475, 4481, 228N

Cyclopropanamine
910, 1603, 1956, 2158, 4153, 73N

Cysteine
107, 243, 246, 407

Cysteine Ester
179, 1560, 13N

Cytosine (4-Aminopyrimidin-2(1H)-one)
130, 975, 1079, 2280, 175N

Decanoate
s. Caprinsäureester

Desoxybenzoine
s. unter Acetophenone

Desoxycorticosterone (Desoxycortone)
3884, 4230, 4495, 4564, 4624, 4673

Di…
s. auch Bi…

Diäthanolamine
s. 2.2′-Iminodiäthanole

Diäthylentriamine
2049, 2272, 3188, 3696, 4116

Diäthylstilböstrole
s. Stilböstrole

Diamine
197, 797, 870, 871, 1305, 1306, 1307, 1381, 1909, 2186, 2187, 2190, 2866, 3092, 3436, 4032, 4087, 4202, 4209, 4372, 4439, 4584, 3N, 183N
s. auch Äthylendiamine, Phenylendiamine und unter Acridine, Chinolinamine, Phenazathioniumverbindungen

p.p′-Diaminodiphenylsulfone (p.p′-Sulfonyldianiline)
1605, 1654, 1893, 2087, 2123, 2144, 2160, 2161, 2559, 2560, 2627, 4326, 4354, 4703, 4705, 4757, 4928

2.8-Diazaspiro[4.5]decane
3308

3.12-Diaza-6.9-diazoniadispiro[5.2.5.2]hexadecane
s. Dispirotripiperaziniumverbindungen

3.4-Diazaphenoxazine
s. Pyrimido[3.4-b]-1.4-benzoxazine

1.4-Diazepine und Perhydro-1.4-diazepine (Homopiperazine)
3304, 4176, 4319, 4744
s. auch 1.4-Benzodiazepine, Dibenzodiazepine

Diazoverbindungen (Antibiotica)
229, 377, 738, 2423, 2865

Diazoaminoverbindungen (Triazene)
2147, 4587

Dibenz[c.g]azecine
3743

Dibenz[b.e]azepine (Morphanthridine)
2557, 3041, 3334, 150N

Dibenz[b.f]azepine
2325, 4197, 4319

Dibenz[b.f]azepine 10.11-Dihydroderivate
3042, 3287, 3305, 3335, 3336, 3591, 4609, 222N

Dibenz[c.e]azepine
2751

Dibenz[c.e]azocine
2775

Dibenz[d.f]azonine
3841

Dibenzo[b.e]bicyclo[2.2.2]octadiene (9.10-Äthano-9.10-dihydroanthracene)
2992, 169N, 185N

Dibenzochinoline
s. unter Aporphine

Dibenzo[a.g]chinolizine
2752, 3478, 3781, 186N

Dibenzo[a.d]cycloheptadiene (10.11-Dihydro-5H-dibenzo[a.d]cycloheptene)
2550, 3262, 3267, 3288, 3514, 3540, 3773, 3816, 4165, 4270, 4314

Dibenzo[a.d]cycloheptatriene
s. 5H-Dibenzo[a.d]cycloheptene

5H-Dibenzo[a.d]cycloheptene (Dibenzo[a.d]-cycloheptatriene)
2527, 2551, 3263, 3485, 3721, 4147
10.11-Dihydroderivate s. Dibenzo[a.d]cycloheptadiene

Dibenzo[b.e]-1.4-diazepine
2758, 2990, 3033

Dibenzo-1.4-dioxepine
2506, 3462

Dibenzofurane
2824, 2964

Dibenzo[c.f]pyrazino[1.2-a]azepine
2999

Dibenzo[f.h]pyrrolo[1.2-b]isochinoline (Phenanthro[9.10-f]indolizine)
4272, 4273

Dibenzo[b.f]-1.4-thiazepine
2974, 3276

Dibenzo[b.e]thiepine
2994, 3018, 3272, 3322, 3490, 3531

Dibenzo[b.f]thiepine
3259, 3300, 3553, 166N, 167N

Dibenz[b.f]-1.4-oxazepine
2973, 132N

Dibenz[b.e]oxepine
3264, 3265, 4160

Dichloressigsäureamide
225, 856, 1323, 1357, 2747, 3242, 3627
s. auch Chloramphenicole

Dicyclohexylmethane
3429, 3433, 3437

Dicyclopentylessigsäureester (quartäre)
3702, 4509

Dienöstrole
s. unter Östrole und verwandte Verbindungen

Digitoxigenine
4875, 4887, 4897, 4932

Digoxigenine
4876, 4898, 4899, 4925, 4934, 243N

Dihydrotestosterone
s. Androstanolone

2.4-Dihydroxy-3.3-dimethylbutyramide
s. unter Buttersäuren

1.2-Dimethoxybenzole
981, 1403, 1779, 1941, 2186, 2367, 3482, 3557, 3616, 3696, 4010, 4554, 105N, 219N

N.N-Dimethylpropylamine
2598, 2599, 2600, 2601, 2622, 2902, 3102
s. auch unter 3.3-Diphenylpropylamine

1.3.2-Dioxaborane
s. unter Borverbindungen

1.3-Dioxane
574, 4464

1.4-Dioxane
1823
s. auch 1.4-Benzodioxane

1.4-Dioxaspiro[4.5]decane
1281

1.6-Dioxaspiro[4.5]decane
4836

Dioxide (S-Dioxide)
1168, 1174, 1356, 1374, 2794
s. auch 1.2.4-Benzothiadiazin-1.1-dioxide, Sulfone, Sultame, 1.2.4-Thiadiazin-1.1-dioxide

1.3-Dioxolane
394, 620, 722, 1295, 1296, 2498, 3517, 3518, 3519, 4052, 4498, 128N
s. auch 1.4-Dioxaspiro[4.5]-decane, Steroidacetonide, Steroidacetophenonide, Steroidpentanonide

1.3-Dioxolan-4-one
545, 3713, 3980

1.3-Dioxole
s. unter Methylendioxybenzole

Diphenylacetonitrile
3283, 3284, 4537, 4567, 4589, 4704, 4736, 4758, 4824

Diphenyläther
1875, 2127, 2139, 2515, 2747, 3077, 3242, 3281, 4869, 138N, 149N
s. auch Diphenylthioäther und unter Jodhydroxyphenylcarbonsäuren, Jodhydroxyphenoxyphenylcarbonsäuren und deren Ester

3.3-Diphenylallylamine
2772, 3014

2.2-Diphenyl-4-aminoacylamide
3338, 3629, 3795, 4022, 4064, 4221, 4236, 4296, 4407, 4408, 4409

Diphenyl-aminoalkanole und deren Ester
2790, 3865, 3866, 3867, 4045, 4046, 4047, 4048, 4192, 4215, 4216, 4217, 198N

Diphenyl-aminoalkanone
3561, 3817, 3818, 3819, 4189, 4190, 4191, 4312, 4313

2.2-Diphenyl-4-aminocarbonsäureester
4008

2.2-Diphenylbutyronitrile
s. unter Diphenylacetonitrile

Diphenylessigsäuren
3778

Diphenylessigsäureamide
s. unter 2.2-Diphenyl-4-aminoacylamide

Diphenylessigsäureester
3017, 3535, 3568, 3569, 3774, 3775, 3823, 3824, 3978, 4043, 4218
s. auch Benzilsäureester, 2.2-Diphenylpropionsäureester

Diphenylessigsäureester quartäre
3872, 4083

Diphenylessigsäureester (Hexahydroderivate)
3150, 3668

Diphenylessigsäureester (Hexahydroderivate) quartäre
3832

Diphenylmethane
1906, 2055, 2061, 2585, 2606, 3304, 3563, 3566, 3722, 3936, 4010, 4041, 4128, 4169
s. auch Benzhydrole, Benzhydryläther, Benzophenone, Benzylphenole, 1-[4.4-Bis-(p-fluorphenyl)-butyl]-piperazine und -piperidine, Diphenyl..., Methylendiphenole, Phenylstilbenbromide und -chloride, Piperazine (Benzhydrylderivate)

Diphenylmethanole
s. Benzhydrole

Diphenylmethoxyverbindungen
s. Benzhydryläther

2.2-Diphenylpropionsäureester
3825, 3977, 4005

2.3-Diphenylpropionsäureester
3826, 4051, 4395

3.3-Diphenylpropylamine
3066, 3067, 3560, 3611, 3619, 3629, 3646, 3815, 3864, 4064, 4145, 4146, 4236, 4269, 4598
s. auch unter Diphenylacetonitrile

Diphenylthioäther
1565, 1570

Dipyrido-1.5-diazocine
2489, 2490, 2710

Dispirotripiperaziniumverbindungen (3.12-Diaza-6.9-diazoniadispiro[5.2.5.2]hexadecane)
2714, 3185

Disulfide
197, 200, 385, 407, 408, 1287, 1572, 2065, 2136, 2626, 4123
s. auch Dithiolane, Dithiolopyrrole, Epidithioverbindungen, Thiamine (Thiamindisulfide) und unter Peptidhormone

Disulfid-S-oxide
s. Thiosulfinsäureester

Dithiarsolane
1426, 1667, 1890

Dithiastibolane
1614, 1687

Dithienylalkenylamine
2170, 2387, 2411, 2610, 2641

Dithiocarbonsäuren
s. unter Thiocarbonsäuren

1.2-Dithiolane und -Dithiole
760, 764, 1046, 1800

1.2-Dithiolo[4.3-b]pyrrole
491, 656, 883

Dodecanamide
s. Laurinsäureamide

Dodecanoate
s. Laurinsäureester

Eisensalze und -verbindungen
46e, 53a, 137a, 153d, 156f, 168c, 206b, 245f, 281e, 319a, 338, 359d, 362g, 363, 379, 388c, 416, 423h, 425, 452c, 452d, 604b, 1204a, 1254e, 1382i, 1815, 4124a, 10N

Ekgonine und isomere Verbindungen
2828, 2829, 3082, 3320, 3361, 3577

Embonate (Pamoate)
1432, 1445a, 2852, 3237, 3408, 3808a, 3822, 4459a

Epidithioverbindungen
1905, 3470

Epithioverbindungen
3415

Epoxide
1136, 1275, 2297, 3947
s. auch Morphinane (4.5-Epoxyderivate)

Epoxide Epoxide = Oxirane
151, 767, 1139, 1807, 2709, 2987, 3255, 3685, 3996, 4333, 4478, 4706, 4783, 4820, 4831, 4877, 4888, 5N, 30N, 40N
s. auch Cyclopenta[c]pyran-7-spiro-2'-oxirane, Trichodermol-Antibiotica, Tropane (6.7-Epoxyderivate), Tropinester (6.7-Epoxyderivate)

5.7.22-Ergostatriene
4627

Erythritester
148

Erythrophleum-Alkaloide
4362, 4371, 4689

Essigsäuren
30, 37, 41, 888, 1230, 1314, 1371, 1406, 1540, 1666, 2337, 2705, 2986, 3757, 4790, 2N, 101N
s. auch Cyclohexylessigsäuren, Glycine, Glykolsäuren, 3-Indolylessigsäuren, Komplexone, Naphthylessigsäuren, Phenoxyessigsäuren, Phenylessigsäuren, Pyridylessigsäuren
Derivate s. Acet...

Ester Ester von Aminoäthoxyäthanolen
3135, 3154, 3296, 3427, 3670, 3681, 3788, 4249

Ester Ester von Dialkylaminoalkanolen und von Pyrrolidinoalkanolen
2623, 2843, 3115, 3292, 3295, 3520, 4084, 4482, 4552
s. auch unter Diphenyl-aminoalkanole, Hydroxysäuren (Ester) und Ester spezieller Säuren

Ester Ester von Trialkylammonioalkanolen
2273, 2502, 3166, 3167, 3387, 3421, 3839, 4114, 4220
s. auch unter Choline

Ester N-quartäre Ester von N-quartären Carbonsäuren
1824, 2288, 2290, 2715, 2718, 2934, 4249

Ester bisquartäre Ester von Dicarbonsäuren
2289, 2719, 3189, 3190, 3705, 4102, 4631, 4769, 233N
s. auch unter α-Truxillsäureester

Ester Ester von Ortho- und von Orthothiocarbonsäuren
572 (Thio), 614

Ester Ester von Phenolen
342, 667, 671, 891, 1098, 1348, 1415, 1613, 1661, 1881, 2233, 2545, 2872, 3942, 4395, 81N
s. auch Bromphenylphosphate, Chlorphenylphosphate und unter Guajacole und Salicylsäuren (O-Alkyl- und O-Acylderivate)

Ester sonstige
564, 565, 761, 994, 1368, 1943, 1963, 2020, 2125, 2167, 2200, 2202, 2356, 2670, 2671, 2884, 2920, 3652, 3691, 3692, 4359, 4478, 4574, 4668, 4947, 175N
s. auch Äthylenglykolester, Alkinolester, β-Aminoäthylester, Aminosäureester, Chloralkohole (Ester), Cyclohexanolester, Glycerinester, Hydroxysäureester, Pseudotropinester, Thiocarbonsäuren (Ester), Tropinester und Ester von speziellen Säuren

Farbstoffe
2834, 4386, 4890
s. auch unter Acridine, Azoverbindungen, Phenazathioniumverbindungen, Porphyrine, Triphenylmethane

Flavane
2360, 2569

Flavone
2306, 2307, 2308, 2519, 2953, 2963, 3196, 3211, 3232, 3488, 3740, 4265, 4382

Flavonglykoside
3766 (Flavanglykosid), 4519, 4520, 4595, 4600, 4763, 4778, 4779, 4796

Fluoräther
64, 70, 71, 72 (Thio), 131, 139, 6N
s. auch Fluorphenoläther

Fluoranthene
3450

p-Fluorbutyrophenone
3282, 3513, 3752, 3769, 3951

p-Fluorbutyrophenone ω-Piperidinoderivate
2415, 2647, 3308, 3382, 3735, 3751, 3878, 3950, 3962, 3966, 3987, 4152, 4233, 4276, 4287, 4461, 4526

Fluorene
2757, 3520, 3710, 4828, 221N

Fluoresceine
3439, 3440, 3441, 3447, 160N

Fluorkohlenwasserstoffe
4, 19, 20, 23, 24, 25, 28, 66

Fluorphenoläther
2848, 3213, 3988

Fluorphenole
293, 642, 876

Fluorprednisolone
3810, 3812, 3813, 4187, 4309, 4400, 4480, 4535, 229N

Fluorprednisolone 16α-Methylfluorprednisolone
4019, 4038, 4040, 4060, 4061, 4306, 4307, 4473, 4545, 4549, 4550, 4593, 4611, 4614, 4648

Fluorprednisolone 16β-Methylfluorprednisolone
4039, 4062, 4308, 4474, 4551, 4647, 230N

Fluorprednisolone 16-Methylenfluorprednisolone
4000, 4288

Fluorprednisolonacetonide
4295, 4310, 4324, 4463, 4472, 4601, 4713, 223N

Fluorverbindungen
125, 126, 130, 257, 437, 456, 529, 679, 875, 907, 950, 1058, 1315, 1336, 1337, 1434, 1841, 1846, 1847, 1950, 2051, 2057, 2062, 2075, 2195, 2313, 2336, 2505, 2738, 3039, 3212, 3243, 3736, 3809, 3911, 4144, 4278, 4449, 4637, 20N, 104N, 111N, 161N, 166N, 173N, 234N
s. auch 1.2.4-Benzothiadiazin-1.1-dioxide (Fluor- und Trifluormethylderivate), 1-[4.4-Bis-(p-fluorphenyl)-butyl]-piperazine und -piperidine, Fluor..., α-Methylphenäthylamine (Trifluormethylderivate), Phenothiazine (Trifluormethylderivate), Steroide (Fluorderivate)

Formamide
80, 128, 406, 1153, 3532, 4016, 4164, 4917
s. auch unter Thiamine

Formanilide
524, 1910, 2087, 4484, 4616

Formhydrazide
635

Formiate (Ameisensäureester)
3891, 4885, 4919, 4939

Fuchsone
3946

Fuchsonimoniumverbindungen
3237, 4154, 4274, 4405, 4524, 4536

Furancarbonsäureester und -amide
2074, 2273, 3277 (Amid), 3760 (Thioester), 4159, 4302, 4585

Furane
579 (Dihydro), 768, 1070, 1588, 1594, 1650, 1850, 1904, 2064, 2108, 2135, 2207, 2408, 3508, 4411, 131 N, 211 N
s. auch Benzofurane, Dibenzofurane, Furancarbonsäureester und -amide, Furo..., Naphthofurane, Nitrofur... und unter Laktone, Rifamycine

Furane 2.5-Dihydrofuran-2-one
211, 1050, 1347, 1922, 2115, 3225, 54 N
s. auch Cardenolide

Furane Tetrahydrofurane
1412, 1616, 1993, 2169, 2240, 2901, 3469, 3883, 3896, 3995, 4196, 4340, 4347, 4836, 4864
s. auch Benzo[a]furo[2.3.4-m.n]xanthene, Cobamide, Cyclopentacycloheptafurane, Streptomycine und unter Kohlenhydrate, Laktone, Polyhydroxysäuren

Furazane
3657

Furochromone
2098, 3028, 3084, 3256, 4136, 4450, 237 N
s. auch 2-Azafuro[2''.3'':6.7]xanthone

Furocumarine
1310, 1574, 2095, 2546

Furofurane
354, 387, 2454

Furo[3.4-b]pyrane
500

Furo[2.3-b]pyrrole
4772

Gallussäuren
454, 460, 501

Gallussäuren Ester
1137, 4813
s. auch 3.4.5-Trimethoxybenzoesäureester

Gerbsaure Salze
s. Tannate

Gitaloxigenine
s. unter Gitoxigenine

Gitoxigenine
4725, 4919, 4933, 4939, 4944

Glucoside
1014, 1717, 2385, 2632, 3254, 3256, 3765, 3766, 4323, 4528, 4529, 4564, 4652, 4678, 4762, 4809, 4816, 4880, 212 N, 220 N
s. auch unter Flavonglykoside

Glucoside N-Glucoside
1749, 1764, 1959, 2035, 2609, 4354

Glutaminsäuren
245, 582, 3240, 3251, 3494, 3495, 3503, 3504, 3532, 3746, 3762, 3763, 4268, 4649, 4650, 4651

Glutaminsäuren Amide
252, 586, 2865, 3119, 4268, 4649, 4650, 4651, 4658

Glutaminsäuren Ester
594, 3147

Glutarimide
s. Piperidin-2.6-dione

Glutarsäuren
224, 360, 2040
s. auch Glutaminsäuren

Glycerinäther (Glyceroläther)
265, 394, 788, 2154, 2707, 3929, 4129
s. auch 3-Phenoxypropan-1.2-diole

Glycerinester (Glycerolester)
78, 84, 121, 265, 991, 1138, 2571, 3215, 4377, 4942, 161 N
s. auch unter 3-Phenoxypropan-1.2-diole

Glycine (Aminoessigsäuren)
46, 169, 277, 431, 579, 709, 1121, 1646, 2123, 2554, 3188, 4397, 209 N
s. auch Komplexone

Glycine N-Acylderivate
80, 167, 244, 838, 839, 840, 884, 2312, 2497, 4710

Glycine Amide
719, 2275, 2558, 2579, 2614, 2682, 2914, 2996, 3002, 3344, 4248, 4619

Glycine Amide von Acylglycinen
32b, 1698, 1782, 2686, 3239

Glycine Anilide
1191, 1991, 2216, 2225, 2258, 2450, 2473, 2474, 2697, 3162, 3880, 4441

Glycine Ester
1918, 2177, 2210, 2639, 4557, 4565, 4613, 4614, 4636, 4927, 127 N, 148 N
s. auch Phenylessigsäuren (Ester von α-Aminophenylessigsäuren)

Glykolsäuren
38, 39, 150, 246, 663, 1169, 1867, 2060, 2538, 3196, 3551, 1 N
s. auch Phenoxyessigsäuren

Glykolsäuren Amide
2391, 3267, 4892, 177 N

Glykolsäuren Anilide
699, 1481, 2936

Glykolsäuren Ester
783, 2282, 2363, 2923, 3166, 3760, 4680, 4747, 4874
s. auch Benzilsäureester, Mandelsäureester

Glykoside
1176, 1491, 3148, 4326, 4517, 4518, 4581, 4929, 4941, 237 N
s. auch Arabinoside, Bufadienolide, Cardenolide, Flavonglykoside, Glucoside, Oleanensaponine, Riboside und unter Oligosaccharid-Antibiotica

Glyoxylsäuren
1169

Goldsalze
741 a, 1513, 1896 a

Goldverbindungen
30, 42, 101, 138, 239, 390, 482, 525, 628, 648, 1354

4-Gonene
3853, 3905

Guajacole
540, 544, 669, 1130, 1663, 1961 g, 2383, 2569, 2775, 2963, 3545 l, 3719, 3765, 3946, 4382, 4600, 4860, 77 N, 219 N
s. auch unter Vanilline

Guajacole Guajacoläther
898, 1209, 1417, 1486, 1990, 2023, 2131, 2672, 2689, 2695, 2707, 3140, 3156, 3752, 4608, 4838, 4879, 82 N
s. auch 1.2-Dimethoxybenzole

Guajacole Guajacolester
558, 893, 1135, 1714, 2093, 2353, 2357, 2544, 2768, 4130, 4281, 4784

Guanidine
198, 270, 440, 602, 693, 785, 1012, 1030, 1172, 1231, 1233, 1281, 1289, 1302, 1303, 1825, 2291, 2911, 3123, 3690, 4149, 4378, 36 N
s. auch Amidine (N-Carboxamidine), Aminoguanidine, Biguanide, Streptomycine, Sulfanilylguanidine

Guanylhydrazone
s. unter Aminoguanidine

Halogenäther
64, 70, 71, 72 (Thio)
s. auch Bromphenoläther, Chloräther, Chlorphenoläther, Fluoräther, Fluorphenoläther, Jodphenoläther

β-Halogenalkylamine
257, 950, 2395
s. auch Bis-(β-chloräthyl)-amino-Verbindungen, β-Chloräthylamine

Halogenamine
36, 456, 1930, 2212, 116 N, 134 N
s. auch Chloraniline, β-Halogenalkylamine, α-Methylphenäthylamine (Chlor- und Trifluormethyl-Derivate)

Halogenkohlenwasserstoffe
5, 19, 20, 24, 25, 61, 66, 302, 24 N
s. auch Brom-, Chlor-, Fluorkohlenwasserstoffe

Harnsäuren
942

Harnstoffe
14, 15, 112, 146, 161, 173, 242, 258, 267, 355, 1252, 1637, 3598, 3699, 3718, 3733, 3850, 12 N, 103 N
s. auch Allophansäureester, Biuret-Derivate, Bromacylharnstoffe, Carbamoylpiperazine, Carbonylharnstoffe, Sulfanilylharnstoffe, Sulfonylharnstoffe, Thioharnstoffe

Harnstoffe Phenylharnstoffe
546, 693, 934, 1103, 1406, 1490, 1893, 2325, 2394, 2539, 3714
s. auch Carbanilide

Harzkomplexe
s. Resinate

Hemiacetale
s. unter Acetale

Heptanoate
s. Önanthsäureester

Heptan- und Heptensäuren
s. unter Prostaglandine

Hexamethylenimine
s. unter Azepine

Hexanoate
s. Capronsäuren (Ester)

Hexöstrole
s. unter Östrole und verwandte Verbindungen

Histidine
345, 373, 584 (Ureid)

Homopiperazine
s. unter 1.4-Diazepine

Homopyrimidazole
s. Pyrido[1.2-a]pyrimidine

Homosteroide
3351

Homosulfanilamide
563, 982, 1631, 2172

Hydantoine
146, 220, 381, 1044, 1076, 1345, 1384, 1385, 1517, 1599, 1602, 1641, 1642, 1854, 2064, 2328, 2537, 2947, 3492, 180 N
s. auch 1-(5-Nitro-2-furfurylidenamino)-hydantoine, Thiohydantoine

Hydrazide
82, 378, 533, 552, 603, 692, 705, 1235, 1460, 1569, 1630, 1744, 1751, 1820, 1875, 2764, 3180, 4299, 4726, 38 N, 152 N
s. auch Benzoesäuren (Hydrazide), Formhydrazide, Isonicotinhydrazide

Hydrazidhydrazone
520, 737, 1578, 1649, 3949, 4858
s. auch Isonicotinhydrazide (N^2-Hydrazone)

Hydrazine
230, 610, 657, 715, 742, 743, 798, 978, 979, 981, 1244, 1499, 1561, 1654, 1781, 2113, 2588, 47 N
s. auch Carbazinsäuren (Hydrazincarbonsäuren)

Hydrazone
s. Hydrazidhydrazone und unter Aminoguanidine, Nitrofurfurylidenamine

Hydrazoniumverbindungen
3161

Hydrochinone
326, 332, 499, 1717, 2657, 3254
s. auch Naphthohydrochinone

Hydrochinone Monoäther (p-Alkoxyphenole)
541, 1514, 1889, 2139, 231 N (Thio)

Hydrochinone Monoäther-ester
1240 (Thio), 2694, 2909

Hydrochinone Diäther
1530, 1664, 1777, 2024, 2271, 2481, 2488, 2753, 2904, 3704

Hydrocortisone
s. unter Cortisone

Hydroxamsäuren (N-Hydroxyamide)
15, 80, 483, 1732, 1762, 4443, 144 N

Hydroxyanilide
s. Aminophenole (Acylaminophenole)

Hydroxybenzoesäuren
498, 499, 517, 637, 670, 1716, 2071, 2313, 3933, 138 N
s. auch Gallussäuren, Salicylsäuren

Hydroxybenzoesäuren Amide von Hydroxy- und Alkoxybenzoesäuren
1578 (Hydrazid), 1675, 1733, 2002, 2589, 3848, 4739, 4742, 157 N
s. auch Salicylsäuren (Amide), 3.4.5-Trimethoxybenzoesäureamide

Hydroxybenzoesäuren Ester von p-Hydroxybenzoesäuren
666, 689, 895, 923, 1134, 1378, 1452, 2092

Hydroxybenzoesäuren Ester von p-Alkoxybenzoesäuren
2462, 2480, 2702, 2905, 2906, 3427, 3682, 4099, 4114, 4637

Hydroxybenzoesäuren Ester von sonstigen Hydroxy- und Alkoxybenzoesäuren
688, 2461, 2918, 3228, 4404, 4421
s. auch Gallussäuren (Ester), Salicylsäuren (Ester), 3.4.5-Trimethoxybenzoesäureester

Hydroxybuttersäuren
s. unter Buttersäuren

Hydroxychinoline
s. Chinolinole

4-Hydroxycumarine
2625, 2741, 2952, 2962, 3193, 4739, 4742, 4947
s. auch unter Pyranocumarine

4-Hydroxycumarine 3.3'-Alkylidenbis-(4-hydroxycumarine)
3194, 3452, 3712, 3932, 3937

4-Hydroxycumarine 3-(3-Oxo-1-phenylbutyl- und -pentyl)-Derivate
3198, 3199, 3202, 3210, 3465, 3473

Hydroxyketone
94, 301, 417, 1225, 1261, 1264, 1453, 1905, 2465, 2468, 2518, 2568, 2674, 2894, 3255, 3606, 3643, 3719, 4427, 4517, 4518, 4602
s. auch Oligosaccharid-Antibiotica (Anthracenderivate), Tetracycline, Tropolone und unter Prostaglandine, Steroide

Hydroxylamine
108, 526, 2864, 35 N, 62 N

Hydroxysäuren
97, 155, 156, 360, 642, 1005, 1057, 1276, 1914, 2499, 2504, 2511, 2523, 2658, 3169, 3550, 4880, 239 N
s. auch Buttersäuren (Hydroxybuttersäuren), Citronensäuren, Glykolsäuren, Hydroxybenzoesäuren, Milchsäuren, Polyhydroxysäuren, Prostaglandine, Serine und unter Naphthalincarbonsäuren

Hydroxysäuren Amide
976, 1734, 1805, 2625, 2844, 2890, 2908
s. auch Benzilamide, Buttersäuren (2.4-Dihydroxy-3.3-dimethylbutyramide), Hydroxybenzoesäuren (Amide), Tropasäureamide

Hydroxysäuren Ester
863, 1663, 1923, 2290, 2887, 3078, 3094, 3142, 3403, 3529, 3607, 4338, 4352, 4371, 4427, 4689, 4872, 4873
s. auch Benzilsäureester, Citronensäuren (Ester), Glykolsäuren (Ester), Hydroxybenzoesäuren (Ester), Mandelsäureester, Tropasäureester

Imidazo[1.5-c]imidazole
4125

Imidazo[2.1-a]isoindole
112 N

Imidazol-5-carboxamide und -4.5-dicarboxamide
145, 223, 570, 749, 987, 988

Imidazol-5-carbonsäureester
1901, 2156, 2157, 2398, 2586

Imidazole
143, 248, 251, 565, 1498, 1550, 2946, 3934
s. auch Benzimidazole, Cycloheptimidazolone, Histidine, Imidazo..., Nitroimidazole

Imidazolidine
241 N

Imidazolidinone
321, 1252, 1322, 1637, 1969, 2344, 2744, 3326, 3327, 3990, 4243, 4406, 8 N
s. auch Hydantoine, 1-(5-Nitro-2-furfurylidenamino)-imidazolidin-2-one und unter 1.3.8-Triazaspiro[4.5]decane

Imidazoline
456, 855, 1083, 1114, 1170, 1908, 1934, 1960, 1977, 1980, 1982, 2103, 2120, 2178, 2219, 2680, 2681, 2763, 2785, 2787, 3250

Imidazolin-2-one und -thione
564 (Thion), 1386

Imidazo[2.1-b]thiazole
843, 868, 1343, 1391, 1392, 1610

Imide
476, 926, 1626
s. auch Naphthalimide, Phthalsäuren (Imide), Piperazin-2.6-dione, Piperidin-2.6-dione, Pyrrolidin-2.5-dione

Imide N-(Trichlormethylthio)-Derivate
836, 1517

Imine
169, 1376, 1621, 1815, 1931, 2165, 2345, 2788, 2834, 4891, 4893
s. auch Aziridine, Nitrofurfurylidenamine, 3-(5-Nitro-2-furyl)-allylidenamine, Oxime, Schiffsche Basen

Imine Iminoderivate von Heterocyclen
234, 771, 841, 1322, 1390, 1444, 1686, 2112, 2143, 2228, 2677, 3249, 3944, 4512, 8 N, 35 N, 89 N, 105 N, 196 N

2.2′-Iminodiäthanole (Diäthanolamine)
2034, 2410, 2565, 2660, 3165, 3247, 3432, 4250, 4367, 4584

Indane und Indene
2650, 2771, 3261, 3539, 3771, 3958, 4823, 107 N, 130 N

Indan-1.3-dione
1425, 2132, 2298, 2299, 2300, 2305, 2505, 2517, 2518, 2528, 2745, 3192, 4128, 4447, 163 N

Indan-4-ole
853, 1057, 71 N

Indazole
1001, 2538, 3323

Indenopyridine
s. Pyridindene

Indolalkaloide
3500, 3992, 4066
s. auch Curarealkaloide von Strychnintyp, Indolochinolizine, Lysergamide, Strychnine, Vincaalkaloide, Yohimbane

Indole und Indoline
711b, 1125, 1128, 1175, 1898, 1905, 1923, 1978, 2143, 2221, 2437, 2684, 2729, 3332, 3941, 3943, 4100, 4178, 4401, 194N
s. auch Benzindole, Carboline, Cyclooctindole, Indol..., Pyrroloindole, Thiopyrano[4.3-b]-indole, Tryptamine

Indole Piperazinylalkylderivate
3985, 4198, 4322

Indolin-2-one und Indolin-2.3-dione (Isatine)
1080, 2507, 3121, 3457, 3500, 4255, 4446, 4516, 4965, 151N

Indolizine
s. unter Dibenzo[f.h]pyrrolo[1.2-b]isochinoline, Indolizino..., Pyrano[3'.4':6.7]indolizino[1.2-b]chinoline

Indolizino[1.8-d.c]carbazole
4066
s. auch unter Vincaalkaloide

Indolizino[1.2-b]chinoline
162N

Indolo[4.3-f.g]chinoline
4015, 4201
s. auch Isoergolene, Lysergamide, Lysergamine

Indolo[2.3-a]chinolizine
3294, 3596, 3801, 3997, 4237
s. auch Oxayohimbane, Yohimbane

3-Indolylessigsäuren
1064, 3203, 3464, 181N

Inositester
s. Mesoinositester

Ipecacuanha-Alkaloide
4607, 4661, 4666

Isäthionate
s. Oxesylate

Isatine
s. unter Indolin-2-one und Indolin-2.3-dione

Isoalloxazine
2805, 2838, 3055, 3056, 4533, 4780

Isobenzofurane Dihydroderivate (Phthalane)
174N

Isobenzofuran-1.3-dione
s. Phthalsäuren (Anhydride)

Isobuttersäuren und Isobuttersäureester
s. unter Propionsäuren

Isochinoline
2868, 3909, 4800

Isochinoline 1-Benzyl- und 1-Phenylderivate
2944, 3201, 3233, 3487, 3489, 3981, 4167, 4275, 4291, 4700, 114N, 196N

Isochinoline Dihydroisochinoline
1737, 2531, 2753

Isochinoline Dihydroisochinoline (1-Benzyl- und 1-Phenylderivate)
3525, 3780, 4293

Isochinoline Tetrahydroisochinoline
1107, 1171, 1731, 1773, 2929, 3000, 3534, 4483, 4838, 110N, 119N
s. auch Aporphine, Curarealkaloide, Dibenzo-[f.h]pyrrolo[1.2-b]isochinoline, Ipecacuanha-Alkaloide, Pyrazino[2.1-a]isochinoline

Isochinoline Tetrahydroisochinoline (1-Benzylderivate)
3321, 4316 (Benzyliden), 4342, 4869, 4945

Isochinoline Tetrahydroisochinoline (1-Phthalidylderivate)
3723, 3964, 4465

Isochinoline Tetrahydroisochinolinole und -diole
1413, 1479, 1679, 2003, 3321

Isochinoline Okta- und Perhydroisochinoline
3500, 117N

Isochinoline 6.7-Methylendioxyisochinoline
1413, 1679, 2944, 3201, 3723, 3964, 4465, 4838

Isochinoline Isochinolin-1.3-dione
110N, 117N

Isochinoline quartäre
1737, 1773, 2929, 3909, 4800, 4945, 196N

Isochinolino[2.1-d]-1.4-benzodiazepine
2966

Isocyanide
s. Isonitrile

Isoergolene
3598, 3850

Isoflavone
2743, 4136, 4384, 237N

Isoindoline
2255
s. auch Imidazo[2.1-a]isoindoline

Isoindolin-1.3-dione
s. Phthalsäuren (Imide)

Isoindolin-1-one (Phthalimidine)
2072, 2164, 171 N

Isonicotinamide und -thioamide
710 (Thio), 940 (Thio), 1780, 3471

Isonicotinhydrazide
340, 556, 972, 1913, 2231, 2595

Isonicotinhydrazide N^2-Hydrazone (Benzylidenderivate)
1857, 1870, 1871, 1872, 1873, 1874, 1876, 2079, 2080, 2109, 2110, 2340, 2347, 2367, 2368, 2552

Isonicotinhydrazide N^2-Hydrazone (sonstige)
867, 1099, 1316, 1419, 1487, 1594, 1635, 1684, 1742, 2108, 2339, 2980, 3459, 4572

Isonicotinsäureester
4593

Isonitrile (Isocyanide)
2939

Isophthalamidsäuren (Isophthalsäuremonoamide)
1325, 1326, 1327, 1592, 4257, 4588

Isophthalsäureester
1622

Isothiazole
1101
s. auch 1.2-Benzisothiazole

Isothiocyanate (Senföle)
140, 458, 627, 645

Isothioharnstoffe
49, 113, 120, 1354, 1358, 2979

Isovaleriansäureester
s. Buttersäuren (Ester von 3-Methylbuttersäure)

Isoxazole
1247, 1630, 3895, 4003, 176 N
s. auch Penicilline (Isoxazolylpenicilline) und unter Sulfanilamidooxazole und -isoxazole

Isoxazolidine
89, 2128

Jodalkohole
88, 103, 394, 490, 680

Jodaniline
1622, 2525, 2660
s. auch unter Jodbenzoesäuren und deren Ester, Jodphenylpropionsäuren, Jodzimtsäuren und deren Ester

Jodbenzoesäuren und deren Ester
463, 472, 473, 474, 487, 827, 1060, 1378, 2314

Jodbenzoesäuren und deren Ester 3-Amino-2.4.6-trijodbenzoesäuren und deren Ester
821, 1324, 1325, 1326, 1327, 1339, 1590, 1591, 1592, 1891, 2119, 2363, 3091, 236 N

Jodbenzoesäuren und deren Ester 3.3′-(Alkylendicarbonyldiamino)-bis-(2.4.6-trijodbenzoesäuren)
2936, 3448, 3449, 4257, 4588

Jodfettsäuren und deren Ester
3168, 3169, 3176, 3399, 3694, 3698, 3701, 4124, 4375, 4508

Jodhydroxyphenylcarbonsäuren, Jodhydroxyphenoxyphenylcarbonsäuren und deren Ester
857, 858, 2056, 2063, 2315, 2316, 2317, 2321, 2322, 2323, 2324, 2526, 3754, 4177

Jodoniumverbindungen
60 N

Jodphenoläther
511, 1061, 2376, 3559, 4393
s. auch unter Jodhydroxyphenylcarbonsäuren...

Jodphenole
286, 289, 290, 298, 457, 490, 909, 1150, 1850, 2155, 2730, 2935, 3191, 3439, 3440, 3445, 3446, 3538, 96 N, 149 N, 153 N
s. auch unter Jodhydroxyphenylcarbonsäuren...

Jodphenylpropionsäuren, Jodzimtsäuren und deren Ester
878, 1338, 1360, 1379, 1621, 2165, 2320, 2375, 2397, 102 N
s. auch unter Jodhydroxyphenylcarbonsäuren...

Jodpyridone und Jodpyridinole
202, 204, 318, 475, 488, 629, 653, 680, 1095, 1096

Jodverbindungen (sonstige)
5, 8, 13, 36, 61, 122, 127, 163, 279, 310, 366a, 393, 489, 808, 838, 839, 840, 908, 1359, 1881, 2920a, 2935, 3199, 90N, 91N
s. auch Chinolinole (Jodchinolinole), Salicylsäuren (jodsubstituierte Anilide, Sulfanilamide (Jodderivate)

Jodylverbindungen
474

Ketone
92, 165, 237, 296, 405, 1088, 1774, 2037, 2077, 2121, 2132, 2135, 2138, 2585, 2613, 2889, 3224, 3287, 3969, 4128, 26N, 172N, 221N
s. auch Benzile, Chinone, Chromone, Cyclohexanone, Cyclopentanone, Diphenyl-aminoalkanone, 4-Hydroxycumarine (3-(3-Oxo-1-phenylbutyl- und -pentyl)-Derivate), Hydroxyketone, Indan-1.3-dione, Oxosäuren, Phenone, Phenothiazine (2-Acylderivate), Piperidine (4-Propionylderivate), Pyridone, Pyrone, Terpenketone

Kieselsäureester und -salze (Silikate)
802, 3117d

Kobaltsalze
319b, 329a, 829, 1254f

Kobaltverbindungen
4790, 4792
s. auch Cobamide

Kohlenhydrate
256, 419, 420, 421, 422, 1808, 1809, 1810
s. auch Oligosaccharid-Antibiotica (Anthracenderivate), Polyhydroxysäuren, Polysaccharide

Kohlenhydrate Aminoderivate
434, 2231, 4657
s. auch Lincomycine, Oligosaccharid-Antibiotica

Kohlenhydrate sonstige Derivate
379, 390, 436, 444, 722, 1742, 2472, 4652, 4701, 4929, 108N, 220N
s. auch Glykoside

Kohlensäureester (Carbonate)
203, 1335, 2357, 3122, 3226, 4181, 4562, 4813, 4868
s. auch Xanthogenate

Kohlenwasserstoffe
27, 33, 86, 1181, 1580
s. auch Halogenkohlenwasserstoffe, Terpene

Komplexone
370, 1254, 1274, 2268, 2272

Kupfersalze
46c, 237, 330a, 549a, 820a, 829a, 1553c, 1822, 118N

Kupferverbindungen
1358, 2938

Laktame
s. besonders unter Cephalosporine, Penicilline, Piperidin-2.4-dione und unter Benzoxazine, Pyridone

Laktone
76, 1498, 2050, 2403, 2424, 2454, 2632, 3516, 3606, 3607, 3996, 3998, 4137, 4427, 4706, 4712, 4809, 95N, 219N
s. auch Bufadienolide, Cardenolide, Cumarine, 1.3-Dioxolan-4-one, Furane (2.5-Dihydrofuran-2-one), Makrolide, Phthalide, Polyhydroxysäuren (Laktone), α-Pyrone, Steroidlaktone, Thiolaktone

Laktone Antibiotica
211, 500, 2506, 2937. 3462, 3947, 4739, 4742, 4947
s. auch Makrolid-Antibiotica, Peptolid-Antibiotica

Laurinsäureamide (Dodecanamide)
2497, 4345, 4441

Laurinsäureester (Dodecanoate)
3435, 4359, 4729, 4748, 4884

Lincomycine
3175, 3177

Linolsäureamide
4374, 224N

Lithiumsalze
12, 37a, 95a, 153a, 212, 245g, 362a, 386b, 588, 698b, 847b, 1688, 1878, 2509a, 3194a, 3448a, 4594a, 4648a

Lysergamide
3034, 3324, 3583, 3584, 3787, 3842

Lysergamide Lysergamide mit tricyclischen Peptidresten
4743, 4771, 4774, 4810, 4811

Lysergamine
3086, 4396

Lysine (2.6-Diaminocapronsäuren)
439, 1283, 1284, 4243 (Ester), 4663

Magnesiumsalze
46d, 58b, 95d, 168b, 178a, 206c, 238a, 245d, 245e, 281g/1 282a, 359c, 362h, 363, 392, 423g, 452b, 494, 497d, 513d, 516c, 527a, 572, 663a, 663b, 747b, 841a, 841b, 847f, 1094b, 1132a, 1254d, 1320, 1590a, 1607b, 1607d, 1965b, 2307, 2355b, 2509c, 2543, 3178, 4619a, 9N

Makrolide
3062, 3127

Makrolid-Antibiotica
4437, 4438, 4484, 4541, 4616, 4633, 4656, 4669, 4808, 4820, 4843, 4864, 4865, 4866, 4867, 4877, 4888, 4901, 4902, 4912, 4913
s. auch Peptolid-Antibiotica, Polyen-Antibiotica (mit Makrolidstruktur)

Maleinsäurederivate
124, 926, 1078, 1879, 2349, 3476

Malonsäuren
65, 77, 1352

Malonsäuren Amide, Anilide und Ester
549, 1556, 2765, 3407, 3413, 4643, 4667, 4671, 152N (Hydrazid)

Mandelsäureester (Phenylglykolsäureester)
1988, 2352, 2359, 2638, 2873, 2888, 2892, 4292

Mandelsäureester Ester von substituierten Mandelsäuren
2856, 3083, 3387, 3405, 3650

Mangansalze
53b, 359e, 619d, 3660, 118Na

Mannitäther und -ester
357, 791, 2500 (Äther), 50N

Melamine
91, 413, 849, 902, 946, 990, 1450, 1561, 1667, 1687, 1890, 4135

Menadiole und Menadione
s. unter Vitamin-K-Verbindungen

Menthole
1292, 1554, 2282, 2496, 2704, 2874, 3378, 4733

Mercaptale und Mercaptole
s. unter Thioacetale

Mercaptocarbonsäuren und deren Derivate
38, 154, 244 (Amid), 263, 1282 (Ester), 1614, 1688, 1832 (Anilid)
s. auch Cysteine

Mercaptocarbonsäuren und deren Derivate
Äther = (Alkylthio)-carbonsäuren
255, 572, 694, 1123, 1185 (Amid), 1666, 1985, 2210 (Amid), 2713, 3986, 7N, 127N (Amid), 135N (Amid), 148N (Amid)
s. auch Methionine

Mesoinositester (Inositester)
323, 452, 4723, 4878

Metanilamide und -ureide
364, 1055, 1535 (Ureid), 2144, 2248 (Ureid), 138N

Methacrylsäurepolymerisate
761, 3924d
s. auch Resinate

Methansulfonanilide
1253, 1547, 1793, 1794, 2075, 2738, 3371

Methionine
262, 430, 432, 448, 592, 998

Methionine Amide und Ester
406 (Amid), 3391, 4098

Methylen-bis-chlorphenole
1830, 1831, 1849, 3455, 3793

Methylendioxybenzole (Benzodioxole)
1049, 1162, 1499, 1664, 2079, 2596, 2640, 2724, 2743, 2776, 2777, 2835, 2944, 3029, 3088, 3201, 3464, 3483, 3995, 4168, 4387

Methylendioxybenzole (Benzodioxole) Methylendioxybenzole als Bestandteile größerer Ringsysteme
1868, 2727, 3234, 3458, 3478, 3479, 3523, 3743, 3985, 4299, 4809
s. auch Isochinoline (6.7-Methylendioxyisochinoline)

Methylendiphenole (und Derivate)
2383, 2384, 2568, 2955, 3218, 3472, 3942, 3999, 4141
s. auch Methylen-bis-chlorphenole

α-Methylphenäthylamine (2-Amino-1-phenylpropane)
953, 954, 955, 1211, 1212, 1213, 1214, 1244 (Hydrazin), 1518, 1519, 1520, 1521, 1522, 1525, 1693, 1777, 1952, 2022, 2024, 2408, 2487, 2762, 2810, 2815, 2845, 3029, 3068, 3069, 3089, 3362, 3632, 4063, 4262, 4266, 4269, 4318, 4421

α-Methylphenäthylamine N-Acylderivate
1153, 1750, 2377, 2380, 2584, 2791, 4619, 80N

α-Methylphenäthylamine Chlorderivate
1182, 1183, 1376, 1746, 1747, 1968, 2582

α-Methylphenäthylamine Trifluormethylderivate
1111, 1112, 1691

Milchsäuren
95, 96, 399

Milchsäuren Amide, Anilide und Ester
912 (Amid), 1135, 1480 (Anilid), 1806, 2856

Mitomycine
2401, 2629

Morphanthridine
s. Dibenz[b.e]azepine

Morphinane
2634, 2849, 2850, 2851, 3104, 3105, 3106, 3319, 3356, 3614, 4271, 4289, 156N

Morphinane (4.5-Epoxyderivate) Dihydromorphine
2822, 2827, 3079, 3080, 3579, 3785, 3840, 4267

Morphinane (4.5-Epoxyderivate) Dihydromorphinone
2780, 2781, 3023, 3024, 3026, 3526, 3551

Morphinane (4.5-Epoxyderivate) Morphine
2778, 3022, 3318, 3742, 4204, 4260, 4263, 4264, 4639, 4848

Morphinane (4.5-Epoxyderivate) Morphine (quartäre und N-Oxide)
2782, 3027, 3081, 3363, 3621

Morphinane (4.5-Epoxyderivate) Normorphine
2574, 2779, 3269, 4148, 4735

Morphinane (4.5-Epoxyderivate) 7-Hydroxyalkyl-6.14-endoätheno- und -äthano-Verbindungen
4415, 4475, 4481, 4542, 225N, 228N

Morphinane (4.5-Epoxyderivate) sonstige
2818, 3020, 3268, 3270, 3783

Morphine
s. unter Morphinane (4.5-Epoxyderivate)

Morpholide
774, 775, 1117, 1675, 2203, 2376, 3699

Morpholine (Tetrahydro-1.4-oxazine)
435, 989, 1199, 1394, 1743, 1929, 1944, 1945, 2140, 2167, 2624, 2673, 2684, 2690, 2820, 3316, 3491, 3572, 3652, 3658, 4107, 4222, 4297, 4532, 140N, 163N, 195N
Thiomorpholine s. 1.4-Thiazine (Perhydroderivate)

Morpholine N-Aryl(Alkyl)oxyalkyl-Derivate
1458 (Thio), 2904, 3278, 3279, 3312, 4067, 4204, 4778

Morpholine 3.3-Diphenylpropyl-Derivate
3778, 4008, 4191, 4296, 4407, 4408, 4409

Morpholine C-substituierte
1164, 1337, 1411, 1471, 1724, 4170, 4195, 4353

Morpholine quartäre
782, 3122, 4353, 4567

Morpholin-3-one
1337, 1411

Morpholinsalze
475b, 497l, 2123a

Myristinsäureester
4848

Naphthacen-2-carboxamide
s. unter Tetracycline

Naphthacenchinone
4517, 4518

Naphthalimide
2556

Naphthaline
2103, 2120, 2395, 2396, 2407, 3192, 3193, 4222, 4340, 62N

Naphthaline Hydroderivate
1602, 1934, 2178, 2403, 2424, 2586, 2687, 2889, 3507, 4315
s. auch Naphthylamine (Tetrahydroderivate)

Naphthalincarbonsäuren und deren Derivate
1311, 1320, 2843, 2844, 3078, 3730, 4299, 4315, 4431, 4797
s. auch Embonate

Naphthalin- und Naphtholsulfonsäuren
1051, 1052, 1349, 2508, 2530, 2532a, 2635b, 3098, 3642 (Ester), 3711, 4047, 4047a
Naphtholsulfonsäuren s. auch unter Naphthylaminsulfonsäuren

Naphthochinone
1317, 1318, 1319, 1329, 1867, 2986, 4746, 4870, 4891

Naphthochinone Malariachemotherapeutica
2351, 4328, 4682

Naphthodianthrone
4697

Naphtho[1.2-b]furane
95N

Naphtho[2.1-b]furane
s. unter Rifamycine

Naphthohydrochinone und deren Äther und Ester
1346, 1349, 1353, 1405, 2356, 2639, 3227, 3303, 4380, 4750
s. auch unter Rifamycine

Naphthole
1033, 1037, 1045, 1361, 1362, 1892, 2566, 2808, 2949, 4259
s. auch unter Naphthalincarbonsäuren, Naphthalin- und Naphtholsulfonsäuren

Naphthole Äther und Ester
1611, 2355, 2604, 2635, 2636, 2731, 2732, 2733, 3061, 3217, 3935, 4645, 4698, 4916, 61N, 87N, 88N
s. auch unter Naphthohydrochinonen, Naphthalinsulfonsäuren und Naphthochinonen

Naphtho[2.3-c]pyrane
2986

Naphtho[1′.2′:5.6]pyrano[3.2-c]pyridine
3019

Naphthylamine
1361, 1362, 1381, 1892, 2137, 2604, 2843, 3935, 4363, 103N

Naphthylamine Tetrahydroderivate
1960, 1979, 2682

Naphthylaminsulfonsäuren
1066, 1125a, 2609, 2961, 4345 (Amid), 4445, 4930, 4943
s. auch Biphenylenbisazo-bis-naphthylaminsulfonsäuren

Naphthylessigsäuren
1584, 2597, 3316, 3369 (Amid), 3843, 4794 (Ester), 87N

Naphthyridine
1608, 2959
s. auch Azaacridine

Nickelsalze
118Nb

Nicotinsäuren (auch Hydroderivate)
305, 306, 1149, 23N

Nicotinsäuren Anilinonicotinsäuren
1846, 1847, 1861, 2122

Nicotinsäuren Amide
319, 530, 1117, 1190, 1541, 2377, 2380 (Thio), 2749, 2978, 3239, 3325 (Anilid), 3337, 3467, 3768, 3789, 173N

Nicotinsäuren Ester
686, 690, 706, 736, 919, 920, 1412, 1729, 1755, 1864, 2086, 2370, 3945, 4402, 4592, 4638, 4700, 4701, 4815, 4878, 235N

Nicotinsäuren Ester mit 4.5-Epoxymorphinanolen
4263, 4267, 4639, 4735

Nicotinsäuren Ester von substituierten Nicotinsäuren
2571

Nicotinsäuren Tetra- und Hexahydronicotinsäureester
755, 1021

Nitrate
s. Salpetersäureester

Nitrile (Cyanide)
9, 82, 132, 453, 457, 519, 602, 691, 737, 1322, 1693, 1933, 3275, 3744, 3949, 10N, 63N, 76N, 167N
s. auch 2-Cyanacrylsäureester, Diphenylacetonitrile, Phenylacetonitrile und unter Cobamide

Nitrite
s. Salpetrigsäureester

Nitroaniline
297, 693, 1103, 1105, 1835, 1858, 2111
s. auch unter Nitrophenoläther

p-Nitrobenzoesäureester
1958, 2201, 3406, 4260

Nitrobenzolsulfonamide
831, 1332, 2129

Nitrone
21 N

5-Nitro-2-furaldehydsemicarbazone
322, 712, 713, 1238

Nitrofurane
296, 300, 339, 635, 830, 868, 1368, 2565
s. auch Nitrofur...

Nitrofurfurylidenamine (5-Nitro-2-furaldehyd-derivate)
205, 320, 341, 481, 493, 520, 1174, 1316, 1569, 1578, 1586, 1744, 21 N, 75 N
s. auch 5-Nitro-2-furaldehydsemicarbazone, Nitrofurfurylidenamino...

1-(5-Nitro-2-furfurylidenamino)-hydantoine
636, 844, 1929

1-(5-Nitro-2-furfurylidenamino)-imidazolidin-2-one
659 (Thion), 660, 889, 1126

1-(5-Nitro-2-furfurylidenamino)-oxazolidin-2-one
647, 869, 1104, 1944, 1945

3-(5-Nitro-2-furyl)-allylidenamine
832, 1044, 1345, 1637

5-Nitro-2-furylvinyl-Verbindungen
1042, 1119, 1331, 1583, 2089, 14 N
s. auch das folgende Stichwort

6-[2-(5-Nitro-2-furyl)-vinyl]-1.2.4-triazine
833, 1069, 1333, 1370

Nitroimidazole
68, 129, 228, 356, 375, 376, 583, 757, 834, 845, 989, 1336, 15 N, 53 N, 83 N

Nitrophenoläther
707, 938, 1443, 1875, 2529, 2747, 3242

Nitrophenole
289, 291, 295, 299, 304, 307, 313, 457, 470, 471, 492, 1564, 1569, 1651

Nitrophenole Ester mit Phosphorsäuren
1186, 1187, 1748, 2256

Nitrosoverbindungen
108, 242, 10 N

Nitrothiazole
69, 128, 216, 321, 355, 631, 944, 1035, 1330

Nitroverbindungen
87, 135, 312, 467, 480, 523, 646, 817, 822, 1034, 1043, 1083, 1144, 1395, 1508, 1572, 1582, 1857, 2064, 2418, 2727, 3202, 3465, 3510, 3512, 3725, 4026, 4514, 4538, 33 N, 39 N
s. auch 1.4-Benzodiazepin-2-one (7-Nitroderivate), Nitro... und unter Chloramphenicole

N-Lostderivate
s. Bis-(β-chloräthyl)-amino-Verbindungen

Nonanamide und Nonanoate
s. Pelargonsäureamide und -ester

Nonenamide
3136

Norbornane und Norbornene
s. Bicyclo[2.2.1]heptane und -heptene

Normorphine
s. unter Morphinane (4.5-Epoxyderivate)

19-Nor-17α-pregn...
s. unter Östr...

19-Nor-4.6-pregnadiene
3605, 188 N, 197 N

19-Nor-4-pregnene
3664, 4665

Norsteroide
3398

Nortestosterone
s. 4-Östrene (17β-Hydroxy-4-östren-3-one)

Nortropinderivate
s. unter Tropin...

Octanamide und Octanoate
s. Caprylsäureamide und -ester

Önanthsäureester (Heptanoate)
4423, 4501, 4504, 4555, 4569, 4623, 4624, 4660, 4767, 4858

3.5-Östradiene
4418, 4547

4.9-Östradiene
3511

Östradiole und deren Äther und Ester
3095, 3856, 4159, 4227, 4228, 4286, 4329, 4330, 4392, 4419, 4423, 4485, 4546, 4681, 4711, 4767, 4807, 4834, 4863, 207 N

Östradiole Äthinyl- und Methylöstradiole
3375, 3555, 3804, 4410, 187 N

1.3.5(10).6.8-Östrapentaene
2984

1.3.5(10).7-Östratetraene
3007, 211 N

1.3.5(10)-Östratriene
3057, 3892
s. auch Östradiole, Östriole, Östrone

4.9.11-Östratriene
3350, 3506, 146 N

4-Östrene 17α-Äthinylderivate
3603, 3634, 4028, 4332, 4555

4-Östrene 17α-Alkyl-17β-hydroxy-4-östren-3-one und deren Ester
3381, 3397, 3603, 3638, 3663, 4028, 4555

4-Östrene 17α-Alkyl-4-östren-3β.17β-diol-ester
4244, 4332

4-Östrene 17α-Alkyl-4-östren-17β-ole
3634, 3673, 3901

4-Östrene 17β-Hydroxy-4-östren-3-one (Nortestosterone) und deren Ester
3101, 3125, 3886, 4073, 4356, 4411, 4424, 4494, 4540, 4560, 4628, 4668, 4688, 4729, 4782, 189 N

4-Östrene sonstige
3883, 4358, 4496, 4497
s. auch 4-Gonene

5-Östrene 17α-Alkyl-5-östren-17β-ole
3635, 3674

5(10)-Östrene 17α-Alkyl-5(10)-östren-17β-ole
3636

5(10)-Östrene 17α-Alkyl-17β-hydroxy-5(10)-östren-3-one
3604, 3637, 3852

Östriole und deren Äther und Ester
3096, 3097, 3376, 3641, 4229, 4468, 4548, 4646

Östrole und verwandte Verbindungen
2982, 3058, 3064, 3100, 3252, 3505, 3601, 3602, 3957, 3993, 4300, 4477, 4727, 4802, 242 N
s. auch Stilböstrole

Östrone und deren Äther, Ester und Glucoside
3059, 3060, 3063, 3307, 3556, 3994, 4762, 155 N

Oleanen- und Ursensäureverbindungen
4724, 4803, 4883, 4929

Oleanensaponine
4946

Oligosaccharid-Antibiotica
1821, 2276, 2278, 3181, 3184, 3697, 3928, 4196, 4251, 4252, 4672, 159 N
s. auch Streptomycine

Oligosaccharid-Antibiotica Anthracenderivate
4951, 244 N, 246 N

Opiumalkaloide
1679 (Spaltprodukt), 3489, 3964, 4168
s. auch unter Morphinane

Oripavine
s. unter Morphinane (4.5-Epoxyderivate)/7-Hydroxyalkyl-6.14-endoätheno- und -äthano-Verbindungen

Orvinole
s. unter Morphinane (4.5-Epoxyderivate)/7-Hydroxyalkyl-6.14-endoätheno- und -äthano-Verbindungen

1-Oxa-3-aza-2-phosphacyclohexane
s. 1.3.2-Oxazaphosphorine (Tetrahydroderivate)

1-Oxa-3.8-diazaspiro[4.5]decane
2417

1.2.4-Oxadiazole
1834, 2206, 2228, 2442, 2896, 3149, 4169

1.3.4-Oxadiazole
479, 634, 814

Oxalsäureamide und -ester
2278, 2545 (Ester), 4625
s. auch Semioxamazone

1.3-Oxathiane
1942

2-Oxatricyclo[7.2.1.0$^{3.8}$]dodecane
s. unter Trichodermol-Antibiotica

3-Oxatricyclo[4.2.1.0$^{2.5}$]nonane
3567

Oxayohimbane
3756, 4182, 4482

1.3.2-Oxazaphosphorine (Tetrahydroderivate = 1-Oxa-3-aza-2-phosphacyclohexane)
605, 606, 1009

Oxazepine
s. unter Dibenz[b.f]-1.4-oxazepine

Oxazine (Perhydrooxazine)
172, 756
s. auch Benzoxazine, Morpholine

Oxazino[3.4-a]pyrazine
2038

Oxazocine
s. unter Benzoxazocine

Oxazole
1420, 3247, 4602, 68 N
s. auch Benzoxazole, Oxazol...

Oxazolidin-2.4-dione
226, 368, 550, 580, 581, 995, 2318

Oxazolidinone
841, 1417, 1674, 1921, 2143, 2417
s. auch 1-(5-Nitro-2-furfurylidenamino)-oxazolidin-2-one

2-Oxazoline
851, 880, 1058

2-Oxazolin-4-one
1387, 1388, 1603

Oxazolo[3.2-d]-1.4-benzodiazepine
2967

Oxepine
s. unter Benzofuro[3.2-c]-1-benzoxepine, Bis-(oxepinopyrrolo)-pyrazine, Dibenz[b.e]oxepine

Oxesylate (Isäthionate)
2381, 2756a, 3349a, 3600a

Oxetane
76

Oxide
N-Oxide s. Aminoxide; S-Oxide s. Dioxide, Sulfone, Sulfoxide

Oxime
165, 205, 405, 1680, 1708, 1867, 2437, 3288, 3551
s. auch Amidoxime, Pyridine (quartäre Pyridinaldoxime)

Oxirane
s. unter Epoxide

Oxosäuren
65, 224, 238, 292, 363, 542, 848, 1036, 1321, 1513, 1515, 1608, 1868, 2118, 2513, 2959, 2965, 3229, 4129, 4315
s. auch Buttersäuren (4-Oxobuttersäuren) und unter Diazoverbindungen

Oxosäuren Amide und Ester
766 (Amid), 3873, 3963, 4082, 4330, 4362, 4689, 4748, 4851, 158 N (Amid)

Palmitinsäureamide
3182, 4691, 209 N

Palmitinsäureester
3930, 4113, 4377, 4436, 4507, 4568, 4680, 4807, 4835, 4842, 4940, 4967

Pamoate
s. Embonate

Pelargonsäureamide (Nonanamide) und -ester (Nonanoate)
2907, 4378, 4851 (Ester)

Penicilline Benzylpenicilline
2590, 2592, 2759, 2765, 3297, 3954, 4084

Penicilline α-Aminobenzylpenicilline und ähnliche Penicilline
2581 (Azido), 2614, 2788, 2837 (Aminomethyl), 4853, 121 N, 126 N (Dihydro), 201 N

Penicilline Phenoxymethylpenicilline
2593, 2795, 2796, 2797, 3049, 3050, 3051, 3954

Penicilline Alkyl(Aryl)thiomethylpenicilline
1984, 1985, 2193, 2591, 2989

Penicilline Phenyl- und Naphthylpenicilline
2798, 3717, 3730

Penicilline Isoxazolylpenicilline
3212, 3216, 3223, 3238, 131 N

Penicilline sonstige heterocyclisch substituierte Penicilline
2412, 2960, 3326, 3327

Penicilline Chlorderivate
2193, 2759, 2989, 3212, 3216, 3223, 4034

Penicilline sonstige
2226, 2227, 2250, 2251, 2471, 2703, 3388

Pentaerythritäther und -ester
235, 249, 1932 (Äther), 2020, 4638, 4908

Peptid-Antibiotica
1272, 2423, 2865, 3123, 4016, 4243, 4817, 4915, 4936, 4949, 4953, 4956, 4964, 4969, 218 N
s. auch Peptolid-Antibiotica

Peptide und Polypeptide
1273, 1763, 4840, 4938, 4948, 4950, 4970, 4979, 4980, 239N
s. auch unter Lysergamide, Pteridine

Peptid-Hormone
4895, 4896, 4900, 4906, 4911, 4920, 4921, 4922, 4931, 4972, 4973, 4975, 4976, 4977, 4978, 248N

Peptolid-Antibiotica
4602, 4905, 4909, 4910, 4958, 4963

Peroxide
14a, 718, 1263, 2069, 2N

Phenäthylamine
1215, 1236, 1434, 1466, 1472, 1532, 2139, 2240, 2455, 2460, 2605, 2606, 2809, 3309, 3371, 4010, 4554
s. auch α-Methylphenäthylamine

Phenanthrene
2590k, 2593e, 2947, 4427
s. auch Aporphine, Dibenzo[f.h]pyrrolo[1.2-b]-isochinoline, Erythrophleum-Alkaloide, Morphinane, Steroide

Phenanthrene Phenanthrencarbonsäuren
2727, 3302, 3660

Phenanthridine (quartäre)
3480, 3724, 4139, 4460, 4587
s. auch unter Benzophenanthridine

Phenanthridin-6(5H)-one
3001

1.10-Phenanthroline
118N

4.7-Phenanthroline
1567

Phenanthroperylene
s. unter Naphthodianthrone

Phenazathioniumverbindungen
1593, 2112, 2389, 2611

Phenazine
1853, 1856, 1909, 4512

Phenetidide
s. unter Phenetidine

Phenetidine
847j, 934, 969, 1478, 1480, 1627, 1676, 1734, 1967, 1998, 2244, 2365, 2793, 3045, 4149, 75N
s. auch Acetophenetidine

Phenoläther
328a, 717, 927, 979, 1046, 1129, 1233, 1321, 1674, 1732, 1980, 2115, 2154, 2202, 2428, 2441, 2442, 2688, 2908, 2985, 3218, 3243, 3572, 3941, 4457, 4488, 4571, 4618, 4629, 4779, 4824, 205N
s. auch Amine (alkoxyphenylsubstituierte), β-Aminoalkohole (α-alkoxyphenylsubstituierte), Aminophenoläther, Bromphenoläther, Chlorphenoläther, Curarealkaloide, 1.2-Dimethoxybenzole, Diphenyläther, Fluorphenoläther, Hydrochinone (Diäther), Jodphenoläther, Methylendioxybenzole, Nitrophenoläther, Phenetidine, Phenole (Alkoxyphenole), Phenoxy..., Propiophenone (p-Alkoxyderivate). Resorcine (Äther), Thiophenoläther, 3.4.5-Trimethoxybenzoesäureamide und -ester, 1.2.3-Trimethoxybenzole und unter β-Aminoalkohole (1-Aryloxy-3-amino-2-propanole)

Phenoläther Alkylendioxydibenzole
2756, 2804, 3349, 3559, 3600, 4728

Phenole
303, 324, 537, 538, 634, 842, 848, 890, 1143, 1766, 2232, 2239, 2484, 2678, 2681, 2939, 2941, 3124, 3195, 3432, 3457, 3777, 3803, 3881, 4090
s. auch β-Aminoalkohole (α-hydroxyphenylsubstituierte), Aminoalkylphenole, Aminophenole, Benzylphenole, Brenzcatechine, Biphenyl-x.x'-diole, Bromphenole, Chlorphenole, Ester (von Phenolen), Fluorphenole, Hydrochinone, Hydroxybenzoesäuren, Indan-4-ole, Jodphenole, Methylendiphenole, Naphthole, Nitrophenole, Phenolphthaleine, Phloroglucine, Pyrogallole, Resorcine, Thymole und unter Flavone, Östrole

Phenole Alkoxyphenole
670, 896, 897, 949, 2002, 2094, 2096, 2097, 2099, 2354, 2358, 4303, 4381, 22N
s. auch Guajacole, Hydrochinone (Monoäther), Vanillinderivate und unter Pyrogallole

Phenolphthaleine
3442, 3443, 3444, 3445, 3446, 3451, 4253, 4754

phenolphthaleinanaloge Laxativa
2955, 3218, 3457, 3472, 3942, 4255, 4256, 4446, 4516, 4965

Phenolsulfonsäuren
294, 298, 330, 331, 332, 333, 503, 543, 544, 1579, 2099, 2100, 2384, 3443

Phenone
1035, 1321, 1573, 1850, 2608, 2662, 2985, 3253, 3759, 4686, 101 N, 115 N
s. auch Acetophenone, Benzofurane (3-Benzoylbenzofurane), Benzophenone, Butyrophenone, p-Fluorbutyrophenone, Propiophenone und unter Buttersäuren (4-Oxobuttersäuren)

Phenothiazine
1576, 1577, 2112, 2594, 2799, 2800, 2801, 3043, 3052, 3053, 3275, 3340, 3346, 3367, 3597
s. auch Azaphenothiazine, Phenazathioniumverbindungen

Phenothiazine Phenothiazincarbonsäuren
2053, 2337

Phenothiazine Phenothiazincarbonsäureester
3295, 3296

Phenothiazine 2-Acylderivate
3289, 3290, 3543, 3544, 4199, 4298, 4320, 4321, 4416

Phenothiazine 10-Acylderivate
2558, 3002, 3047, 3258, 3344, 3549, 3726, 3967, 165 N, 195 N

Phenothiazine 2-Alkylthioderivate
3347, 3348, 3802, 4057

Phenothiazine Chlorderivate
2572, 2760, 2769, 2770, 3012, 3258, 3306, 3475, 3536, 3749, 3791, 4172, 4406, 4738, 192 N

Phenothiazine Methylpiperazinylalkylderivate
3536, 3585, 3726, 3753, 4057, 4068, 4320, 4416

Phenothiazine Hydroxyäthylpiperazinylalkylderivate (auch Äther und Ester)
3791, 3967, 3989, 4172, 4199, 4321, 4343, 4660, 4738, 4764

Phenothiazine sonstige Piperazinylalkylderivate
4153, 4406, 4464

Phenothiazine Piperidylalkylderivate
3298, 3552, 3744, 3749, 3797, 3798, 3799, 3802, 4013, 4024, 4298, 192 N, 215 N

Phenothiazine Pyrrolidinylalkylderivate
3003, 3004, 3299

Phenothiazine quartäre
3047, 3093, 3344, 3370, 3549

Phenothiazine 2-Sulfonamide
3366, 4068, 215 N

Phenothiazine Trifluormethylderivate
2053, 2991, 3260, 3726, 3753, 3967, 3989, 4153, 4176, 4464, 4660, 4764, 165 N

Phenothiazin-5-oxide und -5.5-dioxide
2769, 2794, 3046

Phenoxazine
2504, 4958, 4963

Phenoxyacetamide
s. Phenoxyessigsäuren (Amide)

Phenoxyäthylamine N.N-Diäthylphenoxyäthylamine
2023, 2461, 2689, 2706, 3073, 3257, 3342, 3355, 3613, 3827, 3828, 4166, 4179, 4393, 4453, 4454, 4455, 4489, 4523, 4527, 4727

Phenoxyäthylamine N.N-Dimethylphenoxyäthylamine
2694, 2814, 3232, 3849

Phenoxyäthylamine α-Methylphenoxyäthylamine
3037, 3068, 3069, 3076, 3822

Phenoxyäthylamine quartäre (Phenoxyäthylammoniumverbindungen)
2036, 2434, 2852, 4080, 4117, 4121, 4506, 4570, 4576, 4686, 4734, 154 N

Phenoxyäthylamine sonstige
2104, 3153, 3343, 3848, 4645

Phenoxyessigsäuren
669, 694, 747c, 747d, 862, 892, 898, 1585, 1672, 1880, 1951, 2312, 2340, 2406, 2648, 2971, 3507
s. auch Chlorphenoxyessigsäurederivate

Phenoxyessigsäuren Amide
2237, 2481, 2672, 2695, 2921, 3140, 4608
s. auch unter Penicilline (Phenoxymethylpenicilline)

Phenoxyessigsäuren Ester
2169, 2673, 3211, 3213, 3622, 4761

Phenoxypolyäthoxyäthanole
4247, 4787, 4914, 4968

3-Phenoxypropan-1.2-diole
905, 1208, 1209, 1516, 1768, 1990

3-Phenoxypropan-1.2-diole Carbamidsäureester (2-Hydroxy-3-phenoxypropylcarbamate)
1109, 1484, 1486

3-Phenoxypropan-1.2-diole Ester (sonstige)
4879

Phenylacetonitrile
1680, 2141, 2447, 2679, 2762, 3392, 4554
s. auch Diphenylacetonitrile

Phenylalanine (auch Phenyl-β-alanine)
850, 873, 875, 876, 878, 921, 925, 1166, 1167, 1738, 3281, 4058, 4174, 47 N, 93 N
s. auch unter Jodhydroxyphenylcarbonsäuren und unter Peptide

Phenylalanine Bis-(β-chloräthyl)-aminophenylalanine
1950, 1972, 1973, 1974, 1975, 3038, 3666, 3768, 4097, 4098, 4164, 4241, 4469, 4470, 4471, 4691, 4971, 184 N

Phenylalkyl- und Phenylcycloalkylamine
910, 1467, 2238, 2426, 3314, 3357, 3612, 3615, 3616, 3814, 3845, 4079, 4372, 153 N
s. auch Benzylamine, Cinnamyl- und Cinnamylidenamine, 3.3-Diphenylallylamine, 3.3-Diphenylpropylamine, α-Methylphenäthylamine, Phenäthylamine

2-Phenylbuttersäureester
s. unter Phenylessigsäuren

1-Phenylcyclopentancarbonsäureester
3131, 3135, 3402, 3421, 3618, 3669, 3670

Phenylendiamine
744, 935, 1496, 1609, 1622, 1636, 1895, 2163, 2371, 2394, 3085, 3162, 3365, 3414, 4805, 94 N
s. auch unter Jodbenzoesäuren und deren Ester (3-Amino-2.4.6-trijodbenzoesäuren und deren Ester)

Phenylessigsäuren
642, 1132, 1133, 1669, 1712, 1987, 2056, 2063, 2320, 2336, 2567, 2935, 2983, 52 N
s. auch Diphenylessigsäuren

Phenylessigsäuren Amide
912, 1152, 1732, 1887 (Thio), 2791, 2914, 3390, 3391, 3876, 4174, 4534
s. auch 2.2-Diphenyl-4-aminoacylamide und unter Cephalosporine, Penicilline (Benzylpenicilline)

Phenylessigsäuren Anilide
3750, 4143

Phenylessigsäuren Ureide
852, 881, 1439, 1940

Phenylessigsäuren Ester von α-Aminophenylessigsäuren
1997, 3412, 3423

Phenylessigsäuren Ester von α-Cyclopentylphenylessigsäuren
2887, 3403, 3405, 3650, 3671, 3871

Phenylessigsäuren Ester von 2-Phenylbuttersäuren
2692, 2768, 3154, 3681, 4044 (Thio), 4195, 4606, 4908

Phenylessigsäuren Ester von 2-Phenylvaleriansäuren
2903, 3129, 3422, 3431

Phenylessigsäuren Ester von α-Piperidylphenylessigsäuren
2199, 3404, 3411, 3656, 4249

Phenylessigsäuren Ester (quartäre)
3422, 3431, 3671, 4249

Phenylessigsäuren Ester (sonstige)
2168, 2353, 2817, 2823, 3140, 3213, 3754, 4137, 4539, 4855, 4871, 242 N
s. auch Benzilsäureester, Diphenylessigsäureester, 2.3-Diphenylpropionsäureester, Mandelsäureester, Tropansäureester

Phenylglykolsäureester
s. Mandelsäureester

4-Phenylpiperidin-4-carbonsäureester
s. unter Piperidincarbonsäuren

3-Phenylpropionsäuren
848, 2456, 41 N
s. auch Jodphenylpropionsäuren, Phenylalanine

3-Phenylpropionsäuren Ester
3130, 4540, 4603, 4665, 4711, 4782, 4801
s. auch 2.3-Diphenylpropionsäureester

Phenylstilbenbromide
3453, 3939, 3940, 4254, 4261, 4282

Phenylstilbenchloride
3454, 4133, 4453, 4454, 4455

Phloroglucine
328, 901, 2097, 4303, 22 N

Phosphinoxide und -sulfide
s. unter Phosphorsäureamide (N.N′-Diäthylen- und N.N′.N″-Triäthylenphosphoramide)

Phosphinsäuren und deren Ester
399, 557, 595, 741, 977, 1003, 1435, 2256 (Ester)

Phosphonige Säuren
623

Phosphoniumverbindungen
4714

Phosphonsäuren und Derivate
56, 60, 171 (Ester), 806 (Amid), 1186 (Ester), 5N, 133N (Ester-Thio)

Phosphoramidsäuren
8N

Phosphorsäureamide N.N'-Diäthylen- und N.N'.N''-Triäthylenphosphoramide
409, 410 (Thio), 751, 759, 773, 774 (Thio), 775, 1288 (Thio), 1817, 1818 (Thio), 103N
s. auch Carbamidsäuren (Ester von Bis-(1-aziridinyl)-phosphinylcarbamidsäuren)

Phosphorsäureamide sonstige
807
s. auch Phosphoramidsäuren, Phosphorsäureesteramide

Phosphorsäureester Alkyl(Aryl)dihydrogenphosphate
35, 57 (Thio), 58, 110, 121, 196, 198, 282, 342, 436, 444, 452, 558, 704, 971, 1204, 1405, 1568, 1739, 1783, 2247, 2838, 3065, 3100, 3328, 3916, 4355, 4750, 28N
s. auch Steroide (Steroiddihydrogenphosphate)

Phosphorsäureester Dialkyl(Diaryl)hydrogenphosphate
4377
s. auch Cobamide, Steroide (Disteroidhydrogenphosphate)

Phosphorsäureester Trialkyl(Triaryl)phosphate
160, 288a, 510, 1187, 1748, 2117, 2153, 3626, 4698, 64N

Phosphorsäureester Trialkyl(Triaryl)thiophosphate
651, 700, 783, 1031, 1240, 1243, 1552, 1801, 2152, 25N, 27N

Phosphorsäureester Trialkyl(Triaryl)dithiophosphate
1282, 1380, 1639, 1823, 56N

Phosphorsäureester Alkyldiphosphorsäuren und Dialkyldihydrogendiphosphate (saure Pyrophosphate)
1239, 1795, 2280, 3843, 3916, 4533, 108N

Phosphorsäureester Tetraalkyldiphosphate (neutrale Pyrophosphate)
799, 800, 801, 1826

Phosphorsäureester Alkyltriphosphorsäuren
999, 1256, 1802

Phosphorsäureester sonstige
200 (Dithio), 437, 1680, 2556

Phosphorsäureesteramide
1026, 1771
s. auch unter 1.3.2-Oxazaphosphorine

Phthalamidsäuren
s. unter Phthalsäuren (Amide)

Phthalane
s. Isobenzofurane (Dihydroderivate)

Phthalanilsäuren
s. unter p-Sulfamoylphthalanilsäuren

Phthalazine
657, 715, 1393, 1708, 2113, 3274

Phthalide
2893, 139N
s. auch Isochinoline-Tetrahydroisochinoline (1-Phthalidylderivate), Phenolphthaleine

Phthalimidine
s. Isoindolin-1-one

Phthalsäuren
637

Phthalsäuren Amide
643, 2205, 2683 (Diamid)
s. auch p-Sulfamoylphthalanilsäuren

Phthalsäuren Anhydride (Isobenzofuran-1.3-dione)
1136

Phthalsäuren Ester
1702 (Diester), 2134, 2332, 3204, 4655, 123N

Phthalsäuren Imide (Phthalimide = Isoindolin-1.3-dione)
836, 1380, 1620, 1855, 3230, 3248

Phytylderivate
4746, 4750

Piperazide
944, 1242, 1803, 1805, 1817, 1818, 3277, 3483, 4448, 4608, 97N
s. auch Carbamoylpiperazine

Piperazine
185, 253, 438, 1495, 1744, 1924, 1986, 2265, 2477, 2596, 2863, 2922, 3088, 3282, 3513, 3537, 3769, 3991, 4063, 4200, 4277, 4491, 4597, 4606, 4664, 4707, 4731, 4893, 142N, 173N, 213N, 227N
s. auch Indole (Piperazinylalkylderivate), Phenothiazine (Methylpiperazinylalkylderivate), Piperazide und die folgenden Stichworte

Piperazine Benzhydrylderivate
3040, 3846, 4387, 4449, 4456, 4521, 4522

Piperazine Chlorbenzhydrylderivate
3009, 3808, 4208, 4389, 4452, 4596, 4740

Piperazine Chlorphenylderivate
3280, 3557, 3737, 4618, 124N, 125N

Piperazine ohne Zwischenkette tricyclisch substituierte Derivate
2802, 2973, 2974, 2990, 3054, 3259, 3276, 3300, 3540, 3553, 122N, 132N, 150N, 166N, 167N, 185N

Piperazine Pyrazolyläthylpiperazine
124N, 125N, 141N

Piperazine quartäre
805, 1785, 3684, 4184
s. auch Dispirotripiperaziniumverbindungen

Piperazin-1-carbonsäureester
3372, 3373

Piperazin-2.6-dione
1510, 1644

Piperazinyläthanole
3345, 3558, 3599, 3975, 4144, 4160, 4197, 4662, 4710, 4794 (Ester), 170N, 234N (Ester)
s. auch Phenothiazine (Hydroxyäthylpiperazinylalkylderivate)

Piperazinyläthoxyäthanole
3587, 3808, 3846, 4208, 4343, 4740 (Ester)

Piperazinylalkanole
2010, 3158, 3809, 4065, 4183
s. auch Piperazinyläthanole

Piperidide
2776, 2777

Piperidincarbonsäuren
1955, 4589, 4653

Piperidincarbonsäuren Amide
3749, 3878, 4013, 4276, 4461, 4526, 4537, 4609

Piperidincarbonsäuren Anilide
2448, 2449, 3146, 104N (Thio)

Piperidincarbonsäuren Ester
1021, 2284, 2288, 2432, 2718, 3386

Piperidincarbonsäuren Ester von 4-Phenylpiperidin-4-carbonsäuren
2198, 2431, 2435, 2669, 2870, 3138, 3658, 3896, 4006, 4007, 4023, 4193, 4194, 4203, 4290, 4704, 4758, 4824

Piperidin-2.4-dione und Tetrahydropyridin-2.4-dione
965, 993, 1223, 1270

Piperidin-2.6-dione (Glutarimide)
577, 754, 1313, 1855, 1920, 1936, 2869, 4155, 4156, 4279, 4390

Piperidin-2.6-dione Antibiotica
2465, 2468, 2674, 2894

Piperidin-4-one
1007

Piperidine Anilinoderivate
2846, 3331, 3364, 3589, 4429

Piperidine 1.4'-Bipiperidine
3878, 4233, 4537, 4609

Piperidine 4.4'-Bipiperidine
2709

Piperidine Piperidylalkanole
3015, 3016, 3152, 3183, 3400, 3430, 3562, 3563, 3564, 3667, 3738, 3820, 3821, 3868, 3869, 4004, 4007, 4194, 4298, 215N

Piperidine Piperidinole
2613, 3019, 3183, 3735, 3744, 3751, 3950, 3962, 3987, 4024, 4586

Piperidine Ester von Piperidylalkanolen
2196, 2200, 2220, 2665, 3656, 3689, 3705, 3774, 3779, 4014, 4055, 4099, 4265, 4849, 4850

Piperidine Ester von Piperidinolen
2430, 2888, 2899, 3129, 3358, 3422, 3484, 3649, 3650, 3775, 3837, 3838, 4054, 217N

Piperidine Propionsäureester von Phenylpiperidinolen
2667, 2668, 2881, 2882, 2883, 3110

Piperidine Piperidylfettsäureester
3130, 4005, 4612
s. auch Phenylessigsäuren (Ester von α-Piperidylphenylessigsäuren)

Piperidine Piperidylidenverbindungen
2387, 2610, 2988, 3235, 3273, 3490, 3498, 3566, 3721

Piperidine 4-Propionylpiperidine
2433, 3137, 4233

Piperidine quartäre
1021, 2288, 2717, 2718, 3422, 3430, 3566, 3703, 3705, 3829, 3837, 3838, 3908, 4052, 4054, 4055, 4064, 4249, 4786, 4821, 4849, 4850, 193N, 206N

Piperidine sonstige
607, 763, 778, 1017, 1189, 1232, 1299, 1438, 1533, 1799, 1813, 1933, 2017, 2197, 2213, 2267, 2414, 2416, 2612, 2649, 2696, 2698, 2862, 2877, 2878, 2898, 3156, 3311, 3392, 3429, 3433, 3517, 3518, 3519, 3530, 3533, 3560, 3565, 3631, 3773, 3777, 3788, 3795, 3796, 3822, 3873, 3980, 3983, 3992, 4021, 4169, 4178, 4180, 4189, 4312, 4313, 4367, 4553, 4590, 4679, 4736, 35N, 69N, 109N, 128N, 172N, 179N, 194N
s. auch 6-Azaspiro[2.5]octane, 2.8-Diazaspiro[4.5]decane, p-Fluorbutyrophenone (ω-Piperidinoderivate), 1-Oxa-3.8-diazaspiro[4.5]decane, Phenothiazine (Piperidylalkylderivate), Propiophenone (β-Piperidinoderivate), 1-Thia-4.8-diazaspiro[4.5]decane, 1.3.8-Triazaspiro[4.5]decane

Pivalate
s. Trimethylessigsäureester

Platynecine
3141, 3142, 4506

Podophyllum-Wirkstoffe
4299, 4809

Polyene
1722, 3163, 4103, 4140, 4890, 54N
s. auch Carotine, Terpene (acyclische), Vitamin-A-Verbindungen

Polyen-Antibiotica
1859, 2890, 4478, 4955

Polyen-Antibiotica Polyen-Antibiotica mit Makrolidstruktur
4783, 4818, 4819, 4831, 4924, 4926

Polyhydroxysäuren
363, 388, 389, 392, 423, 425, 588, 604, 1684, 1797, 1811, 2141, 2270 (Anhydrid), 3546e, 3706, 4385, 4783, 4831, 4924, 4926

Polyhydroxysäuren Amide und Ester
397 (Amid), 589, 4883

Polyhydroxysäuren Laktone
359, 361, 1635, 4113, 54N

Polyhydroxyverbindungen
273, 2551, 3643, 4111, 4699, 4818, 4819, 4955
s. auch Kohlenhydrate, Polyhydroxysäuren, Polysaccharide, Zuckeralkohole und unter Flavane, Flavone

Polymere Verbindungen
23, 40, 124, 151, 173, 253, 342, 366, 504, 782, 874h, 1067, 1472, 2047, 2384, 3095a, 3096a, 3933, 4042, 4693a, 4703, 4971, 1N, 29N, 30N
s. auch Methacrylsäurepolymerisate, Phenoxypolyäthoxyäthanole, Polysaccharide, Resinate

Polysaccharide
379, 1770, 2980, 3546e, 4360

Porphyrine und deren Spaltprodukte
4772, 4790, 4791, 4792, 4793, 4795
s. auch Cobamide

Prednisolone
3859, 3877, 4207, 4337, 4412, 4486, 4487, 4556, 4557, 4594, 4612, 4655, 4842, 4874, 4881
s. auch Fluorprednisolone

Prednisolone 6-Methylprednisolone
4072, 4336, 4479

Prednisolone 16-Methyl- und 16-Methylenprednisolone
4031, 4604 (Methyl), 4613

Prednisone
3806, 4030, 4163, 4399, 4467

1.4-Pregnadiene
4335, 4491
s. auch Prednisolone, Prednisone

1.4-Pregnadiene Chlorderivate
3794, 4175, 4185

1.4-Pregnadiene Chlor-Fluorderivate
4017, 4285, 4294, 4543, 4605

1.4-Pregnadiene Fluorderivate
3811, 4018, 4035, 4036, 4037, 4212, 4305, 4544, 4610
s. auch Fluorprednisolone

2.4-Pregnadiene
4003, 4591

3.5-Pregnadiene
4492, 4617, 4620, 4659

4.6-Pregnadiene
3854, 4069, 4205, 4226, 4301, 4331, 200 N

4.6-Pregnadiene Chlorderivate
3861, 4033, 4161, 4186, 4283, 4284, 4304, 4414

Pregnane
3903 (3.5-Cyclo), 3906, 3912, 3914, 3917, 3919, 4426, 4583

1.4.6-Pregnatriene
3767, 4162

2.4.6-Pregnatriene
232 N

4-Pregnene
3807, 3857, 3860, 3888, 3889, 3890, 4091, 4104, 4349, 4357, 4654, 208 N
s. auch Cortisone und Hydrocortisone, Desoxycorticosterone, Progesterone

5-Pregnene
3902, 4105, 4238, 4240, 4425, 4498, 4720, 202 N
18.20-Methylimino-5-pregnene s. 5-Conene

Progesterone (auch Hydroxyprogesterone und Anhydrohydroxyprogesterone)
3851, 3855, 3882, 4092, 4225, 4231, 4348, 4561, 4623
s. auch 3.5-Pregnadiene, 4.6-Pregnadiene

Progesterone Chlorprogesterone
4077, 4210

Progesterone Fluorprogesterone
3844, 4213, 4311

Proline (Pyrrolidincarbonsäuren)
1230

Proline Amide
771, 2158
s. auch Lincomycine

Proline Ester
1551, 1824

Propargylamine
s. 2-Propinylamine

2-Propinylamine (Propargylamine)
1278, 1409, 1916, 1952, 4010

Propionsäuren
93, 97, 867, 1649, 1985, 1987, 2336, 3986, 4071, 4534, 87 N
s. auch Alanine, β-Alanine, Cysteine, 3-Cyclohexylpropionsäuren, Histidine, Jodphenylpropionsäuren, Milchsäuren, Phenylalanine, 3-Phenylpropionsäuren, Porphyrine, Serine

Propionsäuren 2-Methylpropionsäuren (Isobuttersäuren)
176, 936, 1094, 1133, 1622

Propionsäuren Amide
233, 244, 573, 883, 1242, 2595, 2696, 2870, 3051, 3549, 3631, 4277, 4736
s. auch β-Chlorpropionamide

Propionsäuren Anilide
915, 1478, 1891, 2217, 2244, 2819, 2898, 3075, 3845, 4021

Propionsäuren Ester von Steroiden
3856, 3886, 4078, 4093, 4329, 4335, 4358, 4411, 4433, 4502, 4546, 4548, 4604

Propionsäuren Ester von 2-Methylpropionsäure (Isobuttersäureester)
1668, 2673, 4151, 4239, 4340, 4766

Propionsäuren Ester (sonstige)
2233, 2429, 2885, 3580, 3897, 4045, 4046, 4047, 4280, 4300, 4477, 4794, 4867, 198 N
s. auch 3-Cyclohexylpropionsäureester, 3-Cyclopentylpropionsäureester, 2.2(3)-Diphenylpropionsäureester, 3-Phenylpropionsäureester, Piperidine (Propionsäureester von Phenylpiperidinolen), Trimethylessigsäureester, Tropasäureester

Propiophenone
890, 901, 2418, 3315, 3716, 3827, 4258, 4447, 213 N

Propiophenone p-Alkoxyderivate
1477, 1990, 2879, 2880, 3133, 3828

Propiophenone α-Aminoderivate
1323, 1334, 1470, 1477, 1735, 1994, 3314

Propiophenone β-Piperidinoderivate
2661, 2879, 3133

Prostaglandine
3679, 3686, 3687, 3693

Proteine
248 d

Protoverine
4872, 4873

Pseudothioharnstoffe
s. Isothioharnstoffe

Pseudotropinester
2027, 2409
s. auch Ekgonine und isomere Verbindungen

Pteridine
1070, 1596
s. auch Isoalloxazine

Pteridine Pteridinylmethylaminobenzoesäurederivate
2350, 2767, 2969, 2970, 2981, 3005, 3240, 3251, 3494, 3495, 3503, 3504, 3532, 3746, 3762, 3763, 4268, 4649, 4650, 4651, 4658

Purine
210, 219, 834, 845, 1123, 1127, 1180, 2210, 2864, 127 N, 148 N
s. auch Adenine, Harnsäuren, Xanthine

Pyrane und Hydropyrane
1947, 3500, 3652, 3947, 3992, 4437, 4438, 4633, 4739, 4742, 4783, 4820, 4831, 4836, 4843, 4865, 4867, 4877, 4888, 4891, 4901, 4902, 4924, 4926, 4947
s. auch Bufadienolide, Pyrone, Streptomycine und unter Kohlenhydrate, Laktone, Oligosaccharid-Antibiotica, Polyhydroxysäuren

Pyrane und Hydropyrane Pyrane als Bestandteile kondensierter Ringsysteme
3500, 3947, 3992
s. auch Benzo[1.2-b:3.4-b']dipyrane, Benzopyrane, Benzopyrano[5.4.3-c.d.e]benzopyrane, Cyclopenta[a]pyran..., Flavane, Furopyrane, Naphthopyrane, Naphtho[1'.2':5.6]pyrano[3.2-c]pyridine, Oxayohimbane, Trichodermol-Antibiotica und die folgenden Stichworte

Pyrano[2.3-c]acridine
3477

Pyrano[3.2-c]benzopyrane
2071

Pyranocumarine
3474, 3764

Pyrano[3'.4':6.7]indolizino[1.2-b]chinoline
3460

Pyrano[3.4-c]pyrane
2632

Pyrazine
371, 533, 1000, 1232, 1905
s. auch Bis-(oxepinopyrrolo)-pyrazine, Dibenzo[c.f]pyrazino[1.2-a]azepine, Oxazino[3.4-a]pyrazine, Pteridine, Sulfanilamidopyrazine

Pyrazincarboxamide
215, 348, 1199

Pyrazino[2.1-a]isochinoline
1695

Pyrazole
247, 825, 976, 1025, 1075, 3501, 55 N
s. auch Piperazine (Pyrazolyläthylpiperazine), Sulfanilamidopyrazole

Pyrazole Pyrazole in Steroidringsystemen
3879, 3900, 4591, 232 N

Pyrazol-1-carboxamide
141, 142 (Thio), 1255, 4015, 4201

Pyrazolidin-3.5-dione
1937, 2327, 2628, 3224, 3245, 3246, 3469, 3949, 3953, 3969, 4131, 4132, 4258, 4417, 4642, 4907, 210 N

3-Pyrazolin-5-one (5-Pyrazolone)
1355, 1359, 1382, 1601, 2179, 2862, 3115, 3956, 3983, 4170, 4318

3-Pyrazolin-5-one 4-Aminoderivate
1418, 1681, 1961, 2204, 2910, 3789, 4150, 4383

3-Pyrazolin-5-one 4-Aminoderivate (5-Oxo-3-pyrazolin-4-ylaminomethansulfonsäuren)
1683, 1965, 2676

3-Pyrazolin-5-one 4-Acylaminoderivate
2391, 2654, 2655, 2749, 2968, 2977, 2978, 3239, 3631

Pyrazolo[1.2-a]-1.2.4-benzotriazine
2628

Pyrazolo[1.2-a]cinnoline
3469, 3953

Pyrazolo[3.4-d]pyrimidine
207, 208, 209

Pyrazolo[4.3-d]pyrimidine
1179

Pyridazine
230, 1042, 1185
s. auch Sulfanilamidopyridazine

Pyridazinone
351, 374, 691, 1365, 140N, 164N

Pyridincarbonsäuren
308, 629, 1155, 1877, 2504, 2761, 4381
s. auch Nicotinsäuren

Pyridindene (Azafluorene, Indenopyridine)
3231

Pyridindole
s. Carboline

Pyridine
213, 350, 479, 534, 535, 692, 714, 725, 745, 1116, 1188, 1189, 1328, 1332, 1367, 1369, 1458, 1549, 1740, 1834, 1848, 1887, 1900, 2058, 2113, 2121, 2180, 2190, 2402, 2587, 2696, 2792, 2836, 2988, 3031, 3282, 3285, 3364, 3539, 3587, 3715, 3786, 3876, 3943, 3965, 4450, 4640, 16N, 25N, 53N, 135N, 168N, 199N
s. auch Benzocycloheptapyridine, Cyclopenta[b]pyridine, Isonicotin..., Naphtho[1′.2′:5.6]pyrano[3.2-c]pyridine, Nicotin..., Pyrid..., Sulfanilamidopyridine, Thieno[2.3-c]pyridine, 1.2.4-Triazolo[4.3-a]pyridine und unter Äthylendiamine (Antihistaminica), N.N-Dimethylpropylamine

Pyridine 2-Benzhydrylpyridine
2955, 3218, 3942

Pyridine 2-[α-(2-Dimethylaminoäthoxy)-benzyl]-pyridine
2602, 2603, 2842, 3628

Pyridine quartäre
736, 997, 1541, 2229, 2230, 2920, 2927, 3220, 3471, 3695, 3832, 3843
s. auch Carbamidsäuren (Ester mit quartären Pyridinolen)

Pyridine quartäre Pyridinaldoxime
562, 2188, 2422, 3170

Pyridine (Tetrahydropyridine)
1012, 1722, 2428, 3567, 3739, 3951, 3976
s. auch unter Piperidin-2.4-dione

Pyridinmethanole
336, 337, 1488 (Ester), 1583, 2945, 4511
s. auch Pyridoxine

Pyridinole
204, 508, 4905, 4909
s. auch Pyridoxine und unter Jodpyridone und Jodpyridinole

Pyridinole Ester
510, 863
s. auch Carbamidsäuren (Ester mit quartären Pyridinolen)

Pyrido[2.3.-b]-1.5-benzodiazepine
2803

Pyrido[2.3-b]-1.5-benzothiazepine
2576

Pyridobenzothiazine
s. Azaphenothiazine

Pyridone
1149, 1340
s. auch unter Jodpyridone und Jodpyridinole

Pyrido[1.2-a]pyrimidine (Homopyrimidazole)
81N

Pyridoxine (Vitamin-B_6-Derivate)
704, 735, 997, 1169, 1703, 2626, 2845, 4359, 28N

Pyridylessigsäuren
475, 488, 515, 653

Pyridylessigsäuren Ester
1095, 1096

Pyrimidine
125, 135, 227, 372, 378, 676, 751, 936, 1055, 1331, 1552, 1628, 1801, 1858, 2229, 2230, 2412, 2590n, 2596, 4672, 4770, 33N, 35N, 55N
s. auch Benzolsulfonamide (N-(2-Pyrimidinyl)-derivate), Cytosine, Pteridine, Purine, Pyrazolopyrimidine, Pyrido[1.2-a]pyrimidine, Pyrrolo[2.3-d]pyrimidine, Sulfanilamidopyrimidine, Thiamine, Thiouracile, Triazolopyrimidine, Uracile

Pyrimidine 2.4-Diaminopyrimidine
1617, 1941, 2186, 2187, 2871, 4460

Pyrimidine 2-(2-Aminoäthylamino)-pyrimidine (Äthylendiaminderivate)
2405, 2421, 2653

Pyrimidine (Tetra- und Hexahydropyrimidine)
1368, 1445, 1643, 1686, 1704, 3630, 3931
s. auch Barbitursäuren, Thiobarbitursäuren

Pyrimido[3.4-b]-1.4-benzoxazine (3.4-Diazaphenoxazine)
122N

Pyrimido[4.5-d]pyrimidine
1595

Pyrimido[5.4-d]pyrimidine
4367

Pyrimido[5.4-e]-1.2.4-triazine
522

Pyrogallole
327, 671, 1235, 1416, 1613, 2893, 4167, 4381, 4734, 4869, 58 N
s. auch Gallussäuren, 1.2.3-Trimethoxybenzole

α-Pyrone
672, 1139, 1328, 1995, 2133, 3460, 3508
s. auch Cumarine

γ-Pyrone
292, 672, 2071, 2276
s. auch Chromone

Pyrophosphate
s. unter Phosphorsäureester

Pyrrole und Pyrroline
122, 926, 1034, 1225, 2608, 3123, 3582, 3894, 4179, 4459, 4602, 4947, 101 N
s. auch Bis-(oxepinopyrrolo)-pyrazine, Dibenzo[f.h]pyrrolo[1.2-b]isochinoline, 1.2-Dithiolo[4.3-b]pyrrole, Porphyrine, Pyrrolo...

Pyrrolidide
1701, 2890, 4296, 4407, 4408, 4409, 4461, 4526

Pyrrolidine
1188, 1428, 1430, 1740, 2037, 2185, 2202, 2216, 2217, 2239, 2429, 2455, 2470, 2662, 3401, 3412, 3481, 3521, 3617, 3648, 3752, 3771, 3992, 4190, 4192, 4530, 4531, 4741, 4822, 89 N, 105 N, 129 N, 136 N, 205 N
s. auch 4.6-Conadiene, 5-Conene, Phenothiazine (Pyrrolidinylalkylderivate), Proline, Pyrrolidide, Strychnine

Pyrrolidine 1-(2-Butinyl)-pyrrolidine
1752, 1784, 1786, 3486

Pyrrolidine 1-(2-Phenoxyäthyl)-pyrrolidine
3243, 4514, 4645

Pyrrolidine Antihistaminica
2997, 3241, 3285, 3330, 3496, 3588, 3790

Pyrrolidine quartäre
591, 1824, 2292, 2501, 3083, 3157, 3405, 3549, 3578, 3671, 3672, 3680, 3835, 3836, 3910, 4041, 4053, 4403, 4696, 177 N

Pyrrolidin-2.5-dione (Succinimide)
578, 753, 1313, 1363, 1619, 1624, 1627, 1919, 2077, 2624, 3308, 4847

Pyrrolidin-2-one
366, 380, 1116, 1752, 2158, 2416, 2890, 3944, 4297, 4656, 102 N

Pyrrolizidine
s. unter Platynecine

Pyrrolo[2.1-c]-1.4-benzodiazepine
2578

Pyrrolo[2.1-b]chinazoline
1383

Pyrrolo[1.2-a]indole
2401, 2629

Pyrrolo[2.3-b]indole
2443, 2444

Pyrrolo[2.3-d]pyrimidine
1449, 2126, 2482, 63 N

Pyrrolo[2.1-a]-1.3.5-triazine
4243

Quecksilberchloridverbindungen
s. Chlor-Quecksilber-Verbindungen

Quecksilbersalze
298 b, 331, 343 a, 344 c, 921, 3178 a, 3446 a, 3711

Quecksilberverbindungen Antiseptica, Fungicide und dgl.
45, 184, 303, 304, 317, 470, 471, 701, 702, 877, 1059, 1143, 2343, 2678, 3191, 3441

Quecksilberverbindungen Diuretica
258, 426, 747 c, 747 d, 1540, 1620, 1672, 1692, 2118, 2277, 2500, 2705

Quecksilberverbindungen Diuretica (Theophyllinverbindungen und -gemische)
267, 753, 1002, 1149, 1951, 2118 a, 2277 a, 2406, 2648, 2761, 3230, 3610

Quecksilberverbindungen sonstige
109, 4793, 12 N

Radioaktive Isotope
109, 264, 839, 840, 1326, 1327, 2323, 2324, 3439, 3449, 4961, 4962, 12 N, 90 N, 91 N, 247 N

Ranunculaceen-Alkaloide
4434, 4799, 4841, 4847, 4869, 45 N, 240 N

Rauwolfiaalkaloide
s. unter Indolochinolizine, Oxayohimbane, Yohimbane

Reserpsäureester
s. unter Yohimbane

Resinate (Harzkomplexe)
561d, 954d, 1211a, 1216c, 1222a, 1546c, 2112, 2532b, 2814a, 3964b
s. auch Methacrylsäurepolymerisate

Resorcine
325, 539, 667 (Ester), 1767, 2019, 2964, 2965, 3062, 3127, 3228, 4089, 59N, 74N
s. auch β-Aminoalkohole (α-(3.5-dihydroxyphenyl)-substituierte β-Aminoalkohole)

Resorcine Äther
1531, 2297, 2463, 2985, 3253, 3343, 3765, 3805, 4489, 4506, 120N
s. auch unter Phenole (Alkoxyphenole)

Retrosteroide
s. Steroide (9β.10α-Steroide)

Rhodanide
s. Thiocyanate

Riboflavine
s. unter Isoalloxazine

Riboside und Desoxyriboside
739, 750, 926, 976, 1127, 1179, 1180, 1449, 2173, 2184, 2280, 3843, 63N
s. auch Adenosine, Cobamide, Uridine (und Desoxyuridine)

Rifamycine
4839, 4891, 4892, 4893

Salicylsäuren
463, 473, 494, 496, 497, 503, 664, 687, 1351, 1451, 2726, 2949
s. auch Acetylsalicylsäuren, p-Aminosalicylsäuren, 5-(p-Sulfamoylphenylazo)-salicylsäuren

Salicylsäuren Amide
514, 683, 860, 1156, 1429, 1473, 1569 (Hydrazid), 2014, 2774, 2968, 4484, 4616, 77N

Salicylsäuren bromsubstituierte Amide
483, 1106, 1616, 2059, 19N

Salicylsäuren Anilide
1863, 1865, 2365

Salicylsäuren bromsubstituierte Anilide
1832 (Thio), 1833, 1838, 1839, 1840, 2051 (+ CF_3), 74N, 98N

Salicylsäuren chlorsubstituierte Anilide
1829, 1835, 1837, 1838, 1843, 1844, 2301, 2362, 98N, 149N

Salicylsäuren jodsubstituierte Anilide
2301, 149N

Salicylsäuren Ester
665, 894, 899, 900, 1088, 1089, 1138, 1715, 2225, 2512, 2548, 2847, 2874, 3317, 4027, 4515, 79N, 129N

Salicylsäuren Ester (Phenyl- und Naphthylester)
1860, 2070, 2338, 2732, 2733

Salicylsäuren (O-Alkyl- und O-Acylderivate)
502, 1414, 2070, 2334, 2520, 2951, 3713
s. auch Acetylsalicylsäuren

Salicylsäuren (O-Alkyl- und O-Acylderivate) Amide
862, 913, 1157, 1377, 1482, 1672, 1728, 1951, 2169, 2215, 2406, 2470, 2659, 2848, 4173

Salicylsäuren (O-Alkyl- und O-Acylderivate) Anilide und Hydrazide
1649, 1875, 2346 (Anilid), 3342 (Anilid)

Salicylsäuren (O-Alkyl- und O-Acylderivate) Ester
2192, 2333, 2916, 3226, 3974

Salpetersäureester (Nitrate)
48, 78, 84, 148, 183, 235, 249, 265, 280, 323, 354, 357, 398, 412, 600, 781, 1290

Salpetrigsäureester (Nitrite)
47, 261

Salze, innere
s. Betaine

Schiffsche Basen
2124, 2128, 2739, 3482, 3512, 4703, 4756, 100N

Schwefelsäureester (Alkyl(Aryl)hydrogensulfate und deren Salze)
502, 735c, 789, 1053, 1353, 1685, 1770, 2287, 2359, 2860, 2955, 3008, 3063, 3180, 4040, 4360

Schwefel-Stickstoff(S-N)-Verbindungen
814
s. auch Imide (N-(Trichlormethylthio)-Derivate), Isothiazole, Sulfonamide, 1.2.4-Thiadiazin-1.1-dioxide, 1.2-Thiazine

Scopine
s. unter Tropinester (6.7-Epoxyderivate)

Secalealkaloide
s. unter Lysergamide

9.10-Secocholestane und -ergostane
4573, 4579, 4626, 4630, 4632, 226 N

Selenverbindungen
264

Seltene Erden-Salze
29 a, 238 b, 254, 308, 333 b, 338 c, 389 a, 503

Semicarbazide
551, 856
s. auch Sulfonylharnstoffe (3-(N-heterocyclisch)-substituierte Derivate (= Semicarbazide)

Semicarbazone
1125, 1128, 1329
s. auch 5-Nitro-2-furaldehydsemicarbazone

Semioxamazone
493

Senföle
s. Isothiocyanate

Serine
110, 225, 229, 1235 (Hydrazid), 4672 (Anilid)

Sesquiterpenalkohole und deren Ester
2485, 2491, 4027

Sideramine
4443

Silbersalze und -verbindungen
98, 291 a, 344 b, 362 i, 411 z/1, 1598 b, 3447 a, 3711a, 4757 a

Siliciumverbindungen
784, 4110

Silikate
s. Kieselsäureester und -salze

Solanaceen-Alkaloide
1188, 1189, 2037, 4941
s. auch unter Tropinester

Spirosteroide
3883, 4029, 4334, 4347, 4498

Spiroverbindungen
1602, 1756, 1995, 2038, 2413, 2750, 2965, 3500, 3996, 4403, 4478, 193 N
s. auch 6-Azaspiro[2.5]octane, Cyclopenta[c]pyran-7-spiro-2′-oxirane, Dioxaspiro[4.5]-decane, Dispirotripiperaziniumverbindungen, 1-Oxa-3.8-diazaspiro[4.5]decane, Spirosteroide, 1-Thia-4.8-diazaspiro[4.5]decane, 1.3.8-Triazaspiro[4.5]decane, Trichodermol-Antibiotica

Stearinsäureamide und -ester
3694, 3698, 3701, 4373 (Amid), 4687, 4747, 4834, 4874

Steroidacetonide
4285, 4305, 4337, 4339, 4349, 4659
s. auch Fluorprednisolonacetonide

Steroidacetophenonide
4654, 229 N

Steroidalkaloide
4105, 4364, 4365, 4941, 202 N
s. auch Protoverine

Steroidantibiotica
4749, 4781

Steroide
s. Androst..., Azasteroide, Bufadienolide, Cardenolide, Cholansäuren, Cholestane, Ergostatriene, Gonene, Homosteroide, 19-Norpregn..., Norsteroide, Östr..., Pregn..., Secocholestane und -ergostane, Spirosteroide, Steroid...

Steroide 9β.10α-Steroide (Retrosteroide)
3767, 3854

Steroide Amino- und andere N-Derivate
3919, 4439, 4505, 4583, 4620, 4696, 4786, 4821, 4858, 4862, 4889, 245 N
s. auch Steroidalkaloide, Steroide (mit ankondensierten Heterocyclen)

Steroide Bromderivate
3807, 3844, 4575, 4690

Steroide Chlorderivate
3101, 3307, 3381, 3511, 3608, 3609, 3767, 4162, 4163, 4604, 4659, 197 N
s. auch 1.4-Pregnadiene (Chlorderivate, Chlor-Fluorderivate), 4.6-Pregnadiene (Chlorderivate), Progesterone (Chlorprogesterone), Testosterone (Chlortestosterone)

Steroide Fluorderivate
3645, 4591, 4620, 4659
s. auch Cortisone und Hydrocortisone (Fluorcortisone und -hydrocortisone), Fluorprednisolone, 1.4-Pregnadiene (Chlor-Fluorderivate, Fluorderivate), Progesterone (Fluorprogesterone)

Steroide Steroiddihydrogenphosphate
3095a, 3096a, 3410, 3877, 3899, 4060, 4061, 4062, 4324, 4630, 207N

Steroide Disteroidhydrogenphosphate
4881, 4882

Steroide 1-Methylsteroide
3676, 3913, 4094, 4569

Steroide 2-Methylsteroide
3661, 3677, 3907 (Methylen), 4095, 4246, 4862, 4889, 245N

Steroide 1.2-Methylensteroide
4161, 4283

Steroide 4-Methylsteroide
4749

Steroide 6-Methylsteroide
4035, 4069, 4091, 4104, 4205, 4225, 4226, 4311, 4331, 4348, 4357, 4498, 208N, 232N
s. auch Prednisolone (6-Methylprednisolone)

Steroide 7-Methylsteroide
3852, 3904, 155N, 189N, 190N

Steroide 16-Methylensteroide
4161 (16.17-Methylen), 4205, 4284, 4301, 200N
s. auch Fluorprednisolone (16-Methylenfluorprednisolone) und unter Prednisolone (16-Methyl- und 16-Methylenprednisolone)

Steroide Steroide mit ankondensierten Heterocyclen
3657, 3879, 3895, 3900, 4003, 4591, 232N

Steroide Steroide mit Dreifachbindung in 20.21-Stellung (17-Äthinylsteroide)
3506, 3511, 3555, 3573, 3604, 3635, 3636, 3804, 3851, 3852, 3853, 4003, 4225, 4418, 4547, 4591, 187N
s. auch 4-Östrene (17α-Äthinylderivate)

Steroidlaktone
3351, 3419, 4029, 4334, 202N
s. auch Bufadienolide, Cardenolide

Steroidpentanonide
223N

Stibonsäuren Benzolstibonsäuren
349, 675, 694, 703, 755c, 1749, 1907, 4859

Stilbene
2543, 2562, 2563, 3765, 3776, 3936, 4009, 4080, 4458, 4514
s. auch Phenylstilbenbromide, Phenylstilbenchloride, Stilböstrole

Stilböstrole (Diäthylstilböstrole)
3006, 3008, 3065, 3301, 3554, 3973, 4280, 4388, 4585, 4755, 4884, 4940

Streptomycine und verwandte Antibiotica
3923, 3924, 3925, 3926, 3927, 4572, 4581, 241N

Strontiumsalze
38b, 497e, 2509d, 4115

k-Strophanthidine
4675, 4676, 4677, 4678, 4722, 4814, 4832, 4886

Strychnine
3728, 3729, 3757, 4158, 4552
s. auch Curarealkaloide vom Strychnintyp

Styrole
1921, 2133, 2937, 2939, 4042, 4462, 4741, 83N
s. auch Stilbene, Zimtsäuren

Succinanilsäuren
1120, 1655, 1676, 1894, 2369, 2560

Succinate
s. Bernsteinsäuren (Ester)

Succinimide
s. Pyrrolidin-2.5-dione

Sulfaminsäuren
433, 3970k, 121N

p-Sulfamoylanilsäuren
1078, 1120, 1877, 1879, 1894, 2349, 2369
s. auch p-Sulfamoylphthalanilsäuren

p-Sulfamoylbenzoesäuren
469, 518, 1485, 2005, 2466

5-(p-Sulfamoylphenylazo)-salicylsäuren
1878, 2516, 2948, 2956, 3221

p-Sulfamoylphthalanilsäuren
2540, 2553, 2734, 2737, 2740, 3209, 3456

Sulfanilamide N^1-Acetylderivate
708, 1632, 1911, 1912, 1927, 2540, 2806

Sulfanilamide N^4-Acetylderivate
943, 2111, 2145, 4345

Sulfanilamide N^1-Acylderivate (außer Acetylderivaten)
1442, 1884, 2379, 2589, 4345, 4373

Sulfanilamide N^4-Acylderivate (außer Acetylderivaten)
1762, 2445
s. auch p-Sulfamoylanilsäuren

Sulfanilamide N^4-Azoderivate
1636, 1895, 2530, 2961
s. auch 5-(p-Sulfamoylphenylazo)-salicylsäuren

Sulfanilamide Disulfanilamide
1633, 1928, 2145, 2171, 4513

Sulfanilamide Bromderivate
1581, 1615

Sulfanilamide Chlorderivate
347, 1054, 1056, 1588, 1618, 2533

Sulfanilamide Jodderivate
335, 1074, 1589, 2734, 3456

Sulfanilamide sonstige
352, 519, 567, 568, 569, 701, 709, 748, 939, 1121, 1197, 1511, 1686, 1764, 1782, 1902, 2035, 2088, 2124, 2222, 2345, 2400, 3148, 3502, 3944, 4726, 44N, 97N
s. auch Homosulfanilamide, Sulfanilamido..., Sulfanilanilide, Sulfanilyl...

Sulfanilamidooxazole und -isoxazole
1074, 1102, 1420 (Oxazol), 1421, 1632, 1927

Sulfanilamidopyrazine
1056, 1082, 1401, 1912

Sulfanilamidopyrazole
1446, 2348, 2564

Sulfanilamidopyridazine
1054, 1398, 1656, 1911, 2349, 2956, 3209

Sulfanilamidopyridine
1366, 1631 (Homo!), 1634, 2369, 2948, 3493

2-Sulfanilamidopyrimidine
1081, 1396, 1397, 1399, 1615, 1652, 1660, 2189, 3221, 4391, 4756

4(6)-Sulfanilamidopyrimidine
1400, 1618, 1653, 1657, 1658, 1659, 1910, 3761, 65N

Sulfanilamido-1.3.4-thiadiazole
658, 887, 1124, 1448, 1710, 1711, 1943, 2740

Sulfanilamidothiazole und -isothiazole
865, 1067, 1068, 1100, 1101 (Iso), 1422, 1685, 1879, 1894, 2516, 2533, 2734, 2737, 2755

Sulfanilamido-1.3.5-triazine
1423, 1966

Sulfanilanilide
1581, 1589, 1604, 1885, 1886, 2111, 3456, 4754
s. auch Sulfanilamide (Disulfanilamide)

Sulfanilsäuren
338, 525, 733 (Thioester)

Sulfanilylguanidine
571, 943, 68N

Sulfanilylharnstoffe und -thioharnstoffe
553 (Thio), 555, 1234, 1534, 2445, 2553

Sulfide
s. Thioäther

Sulfinsäuren und ihre Salze (besonders Formaldehydsulfoxylsäurederivate)
559, 567, 1896, 2161, 4150
s. auch Thiosulfinsäureester

Sulfobernsteinsäurederivate
157, 2925, 3700

Sulfonamide
885, 1168, 3653, 4200, 4224
s. auch Benzolsulfonamide, Benzolsulfonchloramide, o-Chlorsulfonamide, Homosulfanilamide, Nitrobenzolsulfonamide, Phenothiazine (2-Sulfonamide), p-Sulfamoyl..., Sulfanilamide, Sulfonylharnstoffe, 1.3.4-Thiadiazolsulfonamide und unter 1.2.4-Benzothiadiazin-1.1-dioxide

Sulfonanilide
1571, 1597, 2107
s. auch Methansulfonanilide, Sulfanilanilide

Sulfone
274, 615, 679, 732, 757, 790, 866, 1027, 1173, 1367, 1670, 1671, 2177, 2467, 3619, 3716, 3799, 4013
s. auch p.p'-Diaminodiphenylsulfone, Dioxide (S-Dioxide)

Sulfoniumverbindungen
199, 448, 2819, 3075, 3150, 3151, 3990
s. auch Phenazathioniumverbindungen

Sulfonsäuren und ihre Salze
8, 13, 40, 42, 54, 75, 98, 101, 118, 308, 346, 556, 1128, 1190a, 1267, 1576, 1822, 2404, 2507, 2830c, 2940, 3489f, 3654, 4354, 4774a, 4890, 4936, 4956, 4N
s. auch Anilinoäthansulfonsäuren, Anilinomethansulfonsäuren, Anilinopropandisulfonsäuren, Benzolsulfonsäuren, Chinolinsulfonsäuren, Naphthalin- und Naphtholsulfonsäuren, Naphthylaminsulfonsäuren, Phenolsulfonsäuren, 3-Pyrazolin-5-one (4-Aminoderivate/5-Oxo-3-pyrazolin-4-ylaminomethansulfonsäuren), Sulfaminsäuren, Sulfanilsäuren, Sulfobernsteinsäurederivate

Sulfonsäuren und ihre Salze Derivate von Sulfanilamiden
568, 569, 748, 1422, 1634, 2035, 2189, 2400, 3493, 3761

Sulfonsäuren Ester
443, 733 (Thio), 791, 1805, 4784, 50N

p.p'-Sulfonyldianiline
s. p.p'-Diaminodiphenylsulfone

Sulfonylharnstoffe p-Chlorphenylsulfonylharnstoffe
1145, 1430, 1949, 1970, 2371, 69N

Sulfonylharnstoffe p-Tolylsulfonylharnstoffe
1701, 1741, 1760, 1904, 1983, 2223, 2249, 2451, 2685, 3120

Sulfonylharnstoffe 3-(N-heterocyclisch)-substituierte Derivate (= Semicarbazide)
1430, 1741, 1970, 2249, 69N, 130N, 176N

Sulfonylharnstoffe sonstige
1509, 1761, 2224, 2419, 2452, 2650, 4173
s. auch Sulfanilylharnstoffe und unter Metanilamide und -ureide

Sulfoxide
52, 1566, 1582, 1600, 2769, 3798, 4132, 26N

Sultame
1197

Tannate (gerbsaure Salze)
411w, 954c, 2084, 2600b, 2812i, 2854c, 3478d, 3681a

Terpene
1241, 1263, 1275, 2928, 2932, 3124
s. auch Bicyclo[2.2.1]heptane und -heptene, Carotine, Oleanen..., Vitamin-A-Verbindungen

Terpene Terpenalkohole
1261, 1264, 1304, 3120, 3643, 3685, 49N
s. auch Menthole, Sesquiterpenalkohole (und deren Ester)

Terpene Terpenalkohole (veresterte)
2494, 4111
s. auch Borneol- und Isoborneolester und unter Menthole

Terpene Terpenketone
1190a, 1206, 1207, 1210, 1257, 1258, 1259, 1261, 1264, 1267, 1513, 1515, 2275, 3643, 3653

Terpene (acyclische)
2657, 3164, 3685, 4089, 4574, 4870
s. auch Phytylderivate

Testosterone
3395, 3410, 3885, 4093, 4110, 4211, 4239, 4302, 4402, 4493, 4501, 4539, 4559, 4562, 4603, 4622, 4748, 4801, 4858

Testosterone Chlortestosterone
3380, 3644, 3862, 4078, 4428

Testosterone 17α-Methyltestosterone
3644, 3662, 3665, 3904, 190N
s. auch 3.5-Androstadiene

Tetraäthylenpentamine
30N

5.7.12.14-Tetraazapentacene
2940

Tetracycline
3725, 3731, 3732, 3745, 3955, 3960, 3970, 3971, 3972, 4171

Tetracycline Chlorderivate
3720, 3948, 3961, 4142, 4525

Tetracycline N^2-substituierte
4142, 4525, 4530, 4531, 4532, 4640, 4657, 4662, 4664, 4937, 4957

Tetracycline N^2-substituierte (mit COOH-Gruppen im Substituenten)
2374d, 4397, 4653, 4663, 4710, 4853

Tetrahydro-1.4-oxazine
s. Morpholine

Tetrasulfide
2281

Tetrazene
2162

Tetrazole und Tetrazoline
382, 521, 640, 1986, 2677, 2729, 3208, 4844, 86N

Theobromine
278a, 532, 1201, 1203, 1692, 2018, 2495, 2541

Theophylline
523, 531, 735c, 888, 904, 941, 1200, 1202, 1408, 1537, 1743, 2033, 2034, 2114, 2279, 2370, 2402, 2617, 2839, 2897, 3084, 3089, 3090, 3489f, 3625, 3945, 4422
s. auch 8-Bromtheophyllinate, 8-Chlortheophyllinate, Quecksilberverbindungen (Diuretica/Theophyllinverbindungen und -gemische)

4-Thia-1-azabicyclo[3.2.0]heptane
s. unter Penicilline

5-Thia-1-azabicyclo[4.2.0]oct-2-ene
s. unter Cephalosporine

1-Thia-4.8-diazaspiro[4.5]decane
192 N

1.2.4-Thiadiazin-1.1-dioxide
612
s. auch 1.2.4-Benzothiadiazin-1.1-dioxide

1.3.5-Thiadiazine (Perhydroderivate)
1646, 2766

1.2.5-Thiadiazole
44 N

1.3.4-Thiadiazole
300, 759, 15 N, 86 N

1.3.4-Thiadiazolsulfonamide und Benzolsulfonamido-1.3.4-thiadiazole
83, 147, 233, 234, 383, 639, 661, 1638, 1682, 1964
s. auch Sulfanilamido-1.3.4-thiadiazole

Thiamine (Vitamin-B_1-Derivate)
1707, 1709, 1719, 1765, 1783, 1795, 1802, 1942, 2230, 2656, 3122, 3328, 3759, 3760, 4451

Thiamine (Vitamin-B_1-Derivate) Thiamindisulfide
2269, 2453, 2483, 2901, 4242, 4346, 4355, 4765, 4766, 4845

Thianthrene
2101

Thiazepine
s. 1.5-Benzothiazepine, Dibenzo[b.f]-1.4-thiazepine

1.2-Thiazine (Perhydroderivate)
1197

1.3-Thiazine
s. unter 3.1-Benzothiazine

1.3-Thiazine (Dihydroderivate)
1705
s. auch unter Cephalosporine

1.3-Thiazine (Perhydroderivate = „1.3-Thiazane")
1356, 1374, 1625, 1703

1.4-Thiazine (Perhydroderivate = Thiomorpholine)
1174, 1626, 1741

Thiazole
74, 81, 144, 635, 830, 831, 842, 866, 870, 1040, 2441, 3038, 3088, 85 N, 142 N
s. auch Benzothiazole, Imidazo[2.1-b]thiazole, Nitrothiazole, Sulfanilamidothiazole und unter Thiamine

Thiazole Chloralkyl(aryl)thiazole
346, 560, 1314, 1719

Thiazolidine
166, 773, 996, 1043, 1444, 2168, 3249
s. auch Penicilline, 1-Thia-4.8-diazaspiro-[4.5]decane

Thiazolidine 4-Oxothiazolidin-2-ylidenessigsäureester
2017, 2267

Thiazoline
90, 1390, 2739

Thieno[2.3-b]-1.4-benzothiazine
170 N

Thienobenzothiepine
2784, 2802

Thieno[3.4]imidazole
1252

Thieno[2.3-c]pyridine
137 N

2-Thienylessigsäureester
2886, 3083, 3166, 3387

2-Thienylmethanole
2820, 3112, 3134, 177 N
s. auch unter 2-Thienylessigsäureester

Thiepine
s. Dibenzothiepine, Thienobenzothiepine

Thioacetale
1666, 231 N

Thioäther (Sulfide)
72, 170, 190, 834, 845, 1104, 1286, 1544, 1788, 1820, 3527, 3553, 3759, 3937, 4109, 4522, 4528, 4775, 86 N, 135 N
s. auch β-Aminoäthylthioäther, 1.2.4-Benzothiadiazin-1.1-dioxide (6-Chlor-7-sulfonamide/3-Alkylthiomethyl-Derivate), Disulfide, Epithioverbindungen, Lincomycine, Mercaptocarbonsäuren und deren Derivate (Äther), Penicilline (Alkyl(Aryl)thiomethylpenicilline), Phenothiazine (2-Alkylthioderivate), Tetrasulfide, Thioacetale und unter Isothioharnstoffe

Thioalkohole (Thiole)
81, 116, 118, 143, 209, 210, 251, 478, 1014, 4N
s. auch Aminothioalkohole, Mercaptocarbonsäuren und deren Derivate

Thioamide
142, 710, 940, 1675, 1887, 2380
s. auch Thioharnstoffe und unter Phosphorsäureamide

Thioanilide
98N
s. auch Thiocarbanilide

2-Thiobarbitursäuren
134, 746, 1192, 1248, 1500, 1542, 1543, 1544, 1606, 1756, 1757, 1787, 1788, 1938, 1939

Thiocarbanilide
1841, 2793, 3365, 3965, 4223

Thiocarbazone
1888

Thiocarbonsäuren
496, 936

Thiocarbonsäuren Ester
1662, 2009, 2656, 3017, 3328, 3424, 3568, 3760, 4043, 4044, 4242, 4334, 4347, 4350, 4451

Thiocarbonsäuren (Dithiocarbonsäuren)
150, 253, 266, 494, 1513, 4184 (Ester)
s. auch Xanthogenate

Thiochromane
1168

Thiocyanate (Rhodanide)
6, 644, 1071, 1609c, 1961o, 2001, 3080a, 4843b

Thioharnstoffe
16, 50, 111, 174, 269, 553, 603, 654, 94N, 104N
s. auch Isothioharnstoffe, Thiocarbanilide

Thiohydantoine
232 (Dithio), 1246

Thiolaktone
164, 367

Thiole
s. Thioalkohole

Thiomorpholine
s. 1.4-Thiazine (Perhydroderivate)

Thiophene
843, 1390, 1445, 1704, 1725, 1854, 2434, 2542, 2561, 2846, 3220, 3471
s. auch Benzocycloheptathiophene, Benzothiophene, Dithienylalkenylamine, Thieno..., 2-Thienylessigsäureester, 2-Thienylmethanole

Thiophene Thiophencarbonsäuren und Derivate
212, 631 (Amid), 1309 (Anilid), 51N

Thiophene Thenyläthylendiamine
2175, 2176, 2208, 2209, 2420

Thiophene (Tetrahydrothiophene)
164, 367, 1252, 3990

Thiophenoläther
640, 1240, 1745, 2224, 3158, 3541, 3875, 4131, 56N, 82N, 231N
s. auch Diphenylthioäther

Thiophenylpyridylamine
s. Azaphenothiazine

Thiophosphorsäurederivate
s. unter Phosphorsäureamide, Phosphorsäureester

Thiophthalane
s. Benzo[c]thiophene (Dihydroderivate)

Thiopyrano[4.3-b]indole
2623

Thiosemicarbazide
529, 1198

Thiosemicarbazone
320, 534, 535, 714, 740, 776, 1080, 1395, 1425, 3121, 4430, 179N
s. auch Benzaldehydthiosemicarbazone

Thiosulfinsäureester (Disulfid-S-oxide)
18N

Thiouracile
127, 133, 221, 561, 980, 1041, 1341

Thioxanthene
2993, 3235, 3313, 3530, 4144, 4200, 4266, 234N
s. auch Thioxanthone

Thioxanthene Chlorderivate
2972, 3975, 4183, 4277

Thioxanthone
3542, 3548, 4025

Thioxoverbindungen
213, 477, 564, 659, 882, 1043, 1046, 1646, 1707, 2524, 2739, 2766

Thiurame
408, 1286, 1287

Thymole und deren Äther und Ester
1141, 1147, 1150, 1205, 1451, 2219, 2691, 2694, 2706, 3538, 3793, 3974, 4076, 4507, 4662b, 4757, 4852

Tiglinsäure- und Angelikasäureester
2026, 2027, 3141, 3606, 3996, 3998

Tocopherole (Vitamin-E-Verbindungen)
4577, 4634, 4635, 4693, 4694, 4751, 4785, 4815

Triamine
3709, 4413, 4670
s. auch Diäthylentriamine, Triaminobenzole

Triaminobenzole
2211, 3116

1.3.8-Triazaspiro[4.5]decane
3984, 3988, 4152, 4278, 4644

Triazene
s. Diazoaminoverbindungen

1.2.3-Triazine
s. 1.2.3-Benzotriazine

1.2.4-Triazine
s. Azauracile, 6-[2-(5-Nitro-2-furyl)-vinyl]-1.2.4-triazine, Pyrazolo[1.2-a]-1.2.4-benzotriazine, Pyrimidotriazine

1.3.5-Triazine (auch Hydroderivate)
75, 85, 750, 835, 871, 1432, 1511, 1745, 2146, 2413
s. auch Chlorisocyanursäuren, Melamine, Pyrrolotriazine, Sulfanilamido-1.3.5-triazine

Triazole
481, 832, 1271, 3N

1.2.4-Triazolo[4.3-a]pyridine
3280

1.2.3-Triazolo[4.5-d]pyrimidine
136

1.2.4-Triazolo[1.5-a]pyrimidine
48N

2.2.2-Trichloräthanolester
35, 73, 203, 549, 1335

Trichodermol-Antibiotica
2875, 3352, 4541, 4669

Tricyclo[2.2.1.0$^{2.6}$]heptane
3651, 3869

3.4.5-Trimethoxybenzoesäureamide
2203, 2686, 2836, 2891, 3849, 205N

3.4.5-Trimethoxybenzoesäureester
3157, 3167, 4056, 4107, 4598, 4642, 4718, 4738, 4740, 4744, 4759, 4760, 4775, 4776, 4777, 4798, 4854

1.2.3-Trimethoxybenzole
1532, 1678, 1982, 2187, 2265, 2460, 2608, 2921, 3321, 3892, 3995, 4299, 4809, 4812
s. auch 3.4.5-Trimethoxybenzoesäure...

Trimethylessigsäureester (2.2-Dimethylpropionsäureester, Pivalate)
1948, 4228, 4487, 4495, 4543, 4544, 4545, 4550, 201N

1.3.5-Trioxane
415

Triphenylmethane
3195, 3472, 3933, 3934, 4448
s. auch Fluoresceine, Fuchsone, Fuchsonimoniumverbindungen, Phenolphthaleine

Tropane (6.7-Epoxyderivate)
3475
s. auch Tropinester (6.7-Epoxyderivate)

Tropasäureamide
2587, 2792

Tropasäureester
2830, 2831, 2833, 2854, 2855, 2858, 2859, 3113, 3139, 3155, 3359, 3654, 3898, 4435, 4708, 4737

Tropasäureester O-Propionyltropasäureester
3580, 3897

Tropasäureester Ester von sonstigen substituierten Tropasäuren
2860, 3111

Tropinäther
3747, 3772, 3968, 4147, 4165

Tropinäther N-Alkylnortropinäther
4002, 4188

Tropinäther quartäre
4049, 4314

Tropinester
2026, 2638, 2817, 2823, 2854, 2855, 2856, 2857, 2858, 2859, 2860, 3111, 3618, 3871, 3978, 3979, 4270, 4395, 4797
s. auch Pseudotropinester

Tropinester N-Alkylnortropinester
3359

Tropinester quartäre
2892, 2931, 3139, 3654, 3897, 4292, 4317, 4403, 4435, 4708, 4737, 204 N

Tropinester (6.7-Epoxyderivate)
2830, 2831, 2833, 3580

Tropinester (6.7-Epoxyderivate) quartäre
3113, 3898

Tropolone
1084, 1131
s. auch Colchicine

α-Truxillsäureester
4806, 4849, 4850

Tryptamine
1113, 1115, 1436, 1437, 1640, 1694, 1696, 1697, 1739, 1935, 2218, 2247, 3286, 3293, 3755, 70 N

Undecansäureester (Undecanoate)
3172, 3399, 4681, 4688, 4863

Undecensäureester (Undecenoate) und -amide
2042 (Amid), 2872, 2925 (Amid), 4719

Uracile
126, 206, 222, 353, 522, 554, 721, 950, 951, 952, 973, 974
s. auch Azauracile, Thiouracile, Uridine (und Desoxyuridine)

Uridine und Desoxyuridine
907, 908, 971, 999, 32 N, 108 N

Valeriansäuren
238, 240, 254, 268, 440, 737, 760, 770, 777, 1123, 1252, 1419, 3492, 4836
s. auch Allenolsäuren

Valeriansäuren Amide und Anilide
764, 779, 780, 1018, 1800, 1998 (Anilid), 2210, 3338, 127 N, 148 N, 158 N

Valeriansäuren Ester
1556, 1713, 1714, 2931, 4218, 4227, 4361, 4480, 4486, 4549, 4551, 230 N
s. auch Buttersäuren (Ester von 3-Methylbuttersäure = Isovaleriansäureester), Phenylessigsäuren (Ester von 2-Phenylvaleriansäuren)

Valine
263, 593

Valine Ester
3390, 3666, 4097

Vanillinderivate (auch Vanillyl- und Vanilloylderivate)
872, 896, 928, 1229, 1352, 1453, 1666, 1675, 1733, 2109, 2110, 2124, 2368, 2907, 3136, 3502, 3959, 72 N

Vincaalkaloide
3801, 4917, 4918, 4927

Vitamin-A-Verbindungen
3633, 3659, 4088, 4835, 178 N

Vitamin-B_1-Derivate
s. Thiamine

Vitamin-B_2-Derivate
s. unter Isoalloxazine

Vitamin-B_6-Derivate
s. Pyridoxine

Vitamin-B_{12}-Derivate
s. Cobamide

Vitamin-D-Verbindungen
s. unter 9.10-Secocholestane und -ergostane

Vitamin-E-Verbindungen
s. Tocopherole

Vitamin-K-Verbindungen
1317, 1318, 1346, 1353, 1361, 1362, 1381, 1405, 1867, 1892, 2356, 2609, 2639, 3227, 3303, 4380, 4746, 4750, 4870

Wismutsalze
18b, 38, 53c, 117b, 153e, 156d, 156e, 262b, 285, 287a, 290, 293, 305b, 359f, 370, 447b, 463, 473, 494a, 497g, 501b, 501c, 549b, 587, 670, 698d, 699a, 719a, 752, 777a, 811a, 828e, 898a, 1032a, 1045a, 1262, 1265a, 1267b, 1515a, 1796, 1894a, 2040, 2329, 2509f, 2713, 3446b, 3447b, 3545d

Xanthene
3191, 3266, 3595, 3829
s. auch Benzo[a]furo[2.3.4-m.n]xanthene, Fluoresceine, Thioxanthene, Xanthone

Xanthene Xanthen-9-carbonsäureester
3839, 4220, 204 N

Xanthine
711, 1538, 3632
s. auch Theobromine, Theophylline

Xanthogenate
385, 2281, 4074

Xanthone
3509, 3547

Yohimbane
3205, 3550, 3592, 3800, 4325, 4398, 4759, 4760, 4761, 4775, 4776, 4777, 4798, 4812, 4813, 4854
s. auch Oxayohimbane

Zimtaldehyde
817, 823

Zimtsäureester, -anilide und -amide
1946, 2539, 2544, 2666, 3466, 3541 (Anilid), 181 N (Amid), 212 N

Zimtsäuren
846, 1049, 1348, 1403, 2329, 2543, 3936
s. auch unter Jodphenylpropionsäuren, Jodzimtsäuren und deren Ester

Zimtsäuren Amide
1416, 1678, 2989, 4196

Zimtsäuren Ester
1373, 1663, 2191, 2640, 3776, 4009, 4385, 4812, 4860
s. auch Zimtsäureester

Zinksalze
213 a, 338 a, 672 a, 698 c, 1553, 2786

Zinnsalze
1819

Zuckeralkohole
275, 418, 441, 442

Zuckeralkohole Äther und Ester
s. Erythritester, Mannitäther und -ester, Mesoinositester, Pentaerythritäther und -ester

Zuckeralkohole sonstige Derivate
354, 387, 401, 402, 621, 785, 1301
s. auch unter Isoalloxazine

SYNONYMA-REGISTER

Die Zahlen hinter den Synonyma geben die laufenden Nummern an, unter denen sie bei den organisch-chemischen Arzneimitteln zu finden sind. Synonyma, die Nummern mit einem N als Zusatz haben, finden sich in dem Nachtrag (S. 839—875) zu den organisch-chemischen Arzneimitteln und ihren Synonyma. Um dem Benutzer einen gewissen Hinweis darauf zu geben, ob es sich um einen in den meisten Fällen warenzeichenrechtlich geschützten Präparatenamen oder um einen Freinamen handelt, wurden die Freinamen im Gegensatz zu den Präparatenamen in kursiver Schrift gesetzt.

106-7 89
508 2466
580 4082
606 1598
914 1896
1183 612
6063 147
III-1216 3150
III-2318 3298
0205 A 2259
688 A 3037
2601-A 2770
5062 A 2381
A_2 800
4 A 65 3250
A 16 2914
A 18 2149
A 21 1526
A 21 Lundbeck 2433
A 29 Lundbeck 3014
A 50 711b
A 66 1471
A^{82} 822
A 118 3654
A-124 2236
A-139 2652
A 145 2799
„A 313“ 3659
A-446 3312
A 2205 2239
A-2371 244 N
A-2655 2498
A 3823 A 4836
A 4624 3817
A-7283 1030
A-8103 1242
A-16612 4618
A-19120 1409
A-19757 1956
A-20968 1805
A-27053 3622
AAS 847
AB 01 754
AB 100 601
AB 103 1706
AB 132 1558
AB 1400 3238
Abactrim 2187a
Abadol 74
Abalgin 4046
Abasin 992
Abbocillin-DC 2590d
Abbocillin-V 2593a
Abbocillin-V-Suspension 2593e
Abbocin 3972
Abbocort 4232
Abbofilina 531f
Abbolexin 1900
Abbomycin-V 3970d
Abbott-19975 73 N
Abboticine 4843
Abboticine-Amp. 4902
Abboticine-Compr. 4843a
Abcid 1658
Abdocain 2011
Abedine 609a
Abehol 2790
A.B.-Elixir 531
Aberil 1765
Abery B_1 1765
Abesanil 685
Abetal 1236
Abheparin 4360
Abiadin 1164
Abietal 3660
Abiguanil 571
Abikoviromycin 40 N
Abilax 3700
Abilene 3859
Abiocine 3927
Abiotetra 4663
Abirol 3639
Abitilguanide 435
Abitrene 820
Abminthic 4140
Abmunol 3165
ABOB (Abob) 435
Abolon 4628
Aboryl 435
Abra 476
Abrastol 1051
Abricyclin 4530
Abriscor 359
Abrodan 13
Abrodil 13
Abrogen 475
Abroval 391
Absentol 368
Absinthin 4712
Absonal 4250
Abstem 9a
Abstensil 1287
Abstin 4195a
Abstinyl 1287
Absynthin 4712
Abufène 105
Abulemin 1994
Abuphenine 2692
AC 17 1128
AC-601 1165

AC-695 1384
AC 1050 1385
Ac-1075 975
AC 1198 226
AC 2770 4919
AC 3810 3625
Acabel 4055
Acacetin 2519
Acalmid 1462
Acalo 1462
Acalor 1961 l
Acamol 685
Acamylophenin 3423
Acaprin 3733
Acapron 3733
A-Caps 3659
Acaril 2090
Acarobenzyl 2090
Acavyl 3194
Accenon 1384
Accent 245b
Accent „Toyama" 1588
Acdrile 179a
Ace 3113
*Acebrochol*** 4690
*Acecarbromal*** 992
Acecholin 619
*Aceclidin*** 994
Acecolex 619
Acecolina 619
Acécoline 619
*Acedapson*** 2559
*Acediasulfon-Natrium*** 2123
Acedicon 3526
Acedigal 4897
Acedist 1568
Acedoxin 4897
*Acefurtiamin*** 3760
Acèfyllinate d'heptaminol 794a
Acéfyllinate de piperazine 888c
Acefyllin-Natrium 888
*Acefyllinum piperazinum*** 888c
Acegit 4944
*Aceglutamid*** 586
Acelax 4255
Acelino 847d
Aceloid 847
Acemethadone 4215
Acemoquinazone 3491
Acemydrite 4022
*Acenocoumarol*** 3202
Acenocumarin 3202
Acenol 685
Acenterine 847
*Aceperon*** 4287
Acephen 1689
Acephenazini maleas 4199
Acepifylline 888c
Acepramin 427
*Acepromazin*** 3289
*Aceprometazin*** 3290
Aceprosol 4354
*Acequinolin*** 2138
Acesal 847
Acesalum (sowjet. Präp.) 2520
Acésulfaméthoxypyridazine 1911
Acésulfamétopyrazine 1912
Aceta 847
Acetabuton 4287
Acetacin 3289
Acetagesic 685
Acetal 847
Acetalax 4255
Acetamide „Nessa" 147
„*Acetamidoeugenol*" 2672
Acetamidosalol 2338
Acetaminophen 685
Acetaminophenol 685
Acetaminosal 2338
*Acetaminosalol*** 2338
Acetamon 847a
Acetamox 147
Acetanilidum 681
Acetaphos 783
Acetarine 532a
Acetarsin 698e
*Acetarsol*** 698
Acetarsone 698
Acetasal 847
Acetasol 1382d
Acetatoxyl 695
Acetazin 3289
*Acetazolamid*** 147
Acetazoleamid(e) 147
Acetcarbromal 992
Acetein 243
*Acetergamin*** 3086
Acetexa 3262a
Acethydrocodone 3526
*Acetiamin*** 2656
Aceticyl 847
Acetilarsano 698e
Acetil „Cea" 847
Acetilcolina 619
Acetil-Digitoxina 4897
Acetilin 847
Acetilmethion 592
Acetilmetionina 592
Acetilsalil 847
Acetil-Sulfalex 1911
Acetilum Acidulatum 847
Acetiodone 821
Acetisal 847
Acetisone 4206
Acetnin 708a
Acetochlorone 162
Acetocid 708
Aceto-Cort 4232
*Acetohexamid*** 2419
Acetol 847
Acetomenadionum 2356
Acetomenafton 2356
Acetomenaphthon(e) 2356
Acetomeroctol 2678
Acetomorfin 3742
Acetomorphin 3742
Aceton 92
Acetonbromoform 158
Acetonchloroform 162
Acetonine 708
*Acetophenazindimaleat*** 4199
Acetophenonum (sowjet. Präp.) 685
Acetophen „Smith-Dorsey; Frosst" 847
Acetopirine 847
Acetopromazine 3289
Acetopt 708a
Acetopyrin 1382d
Acetopyrrothin 656
Acetorphin 3269
*Acetorphinhydrochlorid** 4542
Acetosal 847
Acetosalin 847
Acetospirin 847
Acéto-Stérandryl 3885
Acetosulfamin 708
Acetosulfonum 2144
Acetosulphone 2144
Aceto-Testoviron 3885
Acetothiazide 874
Acetovaginal 698a
Acetoxanon 4240
Acetoxatrine 4180
Acetoxycycloheximide 2894
Acetoxyl 695
Acetoxyline 2258

Acetoxy-Prenolon 4240
Acetoxyprogesteron 4231
Acétoxythymoxamine 2694
Acetoxyvalepotriat 4338
Acetozoleamid 147
Acetparaphenalide 1158
Acetphenarsine 698
Acetphenetidin 1158
Acetphenolisatin 4255
Acetphenolpicolin 3942
Acetpyrogall 1613
Acetrizoat-Natrium 821
*Acetryptin*** 1640
Acetsalicylamide 860
Acetsulfanilamidum 708
Acetyladalin 992
Acetylandromedol 4111
Acetylarsan 698e
Acetyl-Atoxyl 695
Acétylazide 1912
Acetylcarbromal 992
*Acetylcholin*** 619
Acetylcholin-retard 619d
Acetylcodon 3579
*Acetylcystein*** 243
Acetyldigitoxin 4897
α-Acetyldigoxin 4898
β-Acetyldigoxin 4899
Acetyldihydrocodein 3579
Acetyldimepheptanol 4215
Acetyldiphemin 3524
Acetyldiphenasonum 2559
Acetyldisulfanilamid 2145
Acetyl-DON. 738
Acetylen 27
Acetylfuratrizine 1333
Acetylgantrisin 1927
Acetylglycarsonobenzol 2971
Acetylhomocysteinthiolacton 367
Acetylhydrocortison 4232
Acetylin 847
Acetylkelfizina 1912
*Acetylmethadol*** 4215
Acetylmethionin 592
Acetylo 847
Acetyloleandomycin 4877
Acetylone 847
Acetyl „O. P. G.“ 847
Acetylosal 847
Acetyloxpheneridin 4290
Acetylparaminosalol 2338
Acetylpenicillamin 593
Acetylphenetidin 1158
Acetylpheneturide 1940
Acetylpromazine 3289
Acetylsal 847
Acetylsalol 2331
Acetylsulfafurazol 1927
Acetylsulfamethoxazol 1632
Acetylsulfamethoxypyrazin 1912
Acetylsulfamethoxy-pyridazin 1911
Acetylsulfisomezole 1632
Acetylsulfisoxazol(e) 1927
Acetyl-Sultirene 1911
Acetylthiasin 1927
Acetyltocopherolum 4751
Acetyl-Vitamin K_5 1892
Acetysal 847
*Acevaltrat*** 4338
*Acexamic acid*** 769
Acfol 3240
Achibromit 391
Achro 500 3970
Achromothrichiefaktor 1008
Achromycin 3970
Achromycin (alte Form) 4058
Achromycin A VIII 3720
Achromycin P-Kapseln 3970a
Achromycin P-Tropfen 3970b
Achromycin V 3970b
Achylin 277
Acicontral 362f
A-Cidan 3659
Acid Cloak 37c
*Acide acéxamique*** 769
*Acide cicrotoique*** 1260
*Acide clorindanique*** 1057
*Acide cyclobutoique*** 1277
Acide diacétsalicylique 1350
*Acide fénaftique*** 4315
*Acide fépentolique*** 1716
*Acide flufenamique*** 2062
*Acide iocarmique*** 4257
*Acide iosefamique*** 4588
*Acide ioxitalamique*** 1592
*Acide méclofénamique*** 2073
*Acide niflumique*** 1846
*Acide nixylique*** 2122
*Acide oxiniacique*** 306
Acide oxoglurique 224
Acide tétracémique 1254
Acide uracylique 999
Acidin 277
Acid Mantle 37c
Acidochinon 2509
Acidocort 4307
Acidogen 245a
Acidogeno 277
Acidohexin 411i
Acidol 277
Acidomycin 996
Acidoride 245a
Acidosima 1795
Acidothyn 245a
Acidulin 245a
Acidum aceticum 37
Acidum acetylsalicylicum 847
*Acidum acexamicum*** 769
Acidum adenosintriphos-phoricum 1256
Acidum adipinicum 386
Acidum aethylisoamylbar-bituricum 1546
Acidum agaricinicum 4118
Acidum agaricum 4118
Acidum ametriodicum 1591
*Acidum amfonelicum*** 2959
*Acidum aminoaceticum*** 46
*Acidum aminocaproicum*** 427
Acidum aminomethyl-benzoicum 682
*Acidum arsanilicum*** 344
*Acidum ascorbicum*** 359
*Acidum asparticum** 168
*Acidum bensuldazicum*** 1646
Acidum benzoicum 495
Acidum benzyltetronicum 1347
*Acidum bromebricum** 1321
Acidum butyl-bromallyl-barbituricum 1456
*Acidum canrenoicum*** 4071
Acidum cholalicum 4370
Acidum cholicum 4370
*Acidum cicrotoicum*** 1260
Acidum cinnamylicum 846
Acidum citricum 362
*Acidum clamidoxicum*** 2312
*Acidum clofenamicum*** 1842
*Acidum clofibricum*** 1094
*Acidum clorindanicum*** 1057
*Acidum cromoglicicum*** 4129
*Acidum cyclobutoicum*** 1277
*Acidum dehydrocholicum*** 4351
Acidum diaethylbarbitu-ricum 747
Acidum diallylbarbitu-ricum 1118
Acidum dibromogallicum 460

Acidum difenoxilicum 4589
Acidum diphenesenicum 2983
Acidum disalicylsucci-nicum 2951
Acidum E-aminocaproni-cum 427
*Acidum edeticum*** 1254
*Acidum ellagicum*** 2050
*Acidum etacrynicum*** 1880
*Acidum etidronicum*** 60
*Acidum fenafticum*** 4315
*Acidum fenclozicum*** 1314
*Acidum fepentolicum*** 1716
*Acidum flavodicum*** 3196
*Acidum flufenamicum*** 2062
*Acidum folicum*** 3240
Acidum folinicum 3532
Acidum formicicum 11
Acidum formicum 11
*Acidum foscolicum*** 399
*Acidum fusidicum*** 4749
*Acidum fyticum** 452
Acidum gallicum 501
*Acidum gamolenicum*** 3163
*Acidum gentisicum*** 499
Acidum glucuronicum 388
Acidum glucoronicum anhydricum 361
*Acidum glutamicum*** 245
Acidum glycyrrhetinicum 4724
Acidum glycyrrhizinicum 4883
*Acidum hopantenicum*** 1280
Acidum hydroxitoluicum 664
*Acidum hydroxytoluicum*** 664
*Acidum iobenzamicum*** 2525
*Acidum iobutoicum*** 2376
*Acidum iocarmicum*** 4257
*Acidum iocetamicum*** 1622
*Acidum ioglycamicum*** 2936
*Acidum iopanoicum*** 1379
*Acidum iophenoicum*** 1360
*Acidum iosefamicum*** 4588
*Acidum iotalamicum*** 1325
*Acidum iotrizoicum*** 3091
*Acidum ioxitalamicum*** 1592
*Acidum iozomicum** 236 N
Acidum isopropyl-brom-allyl-barbituricum 1140
Acidum jobenzamicum 2525
Acidum jocetamicum 1622
Acidum jod-oxychinolin-sulfonicum 820
Acidum joglycamicum 2936
Acidum jophenoxicum 1360
Acidum josefamicum 4588
*Acidum kainicum*** 1230
Acidum lacticum 95
Acidum laricinicum 4118
Acidum malicum 155
*Acidum meclofenamicum*** 2073
*Acidum mefenamicum** 2364
Acidum methyl-cyclohexenyl-methylbarbituricum 1700
Acidum methyl-phenyl-aethyl-barbituricum 1903
*Acidum metiazinicum*** 2337
*Acidum mycophenolicum** 139 N
*Acidum nafcaproicum*** 2597
*Acidum nalidixicum*** 1608
*Acidum nicotinicum*** 305
*Acidum niflumicum*** 1846
*Acidum nixylicum*** 2122
Acidum oroticum 206
Acidum oxalicum 29
*Acidum oxiniacicum*** 306
*Acidum oxolinicum*** 1868
Acidum pantothenicum 1008
Acidum para-aminosalicyli-cum 516
Acidum phenylaethylbar-bituricum 1607
Acidum phenylcinchonicum 2509
Acidum phenylcinchonini-cum 2509
Acidum picrinicum 291
Acidum picronitricum 291
*Acidum polyglycolicum** 1 N
Acidum pteroylglutamini-cum 3240
Acidum salicylicum 497
Acidum salicylosalicylicum 2070
Acidum sarcolacticum 96
Acidum sozojodolicum 298
Acidum succinicum 153
*Acidum sulfaloxium*** 2553
Acidum tartaricum 156
Acidum thiocticum 760
Acidum thymolicum 1205
Acidum o-thymotinicum 1451
*Acidum thyropropicum*** 2315
*Acidum tolfenamicum** 84 N
*Acidum tranexamicum*** 765
*Acidum trethocanicum*** 2499
Acidum trioxocholanicum 4351
Acidum undecylenicum 1553
*Acidum xenazoicum*** 4134
*Acidum xenyhexenicum*** 2983
*Acidum yohimbicum*** 3550
Acidylina 359
Acifenochinolin 2509
Acifloctin 386
Acifolic 3240
Acifungin 1553
Acigena 1830
Aciglumin 254 a
Aciglusil 245
Aciglut 245
Acigoxin 4897
Aciletten 362
Acimetion 262
Acimetten 847
Acimexan 4959 a
Acinetten 386
Acinicot 305
Acinitrazol 216
Acinorm 277
Aciotico 760
Acipas 516
Acipen V 2593
Acipepsol „Spofa“ 277
Aciphen „Laves“ 2509
Aciphenochinolinum 2509
Aciport 46
Acipyrinum 1961
Aciquel 423 c
Acisal 847
Acisalin Eko 847
Aci-steril „Heyl“ 411 e
Acital 847
Acitetramin 411 e
Aci-Tham 193
Acitrin 2954
Aciventral forte 277
Acket 514
ACL-59 63
ACL-85 62
Aclobrom 4220
Aclor 245 a
Acluton 2305
Acnestrol „Scharper“ 3939
Acnestrol-Lotion 4884
Acnormon 3555
Acnosan 1039
Acnosan „Una“ 464
Acoagine 2305
Acocantherin 4685
Acocillin 2593 a
Acodeen 3154
Acoin(e) 4149

Acolen 4351
Acolergic 3630
Acon 3659
Aconiazid** 2340
Aconil 3680
Aconitin 4799
Acopyrin 1382d
Acordin 963
Acosterina 4523
Acovil 2622b
Acoxatrin** 4180
Acozid 1871
Acramidine 1852a
Acramine 1852a
Acranil 3792
Acrichin 4202
Acridinorange 2786
Acridorex** 4262
Acriflavin(iumchlorid**_)_ 2142
Acriflavon 2142
Acriflex 1852a
Acrinaminum 4202
Acrinoli lactas 2366
Acriquine 4202
Acrisina 3659
Acrisorcin** 1767a
Acrizane 4457
Acro-Estrol 3006
Acrofollin 3856
Acrolactine 2366
Acromaxiclina fosfato 3970a
Acromicina 3970
Acromicina P bzw. V 3970b
Acromona-Tabl. 375
Acronin** 3477
Acronize(d) 3961
Acronycin 3477
Acroteben 1872
Acrotiazol 1685
Acrovigor 3970h
Actamer 1565
Actamin 1765
Actamin B_2 2805
Actamin B_2 (painless) 2838
Actamin B_6 735
Actamin B_{12} 4960
Actamol 743
Actasal 281g
Actavix 4966
Actébral 2041
Actédron 953a
Actemin 953a
Acterol 4626
Acthiol 179a
Actholain 4972
$ACTH^{1-39}$-Peptid 4977
Acticamphre 1267
Acti-chlore 527
Actid 1—28 4975
Actidil 3285
Actidilon 3285
Actidion 2465
Acti-dione 2465
Actifral A 3659
Actifral D_3 4573
Actilin 4252
Actimide 4966
Actinamin 796
Actinochinol-Natrium 1364
Actinojodin 451a
Actinomycin VII 4963
Actinomycin C 4963a
Actinomycin C_1 4958
Actinomycin C_3 4963
Actinomycin D 4958
Actinoquinol-Natrium** 1364
Actinospectocin 2276
Actiol 179a
Actiphyll 3285
Actisul 1398
Actithiazic acid 996
Actithiol 179a
Activamina 953
Activanat 4966
Activin 4540
Activus-tiazol 865
Actocortin 4882
Actofuran 830
Actol 1106
Actol „Heyden“ 1846
Actomol 743
Actosin 3210
Actospar 2489a
Actoxal 1703
Actozine 3574
Actriol 3097
Actylamide 860
Acucar 1808
Acundex 1553a
Acuo-Godabion B_{12} 4959a
Acuostrepto 3927
Acustasin 252
Acutil 252
Acutil/S 586
Acutran 1376
Acygoxine 4898
Acylanid 4897
Acylanil 4897
Acyline 847
Acylosal 847
Acylpyrin 847
Acytosal 847
Ad 1 3898
AD 22 1145a
AD 26 1760a
AD 106 1260
AD-122 4435
AD 125 4898
AD-205 4500
Adabrom „Hosco“ 590
Adalin 590
Adam CA 175 N
Adamon „Asta“ 4106
Adamycin 3972
Adanon 3817
Adaprin 2356
Adaptic 780
Adaptinol 4967
Adaptol 3770
Ada-Tabs 46b
Adatone 3659
Adazine 2991
A. D. C. 4230
Adchnon 1125
Adchrolin 1125
Adcortyl 3813
Adcortyl A 4310
Addex-Tham 193
Addicillin 2250
Addisomnol 590
Adebit 449
Adechol 281i
Adecomide 4966
Adedolon 1125
Adeflavin 4533
Adelavin 4533
Adelcomycin 1375
Adelfin-bismutico 1515a
Adelmitex 185h
Ademide 4966
Ademil 633
Ademine 1256
Ademol 633
Adenate 1256
Adenex 359
Adenil 1204
Adeninhydrochlorid 217
Adeninribosid 1177
A-denopterin 3762

Adenorin 1256
Adenosin 1177
Adenosindiphosphat 1239
*Adenosini phosphas*** 1204
Adenosinphosphat 1204
Adenosintriphosphat 1256
Adenosylcobalamin 4966
Adenotepe 1256
Adenotriphos 1256
Adenovite 1204
Adenyl 1204
Adenzima 1256
Adephos 1256
Adepress 3514
Adepril 3770
Adepril „Lepetit“ 3514
Adermin 735
Adermykon 905
Aderomine 735
Aderomine-P 704
Aderoxal 704
Aderoxin 735
Adesan 1256
Adetol 1256
Adetphos 1256
Adiabetin 1236
Adiabil 2223
Adiazine 1081
*Adicillin*** 2250
Adigal 4932
Adihelmin 185h
Adilactetten 386
Adinal 590
Adinsoral 1236
Adipalit 185h
Adipan 954b
Adiparthrol-Wirkstoff 1522
Adipazin 185h
Adiperazina 185h
Adipex 1214a
Adipex-neu 1211a
Adiphen 3569
*Adiphenin** 3569
*Adipiodon*** 3448
Adiplon 1366
Adiposetten (weiße Dr.) 958
Adiposid 1471
Adiposon 1994
Adiprazina 185h
Adiproin 2590d
Adipsin 1021
Adisentil 815
Adisné 531d
Adityl 992
Adiver 185h
Adivermal 185h
Adjudets 954
Adnephrine 968
Ad-Nil 955
Adociron 217a
Adoisine 3210a
Adolan „Abic“ 3817
Adolan „Gerot“ 2431
Adolens 2431
Adona 1125
Adona (AC 17) 1128
Adonal 1607
Adopon 3423
Adopron 3057
Adorm 1699a
Adormin 590
Adorzon 1125
Adosemizon 1125
Adozon 1125
ADP 1239
A-D-R 262
Adramycin 3955
Adrémad 968
Adremycine 4163
Adrenal 968
Adrenalex 3858
Adrenalin 968
*Adrenalon** 922
Adrenamine 968
Adrenan 968
Adrenapax 968
Adrenasol 968
Adrenate 968
Adrenatrate 968
Adrenefrine 968
Adrenhormon 968
Adrenine 968
Adrenocromo-Zeltia 1125
Adrenodis 968
Adrenohorma 968
Adreno-Mist 968
Adrenon 922
Adrenor 734a
Adrenoritard 968
Adrenosan 968
Adrenosem 1125a
Adrenostase 1125a
Adrenostazin 1125
Adrenoxil 1125
Adrenoxyl 1125
Adrenutol 968
Adreson 3858, 4206
Adrestat 1125a
Adrezon 1125
Adriamicina 3955
Adriamycin 4518
Adrianol 962
Adriblastina 4518
Adricort 4206
Adrifane 711b
Adrilyl 1277
Adrine 968
Adrizine 954
Adro 22
Adroidin 3907
Adrover 1766
Adroxon 1125
Adroyd 3907
Adstringol 1052
Aducin 3098
Adumbran 2311
Adural 590
Adurix 2213
Adventan 2901
Adynol 1256
AEAH 769a
AEC 986
Aecachininum 4181
ÄDTA 1254
Äpfelsäure 155
Aephenal 1607
Aephycillinum 4084
Aerbron 2896
Aerocid-Verdunstungssäure 11
Aerodrine 1530
Aerolate 531
Aerophtalyl 643
Aerosol OT 3700
Aerosporin 4949
Aerotrol 1526
Aersolin 3859
Äscin 4946
Aesculamin 2410
Äsculin 2385
Äsculosid 2385
Aescusan 4946
Äskulamin 2410
Aestocin 3576
A. E. T. 120a
*Aethacridinlactat*** 2366
Äthacrynsäure 1880
Aethadion 580
Aethalkoni aethylsulfas 4127
Äthallymal 937

Aethambutolum 1308
Äthamid 1485
Aethaminalum 1545
Aethaminolum 3178c
Äthanolaminum citricum 1814
Aethaperazinum 3791
Aethaphen 963
Aethaphyllinum 888c
Aethaverin 4291
Äthazol 1124
Aethchlorvynol 548
Äthefil 987
Aethephil 987
„Äther“ 187
Aether aethylicus 187
Aether bromatus 43
Aether chloratus 44
Aether glycerinoguajacolicus 1209
Aether nitrosus 47
Aether salicylicus 894
Aether sulfuricus 187
Aether vinylicus 149
Aethiazidum 931
Äthidiumbromid 3724
Aethimidinum 676
Äthimizol 988
Aethinal 747
Aethinamatum 966
Äthinazon 2748
Äthinylnortestosteron 3603
Aethinylöstradiol 3555
Äthinylöstradiolcyclopentyläther 4410
Äthinylöstrenol 3634
Aethinyltestosteron 3851
Äthioniamid 710
Äthionin 430
Aethisteron 3851
Äthizin 2594
Äthmozin 195 N
Aethocain 2011
Aethoform 917
Aethoheptazin 2670
Aethoksid 2793
Aethomorphinum 3318
Aethomoxan 2464
Æthone 614
Aethonitazen 4026
Aethophyllinum 941
Äthopropazin 3346
Aethosuximid 578
Aethotoin 1384
Aethoxazenum 2163
Aethoxazorutosid** 4778
Äthoxen 395
Äthoxybutamoxan 2464
Äthoxyd 2793
Äthoxyhydroxyzin 4208
Äthylacetrizoat 1339
Äthyladrianol 1222
Äthyläther 187
Aethylal 937
Aethylam 803
Äthylamphetamin 1522
Äthylarterenol 1226
Äthylbarbital 747
Äthylbenzhydraminhydrochlorid 3354
Äthylbutamidum 1804
Aethylbutylthiobarbitalum Natrium 1248
Aethylcinchophen 2954
Äthylcystein 13 N
Aethyldicumacinum 3932
Aethyldicumarolum 3932
Äthylen 33
Aethylenum tetrachloratum 21
Aethylenum tetrajodatum 61
Aethylenum trichloratum 26
Äthylephedrin 1772
Äthylgrün 4536
Äthylhexabital 1699
Äthylhydrocuprein 3847
Aethyli biscumacetas 3932
Aethyli cartrizoas 2363
Äthylidenmilchsäure 95
Aethyli dibunas 3642
Äthylipodat 2165
Aethylis aminobenzoas 917
Aethylis biscoumacetas** 3932
Äthylisobutrazin 3597
Aethylis paraoxybenzoas 895
Äthylium 51
Aethylium bromatum 43
Aethylium chloratum 44
Aethylium dihydroxycumarinylaceticum 3932
Aethylium nitrosum 47
Aethylium salicylicum 894
Äthylmorphinhydrochlorid 3318
Äthylmorphinmethyljodid 3621
Äthylnarcein 4404
Äthyl-nor-adrenalin 1226
Äthylnorantiffein 988
Äthylnormetaoxedrin 1222
Äthylnortestosteron 3663
Äthyloestrenol 3673
Äthyloestrenolon 3663
Äthylpapaverin 4291
Aethylparaben 895
Äthylphenacemid 1439
7-Äthyltheophyllin-Amphetamin 3089
Äthyltrichloramat 231
Äthylurethan 106
Aethylvanillin 896
Äthynodioldiacetat 4332
Aethyzinum 2594
Ätina 710
Ätryptaminacetat** 1694
AE-705 W 4808
AF 242 3114
AF 438 2206
AF 594 2442
AF 634 2896
AF 864 3323
AF 983 2538
AF 1161 3280
Afagil 1471
Afatin 954b
Afatyl 847
Afaxin 3659
Afdigyl 4875
Afebo 3659
Afettine 954b
AFI-A 3659
AFI-B_1 1765
Afibrin 427
AFI-C 359
AFI-D_2 4626
AFI-Dion 2318
AFI-E 4751
AFI-Ftalyl 2737
Afigan 85
Afilina 3659
Afimocil 1308
Afinal 1607c
AFI-Phyllin 531b
AFI-phyllin 1202
AFI-Tiazin 1577
Afko-Cillin 2593a
Afko-Hist 2861
Afko-Lube 3700
Afko-Sal 514
Afloben 3323
Aflucoson 4038
Aflukin „A. C. F.“ 3545c
Afluteston 3645

Afrin 2681
Afsillin 2590d
AFT 3760
Aftalizol 2737
Afungil 1039
Afungin 2766
AG-3 3622
A. G. 33—107 1095
AG 34—55 1338
AG-63 478
Ag 246 140 N
AGAC 32b
Agacore 4367
Agaffin-Tabletten 2054
Agalaxiol 698
Agaricin 4118
Agarizinsäure 4118
Agasten 3790
Agastril 4521
Agedal 3288
Agelix 1592
Agentit 2296
Agerite 1889
Agetran 1011
Agiell 3311a
Agifutol S 1273
Agiolan 3659
Aglicem 1760
Aglicolo 1534
Agliral 2223
Aglumin 332
Aglunat 4932
Aglycid 1760
AgM 219 N
A. G. N. 20 1365
AGN 197 4005
AGN 511 2612
AGN 616 3001
AGN 1414 1915
Agobilex 2985
Agofel(l) 3864
Agofollin (Dragees + Depotinj.) 4392
Agofollin (inj.) 4329
Agojodile 1032
Agojodo „Maggioni“ 88
Agojodo 1032
Agolanid 4898
Agolene 2355b
Agolutin 3882
Agoncal 3659
Agontan 857
Agophen 2509
Agoran 497g
Agostilben 3006
Agostilben-inj. 4280
Agotan 2509
Agovirin 4093
Agovirin-Depot 4239
Agovirin-Dragees 3662
Agozol 4269
Agrestin 3057
Agribon 1658
Agromicina 3970
Agropiren 1580
Agrumina 359
Agruvit 359
Agryban 1382h
Agrypnal 1607
Agucarina 476
Agurin 532a
Aguttan 2512
Agyrax 3357
AH_1 3092
AH 3 3355
AH. 42 2208a
AH-289 HCl 3009
AH 853 3072
AH 2250 3146
AH 3232 2523
AH 3365 2030
AH 3923 3362
AH 5183 2878
Ahan 4088
Ahanon 3274
Ahistamin 2642
Ahistan 2558
Ahiston 2600a
Ahnamin 1186
AHR-85 1486
AHR-224 2997
AHR-233 1417
AHR-438 1674
AHR-483 3672
AHR-504 3405
AHR-619 4297
AHR-712 4320
AHR-857 1399
AHR-965 1691
AHR-1900 3752
AHR-3015 3953
AHR-3018 2628
A-H Tablets 2861
Ahypnon 754
AICA-hepat 145
Aicamin 145
AICA-Orotat 145
Aiglonyl 2470
Aigonyl 632
AImax 603
Airbron 243
Airoform 501c
Airogen 501c
Airol 501c
Ajatin 3921
Ajimaline 3596
Ajinomoto 245b
Ajma 3596
Ajmalicin 3756
Ajmalin 3596
Ajucin simplex 3342
Ajurac 3342
A-Kairon 3659
Akimeton 1072
Akineton 3868
Akinophyl 3868
Akistin 862
Akitan 3772
*Aklomid*** 467
Aklonin 1997
Akotin 305
Akrichin 4202
Akrinol 1767a
Akrinor-Substanz I 3090
Akrinor-Substanz II 2839
Akrofollin 3856
Akrolutin 3882
Akron 2366
Akroteston 4093
Aktamin 734a
Aktedrin 953
Aktedron 953a
Aktilin 2199
Aktivan 1122
Aktivin 527
Akuammigin 3756
Akuammin 3992
8 AL 4638
Al 132 1509
AL-0361 1483
AL-0559 521
AL 842 57N
AL-1021 3382
Alacortril 4309
Alamidon 1961
Alamino 46b
Alanosin 108
Alantcampher 2424
Alantolacton 2424

Alaphen 1750
Alaprin 847h
Alarmine 744
Alasil 847d
Alasphin 1896
Alaxa 3942
*Alazanini triclofenas*** 3727
Alazin 742
Alazopeptin 2423
Albacide 2090
Albacort 3813
Albacycline 4739
Albamicina 4739
Albamin 46b
Albamycin 4739
Albasil 2171
Albasil C 1633
Albatriclina 4662a
Albatros 2483
Albazin 352
Albemap 954
Albemycin 4739
Alber 184
Albestrol 3006
Albexan 352
Albicort 4310
Albiocin 4739
Albiotic 3177a
Albisal 497g
Albisulfa 1398
Albocresil 2384
Albocyclin 3099
Alboman 391
Alboral 2521
Albosal 352
Albothyl 2384
Albox 147
Albroman 391
Albucid 708
*Albutoin*** 1246
Albyl „Leo" 847
ALCA 146b
Alcabrol 241
Alcacyl 847d
Alcanfor 1258
Alchloquin 811
Alcidol 3323
Alcidon 3215
*Alclofenac*** 52N
*Alcloxa*** 146b
Alcohol aethylicus 51
Alcohol methylicus 17
Alcohol trichlorisobutylicus 162
*Alcoholum benzylicum*** 536
Alcoid 4408
Alcojel 115
Alcon-Efrin 962
Alcopar(a) 2852a
Alcophobin 1287
Alcopon 3131a
Alcotine 305a
Alcovit A 3659
Alcovit-D_2 4626
Alcuprin 1358
*Alcuroniumchlorid*** 4903
ALDA 146a
Aldactone 4334
Aldactone-A 4334
Aldactone pro injec-tione 4071a
Aldadiene-Kalium 4071a
Aldanil 567
Aldarsone 559
Alderlin 2407
*Aldesulfon Natrium*** 2161
Aldesulphone sodium 2161
Aldevit 4626
Aldicin 1067
Aldifen 299
Aldimate 46b
Aldinamid 215
*Aldioxa*** 146a
Aldocorten 3860
Aldocumar 3210
Aldoeritrina 4867
Aldomet 1166
Aldomet-ester 1738
Aldometil 1166
Aldomet injection 1738
Aldomin 1166
Aldomycin 322
Aldonina 13
*Aldosteron*** 3860
Aldoxal 340
Alentin 1534
Alentol 953
Alepsin 2328
Aleral 2171
Alercur 3241
Alerga 3108b
Alergenol 248
Alergicap 2812
Alergicide 3009
Alergon 2600a
Alergosanil 2600a
Alerin 2600a
Alerpan 2642
Alerson 2600a
Alertol 3015
Alert-Pep 711
Aleryl 2812
Alesten 708
Aletamine hydrochloride 1466
Aletobiose 1809
Aletodin 847
Aleudrin „Beckmann" 159
Aleudrin „Ingelheim" 1526
Aleukon 2137
Aleviatin 2328
Alexan 975
*Alexidin*** 4510
Alfa B_1 1765
Alfa C 359
Alfa 6 4306
Alfabiocina 4739
Alfabrocina 823
Alfaciclina 3970a
Alfacillin 2796
Alfacol 4751
Alfadelta A 3659
Alfadryl „Cassenne" 2590h
Alfadryl „Spofa" 3070
Alfa Enteral 571
Alfaergin 3659
Alfa-Fluorone 4214
Alfaland 3836
Alfameprodin 2882
Alfamicetina 1375
Alfamin 3659
Alfa-Monovit 3659
Alfanonidrone 4214
Alfapen 2796
Alfaprodin 2667
Alfaredisol 4959
Alfa-Sir 3659
Alfasol 1422
Alfasole 3659
Alfason 3889
Alfasonacetonid 4349
Alfasterolo 3659
Alfastrol 4392
Alfatar 3659
Alfatiazol 865
Alfaton 2681
Alfavena 3659
Alfavitina 3659
Alfenamin 2062a
Alfene 3659
Alfetadrinum 1466

*Alfetamin**	1466	Alinamin-F	2901	Allercurol	3241
Alficetyn	1375	Alinamin-Odorless	2901	Allerga	3108b
Alfide	210N	Alinaxin	4346	Allergan	2800
Alfimid	1920	Alin „Chinoin“	847g	Allergan A	2785
Alflorone	3863	Alindol	2635	Allergan B	2812
Alflorone Acetate	4214	Alindor	3245	Allergan „Bouty“	2812
Alfocillin	2796	Alin „Dr. Lazar“	4341	Allergan P	2642
Alfone	3716	Alin-Tabl. „Chinoin-Mexico“	4038	Allergan S	2620
Alfosom	121			Allergan „Wiedemann“	2861
Alfucin	322	*Alipamid***	930	Allergefon	2602
Alfuran	636	Alipid	1994	Allergen	3311
Alfycelin	1375	Alipina	2700	Allergie	2600a
Algafan	4046	Aliseum	2521	Allergie S	3311
Algamon	514	*Alisobumalum*	1505	Allergin(a)	2812
Algamon solubile	862	Alitia S	4346	Allergin „Myers“	2208a
Algantine	2431	Alitinal	1546a	Allergin „Sankyo“	2600a
Algésal	497h	Aliton	2483	Allergisan	2600a
*Algeston***	3889	Alival	103	Allergitol	2600a
Algestonacetonid	4349	Alivialgina simple	514	Allergosan	2620
Algestone acetophenide	4654	Alivin	4084	Allergyl	2180
Algiamida	514	Alivin „Großmann“	2790	Allergysin	2600a
Algicortis	3893	Aljodan	163	Allerpant	3241
Algidon	3817	Alk-Abus	1287	Allerpen	2590i
Algiflog	3323	Alkabutazona	3245	Allersan „Asa“	2600a
Algil	2431	Alkacitron	362d	Allersan „Teva“	2861
Alginodia	1965	*Alkafanone*	3716	Allerton	2600a
Algiton	3817	*Alkaloid F*	3756, 3784	Allertreton	2600a
Alglyn	46b	Alkalovert	452	Allervu 500	2593d
Algocalmin	1965	Alkam	46b	*Alletorphin**	225N
Algocor	2730	Alkaphyllin	531d	Allevin	514
Algodin	4046	Alkarau	4776	*Allicin*	18N
Algolysin	3817	Alkaserp	4776	Allipropan	1140a
Algoneurina	4346	Alkarsodyl	53	Allisan	297
Algophenyl	2509a	Alkeran	1973	Allithagen F 5	4346
Algopyrin	1965	Alkiron	221	*Allithiamin*	2453
Algospray	16N	„*Alkohol*“	51	*Allobarbital***	1118
Algotrex	2749	*Alkoniumbromid*	2930	*Allobarbitone*	1118
Algotropyl	685	Alkorcin „Silbe“	1767	Allobital	1118
Algovant	1965b	Allacilum	973	Allocain(e)	2011
Algovetan	3817	Allacyl	973	Allochrysine	101
Algovit	2483	Allantan	3589	*Alloclamidhydrochlorid***	2659
Algoxale	3817	*Allantoin*	146	Allocor	4934
Algylen	26	Allantol	146	Allocor (alte Form)	728
Alham	46b	Allanyl	847	α-*Allocryptopin*	3743
Alhydex	236	Alledryl	2812	*Allocupreide sodique***	1358
*Alibendol**	77N	Allegan	699	*Allocupreidum natricum***	1358
Alicut	1252	Allegron	3262a	Allodene	953
Alidine	4023	*Allenestrol*	2808	Allofenyl	1883
Alidril	1526	Allenfilina	531b	Alloferin	4903
Alilac	46b	*Allenoestrol*	2808	Allofèrine	4903
*Alimemazin***	3053	*Alleosid A*	4675	*Allomethadion***	550
Alimezine	3053	Allercorb	359	Allophenylum	1883
Alinamin	2483	Allercur	3241	*Allopropylbarbital*	1194

Allopur	207
Allopurinol	207
Allopyrabital	1118a
Allorphine	3269
Allotropal	384
Allotropin	411e
Alloxanthin	208
Alloxazinmononucleotid	2838
Alluval	391
Allydione	550
Allylbarbital	1505
Allylbarbitural	1118
Allylcarbamidum	1194
Allylcinchophen	3200
*Allylestrenol***	3901
Allylguajacol	1130
Allylnormorphin	3269
Allyloestrenol	3901
*Allylprodin***	3110
Allylsenföl	140
Allylsevenolum	140
Allypropymal	1194
Allyrgal	1951
Almateina	4823
*Almecillin**	1984
Almediol	3095
Almefrin	962
Almefrol	4693
Almeret	4960
Almescon	3059
*Almestron**	155N
Almestrone	3095
Al-Migren	4396
Alminate	46b
Almocarpine	1498
Almocetamide	708a
Almocilline	2590d
Almora	423g
Alnagon	1051a
Alnasid	875
Alneobarbital	1759
Alnortoxiferin	4903
Alnox	1118
Alnoxin	4459a
Alobrom	590
Alodan	2431
Alodan vet. „Hoechst“	819
Alofen	2799
Alondra	4306
Alondra-F	4339
Alongafenicol	1375
Aloperidin	3735
Alophyrin	4795
Aloratin	450a
Alotabs-C	359
Alotano	24
Alotec	1528
Aloxidone	550
Aloxin	828d
*Aloxiprin***	847h
Aloxyne	828d
Al-Pas	516b
Alpen	2796
Alpen „Lederle“	2614
Alpen-N	2614b
Alperidine	3110
Alphabrocine	823
Alphabroom	391
Alphacain	3386
Alphacemethadone	4216
*Alphacetylmethadol***	4216
Alphacillin	2593a
Alpha-Cobione	4959
Alphadrol	3810
Alphalin	3659
*Alphameprodin***	2882
*Alphamethadol***	3866
alpha-Methyl-Dopa	1166
*Alphaprodin***	2667
alpha-Redisol	4959
Alpha-Ruvite	4959
Alphasem	1883
Alphasol OT	3700
Alphasonacetophenid	4654
Alphasone	3889
Alphasone acetonide	4349
Alphasterol	3659
Alpha-Tocopherol(acetat)	4751
Alphavit	3659
Alphazole	1421
Alphazurine 2G	4524
Alpheba	1883
Alphenal	1883
Alphenate	1883
Alphogen	718
Alphol	2732
Alphon	718
Alphosyl-Wirkstoff	146
Alphozon	718
Alpoxid	2532
*Alprenololhydrochlorid***	2458
Alpyron	847g
AL-R	2600a
Alsain	3874
Alserin	4776
Alsol „Also“	4861
Alsylax	3942
Altabactina	1944
Altafur	1944
Altan	2054
Alteciclina	3970d
Altecortian	4230
Altelide	4727
Altergian	2622a
Alternyl	4186
Alterostrin	4392
Alterton	1462
Altesona	3858
Altezol	1398
Althiazide	1431
Althose	3817
Alticina	2796
Altilev	3262a
Altim	232N
Altimina	3632
Altinil	3291
Altispectral	2581
*Altizid***	1431
Altociclina	3970d
Altocillin	2796
Altocor	794
Altodor	332
Altolat	4459a
Althoush	1723
Altrad	3095
Altsalvarsan	1598
Alu-3	921a
Alubarb	1194
Alubasine	46b
Alucetil	847g
Aluctyl	95e
Aludrin	1526
Alufenamine	2062a
Alufibrat	1094a
Alugan	24N
Aluglycine	46b
Aluminiumflufenamat	2062a
Alumino-Apassal-Calcico	516b
Alumino-Nippas-Calcium	516b
Aluminorgan	95e
Alumnol	1052
Alunic	305a
Alunitine	305a
Alunozal	497f
Alupent	1528
Alupir	847g
Aluprin	847
Alural	391
Alurat(e)	1194

Alurene	485
Alusprim	847g
Aluted	847
Alutyl	2509
Aluzime	3916
Alvedon	685
Alvenol	747
Alverincitrat*	3612
Alvinine-Wirkstoff	3317
Alvinol	548
Alvodine	4203
Alvonal MR	4722
Alypin	2700
Alypropol	2700
Alzaten	2864
Alzinox	46b
AM 109	1788
AM 684β	4913
Amabagyl	815
Amabevan	546
Amacran	4959
Amadil	685
Amadinonacetat*	197N
Amal	1546
Amalcaine	2261
Amalmare	2812c
Amandacide	663c
Amanitine	281
Amanozin**	871
Amantadinhydrochlorid*	1268
Amantocillin**	3388
Amapol	3489
Amarsan	698
Amasust	1546
Amatane	1546
Amatin	1086
Ambamid	563
Ambar	1214
Ambarlone	1546a
Ambathizonum	1122
Ambazon**	740
Amben	513
Ambenoniumchlorid**	4625
Ambenoxan**	2246
Amber acid	153
Ambesid	352
Ambesid solubile	1120
Ambestigminiumchlorid	4625
Ambetosi	1308
Ambilhar	321
Ambistamin	2653
Amblosin	2614
Ambocain	2011
Amboclorin	2194
Ambodryl	2789
Ambofilin	1202
Ambolin-Wirkstoff	1534
Ambomitina	4293
Ambonestyl	1780
Ambramicina	3970
Ambramycin	3970
Ambravein	4662
Ambravena	4662
Ambritan	4966
Ambrostasin	3162
Ambucain**	2917
Ambucetamid**	2914
Ambunol	3432
Ambuphylline	531i
Ambusid**	1931
Ambutol	1308
Ambutoniumbromid	3629
Ambutoxate	2917
Ambuzetamid	2914
AMC	792a
A. M. C.	1766
Amcap	2614
Amchafibrin	765
Amcill	2614
Amcill-S	2614b
Amcinafal*	223N
Amcinafid*	229N
Amdelate	663
Am-Dex	954
Amdil	685
Amdram	1214
Amdrazida	340
Amebacilin	4478
Amebamida	854
Ameban	546
Amebarsene	546
Amebarsin	2174
Amebarsone	546
Amebex	4478
Amebiazol	2074
Amebil	811
Ame-Boots	854
Amebosan	818
Amechol	795
Ameciclina	3720
Amedalinhydrochlorid*	151N
Amedrine	1214
Ameisensäure	11
Amelizol	4846
Amenozine	871
Amepromat	1011
Americaine	917
Ametazole hydrochloride	247
Amethobenzepin	3018
Amethocain(e)	2475
Amethone	3516
A-methopterin	3503
Ametik	3849
Ametil	3434
Ametionol	262
Ametohepasone	67N
Ametoterina	216
Ametoxin	116
Ametriodinsäure	1591
Amétycine	2401
Amfecloral**	1376
Amfe-Dyn	954a
Amfepentorexmaleat**	2487
Amfepramon*	1994
Amfeta	2861
Amfetamine	953
d-Amfetasul	954
Amfetylinhydrochlorid	3089
Amfipen	2614
Amfonelic acid**	2959
Amformin	622
Amfostat	4924
Amibiarson	546
Amicar	427
Amicarbalidisetionat**	2381
Amicardine	2098
Amicetin	4672
Amicibon**	4082
Amicil	3574
Amicin	68
Amicyclin**	3745
Amidacil	1152
Amidalgon	4008
Amidazin	710
Amidazophen	1961
Amidefrini mesilas**	1253
Amidephrinmesylat	1253
Amide PP	319
Amidinomycin	1013
Amidocalcer	865
Amidofebrin(e)	1961
Amido-Intracutan	1961
Amidol	3865
Amidolacetat	4215
Amidon(e)	3817
Amidophen	1961
Amidophenazon	1961
Amidopirina	1961
Amidoprocain	2031

Amidopyrazoline 1961
Amidopyrin 1961
Amidopyrinum 1961
Amidosal-Tabletten 1961p
Amidosan 3817
Amido-Septine 352
Amido-sulfol 352
Amidotiazol 865
Amidoxal 1421
Amidozol 1101
Amidozon 1961
Amidrina 794
Amidryl 2812
Amid-Sal 514
Amifenazol 870
Amifenozin 1079
Amifer 46e
Amifur 322
Amigdasoy 1515a
A-Migdobis 777a
Amigrin 847f
Amikapron 765
Amikazol 2469
Amikhelline 3028
Amikon 3574
Amilax 531b
Amilone 3817
*Amiloridhydrochlorid*** 348
Amilumox 46b
Amilyt 4805
Amimethylinhydrochlorid 3263
Amimycin 4820
Aminacrin 1852
Aminacyl 516
Aminalgésine 1961
Aminarsone 546
Aminazin 2770
Amindan 352d
Amin-Glaukosan 248
Aminicotin 319
*Aminitrozol*** 216
Aminoacrichin 4209
*Aminoacridin*** 1852
Aminoadipylpenicillin 2251
Aminoäthylnitrat 48
Aminoalanfol 2767
Amino-Anfol 2981
Aminoantipyrin 1418
Aminoazathioprin 845
Aminobenz 689
Aminobenzamidophenazon 2977
Aminobutene 2170
Aminocaine 2011
*Aminocaproic acid*** 427
Amino-caproico „Mein" 427
Aminocarbofluorene 3520
Aminocardiol 961
Aminocardol 531b
Aminochinol 4462
Aminochinuridum 3718
Aminochlorambucil 2214
Aminochlorthenoxazin 1093
Aminociclina 3970d
Aminoclortenoxiciclina 3970l
Aminocor 4269
Aminocordin 1190
Aminodal 888
p-Aminoephedrin 1245
Aminofan 2509g
Aminofenofos 741
Aminofilina 531b
Aminofillina 531b
4-Aminofolsäure 3251
Aminoform 411
Aminoformaldehyd 411
Aminoformio 411
Aminofosfon 200
Aminofyllin 531b
*Aminoglutethimid*** 1936
Aminohexan 3132
Aminoisometradine 974
Aminomal 531b
Aminomed 531a
Aminomethylpenicillin G 2837
*Aminometradin*** 973
Aminometramide 973
Aminonitrothiazolum 69
Aminopar 516
Aminopenil 2590e
Aminopentamidsulfat 3338
4-Amino-PGA 3251
Aminophan 2509
Aminophen 685
*Aminophenazon*** 1961
4-Aminophenazon 1418
*Aminophenazoni cyclamas** 1961d
Aminophenurobutane 1534
Aminophenylpyridone 1340
Aminophos 58
Aminophyl 531b
Aminophyllin(e) 531b
Aminopicoline 350
Aminopirina 1961
Aminopirina sulfonato 1965
*Aminopromazinfumarat*** 3367
Aminopropanolpyrocatechol 967
Aminopropylon 2654
Aminopropyron 2655
Aminopt 1852
*Aminopterin*** 3251
4-Aminopteroylglutaminsäure 3251
Aminopyrin 1961
Aminopyrol 1961
Aminoquin 3408
*Aminoquinol*** 4462
Aminoquinuride 3718
*Aminorex*** 880
p-Aminosalol 1866
Aminosalyl(um) 516
Aminosept 4571
Aminosidin 4251
Aminosin 174
Aminoteina 531a
Aminoteropterin 4651
*Aminothiazol*** 74
Aminothiazolincamphorat 90
Aminotrate phosphate 412a
Aminotreofol 3005
Aminoulcus 373
Aminoxaphen 880
Aminox „Hoechst" 516
Aminoxyconessin 4365
*Aminoxytriphen*** 4458
Aminoyodo 1032
*Amiodaron*** 4393
Amiodoxyl benzoate 474
Amiotal 1546a
Amipan T 3699
*Amiperon** 4276
*Amiphenazol*** 870
Amiphenosine 1079
Amipramidine 348
Amipramizidhydrochlorid 348
Amiptan 2098
*Amiquinsinhydrochlorid*** 1389
Amirale 4088
Amisalin 2031
Amisept 4571
*Amisometradin*** 974
Amisyl 3574
Amitacon 3574
Amital 1546
Amithiozon(e) 1122
Amithizon 1447
Amitrene 953, 954
*Amitriptylinhydrochlorid*** 3514

Amixyl 4223
Amizil 3574
Amizol 1683
Amizylum 3574
Amjodaronum 4393
Ammicardine 2098
Ammidin 2546
Ammi-Khellin 2098
Ammipuran 2098
Ammisan 2098
Ammispasmin 2098
Ammivin 2098
Ammivisnagen 2098
Ammoform 411
Ammoidin 1574
Ammoket 663
Ammophyllin 531 b
Ammorid 4629
A. M. N. 2838
Amniotin 3059
Amnosed 1699
*Amobarbital** 1546
Amobarbitone 1546
Amocainum 3516
Amodiachinhydrochlorid 3497
*Amodiaquinhydrochlorid*** 3497
Amodril 955 b
Amodryl 2789
Amoebacid 815
Amoebal 1426
Amoeban 820
Amoebicon 699 a
Amoebin „Hillel" 820
Amöbin „Starke" 2366
Amoebosan 820
Amoenol 811
Amokin 3117
Amol 1514
*Amolanon** 3516
Amolisin 3885
Amolyn 3159
Amonal 3406
Amonal A 2201
Amonal B 1958
Am(m)onium „Wasser-mann" 803
Amopax 1546 c
*Amoproxanhydrochlorid*** 4107
Amopyrochinum 3481
*Amopyroquin*** 3481
Amorphin 237 N
Amosedil 1546 b
Amosept 4629
Amoseptic 4120
Amosette 1546
Amospan 1546
Amosyt 2812 c
Amotril 1668
Amotriphene 4458
*Amoxapin** 132 N
*Amoxecainhydrochlorid** 2926
Amoxoral 4251
*Amoxydramincamsilat*** 2816
AMP 1204
AMP-3 1433
Ampazine 2799
Amphaetamin 953
Amphaetex 954
Amphamed 953
Amphamine 953
Amphate 953 a
Amphcaps 954
Amphecloral 1376
Amphedrex 954
Amphedrine 953, 954
Amphedrine-M 955
Amphedroxyn 1214
Amphemycin 1375
Amphenicol 1375
*Amphenidon*** 1340
Amphenon(e) B 2585
Ampherex 954
*Amphetamin*** 953
D-*Amphetamin* 954
Amphetaminil 2762
d-Amphetasul 954
Amphex 954
Amphezamin 953
Amphicol 1375
Amphisol 870
Amphoids-S 953
Ampho-Moronal 4924
Amphos 953 a
Amphosedal 2431
*Amphotalid*** 3248
*Amphotericin B*** 4924
Amphotropin 411 k
Ampicil 2614
Ampicilina 2614
*Ampicillin*** 2614
Ampicin(a) 2614
Ampifen 2614
Ampikel 2614
Ampiland 2614
Ampilisa 2614
Ampilum 2614
Ampinova 2614
Ampinoxi 2614
Ampin-Penicillin 2590 d
Ampiopenil 2614
Ampipenin 2614
Ampi-Reder 2614
Ampisint 2614
Amplacilina 2614
Amplex-A 4088
Amplex-C 359
Ampliacor 2730
Ampliactil 2770
Ampliasul 1911
Amplicain 2257
Amplictil 2770
Amplimykol 823
Amplin(a) 2614
Ampliociclina 3970
Amplipen 3326
Ampliphylline 531 h
Amplisulfa 1658
Amplital 2614
Amplivit 2730
Amplivix 2730
Amplomycin 4901 a
Amprazim 2799
Amprocidum 2229
Amprol(io) 2229
*Amproliumchlorid*** 2229
Amprolsol 2229
Amprolvet 2229
Amprotropinphosphat 3155
Ampsalos 1896
*Ampyrimin*** 1595
Ampyrone 1418
Ampyrox 3113
*Ampyzinsulfat** 371
*Amquinat*** 3094
Amquinolate 3094
AMS 3 1267 f
Amsamicetin 1375
Amsebarb 1546 a
Amseclor 1375
Amsustain 954
A-Mulsal 3659
A-Mulsin 3659
Amulvit 3659
Amunine 3659
Amuno 3203
Amurex 262
Amybal 1546
Amybdine 820
Amycal 1546

Amycazolum 2469
Amycen 895
Amycil 514
Amydorm 1546
Amydricaine 2700
Amygdal 663
Amygdal-OM 1515a
Amygdobis 777a
Amykton 451a
Amylarin 804
Amylcain 2261
Amyléine 2242
Amylenhydrat 272
Amylenol 1715
Amylgin 1961
Amylium nitrosum 261
Amylium salicylicum 1715
Amylnitrit 261
Amylobarbital 1546
Amylobarbites 1546
Amylobarbitone 1546
Amylocain 2242
Amylofene 1607
Amyloniazide 2980
Amylsine 2261
Amytal 1546
Amytalily 1546
AN-1 2762
AN 148 3817
1022 A. N. 2543
1031-A.N. 3029
1166 A. N. 978
1317 A. N. 4024
1324 A. N. 1682
Anabactyl 2765
Anabasi 4966
Anabasin 1189
Anabial 1837
Anabiol 4358
Anabloc 1900
Anabo 4494
Anabol 3900
Anabol-4-19 3101
Anabol „Dunhall“ 4502
Anaboleen 3418
Anaboleen Depot-Amp. 4504
Anabolex 3418
Anabolico „Master“ 4073
Anabolicum „Sanabo“ 4560
Anabolicum Vister 4327
Anabolicus 3886
Anabolin 3639
Anabolit 3862
Anabolizante Hermes 4966
Anabol-Tablinen 3418
Anabolvis 4327
Anaboral 3639
Anabozima 4966
Anabron 2617
Anacardiol 2002
Anacardone 1190
Anacobin 4960
Anacolin 4052
Anadin 4966
Anadol 2667
Anador 4782
Anadrol 3907
Anadroyd 3907
Anadur 4782
Anadurin 4603
Anaesthalgin 917
Anaesthaminol 923
Anaesthan-Syngala 917
Anaestheform 917b
Anaestherit 917
Anaesthesie-Spray „VEB Ankerwerk“ 2879
Anästhesin 917
Anästhesin solubile 917a
Anaestheticum Bayer AE 2011
Anaesthicin 917
Anaesthin 917
Anästhocain 2011
Anaesthol-Wirkstoff 2258
Anaesthosal 162
Anaethaine 2011
Anafebrina 1961
Anafilin 2620
Anaflex 173
Anaflogisto „Esti“ 4038
Anaflon 685
Anafongine 1565
Anafranil 3305
Anagal 501b
*Anageston*** 4104
*Anagestonacetat*** 4357
Anagiardil 375
Anahist 2653
Analate 1965
Analcordis 2683
Analepticon 1733
Analeptin „Fragner“ 1267
Analeptin „Spofa“ 963
Analergin 2785
Analet 730
Analetil 2683
Analexin 1900
Analga 847
Analgen 2958
Analgesin 1382
Analgetin 1965
Analgin 1965
Analgina 1382
Analgispan 3111
Analgizer 71
Analgocaina 2011
Analon 245e
Analucin 382
Analutos 847d
Analux 1689
Anamebil 816
Anamenth 26
Anansiol 576
Anapenil 2590i
Anapetol 1471
Anaphylline 531n
Anapolon 3907
Anapregnone 4357
Anaprel 4812
Anaprilin 2635
Anaprime 4019
Anaprotin 3418
Anara 953
Anarcon 3269
Anarexol 3721
Anarkotin 3964
Anaroxyl 1125
Anascaril 185a
Anaseptil 352
Anaseptil-Colirio 1120
Anaspast 2873
Anaspir 359f
Anastaf 1397
Anasteron 3907
Anasteronal 3907
Anastil 540
Anastreptan 352
Anastress 1011
Anastrongil 1040
Anatensil 3989
Anatensol 3989
Anatensol Enanthate 4660
Anathion 150
Anathrombase 3194a
Anathymon 1011
Anatirin 221
Anatiroidol 16
Anatola 3659

Anatox 2208a, 2790
Anatran 3289
Anatrofin 4095
Anatropin 4357
Anatruxonium 4849
Anaus 3849
Anausin 2812c
Anautin 2812c
Anavar 3419
Anavascular 2873
Anavenol 1611
Anavit 3659
Anayodin 820
Anazid 340a
*Anazolenum natricum** 4445
Anazym 4966
Ancasal 847
Ancazine 185f
Ancillin 3717
Ancobon 3848
Ancol 1287
Ancolan 4389
Ancoma 245b
Ancortone 3806
Ancylol 289
Ancyte 1805
Andantol 2616
Andanton 2616
Andaxin 1011
Anderone 4093
Andiamine 4718
Andion 2517
Andoin „Improfarm“ 4574
Andol 4560
Andradurin 4801
Andramine 2812c
Andrazide 340
Andrhormone 3662
Androcur 4283
Androdiol 3675
Androdurin 4748
Androfluorone 3645
Androfort 4093
Androfurazanol 3657
Androgan 4502
Androgen 3395
Androgénol 4503
Androgonyl 3674
Andro-Hart 4093
Androisoxazol 3895
Androkinine 3417
Androlan aqueous 3395
Androlan in oil 4093
Androlin 3395
Androlin Oil 4093
Androlon 4093
Androlone 3418
Andromar 4622
Andromedotoxin 4111
Andrometh 3662
Andrometon 4111
Andronaq 3395
Andronate 4093
Andronex-Amp. 4093
Andronex-Tabl. 3662
Androphyllin 531b
Androral 3659
Andro „Richter“ 4093
Androsan-Amp. 4093
Androsan-Tabl. 3662
Androstalone 3678
Androstanazol 3900
Androstandiol 3428
*Androstanolon*** 3418
Androstanolonbenzoat 4476
Androstanolonönanthat 4504
Androstanolonvalerianat 4361
Androsten 3662
Androstendioldipropionat 4433
Androsteron 3417
Androsteton P. P. 4603
Androtardyl 4501
Androtest 3395
Androtest A 3885
Androtest P 4093
Androteston 4093
Androteston „M“ 3675
Androteston PP 4603
Androteston-Tabl. 3662
Androtine 3417
Androviron 3676
Androxan 3895
Androxid 4093
Androxil-intramusc. 4093
Androxil-oral 3662
Andrusol 3395
Andrusol P 4093
Anecotan 71
Anectine 2289
Aneiron 315
Anelix 685
Anelmid 4140
Anelun 3263
Anemiol-B_{12} 4960
Anemonenkampfer 1050
Anemonin 1050
Anemotrón 137a
Aneper B_{12} 4960
Anergan 2594
Anergen 2594
Anergomycil 4530
Anertan 4093
Anertan perlingual 3662
Anesital 1757
Aneson 162
Anespas 3898
Anestacon 2258
Anestan 24
Anestecain 2258
Anestesia topica „Miro“ 2475
Anestesina 917
Anestetico Vis 2011
Anesthésine 917
Anesthesol 2011
Anesthetic ether 187
Anesthocaine 2011
Anesthone 917
Anestil 2011
Anetamin 177
Anethain(e) 2475
Anethocurarium 4576
Anethol 1129
Anetholtrithion 1046
Aneufos simple 340
Aneural 1011
Aneurex 1765
Aneurimec 2483
Aneurin 1765
Aneurindisulfid 4346
Aneurol 1011
Aneuroton 1765
Aneurovit 1765
Aneuxol 1961
Anévryl 1765
Anexate 1746
Anexol 527
Anfetamina 954
Anfetol 685
Anfol-A 2970
Anfol-R 2969
Anform 841
Anfosentin-Amp. 3668
Anfosentin-Grageas 3569
Anfoteina 2653
Anfotericina B 4924
ANFT 830
ANG-66 3379
Angerin 84
Angiazol 382

Angicap 235
Angicid 352
Angicilline 2590
Angicones 777a
Angiflan 2142
Angijen 235
Angimade 1515a
Angimuth 1515a
Anginal 352
Anginaluy 1515a
Anginin 1488
Anginine 84
Angino-Bismutho 3545d
Anginon 740
Angino-stop 1515a
Angioamin 2034
Angiobis 1515a
Angiocardol 963a
Angiocolina 619a
Angio-Conray 1325a
Angio-Contrix „48“ 1325a
Angiofen 1520
Angiofiline B 1202
Angiofiline endovenoso 531b
Angiografin 1324
Angiographin 1324
Angiokellina 2098
Angiolingual 84
Angiombrine 821b
Angioneurosin 84
Angiopac 3698
Angiospasmyl 357
Angiotensin 4931
*Angiotensinamid*** 4931
Angioton „Leo“ 382
Angiotonin 382
Angioverin 3489
Angiovigor 4269
Angioyodina 1032
Angised 84
Angi-Supan 1515a
Angitet 235
Angitol 235
Angitrate 235
Angitrit 412a
Anglopirine 847
Angolon 2228
Angor 412a
Angorin 84
Angorlisin 3211
Angormin 4269
Angorsan „Charro Arias“ 419
Angorsan „Isola-Ibi“ 4269
Angorvid 1751
Anguidin 3379
Anguifugan 4140
Angustil 3574
Angustmycin C 1491
Anhalin 1220
Anhydroglucochloral 722
Anhydrohydroxyprogesteron 3851
Anhydron 2151
Anibin 1328
Anicain 3774
Anicar 147
Anidropen 2614
*Anilamat*** 2346
*Anileridin*** 4023
Anilingrün 4154
Animox 755b
A-ninopterin 3504
Anirrit-Wirkstoff 1599
*Anisacril*** 3936
Anisene 4133
Anisilbutamide 1761
*Anisindion*** 2517
Aniskampfer 1129
Anisocinnamol 4009
Anisohydrocinnamol 4051
Anisomycin 2202
Anisoperidone 3976
*Anisopirol*** 3809
Anisotropinmethylbromid 2931
Anisylbutamid 1761
Anisylcinnamat 4009
Anizon 2749
Anjodin 820
Ankerbin 3223
Ankerciclina 3970a
Ankilostin 21
Annidalin 3538
Anobesina 1651
Anodina 1382
Anodynin 1382
Anodynon 44
Anofelin 4202
Anogon 298b
Anohist 2653
Anoixol 1961
Anonaid T 3700
Anopridine 4203
Anorex 1471
Anorex „Atral“ 1183
Anorex „Ormo“ 1994
Anorexyl 1471
A-Norman 4088
Anormon 3675
Anotal 3206
Anovule 3603
ANP 215 679
ANP 235 1689
ANP 246 2237
ANP 297 2481
ANP 3260 2237a
Anparton 1668
Anquil 3966
Anquil „Mallinckrodt“ 4776
ANS 1546
Ansadol 1863
Ansal 1382c
Ansiacal 2532
Ansietan 1011
Ansiex 2532
Ansil 1011
Ansiolin 2521
Ansiolisina 2521
Ansiopax 3033
Ansiopaz 2523
Ansiowas 1011
Ansioxacepam 2311
Ansius 2549
Ansiv 2477
Ansolysen 2501
Ansopal 32b
Antabus(e) 1287
Antacidin 389
Antacin 1375
Antadix 1287
Antadol 3245
Antadril 2763
Antaethan 1287
Antäthyl 1287
*Antafenit*** 1343
Antagothyroil 133
Antalcol 1287
Antalgin 2849
Antalka 245a
Antallergan 2861
Antallin 1254b
Antalvic 4046
Antamin 2208a
Antamine 2861
Antamine „Assia“ 2642
Antamin „Hormona“ 2812a
Antan 2120
Antansil 2991
Antapentan 1724
Antascarin 1767

Antasol 3989
Antastan 2785
Antasten 2785
Antasthmin „Kwizda" 1526
*Antazolinhydrochlorid*** 2785
*Antazonit** 1390
Anteben 340
Antebor 708a
Antegan 3721
Antelmina 185
Antelmint 4140
*Antelmycin*** 4440
Antemesin 2812b
Antemin 2812c
Antemovis-Wirkstoff 1115
Antepar 185c
Antergan 2841
Antergyl 513b
Anterobius 185f, 185h
Antethyl 1287
Anthadril 2763
Anthalazine 185a
Anthallan 2893
Anthatest 4501
Anthecole 185f
Anthelin 755c
Anthelmintic „Bayer" 185a
Anthelmycin 4440
Anthelvet 1391
Anthemovister 1115
Antheridiol 4720
Anthiolimine 1688
Anthiomaline 1688
Anthiphen 1849
Anthisan 2861
Anthra-Derm 2066
Anthralin 2066
Anthramycin 2578
Anthrarobin 2067
Antiacido „Galli" 46b
Antiaethan 1287
Antial 2598
Antialerge „Midy" 2861
Antialergico „Reunidos" 2176
Antiallergicum „Spirig" 2812
Antiallersin 2800
Antiangine 1515a
Antiasmatico „Serpero" 1526
Antib 1122
Antibarbi 754
Antibason 221
Antibetis 1534
Antibetis 860 1760
Antibioticum 899 4602a
Antibioticum 1600 4251
Antibioticum 4761 216N
Antibioticum 6613 4905
Antibioticum 6640 159N
Antibioticum A 996
Antibortin 4796
Antibrucellin 1319
Anticandine 4926
Anticatabolin 4540
Anti-chlor 2600a
Anticholinergic 14045 3680
Anticoagulans 63 3474
Anticoccid 2229
Anticoccine 569
Anticol 1287
Anticolesterol 4692a
Anticoman 1825
Anticon 317
Anticude 1269
Anticurasyn 1563
Antideprin 3335
Antiderm 735
Antidipsin 2466
Antidis 2737b
Antidol 2431
Antidol „C. F." 847
Antidol „Püschel" 847
Antidrasi 315
Antiduol 2431
Antielio 1097
Antielmintico „Dima" 185h
Antiemor K 1317a
*Antienit*** 843
Antietanol 1287
Anti-Ethyl 1287
Antietil 1287
Antifebrin 681
Antiffein 749
Antifolsäure 3251
Antigal „Interpharm" 385
Antigal „Streuli" 1801
Antigas „Fuso"-Wirkstoff 2611
Antigastrin 1887
Antigermin 1961l
Antigihda 411r
Antihemorragico „101" 1066
Anti-Hist 2861
Antihistal 2785
Antihistamine „Maney" 2861
Antihistamin „Orion" 2861
Antihistamin-Penicillin G 2590i
Antihistamin Spofa 3565
Antihistaminique Clin 2814
Antihistamin „Linz" 3311
Antihist Retard 3311
Antihydral 411
Anti-inflammatory hormone 3893
Anti-Influenzol 847
Antileprol 3692
Antilepsin 2328
Antilusin 1563
Antimalarina 4202
Antimalarine 2895
Antimarin 917
Antime 235
Antimicina 340
Antimicopsorina 1553
Antimit 259
Antimosan 1579a
Antimycin A_1 4616
Antimycin A_3 4484
Antimycin-forte 3734
Antimycoin 4616
Antin 2814
Antinonnin 492
Antinosine 3446
Antioxine 316
Antioxiurico „Farun" 185d
Antipar 3052
Antiparkin 3354
Antipen 2590i
Antipernicin 4960
Anti-perniciosa 4960
Antiphein 749
Antiphen 2812
Antiphlogin 1382
Anti-Pica 3769
Antipir 1072
Antipirina 1382
Antipressan 84
Antiprotrombin A. L. 3194
„Antipyreticum" 1961
Antipyrin 1382
Antipyrinaldehyd 1601
Antipyrinjodid 1359
Antiradon 120a
Antiramin 2600a
Antirex 1269
Antirhin 3021a
Anti-Rhinitis 3021a

Antiroid 143
Antisacer 2328
Antiscabbia Gamma 316
Antisclerol 357
Antisep 3105
Antisepton 1830
„*Antiserotonin*“ 1978
Antisma 2861
Antisol 4004
Antisolon 3859
Antison 3806
Antispasmin 3612
Antispasmin „Pharmachim-Sofia“ 3915
Antistenokardin 4367
Antisterol 1152
Antistin 2785
Antistominum 2812
Antistrept 352
Antistreptin 352
Antistreptin solubile 3148
Anti-Stress 384
Antisukrin 1534
Antitanil 4632
Antitantal 2509
Antitens 1114
Antitetanin 4632
Antitiroide „G. W.“ 143
Antitiroideo „David“ 143
Antitrombosin 3194
Antituberkulosum „Trogalen“ 340
Antitus(s)in 2790
Antiulcera DPH 4521
Antiulcera Master 4521
Antivariz 3178c
Antiver 185f
Antiverm 1577
Antivermina 185h
Antiviral „Usar“ 4134
Antivitium 1287
Antivomit 2812c
Antoban 185f
Antofin 4238
Antopic 2861
Antora 235
Antorfin 3269
Antorphin 3269
Antoxol 116
*Antramycin** 2578
Antrapurol 2054
Antrenil 3915
Antrenyl 3915
Antridoniumchlorid 4587
Antrin 847
Antrycid(e) 2871
Antrypol 4943
Antulcus 3630
Antupex 2387
Anturan(o) 4132
Anturanil 4132
Anturen 4132
Anturidin 4132
Anulergia 2600a
Anuspiramin 3245
Anuspulmin 531b
Anuvex 2093
Anvene 3641
Anvital 1308
Anvitoff 765
Anxietil 1011
Anxine 1208
Anxioletas-Emar 1011
Anzol 4571
Anzolan 3603
AO-12 1661
Aolan 2748
Aolept 3744
A. O. P. 4240
Aoracillin-B 2590
Aoral 3659
Aovine 4877
AP 3194
Ap 2 1482
AP 2 4608
AP-14 3501
AP-43 3516
Ap 67 1072
AP 407 3155
Ap-752 1957
APA-Aparacet 685
APAB 513
Apacergil 2799
Apacil „Farmitalia“ 516
Apacil „Sanitas“ 1011
Apacizin(a) 552
Apafinum 2754
Apaisyl 1377
Apallagin 3446a
Apamide 685
Apamine 1214
APAP 685
Aparacet 685
Aparasin 316
Aparkan 3667
Aparkazin 3052
Apas 516
Apascil 1011
Apassal 516
Apassal-benzoil 2078a
Apatate 1765
Apaurin 2521
Apavit B_{12} 4960
Apazone 2628
Apcol 955b
Apellagrin 305
Apercide 46b
Aperflavon 3232
Apesan 1816
Apetigen 3721
Apetinil-Wirkstoff 1522
Apeton 3418
Apeton depot 4361
Apexol 3659
APGA 3251
A-Pharma 3659
Aphendion 2745
Aphenylbarbit 1607
Aphenylcinchon 2509
Aphenyletten 1607
Aphilan 3074
Aphilan R 4596
Aphilan-retard 4596
Aphosal 722
Aphoxide 409
Aphrodine 3800a
Aphtasolon 4038
Aphtiria 316
*Apicyclin** 4710
Apiol 1664
Apioline 1664
Apiquel 880
Apirazin 1072
Apirazol 1961a
Apirelina 1382
Apiretina 1382
Apirex „Best“ 1961l
Apirex „Lafar“ 514
Apisate-Wirkstoff 1994
Apitin 4255
Aplakil 2311
Aplodan 198
APO 409
Apoatropin 2817
Apochin 4641
Apochlorin 2775
Apodol 4023
Apogamma 178
Apolar 4337

Apolon B_2 4533
Apolon B_6 704
Apomorphin 2754
Apomorphinmethyl-bromid 3025
Aponal 3264
Aponal (alte Form) 429
Aponeuron 2762
Aponiere 334
Apophedrin 724
Apoplon 4776
Apostavit 3659
Apotesine 2666
Apothesin 2666
Apothyrin 857
Apozepam 2521
Appercol 1391
Apperisatin 4255
Appevit 4966
App-Z 685
Aprecon 1679
Apprednislon 3859
Apren-S 4346
Apresolin 657
Apressin 657
Apressoline 657
Aprezine 657
Apriclina 3955
Apricor 4367
Apridol 384
Aprinox 2342
Aprirren 2342
*Aprobarbital*** 1194
Aprobit 3370
Aprocain 4662a
*Aprofen*** 3825
Aprolidin 3977
Apronal 1004
Apronalide 1004
Aprophen 3825
Aprotal 1194
*Aprotinin** 4979
Aprozal 1194
Apsedon 1183
Apsical 4776
Apsin VK 2593a
Aptal 507
Aptin(e) 2458
Aptinol 4967
*Aptocainhydrochlorid*** 2217
Aptrol 1213
Apulcin 3874
Apurin 207
Apurina 2005
APY-606 192 N
Apyron 847f
AQL 208 3321
Aquacaps 3659
Aquachloral 32
Aquacillin 2590d
Aquacrine 3059
Aquadiol 3095
Aquagen 3095
Aquakay 1317
Aqualin 531
Aqualon 2535
Aqua-Mephyton 4746
Aquamox 1110
Aquamul 531
Aquamycetin 1375
Aqua-Péni-Quinyl 2590c
Aquaphor 2362
Aquarius 528
Aquasol A 3659
Aquasol E 4693
Aquasuspen 2590d
Aquasynth A 4835
Aquatag 2341
Aqua-Testerone 3395
Aquaviron 3395
Aquazid 2373
Aqucilina 2590d
Aquedux 334
Aquex 258
Aquex „Sandoz“ 2213
Aquil 485
Aquinone 1317
Aquiol 3095
Aquirel 2151
Aquocamphol 1267
Aquocobalamin 4959
Aquo-Cytobion 4959a
Aquodavur 4959
AR-2526 4596
AR 12008 48 N
Ara-A 1178
Ara-C 975
Aracytidine 975
Araff 2120
Aralen 3117
Aramidol 1900
Aramin(e) 961
Araminon 961
Araminum 961
Aran C 359
*Aranotin*** 3470
Aranthol 1029
Arapal 168b
Arbatal 1194
ARB-Solution 243
Arbutin 1717
Arcacil 2593a
Arcadin 3574
Arcasin 2593a
Arcaterol 2567
Arcavit A 4088
Arcavit B_1 1765
Arcavit B_2 2838
Arcavit B_6 735
Arcavit B_{12} 4960
Arcavit C 359
Arcavit E 4785
Arcavit K_4 2356
Arcényl 18
Archicyclin 3970
Archisulfa 1397
Arcoban 1011
Arcobil 2985
Arcobutine 1937
Arcocillin 2590
Arcocort 4420
Arcodexan 4038
Arcomicetina 1375
Arcomicetina jarabe 4568
Arcomonol 1937
Arconovina 3324a
Arcopen 2590d
Arcor 794
Arcored 4960
Arcort 4230
Arcosal 1760
Arcosolone 3859
Arco-Spectron 3972
Arcotrate 235
Arctigenin-mustard 219 N
Arcton 33 19
Arcton 63 20
Arcum fungicidal ointm. 1849
Arcum R-S 4776
Arcylate 496
Ardésyl 448
Ardinon 2229
Arecaidin 23 N
Arecain 23 N
Arecaline 755
Arecan 2011
Arechin 3117
Arecolin 755
Arecolin-acetarsol 755b

Arenzil 282
Aresin 545
Aret-A 4835
Areumal 1961e
Arfonad 3990
Argamin 440a
Argatoxyl 344b
Argazol 865
Argecor 2897
Argent-arsphenamin 1598b
Argiceto-50 440c
Argimate 440b
Arginil 440e
*Arginin*** 440
*Argipressin** 4922
*Argiprestocin*** 4900
Argivene 440a
Argobyl 901
Argolamide-Wirkstoff 3502
Argolaval 411z/1
Arheol 2485
Arhom-Tiazol 865
Arichin 4202
Aricyl 41
Arifen 18
Arilid 1844
Arinol 3021
Ariovit 4088
Ariovit-Ampuller 4835
Aripronal 1004
Aristamid 1653
Aristebon 1399
Aristin „B. G.“ 1658
Aristochin 4868
Aristociclina 4663
Aristocort 3813
Aristocort Acetonide 4310
Aristocort-Diacetat 4400
Aristocort Parenterals 4400
Aristoderm 4310
Aristofen 2991
Aristoform 1653
Aristogyn 1653
Aristokain 2011
Aristol 3538
Aristolochiasäure 2727
Aristolochin 2727
Aristophyllin 1202
Aristoplomb 3761
Aristoquin 4868
Aristosedol 1462
Aristoserina 89
Aristosol 4324
Aristospan 4713
Arisvo 847
Aritmina 3591
Arizonal 1658
Arkitropin 2892
Arkotine 2055
Arlef 2062
Arlidin 3357
Arlytene 2694
Armazal 82
Armazide 340
Armil 4442
Arminum 1186
Armitazid rapido 1545a
Armopyrine 847g
Armyl 4663
Arnifolin 3606
Arnosulfan 1658
Arocan 411k
Arocin 3961
Aromarone 2851
Aros-X 938
Arovit 4088
Arovit-Ampullen 4835
Aroxine 128
Arpenal 3823
Arpezine 185a
ARPF 1965
Arpon 1011
Arrestol 3105
Arret 281g
Arrhenal 18
Arricardil 2635
Arsabenzosol 1598
Arsacetin 695
Arsaglin 699a
Arsallyl 100
Arsalyt 2211
Arsambide 546
Arsamin 344a
Arsamino 698g, 1598
Arsamon 18
*Arsanilic acid*** 344
*Arsanilsäure*** 344
Arsant 2394
Arsanthran 344a, 695
Arsaphen 698
Arsaphen-inj. 698e
Arsaphenan 698e
Arsazetin 695
Arsébényl 1896
Arseclor 309
Arsecodile 53
Arsémétine 698i
Arsenamide 1371
Arsenin 18
Arseno 39 311
Arsenobenzene 1598
Arsenobenzol 1598
Arsenobenzol „Pieroni“ 1896
Arsenobillon 1598
Arsenomyl 1896
Arsenophenolaminhydrochlorid 1598
Arsenophenylglycin 2554
Arsenosan 311
Arsenossido Farmitalia 311
Arsevan 1896
Arsfenamina 1598
Arsfen „Nyco“ 309
Arsinosolvin 344a
Arsinyl 18
Arsion 596
Arsobal 1667
Arsolithol 698b
Arsonine 698
Arsoral 698
Arsotonin 18a
Arsozon 18
Arsphenamide 1371
Arsphenamin 1598
Arsphenamindiglucosid 4323
Arsphendichlorid 309
Arsphenolamine 1598
Arsphenoxidum 311
Arsphenoxyd 311
Arsthinénol 1426
*Arsthinol** 1426
Arsuran 546
Arsutyl 3116
Arsycodile 53
Arsylen 100
Arsynal 18
Artalan 4172
Artamin 2509
Artane 3667
Arterenol 734
Arteri-Choline 619
Arteriodin 1032
Arteriodone 475
Arterioflexin 1668
Arteriosterol 3307
Arterocoline 619
Arterocyn 6a
Arterodyl 1114
Arterolo 3307

Arteryl 235
Artes 224N
Artexin 2509
Arthenolone 4238
Arthridin 474
Arthripur 1359
Arthrisin 860
Arthriticin 185
Arthrizon 3245
Arthrochin 3117
Arthropan 281g
Arthrosal 496
Arthrytin 474
Articortal 4230
Artilacer 201
Artisone 4240
Artivis 4240
Arto-Espasmol 2873
Artoglicurol 361
Artolon 1011
Artomycin 3970
Artonil 1114
Artosin(a) 1760
Artosklerol 1132
Artrene 2509i
Artrichin 3117
Artrinovo 3203
Artriona 4206
Artrisone 4230
Artritin 474
Artrivia 3203
Artrizin 3245
Artrizone 3245
Artrjodo 411n
Artrobione 281g
Artrofano 2509
Artrofenil 2509a
Artroflog 3246
Artrogota 497h
Artrolattone-compresse 388b
Artrolattone-fiale 361
Artromialgina 1350
Artronal 361
Artropan 3245
Artroplegina 1208
Artume 153c
Arulón 590
Arusal 1816
Arvynol 548
Arylam 61N
Arytmal 3596
As XVII 4403
AS-11 1425
AS-101 344
AS 716 2846
As-4137 2295
AS-17665 635
AS-18908 1401
A. S. A. 847
ASA 158/5 3822
ASA-226 835
Asabine 3839
Asabromin 4122
A. S. A. Dulcets 847g
Asafan 4469
Asahydrin 258
Asalei 4241
Asaletten 3021
Asaley 4241
Asalin 4097
Asalphen 2338
Asamet 4098
Asamid 578
Asaphan 4469
Asaprol 1051
Asarin 1767
Asatylon 3839
Asazol 3038
Ascabin 2090
Ascabiol 2090
Ascadex 185a
Ascal 847d
As-Cal „Biologici Italia“ 359b
Ascalan 359b
Ascapurin 1263
Ascarex 185f
Ascaricid 1767
Ascaricida-Bayer 1263
Ascaricum 1263
Ascaridil „Janssen“ 1392
Ascaridil „Johnson + Johnson“ 1391
Ascaridin 1767
Ascaridol 1263
Ascarinex 185f
Ascarinol „Medix“ 1767
Ascarisin 1263
Ascarobel 185f
Ascaryl 1767
Ascelat 359
Ascensil-Wirkstoff 350
Ascetil 847
Asciatine 1961t
Asclerobione 282
Ascofar 359
Ascofer 359d
Ascoltin 359
Ascomed 359
Ascopirone 1961a
A. S. Cor 728
Ascor 359
Ascorac 359
Ascorbajen 359
Ascorbicap 359
Ascorbicin 359a
Ascorbico 359
Ascorbin(a) 359
*Ascorbinsäure*** 359
Ascorbit 359
Ascorbitol 359
Ascorbitron 359
Ascorbivit 359
Ascorbone 359
Ascorbutina 359
Ascorbyl 359
Ascorbyn 359
Ascorgil 359
Ascorin 359
Ascormin 359
Ascor-Mur 359
Ascorphylline 941
Ascorteal 359
Ascortin 359
Ascorvel 359
Ascorvit 359
Ascorvit CA 359b
Ascorvitina 359
Ascoserp 4776a
Ascoserpina 4776a
Ascoyl 359
Ascron 993
Ascryst 847d
Ascumar 3202
Ascuron 2289
Asdofan 4471
Asdophan 4471
Asdrin 1526
Asebotoxin 4111
Asecryl 3405
Aseptamide 469a
Aseptichrome 3441
Aseptil 709
Aseptil 2 1100
Aseptilex 1398
Aseptil guanidina 571
Aseptil-Pirimidina 1652
Aseptil-Tiazolico 865
Aseptogenol 4571
Aseptol 330

Aseptorid 563c
Aseptosil 865
A-„Servet“ 4088
Asey-Sulfa 1398
Asiaticosid 4929
Asiphyl 344c
Asipol-Wirkstoff 3560
Asitin 4255
ASK 1863
Askaridol 1263
ASL 279 731
Asmacoril 2306
Asmadren 1526
Asmafil 531
Asma-Jet 1526
Asmalar 1526
Asmalidrina 1526
Asmaluy simple 531b
Asmanor 1526
Asmarest 531
Asmatane-Mist 968
Asmetil 3029
Asmi 1525
Asmolin 968
Asol 3659
Asopax 847g
Aspamin 3574
Aspamin A 3044
Aspamin M 3021
Aspaminol 3821
Aspap 685
Aspara 168b
Aspara CA 168d
Aspara K 168a
Asparaginsäure 168
Aspardoxine 735a
Asparetten 847
Aspartam* 93N
Aspartat „Debat“ 168b
Aspartic acid* 168
Aspas 3689
Aspasan-Wirkstoff 3560
Aspen-Wirkstoff 3560
Aspergum 847
Asperlin 1139
Asphyte 847
Aspicucar 847
Aspidospermin 4066
Aspifarm 847
Aspilets 847
Aspiral 261
Aspirazol 1961a
Aspirdrops 847
Aspirgran 847
Aspirin 847
Aspirin Dulcet 847g
Aspirinetas 847
Aspirin solubile 847d
Aspirisucre 847
Aspirjen 847
Aspirochyl 344c
Aspirolina 847
Aspisal 847
Aspisol 847
Aspochin 4641
Aspo-Cid 847
Aspogen 46b
Aspolat 1197
Asposal 847
Aspriodine 827
Aspro 847
Aspron 3742
Aspros 847
Aspryl 514
ASS 847
Assicodid 3023
Assiflavine 2142
Assilaudid 2780
Assimil 3678
Assiprenol 1526
Assival 2521
A-Ssomose 434
Assucar 1808
Assugrin 433a
Asta 3746 4106
Asta P 4241 4406
Asta Z 4828 1009
Asta Z 4942 606
Astaril 349
Astedin 953
Aster C 359
Asteric 847
Asteril 3659
Asterol 2469
Asthma-Keton 11 3314
Asthma-Meter-Mist 968
Asthma-Nefrin 968
Asthmapax 1216c
Asthmarette 2170, 2855
Asthmatermine 1526
Asthma-Tropon 3314
Asthmolysin-Suppos. 1202
Asthone 1492
Astiban 1614
Astiron 4470
Astmahalin 968
Astmedrin 1217
Astminhal 968
Astmo 1526
Astomol 743
Astonin 3721
Astonin-H 3863
Astop 1528
Astquinon 2205
Astra 1410 2511
Astra 1470 3047
Astra 1515 2008
Astracaine 2258
Astracillin 2796
Astramine 411g
Astratiazol 865
Astrazolo 1421
Astreptine 352
A-Streptomycin 3924
Astress 2311
Astrinol 847
Astriphine 352
Astrobain 4685
Astrocar 1190
Astrolin 1382a
Astropyllin 1202
Astropine 847
Astropyrin 847
Astryl 699
Astryl „Astra“ 4971
Asturidon 1250
Astyn 585
Astyron 4470
Asuccin 153
Asucrol 1145
Asulin AL 847g
Asuntol 2152
Asvelik 2387
Asverin 2387
AT 7 1830
A. T. 10 4632
AT-16 3512
AT-101 387
AT 327 2387
AT-346 1898
Atabrin(e) 4202
Atadiol 1462
Atara 3808
Ataractan 3016
Atarax 3808
Atarax P 3808a
Atarochin 828c
Atarsyl 53a
Atarzine 2799

Atasol 685
Atatrin 4202
Atav 3659
Atazina 3808
A. T. B. I. 1122
ATC 166
Atcocyclin 3970
Atcotibine 340
ATE-15 3283
Atebrin 4202
Atecen 4632
Ateculon 1668
Atelor(a) 2469
Atemorin 384
Atempol 384
Aten 1835
Atenorax 3138
Atenos 3138
Atensex 4776b
Atensin 1208
Atensina 855
Atepodin 1256
Ateral-M 4523
Aterapion 3659
Aterax 3808
Aterian 571
Ateriosan 1668
A-Termadol 3323
Atgard 160
Athebrate 1668
Athéran-N 3307
Athérolip 1094a
Athérophylline 735c
Atheroplex-Wirkstoff 3325
Atheropront 1668
Athinon 262
Athranid-Wirkstoff 1668
Athrombin 3210
Athrombon 2305
Athyriodacil 127
Athyromazole 564
A-Tiber 3659
Atigoa-Tabletten 2509
Atilon 2559
Atin 3659
Atinal 3311
Atipi 1256
Atireo-Bis 936
Atirina 221
Atiroid 221
Atirozidina 564
Atirsan 143
Atisuril 207
Ativina 3659
Atlachor 2600a
Atladiol 4227
Atlatest 4501
Atletol 816
atmasanol (Dosieraerosol + Inhalationslösung) 3029
Atmonal 4405
Atmonil 4405
Atmulatin 4004
Atmurin 3699
Atochinol 3200
*Atolid*** 3085
Atomol 2681
Atomolan 1273
Atonalyt 1816
Atonyl 450
Atophan 2509
Atophan-Especial 2736
Atoquinol 3200
Atorel 1127
Atoreuma 2511
Atosanol 2509
Atosil 2800
Atossicaina 2011
Atoxatrin 2892a
Atox-Atropin 2892a
Atoxicocain 2011
Atoxicort 4306
Atoxidone 1961f
Atoxifil 343a
Atoxyl 344a
ATP 1256
Atra-Bond 2854c
Atractyl 1988
Atrafon 2509
Atral 3733
Atralose 2315
Atranorin 3228
Atranorsäure 3228
Atratan 2854c
Atravet 3289
Atraxin 1011
Atremon 1036
Atrican(a) 631
Atrifos 1256
Atrilon 5 398
Atrinal 2860
Atriphos 1256
Atrivyl 375
Atrochin 2831
Atrol 192a
Atrolactamide 912
Atrolactyltropein 2856
Atromentin 2941
*Atromepin*** 3111
Atromida 1668
Atromid S 1668
Atromidin 1668
Atropamin 2817
Atropanal 2823
Atropette 2854b
Atropin 2854
*Atropine oxide*** 2858
*Atropini oxydum*** 2858
*Atropinmethonitrat*** 3139
Atropinmethylbromid 3139a
Atropinoctylbromid 4435
Atropinsal 2854b
Atropisol 2854b
Atropt 2854b
Atroscin 2831
Atrovetan 2854b
Atryptal 3514
Atsefen 1689
Atsulen 2393
Attivina 972
Atumin 3434
Atumin (alte Form) 2509
Aturbal 2869
Aturban 2869
Aturgyl 1980
Aturgyl-Delta 3877a
Atussil 3670
Atyroxyl 344c
Audes 2280
Augmentin 270
Aulin 385
Aulinoform 385
Aulinogen 385
Auramin 2834
Auranile 2328
Aurasa-tiazolica 865
Auréocarmyl 3961
Aureociclin 3961
Aureocina 3961
Aureolic acid 244N
Aureol-Intes 3961
Aureomicina 3961
Aureomycin 3961
Aureomykoin 3961
Aureoquindiamat 2205
Aureotan 390
Aureothricin 883
Aureum-Farmigea 3961
Auriquin 3546a

Auro-Calcium 138a
Aurociclina 3961
Aurofar 3961
Auroganum 482
Auroiacol 1896a
Auro-Lecit 1513
Auromyose 390
Auropan 1545a
Aurophalum 628
Aurothioglucose 390
*Aurothioglycanid*** 648
Aurothiol 628
m-Aurothiosinaminbenzoat-Natrium 1354
Aurumine 390
Ausovit B_1 2483
Austracol 1375
Austrapen 2614
Austrapine 4776
Austrastaph 3223
Austrominal 1607
Austrophyllin 1202
Austrovit B_1 1765
Austrovit B_2 2805
Austrovit B_6 735
Austrovit C 359
Austrovit D_3 4573
Austrovit E 4751
Austrovit K 1317
Austrovit K-Depot 1317
Austrovit PP 319
Autan 1723
Authron 390
Autobuss 2812c
Autokar 3846
Automin 2812
Autopyrin 1382d
Auxibilina 2985
Auxiloson 4593
Auxina A 3659
Auxina D 4626
Auxina E 4751
Auxinutril 273
Auxison(a) 4593
Auxisone 4593
Auxobil 1865
Auxoperan 4857
Avacan 3423
Avadyl 3423
Avagal 3839
Avantin 115
Avantyl 3262a
Avapena(l) 2620
Avax 3659
Avenaciolide 2454
Aventol 586
Aventyl 3262a
Avermex(an) 185a
Avermin 4405
Avermol 4459a
Aversan 1287
Avertin 31
Avetil 1486
Aviatrin 1375
Avibon 3659
Avicocid 2088
Avicol 1183
Avicol-la 1968
Avicol SL 1968
A-Vicotrat 4835
Avil 2622b
Avimin 3659
Avinar 601
Aviochina 2088
Aviomarin 2812c
A-Vi-Pel 3659
Avipron 1183
Avipur 3659
Avisint 4835
A-Visol 3659
Avissul 1397
A-Vit 3659
Avita 3659
Avitabiol 3659
A-Vitadit 3659
Avital 3659
Avitaminium-Kolin 3659
Avitan 3659
Avitana 3659
Avitil 3659
Avitina 3659
Avitol 3659
Avitum Capsules 4835
Avlocardyl 2635
Avlochin 820
Avloclor 3117
Avlon 2142, 2439
Avloprocil 2590d
Avlosulfon 1605
Avlothane 22
Avogina 3659, 4835
Avoleum 3659
Avomin(e) 2800b
Avomol 3820
Avosyl 1208
A.V.P.-Cillin 2590
AW-142333 150N
AW 142446 2998
Axeen 1196
Axer Alfa 4835
Axerodina 3659
Axerol 3659
Axerophthol 3659
Axerophtholpalmitat 4835
Axerophthylium 3659
Axerovit 3659
Axiquel 780
Axiten 1285
Axlon 4959
Axofor 4959
AXPCl 193N
AY-5312 4059
AY-5406 3574
AY-5810 3422
AY-6108 2614
AY-6608 4840
AY-8682 2550
AY-11440 4414
AY-11483 211N
AY-15613 2527
AY-20385 3963
AY-20694 2636
AY-21011 2263
AY 56031 2615
AY-61122 603
AY-61123 1668
AY-62013 1807
AY-62014 3816
AY-62021 3975
AY-62022 4226
AY 64043 2635
Ayeramate 1011
Ayercillin 2590d
Ayerlucil 887
Ayermicina 4865a
Ayfivin 4964a
Ayphylline 1202
Ayurveda sin Adrenalina 2011
AZ 8 2393
*Azabon** 2222
Azacon 2615
*Azacosterolhydrochlorid*** 4439
Azacrin 4032
*Azacyclonolhydrochlorid*** 3016
5-Azacytidin 750
Azafen 122N
8-Azaguanin 136
Azalomycin F 4730
Azalone 2785a

Azamethone 2049
*Azamethoniumbromid*** 2049
Azameton 2049
Azan 136
*Azaperon*** 3282
Azapetinphosphat 2751
Azaphen 122N
Azapicyl 692
*Azapropazon*** 2628
*Azaquinzol*** 1695
*Azaribin*** 2173
Azaron 2642
*Azaserin*** 229
*Azaspiriumchlorid** 193N
Azasterol 4439
*Azatadindimaleat*** 3498
*Azatep*** 759
*Azathioprin*** 834
Azauracil 67
6-Azauridin 739
Azephine 2751
Azepinamid 1970
Azepoxin 2532
Azeptane phosphate 2751
Azetepa 759
Azetidin 1303
*Azidamfenicol*** 1424
Azidin 2147a
Azidoamphenicol 1424
*Azidocillin*** 2581
*Azintamid*** 1185
Azinthiamide 1185
Azionyl 1668
Aziprin 1551a
Aziprol 1551
Azoangin 1609a
Azobutil 3245
Azochloramid 34
Azodermin 2575
Azodium 1369
Azodyne 1369
Azogen 3245b
Azohel 1609a
Azoiodina 1032
Azoique 4 1895
Azojod 1609b
Azol 352
Azolmetazin 1652
Azoman 1271
Azomonas 216
Azomycin 68
Azophen 1382
Azo-Pro 1609a
Azopyrine 2948
Azoquimiol 865
Azorhodan 1609c
Azorin 847
Azoseptale 865
Azoseptyl-K 2533
Azoseptyl-T 2755
Azosulfamid 1636
Azosulfamid Nr. 33 1878
Azosulfanilamid 2961
Azosulfin 1398
*Azotomycin*** 2865
Azotoyperit 259
Azoule 703a
Azovan Blue 4789
Azovannatrium 4789
Azovanum coeruleum 4789
Azoven 352
Azoxodon 841
Azozol 1271
Azucaps 1236
Azucar de hulla 476
Azucaretas 476a
Azucrona 433a
Azudimidine 3221
Azuleen liquidum 2393
Azulenal 2393
Azulen-Beris 2393
Azulenol 2392
Azulen SN 2404
Azulfidine 2948
Azulol 2149
Azulon 2393
Azulon comp. (spasmolyt. Komponente) 3486
Azulon-wasserlöslich 2404
Azul Patente V 4524
Azunol 2393
Azunol-Tabl. 2404
Azupromin 2404
Azur 739
Azure A Carbacrylic Resin 2112
Azuren 340
Azuresin 2112
Azurin 532a

B-23 3568
B-37 823
B_{85} 2626
B 158 2657
194-B 2441
B-436 4269
B 663 4512
B. 862 2900
B. 907 213
B 1500 1993
B 2311 1199
B 2360 2128
B 8560 102N
B 518-ASTA 605
B 612-Asta 1026
BA 9-UTH 31 4109
BA 4164-8 2075
BA 4197 20N
BA 4223 2738
Ba-5473 3915
Ba-5968 657
Ba-10370 1054
Ba-11391 2680
Ba-13155 1561
Ba-14607 691
Ba-16038 1936
Ba-18189 3563
Ba-18605 2564
Ba-20684 4026
Ba-21401 4652
Ba-27913 4545
Ba-29038 4719
Ba-30803 2992
Ba-32968 97N
Ba-33112 4443
Ba-34276 169N
Ba-34647 41N
Ba-36278A 76N
Ba-38372 155N
Ba-39089 2459
Ba-40088 198N
Ba-41166 4893
Ba-41795 248N
Ba-43853 220N
Babesan 3733
Babesin 2147
Babidiumbromid 3724
Baburan 3733
Babynormo 3942
Bacdip 133N
Bacidrin 4964a
Baciguent 4964a
Baci-Jel 4964a
Bacikoch 340
Bacillin 340
Bacillopyrin 1366
Bacillosporin 4949
Bacilone 4964a
Baci-Max 4964a
Bacitek 4964a

*Bacitracin*** 4964a
Bacitracin A 4964
Baci-Troches 4964a
*Baclofen** 41N
Baclyn 2798
Bactacine 3124
Bacteminal 1398
Bactemycin „Leo" 3927
Bactéramide 352
Bacterostat CS-1 1565
Bactesulf 1421
Bactifor 2187a
Bactocidyn 4916
Bactoderm 3931
Bactofuril 830
Bactol 811
Bactolin 1054
Bactopen 3223
Bacto-tiazol 865
Bactrim 2187a
Bactrovet 1658
Bactylan 516
Badil 4405
Badional 553
Badrin 953
Badyl a la Mercuresceine 3441
BAEA 4010
Bagó B_1 1765c
Bagó B_6 735d
Bagocain 2011
Bagodryl 2812
Bagovit A 3659
Bagovit B_{12} 4960
Bagrosin 2947
Bajkain 2450
Bakteriostat 516
Baktolan 507
Baktonium 4442
BAL 116
Balance 2532
Balarsen 1426
Balborin 4291
Balcrin 2374b
Baldrianol 404
BAL Intrav 1014
Balistab 116
Balmadren 968
Balminax 3665
Balnoclorina 527
Balphenyl 1607a
Baltix 2790
Baltovit 4960
Baludon 2627
Balusil 1494
Bambicort 4232
*Bamethansulfat*** 1776
Bametinas 1011
*Bamifyllinhydrochlorid*** 3625
Bamilen 4959
B-amin 1765
Bamiphyllinhydrochlorid 3625
*Bamipin*** 3331
Bamo 400 1011
Bamyl 847d
Banabin 1374
Banasil 4776
Bancain 2011
Bancaris 2434
Bandol (Ban-dol) 4599
Banico 4004
Banicol 4442
Banikol 201
Banisterin 1882
Banistyl 3366
Banlin 4220
Banminth 1445
Banocide 1300
Banthin(e) 3839
Banthionine 262
Bantinyl-duplex 4220
Bantionol 553
Bantogen-V-Penicillin 2593a
Bantol 4599
Bantosal 3839
Bantron 4004
Baptitoxin 1438
BAQD 10 4716
Baqual 1758
Barachlor 2600a
Baracoumin 3194
Baramine 2812
Baratol 2932
Barazole 1421
Barbaethyl 747
Barballyl 1118
Barbamil 1546
Barbamon 747e
Barbamyl 1646a
Barbapil 1607
Barbellen 1607
Barbenyl 1607
Barberine 3489c
*Barbexaclon** 1607j
Barbibrom 391
Barbidal 1118
Barbidorm 1700
Barbilettae 1607
Barbimetten 747a
Barbimon 747e
Barbinal 1607
Barbinarcol 1542
Barbiphen 1607
Barbiphenal 1903
Barbiphenyl 1607
Barbipil 1607
Barbipyrine 747e
Barbisec 1758a
Barbita 1607
Barbitab 1250
*Barbital*** 747
Barbiteina 1607k
Barbiton(e) 747
Barbitural 747
Barbituran 1607
Barbituretas 1607
Barbiturin 747
Barbityl 747
Barbityral 1545
Barbivis 1607
Barbonal(ett) 1607
Barbonin 4291
Barbopent 1545a
Barbophen 1607
Barbosec 1758
Barcecanfol 1515a
Barcetin 747f
Barclophen 2600a
Bar-Dex 954a
Bardiol 3095
Bardon T. 2170
Bardorm 1607
Bar-Dox 735
Barhist 2208a
Baridium 1369
Barital 1194
Baritrate 235
Barokaton 2495
Barone 1965
Barotalum 1193
Barpental 1545a
Barquinol 811
B_1-Arrans 1765
Bar-Time 954
Bartol 1607
BAS 3286
Bascurat 1776
Basdène 1341
Basecil 221
Basedol 74a

Basedonale 561
Basergin 3324b
Basethyrin 221
Basi-B_1 1765
Basibrol 31
Basidracida 340
Basofortina 3584a
Basol 1515a
Basolan 143
Basolest 564
Bason 365
Basoprocin 2322
Bassado 3971
Basthioryl 269
Basudin 1801
Batel 1231
Bathyran 134
Batidrol 2066
*Batilol** 3929
Batrogyn 4964a
Batroral 4964a
Batylalkohol 3929
Batylol 3929
Baukal 1961l
BAX 3084 6N
BAX 422 Z 1246
BAX 1400 Z 226
Baxacor 3827
Bay 3517 765
Bayaspirina 847
Bay B 1815 4517
Bay b 4231 176N
Bay b 5097 3934
Baycain 2450
Baycaron 1993
Baycilina 3049
Baycillin 3049
Bayer 21/199 2152
Bayer 73 1835a
Bayer 205 4943
Bayer 693 349
Bayer 1213 3340
Bayer 1219 3053
Bayer 1355 3339
Bayer 1362 4320
Bayer 1409 3744
Bayer 1420 3140
Bayer 1462 2341
Bayer 1464 1012
Bayer 1470 1705
Bayer 1483 3366
Bayer 1521 3288
Bayer 2353 1835
Bayer 2502 1174
Bayer 3231 1629
Bayer 4503 2696
Bayer 5312 710
Bayer 5360 375
Bayer 5371 2590e
Bayer 5395 3049
Bayer 5400 1398
Bayer 5427 2614
Bayer 5488 3216
Bayer 7602 4643
Bayer 9002 2556
Bayer 9015 1564
Bayer 9037 133N
Bayer 9053 1680
Bayer 52910 1424
Bayer A 124 3367
Bayer A-128 4979
Bayer A 168 1197
Bayer A 173 3536
Bayer B 186 2790
Bayer b 5097 3934
Bayercillin 3049
Bayer E 39 2651
Bayer E 39 solubile 2652
Bayer L 13/59 171
Bayer 1440 L 1166
Bayer-Süßstoff 476
Baygnostil 1061
Bayinal 1500
Baylucit 1835a
Bayluscide 1835a
Baypresol 1166
Bayren(a) 1399
Baytenal 1500
Baytinal 1500
Bay VA 1470 1705
Bay VA 9 387 886
Bazyl 677
BBH-Tabletten B. A. V. 391
B-B-S 2090
BC 16 3190
BC 40 4631
BC 48 4769
BC 51 4102
BC 105 3273
BC-347 1623
„B. 114“-Camuset 701
B-Carbossilasi 1795
B_1-Cidan 1765
B_6-Cidan 735
BCM 1301
BCNU 242
BCP 2264
B_1-Crivit 1765
B_1-Delagrange 1765
B_6-Delagrange 735
B_{12}-Delagrange 4960
B12-Depot „Hormosan“ 4959a
B_{12}-Depot-Siegfried 4959
B_{12}-Depot-Vicotrat 4959
B_{12}-Depot „Wander“ 4959
B-Deugyl 2805
BDH 312 1208
BDH 1298 4331
B-Diuralter 2342
B-docin 4960
B. D. P. E. 3939
BE 50 3741
BE 419 2936
BE 426 3448
Be. 724-A 2342
Beabal-Gotas 1032
Beacillin 2590e
Beadox 735
Beamscum 2078a
BEAMSK 2078a
Béaprine 630
Beatilina 3574
Beatine 1765
Beatol 747
Beauvericin 4910
Bebeerin 4825
l-Bebeerin 4826
Bebetine 847
Bebiodina 1765
Bebirin 4825
Bebysulfa 1911
Becafurazona 322
Becalax 3451
Becantal 3098
Becantex 3098
Becanthone 4025
*Becanton** 4025
Becantyl 3098
Becaps 1765
Becaptan 55
Becazida 340
Bechilene 4363
Bechisan 3098
Bechistop 3108c
Bechitus 3009a
Becilan 735
*Beclamid** 1108
Beclometasoni propionas 4604
*Beclometasondipropionat*** 4604

Beclomethasondipropionat 4604
Beclotiamin** 1719
Beconol 2790
Becorel 3907
Becrinol 1765
Becrisina 1765
Bedocatines B_{12} 4960
Bedoce 4960
Bedodec 4960
Bedodeka 4960
Bedome 1765
Bedomican 4960
Bedotin 4959
Bedoxin 735
Bedoxyl 4960
Bedoxyl-AP 4959
Bedoz 4960
Bedozane 4960
Bedozin 4960
Bedumil 4960
Bédumil-Depo 4959
Beduona 2805
Beecham-Broxil 2796
Beecham-Celbenin 2798
Bee-12-Gel 4960
Beesix 735
Beet sugar 1808
Befen 2852a
Befeniol 2852a
Befenium 2852a
Befix 1765
Beflavin 2805
Beflavit 2805
Beforce$_{15}$ 3706
Befortin 1765
Begiolan 1765
Beglan-12 4960
Beglucin 1760
Begoncal 1765
Begoncal-B_{12} 4960
Beguina 1067
Behepan 4960
Behepan novum 4959
Behyd 2116
BEI-1293 2362
Bejectol 1765
Bekadid 3023
_Bekanamycin_* 3184
Bekathion 1122
Belactin 2805
Belagol 3864
Belasphin 2150
Belcomycine 4915
Belcomycine-Amp. 4936
Belemina 1285
Belfacillin 2798
Belfene 3311
Belganyl 4943
Belivron 3864
Bellacristin 4797a
Belladonnin 4797
Bellahormon 4392
Bellapront 1211a
Bellaradin 2037
Bellasthman-Medihaler 1526
Bellavita 4835
Bellocilline 2590i
Belosin 3423
Beloxamid** 144N
Belpax 3514
Bemaphate 3117
Bemarr 1765
Bemarsal 2174
Bemarside 364
Bemasulph 3117
Bemegrid** 754
Bemidon 2435
Bemulton 4959
Bemunine 1765
Bemural 1581
BEN 3487
Benaciclin 3720
Benacil 2590e
Benactina 3574
Benactizan 3574
Benactizin 3574
Benactone 3574
Benactyzinhydrochlorid** 3574
Benactyzinmethobromid 3874
Benadine 2812g
Benadol 2812h
Benadon 735
Benadosol-Amp. 2812
Benadosol-Powd. 2812i
Benadrin 2812
Benadryl 2812
Ben-a-Hist 2785
Benalgen-Inj. 2812
Benalgen-Powd. 2812i
Benalgin 3323
Benali 352
Ben-Allergin 2812
Benanserinhydrochlorid 3286
Benapen 2590g
Benaphyllin 904
Benapon-Inj. 2812
Benapon-Powd. 2812i
Benaquin 3117
Benaspir 847
Benavit 1765
Benavitan 1765
Bénazol 1051
Benazolin 1908
Bencain 1996
Ben-Caine 1474
Benciflam 3323
Bencil-Fluazida 2342
Bencilhidrin 2590l
Bencilin 2590e
Bencillin 2593a
Benciltiazida 2342
Bencorton 4206
Bencyclan** 3420
Bendaminol 3323
Bendamizole 1610
Bendarin 1114
Bendazac-Natrium** 2538
Bendazol** 2083
Bendazol „Biosintetica“ 1040
Bendistrep 3927
Bendogen 4960
Bendor 2535
Bendralan 2796
Bendrofluazide 2342
Bendroflumethiazid** 2342
Benecardin 2098
Benecid 2005
Benedo 1765
Benedorm 965
Benemid 2005
Beneprizinhydrochlorid 3831
Benerva 1765
Benervit 1765
Benesal „Benger“ 514
Benesal „VEB-AWD“ 1971
Benesap 2005
Benetacil 2590g
Benethamin-Penicillin** 2590g
Benetolin 2590g
Benetrank 3574
Beneuran 1765
Beneuril 1765
Beneurin 1765
Beneuron 2483
Benflogin 3323
Benfotiamin** 3328
Benfurodilhemisuccinat** 3225
Bengalrosa-^{131}J 3439
Benhepazon** 2326

Ben-Hex 316
Benhexachlor 316
Benhydril 2812
Benicot 319
Beniform 4960
Benil 2120
Benim 1114
Benirid 1114
Benisolon 3859
Benisolon-Injection 4207
Benison 3806
Benizol 1114
Benlotex 2090
Benmicina 4877
Benmidina 3241
*Benmoxin*** 2378
Benodain(e) 2197
Benodine 2812
Benol 1765, 4960
Benoquin 1889
*Benorilat*** 2746
*Benorteron*** 3398
Benorylate 2746
Benovocylin 4392
*Benoxafos*** 1639
Benoxil 2918
Benoxinat(e) 2918
Benoxyl 2069
*Benperidol** 3966
*Bensalan*** 2059
Bensokain 917
*Bensuldazic acid*** 1646
Bensulfa 1658
Bensulfamidum 563
Bensulfenum 2065
Bensylytum 3037
Bent 2532
Bentavit A 3659
Bentavit B_1 1765
Bentavit B_{12} 4960
Bentavit C 359
Bentavit D 4626
Bentavit K 1317
Bentelan 4062
Benthiolan 2065
Benthiozon 1122
*Bentiamin*** 4451
Bentiolan 2065
*Bentipimin*** 4522
Bentonyl 412a
Bentride 2342
Bentrofene 2123a
Bentsopas 2078a
Bentyl 3434
Bentylol 3434
Benucid 1553
Benuride 1439
Ben-u-ron 685
Benuron 2342
Benuryl 2005
Benusel 2614
Ben-Vee 2593c
Benvil 2043
Benydiol 4966
Benylate 2090
Benzacillin 2590e
Benzacinum 3021
„*Benzacridine*“ 3463
Benzacyl 2078a
Benzaethacil 2590e
Benzafinyl 953
Benzalcan 4571
Benzaletas 4442
Benzalide 1870
Benzalin 2319
Benzamelid 1475
Benzamin 2430
Benzamine Blue 4788
Benzammon 768a
Benzamon 768a
Benzamsulfonamidhydrochlorid 563
Benzamsulfoniumjodid 3075
Benzamyl 3048
Benzanalgen 2958
Benzanidin 1231
Benzantine 2812
Benzapas 2078a
Benzapyrin 2977
*Benzaron*** 2742
Benzarsol 504
*Benzathin-Benzyl-penicillin*** 2590e
Benzathin-Penicillin 2590e
Benzathin-Penicillin V 2593c
*Benzatropinmesilat*** 3772
Benzazetin 1414
Benzazin 3021
Benzazolinhydrochlorid 1114
Benzazone-VII 320
*Benzbromaron*** 2728
Benzcaine 2093
Benzcarbimine 1706
Benzchinamidum 4086
Benzchlorpropamide 1108
Benzcurine jodide 4734
Benzebar 953
Benzedrex 1297
Benzedrin(e) 953
Benzelia 2090
Benzenchloramin 314
Benzestrin 4392
*Benzestrol*** 3602
Benzetacil 2590e
Benzétamophylline 3625
Benzethacil 2590e
Benzéthanol 495b
*Benzethidin*** 4193
Benzethol 495b
*Benzethoniumchlorid*** 4571
*Benzetimidhydrochlorid** 4155
Benzevan 2090
Benzfetaminhydrochlorid 2810
Benzhexolhydrochlorid 3667
Benzhormovarine 4392
Benzhydramin 2812
Benzhydroflumethiazid 2342
„Benzhydryl“ 2812
Benzidan 3323
Benzidazol 1114
Benzido-Pas 2078a
Benzidril 2812
Benziken 2590e
Benzil-Diurometon 2342
*Benziloniumbromid*** 4053
Benzilylcholinbromid 3360
Benzimidon 1114
Benzimin 1954
Benzindamina 3323
*Benzindopyrinhydrochlorid*** 3943
Benzinoform 1
*Benziodaron*** 2730
Benzkurin 4734
Benzmalacene 3476
*Benzmalecen*** 3476
Benzmethoxazone 1072
Benzoarsäure 2050
*Benzobarbital** 3207
Benzobencil 2090
Benzobis 670
Benzoblau 3 B 4788
Benzobutamin 3571
Benzocain(e) 917
Benzocalcol 495a
Benzochinoniumchlorid 4805
Benzochlorophene 1862
Benzochloryl 2055
Benzocillina 2590e

*Benzoclidinhydrochlorid** 2166
*Benzoctaminhydrochlorid*** 2992
Benzo-Davur 3921
*Benzodepa*** 1706
Benzoderm 1553
Benzodermina 2090
Benzodet 2146
Benzodiapin 2532
„*Benzodiazepin*“ 2532
Benzodionole 2835
Benzodioxan-Nordmark 2197
Benzodisufene 4112a
Benzodisuphen 4112a
Benzo-Diuretico 2342
*Benzododecinium*** 3921
Benzoesäure 495
Benzoesan estradiolu 4392
Benzoestrofol 4392
Benzöstrol 3602
Benzoflex 462
Benzofoline 4392
Benzoformine 411j
Benzo-Ginoestril 4392
Benzo-Ginoestril A. P. 4419
Benzo-Gynestryl 4392
Benzo-Gynoestryl 4392
Benzo-Gynoestryl retard 4419
Benzohexonium 1827b
Benzolamide 661
Benzolin 3655
Benzolin „Breon“ 917
Benzolin „Nissin“ 1114
Benzolone 953
Benzometan 3983
Benzomethamin(bromid) 4085a
Benzomethoxazonum 1072
Benzonaftol 2731
Benzonal 3207
Benzonaphtol 2731
*Benzonatat*** 4732
Benzononatine 4732
Benzo-oripas 2078a
Benzopenil 2590e
Benzophenoneidum 2834
Benzopiperilone 3983
Benzoplix 495b
Benzoposan 954
3-Benzopropilamidricaline 2700
„Benzopropyl“ 2700
Benzopyrazon 4258
Benzopyrine 1382b
Benzopyriniumbromid 2399
*Benzopyrroniumbromid*** 3578
Benzoquate 3963
Benzoquin 1889
Benzoquinamide 4086
Benzoquinonium Chloride 4805
Benzoral 504
Benzorphanol 4271
Benzosalin 2333
Benzosol 2093
Benzostigmine 2399
Benzosulfa 2948
Benzosulfimidum 476
Benzosulphinidum 476
Benzotef 1706
Benzotephum 1706
Benzotest 4493
Benzothiazide 2341
Benzothiazol 2516
Benzothiozon 1122
Benzotropin 3772
Benzoxale 2642
*Benzoxiquin*** 2510
Benzoxyline 2510
Benzoyläthylecgonin 3082
Benzoylallylecgonin 3320
Benzoylbarbamyl 3048
Benzoylluminal 3207
Benzoylmethylecgonin 2828
Benzoylpas „Spofa“ 2078a
Benzoylsulfanilamid 1884
Benzoylthiamindisulfid 4845
Benzoylthiaminmonosphosphat 3328
Benzperidinhydrochlorid 3565
Benzperidol 3966
*Benzphetaminhydrochlorid*** 2810
*Benzpiperylon*** 3983
Benzpropamin 953
*Benzpyriniumbromid*** 2399
*Benzquinamid*** 4086
Benzstigminumbromid 2399
*Benzthiazid*** 2341
Benzthiozone 1122
Benztrone 4392
Benztropinmethansulfonat 3772
Benzyanyl 1713
*Benzydaminhydrochlorid*** 3323
Benzydroflumethiazide 2342
*Benzylalkohol*** 536
Benzylamide 1108
Benzylantiserotonin 3286
Benzylephedrin 2811
Benzylets 2090
Benzylharmin 3468
Benzylhydrochlorothiazid 2116
Benzylhydroflumethiazid 2342
Benzylin 2352
Benzylis benzoas 2090
Benzylium benzoicum 2090
Benzylium nicotinicum 1864
Benzylmorphinhydrochlorid 4264
Benzylmorphinmyristat 4848
Benzyloid 2090
Benzylparaben 2092
Benzyl-Parasept 2092
Benzylpenicillin 2590
Benzylphthalazonhydrochlorid 3274
Benzyl-Rodiuran-Wirkstoff 2342
Benzylsenföl 645
*Benzylsulfamid*** 1902
Benzylsulfanilamidum 1902
Benzyl Tegosept 2092
Benzyltetronsäure 1347
Benzyrin 3323
Benzytol 677
Beocid 708
Bepanthen 1023
Bepantol 1023
Beparon 803
Bepas 2078a
Bepascum 2078a
Bepella 319
Bephedon 4447
Bephedrin 2811
Bepheniumembonat 2852
*Bepheniumhydroxynaphthoat*** 2852a
*Bepiastin*** 2576
Bepilene 1008a
Bepriman 1765
Beprochin 3408
Beprocin 4845
Bequin 1765
Beracilline 263
Béradia 2657
Berberal 3478b
Berberin 3478
Berbetin 1765
Berbin(e) 2752
Berbinal 2752a
Berculon A 1122
Berculon B 1173
Berdi 3328

Berenil 2147a
Bereon 1765
Beriberol 1765
Beridormin 590
Berin 1765
Berisol 3478b
Beritin 1765
Berivit 1765
Berkazon 1122
Berkendyl 527
Berkfurin 636
Berkmycen 3972
Berkomine 3335
Berkozide 2342
Berlacillin V 2593
Berlicetin 1375
Berlicetin-Augentropfen 1424
Berlicetin-Saft 4568
Berlicetin-Trocken-
ampullen 2374
Berlicid 1398
Berlisolon 3859
Berlison 4206
Berlison F 4232
Berlocid 708
Berlophen 1124
Berna-Caine 2011
Bernaminum 153f
Bernarenin 968
Bernsteinsäure 153
Beroksan 1574a
Berol 2733
Berolase 1795
Beromycin 2593a
Beronal 2147a
Beroxan 1574a
Berubi 4960
Berubigen 4960
Berubi long 4959
Berubin 4960
Bersen 2914
Besacolin 624
Besacron 624
Besatin 735
Besch 847
Besextan 735
Besomin 820
Besônia 4072
Besser 2532
Bester 1795
Beston 4845
Beston-Inj. 4765
B.-Estrin 1765
Besubdoce 4959
Besyn 1765
Beta 21 230N
Beta-Anoxin 445
Betabenzon 2731
Betabion 1765
Betabloc 2687
Beta C 359g
Betacain 2430
Betacemethadone 4217
*Betacetylmethadol*** 4217
Beta-chlor 32a
Betacholyl 795
Betaciclina 3970d
Betacin 858
Betacin „Lepetit“ 2837
Beta-Clor 32a
Betacorlan 4039
Beta-corlan 4062
Betacort 4039
Betacortril 4039
Betadexamethason 4039
Betadid 1734
Betadine 366a
Betadren 2635
Betadrenol 2253
Betaergin 1765
Betafar 1765
Betafedrina 954
Betafen 953
Betaflavina 2805
Betafluorene 4474
*Betahistinhydrochlorid*** 745
*Betahistinmesilat*** 745a
Betainchloralum 32a
Betainhydrochlorid 277
Betaino-Strychnin 3757a
Betajodina 1765a
Betaland-1 1765
Betalgil 4619a
Betalily-S 1765
Betalily-12 4960
Betalin-S 1765
Betalin-12 4960
Betallorens 4062
Betalona 4030
Betalone „Firma“ 4039
Bétalone „Lepetit“ 4030
*Betameprodin** 2883
*Betamethadol*** 3867
*Betamethason*** 4039
Betamethasonacetat 4308
Betamethasonbenzoat 4647
*Betamethasondisodium-
phosphat* 4062
Betamethasonsuccinat 4474
Betamethasonvalerat 4551
*Betamethasonvalerianat-
acetat* 230N
Betamezid 1751
Betamican 1765
Betamican „F“ 1795
Betamicetin 1375
Betamicetin inj. 2374
Betamicetin liquido 4568
Betamin 878
Betamine 1765
Betamine B_{12} 4960
Beta-Monovit 1765
Betan 1765
Betanaphthol 1045
Betaneurin 1765
Betaneurol 1765
*Betanidinsulfat** 1231
Betanidol 1231
Betanison (a) 4030
Betapar 4030
Betapen 2590g
Betapen-VK 2593a
Betaphedrine 954
Betapirin 1900
Betapred „Glaxo“ 4062
Betapred „Schering-USA“ 4030
Betapredol 4039
Betapredsol 4039
*Betaprodin*** 2668
Betaprone 76
Betaptin 2458
Betapyrimidum 1190
Betaquil 1161
Betar 1765
Betarectal 1765
Betares 2635
Betarevit 1765
Betasalus 1765
Betasid 1765
Betasinum 858
Beta-sitosterinum 4692
Beta-Sol 1765
Betasolon 4039
Betasteril 1765
Betastip 1765
Betasulf 1397
Beta-Tabs 1765
Betatron 2483
Betauno 1765

Betavel 1765
Betavigor 1765
Betavitam 2805
Betavitan 1765
Betavitina 1765
Betaxan 1765
Betaxin 1765
Betazed 3245
Betazid 1765
Betazine 858
*Betazolhydrochlorid** 247
Betazolo 1765
BETE 3979
Beterapion 1765
Beterapion-12 4960
Béthadone 3817
Bethanechol Chloride 624
Bethanecol 624
Bethanid 1231
Bethanidine sulfate 1231
Bethiamin 1765
Bethiazine 1765
Betilon 2359
Betilon „Tecnifar“ 4039
Betistin 3241
Betivina 3328
Betix 1072
Betnasol 4062
Betnelan 4039
Betnesol 4062
Betnesol „Glaxo-Düsseldorf“ 4039
Betnesol-V 4551
Betnesol WL 4062
Betneval 4551
Betnevate 4551
Betnovat(e) 4551
Betol 2733
Betolvex 4960
Betona 1765
Betoral 1236
Betosan 2509
Betoxicaini chloridum 3427
Betoxin 192
*Betoxycainhydrochlorid*** 3427
Betramin 2812
B-Etrax 1765
Betsolan 4039
Betula oil 665
Betuna 1765
Betunvit 1765
Betwelve 4960
Beunizan 1765
Beuno 1765
Bevarol 1765
Bevatine 4960
Beveno 3959
Bevex 1765
Bevidoral 4960
Bevidox 4960
Bevimin 1765
Bevisan 1765
Bevit 1765
Bevital 1765
Bevital „Key“ 1758a
Bevitaminum-Kolin 1765
Bevite 4960
Bevitex 1765
Bevitine 1765
Bevitol 1765
Bevitorgan 1765
*Bevoniummetilsulfat*** 4055
Bewon 1765
Bexedan 3009a
Bexid 316
Bexii 4960
Bexil 4960
Bexin 185c
Bexitab 4960
Bexluolo 2790
Bexon-Tabl. 375
*Bezitramid*** 4736
B_{12}-Flavin 4960
B-Framan 1765
B12-Framan 4960
B_{12}-Galter 4960
B_1-Geve 1765
B. G. M. 245e
B. H. C. 316
B_4-Hemosan 217
B_{12}-Horfervit 4960
B12 „Hormosan“ 4960
BHT 1200, 2484
*Bialamicoldihydrochlorid*** 4615
Bi-Albi 1515a
Bialflavina 2142
Biallylamicol 4615
Bialminal 1607
Bialoxin 4619a
Bialpirina 847
Bialtropina 411
Bialzepam 2521
Biamigdal 1515a
Biamine 1765
Biarsamide 719a
Bi-As Aguettant 53c
*Bibenzoniumbromid*** 3384
Biberon-Glucosado 419
Bibesol 160
Bibirin 4825
Bibrocathin 285
*Bibrocathol*** 285
Bibrophen 287a
Bical 3472
Bicanfol 1515a
Bica-penicillin 2590e
Bicarnésine 2290
Bicarnitine 2290
Bicetonium 4442
Bicillin 2590e
Bicillin V 2593c
Biclomicil 1375
Biclomicil Jarabe 3466
Biclomicil succinato 2374
*Biclotymol*** 3793
Bicodein „Uquifa“ 3080
Bicol 1276
Bicolorin 2385
Biconax 847d
Bicor 3611
Bicortone 3806
Bi-Co-Tussin 3023
Bicyclophenamin 3617
Bidalgine 1965
Bi-Delta 3806
Bidex 4059
Bidizole 1101
Bi-Domus 305b
Bi-Drol 1765
Bidtinic 137a
Biebricher Scharlach 4259
Bi-Epinephrin 968
Biestrol 3096
Bietamine 3328
*Bietamiverin*** 3411
Biétanautine 2812e
*Bietaserpinbitartrat** 4854
Bifilina 1765
Bifiteral 1810
Bi-Flogan 2329
B_1-Ifmy 1765
B_{12}-Ifmy 4960
Bifos 282
Bifuron-Powd. 2805
Bigall 501b
Biguamor 435
„Biguanid“ 1494
Bigumal 1494
Bihypnal 1382h

Bijochinol 3545d
Bi-Jod-Amin 447b
Bijodtyrosin 857
Bijogadol 3545d
Bijogal 501c
Bijosal 463
Bikarol 1033
Bi-Kellina 2098
Bilagen 948, 3377
Bilagnost 3446
Bilagol 3864
Bilalpin 4351
Bilamid 530
Bilcilag 2320
Bilcrine 2543
Bil-dig 1133
Bildux 1675
Biledrol 4351
Bilene 1865
Bileretico Brichetti 1276
Bilergon 947
Biletan 760
Bilevon 1830
Bilevon M 1564
Bilgrafin 3448
Bilicanta 1048
Bilicante 1048
Bilichol 4370a
Bilicoline 2543
Bilicontrast 3446
Bilidia 1291
Bilidren 4351
Biliflux 3864
Biligen 2658
Bilignost 3448
Biligrafin 3448
Biligram 2936a
Biligran 3448
Bilijodon 1379
Bilimix 1276
Bilineurine 281a
Biliodyl 1061
Biliognost 2320
Biliopaco 1379
Biliopsyl 2320
Bili-oral 2375
Bilipac 1379
Biliphorin 3377
Bilipolinum 3448
Biliposol 2040
Bilipurum 1185
Biliron 4351
Bilirubin 4772
Biliselectan 2320
Bilispect 3448
Bilistram 2320
Bili-Tenebryl 1338
Bilitest 2320
Biliton 4351
Bilitrast 2320, 3446
Bili-Umbradil 2320
Biliver 1403
Bilivigor 2355b
Bilivistan 2936a
Bilizorin 530
Billum 2532
Bilocid 530
Biloide 530
Bilombrine 2320
Bilopac 1379
Bilopaque 2397
Bilopsyl 2320
Biloptin 1621
Biloptinon 1621
Biloral 1185
Bilospekt 2320
Bilostat 4351
Bilox 735
Bilumbral 1379
Bilusol 1515a
Bilyn 3450
Bimanol 192b
Bimethadolum 3865
Bimethoxycainlactat 3615
Bimil 4960
Bimolin 435
Binan 2964a
Bina-Skin 3902
Binasol 156e
Binazin 1393
Binazyna 1393
Bindan 2305
Bi-Neurene 1765
Bi-Neurin 1765
Bi-Nevril 4959
Binodrenal 734a
Binomil 2532
Binoside-Wirkstoff 3119
Binotal 2614
Binova 2483
Binoxin 1658
Binoxol 828e
Bio-15 3706
Bioacridin 2142
Bio-Ampi 2614
Biobamat 1011
Biobarc-A 3659
Biobarc-B 1765
Biobarc-C 359
Biobilan 530
Biobiuno 1765
Biocaine 2011
Biocal-Amp. 423
Biocalciosterina 4626
Biocalcium „Mastronardi“ 423
Biocalcose 282
Biocatines B_1 1765
Biocatines C 359
Biocatines D_2 4626
Biocetab 3438
Biocholine 281a
Bio-Cholin 4351
Bio-Ci 359
Biociclina 3971
Biocidan 4376
Biocilina P. 2590d
Biocillin 2590d
Biocin 3970
Bioclorina 527
Biocloxil 3223
Biocobal 4959
Biocobalamine 4960
Biocodone 3023
Biocolemin 4523
Biocolina „Bouty“ 281a
Biocolina „Ovejero“ 450
Biocor 4269
Bio-coril 2031
Bio-cort 3893
Biocortar 4232
Bio-Corten 4230
Biocortin 4207
Biocres 4960
Biocrom 3441
Biocycline 3970
Biodermatin 1252
Bio-des 3006
Biodramina 2812c
Biodylon 2136
Bioepiderm 1252
Bioestrepto 3927
Biofen 1375
Biofen-Susp. 4568
Biofenazina 3791
Biofergate 423h
Bio-fren 890
Biofuracina 322
Biofural 647
Biofurea 322

Biofurin 1944
Biofusal 4695
Biogan 2120
Biogastrone 4803
Biogen 4346
Biogenol 1765
Bioglumin 1145
Biogoan D 4626
Biogrisin FP 2750
Bio-Heprin 4360
Biolamin 4960
Biolent 450
Bio-Luton 3882
Biomesan 1835
Biomicin „Tosi" 1375
Biominol „A" 3659
Biominol „A"-Inyect. 4835
Biomiran 462
Biomitsin 3961
Biomorphyl 2780
Biomux 609
Biomycin 3961
Bionabol 3639
Bionaesth purum 2011
Bionic 305
Bionine 3026
Bionone 3026
Bio-Östron 4392
bio-pangamina 3706
Biopar 4960
Biophedrin 1217
Biophenicol 1375
Biophylline 531b
Bio-phylline 941
Bioporphin 4795
Bioprednon 4072
Bioprocain 300 2590d
Bioquin 828
Bioral 4803
Biorenine 968
Biormicin 3720
Bios I 418
Bios II 1252
Bioscardiol simple 1267
Bioscaricidina 185f
Biosechs 704
Biosedan 1545a
Biosept 3922
Bioserpine 4776
Biosone „Berk" 4724
Biosone „Kay" 4232
Biospal 3342
Biostat 3972
Biosterol 3659
Biosulfa 2737
Biosulfanil 352
Biosyth 1795
Biotamin 3328
Biotamin S 3760
Bio-Tan 3659
Biotard 2590e
Biotecline 3970
Bioterciclin 3720
Biotertussin 2252
Bio-Testiculina 4093
Bio-Teston 4093
Bio-Tetra 3970
Biotexin 4739
Biothalidin 2737
Biotiazina 1652
Biotiazol 865
Biotin* 1252
Biotinin 4355
Biotiren 850
Biotirmone 2316
Biotosse 2305
Biotra 3970a
Biotricina 3970
Biotussal 4082
Biouren 1534
Biovit 4693
Biovit-40 3961
Bioxilasi 1795
Bioxine 435
Bioxurin 185
Biperiden** 3868
Biphecillin 2593c
Biphenal 2431
Biphenaminhydrochlorid 3317
Biphetamine 954d
Bipimycetin 1375
Bipinal 1758
Bipiquin 3117
Bi-Prin 847
BIQ 16 4800
Birectal 777a
Birlane 64N
Birodan 2315
Birokuvitan 704
Birutan 4520
(−)-α-Bisabolol 2491
Bisacodyl* 3942
Bisal 497g
Bisalax 3942
Bisalevan 497g
Bisalgan 777a
Bisantol 497g
Bisatin 4255
Bisazina 1515a
Bisbentiamin** 4845
Bis-Bil 1276
Bisbutiamine 4765
Biscolan 4351a
Biscomate 627
Bisco-Zitron-Dragees 4255
Biscumarol 3194
Bis-DEAE-fluorenone 221N
Bisdequaliumdiacetat 4861
Bisexovis-fiale 4433
Bisexovis-orale 3891
Bisexovister 4433
Bisflavin 4533
Bisguadine 4510
Bishydroxycoumarin 3194
Bisibutiamine 4766
Bisina 1374
Bisir 1765
Bis-lip-sol 1515a
Bismangina 1515a
Bismarsene „Ifir" 18b
Bismecol 1796
Bismidril 1267b
Bismilla 2600a
Bismiochinina 3545d
Bismocalcin 501b
Bismocanfor 1515a
Bismo-cymol 1515a
Bismodin 501c
Bismogenol 497g
Bismogenol-Suppos. 1515a
Bismo-Lecit 1515a
Bismolipol 497g
Bismonyl 497g
Bismophanol 2509f
Bismorectal 1515a
Bismos 3545d
Bismosal 497g
Bismosalil 497g
Bismosalin 497g
Bismosalus 1515a
Bismosalvan 3545d
Bismosan 497g
Bismoverol 156d
Bismu-Ageiron 1515a
Bismu-Angin 1515a
Bismu-Bilbo 1515a
Bismucatebrol 285
Bismu-Cônes 153e
Bismu-Coni 153e

Bismucorb 359f
Bismucyn 156e
Bismudol 497g
Bismufarin 1515a
Bismugal 501b
Bismugalol 3545d
Bismulgin 497g
Bismuluy simple 1515a
Bismurax 587
Bismuret 777a
Bismusitorios 1515a
Bismutadona 1515a
Bismuth Cevitamate 359f
Bismuth glycollyl-arsanilate 699a
Bismuth Sodium Tartrate 156e
Bismuth-sodium-triglycollamate 370
Bismuthum oxybenzoicum 497g
Bismutil 777a
Bismutobaifon simple 1515a
Bismuto „Hohr" 1515a
Bismutonsil 1515a
Bismutoral 117b
Bismuto-rectal „Rovi" 1515a
Bismutum oxyjodogallicum 501c
Bismutum subgallicum 501b
Bismutum subsalicylicum 497g
Bismutum tribromphenolicum 287a
Bismuxel 3545d
Bismuxyl 156e
*Bisobrindilactat*** 4483
Bisolbon 2212
Bisolvit 1765
Bisolvon 2212
Bis-Oralin 3447b
*Bisoxatindiacetat*** 4256
Bisoxyphen 1565
Bispécia 2713
Bi-Stabillin 2590d
Bistcaine 4619a
Bisteril 1369
Bi-Steril „Bouty" 3447b
Bistin 4959a
Bistonsil 777a
Bistovol 698d
Bistrimate 370
Bistrimin 2814
Bistrium 1827
Bis-tropamide 2792
Bisuderm 501b
Bisulfa 1894a
Bisupan 153e
Bisuxine 153e
Bisvene 501b
Bitacyline 3970
Bital 1765
Bitaryl 1542
Bitevan 4960
Bith 1765
*Bithionol** 1565
Bithionol-S-Oxid 1566
Biti 609
Bitin 1565
Bitin-S 1566
Bitiovit 1765
*Bitipazon** 179N
Bitonal 192b
*Bitoscanat*** 627
Bitrazan 1300
Bitrex 3880
Bitri 412a
Bitriben 626
Bittermandelölgrün 4154
Biturita 352f
Biungal 2483
Biuno 1765
Biuntiber 1765
Bivatin 1765
Bivatol 2040
Bivebi 1765
Biverm 1577
Bivigen 1765
Bivimed 1765
Bi-Vit 1765
Bivit-6 735
Bivita 1765
Bivitabiol 1765
Bivitasi 1795
Bivitin 1765
Bivitinal 1765
Bizalaks 3942
Bizol 497g
B_{12}-Kairon 4960
BL-5 3474
BL 139 3338
BL 700 B 3629
B_{12}-Lasa 4960
Blascorid 3822
Blastmycin 4484
Blastoestimulina 4929
Blaupuder „Kwizda" 2611
Bleian 1254b
Blend-a-med-Fluid-Wirkstoff 1831
Bleph 708a
Bleu Patente V 4524
B_{12}-Level 4960
Blevidon 225
Blexcal 2593b
Blexcon 708a
B_1-Lisa 1765
B_6-Lisa 735
Bliz 3210
BL-J 433 640
BL-KR 140 1774
Blocadren 3037
Blocan 3113
Blocardyl 2635b
Blockain 2701
Bloodbin 1776
Blootamin 4960
Blo-trol 3688
BL-P 804 3326
BL-P 1322 135N
BL-P 1462 121N
BL-R 743 2729
Blucianina 4141
Bluecain 2450
Bluensin 3923
*Bluensomycin*** 3923
Blue VRS 4524
Blu-phen 1607
Blutene chloride 2389
Bluton 2489a
Bluzedrin 953
BM 3055 3910
B_1-Meseguer 1765
BMIH 1630
B_{12}-Mille 4960
B_6-Monovit 735
B_{12}-Monovit 4960
B-Neuran 1795
B-Neurox 1795
Boa 1726
Bob Martins Round-worm Tablets 185f
Bob Martins Tapeworm Tabl. 1849
B. O. E. A. 3932
Bogil 181
*Bolandioldipropionat*** 4358
*Bolasteron*** 3904
*Bolazin** 4862
*Bolazincapronat** 245N
*Boldenon*** 3374
Boldenundecylenat 4719
Boldin(e) 3271

*Bolenol** 3674
Bolfortan 4402
*Bolmantalat*** 4668
BON 1730
Bonacaine A 2844
Bonacaine G 3078
Bonadettes 4389
Bonadorm 1382h
Bonafer 46e
Bonaid 3623
Bonamine 4389
Bonapar 1900
Bonare 2311
Bonavit 1765
Bon-Cevi 359
Boncodal 3026
Bonibal 1287
Boniciclina 4662
Bonicor 1201
Bonifen 2626
Bonine 4389
Boniton 1177
Bonjela 4442
Bonodrin 1700
Bonofur 1042
Bonogastrin 2737b
Bonol 2626
Bonomycin 3731
Bonpyrin 1965
Bon-Sonnil 2535
Bontourist 2812c
Bontram 2749
Bonumin 1994
BOP 3807
Boragin 698a
Borcolin 3922
Bordamin 698
Bornamid 158N
Bornate 2001
Bornyval 2492
Borocain(e) 2011b
Borocarpin 1498a
Borochol 281c
Borohexamine 411a
Boropilocarpine 1498a
Boro-Scopol 2830b
Borotropin 411a
Borotropin „Dr. Winzer“ 2854a
Borovertin 411a
B_6-Orzan 735
Bosan-supra 2055
Bosmin 968
Bosporon 1420
Boththiamine 4346
Botiran 1122
Botran 297
Bourbonal 896
Boutybil 787
Bovidermol 2055
Bovitrol 4654
Bovizole 1040
Bovoflavin 2142
*Boxidin** 3243
BP 400 3235
BP-1184 1030
B-Paracipan 2078a
B-PAS 2078
B. P. C. 1379
B_{12}-Pharmabit 4959
B_{12}-Pierrel 4960
BPL 76
B-Pradel 1765
BR 18 3980
Bracethyl 590
Bradilan 4701
Bradirubra 4959
Bradisulfa 1398
Bradonit 4121
Bradophen 4250
Bradoral 4121
Bradosol 4121
Bradykinin 4938
Brainal 192b
Brain sugar 420
Brallobarbital 1091
Branntwein 51
Brasulfetil 1397
Braxarone 3807
Brechweinstein 156c
Bredon 2206
B Red S 4959
Bremfol 3494
Bremil-50 528
Brenol 390
Brentubine 4846
Brenzcaine 2131
Brenzgallussäure 327
Bresit 1668
Bretylan 1539
Bretylin 1539
*Bretyliumtosylat*** 1539
Brevatonal 2721
Brevazin 352
Brevedrin 1217
Brevenal 1248
Brevicid 2939
Brevicilina 2590e
Brevicollin 136N
Brévicurarine 4249
Brevidil E 2719
Brevidil M 2289
Brevimytal-Natrium 2182
Brevinarcon 1248
Brevirenin 968
Brevisomnol 590
Brevital 2182
Brianil 1816
Brican 1778
Bricanyl 1778
Bricar 1778
Bricaril 1778
Bricyn 1778
Bridal 2841
Bridanol 1961l
Bridine 366a
Brietal 2182
Brillantgrün 4536
Brinaldix 2213
Brintobal 4109
Bripadon 679
Brisai-TX 3970a
Brispen 3216
Bristab 652
Bristaciclina 3970
Bristaciclina A 3970a
Bristaciclina-Tetrex 3970a
Bristacin 4530
Bristacin-A 4530a
Bristacyclin 3970
Bristaline „Bristol-Australia“ 3004
Bristamin 2814
Bristazoo 3970
Bristocycline 3970
Bristol C 5581 H 2814
Bristopen 3238
Bristurbin 652
Bristuric 2342
Bristurin 652
Bristuron 2342
Britacil 2614
Britapen 2614
British Anti Lewisite 116
British Anti Lewisite-Glucosid 1014
B_1-Rivitin 1765
B_2-Rivitin 2805
B_6-Rivitin 735
BRL 152 2796

BRL 284 3049
BRL 804 3326
BRL 1241 2798
BRL 1288 3831
BRL 1341 2614
BRL 1400 3238
BRL 1621 3223
BRL 1702 3216
BRL 2064 2765
BRL 2534 2581
BRL 3000 2590b
Brobenzoxaldinum 2722
Brocadisipal 3071
Brocadopa 925
Brocalax 3942
Brocalcin 1811
Brocasept 3441
Brocasipal 3071
Brocatine 4255
Brocillin 3049
*Brocresin*** 526
Brocsil 2796
Brodiar 810
Brolene 2756a
Brolon 3807
Bromacetocarbamidum 590
*Bromacrylid*** 573
Bromadal 590
Bromadryl 3035
Bromadyl 590
Bromäthyl 43
Bromalate 245e
*Bromamid*** 1455
Bromamin 803
Bromamphenicol 1372
Bromanautin 2812b
Bromanautine 2789
Bromantina 3839
Bromanylpromide 1455
Bromat 3438
*Bromazepam*** 2058
*Bromazin*** 2789
Brombenzonium 2212
Bromcamphora 1210
*Bromchlorenon*** 455
Bromchlorofenum 1831
Bromchlortrifluoraethanum 24
Bromcholin 278
p-Bromdione 2299
Bromdiphenhydraminum 2789
p-Bromdylaminmaleat 2598
*Bromebric acid** 1321
Bromeine 3022a
Bromeosin 160N
*Brometenamin*** 2a
Bromethol 31
Bromethyl 803
Brometina 4275
Brometon 158
Brometum formylicum 2
Bromeval 391
Bromherbal 391
*Bromhexinchlorid*** 2212
*Bromindion*** 2299
Bromisan 391
*Bromisoval** 391
Bromistidina 345
Bromistine 345
Bromitonio 1827
Bromivalum 391
Bromnitrofenidol 39N
Bromoantipyrin 1355
Bromoaprobarbital 1140
Bromoaspirin 824
Bromo-Benadryl 2789
Bromobutanol 158
Bromocet 3922a
Bromochrom(e) 3441
*Bromociclen*** 24N
Bromocyclen 24N
Bromocyl 483
Bromodiphenhydramine 2789
Bromodorm 391
Bromoform 2
*Bromofos** 25N
Bromol 287
Bromomycetin 1372
Bromophenazon 1355
Bromophenindione 2299
Bromophin 3025
Bromophos 25N
Bromophthalein-Natrium 3442
Bromopyramin 2619
Bromopyrilenhydrochlorid 2175
Bromopyrin 1355
Bromosaligenin 505
Bromosnol 1811
Bromotaleina 3443
Bromothen 2175
Bromothiazid 484
Bromothiozone 872
Bromotiren 850
Bromotyrin 850
Bromouridin 32N
Bromoval 391
Bromovalcarbamid 391
Bromovalharnstoff 391
Bromovalurée 391
Bromoxil 391
Bromoxoprogesteron 3807
*Brompheniraminmaleat*** 2598
Bromphenobis 287a
Bromprophenpyridamine 2598
Bromsalizol 505
Bromsulfalein 3443
Bromsulfan 3443
Bromsulfophthalein 3443
Bromsulphalein 3443
Bromsulphthalein 3443
Bromtetracyclin 3960
Brom-Tetragnost 3442
Bromth 2861a
Bromthalein 3443
Bromthymol 1141
m-Bromtripelennamin 2618
p-Bromtripelennamin 2619
Bromural 391
Bromuran 391
Bromurea 391
Bromuresan 391
Bromurol 391
Bromuth 287a
Bromuvan 391
Bromvalerocarbamidum 391
Bromvaleryl 391
Bromvalerylurea 391
Bromvaleton 391
Bromyl 391
Bromylène 3453
Broncatar „EGIC“ 90
Broncatar „Pulitzer“ 2206
Bronchiocain 2919
Bronchiol 1339
Broncho-Abrodil-Amp. 475a
Broncho-Abrodil-Flasche 1096
Bronchobid 531a
Bronchocain 2919
Bronchocillin 4084
Bronchodiagnostin 1095
Bronchodilator 1313 1735
Bronchol 1209
Broncholysin 4087
Broncholysin „Leciva“ 243
Bronchomister 1526
Bronchopen 4084
Bronchopront 2896
Bronchoselectan 821
Bronco-Blandin 3283
Broncodid 3023

Broncokin 2212
Broncopen 4084
Broncovermin 82
Bronco-Was 4664
Brondaxin 281 j
Bronerg 3839
Bronhodilatin 1526
Bronitin-Mist 968
Bronkaid 968
Bronkephrine 1226
*Bronopol*** 87
Bronquial 88 82
Brontina 4165
Brontine 4165
Brontyl 1200
Brooklax 3451
Bropantil 4220
*Broparestrol*** 3939
Brophébarbital 1587
Brophenadion 2299
*Broquinaldol*** 1038
Brosalamid 483
Broscomide 3113
Brosombra 1095
Brosorb 52
Brot 1391 a
Brotacolina 281 a
*Brotianid** 98 N
Brotocol 1311
Brotokyl 3029
Broval 391
Brovalol 2486
Brovalurea 391
Brovarin 391
*Broxaldin** 2722
Broxichinolinum 810
Broxil 2796
Broxolin 699 a
Broxoron 3807
Broxychinolinum 810
*Broxyquinolin*** 810
BRS 640 4938
Brucebang 1317 a
Brucin 4158
Brufacain 2707
Brufaneuxol 1961
Brufen 1987
Brulidine 2756 a
Bruneomycin 4381
Brunocillin 2593 c
Brunyl 2090
Bruzin 4158
Bryrel 185 f
BS 479 684
B. S. 556 3072
B. S. 572 2873
BS 717 1926
BS-4469 1925
B. S. 5930 3071
B. S. 6321 3126
B. S. 6534 3870
B. S. 6748 4235
B. S. 6987 4165
B. S. 7020 4314 a
B. S. 7020-a 4314
B. S. 7029 2550
B. S. 7039 4147
B. S. 7042 4270
B. S. 7051 3773
B. S. 7161-D 3628
B. S. 7173-D 2741
B. S. 7284 3748
B. S. 7331 2813
B. S. 7385 1806
B. S. 7561 4266
B. S. 7573-a 4262
B. S. 7617-D 2505
B. S. 7679 3267
B. S. 7723 3968
B. S. 7977-D 4234
B. S. F. Simes 3443
B_{12}-Siegfried 4960
B. S. 5 injectable 1502
B-Six 735
B. S. M. 906 M 3758
BSP 3443
B_{12}-Steigerwald 4960
BT 132 Merck 302
BT 234 Merck 1836
BT 325 1397
BT 436 Merck 4661
621-BT 1393
B-Tamin 1765
BTC 4571
BTDS 4845
BTE 3979
BTF 4342
BTMP 3328
B 100-Tropon 2535
B 208-Tropon 2310
B-Twelv 4960
B. T. Z. 3245
Bu-232 171 N
Bubal 1249
Buban 4431 a
Bubartal 1250
Bucacillin 2593 a
Bucainol 3159
Bucalsone 3813
Bucarban 1534
Buccalsone 4420
Buccocilline 2590 a
*Bucetin*** 1734
Buchinolatum 3623
Buclidan 4701
Buclifen 4596
Buclina 4596
*Buclizinhydrochlorid*** 4596
*Buclosamid*** 1429
Buco-Hidracid 340
Bucohydral 258
*Bucolom*** 2264
Buco-Pental 352
Bucosept 3931
*Bucrilat*** 727
Bucrol 1534
Budoform 811
Budorm 1249
Bufacyl 847
Bufedon 3357
Bufenadinum 3870
*Bufenadrin*** 3870
*Bufeniod*** 153 N
*Bufexamac*** 1732
Buffacort 3806
Buffer-Pages 193
*Bufogenin*** 4333
Bufon 4638
Bufor 4638
*Buforminhydrochlorid** 449
Bufosal 497 b
Bufotenin 1697
Bufylline 531 i
Bulamin 3898
Bulbocapnin 3234
*Bumadizon** 152 N
*Bumetanid** 138 N
Bunaftil 3098
Bunaiod 2375
*Bunamidinhydrochlorid*** 4431
Bunamijodylum 2375
*Bunamiodyl*** 2375
Buniodyl-Sodium 2375
*Bunolol*** 2889
Bupatol 1776
*Bupheninhydrochlorid*** 3357
*Bupivacainhydrochlorid*** 3146
*Buquinolat*** 2623
*Buramat** 1165

Burnol 2142
Buronil 2647
Buro-Sol 37 c
Burotor 37 c
Burowets 37 c
Burseran 3995
Bursin 281
Busatin 3121
Buscapin(a) 3898
Buscol 3898
Buscolysin 3898
Buscopan 3898
Buscopin 3898
Buskolizin 3898
*Busulfan*** 443
Busulphan 443
Buta-barb 1250
Butabarbital 1250
Butabarbitone 1250
Butabarpal 1250
*Butacain** 3159
Butacaps 1250
Butacetin 1727
Butacetoluide 1991
Butacid 2466
Butacompren 3245
*Butadiazamid*** 1638
„Butadion" 3245
Butadiona 3245
Butäthamin 2013
Butaflogin 3246
Butagesic 3245
Butak 1250
*Butalaminhydrochlorid** 3149
*Butalbital*** 1505
Butalgin 3245
Butalgin „Gea" 3817
Butalgina „Esteve" 3245
Butalidon 3245
Butalix 1250
Butallylonal 1456
Butaluy 3245
Butamben 1474
Butamed 1250
Butamid 1760
Butamide „SKF" 383
Butamide „Toyama" 1760
Butaminhydrochlorid 2260
*Butamiratcitrat** 3154
Butamivérine 3130
Butamone 1937
*Butamoxan*** 2000
Butamyratcitrat 3154
Butanefrine 1226
Butanephrin 1226
*Butanilicain*** 1991
Butanova 3246
*Butaperazin** 4320
Butaphen „*Marois; Prosana*" 3245
Butaphen „Wiedenmann" 1937
Butaphen „Wiedenmann"-Salbe 3245
Butaphyllamine 531 i
Butapirazol 3245
Butapirone 3246
Butapro 1250
Butaprobenz 3159
Butarecbon 3245
Butarsen 1090
Butartril 3245
Butartrina 3245
Butasaron 1250
Butased 1250
Butatab 1250
Butatal 1250
Butatensin 1285
*Butaverin*** 3130
*Butaxaminhydrochlorid*** 2488
Butazem 1250
Butazina 3245
Butazolamidum 383
Butazolidin(e) 3245
Butazona 3245
Butazone 3245
Butazophen 1937
Butedrin 1776
Butelline 3159
Butenemalum 1501
Butenil 1249
Buter-Bis 1515 a
Buteryl 1249
Butesamid(e) 1556
Butesin(e) 1474
*Butetamatcitrat*** 2692
Butethal 1249
Butethamate citrate 2692
Butethamine 2013
Butethanol 2475
*Buthalital-Natrium*** 1500
Buthaliton-Natrium 1500
Buthiazide 1493
Buthiopurin 1123
Buthoid 531 i
Butibatol 1776
Buticaps 1250
Butidiona 3245
*Butidrin*** 2687
Butilcaina 3159
Butilene 3246
Butimerina 366
Butine 3159
*Butinolinphosphat*** 3486
Butipyrinum 1961 t
Butisol 1250
Butisulfina 1534
Butiwas-simple 3245
*Butizid** 1493
Butobarbital 1249
Butobarbitone 1249
Butobarbitural 1249
Butoben 1452
Butocaina 3159
Butocid 1399
Butocin 2210
Butodicin 127 N
Butofen 3246 a
Butoform 1474
Butolan 2105
Butolen 2105
Butone 3245
*Butopiprinhydrobromid*** 3404
*Butopyrammoniumjodid*** 2910
Butoril 3623
Butoscapin 3898
Butotricin 148 N
Butoxaminhydrochlorid 2488
*Butoxylat*** 4758
2-Butoxyprocain 2917
3-Butoxyprocain 2918
Butrate 1250
*Butriptylinhydrochlorid*** 3816
Butropipazone 3513
Butydrine 2687
Butylbiguanidhydrochlorid 449
Butyl Butex 1452
Butylcaine 1474
Butylcaine „Tanabe" 3655
Butylcarbamid 1534
Butyl Chemosept 1452
Butylchloralhydrat-Aminophenazon 1961 t
Butylis aminobenzoas 1474
Butylis paraoxybenzoas 1452
Butylnite 449
Butylnorsympatol 1776
Butylnorsynephrin 1776
Butylone 1545 a
Butylpan 3898

Butylparabenum 1452
Butyl Parasept 1452
Butylphenamide 2774
Butylpyrin 3245
Butylscopolamini bromidum 3898
Butylscopolammonium-bromid 3898
Butylspan 3898
Butylspasmin 3898
Butylsulfina 1534
Butylsympaton 1730
Butyl Tegosept 1452
Butymidin 2264
Butyn „Abbott“ 3159
*Butynamin*** 1278
Butynoct 1249
Butynorate 1819
Butyrylperazin 4320
Butysal 1790
Butysedal 1790
Butystat 980
Butyvinal 1503
Buvetzone 3245
Buxamin 181
*Buzepidi metiodidum*** 4221
Buzepidum 4022
Buzon 3245
B-17-V 4551
B-Valet B_{12} 4959
B_6-Vicotrat 735
B_{12}-Vicotrat 4960
B-Vimin 1765
B-Viplex 1765
B-Vipurum 1765
B-Vit 1765
B_{12}-Vitadurin 4959
B-Vital 1765
B-Vitam 1765
B_1-Vitamin 1765
B_{12}-Vitamin 4960
B_{12}-vitamin retard 4959
B. V. U. 391
B. W. 33-T-57 1080
B. W. 50-63 1617
B. W. 55-5 208
B. W. 56-72 2187
B. W. 56-158 207
B. W. 57-233 3542
B. W. 57-322 834
B. W. 57-323 845
B. W. 58-271 2126
B. W. 61-32 4741
B. W. 61-43 2271
B. W. 63-90 1727
B. W. 64-9 2488
B. W. 356-C-61 776
B. W. 467-C-60 1231
B. W. 545-C-64 3343
B_{12}-Weber 4960
Bydolax 4255
Byk 1512 4087
Byk-M. 1 1208
Bykonox 1503
Byladoce 4960
Byladoce L. D. 4959
Bymid 514
Bynamid 2774
B-Z 28 N
BZ-55 1534
B-Z inj. 704
BZQ 4086

C „USV“ 3489
C_3 93
C 5 1563
C 6 1827
C 10 2720
C/19 714
C 29 1947
C-49 2641
C 61 413
C. 247 1529
C 637 4865a
C 1065 3467
C 1094 530
C 2924 1354
C 4311 2199
C 4675 3129
C 5473 3915
C 5581 2814
C 5581-H 2814
C 5968 657
C 6257 1067
C 6866 259
C 7337 2787
C 7441 715
C 9295 2049
C 11511 1920
C. 20410 4026
C-193901 3510
53-11 C 1755
238 C 3564
11925 C 1567
1-C 50 2411
29-C-48 4312
139 C 55 4567
191-C-49 2641
291 C 51 128
295 C 51 3285
373 C 57 1539
378-C-48 4313
442-C-47 3819
489-C 49 2170
CA 975
Ca 1022 1534
Caa 40 3076
Cabagin-U 448
Caberdelta 3859
Caberdelta-M 4072
Cabimicina 4955a
Cabis bromatum 285
Cabral 1900
Cabronal 1607
CAC 1312
Ca-Chel 330 2272
Cacholitin 450
Cacodil 53
Cacodilato Sodico 53
Cacodiol 53
Cacodylate 53
Cacodyle 53
Cacodyline 53
*Cactinomycin*** 4963a
Caducid 679
Caeruleum methylenum 2611
CAF 1375
Cafalgina simple 847
Cafciclina 2374b
Cafecon 711
*Cafedrin** 3090
Cafeina 711
Caféine 711
Caffeine 711
Cafilon 4195a
Cafron 3574
Caftetra 2374b
CAH 82
Cainasurfa 4099
Cainopan 2475
Cajeputen 1241
Cajeputol 1275
C_5Al 3787
Calacidol 3703
Calactin 95c
Calanden 185h
Calbogen 3190
Calbrogen 4122
Calcacetosal 847d

Calcamin(e) 4632
Calcascorbin 359b
Calcetol 847d
Calcibar 238
Calcibromin 1811
Calcibronat 1811
Calcicol 544a
Calcicol „Dainippon“ 423
Calcicon 423
Calcidorm 1699a
Calciferol 4626
Calciferovit 4626
Calcificans 423
Calcifor 544a
Calcihept 604a
*Calcii benzamidosalicylas*** 2078a
*Calcii carbimidum*** 9
Calcii jopodas 1621a
*Calcii pantothenas** 1008a
*Calcii saccharas*** 389
*Calcii trinatrii pentetas*** 2272
Calcilevin 238
Calcilin 238
Calcimusc 423
Calcinaphthol 1051
Calcinatum 423
Calcinol 423
Calcinosefaktor 4632
Calcio 20 359b
Calcio-Amin 245c
Calciobrom 1811
Calciocanfoton 1267a
Calcio-Caton 238
Calcio-Ci 359b
Calciodoxyl benzoate 474a
Calciofarma(c) 423
Calciofon 423
Calcio „Giuliani“ 423
Calciolevul 238
Calciometionina 592a
Calcio-Ortiz 1267a
Calciopen 2593b
Calciopen-K 2593a
Calciosol 423
Calciovenoso 329
Calcio „Vis“ 1267a
Calcipan 1008a
Calciparine 4360a
Calcipas 516
Calcipen V 2593a
Calciphos 452c
Calcipirin 847d
Calciplex 1254b
Calcipur 423
Calciretard 168d
Calcisan 423
Calcisan-Ampullen 1254b
Calcisocal 423
Calcitétracémate disodique 1254b
Calcitophin 2509b
Calcium „AC“ 1254b
Calcium-Bayer 1254b
Calcium B-Pas 2078a
Calciumbromolactobionat 1811
Calcium Bruneau 1267a
Calcium carbaspirin 847e
Calcium „Chefaro“ 423
Calcium „Corbière“ 423
Calcium cresolsulfonicum 543
Calciumcyclamat 433b
Calcium-Desal 532c
Calcium-Diasporal 238
Calcium „Diesing“ 847d
Calcium Disodium Versenate 1254b
Calcium-Diuretin 532c
*Calciumdobesilat*** 332a
Calciumdoxybensylat 332a
Calcium „Drobena“ 423
Calcium-EAP 58a
Calcium „Eczacibasi“ 604a
Calciumedetat-Heyl 1254b
Calcium „Eifelfango“ 423
Calcium-Eudiural 532c
*Calciumfolinat*** 3532a
Calcium „Fournier“ 604a
*Calciumglubionat*** 1811a
Calcium-Glucohepton 604a
*Calciumglucoheptonat** 604a
Calciumgluconolactobionat 1811a
Calciumglycerophosphat 121a
Calcium „Goda“ 604a
Calcium „Grossmann“ 423
Calcium-H 513c
Calcium-Hausmann 1254b
Calcium „Dr. Heisler“ 95c
Calcium „Hillel“ 423
Calcium „Horm“ 423
Calcium-Injecta 423
Calcium iodbehenicum 4124
Calcium ipodate 1621a
Calcium lacticum 95c
Calcium-Lek 1254b
Calcium monojodbehenicum 4124
Calcium-Montavit 1254b
Calcium-Noury 1254b
Calciumpentacemintrinatrium 2272
Calcium „Pharmacon“ 238
Calcium „Pharmus“ 423
Calcium „Picken“ 423
Calcium „Rath“ 245c
Calcium „Rieswerke“ 423
Calcium „Rougier“ 604a
Calcium „Sanapha“ 423
Calcium „Sandoz“ 423
Calcium „Sandoz“-Amp. 1811a
Calcium „Schiwa“ 423
Calcium Seclo 95c
Calcium „Spofa“ 423
Calcium „Starke“ 423
Calcium „Tempelhof“ 423
Calciumtetracemindinatrium 1254b
Calcium „Teva“ 238
Calcium-Theobromsal 532c
Calcium „Thilo“ 423
Calcium-Titriplex 1254b
*Calcium Trisodium pentetate*** 2272
Calcium „Vinces“ 423
Calcium „Vitis“ 1254b
Calcium-Weiss 1254b
Calcocamphor 1265
Calcoform 11c
Calcol „Klawe“ 95c
Calcotheobromin 532c
Caldan 3670
Caldesene 1553b
Caldesina 4573
Calenfa 1816
Calglucol 423
Calglucon 423
Calheptose 604a
Calioben 4124
Calisina canfosulfonato 1267a
Calisina gluconato 423
Calmabel 3612
Calmacid 4022
Calmadin 1011
Calmadon 1961r
Calmalone 3758
Calmansial 3989
Calmavine 3722
Calmax 1011

Calmazin 2799
Calmazina 3791
Cal-Med 77
Calmeran 3016
Calmetten 1607
Calminal 1607
Calmine 747a
Calminol 576
Calmipan 1209
Calmiren 1011
Calmixen 3235
Calmocitene 2521
Calmodid 3023
Calmonal 4389
Calmopyrin 847d
Calmoquintil 3681
Calmorex 1855
Calmotal 2799
Calmotin 391
Calmotusin 2790
Calmuril 14
Calnave inyect. 1267a
Calocain 3160
Calomide 4966
Calonat 4038
Calonat-liofilizado 4061
Calophyll 531
Calpanate 1008a
Calpas 516
Calpirinsan 847e
Calpol 685
Calquinal 588a
Calscorbate 359b
Calsiod 474a
Calsol 1254a
Calspirin 847d
Calsprate 847d
Caltheocor 532c
Caltheon 532c
Calthocin 532c
Calton-becien 4960
Calton-C 359
Caltoson 4204
Calurin 847e
*Calusteron*** 190N
Calvepen 2593b
Calycin 2937
Calypnone 1193
Camalon 3758
Camandeline 663c
CAM-AQI 3497
Camatropin 2892
*Cambendazol** 85N
Cambiopen 2621
Camcolit 12
Camdelate 663c
Camformine 411x
Camilan 2559
Camochin 3497
Camoform 4615
Camolar 1432
Camoquin(e) 3497
Camoquinal 3497
Camphamédrine 3653
Camphenal 1207
Campher 1258
Camphétamide 1541a
Camphidonium 2932
Camphilen 1258
Camphinjectol 1267
Camphobismol 1515a
Camphodausse 1267
Camphohexin 411k
Camphonium 2932a
Camphophyline 2033
Camphora 1258
Camphoral 1267d
Camphora monobromata 1210
Camphoscapine 3964a
Camphosol 1267
Campho-Spartéine 2489c
Camphostène 1264
Camphostyl 1267
*Camphotamid*** 1541a
Camphotone 3653
Camphozone 1190
Camphramine 1541a
Camphrolyse 1267
Camphryl 1267
Camphuryl 411k
Camphydryl 1515b
Campiol 500 1375
Campoviton 6 735
Camptothecin 3460
Camptothecin-Natrium 162N
*Camylofinhydrochlorid*** 3423
Camyna 464
Canadrast 1413
Cancycline 3970
Candaseptic 507
Candiocaina 2011
Candiolin 444a
Candistatin 4926
Canescin 4760
Cane sugar 1808
Canfammonio 1267c
Canfazol 1515
Canfidril 1515
Canfo Bi 1515a
Canfobis 1515a
Canfo-Blahi 1267
Canfo-Cal 1267a
Canfocalcium 1267a
Canfocardiol 1267
Canfochinid 3546b
Canfo-Corina 1515
Canfodiamina 1190
Canfofillina 2033
Canfol 1267
Canfo-Navarro 1267a
Canfoprex 1029a
Canfo-Quimpe 1267
Canforal 1258
Canforamina 1515
Canforemetina 4666b
Canforetil 1258
Canforidrina 1267
Canfo-tre 1515
Canfoxil 1515
Caniramin 4158
*Cannabinol*** 3803
Canocyl 847f
Canogard 160
Canol 373
Canopar 2434
Canquil 1011
Canrenoate Potassium 4071a
*Canrenoic acid*** 4071
*Canrenon** 4029
Cansoin 2328a
Cantabiline 1048
Cantan 359
Cantaxin 359
Cantharidenkampfer 1136
Cantharidin 1136
Cantharone 1136
Cantil 3837
Cantilaque 3837
Cantilon 3837
Cantilyn 3837
Cantrex 3181
Cantril 3837
Capacin 642
Caparside 1371
Caparsolate 1371
Ca-PAS 516
Capastat 218N
Capathyn 2208a
Capazine 3536

Capellin 1382 c
Capi A 3659
Capi D_2 4626
Capicillin 2590
Capilan 2873
Capillen 1580
Capillin 1573
Capiren 4779
Capiscil 1755
Capitus 578
Capla 1285
Caplamin 427
Cap-O-Chlor 2600 a
Cap-O-Mycin 3970
Cap-O-Tran 1011
Cappicaine 2258
Capramol 427
Capreomicina 218 N
*Capreomycin*** 218 N
Capresin 855
Caprin 847
Caproamin 427
Caprochlorone 3229
Caprocid 427
Caprocin(a) 218 N
Caprodat 1816
Caprogen-Depot 4561
Caprokol 1767
Caprolest 427
Caprolisin 427
Capromycin 218 N
Capron 4561
Caprosem 4211
Capsaicin 3136
Capspen 2593 a
Caps-Pen V 2593 b
Captagon 3089
*Captaminhydrochlorid** 194
Captan 836
Captax 477
Captocillin 1984 a
*Captodiam** 3875
Captodiamin 3875
Captodraminhydrochlorid 3875
Captona 604 a
Captostibone 694
*Capurid*** 1010
Capval-Dragees 3964 b
Capval-Tropfen 3964
Carachol 4351
Caradrin 4717
Caramiphen 3131
*Caramiphenedisilat*** 3131 a
*Caramipheniumchlorid*** 3131
Caramiphenmethylsulfomethylat 3421
Carbacain 3292
*Carbachol** 450
Carbacholin 450
Carbacol 450
Carbacolina 450
Carbadal 590
Carbadipimidindihydrochlorid 4609
*Carbadox** 1344
Carbaethopendecinium bromatum 3930
Carbäthoxydicoumarol 3932
Carbaine 2011 c
*Carbamazepin*** 2325
Carbamazine 1300
Carbamed 450
Carb-a-med 1011
„Carbamid“ 1534
Carbamidal 1190
Carbamid(um) 14
Carbamina 73
Carbamiotin 450
Carbamisin 546
Carbantren 811 a
Carbapentancitrat 3670
Carbaphen 551
*Carbaril** 61 N
*Carbarson** 546
Carbaryl 61 N
Carbarzone 546
Carbased 992
Carbaurine 2105
Carbavin 71 N
Carbaxin 1011
*Carbazochrom*** 1125
Carbazochromacetinat 1125 b
*Carbazochromnatriumsulfonat*** 1128
*Carbazochromsalicylat*** 1125 a
*Carbazocin*** 4020
Carbecin 2765
*Carbenicillin-Natrium*** 2765
*Carbenoxolon*** 4803
*Carbenzid*** 1497
Carberon 2080
Carbetapentane Citrate 3670
Carbethyl Salicylate 3226
Carbetidine 3138
Carbetol 1486
Carbetopentancitrat 3670
Carbicol 947
Carbidine 78 N
Carbidium(-äthansulfobat) 4139
*Carbifenhydrochlorid*** 4599
Carbilazine 1300
*Carbimazol*** 564
Carbinol 17
*Carbinoxaminmaleat*** 2602
Carbiphenhydrochlorid 4599
Carbocain(e) 2448
Carbocholin 450
Carbochromen 3622
Carbocillin 1985
Carbocilline 2590 d
*Carbocloral*** 231
*Carbocromen*** 3622
Carbodimidcalcium 9
*Carbofenotion*** 56 N
Carbol 324
„Carbolin“ 450
Carboloniumbromid 3190
*Carbomycin** 4888
Carbona 1
Carboneum sesquichloratum 22
Carboneum tetrachloratum 1
Carbon tetrachloride 1
Carbophenothion 56 N
Carbophos 1282
Carb-O-Sep 546
Carbostesin 3146
Carbothiazol 1879
Carbotiazolo 1879
Carbotiroid 564
Carboxin 1795
Carboxymethylcystein 246
Carboxyphen 954 e
Carboxyverazid 2552
Carbralin 590
Carbrital 1545 a
*Carbromal*** 590
Carbromide 400
*Carbubarb*** 1536
Carbubarbital 1536
Carbutamid 1534
Carbuten 1285
Carbutil 1534
Carbyl 450
Carcholin 450
Cardabid 84
Cardamin 1190
Cardamist 84
Cardanon 3026

Cardelmycin 4739
Cardenal 1607
Cardenyl 3653
Cardiac 3699
Cardiacap 235
Cardiagen 1190
Cardiamid 1190
Cardiamin(e) 1190
Cardia-Noxi 382
Cardiarinol 382
Cardiaser 1267
Cardiasmil-Amp. 531b
Cardiazol 382
Cardibaine 4685
Cardifortan 382
Cardigin 4875
Cardilan 4701
Cardilan „Philips-Duphar“ 3076
Cardilate 148
Cardiloid 148
Cardimarin 4717
Cardimon 1190
Cardine 3764
Cardio-Alpin 382
Cardio-Asey 382
Cardiocanfene 1267
Cardiodest 2897
Cardiodinamin 963
Cardiodynamin 963
Cardio-Farun 1202
Cardiofillina 531b
Cardioflux 4367
Cardiofyllin 1202
Cardiogoxin 4876
Cardiografin 1324
Cardio-Green 4890
Cardiokalan 382
Cardiokellina 2098
Cardiol 382
Cardioladbi 382
Cardioleic 1190
Cardiolifasa 382
Cardiomin 531b
Cardiomone 1204
Cardiopangamina 3706b
Cardiophyllin 531b
Cardiopiridina 1190
Cardioquin 3546e
Cardiorapide 382
Cardiorevina 2683
Cardiorythmine 3596
Cardiorytmin 2031
Cardioserpin 4776
Cardiosimpa-Bis 962
Cardiosinergol 2489c
Cardiospan 3489
Cardioton 382
Cardiotonico „C. F.“ 382
Cardiotonicum „Blomberg“ 382
Cardiotrastum 475
Cardiotrava 382
Cardiovanil 1733
Cardiovisa 382
Cardiovital 2683
Cardiovite 4717
Cardiovitol 4832
Cardioxin 4876
Cardirene P. 382
Cardisan 48a
Carditalin 4875
Carditin 4269
Carditivo „L“ 4776
Carditoxin 4875
Cardivix 2730
Cardiwell 148
Cardon 4717
Cardophylin 531b
Cardosal 382
Cardosan 382
Cardoverina 3489
Cardoxin 4367, 4875
Cardrase 885
Carduben 3764
Carebroom 590
Carena 531b
Carénacaine 2011f
Carencyl-Wirkstoff 369a
*Carfenazin*** 4321
*Carfimat*** 1065
Cariamyl 794a
Caricide 1300
Caridan 3630
Carifolmin 4727
Carinamid(e) 2107
Carine 531b
Cariolinas 3021
Carisol 1816
Carisoma 1816
Carisoprodatum 1816
*Carisoprodol*** 1816
Carisoprol 1816
Carisprin 1816
Carli 168b
Carlytène 2694
Carmerin 590
Carmifal 1889
Carminum coeruleum 2507
Carmurit 2163
*Carmustin** 242
Carn 609
Carnetina 609
Carnigot 609
Carnitan 609a
Carnitin 609
Carnitolo 2290
Carnostrol 3006
Carofur 1042
Caronamid(e) 2107
Caropan 3015
*Carperidin*** 2870
*Carperon** 3382
Carphenazine 4321
Carphenol 2105
Carpinplast 1498
Carpiperone 3878
*Carpipramindihydrochlorid*** 4609
*Carproniumchlorid*** 796
C-Arrans 359
Carrbutabarb 1250
Carrserp 4776
Carrtime 954
Carrtinic-Tablets 137a
*Carsalam*** 630
Carsodol 1816
Cartabes 1125
Cartagine 3596
Carudol 3245c
Carulon 4036
Carulon-Inj. 4648
Carvanil 354
Carvasept 1146
Carvasin 354
Caryolysine 259
*Carzenid*** 518
Carzinophilin 4952
Carzolamide 141
C. A. S. A. 847
Casantin 3052
Casate 499a
Casfen 2310
Casmalon 3758
Cassaidin 4371
Cassain 4362
Cassella 532 715
Cassella 4489 3622
Castan 890

Castron 978
Castrosid 4886
Casydorm 1699a
Catabex 2010
Catalgine 847c
Catalgix 847c
Catalin 2504
Catanil 1145
Catapres 855
Catapresan 855
Catapyrin 973
Catavin 4960
Catavin A 3659
Catavin B_1 1765
Catavin C 359
Catenulin 4251
Cateudyl 2535
Cathin 958
Cathocin 4739
Cathomycin 4739
Catilan 1375
Cationil 3922
Catomicina 4739
Catos 374
Catosal 623
Catovit-Wirkstoff 2455
Catovitan-Wirkstoff 2455
Catran 978
Catrol 978
Catron 978
Catroniazid 978
Caubren 2176
Causalon 1961l
Causerin 860
Causerin injectabile 862
Causyth 1961l
Cautemine S 3098
Cavecol 4693
Cavodil 978
Cavohexon 1700
Cavolax 2054
Cavonyl 1699
Cavosept 469a
Cavumbren 3448
Caytine 3029
C. B. 11 4191
CB 302 379
CB 304 2173
CB 313 2061
C. B. 1048 2137
C. B. 1314 2985
C. B. 1348 2194
1352 C. B. 1099
C. B. 1385 2214
1497 C. B. 3543a
1522 C. B. 3289
1664 C. B. 3290
1678 C. B. 3544b
1700 C. B. 2437
1729 C. B. 1972
2041 C. B. 443
2087 C. B. 2515
2136 C. B. 3776
2201 C. B. 2487
2511 C. B. 791
3007 C. B. 1975
3020 C. B. 2566
3025 C. B. 1973
3026 C. B. 1974
3697 C. B. 3068
4091 C. B. 3225
4260 C. B. 2361
4261 C. B. 2570
4306 C. B. 2523
4335 C. B. 2513
4857 C. B. 2577
4985 C. B. 2138
8002 C. B. 1964
8022 C. B. 3663
8023 C. B. 3604
8027 C. B. 3804
8053 C. B. 1670
8073 C. B. 2074
8075 C. B. 3419
8080 C. B. 4332
8088 C. B. 3328
8089 C. B. 3966
8092 C. B. 2311
8093 C. B. 1431
10615 C. B. 1345
11380 C. B. 1637
CC 914 1406
C-Calcer 359
CCC 9a
C. C. C. 450
C-Cidan 359
C-Crivit 359
CD 9 237
CD 37B 3288
C-Dinvos 359
7-CDL 3175
CDP 2532
CDP-Cholin 2280
CDTA 2268
264-CE 2659
Cealysin 413
Ce-Arom 359
Cebiascor 359
Cebicure 359
Cebid 359
Cebion 359
Cebiosten 359
Cebitate 359a
Cebrodin 192b
Cebrogen 252
Cebrum 2532
Cecon 359
Cecorbin 359
Cécorbyl 359
Cecostrate 4230
Cecrisina 359
Cedad 3574
Cedigal 359
Cedigalan 4934
Cedigocin(a) 4898
Cedigossina 4898
Cedilanid 4934
Cedilanid-Ampullen 4925
Cedilanid-D 4925
Cedilanid-desacetyl 4925
Cedin 340
Cedisanol 4934
Cedistabil 4934
Cedocard 354
Cedon 359
Cedopurin 411p
Cedoxan 359a
Cedoxin 4876
Cedoxon 359
Cedrarin 2084
Cedrox 359, 847
Cedulamin 411p
Ceefeez 359
Ceepryn 3922
Ceeten 2720
*Cefacetril-Natrium** 76N
*Cefalexin** 2579
*Cefaloglycin** 2996
*Cefalonium** 3471
Cefalonum 3471
*Cefaloram** 2976
*Cefaloridin** 3220
*Cefalotin** 2561
Cefamezin 86N
*Cefapirin-Natrium** 135N
Cefasan 2120
*Cefazolin** 86N
Cefeluz 359
Ceflorin 3220

Cefortal 359
CeFortin 359
Cefracycline 3970
Cégélule 359
Cegiolan 359
Ceglunat 4934
Ceglunat-Ampullen 4925
Cegramine 1994
Cegrovit 359
Ce-Ibi 359
Celadigal 4934
Celanat 4934
Celanata 4934
Celanata-inject. 4925
Celanidum 4934
Celaskon 359
Celbenin 2798
Celermicin 3928b
Celestan 4039
Celestan solubile 4062
Celestan-V 4551
Célestène 4039
Célestène injectable 4062
Celestoderm 4551
Celestoderm-V 4551
Celestona 4062
Celestona-valerat 4551
Celeston(e) 4039
Celestone-V 4551
Ce-limo 359
Celin 359
Celiomycin 4243
Cellotropin 3254
Cellucarpine 1498
Celluvita 445
Celocaine 2289
Celocurine 2289
Celontin 1624
Celpillina 2798
Celtacillin 3049
Celum 3058
Cemagyl 359
Cemajor 359
Cemalonal 1607
Cemetrimoni bromidum 3438
Cemhistine 373
Cemidón 340
Ce-Mi-Lin 359
Cemin 359
Cemiod 857
Cenaldon 2900
Cenalene-M 382
Cenapin 685
Cenazol 382
Cendex 954
Cenestil 758
Cenetone 359
Cenilene 3989
Cenol 359
Cenolate 359a
Cenoton 359
Censedal 1759
Censtim 3335
Centaclin 3970
Centalex 382
Centalun 1402
Centaurin 3607
Centauro 4960
Centaxial 4242
Centazoline 2680
Centedrin 2199
Centonuron 2342
Centractil 2799
Centractyl 2799
Centracycline 3970
Centralgil 1196
Centralgin 2431
Centralgol 1196
Centralgyl 1196
Centraline 1011
Centramin „Bastian" 46d
Centramin „Yoshitomi" 841
Centramine 953
Centrazene 2162
Centrazole 382
Centrin 847
Centrin(e) 3338
Centrophenoxine 1689
Centroton 2662, 2683
Centyl 2342
Cepacilina 2590e
Cepacol 3922
Cepalonium 3471
Cepaloramum 2975
Cepaloridin 3220
Cepalorin 3220
Cepentil 3787
Cepentyl 3787
Cepexin 2579
CEPH 1393
Ceph 87/4 3220
Cephacetrile Sodium 76N
Cephachlomezine 4184
Cephaelin 4607
Cephalexin 2579
Cephalin 4068
Cephaloglycin 2996
Cephalomycine 3220
Cephaloram 2975
Cephaloridine 3220
Cephalosporin C 2643
Cephalosporin N 2250
Cephalothin 2561
Cephalotin 2561
Cephapirin sodium 135N
Cepharanthin 4838
Cepol 2579
Ceporan 3220
Ceporex 2579
Céporexine 2579
Ceporin 3220
Céporine 3220
Ceprim 3922
Ceprochin 2675
Ce-Pur 359
Ce-quin 359
Ceranil 338c
Cerazole 865
Cercine 2521
Cerberosid 4887
Cerebid 3489
Cerebrose 420
Ceremin 29a
Cereon 359
Cerespan 3489
Cerevon 153d, 423h
CERFA 114 3112
Cergon 192b
Cergona 359
Cerium oxalicum 29a
CERM 387 369a
CERM 730 4107
CERM 1290 3113b
CERM 1709 173N
CERM 1875 205N
Cero 4186
Cerocain 2011
Cer-O-cillin 1984
Cerocol 29a
Cerolose 419
Certodorm 746
Certonin 4351
Certuna 737
Certuna „alte Form" 2438
Cérubidine 4517
Cerutil 1689
Cervaspan 3489
Cerveton 978
Cervicarcin 3254

Cervoxan 192b
Cesatin 1555
Cescorbat 359
Cesedon 3873
Ceselmint 4140
Cesol 736
Cestarsol 755b
Cestazol 3922
Cestocida 1835
Cestocid Bayer 2353 1835
C-Estrin 359
Cetab 3438
Cetablet 359
Cetabrom 3438
Cetacillin 3049
Cetacort 3893
Cetadiol 3416
Cetain 2011
Cetal 685
*Cetalkoniumchlorid*** 4442
Cetalsone 359
Cetamican 359
Cetamid 359
Cetamide 514
Cetamide „Alcon“ 708a
Cetamin 2812a
Cetamin „Knoll-Australia“ 359
Cetamine 359
Cetamiphen 1132b
Cetamium 3438
Ceta-Mund-Chemothera-
peuticum 566
Cetarin 2849
Cetasal 847
Cetasan 359
Cetavlex 3438
Cetavlon 3438
Cetazin 708
Cetazol 3922
Cetazolin 3922a
Ceterapion 359
Céthéxonium 4376
Cethilo 359
Cetimil 359
Cetimil B_1 1765
Cetimil B_{12} 4960
Cetin 359
Cetinjectol 359
Cetiprin 3646
Cetiva 359
*Cetobemidon*** 2433
*Cetofenicol*** 1917
Cétoglutaran 224a
Cetoglutarato Made 224a
*Cetohexazin*** 351
Cetol 847, 4442
Cetolona 4310
Cetophenicol 1917
Cetosal 2338
Cetosalol 2338
Ceto-sanol 4934
*Cetotiaminhydrochlorid*** 3122
Cetovister 3396
*Cetoximhydrochlorid*** 2388
Cetozone 359
Cetran 3873
C-Etrax 359
Cetril 3438
Cetrimide 3438
Cetriminium 3438
*Cetrimoniumbromid*** 3438
Cetrin 359
Cetyl 847
„Cetylamin“ 3708
Cetylamine 3438
*Cetylpyridiniumchlorid*** 3922
Cetylureum 881
Ceuno 359
Cevalin 359
Cevanol 3574
Cevarol 359
Cevatine 359
Cevatol 359
Cevex 359
Cevi-Bid 359
Cevibram 359
Cevigal 359
Cevigen 359
Cevigol 359
Cevilat 359
Ce-vi-lene 359
Cevimin 359
Cevisol 359
Cevit 359
CE-Vita (Cevita) 359
Cevitamic acid 359
Cevitaminum-Kolin 359
Ce-vitan 359
Cevitasi 359
Cevitex 359
Cevitil 359
Cevitmarr 359
Cevitol 359
CEZ 86N
CF 3532
CFC 1065
C. G. 1 564
CG 201 4055
CGA-1 2275
CG-31 5E 2688
C-Geve 359
CH 6 1820
CH 13437 3507
21 679-CH 124
Chamazulen 2148
Chanamyn 3181
Chardyl 820
Chas-Olorin 316
Chaulfone 4928
Chaulmestrol 3692
Chaulmoogrina 3173
Chaulmoogrol 3692
*Chaulmosulfon*** 4928
Chavicin 2776
Chebutan 3224
Chee-O-Gen 3555
Chelafer 281e
Chelafrin 968
Chelante-Ipit 1254b
Chelaplex II 1254
Chelaplex III 1254a
Chelaton IV 2268
Chelaton-EDTA 1254b
Chelen 44
Chelidonin 3479
Chel-Iron 281e
Chellina 2098
Chelocardin 4138
Chemestrogen 3602
Chemiartrol 1937
Chemiazid 340
Chemicetina 1375
Chemicetina succinato 2374
Chemicol 2985
Chemidin 2348
Chemidon 340
Chemilin R 1382g
Chemiochin 4202
Chemiofuran 636
Chemiofurin 636
Chemiopen 1397
Chemiosalfa 1658
Chemipen 2796
Chemitiazone 1374
Chemiural 528
Chemocain(e) 2011
Chemocalcium 604a
Chemochin 3117
Chemocide PK 1134

Chemocose 419
Chemodyn 352
Chemofuran 322
Chemosan 922
Chemosept 865
Chemosil 1636
Chemotherapeuticum 5269 1421
Chemotherapy Centre cpd. Nr. 715 4459
Chemovit D 4626
Chemovonal 747
Chemysone 4232
Chemyzin 1375
Chenta 2268
Chepirol 3224
Cheratil 908
Chestamine 2600a
Chetazol 3224
Chetil 3224
Chetocaina 3153
Chetocolina 4351
Chetofenilbutazone 3224
Chetomin 2580
Chetopir 3224
Chetosol 3224
17-Chetovis 3396
Chibivit C 359
Chibivit E 4693
Chibro B 12 4960
Chibro-Benzo 3921
Chibromercurobrome 3441
Chibro-Rifamycin 4839
Chibro-Uvelin(a) 1097
Chiclida 4389
Child-ron 137a
Chillifolium 3748
Chinacetyl 3545e
Chinacillina 2960
Chinacrin 4202
Chinadone 828c
Chinaethazon 1110
Chinagrün 4154
*Chinaldinblau*** 4386
Chinalgen 2958
Chinapyramin 2871
Chinaseptol 1961l
Chinasprin 3545e
Chinazil 1961l
Chindecamini acetas 4709
Chindoniumbromid 2637
Chineonal 3545h
Chinese seasoning 245b
Chinetalatum 2205
Chinethazonum 1110
Chingamin 3117
Chinidin 3546
Chinimetten 3545a
Chinin 3545
β-Chinin 3546
Chinin „Byk" 3545n
Chinin „Lüdi" 3545n
Chinin „Weil" 3545n
Chinin (geschmackloses) 4181
Chininäthylcarbonat 4181
Chininett 3545n
Chinin-Penicillin G 2590c
*Chiniofon*** 820
Chiniphen 3545n
Chinisocainum 2868
Chinocid 2440
Chinoestradiol 4229
Chinofene 2509
Chinofenol 828c
Chinoform 811
Chinoiodinum 820
Chinoksyzol 828b
Chinol 828c
Chinomint 828c
Chinoparin 3233
Chinophenum 2509
Chinophen(yl) 2509
Chinoral 828
Chinorto 1187
Chinosol 828c
Chinosulfan 820
Chinosyth 1961l
Chinotin 3546
Chinoxidin 2125
Chinoxone 2511
Chinoxyzol 828b
Chinteina 3546f
Chinuridi methylsulfas 3733
Chisindamon 2255
Chitosaminhydrochlorid 434
Chixin 322
Chiyorhizin AN 4883a
Chiyorhizin K 4883b
Chlo-Amine 2600a
Chlochinat 3117b
Chlodophen 60N
Chlometon 2600a
Chlomin 1375
Chlomizol 129
Chlomycol 1375
Chloor-Hexaviet 1827
Chlophedianolhydrochlorid 2790
Chlophenadione 2300
Chloquinan 1039
Chloquinate 3117b
Chloracizin 3258
Chloracon 1108
*Chloracyzin*** 3258
Chloradorm 32
Chloraethazin 259
Chloräther 44
Chloräthiazol 346
Chloräthyl 44
Chlorahist 2600a
Chloral-Betaine 32a
Chloraldurat 32
Chloralhydrat 32
Chloralix 32
Chloralixir 32
*Chloralodol*** 762
Chloralol 1382h
Chloralone 527
Chloralosane 722
Chloralose 722
Chloral-PABA 837
Chloralpyrin 1382h
Chloralsalicylamid 1377
Chloralum hydratum 32
Chloralurethane 231
Chloraman 2600a
Chloramanozinum 835
Chloramate 2600a
*Chlorambucil*** 2194
Chloramex 1375
Chloramfenicol 1375
Chloramidobenzol 334
Chloramin B 314
Chloramin (T) 527
Chloraminophenamidum 347
Chloraminophène 2194
Chloramiphene 4453
Chloramphen 1375
*Chloramphenicol*** 1375
Chloramphenicolglycinat 1918
Chloramphenicolmonocinnamat 3466
Chloramphenicolpalmitat 4568
Chloramphenicol Pantothenate Complex 1375a
Chloramphenicolstearat 4687
Chloramphenicolstearoylglycolat 4747
Chloramphenicolsuccinat-Natrium 2374

Chloramphenicone 1334
Chloramphenicup 1375
Chloramphycin 1375
Chloramsaar 1375
Chloramsaar pro inj. 2374
Chloranautine 2812 c
Chlorangin 1147
Chloranil 283
Chlorantine 2600 a
Chlorarsen 309
Chlorarsenol 596
Chlorarsol 309
Chloraseptine 527
Chloratet 50 3961
Chlorathrombon 2300
Chloratol 32
Chlorazan 527
*Chlorazanilhydrochlorid*** 835
Chlorazen(e) 527
Chlorazin 2770
Chlorazin (sowjet. Präp.) 1432
Chlorazinil 835
Chlorazisin 3258
*Chlorazodin*** 34
Chlorazol Sky Blue FF 4789
Chlorazone 527
*Chlorbenzoxamin*** 4521
Chlorbenzoxyethamine 4521
*Chlorbetamid*** 1357
Chlorbutanol 162
Chlorbutin 2194
Chlorbutinpenicillin 4034
Chlorbutol 162
Chlorcap-Nyscaps 2602
Chlorcarvacrol 1146
Chlorchinaldin-Polfa 1039
Chlorchinaldol 1039
Chlorcinnazine 4452
*Chlorcyclizin*** 3009
Chlordantoin 1517
Chlorderazin 2770
*Chlordiazepoxid*** 2532
*Chlordimorin*** 3278
Chlordinezin 3012
Chlordrolone 3381
Chloren 2600 a
Chlorène 44
Chloresene 316
Chlorethaminacil 721
Chlorethamine 259
Chlorethazine 259
Chloréthiazol 346
Chlorethyl 44
Chlorethylaminouracil 951
Chloreton(e) 162
Chloretum formylicum 3
Chlorfenethazinhydrochlorid 2572
Chlorfenvinphos 64 N
Chlorflavonin 2953
Chlorfluoranum 19
Chlorguanid 1494
Chlorhetramine 2405
Chlorhexadol 762
Chlorhexamide 1949
*Chlorhexidin*** 4059
Chlorhistapyridamine 2600
Chlorhydrosulfide 1570
Chloridin 1617
Chlorigen 527
Chloriguane 1494
Chlorimipraminhydrochlorid 3305
Chlorimpiphenindihydrochlorid 4406
Chlorindanol(um) 853
Chlorisept 816
*Chlorisondamini chloridum*** 2255
Chlorisondamonum 2255
Chlorjodhydroxychinolinum 811
Chlorkresolum 507
*Chlormadinonacetat*** 4186
Chlormeprazine 3536
*Chlormerodrin*** 258
*Chlormerodrin (^{197}Hg)** 12 N
Chlormeroprinum 258
Chlor-Metabs 2600 a
Chlormethazanone 1374
Chlormethiazole 346
*Chlormethin*** 259
Chlormethinoxid 260
Chlormethylencyclin 4142
*Chlormezanon*** 1374
*Chlormidazol*** 2335
*Chlornaphazin*** 2137
Chlorneoantergan 2620
Chlornitromicin 1375
Chlornitromycin 1375
Chloroazodin 34
Chlorobenztropinhydrochlorid 3747
Chlorobulin-Wirkstoff 1375
*Chlorobutanol*** 162
Chlorocaine 2011
Chlorocamphamide 147 N
Chlorocaps 1375
Chlorochinphosphat 3117
Chlorocid 1375
Chlorocid S 2374
Chlorocol 1375
Chlorocol-Tropfen 4568
*Chlorocresol*** 507
Chlorocycline 3961
Chlorocyclizin(e) 3009
Chlorocyklina 3961
Chloroderm 316
Chloröstronmethyläther 3307
Chlorofenanum 2055
Chloroform 3
Chlorogen(ium) 314
Chloroguanide hydrochloride 1494
Chlorohex 4059
Chlorohydrindinitrat 78
Chloroiodoquine 811
Chlorojekt 1375
Chlorojodochin 811
Chlorol 1382 h
Chloromax 1375
Chloromethapyrilene 2176
Chloromine 2600 a
Chloromycetin 1375
Chloromyceton 1334
Chloromyl 3318
Chloronaphtina 2137
Chloronase 1145
Chloronax 485
Chloronitrin 1375
Chlorophenetanum 2055
Chlorophenisate 1668
Chlorophenotanum (technicum) 2055
Chlorophenothiazinylscopin 3475
Chlorophenoxamide 2747
Chlorophetanol 678
Chlorophicol 1375
Chlorophos 171
*Chloroprednisonacetat*** 4163
*Chloroprocain*** 1992
Chloroprocainamid 2006
Chloropromazin 2770
Chloroptic 1375
*Chloropyramin*** 2620
Chloropyribenzamin 2620
*Chloropyrileniumcitrat*** 2176
*Chloroquinphosphat*** 3117
Chlorosal 485

Chlorosan 1039
Chloroseptyl 1571
*Chloroserpidin*** 4759
Chlorosulthiadil 528
Chlorothen 2176
*Chlorothiazid*** 485
Chlorotiazide 485
Chlorotine 1375
*Chlorotrianisen*** 4133
Chlorotrimeton 2600a
Chlorovules-Mepha 1375
Chloroxazone 462
Chloroxine 813
Chloroxychinolinum 816
Chloroxydienon 3609
*Chloroxylenol** 677
Chloroxymesteron 3644
Chloro-Z-Mycin 1375
Chlorpentazid 69N
Chlorperazin 3536
Chlorperphenthixendihydrochlorid 3975
Chlorphenacemid 852
Chlorphenacil 1669
Chlorphenacyl 1669
Chlorphenaethazinhydrochlorid 2572
Chlorphenamidum 334
*Chlorphenamin*** 2600
Chlorphenarsinum 309
Chlorphencyclanhydrochlorid 3145
*Chlorphenesin** 905
Chlorphenesincarbamat 1109
Chlorphenindione 2300
Chlorpheniramine 2600
*Chlorphenoctiumamsonat*** 2924
Chlorphenoctoni amsonas 2924
Chlorphenol „Smallwood" 4568
Chlorphenotanum 2055
Chlorphenotoxum 2055
*Chlorphenoxaminhydrochlorid*** 3036
Chlorphentermincarbonsäureäthylester 1968
*Chlorphenterminhydrochlorid*** 1183
Chlorphenylindandion 2300
Chlorphtalidolone 2072
Chlorphthalein-Natrium 3444
Chlorpiprazin 3791
Chlorpiprozine 3791
Chlorprocain 1992
Chlorprocain-Penicillin O 1984b
*Chlorproethazin*** 3306
*Chlorproguanilhydrochlorid*** 1465
Chlor-Promanyl 2770
*Chlorpromazinhydrochlorid*** 2770
Chlorpromazinsulfoxyd 2769
*Chlorpropamid*** 1145
Chlorprophenpyridamin 2600
Chlorpropylamphetaminhydrochlorid 1746
*Chlorprothixenhydrochlorid*** 2972
Chlorpyraminum 2620
*Chlorquinaldol*** 1039
Chlorquinol 813
Chlorseptol 527
Chlorseptol (neue Form) 314
Chlorserpidinum 4759
Chlorsig 1375
Chlorsuccillin 2289
Chlorsulfamin 527
Chlorsuperlutin 4284
*Chlortalidon*** 2072
Chlortestosteron 3380
Chlortestosteronacetat 3862
Chlortestosteroncapronat 4428
*Chlortetracyclin*** 3961
Chlor-Tetragnost 3444
Chlorthalidone 2072
*Chlorthenoxazin*** 1072
Chlorthenylpyramine 2176
Chlorthiazidex 485
Chlorthiazidum 485
Chlorthymol 1147
Chlortrianisoestrolum 4133
Chlortrianizenum 4133
Chlortrimeton 2600a
Chlortripelennaminhydrochlorid 2620
Chlor-Tripolon 2600a
Chlortritylimidazol 3934
Chlortrone 2600a
Chlorurit 485
Chlorxylenolum 677
Chloryl Anesthetic 44
Chlorylen 26
*Chlorzoxazon*** 462
Chlosudimeprimylum 2213
Chlothixen 2972
Chlotomin 4791a
Chlotride 485
Chloxyl 626
Chocola B_{12} 4960
Chocola D 4626
Choladine 1379
Cholagit 4370
Cholagnost 3446
Cholagol 3864
Cholagon 4351
Cholamid 530
Cholamin 4351
Cholan-DH 4351
Cholaxine 441
Cholebrine 1622
Cholecalciferol 4573
Chole-Contrast 1379
Cholectrina 4351
Choleda 947
Choledyl 281j
Cholegnostyl 3444
Cholégyl 281j
Cholentyl 795
Cholepatin 4351
Cholephanin 2320
Cholepulvis 3446
Choleretlcum-Holzinger 2355a
Choleretin 4351
Cholergol 281o
Choleselectan 2935
Cholesolvin 4151
Cholesteril 2985
Cholesterolyt 1132a
Cholestyramine 4042
Choletab 2320
Choletrast 2320
Choleubil 4351
Cholexamine 235N
Choliflavin 2142
Choligen 530
Choligen „Metabiod" 2985
Cholimed 4351
*Cholin*** 281
Cholinacetat 619
Cholinate 281d
Cholinergol 450
*Choline salicylate*** 281g
*Cholini salicylas*** 281g
*Cholini theophyllinas*** 281j
Cholinophylline 281j
Cholinsuccinat 2289
Cholinvel 281d
Cholinyl 795
Cholipin (choleret. Komponente) 1512

Cholipin (spasmolyt. Komponente) 4500
Cholistol 4351
Chologen 4351
Cholognost 1061
Chologon 4351
Cholografin 3448
Cholomagnol 3178
Cholorebic 4369
Cholospekt 3448
Cholotrast 3446
Choloxin 2316
Cholsäure 4370
Cholumbral 3446
Cholumbrin 3446
Chomelan(um) 281f
Chondrodendrin 4825
Chonex 4351
Chophyllin 281j
Chothyn 281d
CHP 1297
CHP-Phenobarbitalat 1607j
C. H. P. T. 4622
Chromadren 1125
Chromagyre 3441
Chromine 3441
*Chromocarb*** 1036
Chromocor 2306
Chromoflavine 2142
Chromomycin A_3 246N
Chromonar 3622
Chromosmon 2611
Chronicin 1375
Chronosulf 1658
Chrysanol 101a
Chrysazin 2054
Chrysenex 2941
Chrysethan 42
Chrysodermol 2066
Chrysoidin (Y) 1609
Chrysomycin 3961
Chrysomykine 3961
Chrysothios 138
Chrysovaléryl 239
Chryzacin 2054
Chur-Hist 2600a
CI 336 231
CI-337 229
CI-395 2877
CI-400 2238
CI-403 A 3237
CI-406 3907
CI-416 185o
CI-419 1919
CI-427 2429
CI-433 2866
CI-440 2062
CI-456 903
CI-473 2364
CI-501 1432
CI-505 797
CI-515 1233
CI-546 930
CI-556 2559
CI-572 2239
CI-581 1930
CI-583 2072
CI-633 2301
CI-634 1725
CI-636 65N
CI-662 4536
CI-673 1178
C. I. 13390 4445
C. I. 22850 4753
C. I. 23850 4788
C. I. 36746 1678
C. I. 42045 4524
C. I. 45350 3447
C. I. 45380 160N
C. I. 52000 1593
C. I. Acid Blue 1 4524
C. I. Acid blue 92 4445
Cialit 1059
Ciamid 9a
Ciamina-Ormo 359
Cianatil 3275
Cianazide 82
Cianazil 82
Cianosel 1391a
Cianpas 82a
Ciatyl 3975
Ciba 1906 3365
Ciba 2020 1982
Ciba 3714 865
Ciba 3753 1100
Ciba 7057-Su 650
Ciba 7115 2433
Ciba 7272-Su 906
Ciba 8341-Su 1971
Ciba 9295 2049
Ciba 10611 2690
Ciba 10870 2869
Ciba 11925 1567
Ciba 12669 A 3784
Ciba 17309-Ba 3639
Ciba 30920-Ba 4972
Ciba 32644-Ba 321
Ciba 37059-Ba 66N
Cibazol 865
Cibene 2005
Ci-Biagini 359
Cicero 359
*Ciclacillin** 2471
*Ciclactat*** 1806
Ciclamid 514
Ciclazone 1961d
Ciclibion 3970
Ciclicina 3970
Ciclindif 3970
Ciclinova 2374b
*Cicliomenol*** 96N
Ciclisin 4663
Ciclobarbital 1699
Ciclobiotico 3970
Ciclocarine 89
Cicloestradiolo 4485
Cicloestrina 3006
*Ciclofenazin*** 4153
Cicloforme 1475
Ciclofosfamida 605
Cicloglucina 3970d
Ciclolux 2887
Ciclolysal 4663
Ciclolysine 4663
Ciclomax 3970d
Ciclomesol 123N
Ciclomidrin 2638
Ciclomir 1699
*Cicloniumbromid*** 4106
Ciclopal 1647
Ciclopegic 2887
Cicloplegico „Oculum“ 2887
Cicloplegil 2887
Ciclopropano 86
Cicloral 2223
Cicloserina 89
Ciclospasmol 2873
Ciclossal 89
Ciclosterone 4559
Ciclotiazid 2151
Ciclotisina 89
Ciclovalidin 89
Ciclum 3955
Cicobis 1515a
Cicovina 4974
Cicrimin 3400
*Cicrotoic acid*** 1260
Cicutin 778
Cidal 1830

Cidal forte 514
Ci-Dalma 359
Cidalon 2001
Cidamex 147
Cidanbutol 1308
Cidanchin 3117
Cidan-Cilina 200 2590
Cidan-Cilina 300(—900) 2590d
Cidandopa 925
Cidan-Est 3924a
Cidanfillina 281j
Cidan-Formol 1067
Cidex 236
C. I. Direct Blue 14 4788
Cidocetine 1375
Cidomycin 3928b
Cidophylline 531b
Cidoten 4039
Cidoten-V 4551
*Cidoxepinhydrochlorid*** 3265
Cidrex 528
Ci-Drol 359
Cidron 359
Cieffe 359
Cien Bedoce Depot 4959
Ciergin 359
Cierreral 1067
Cifegan 698a
Cifilina 359
C-Ifmy 359
Cifoform 811
C. I. Food Blue 3 4524
Cigerol 3164
Cignolin 2066
Cigthranol 2066
Cikloserin 89
Cilag 61 413
Cilagrast 475b
Cilatrast 475b
Cilestoderme 4551
Cilicaine 2590d
Cilicaine-V-K 2593a
Cilicaine-V-Susp. 2593c
Cilinex 3049
Cilional 2438
Cilipen 2590
Cilipencaina 2590d
Cilipenuve 4662a
Cillapen 2593a
Cillaphen 2593b
Cillenta 2590e
Cilleral 2614a
Cillimycin 3177a
Cilloral 2590
Cilotropin 2123
Cimadon 4203
Cimedon(e) 4705
*Cimemoxin*** 610
Cimetrin 4867
Cinacaf 4385
Cinamin 2628
Cinamine 4812
Cinamiodil 1338
*Cinanserinhydrochlorid*** 3541
Cinaphyl 531a
Cinarcaf 4385
Cinarina 4385
Cinatabs 4812
Cincain 3655
*Cinchocainiumchlorid*** 3655
Cinchol 4692
Cinchophan(yl) 2509
*Cinchophen*** 2509
Cinchophenäthylester 2954
Cinchophenallylester 3200
Cinchophenmethylester 2736
Cinchotin 3546
Cincofeno 2509
Cinconal 2509
Cincopenil 2590c
C-INE 359
Cinecolex 441
Cinen 1241
Cineol 1275
*Cingestol*** 3635
Cinkain 3655
Cinkofen 2509
*Cinmetacin** 181N
Cinnabene 4702
Cinnacaine 2666
*Cinnamaverin*** 3776
*Cinnamedrin*** 3310
Cinnamylephedrin 3310
Cinnamylsulfanilamid 2345
Cinnapyrinum 2539
*Cinnarizin*** 4456
Cinnipirine 4456
*Cinnofuradion*** 3469
Cinnofuronum 3469
*Cinnopentazon*** 3953
Cinnopropazon 2628
Cinnovo 2736
Cinodio 2730
Cinolone 3813
Cinolone-pomata 4310
Cinopenil 2798
*Cinoxat*** 2191
*Cinperen** 4390
Cintazone 3953
*Cintramid*** 1678
Cintriamide 1678
Cin-Vis 340
Ciocolax 3451
Cipca 359
Cipenam 3402
Ciplamin H 4959
Ciplamycetin 1375
Cipro 3721
*Ciproquinat*** 3529
*Ciproximid*** 1313
Ciracen 4255
Ciramine 2600a
Circladin 2299
Circovenil 3357
Circulan 1222
Circulen 1256
Circuline 2228
Circuvit 711c
Circyvit 711c
Cirene B 4280
Cirenyl 3971
Cirotex 4255
Cirotyl 4255
Cirpon 1011
Cirponyl 1011
Cirrasol-OD 3438
Cirrocolina 281d
*Cisclomifen*** 4454
Cisclomiphene 4454
Cisir 359
*Cismadinonacetat*** 4185
Cistamina 411
Cistaphos 57
Cistidix 1608
Cistina 407
Cistizell 407
Cistobil 1379
Cistocolin 4351
Cistofuran 636
Cistopac 3446
Cistoplex 3450
Cistosulfa 1054
Cistotel 1379
Cital 359
Citamino 359
Citanest 2008
Citarin (alte Form) 545
Citarin (neue Form) 2849
Citarin (ad us. vet.) 1391

*Citenamid***	2527	Citroformene	411h	Clandilon	2873
Citexal	2535	Citroformin	411i	*Clanobutin**	143N
Cith	359	Citrohexal	411i	*Clantifen**	51N
*Citicolin**	2280	Citrohexamine	411i	Claodical	354
*Citiolon**	367	*Citromycetin*	2071	Claretil	1689
Citizin	1438	Citronéma	362h	Claretin-12	4960
Citnatin	362e	*Citronensäure*	362	Claripex	1668
Citoascorbina	359	Citrosodina	362e	Clarmil	2234
Citobion	4959	Citrourol B_1	1765	Clarol	1668
Citocain	2011	Citrovit	359	Clarphoril	2234
Citocholine	619	Citrovitamina	359	Clarvisan	2504
Citocor	1190	*Citrovorin*	3532	Clasol	2120
Citocyllina	2590e	*Citrovorumfaktor*	3532	Clavacin	500
Citodan „Leo“	1440	Citroyodo	1032	Clavatin	500
Citodon	1700	Citrullamon	2328	Clavatol	2689
Citodorm „Amsterdamsche Chininefabriek“	1700	Citrullamon V	3492	Claviformin	500
Citodorm „Haury“	384	Civigor	359	Clavitol	2689
Citomorfina	2778c	Civitin	359	Claviton	3920
Citoneurina	1765	CL-639C	3517	CLB 499	3836
Cito-Optadren	2258	CL-911C	3518	*Clefamid***	2747
Citopan	967	CL-912C	3519	C-Lem	359
Citopan „Nyco“	1700	CL 1848C	128N	*Clemastinfumarat***	3790
Citoproc	2590d	CL 2422	602	Clemipen	2590i
Citopyrine	847	CL 11366	661	*Clemizolhydrochlorid***	3241
Citosol	1757	CL 13494	1398	*Clemizol-Penicillin***	2590i
Citostal	3528	CL 16536	4058	*Clemizol-Penicillin V*	2593d
Citostasina	3100	CL 19823	3813	*Clenpirin**	89N
Citosulfan	443	CL 22415	3732	*Clenpyrin*	89N
Citotal-Wirkstoff	4004	CL 25477	759	Cleocin	3175
Citoxil	359	CL 26193	2162	Cléofil	3563
Citracholin	281d	CL 27071	4305	Clérégil	582a
Citral	362e	CL 36010	1110	*Cletoquin***	2645
Citralka	362d	CL 38023	1243	Clevamin	4878
Citramin	411i	CL 39808	1388	Cliacil	2593a
Citramin „Fuso“	362e	CL 48156	1969	*Clibucain***	2414
Citran	359	CL 53415	1313	*Clidiniumbromid***	4011
Citrapen	2593a	CL 54998	526	Clin	497b
Citrazolin	1961c	CL 59112	2608	Clinadol	3546a
Citrelmina	185f	CL 62362	2973	Clinazine	3753
Citresia	362h	CL 65205	3243	*Clindamycin***	3175
Citretten	362	CL 65562	1847	Clinfenicol	1670
Citrical	362f	CL 67772	132N	Clinibolin	4729
Citrinin	1914	CL 71563	2973a	*Clinimycin*	3175
Citritabs	359	CL 75805	15N	Clinimycin „Glaxo“	3972
Citro	362	Cladene	248	Clinitetrin	3970
Citrocholine	281d	Clafanone	3716	Clinium	4707
Citrocil	3927	Clafen	605	Clinocaine	2011
Citrocol	281d	*Clamidoxic acid***	2312	Clinoestrol	3006
Citrodisalyl	3713	Clamin	3040	*Clinolamid**	4374
Citro-etil	44	Clamiren	147N	*Cliochinolum*	811
Citroflavina	4520	*Clamoxychindihydrochlorid*	2866	*Clioquinol**	811
Citrofluyl	362c	*Clamoxyquindihydrochlorid***	2866	*Clioxanid***	2301
				Cliquinol	811

Cliradon 2433
C-Lisa 359
Clistin maleate 2602
Cliston 2602
Clitizina 1594
*Clobazam** 113 N
Clobedolum 3510
*Clobenosid** 220 N
*Clobenzepamhydrochlorid** 2758
*Clobenzorex*** 2582
*Clobenztropinhydrochlorid*** 3747
Clobren 1668
*Clobutinolhydrochlorid*** 2252
Clobutol 1308
Clochinatum 3117 b
Clocil 3216
*Clocinizin*** 4452
*Clocortolon*** 4017
Clocortolonacetat 4294
Clocortoloncapronat 4605
Clocortolontrimethylacetat 4543
*Clodacain*** 2697
Clodantocidum 1517
*Clodantoin*** 1517
*Clodazonhydrochlorid** 2998
*Clofazimin*** 4512
*Clofedanolhydrochlorid*** 2790
Clofenal 1375
*Clofenamic acid*** 1842
*Clofenamid*** 334
*Clofenciclanhydrochlorid*** 3145
*Clofenetaminhydrochlorid*** 3586
*Clofenotan*** 2055
Clofenoxine 1689
*Clofenoxyd** 2515
Clofénoxyde 2515
*Clofenvinfos*** 64 N
*Clofexamid*** 2237
*Clofezon*** 2237 a
Clofibram 1668
*Clofibrat*** 1668
*Clofibric acid*** 1094
Cloflucarban 2057
*Clofluperol*** 3950
*Cloforex*** 1968
*Clogeston** 3861
*Clogestonacetat*** 4414
*Clomacranphosphat*** 3010
*Clomegeston*** 4033
*Clomegestonacetat*** 4304
*Clometeron*** 4077
Clometherone 4077
*Clomethiazol*** 346
Clométiazole 346
*Clometocillin-Kalium*** 2759
Clomid 4453
Clomidazolum 2335
Clomifen 4453
*Clomifencitrat*** 4453
Clomifeno 4453
Clomina 1183
*Clominorex*** 851
Clomiphene citrate 4453
*Clomipraminhydrochlorid*** 3305
Clomivid 4453
*Clomocylin*** 4142
Clomphid 4453
*Clonazepam*** 2302
*Clonazolinhydrochlorid*** 2103
Clonazone 527
*Clonidinhydrochlorid*** 855
*Clonitazen*** 3510
Clonitazinum 3510
*Clonitrat*** 78
*Clonixeril*** 2571
*Clonixin*** 1861
Clont 375
*Clopamid*** 2213
Clopane 1016
*Clopenthixoldihydrochlorid*** 3975
*Cloperastin** 3533
*Cloperidonhydrochlorid*** 3737
*Clopidol*** 508
*Cloponon*** 1323
Clopoxidii chloridum 2532
*Cloprothiazoledisilat** 560
Clopyroxinum 2997
*Cloquinat*** 3117 b
*Cloquinozintartrat*** 2644
*Cloracetadol*** 1073
Cloracin 2770
*Cloralum betainum*** 32 a
Cloramciclin 2374 c
Cloramdax 1375
Cloramdax-Susp. 4568
Cloramet 4568
Cloramfen 1375
Cloramfenicol 1375
*Cloramfenicolipantotenas compositum*** 1375 a
Cloramfetina 1375
Cloramficin 1375
Cloramicol 1375
Cloramidina 1375
Cloramidina-Susp. 4568
Cloramin 259
Cloramina 314
Cloramlife-Susp. 4568
Clorancol 1375
Cloranfenicol 1375
Cloranfetina 1375
Cloranficin(a) 1375
Cloran-Wolf 1375
Clorarsen 309
Clorased 574
Clorawal 1375
*Clorazépate dipotassique*** 2523
Clorazide 485
Clorbiotina 1375
Clorbiotina glicinica 1918
Clorciclina 3961
Clordelazin 2770
Clordiabet 1145
Clordion 4186
Clordrolone 3381
Cloredema 485
Cloredema-H 528
Clorestrolo 4133
*Cloretat*** 203
Clorethate 203
Cloretilo 44
Cloretona 162
Clorevan 3036
*Clorexolon** 2164
Clorfenicol 1375
Clorfluvin 485
*Clorgilin*** 1916
Clorgin 485
Clorgyline 1916
Clorhexa 316
Cloriderm 4175
Clorilax 1374
Cloridral 32
Clorina 527
*Clorindanic acid*** 1057
*Clorindanol*** 853
*Clorindion*** 2300
Cloristin 373
*Clormecainhydrochlorid*** 1459
Clormetaminodiazepoxido 2532
Clormicrol-AM 3970
Cloro-Alergan 2600 a
Cloroantibion 1375
Clorobiotina 1375
Clorocanfamide 147 N

Clorochina 3117
Clorociclin 2374b
Clorocilina 1375
Clorocipan 3961
Clorocyn 1375
Clorodiabina 1145
Clorodin 2770a
Clorodiuril 528
*Clorofen** 1862
Clorofenicina 1375
Clorofenicina inyect. 2374
Clorofenotiazinylscopina 3475
Clorofung 1830
Cloro-Hipoglucina 1145
Clorolifarina 4568
Clorometazon 1374
Cloromicetina 1375
Cloromilen 3466
Cloromisan 1375
Cloromisol 4568
Cloromoin 1375
Cloromoin-liofilizado 2374
Cloromyfar 485
Cloronaftina 2137
Cloro-Nona 3817
Clorophene 1862
Cloropiril 2600a
Cloropromazina 2770
Cloroquina 3117
Clorosan 527
Cloroscel 3961
Clorosintex 1375
Clorosulfil 1054
Clorotifina 1375
Cloro-Trimeton 2600a
Cloro-Tripolon 2600a
Clorotrisin 4133
Clorpense 1375
Clorpense-Susp. 4568
*Clorprenalinhydro-chlorid*** 1492
Clorprimeton 2600a
Clorpromazina 2770
Clorpropamide 1145
„*Clorpropandiol*“ 250
Clorpyramine 2620
Clorstom 527
Clorten 2600a
*Clorterminhydrochlorid*** 1182
Clortetra 3961b
Clortetrin 3720
Clortran 162
Cloruril 485
Closina 89
Closin(e) 89
*Closiraminaceturat*** 3011
*Clostebol** 3380
*Clostebolacetat*** 3862
*Clostebolcapronat*** 4428
*Clostebolpropionat*** 4078
Clotame 84N
Clotepin 3259
Clothepin 3259
Clothiapine 2974
Clothixamidmaleat 4277
Clotiamina 1765
*Clotiapin*** 2974
*Clotioxon*** 814
*Clotixamidmaleat*** 4277
Clotride 485
*Clotrimazol** 3934
Clotrox 4523
*Cloxacillin-Natrium*** 3223
*Cloxacillin-Sodium*** 3223
Cloxapen 3223
*Cloxestradiolacetat*** 4286
Cloxoestradioli acetas 4286
*Cloxotestosteronacetat*** 4211
*Cloxypendyl** 3558
*Clozapin*** 2990
CL 1388R 1281
Clupadene 4103
Clupanina 4103
Clupocalcium 4103a
Cluricol 1054
CLY-503 4151
Clymocol 1147
Clysmathane 531c
Clysodrast (novum) 3942
CM-6 2077
CMA-37 1334
C-Meseguer 359
C-Monovit 359
CMPU 258
CN 4514
CN 3005 1375
CN 5518 4514
CN 8676 430
CN 10443 4682
CN-15757 229
CN 55945 4514
CN-Cobalamin 4960
Cnicin 3607
CO 405 2687
Co. A 3916
Coalip 3916
Coamid 319b
Co-B_1 1795
Cobadex 3893
Cobafor 4966
Cobaforte 4966
Cobala 4959a
Cobalamed 4960
Cobalamin 4960
Cobalamin-12 4959a
Cobalan 4966
Cobalex 4959
Cobalidrina 4959
Cobalin 4960
Coballamine 4960
Cobaloral 4960
Cobalparen 4960
Cobalparen-Depot 4959a
Cobaltin forte 1254f
Cobaltoxane 829
Cobaltron 4960
Cobaltron-retard 4959
Cobaltyl-Buriat 329a
Cobaltyl „Weiß“ 1254f
Cobalvit 4959
*Cobamamid** 4966
Cobamide 4959
Cobamine 4960
Cobamyde 4966
Coban 4836
Cobanzyme 4966
Cobastab 4960
Cobastan 4960
Cobavite 4960
Cobavite L. A. 4959
Cobaxid 4966
Cobazymase 4966
Cobefrin 967
Cobegel 4960
Cobeminum 4960
Cobephrin 967
Cobexan 4959
Cobidrossi 4959
Cobilasi 1795
Cobilid 4959
Cobione 4960
Co-Bismuz 1515a
Cobrentin 3772
Cobrumin 4960
Cocabiotico-Dihidro 3927
Cocabiotico-Estrepto 3924a
Cocabiotico-Potasico (-Sodico) 2590
Cocäthylin 3082

Cocafurin 322
Cocain 2828
d-ψ-Cocain 2829
Cocainol 917
Cocainum novum 2011
Co-Caps 2593a
Cocarbasi 1795
Cocarbil 1795
Cocarbina 1795
Cocarbossilasi 1795
Cocarbosyl 1795
Co-Carbox 1795
Cocarboxil 1795
*Cocarboxylase*** 1795
Cocartrit 3117
Cocarvit 1795
Cocaspan 847g
Cocavitan B_1 1765
Cocavitan B_{12} 4960
Cocaxiurin 185f
Coccisept 352
Coccoclase 1366
Cocculin 4706
Co-Cillin 2590
Cocladene 248
Cocladin 2171
Cocodiazine 1081
Cocolitico 865
Coco-Quinine 3545c
Coco-Thiazole 865
Coculin 3319
*Codactid** 248N
Codalgina 847
Codecarboxylase 704
Codehydrase I 3843
Codehydrogenase I 3843
Codéigène 3027
Codein 3022
Codeinaminoxyd 3027
Codeinfos 3022c
Codeinjuste 3022c
Codeinnicotinat 4263
Codeisan 3022c
Codelcortone 3859
Codelcortone TBA 4556
Codelsol 3877
Co-Deltra 3806
Codenon 3026
Codéthyline 3318
Codéthyline iodomethylate 3620
Codetilina 3318
Codhydrine 3080
Codiazine 1081
Codibarbital 1607
Codinon 3023
Codinovo 3023
Codipect 3964
Codisol 4204
Codoforme-Hauptwirkstoff 2a
Codone 3023
*Codoxim*** 3551
Codroxomin 4959
Coducept 3022
Codylin 4204
Coenbione 1795
Coenzyl 4966
Coenzym A 3916
Coenzyme-B 1795
Coenzym B_{12} 4966
Coenzym I 3843
Coenzym R 1252
Coeruleum methyleni 2611
Coeur-Maline 3596
Coeurophylline 1202
Cofacodal 3026
Cofacodide 3023
Cofadicon 3526
Cofalaudide 2780
Cofanil 3964
Cofasol 1391a
Cofebrine 967
Coffan 711
Coffein 711
*Cofisatin*** 4965
Coflavinasi 2838
Cofluil 1276
Cof-talil 2737
Cogentin 3772
Cogentinol 3772
Cogesic 2429
Cogitum 369
Cohemin 4960
Cohemin depot 4959a
Cohistine 2208a
Co-Hydeltra 3859
CO-I 3843
Colac 3942
Colace 3700
Colalin 4370
Colax 3942
Colcamyl 4528
Colcemid 3784
Colcerin 1209
Colchalon 3982a
Colchamin 3784
Colchicin 3982
Colchicosid 4529
Colchinéos 3982
Colchisol 3982
Colcin 3982
Coldal 515
Coldan 2120
Coldip 317b
Colebenz 2090
Colebrina 1622
*Colecalciferol*** 4573
Colectril 348
Cole-Dex 419
Coledrin-Compresse 4499
Coledrin-fiale 4351
Colefenil 2320
Colefilin 281j
Colegraf 1379
Colenormol 787
Colepan 1276
Colepax 1379
Colepur 810
Colequin 1311
Coleretico-Isnardi 1276
Colerex 2985
Colergil 4351
Colergon 281m
Colerin 1185
Colerol 947
Colesterel 3307
Colesterinex 1488
*Colestipol*** 30N
*Colestyramin*** 4042
Coletin 515
Coletrast 2320
Coletyl 450
Colfarit 847
Coli-Asla 830
Colibacter 887
Colibantil 3837
Colicid 811
Colicitina 2737
Colicitrin 281d
Colidon 366
Colidonio 279
Colidrenina 2985
Colifos 282
Colifuran 636
Coliguanina 571
Colimicina 4936
Colimicina-oral 4915
Colimycine 4915
Colina 281
Colincalcium 282

Colinef 282
Colinfillina 281 j
Colinobiol 281 a
Colipar 810
Colircusi cicloplejico 2887
Colirisina 2681
Colisan 281 a
Coliseptale 571
Colisone 3806
Colisper S 462
Colistatin 1894
Colisticina 4915
Colistimethate Sodium 4936
*Colistin** 4915
Colistinat 4936
Colistinmethansulfonat-Natrium 4936
Colitiazolo 2737 b
Colitistop-S 2737
Colivan 647
Colixantina 281 j
Collogène d'Argent fort 3447 a
Collogène de Bismuth 3447 b
Collubiazol 1895
Colluchromine 3441
Collu-Hextril 3931
Collunosol 288
Collunovar 1896
Colluspray 877
Collusulfar 2150
Collyre „V" P. O. S. 908
Colmenthol 2282
Colofac 4421
Colomycin 4915
Colonorm 4880
Colopiril 3837
Coloplex 3434
Coloton 530
Coloxyd-Wirkstoff 2611
Coloxyl 3700
Colpoginon 3994
Colpogynon 3994
Colpormon 3994
Colpovis 4228
Colpovister 4228
Colpro 4226
Colprone 4226
Colprosterone 3882
Colsaloid 3982
Colsulamyl 352
Colsulanyde 352
Colton 3311 a
Coltramyl 4528
Coltrax 4528
Coltromyl 4528
Colum 3837
Columbin 3508
Colusamide 4966
Colutoid 3851
Colvason 4523
Colviten 1046
Coly-Mycin 4915
Coly-Mycin Injectable 4936
Colyne 281 a
Combantrin 1445 a
Combatin 3545 f
Combelen 3543 a
Combilen 3543 a
Combithyrex 2317 a
Comesa 576
Comestrol 3006
Cometamin 1942
Comitiadon 852
Comonal 815
Compaver 3113
Compazine 3536
Compeller 1723
Compenamine 2590 j
Com-Pen Aquous 2590 d
Compensan 366
Complamex 2034
Complamin(a) 2034
Complecal 1254 b
Compleciclin 3720
Complefer 359 d
Complefor 168 b
Complemix 3700
Complexic acid 1254
Compocillin 2590 k
Compocillin-V 2593 e
Compocillin-VK 2593 a
Compocillina 2593 a
Compofergal 46 e
Compound A 3884
Compound E von Kendall 3858
Compound F von Kendall 3893
Compound F von Wintersteiner 3858
Compound 20 4945
Compound 42 3210
Compound 97 1463
Compound 3-120 2088
Compound 3 K 1358 3338
Compound 48-268 2289
Compound 347 64
Compound 904 4510
Compound 921 C 3920
Compound 1003 1172
Compound 1029 932
Compound 1575 3430
Compound 01 748 4140
Compound UK 2500 1445
Compound 20025 1492
Comprifebrin 1961
Comprilumin 1607
Comycetin 1375
Comycin 3970 a
Conacetol 685
Conadil 1197
Conagin 1965
Concemin 359
Conchinin 3546
Concilium 3966
Concordin 3263
Concurat 1391
Condelphin 4434
Condibe 476
Condol 4626
Condylon-Wirkstoff 3982
*Conessinhydrobromid*** 4364
Conessin-N-oxid 4365
Conestoral 3063
Conestron 3059
Coneurina 1795
Conformin 4959
Confortid 3203
Congasin 4135
Congazonnatrium 4752
Congo Blue 4788
Congocidine 3123
Congo Red 4752
Coniin 778
Conjucain 2918
Conmel 1965
Conobis 153 e
Conotrane 3711
Conovid 3604
Conquinine 3546
Conraxin-L 1591 a
Conray (30 + 60) 1325 b
Conray 80 1325 a
Conray FL 1325 b
Consdrin 962
Consolets 3964
Consolin 32 b
Conspen 2590
Constane 192 b
Constaphyl 3216
Constiban 3700

Constimol 841
Constonate 3700
Consulid 1054
Contacid 46b
Contactolax 3942
Contalax 3942
Contamex 2034
Contaren 4966
Contaverm 1577
Contax 4255
Conteben 1122
Contergan 1855
Contibiol 1122
Continal 1545a
Contol 2532
Contomin 2770
Contopheron 4751
Contracept 317
Contractin 967
Contradol 2431
Contraflu 2950
Contrafungin 3922d
Contralergial 2594
Contralgin 2475
Contralin 1287
Contramareo 2812c
Contramine 526
Contramine „B. D. H.“ 266
Contrangina 1515a
Contrapar 776
Contrapot 1287
Contrasma-Compr. 1526
Contraste biliar „I. F. E.“ 1379
Contraste Radiologico 475
Contraste Urologico 629
Contra-stigmin 562a
Contrastil 2320
Contrathion 562a
Contratuss 4047
Contrauto 3849
Contravul 1197
Contraxine 821
Contrazole 466
Contredem 652
Contrispasmin 4291
Contristamine 3036
Contrix „28“ 1325b
Control-OM 1417
Conturex 13
Convallaton 4677
Convallatoxin 4677
Convallatoxol 4684
Convallopan 4677
Convalpur 4677
Convapur 4677
Convenal 2692
Convenil 2692
Convexina 368
Convul 2328
Convulsan 1642
Coomassie Blue 4445
Coopane 185h
Coopaphene 1830
Co-ord 1246
COP 2038
Copharcilin 2614
Copharlan 3970
Copharprin 514
Copharten 1835
Cophaxol B_1 1765
Cophedrine 1217
Cophylac 3561a
Cophylate 531a
Copirene 3224
Copormin 2770
COPP 4792
Coprol(a) 3700
Copropanol 2635a
Copsamine 2861
Coracanfor 1190
Coracid 1190
Coracon 1190
Coradon 2861
Coraethamidum 1190
Corafasa 1190
Corafil 2033
Corafilina 531b
Coraforsan 1190
Corafurone 2098
Coragoxine 4876
Coral 1190
Co-ral 2152
Cora-Lefa 1190
Coralept 1190
Coralets 4230
Coralgil 4727
Coralgina 4727
Coralgyl 4727
Coralox 2153
Coramin 1190
Coranormal 382
Coraphene 963
Cora-Rapide 1190
Corasid 382
Corasol 382
Coratol 4717
Coratol-INE 382
Coratone 1267d
Coraverk 1190
Cora-Vinco 1515
Coravita 1190
Corazol 382
Corazol „Biofarmaco-terapico“ 963
Corazon(e) 1190
Corazone-Aerosol 4648
*Corbadrin** 967
Corbasil 967
Corbella 2854b
Corbicin 359
Corchorosid A 4676
Corchorozidum 4676
Cordabromin 1201
Cordalen 4875
Cordalin 941
Cordarone 4393
Cordelta 3859
Cordex 3859
Cordia-Med 1190
Cordiamin 1190
Cordianine 146
Cordichin 3546a
Cordil 2683
Cordilanat A 4932
Cordilanat C 4934
Cordilox 4554
Cordin 1190
Cordioxil 4876
Cordipurat-Amp. 4875
Cordisan 4685
Cordíton 1190
Cordobel 359
Cordocel 1849
Cordoval 4944
Cordran 4339
Cordycepin 1176
Cordynil 1190
C-Ore 359
Corediol 1190
Corelborin 4830
Corendocrin 4230
Coreptil 794
Corertan 382
Coresan 1267
Corespin 1190
Corethamidum 1190
Coretone 1190
Coretonin 2683
Corfavit B_2 2805

Corfavit E 4693
Corfavit PP 319
Corfilamin 531 b
Corfilin 531 b
Corglykon 4677
Coribon 4367
Coridina 350
Coril 3211
Corileno F 1190
Corimon 4718
Corinal 817
Coriowin 4875
Corisan 382
Corisol 968
Corivanil 1733
Corivin 531 a
Corkonium 3189
Corlan 4420
Corlanata 4934
Corlin 4206
Corlodrin 3858
Corlutina 3882
Corlutone 3882
Corluvite 3882
Cormalone 4207
Cormed „Reiss“ 1190
Cormed „Roemmers“ 4718
Cormorphin 2780
Cormotyl 1190
Cornecain 2478
Cornil 235
Cornocentin 3324 a
Corobid 84
Corodenin 1364
Corodil 1201
Corofam 2730
Coronal 1202
Coronal-Crinos 2730
Coronaletta 1607
Coronamide 2107
Coronaril 3073
Coronarin 1202
Coronastin 4727
Coronex 354
Coronin 2098
Coronplat 4450
Corontin 4269
Corophyllin 531 b
Corophyllin-N 941
Corophylline 794 a
Coropropil 4269
Corosan 4367
Corosanin 3211
Corosorbide 354
Corotonin 1190
Corovit 1190
Coroxin 4367
Coroxon 2153
Corpagen 3095
Corpax 4269
Corphyllamin 531 b
Corphyllamin-Neutral 1202
Corphyllin 531 a
Corphyllin „Nippon Shinyaku“ 1202
Corpolutin 3882
Corpomone 3882
Corporin 3882
Corps 62 1582
Corps R. 261 3527
Corpuluton 3882
Corpus luteum-Hormon 3882
Corsanil 1029
Corsedrol 382
Cor-Semar 382
Corson 4038
Corsympal 963
Cortacet 4230
Cortacream 4232
Cortadeltona 3859
Cortadren 3858, 4206
Cortal 4206
Cortalit 962
Cortanal 3893
Cortancyl 3806
Cortarmour 4230
Cortasson 4206
Cortate 4230
Cort-dome 3893
Cortef 3893
Cortef fluid 4674
Cortelan 4206
Cortelin 3858
Cortelinter 3859
Cortell 4232
Cortenema 3893
Cortenil(etten) 4230
Cortenil-Depot 4673
Cortensor 794
Cortesan 4230
Cortexilar 4019
Cortexolon 3890
Cortexon 3884
Cortexon-Depot 4624
Cor-Theophyllin 1202
Corthormon 3884
Cortialer 3806
Cortibel 4232
Cortic 4206
Cortical 4230
Corticlin 4206
Corti-Clyss 4594
Corticoderm 4288
Corticoici 4230
Corticona 4230
Corticor 3806
Corticorinol 3893
Corticormon 3884
Corticosir 4230
Cortico-Sol 4594
Corticosterole 4230
Corticosteron 3888
Corticosteron „Vitis“ 4230
Corticosterone „Eupharma“ 4230
Corticosterone „Tarrico“ 4230
β^{1-24}-Corticotropin 4972
β-Corticotropin (vom Schwein) 4977
h-Corticotropin 1—28 4975
Corticreme 3893
Cortidelt 3806
Cortidene 4306
Cortidene soluble 4060
Cortidro 4232
Cortidrona 4038
Cortifan 3893
Cortifar 4230
Cortifor 3858
Cortigen 4230
Cortilen 4206
Cortilet 4035
Cortiment 3893
Cortin „Galenika“ 4230
Cortina 4230
Cortinaq 4230
Cortineff 4214
Cortinovus 3813
Cortinter 3806
Cortiol 3806
Cortiphate 3899
Cortipon 4206
Cortipred 4207
Cortiprel 4232
Cortiral 4874
Cortiron 4230
Cortiron-Depot 4624
Cortiron-Glukosid 4564
Cortisaf 4230

Cortisal 4230
Cortisartrone 3858
Cortisat(e) 3858, 4206
Cortisid „Boehringer" 3806
Cortisid „Galenika" 4564
Cortisol 3893
Cortisol „Vis" 4206
Cortisolone 3859
*Cortison*** 3858
Δ^1-Cortison 3806
Cortison „Ciba" 4206
Cortison „Jenapharm" 4206
Cortisonacetat 4206
Cortisone „Lepetit" 4206
Cortisone „Roussel" 4206
Cortistab 4206
Cortisteril 4230
Cortisteron 4230
Cortisumman 4038
Cortisyl 3858
*Cortivazol** 232N
Cortivis 4230
Cortivister 4230
Cortivite 3858
Cortixyl 4230
Cortizon 3858
Cort-Nib 3893
Cortocin F 4659
Cortocin Ointm. 4232
Cortoderm 4232
*Cortodoxon** 3890
Cortodrin 3858
Cortogen 3858
Cortogen Acetate 4206
Cortolipex 4230
Cortomister 4232
Corton 1190
Cortone (Acetate) 4206
Cortosal 4206
Cortosterone F 3893, 4232
Cortrazol 382
Cortrifos 1256
Cortril 3893
Cortrophin-S 4972
Cortrosina 4972
Cortrosyn 4972
Corubeen 4960
Corubin 4960
Corubrin 4960
Corvantin 4269
Corvasol 382
Corvasypton 963
Corvel-Tylocine 4912
Corverum-Wirkstoff 3945
Corvin 1190
Corvis 382
Corvitan 1190
Corvitin 1214
Corvitol 1190
Corvotone 1190
Coryfax 3927
Coryfin 2282
Corymbin 3800
Corynine 3800
Corynitrat 235
Corystibin 1579
Coryvet 382
Corywas 1190
Coryzol 2208a
Cosamin 434
Cosa-Tetracyn 3970d
Cosatetril 3970d
Coscopin 3964
Coscotabs 3964
Cosex PG 50 3882
Cosex TP 50 4093
Coslan 2364
Cosmegen 4958
Cosmocillin 2590
Cosmogen 4958
Cosmopen 2590
Cosmo-Rey 4960
Cospanon 901
Costrex 4230
Cosulfa 1054
Cosylan 3318
Cosyntropin 4972
Cotalmon 747e
Cotarnin 1679
Cotesor 794
Cothera 3296
Cothroid 2317
Cotinazin 340
*Cotininfumarat*** 1116
Cotinizin 340
Cotinorm 811
Cotoin 2097
Cotolone 3859
Cotopherol 4751
Cotrane 3296
Cotranul 4085
Cotussate 3023
Coumachlore 3198
Coumadin(e) 3210
*Coumafos** 2152
*Coumamycin** 4947
Coumaphos 2152
Coumarin 31N
Coumephedrine 1216b
Coumermycin 4947
Coumestrol 2297
*Coumetarol*** 3712
Coumingin 4689
Courophylline 1202
Covalan 2140
Covatin 3875
Covatix 3875
Covit 4690
Co-Vitamin B_1 1765
Co-Vitamin B_{12} 4960
Co-Vitamin C 359
Co-Vitamin D 4573
Co-Vitamin K 1317
Covitine 1214
Covitol 4693
Coxine 1652
Coxistat 322
Coyden 25 508
Coypanon 1865
Cozymase 3843
Cozyme 1023
CP 919 4223
CP 1044 1732
CP-10188 873
CP-10308-8 2181
CP-10423-18 1445
CP-11332-1 2863
CP-12009-18 1704
CP 12252-1 4200
CP-12299-1 3277
CP 12521-1 3372
CP 12574 757
CP 13608 110N
CP 14185-1 3373
CP 15467-61 12
CP 15639-2 2765
CP-16533-1 4554
CPBU-7 1430
CPIB 1668
Cpiron 137a
CPK 3922
C-Prana 359
C. P. T. 4559
CR 121 582
CR 242 3119
CR/662 2387
Cracillin 2590
Cradex 954
Crampol 1940

Cratecil 1607
Creatergyl 8N
*Creatinolfosfat*** 198
Crebon (alte Form) 1710
Crebon „Dainippon“ 449
Crein 3639
Crematalil 2737
Cremefenergan 2800
Cremesone 3893
Cremocort 4232
Cremodiazine 1081
Cremomerazine 1396
Cremomethazine 1652
Cremonet 352
Cremosuxidine 1894
Cremotalidina 2737
Cremothalidine 2737
Creoform 2383
Cresatin(-Sulzberger) 891
Cresentyl 2091
Cresiro(l) 4960
Cresivale 543
Crésodiol 1208
Cresolum 537
Crésopirine 1085
Cresopyrin 1085
Cresossidiolo 1208
Cresotamid 623
o-Cresotsäure 664
Crésoxydiol 1208
Crestabolic 3675
Crestamycin 3970
Crestanil 1011
Crestar 4468
Crestomicina 4251
Crexvit D_2 4626
Crinocalcium 46a
Crinodora 4202
Crinorén 485
Crinovaryl 3059
Crinuryl 1880
Criogenina 551
Criseociclina 3970
Criseocil 4662a
Criseosil 4662a
Crisina B_6 735
Crisocilin-300 2590d
Crisocilin G 2590
Crisonar 2522
Crisopen-Wirkstoff 4662a
Cristalanat C 4934
Cristalanid 4934
Cristallovar 3059
Cristalomicina 3181
Cristalosetas Heyden 476a
Cristaloxine 4885
Cristapurat 4875
Cristerona-MB 3418
C-Rivitin 359
Crobiazina 1652
Crodimyl 1047
Cromadrenal 1125
Cromanidin 2911
Cromaril(e) 2306
Cromipranol 3683
Cromodil 1612
*Cromoglicic acid*** 4129
Cromoglycid acid 4129
Cromolyn Sodium 4129a
Cromonaftin 1125b
Cromonalgina 1047
Cromosil 1125
Cromo-Sulfol 1878
Cromoxin 1125
Cronaxil 2945
Cronazol 1398
Cronetal 1287
Cronil 585
Cronodione 2305
Cronoformin 1236
Cronolone 4213
Cronosulf 1658
Crontin 235
Cropropamide 2039
*Crotamiton*** 1953
Crotarbital 1193
Crotepoxide 2987
Crotethamide 1804
*Crotoniazid*** 1099
Crotonoylcarbutamid 2445
Crotoylidenisoniazid 1099
Crotulin 2445
Crotural 585
Crotylbarbitalum 1193
Crovaril 3246
Crovicina 2374b
Croysulfone 1605
Crozinal 1658
*Crufomat*** 1771
Cruvi B4 217
Cruzon 4643
*Cryofluoran*** 19
Cryogénine 551
Cryptargol 98
Cryptocillin 3238
Cryptonol 828b
Cryspen-400 2590
Crystacillin 2590, 2590d
Crystal 3659
Crystallinic acid 4739
Crystallose(tten) 476a
Crystal violet 4405
Crystamin 4960
Crystapen 2590
Crystapen V 2593
Crystar 847
Crysticillin 2590d
Crystimin 4960
Crystodigin 4875
Crystogen 3059
Crystoids Anthelmintic 1767
Crystoserpine 4776
Crystovibex 1765
Crysto-Vim 4960
Crystwel 4960
CS 11 3409
C. S. 23 3186
CS 1483 4306
CS/6712 3357
CSAG-144 4421
C-Sol 359
C-Span 359
CT 464 2406
CT 871 4615
CTAB 3438
C-Tamin 359
C-Tard 359
C-Tonic 359
C-Total iniettabile 2167
CTR 6110 1043
C-Tron 359
Cu 101 1358
Cuantin 4039
Cubisol 445
Cuchol 316
Cuemid 4042
Culpen 3212
Cuma 3194
Cumachlorum 3198
Cumafosum 2152
Cumamycinum 4947
Cumarene 3194
Cumaribys 3210
Cumarin 31N
Cumefedrina 1216b
Cumephedrine 1216b
Cumertilin 2118a
Cumetarolum 3712
Cumetharol 3712

Cumethoxaethanum 3712
Cumethoxan 3712
Cumid 3194
Cumopyran 3474
Cumopyrin 3474
Cumotocopherol 4634
Cupertin 3311
Cuphen 118N
Cupralene 1358
Cupralylnatrium 1358
Cuprelon 1358
Cuprenil 263
Cupriaseptol 330a
Cuprimine 263
Cuprimyl 2938
Cuprion 1358
Cuproxane 829a
Cuproxane iode 820a
Cuproxilinum 2938
Cuproxoline 2938
Curacholan 2289
Curacholin 2289
Curacin 2472
Curacit 2289
Curadetensin 4846
Curadol 3023
Curalax 4255
Curalest 2289
Curalgesina 4846
Curalysin 2720
Curam 2720
Curantyl 4367
Curare B 4857
Curaresin 1208
Curarexium methylsulfate 4945
Curaril 1208
Curarin „Asta" 4846
Curarin „HAF" 4846
Curarina-Miro 4846
Curarine-Taro 4846
Curarythan 1208
Curatin 3264
Curcumin 3719
Curcumoid 3959
Curichrome 3441
Curin(e) 4826
„Curling"-Faktor 2750
Cur-men 3061
Curocromo 3441
Curosajin 3304
Curox 185h
Curral 1118
Curtacain 2475
Curvita D 15 4573
Curythan 1208
Cuscohygrine 2037
Cusipen 2614
Cusiter 1845
Cuskhygrin 2037
Cutarsin 698f
Cuteazul 2393
Cuthizon 1489
Cutil 1849
Cutilen 2101
Cutisan 1845
Cutisan „Lääke" 1953
Cutison 1489
Cutisterol 4659
Cutivitol 1008a
Cutivitol forte 1023
Cutosolo 2101
C. V. 57533 2983
C. V. 58858 3459
C. V. 58903 4134
C. V. 58917 2547
Cvaterone 4114
C-Vescent 359
C-Vicotrat 359
C-vimin 359
C-Viplex 359
C-Vit 359
C-Vita 359
C-Vital 359
C-Vitam 359
C-Vite 359
C-Viton 359
C. V. K. 2593a
C. V. L. 2593b
C-Will 359
CX 59 1696
Cy 39 1739
Cy 116 427
CY 153A 769a
*Cyacetacid*** 82
Cyacetazide 82
*Cyamemazin** 3275
Cyamepromazine 3275
Cyamid 9a
Cyanabin 4960
Cyanamide Solution 9a
Cyanazid(e) 82
Cyanidelonon 1522 2308
Cyanizide 82
Cyanocobal 4960
*Cyanocobalamin*** 4960
*Cyanocobalamin (^{57}Co)** 4961
*Cyanocobalamin (^{58}Co)** 247N
Cyanocobalamin (^{60}Co)** 4962
Cyano-Gel 4960
Cyanothepin 167N
Cyanoton 4960
Cyanovit 4960
Cyasorb UV 9 2094
Cyasorb UV 24 2096
Cyasorb UV 284 2099
Cyazid 82
Cybal 1699
Cycinchophène 3952
Cyclacillin 2471
Cycladiène 2982
Cyclain(e) 2664
Cyclamate calcium 433b
*Cyclamate sodium*** 433a
Cyclamic acid 433
Cyclamid „Oti" 514
Cyclamid (sowjet. Präp.) 2223
Cyclamide 1117
Cyclamin 2501
Cyclamycin 4877
Cyclan 433b
Cyclandel 2873
*Cyclandelat*** 2873
*Cyclarbamat*** 3758
Cyclate 1776
Cyclazeninsulfat 1012
*Cyclazocin*** 3107
*Cyclazodon*** 1603
Cyclen forte 4280
*Cyclexanonhydrochlorid** 2690
Cyclexedrine 1297
Cyclipen 4662a
*Cycliraminmaleat*** 2988
Cyclit 4878
Cycliton 1247
*Cyclizinhydrochlorid*** 3040
Cyclobar 2887
*Cyclobarbital*** 1699
Cyclobarbital „VEB Heyden" 1700
Cyclobarbiton(e) 1699
*Cyclobenzaprin*** 3485
*Cyclobutoic acid*** 1277
Cyclobutonium 4806
*Cyclobutyrol**-Natrium* 1276
Cyclocaine 1475, 4099
Cyclocarbothiamine 1942
Cyclochinum 4413
Cyclocol 1114
Cyclocoumarol 3474

Cyclocumarol 3474
Cyclodol 3667
Cyclodorm 1699
Cycloestrol 3058
*Cyclofenil** 4141
Cycloform 1475
Cyclogen 433a
Cyclogesin 1475
*Cycloguanilembonat*** 1432
Cycloguanil pamoate 1432
Cyclogyl 2887
Cycloheptolamide 2451
Cycloheptyl-Orinase 2451
Cyclohexal 1699
Cyclohexamine 2238
Cyclohexemal 1699
Cycloheximide 2465
Cyclohexitol 418
Cyclohomoserine 172
Cycloleucin 396
Cyclolyt 2873
Cyclomandol 2873
*Cyclomenol*** 2232
Cyclomethiazid 1971
*Cyclomethycain*** 4099
Cyclomycin 89
Cyclomycine 3970
Cyclonal „May & Baker“ 1700
Cyclonamine 332
Cyclonarol 1016
Cyclopal 1647
Cyclopan 1700
Cyclopar 3970
Cyclopen „Irving“ 2887
Cyclopen „Massengill“ 1647
Cyclopent 3403
Cyclopentadrinum 1016
Cyclopental 1647
*Cyclopentamin*** 1016
Cyclopentaphène 3758
*Cyclopenthiazid*** 1971
Cyclopentobarbital 1647
Cyclopentolathydrochlorid 2887
Cyclopentylate 2887
Cyclophenazin 4153
*Cyclophosphamid*** 605
Cyclophosphan 605
Cycloplasin 1432
*Cyclopregnol*** 3903
*Cyclopropan*** 86
Cyclopyrabital 1699b
*Cyclopyrroniumbromid*** 3671
Cycloquin 4670
Cyclorin 89
Cyclorphan 3614
Cyclosal 1259
Cyclosan 4697
Cyclosedal 1699
*Cycloserin*** 89
Cyclospasmol „Brocades“ 2873
Cycloterenol 1428
Cyclotestex 4559
*Cyclothiazid*** 2151
Cyclotolheptamide 2249
Cyclotylin 3705
*Cyclovalon*** 3959
Cyclovex 4485
Cyclovirex 4559
Cyclo-Werol 4697
Cyclo-Wolner 89
Cyclozine 3107
Cyclural 1700
Cycobemin 4960
Cycogel 4960
Cycolamin 4960
Cycoplex 4960
*Cycotiamin*** 1942
Cycotran 1011
*Cycriminhydrochlorid*** 3400
Cycvalon 3959
Cydorm 1699
Cydril 955b
Cyflee 27N
Cygerol 3164
*Cyheptamid*** 2550
*Cyheptropinhydrochlorid*** 4270
Cyklodorm 1699
Cyklokapron 765
Cyklonal „Leo“ 1699
Cyklosan 1016
Cykloserin 89
Cykobeminet 4960
Cylert 841a
Cylotropina 411
Cylphenicol 1375
Cyl-Ré 497c
Cymarin 4722
Cymémoxine 610
p-Cymene 1181
Cymidon 2433
Cymidon „Drogcentralen“ 514
p-Cymol 1181
CYN 4385
Cynarin 4385
Cynaron 262
Cynisin 3607
Cynobal 4960
Cynochrome 3441
Cynomel 2322
Cypenam 3402
*Cypenaminhydrochlorid*** 1467
Cypip 1300
*Cyprazepam*** 3222
*Cyprenorphinhydrochlorid*** 4475
Cyprodémanol 2041
*Cyprodenat*** 2041
Cyprodin 3721
Cyproeptadina 3721
*Cyproheptadinhydrochlorid*** 3721
*Cyprolidol*** 3715
Cypromin 2158
Cyproquinate 3529
*Cyproteronacetat*** 4283
Cyproximide 1313
Cyproxyquine 3529
Cyqualon 3959
Cyral 1643
Cyredin 4960
Cyren A 3006
Cyren B 4280
Cyren S 4280
Cyrpon 1011
Cysmona 107
Cystamin 197, 411
Cystamine „McClung“ 1369
Cystanin 13N
Cystaphos 57
Cysteamin 55
Cystein 107
Cysteinäthylester 13N
Cysteinamin 55
Cysteinmethylester 179
Cysthion 107
Cystidium 2163
Cystimeth 262
Cystin 407
Cystinamin 197
Cystoceva 2507
Cystogen 411
Cystogon 181
Cystokon 821
Cystol 411k
Cystopac 3446
Cystopyrin 1369
Cysto-SPAZ 2855
Cystural A 1369
Cystural B 2163

Cytacon 4960
Cytamen 4960
*Cytarabin*** 975
Cytarsan 53c
Cytaton 4960
Cytellin 4692a
Cytembena 1321
Cythioat 27N
Cytisin 1438
Cytiton 1438
Cytobex 4960
Cytobiase 3659
Cytobin 2322
Cytobion 4960
Cytoflav 2838
Cytofol 3240
Cytogran 1123
Cytoleukon 443
Cytome 3970
Cytomel 2322
Cytonal 3065
Cytophosphan 605
Cytosar 975
Cytosinarabinosid 975
Cytostasin 3100
Cytosteon 216
Cytoxan 605
Cytrana 359
Cyverine 2930
CZ 74 2218

467 D_3 3570
11801 D 309
D 25 1570
D 26 1565
D-40 629
D 47 2766
D-50 215
D 109 2664
D-140 2431
D 201 2616
D 206 2615
D 237-Tropon 1968
D 254 3788
D 301 4250
D 305 4714
D 348 3325
D 365 4554
D 563 3315
D 721 2598
D 775 4176
D 860 1760
D 970 2248
D 1262 3558
D 1721 930
D 2083 4337
DA 369 4907
DA 398 55N
DA 641 2588
DA-688 4574
DA 708 25
DA 808 2597
DA 914 4794
DA 992 3369
DA 1128 1990
DA 1627 3316
DA 1686 4222
DA 7591 71
Dabromat 1011
Dabroson 3806
Dabylen 2812
Dacartil 3561a
Dacorène 3073
Dacortilen 4031
Dacortin 3859
Dacortin-H 3859
Dacortin-Kristall-suspension 4207
Dacortin (Merck-Brasilien) 4031
Dacortin (Merck-Spanien) 3806
Dacortina fuerte 4038
Dactil 3775
Dactilake 3775
*Dactinomycin*** 4958
Dacuroni bromidum 4786
*Dacuroniumbromid*** 4786
Dacutox 1801
DADA 445
Dadds 2559
Dadex 954
Dadibutol 1308
DADPS 1605
Daedalon 2812c
DAES 3006
Daftazol 870
Dagenan 1366
Dagrabromyl 391
Dagragynal 527
Dagralax 2054
Dagrascorbin 359
Dagraseptyl 352
Dagravit A 3659
Dagravit B_1 1765
Dagravit B_2 2805
Dagravit B_6 735
Dagravit C 359
Dagravit E 4751
Dagravit-Pantotheen 1008a
Dagutan 476a
Daimeton 1400
Daiomin 4346
Dairin 1609c
Daisazin 4346
Daisy powders 681
Daithia 4346
Daktin 220
Dalacin C 3175
*Daledalin** 3332
Dalfán 299
Dalgol 384
Daljkan 3181
Dalmane 3736
Dalmicina 3720
Daloxen 4046
Dalpan 3530
Dal-Tocol 4785
Daltose 4785
Dalyde 459
Dalzic 2263
DAM 165
Damascenin 45N
Damazor 922
Dambose 418
Dametin 4661
Damilen 3514
Damoral 1607
DAM-Rutin 4763
Dams 954
DAN-221 609b
DAN-352 4867a
Danabol 3639
Danantizol 143
*Danazol** 4003
Dancal 847
Dancavit B_1 1765
Dancavit B_6 735
Dancavit B_{12} 4960
Dancavit C 359
Dancavit D 4626
Danedion 2305
Daneral 2622b
Danerol 2622b
Danical 4716
Danilon 210N
Danilon(e) 2305
Danipax 1166
Danium 2171

Danivac 2054
Danizol 375
Dankermicina 3720
DANT 4903
Dantamacrin 636
Danten 2328
Danthron 2054
Dantinal 2328
Dantoin(e) 2328
*Dantrolen*** 2064
Dantromin 841
*Dantron** 2054
Danuctène 1932
Danylen-Wirkstoff 1994
Daonil 4173
DAP 4084
Dapanone 1735
Dapaz 1011
Dapocel 445
Dapoten 4960
Dapotum 4660
Dapotum D 4764
Dapotum (Tabl. + Tropfen) 3989
*Dapson*** 1605
DAPT 870
Dapta C 359
Daptazile 870
Daptazole 870
Daquin 835
Daranide 315
Darapram 1617
Daraprim 1617
Darbid 4236
Darcil 2796
Dardex 340
Dareets 3922
Darenthin 1539
Daricol 3630
Daricon 3630
Darilin 2983
Darmol 3451
Daro 954
Daro-Asthma-Tabl. 1216
Darolax 3451
Darolon 992
Daropervamin 1214
Darosal 847
Darotophan 2509
Darovermex 185h
Darovitam B_1 1765
Darovitam B_{12} 4960
Darovitam C 359
Darovitam D_2 4626
Darstin(e) 3430
Dartal 4172
Dartalan 4172
Dartan 4172
D-arthrin 4626
Darvon 4046
Darvyl 439a
Darwiciclina 2374b
D. A. S. 954
Daserd 1208
Daserol 1208
Dasikon 2208a
Dassitox 1801
Dasvit 4960
Dasvit H 4959
D. A. T. 2656
Datanil 4223
DATC 4223
D-Ate 954
Dathroid 2317
Dat-Orion 4223
Datril 650
Daturine 2855
Dat-Wander 4223
Daunoblastin(a) 4517
Daunomycinhydrochlorid 4517
*Daunorubicinhydrochlorid** 4517
Dauran 4408
Davainex 1819
Davitamon A 3659
Davitamon B_1 1765
Davitamon B_{12} 4960
Davitamon C 359
Davitamon D 4626
Davitamon E 4751
Davitamon K 1353
Davitamon-K-oral 2356
Davitamon PP 305
Davitan 4626
Davitin 4626
Davosin 1398
Davosin-Susp. 1911
Davoxin 4876
Davurcrom 3441
Davurin 147
Davurtrop 2854b
Daxid 4183
Day-Barb 1250
Dayfen 3311
Dayrena 1399
Daysed 391, 1607
DB 32 1633
DB 87 1928
DB 96 2171
DBA 2583
DBCC 4966
DBED-Penicillin 2590e
DBH 590
DBH-B-1 1765
DBH-B-6 735
DBH-B-12 4960
DBI 1236
DBM 401
DBMA 2386
DB-retard 1236
DBS 2052
DBSD 332
DBT 4451
DC 0572 740
DCA 4230
DCAI 855
D. C. (B). L. 306 3954
DCC 3434
DCET 3122
DCHFT 700
D-Cicloserina 89
D_2-Cidan 4626
D-Citramine 954
DCMX 649
DCPA 315
D-Crivit 4626
D-Cycloserin 89
DDBAC 3921
o.p.'-DDD 2061
D_2-Dinvos 4626
DDP 185d
DDS 1605
DDSO 1600
d. d. s. sulphone 1605
DDT 2055
D 706 E 3599
D. E. A. 3932
Deadopa 925
Dealyd 342
Deamelin S 1430
Deamin 3817
Deandros 3396
Deaner 192b
Deanol 192
*Deanoli aceglumas** 582a
Deapasil 516
Deapon 192b
Dea-Rutin 4520
7-Deazaadenosin 1449

Deba 747
Debecylina 2590e
Debefenium 2852a
Debenal 1081
Debenal M 1396
Debeone 1236
Debestran 4282
Debetrol 2316
Debinyl 1236
Debridat 4056
Debrisochinsulfat 1171
*Debrisoquinsulfat*** 1171
Debrox 14a
Deca 4038
Decab 4966
Decabis 4716
Decacil 2532
Decacort 4038
Decacortin 4038
Decacuran 2720
Decadeltosona 4038
Decaderm „Galenica-Bukarest“ 4716
Decaderm „MSD“ 4038
Decadonium 238N
Decadran 4038
Decadran-inyect. 4061
Decadron 4038
Decadronal 4307
Decadronphosphat 4061
Decadron-TBA 4611
Decadue 4959
Deca-Durabol 4628
Deca-Durabolin 4628
Decaesadril 4038
Decalone 1553
*Decamethonium*** 2720
Decameton 2720
Decamin 4716
Decamium 2842
Decapryn 2842
Decaps 4626
Decaris 1391
Decaserpil 4777
Decaserpin 4777
Decaserpyl 4777
Decasone 4038
Decasterolone 4038
Deccox 4352
Decentan 3791
Decerosol OT 3700
Dechaliniumchlorid 4716
Dechocid 4351
Dechol 4351
Decholan 4351
Decholin 4351
Dê-Choque 4626
Decicain 2475
Decilderm 1553
Decilone 4038
*Decimemid** 157N
Decimilista 248
Decitran 4573
*Decitropinmaleat*** 4147
Declid 1553
Declinax 1171
Declomycin 3720
*Decloxizindihydrochlorid*** 3846
Decobilina 4351
Decoderm 4288
Decofilina 2033a
Decofillina 2033a
Decofluor 4038
Decol 4351
Decolacid 4351
Decolene 4351a
Decolina 4351
Decolitono 4351
Decongestionante nasal „Fortuny“ 2120
Décontractyl 1208
Decontrax 2720
Decopan 1046
*Decoquinat*** 4352
Decort 4230
Decortacete 4230
Decortancyl 3806
Decorten 4230
Decorterone 4230
Decortic 4230
Decortilen 4031
Decortilen solubile 4613
Decortin H 3859
Decortin-H-Kristall-suspension 4207
Decortin „E. Merck“ 3806
Decortin „Schieffelin“ 4230
DeCortisyl 3806
Decorton 3884
Decorton „Salfa“ 3806
Decortril 3859
Decosteron 4230
Decostrate 4230
Decreten 1166
Decrinor-Substanz I 3090
Decrinor-Substanz II 2839
Decrisina 4573
Dectan 4038
Dectan-Susp. 4307
Dectancil 4307
Dectancyl 4307
Decupryl 1553c
Decycline 3970
Decylen 1553
Decylon 1553
*Deditoniumbromid*** 4852
Dédyl 445
Dee-osterol 4626
Dee-ron 4626
Defatic 168b
Defebo 4626
Defecton 4609
Defekton 4609
Defenale 3309
Deferamina 4626
*Deferoxaminmesilat** 4443
Defilin 3700
Definate 3700
Deflamene 4659
Deflamin 4659
Deflamon-Wirkstoff 375
Deflexol 466
Defonamid 352
*Defosfamid*** 1026
Defungit 1646
Degalol 4369a
Deganol 3720
Degermon 2052
Degmin 4444
De Graafina 4392
Degranol 1301
Degrasan 492
Dehacodin 3080
Dehidrochol(in) 4351
Dehidrocolin 4351
Dehistin 2642
Dehychol 4351
Dehycin S 672a
Dehycon 4351
Dehydasal 446
Dehydracetsäure 672
Dehydratin 147
Dehydratin-Neo 528
Dehydroacetic acid 672
Dehydroandrosteron 3396
Dehydrobenzperidol 3951
Dehydrochloramphenicol 1334
Dehydrochlormethyltesteron 3608

Dehydrochol 4351
Dehydrocholesterolum activatum 4573
Dehydrocholin 4351
*Dehydrocholsäure*** 4351
Dehydrocorticosteron 3857
Dehydrocortisol 3859
Dehydrocortison 3806
*Dehydroemetin*** 4661
Dehydroepiandrosteron 3396
Dehydroessigsäure 672
Dehydro-hydrocortison 3859
Dehydroisoandrosteron 3396
Dehydromethyltestosteron 3639
Dehydromethyprylon 1223
Dehydrorelomycin 4912
Dehydroretinol 3633
Dehydrosanol-Wirkstoff 2372
1-Dehydrotestosteron 3374
Dehystolin 4351
Deidran 528
Deidrase 885
Deidrobenzperidolo 3951
Deidrobil 4351
Deidrocolico 4351
Deidrocolina 4351
Deidrocolit 4351
Deidrocortisone 3806
Deidroepar 4351
Deidrosan 4499
Deinait 3808
Deiteron 438
Dejo 4141
Dekacort 4038
Dekacuran 2720
Dekadin 4716
Dekadonium 238N
Dekamethonium 2720
Dekameton 2720
Dekamin 4716
Dekaton 847d
Dekelmin 725
Deketon 93
Dekorton 4230
Dekristol 4626
Dekrysil 492
Dekstroz 419
Dekuarin 4716
Dekva 4716
DEL 1267 2254
Delacurarine 4846
Deladiol 4227
Deladroxate 4423
Deladroxone 4654
Delagil 3117
Delagran 516
Delalutin 4561
Delamine 411p
Delaminoph 531b
Delanate 4925
Delanete 4555
Delapav 3489
Delatest 4501
Delatestryl 4501
Delazin 2799
Delcaine 2829
Delcilline 2590d
Delco-Cortex 3806
Delcort 3806
Delcort-E 3859
Delcortin 3806
Delcortol 3859
Delcus 373
Delegon 2790
Delestrec 4681
Delestrogen 4227
Delevil 3837
Delfacort 3813
*Delfantrin** 97N
Delfen 4787
Delfetamine 1214
Delgacerol 1471
Delgamer 1994
Delhydro-Cortex 3859
Delica-Gel 4716
Delichol 281d
Delinal 3649
Delipid 1094a
Deliton 2974
Deliva 1668
Dellipsoids 954
*Delmadinonacetat*** 4162
Delmeron 4035
Delmeson 4035
Delmiton 794
Delmodone 1961e
Delmofulvina 2750
Delmoneurina 2595
Delnav 1823
Delo-C 359
Delphicort 3813
Delphicort (Salbe + Creme) 4310
Delphicort-Kristall-suspension 4400
Delprosyn 3049
Delsemin 4841
Delsolone 3813
Delsterol 4573
Delta 15 4626
Deltabios 4626
Delta-Complamine 2034
Delta-Corlin 3806
Delta-Cortef 3859
Delta-Cortelan 3806
Deltacortene 3806
Deltacortene-Beta 4030
Deltacortenolo 3859
Deltacortenolo i. m. 4207
Deltacortenolo i. v. 4412
Delta-Cortilen 4207
Delta-Cortisone 3806
Deltacortone 3806
Deltacortril 3859
Deltacortil D bzw. DA 4557
Deltacortril-Intravenös 4557
Deltacortril-Suspension 4207
Deltaderm 3859
Delta-Dome 3806
Deltadone 1128
delta E 3806
Delta-Ef-Cortelan 3859
delta F 3859
Deltafludrocortisone 3812
Deltafluoren(e) 4038
Deltaform 494a
Delta-Genacort 3859
Deltaglycortril 3859
Delta-Hycortol 3859
Deltahydrocortison 3859
Delta-Larma 3859
Deltalin 4626
Deltalone 3806
Delta-Lucidril 1689
Deltamine 841
Delta-Monovit 4626
Deltan 52
Delta-ophticor 3859
Deltapen 2590
Delta-Prenin 3859
Delta-Prenovis 3806
Deltar 4626
Delta-Scheroson 3806
Deltasol 4473
Deltasole 4626
Deltasolone 3859
Deltasone 3806
Deltasson 3806
Deltastab 3859

Deltastab-Injection 4207
Deltastendiolo 3806
Deltasterolo 4626
Delta-Tiolidon 244
Deltatrione 3806
Deltavit 4626
Deltazina 1081
Deltelan 3877
Deltidrosol 3859
Deltilen 4207
Deltin 1658
Deltisilone 3859
Deltisolon 3859
Deltison 3806
Deltisona B 4030
Deltoin 1641
Deltolasson 3859
Deltolio 4842
Deltoside 2098
Deltosona 3859
Deltra 3806
Deltrate-20 235
Deltrax 1471
Delvex 4140
Delvinal 1500
Delysid 3583
Delzol-W 382
DEMA 259
Demalit 362a
Demalon 3913
Demanol-acéglumate 582a
Demanylphosphat 196
Demasorb 52
Demavet 52
Demax 2790
*Demecariumbromid*** 4769
Demecastigmini bromidum 4769
Democidin 3720
*Demeclocyclin*** 3720
Demeclor 3720
*Demecolcin*** 3784
*Demecyclin*** 3732
Demefline 3488
*Demegeston** 188N
Demelon 4411
*Demelverinhydrochlorid*** 2809
De-Menthasin 4716
Demeplus 3720
Demerol 2431
Demeso 52
Demetal-Wirkstoff 116
Demetetra 3720
Demethylchlortetracyclin 3720
Demethyldopan 721
Demethylorphenadrin 2813
Demethyltetracyclin 3732
Demethylthiolutin 491
Demetilciclina 3720
Demetraciclina 3720
Demetraclin 3720
Demexin 3720
Demidone 2435
Demigran(a) 4311
Democaine-Wirkstoff 2241
Democracin 3970
Demorphan 3105
Demosulfan 1397
Demotil 3566
Demo-Vit C 359
*Demoxepam*** 99N
*Demoxytocin*** 4895
Demsodrox 52
Demycin 1429
Demykon 905
Denamone 4693
*Denatoniumbenzoat*** 3880
Denausin 3849
*Denaverinhydrochlorid** 214N
Dencyl 2790
Dendrepar 4708
Dendrid 908
Denetone 4626
Denopterin 3746
*Denpidazon** 164N
Dentosan 2011
Denyl 2328
Deofed 1214
Deoxycortone 3884
Deoxycortone Acetate 4230
Deoxyfrenolicin 2986
DEP 613
Dépakène 777
Depakine 777
Depalone 954a
Depamid 779
Deparal 4573
Deparkin 3052
Depasan 2489a
Depersolon 4491
Depestriol 4227
Dephadren 954
Dephloxan 360
Depigman 1889
Depila 38b
Depinar 4960
Depiral C 1961a
Depirin 847
Dépléil 641
Deplet 641
Depletina 485
Depo-Cer-O-cillin 1984b
Depocid 2348
Depocillin 2590d
Depo-Clinovir 4348
Depocural 2590i
Depodiol 4227
Depodoce 4959
Depo-Estradiol 4485
Depoestron 3554
Depofemin 4485
Depofollan 4834
Depogamma 4959a
Depogin 4681
Depo-Kinidin 3546d
Depolipon 2913
Depo-Medrate 4336
Depo-Medrol 4336
Depo-Medrone 4336
Depomide 1420
Depo-Moderin 4336
Deponitrat 412a
Depo-Nortestonate 4494
Depopen 2590e
Depo-Prodasone 4348
Depo-Progevera 4348
Depo-Provera 4348
Deposal 4971
Depostat 4496
Deposteron 3885
Depostradol 4227
Deposul 1658
Deposulf 1657
Depo-Sulfa 1398
Déposulfal 1398
Deposuspen 2590d
Depot Androteston PP 4603
Depot-Cyren 3554
Depot-Dienol forte 3252
Depot-Estiol 4227
Depo-Testosterone 4559
Depotestrone 4501
Depot-Favi-zwölf 4959
Depot-Östromenin 3554
Depot-Östromon 3554
Depot-Opilon 2694
Depot-Progen 4561
Depot-Salicyl „Fischer“ 4971
Depot-Sulfamid-K 1398
Depot-Sulfamid-M 1658

Depot-Sulfonamida 2348
Depoverin 4530
Depovernil 1398
Depovirin 4559
Depoweryna 4530
Depoxol 1399
Depran 2043
Deprancol 4046
Deprelin 132
Deprenalin 1952
Deprenil „Polfa“ 3335
Deprenyl 1952
Depressan „Apogepha“ 715
Depressin 1827
Depreton 714
Deprex 3033
Depridol 3817
Deprimin 3335
Deprinol 3335
*Deprodonpropionat** 4335
Depromic 4046
Depronal 4046
Depryn 2659
Depscain 2829
Depsococaine 2829
Deptadol 3817
*Deptropincitrat*** 4165
Deptropinmethobromid 4314
Deptropinmethojodid 4314a
Dequadin 4716
*Dequaliniumchlorid*** 4716
Dequalonum 4716
Dequaspon 4716
Dequavagyn 4716
Dequavet 4716
Deracil 133
Deradion 4626
Deralin 2635
Deratol 4626
Dercos-Bain 970
Dercusan 527
Derfon-Wirkstoff 1994
Derganil 1120
Derganil Guanidina 571
Derganil Tiazolo 1100
Dergosten 4626
Dergosterin 4626
Dergramin 4307
Derifillina 531d
Deripen 4084
Deriphyllin 531d
Derivon-Depot 1222a
Derizene 962
Dermacaine 3655
Derm-A-Caps 3659
Dermacid 478
Dermacort 4659
Dermacortin F 4232
Dermacrin 4883
Dermadran 2805
Derma-Europuran 4716a
Dermafur 868
Dermagan 2995
Dermalar 4295
Dermaline 2066
Dermaquifa 4310
Dermasorb 52
Dermatol 501b
Dermaton 64N
Dermax 1209
Dermax „Pharmasint“ 4038
Dermialgida-liquido 52
Dermistina 2812
Dermo-6 735
Dermochinona 1889
Dermocid 4175
Dermodrin 2812
Dermofongin „A“ 816
Dermofongin „B“ 3918
Dermoformo 4604
Dermofungine „A“ 816
Dermofungine „B“ 3918
Dermofural 322
Dermogallol 501b
Dermohex 1830
Dermosan 3659
Dermoseptazine 1366
Dermosir 735
Dermoxin 3217
Dermucid 708
Derobin 2066
Derol 4630
Deronil 4307
Derrin 4136
Dertil 1564
DES 3006
Desabam 1011
Désacé 4925
Desacetoxycephaloglycin 2579
Desacetyldigilanid C 4925
Desacetyllanatosid C 4925
Desaci 4925
Desacil 4925
Desacort 4038
Desacort-Beta 4039
Desacortone 4038
Desadrene 4038
Désaglybuzole 1682
Desa-Hist 2600a
Desalark 4038
Desalark (collirio + pomata) 4061a
Desameton 4038, 4307
Desamide 547
Desamine 1214
Desamin-Kreidl 527
Desaminooxytocin 4895
Desamon 4571
Desamycin 3970
Desanca 1214
Desarex 954
*Desaspidin*** 4303
Desatrate 235
Desaval 4549
Deschlorbiomycin 3970
Deschloroaureomycin 3970
Descillin 2590
*Descinolon*** 3811
Descinolonacetonid 4305
Desclidium 172N
Descorterone 4230
Descotone 4230
Descresept (Dragées, Lösung) 2727a
Déselmine 4140
Desene 1553b
Desenex 1553
Desenovis 2983
Desenovister 2983
Desensibil 3241
Desentol 2812
Desephrine 1214
Deseptyl 352
Deseril 3842
Deserila 3842
Désernil 3842
Deserol 2789
Deseronil 4307
*Deserpidin*** 4760
Deserpine 4776
Deserril 3842
Desfax 1268
Desferal 4443
Desferan 4443
Desferex 4443
Desferin 4443
Desferrioxamin-Methansulfonat 4443
Desglucolanatosid C 4898

Desglucotransvaalin 4717
Desintoxicante „19" 319
*Desipraminhydrochlorid*** 3042
Desitriptyline 3262
Deslanocide 4925
*Deslanosid*** 4925
Deslanoside(C) 4925
Desmethoxyreserpin 4760
Desmethylamitriptylin 3262
Desmethylcodein 2779
Desmethylemetin 4607
Desmethylimipraminhydrochlorid 3042
Desmethylmethadon 3561
*Desmethylmoramid*** 4296
Desmethylmorphin 2574
Desmofosfamide 1026
Desmoidpillen „Pohl" 2611
Desmophosphamidum 1026
Desocin 4441
Desocort 4230
Desogen-fest 4441
Desogen-flüssig 4120
Desoine 4489
Desolonpropionat 4335
Désomédine 3600a
*Desomorphin*** 2818
*Desonid** 4337
Desopimon 1211
Des-oxa-D 1214
Desoxedrine 1214
Desoxicortoni acetas 4230
*Desoximetason*** 4037
Desoximicina 3926
Desoxin 1214
Desoxo-5 1214
Desoxyadrenalin 964
Desoxyalizarin 2067
Desoxycholsäure 4369
11-Desoxycorticosteron 3884
Desoxycorticosteronacetat 4230
Desoxycorticosteronpivalat 4495
*Desoxycorton*** 3884
Desoxycortonacetat 4230
Desoxycortonglucosid 4564
Desoxycortonönanthat 4624
Desoxycortontrimethylacetat 4495
Desoxycortonum-Polfa 4230
Desoxydihydrostreptomycin 3926
Desoxyephedrin 1214
Desoxyepinephrin 964
Desoxyestrone 3057
Desoxyfed 1214
Desoxymethason 4037
Desoxymycin 3926
Desoxyne 1214
Desoxynorephedrin 953
Desoxyöstron 3057
2-Desoxyphenobarbital 1643
Desoxyphenobarbitone 1643
Desoxytriamcinolonacetonid 4305
Despacilina 2590d
Despamol 1011
Despasmin 3833
Despasulf 1398
Despasulf-Susp. 1911
Despavir 4501
Desphen 1375
Dessicain 2475
Desson 677
Destendo 3574
Destérol 4626
Destim 1214
Destomycin A 3697
Destonate 20 3697
Destral 2601a
Destriol 3096
Destrone 3059
Destrorphanolum 2850
Destruverm 1767
Destrydon 4552
Desuric 2728
Desyn 4626
d-Desyne 1214
Desynon 4573
Desyphed 1214
DETA 1723
Detal 492
Detalup 4626
Detamide 1723
Detamidione 4417
Detamine 4626
*Detanosal** 79N
Detaril 3015
Deterapion 4626
*Deterenolhydrochlorid** 57N
De-Tetralonga 3720
DETF 171
Dethylandiamine 2209
Dethyron 2316
Dethyrona 2316
Detigon 2790
Detin 4626
Detin D_3 4573
Detonal 1758
Detonyl 451
Detoxargin 440a
Detracetten 4626
Detracin 3720
Detraine 3570
Detra-Vis 3720
Detreomycyna 1375
Detreopal 4568
Detrex 1214
Detricin 3720
Detrimoniumbromid 2933a
Detrivan 698
*Detrothyronin*** 2321
Detrovel 2672
Dettol 677
Déturgylone 3877a
Detusso 3964
Detyroxin 2316
Deumacard 382
Devaginol 698a
Devaricin 2712
Devegan 698a
Develin retard 4046
Devermin 1835
Devian 195
Devicoran 387
Devilan 352e
Devincan 3801
Devirin 4559
Devisterine 4626
Devit 1000 4960
Devitan 4626
Deviteno 4626
Devitil 4626
Devitmarr 4626
Devitol 4573, 4626
Devocin 3804
Devomit 29a
Devoran 316
Dexa-Aldon 4038
Dexabine 3839
Dexacon 4038
Dexacort 4307
Dexacortal 4038
Dexa-Cortancyl 4307
Dexacorten 4038
Dexa-Cortidelt 4307
Dexacort „Ikapharm" (inj. + ointm.) 4061a
Dexacort „Ikapharm" (Tabl.) 4038

Dexacortin 4038
Dexacortin-Injektions-
lösung 4648
Dexa-Cortisyl 4307
Dexa-Dabroson 4038
Dexadeltona 4307
Dexadreson 4061a
Dexadrol 4038
Dexagro 4061 a
Dexa-Korti 4038
Dexa-Life 4038
Dexaline 954
Dexalme 954
Dexalona 4038
Dexalone 954
Dexambutol 1308
Dexamecortin 4038
Dexamed „Medice" 4038
Dexamed „Medo" 954
Dexamed-Monoampulle 4061 a
Dexameson 4038
Dexametaluy 4038
Dexametan 4038
Dexametason 4038
Dexameth 4038
*Dexamethason*** 4038
Dexamethasonacetat 4307
Dexamethasondiäthylamino-
acetat 4614
Dexamethasonisonicotinat 4593
Dexamethason-m-sulfoben-
zoat-Natrium 4648
Dexamethasonnatrium-
sulfat 4040
Dexamethasonphosphat 4061
Dexamethasonpivalat 4550
Dexamethasonsuccinat 4473
Dexamethason-tert-
butylacetat 4611
Dexamethasontrimethyl-
acetat 4550
Dexamethasonvalerat 4549
Dexamethazon 4038
Dexametona 4306
Dexametriol 4038
Dexamine 954
Dexa-Morgens 4038
Dexampheta 954
*Dexamphetamin** 954
Dexamyl 954
Dexanfetan 954
Dexanteric 4038
Dexantil 4038
Dexaphamine 954
Dexapot 4038
Dexaquart 4593
Dexasan 4038
Dexa-Scheroson 4038
Dexa-Scheroson-Amp. 4040
Dexa-sine 4038
Dexasolut 4648 a
Dexason(e) 4038
Dexaspan 954
Dexaval 4549
Dexa-Wolner 4038
Dexbenzetimid 4156
*Dexbrompheniramin*** 2599
*Dexchlorpheniramin*** 2601
Dexedrin(e) 954
Dexellets 954
*Dexetimid*** 4156
Dexfenmetrazin 1471
Dexinolon-Salbe 4038
Dexinoral 4038
Dexipas 340 a
*Dexivacain*** 2449
Dex-M 954
Dex-OB 954
Dexon 1 N
Dexophrine 1214
Dexostan 954
Dexosyn 1214
Dexoval 1214
*Dexoxadrol*** 3518
*Dexpanthenol*** 1023
Dexpro 954
Dexpropranololhydrochlo-
*rid*** 2636
Dexstim 1214
Dex-Sules 954
Dextahist 2861
Dextamina A 3659
Dextamina B_1 1765
Dextamina B_6 735
Dextamina C 359
Dextelan 4038
Dexten 954 d
Dextenal 954
Dexteramine 954
Dextero 954
Dextocoferyl 4785
Dextrabbott 419
Dextranil-D 419
Dextroamphetamin(e) 954
Dextrocaine 2829
Dextrochlorpheniramine 2601
Dextro-Dromoran 2850
Dextro-Energen 419
*Dextrofemin** 3069
Dextroid 2316
Dextro-med 419
*Dextromethorphan** 3105
*Dextromoramid** 4408
Dextromycetin 1375
Dextro-Profetamine 954
Dextropropoxipheni
chloridum 4046
Dextropropoxyphenhydro-
*chlorid** 4046
Dextropur 419
*Dextrorphan** 2850
Dextrose 419
Dextrosets 419
Dextrosol 419
Dextrosport 419
Dextrosule 954
Dextrosulfenidol 1670
Dextrosulphenidol 1670
*Dextrothyroxin-Natrium*** 2316
Dextroton 419
Dextro-Unicelles 954
Dextroxin 2316
Dezibarbitur 1607
DF 118 3080
DF-307 52
DFD 2087
DFDDS 2087
DFF 437
DFOM 4443
D-forte 4626
DFP 437
D_2-Galup 4626
D_2-Geve 4626
D_1H 1196
DH-581 231 N
DHA 672, 3396
DHA-245 870
DH-codeine 3080
DHDS 1654
DHE 4661
DHE 45 4774
D. H. O. 180 4743
DHPP 208
DHT-Aerosol 1200
Diabamide 1145
Diabaryl 1145
Diabechlor 1145
Diabecid-I 1534
Diabecid-R 1760

Diabecron 195
Diabefagos 195
Diabeluy 1145
Diaben 1760
Diabenal 1145
Diabenide 1236
Diabenyl 2812
Diabesan 1760
Diabesulf 1534
Diabeta 4173
Diabetabs 1145
Diabetal 1534
Diabetamid 1760
Diabetasi 1145
Diabetes-Wiedenmann 1534
Diabetin 421
Diabetin „Diasan" 1534
Diabetin „Hokuriku; Star" 1236
Diabetol 1760
Diabeton 1534
Diabeton metilato 1760
Diabeton(-S)-Wirkstoff 517
Diabetoplex 1534
Diabetoral 1534
Diabetoral „Boehringer-Mannheim" 1145
Diabetosan 195
Diabet-Pagés 1145
Diabewas 2249
Diabex „Difrex" 195
Diabex „Hofmann; Mepha" 1236
Diabexan 1145
Diabezid I 1534
Diabezid R 1760
Diabil 2223
Diabines 1145
Diabinese 1145
Diabis 1236
Diaboral 1534
Diaboral „Erba bzw. Ucepha" 2223
Diab-Oral „Hofmann" 1236
Diabutan 1534
Diabuton 1760
Diabutos 2249
Diac 2063
Diacarb 147
Diacepan 2521
Diacephin 3742
Diacesal 2070
Diacesalyl 1351
*Diacetamat*** 1098
Diacetazotol 2995
Diacéthiamine 2656
Diacetol 1350
Diacetophthalein 4253
Diacetotoluide 2995
Diacetoxyscirpenol 3379
Diacétural 826
Diacetylaminoazotoluol 2995
Diacetylcholin 2289
Diacetylcorynanthin 4398
Diacetyldapsone 2559
Diacetyldiaphenylsulphone 2559
Diacetyldihydromorphin 3785
Diacetyldiphenolisatin 4255
Diacetylmorphin 3642
Diacetylnalorphin 4148
Diacetylthiamin 2656
Diacid 590
Di-Acipen V 2593
Diacodon 3526
Diacort 3893
Diacrid 2142
Diacromone 1047
Diacta 571
Di-actol 4626
Diacycline 3970
Diad 4626
Di-Ademil 652
Diadilan 2305
Diadol 1118
Diadone 3817
Diadonium 233N
Di-Adreson 3806
Di-Adreson-F 3859
Di-Adreson-F aquosum 4412
Diadril 4389
Diäthazin 3052
Diaethiphenum 4727
Diäthoxin 2461
Diaethylaminoaethoxydiphenylmethanum hydrochloricum 3355
Diäthylbarbital 747
*Diäthylcarbamazin*** 1300
Diäthylglycylphenothiazinhydrochlorid 3002
Diaethylnicotinamidum 1190
Diaethylpropionum 1994
Diäthylstilböstrol 3006
Diäthylstilböstroldibenzoat 4755
Diäthylstilböstroldilaurat 4884
Diäthylstilböstroldimethyläther 3554
Diäthylstilböstroldipalmitat 4940
Diäthylstilböstroldipropionat 4280
Diäthylstilböstroldisulfat 3008
Diaethylstilboestroli phosphas 3065
Diäthylstilböstrolmonomethyläther 3301
Diäthylsulfonal 1027
Diaethylthiambutenum 2641
Diafanal 1118
Diafen 3311
Diafon 2532a
Diafor 847i
Diaforil 847
Diaformin 1236
Diafurone 647
Diagen 1118
Diaginol 821
Diagnex Blue 2112
Diagnogreen 4890
Diagnorénol 13
Diakarmon 441
Dial 1118
Dial-a-gesic 685
Dialgin 969
Dialicor 3827
Dialidene 647
Diallylbarbital 1118
Diallymal 1118
Diallynal 1118
Dialuène 490
Dialum 1118
Diamantgrün B 4154
Diamantgrün G 4536
Diamarin 2812c
Diamazo 2995
Diamazol 2163
Diambutol 1308
Diameth 262
Diamethine 4857
Diamide 1145
„Diamidin" 2161
Diamidine 3349a
Diamidryl 2861
Diamifen 3535
Diaminblau 3B 4788
Diamin „Grossmann" 1961
Diamine Sky Blue FF 4789
Diaminide 2861

Diaminoazobenzolsulfon-amidum 1636
Diaminocillina 2590e
Diaminon 3817
Diaminopyritamin 1617
Diaminpenicillin 2590e
Diamiphene 3535
*Diamocain*** 4429
Diamoebin 815
Diamonal 2294
Diamorphin(e) 3742
Diamox 147
*Diampromid*** 3845
Diampron 2381
Diamthazol 2469
Diamycéline 2335
Dianabol 3639
Diandrin 3675
Diandron 3396
Dianilblau 4788
Dianisylhexen 3554
Dianoguanil 195
Dianol 192b
Dianone 3817
Dianthonum 2054
Diantil 1357
Diapam 2521
Diapamide 903
Diaparenchlorid 4629
Diaperos 1509
Diaphen 3535
Diaphenyl 2163
Diaphenylsulfon 1605
Diaphorm 3742
Diaphyllin 531b
Diapid 4921
Diapromin 4116
Diaquone 2054
*Diarbaron*** 2625
Di-Argiceto 440d
Diarlidan 1578
Diarrochin 2737b
Diarroform 811
Diarsed 4704a
Diarsen 18
Diarsenol 1598
Diasan 1122
Diasatin 4255
Diascleril 2130
Diaseptol 4852
Diasolin 3244
Diason(e) 2161
Diaspasmyl 3549
Diaspirin 2951
Diastatin 4926
Diasulfa 1658
Diasulfozyl 1081
Diasulfyl 1658
Diasulin 1760
Dia-Tablinen 1534
Diathesin 538
*Diathymosulfon*** 4757
Diatox 4757
Di-Atox Argentique 4757a
Diatrast 475
Diatrin(e) 2420
Diatrizoate 1324
Diatron 1145
Diatussil 2790
Diavenese 1145
*Diaveridin*** 1941
Diaxogal 147
Diazasterolhydrochlorid 4439
Diazebrum 2532a
Diazefonato 2532a
*Diazepam*** 2521
Diazephonate 2532a
Diazepina 2532
Diazept 647
Diazetard 2521
Diazid 340
Diazil (sowj. Präp.) 3574
Diazil „Cilag“ 1652
Diazinamid 215
Diazinamida 1653
„Diazine“ 1081
Diazinol 1652
Diazinol „Washington“ 1658
Diazinon 1801
Diazobleu 4789
Diazol 1652
Diazolin 3244
Diazolina 1199
Diazolone 1081
Di-azo-mul 1081
Diazomycin A 738
Diazon(e) 2161
*Diazoxid*** 638
Diazyl 1652
Diazyl „Abbott“ 1081
Dibasin 2787
DIBASK 1840
Dibazol 2083
Dibefanil 1534
Dibein 1236
*Dibemethin*** 2386
Dibenamide 2583
Dibenamin(e) 2583
Dibencil 2590e
Dibencillin 2590e
Dibencozan 4966
Dibencozide 4966
Dibendrin 2812
Dibenthiamine 4451
Dibenyline 3037
Dibenzcozamide 4966
*Dibenzepinhydrochlorid*** 3033
Dibenzheptropincitrat 4165
Dibenzoxin 3288
Dibenzoylthiamin 4451
Dibenzthion 2766
Dibenzylin(e) 3037
Diberal 1791
Dibestil Caplets 4280
Dibestranol 4280
Dibeton 1236
Dibiomycin 3961a
Dibiovit 4626
Dibiquin 810
Dibiraf 1236
Dibistin 2785
Dibondrin 2812
Dibotin 1236
Dibovin 2055
Dibozan 3991
Dibroluur 391
Dibromcholesterin 4575
Dibromin 123
Dibromodulcitol 402
Dibromol 294
Dibromoquin 810
Dibromotirina 850
Di-Bromo-Tyrosine 850
*Dibrompropamidin*** 2756
*Dibromsalan** 1840
Dibromsalicil 2052
Dibromsalicylamid 19N
Dibromtyrosin 850
Dibroquin 810
Dibrosal 2052
Dibrosil 2052
Dibucain(e) 3655
Dibulinesulfat 2502
*Dibupyron** 2676
*Dibusadolcitrat** 2900
Dibutadiamin 797
Dibutamide 2914
Dibutil 3346
Dibutolinsulfat 2502

Dicain 2475
Dicaptol 116
*Dicarbin** 78N
Dicarbul 1534
*Dicarfenhydrochlorid*** 3341
Dicarnitin 2290
Dicarvocrotonide 3974
Diceplon 192N
Dicestal 1849
Dicetamin 3122
Dicethiaminhydrochlorid 3122
Dichascum 1843
Dichask 1843
Dichinalex 3117
Dichloralantipyrin 1382h
Dichloralfenazon 1382h
Dichloralphenazone 1382h
Dichloramin T 509
Dichloran 3918
Dichlorbenzalkonium-chlorid 3918
Dichlordihydroxydiphenyl-sulfid 1570
Dichloren 259
*Dichlorison*** 3794
Dichlorisonacetat 4175
Dichlorisoprenalin 1464
Dichlorisoproterenol 1464
Dichlorman 160
Dichlormethazanon 1356
*Dichlormezanon*** 1356
Dichloroarsine 309
Dichlorobenzododecinium-chlorid 3918
Dichloromapharsen 309
*Dichlorophen*** 1849
*Dichlorophenarsinhydro-chlorid*** 309
Dichlorophenarsini chloridum 309
Dichlorosal 528
*Dichloroxylenol*** 649
Dichlorphenamid 315
Dichlorpromazin 2760
Dichlor-Stapenor 3216
Dichlorvos 160
Dichlorxylenolum 649
Dichlothiazid 528
Dichlotiazid 528
Dichlotride 528
Dichlozid 528
Dicholinsuberat-dijodid 3189
Dichysterol 4632
Dichystrolum 4632
Dician 132
Diciclomina 3434
Dicilina 2590e
Dickinin-Junior 1658
Diclex 3216
Diclocil 3216
Diclocilina 3216
*Diclofenamid** 315
Diclofurazol 2074
*Diclometid*** 2215
Diclonina 3133
Dicloral 528
Diclorisona 4175
Dicloro-Stapenor 3216
Diclotride 528
*Dicloxacillin-Natrium*** 3216
Dicloxapen 3216
Dico 3080
Dicodal 3023
Dicodethal 3023
Dicodid 3023
Dicodinon 3023
Dicodrine 3023
Dicoferin 1578
Dicolan 4351
Dicolin 2718
Dicoline 2284
*Dicoliniumjodid** 2718
Dicoliol 4351
Diconon 3023
Dicopal 3536
Dicophanum 2055
Dicorantil 3876
Dicorantyl 4398
Dicortol 3859
Dicorvin 3006
Dicosed 3023
Dicoumal 3194
Dicoumarin 3194
*Dicoumarol** 3194
Dicoumoxyl 3712
Dicroden 4448
Dicromycine 3927
Dictifug 82
Dictycide 82
Dicumacyl 3932
Dicumal 747
Dicuman 3194
Dicumarin 3194
Dicumarol 3194
Dicumaryl 3932
Dicumol 3194
Dicumoxan 3712
Dicuprene 2938
Dicurin-Procain 2406
Dicurone 361
Dicusat 3210
Dicyclominhydrochlorid 3434
*Dicycloverinhydro-chlorid*** 3434
Dicynene 332
Dicynone 332
Dicystein 407
Didakène 21
Didakol 1
Didandin 4128
Didion 4128
Didione 580
Diditryl 2055
Didoocol 4351
Didral 528
Didrate 3080
Didrex 2810
Didrocolo 4351
Didrofillina 1202
Di-Drol 4626
Didromicin 3927
Didromycin(e) 3927
Didromycine Panto-thénique 3927c
Didropantine 3927c
Didropyridinum 965
D_2-Idrosol 4626
Didrothenat 3927c
*Didrovaltrat*** 4096
Didrowas 528
Didroxan 1849
Didue 4626
Diedi 445
Dieltamid 1723
Diemal 747
*Dienestrol** 2982
Dienöstrol 2982
Dienöstroldiacetat 3957
Dienöstroldimethyläther 3505
Dienöstrolmonomethyl-äther 3252
Dienol 2982
Dienpax 2521
Diepin 2549
Diepropon 1994
Diergin 4626
Diergotan 4774
Diestreptopab 3927
Di-Estrone 2982

Diestryl 3006
Dietadiona 756
Dietamine 953
Diétamiphylline 2033
Diétamiphylline iodomethylate 2279
Diétamiverine 3411
Dietelmin 185 h
*Diethadion*** 756
*Diethazinhydrochlorid** 3052
Diethibutin 2641
Diethoxin 2462
*Diethylcarbamazin*** 1300
Diethylex 3006
Diethylpropion 1994
*Diethylstilbestrol*** 3006
*Diethylthiambuten*** 2641
Diethyltoluamide 1723
Diethyphen 4727
*Dietifencitrat*** 3828
Dietil 433 b
Dietilstilbestrol 3006
Dietiltienbuteno 2641
Dietrol 1724
Dietroxin 756
Diexanthogène 385
Difacil 3569
Difasine 3002
Dif-Azidrin 340
*Difebarbamat*** 4621
Difedryl 2812
*Difemerinhydrochlorid*** 3575
Difemin-Amp. 4392
Difenadion 4128
Difenamida 315
Difenan 2105
*Difencloxazin*** 3279
Difencol 2130
*Difenidol** 3820
Difenin 2328
Difenoxilic acid 4589
*Difenoxin*** 4589
Difenpir 3311
Difentan 1849
Diferidin 3738
Diferol 4626
Dif-Estrepto Dh 3927
Dif-Estrepto-E 3924 a
Difetoin 2328
Difezil 154 N
Difhydan „Leo" 2328
Difilina „Esti" 4626
Difilina „Liade" 1202
Difillina 1202
*Difluanazin*** 4597
Difluanine 4597
*Diflucortolon*** 4018
Diflucortolonpivalat 4544
Diflumedil 652
*Diflumidone sodium*** 2075
*Diflumidon-Natrium*** 2075
Difluocin 4295
Difluorophate 437
*Difluprednat*** 4535
Diflupyl 437
Difmecil 2374 b
Difociclina 3970 a
Di-folliculine 4159
Difollisterol 4392
Diforène 192 b
Diforin 340
Difosfin 977
Difostilben 3065
Difril 4269
Difuran 2089
Difvitamin A 3659
Difvitamin B_1 1765
Difvitamin C 359
Difvitamin D 4626
Digacin 4876
Digacin (alte Form) 4875
Digaloid „Hadra" 4875
Digammacain 3796
Digazolan 4876
Digazon 4875
Dig-bil 1133
Digenic acid 1230
Digenin 1230
Digesept 810
Digibutina 3245
Digicardiol 4925
Digicetyl 4897
Digicoid 4875
Digicoryl 4875
Digicoside 4725
Digicrisan 4875
Digicristin 4875
Digi-Flavin 4875
Digi-Flexiole 4875
Digilanid A 4932
Digilanid B 4933
Digilanid C 4934
Digilanid D 4935
Digilanid E 4939
Digilanogen C 4925
Digilisa 4875
Digilong 4875
Digimed 4875
Digimerck 4875
Diginol 821
Digi-Noxi 4875
Digipan 4875
Digipellets 4875
Digipolar 4875
Digipurin 4875
Digisidin 4875
Digisolan 4875
Digistrat 4875
Digitab 4876
Digitalettes 4875
Digitaline cristallisée 4875
Digitaline Nativelle 4875
Digitalin Lek 4875
Digitalin Spofa 4875
Digitin 4875
Digitisol 4875
Digitocin 4875
Digitossina 4875
*Digitoxin*** 4875
Digitoxinol 4875
Digitoxosid 4875
Digitren 4875
Diglumethoxan 2500
Diglycin 169
Diglykokoll 169
Digolan 4876
Digomal 4876
Digosin 4876
Digossina 4876
Digostip 4876
Digotin 4875
*Digoxin*** 4876
Diguabet 1236
Diguanil 195
Diguanyl 1494
Dihaloquin 815
Dihexiverine 3689
*Dihexyverin*** 3689
Dihidral 2812
Dihidroestreptomicina 3927
Dihidroestreptomicina-Alter-Hidrazida 3927 d
Dihidrofiline 1202
Dihidromorfon 2780
DIHNE 909
Dihomosulfamin 2172
Dihycon 2328
Di-Hydan 2328
Dihydantonin 2328

Dihydergot 4774
Dihydral 4632
*Dihydralazin*** 715
Dihydrallazin 715
Dihydran 528
Di-Hydranol 2019
Dihydrex „Astra" 2341
Dihydrex „Kay" 2812
Dihydrin 3080
Dihydrin „Zeria" 4580
Dihydroampicillin 126 N
Dihydroandrosteron 3428
Dihydrobenzthiazid 2373
Dihydrochinidin 3594
Dihydrochinin 3593
Dihydrochlorothiazid 528
*Dihydrocodein*** 3080
Dihydrocodeinon(e) 3023
Dihydroconchinin 3594
Di-hydrocortison-natriumphosphat 4882
Dihydrodesoxymorphin 2818
Dihydrodesoxystreptomycin 3926
Dihydrodiäthylstilböstrol 3058
Dihydrodiamorphin 3785
Dihydroergocon 4743
Dihydroergocristin 4811
*Dihydroergotaminmesilat*** 4774
Dihydroergotamin-Sandoz 4774
Dihydroflumethiazide 652
Dihydro-α-Follikelhormon 3095
Dihydrofollikulin 3095
Dihydrofollikulinbenzoat 4392
Dihydroheroin 3785
Dihydrohydroxycodeinonhydrochlorid 3026
Dihydrokon 3023
Dihydromenformon 3095
Dihydromorphin 2822
Dihydromorphindiacetat 3785
Dihydromorphinon(e) 2780
Dihydrone 3026
Dihydroneopine 3080
Dihydronovobiocin 4742
Dihydro-Östron 3095
Dihydropapaverin 3525
Dihydropsychotrin 4607
Dihydroquinidine 3594
Dihydroquinine 3593
Dihydrosol 3927
Dihydrostilböstrol 3058
Dihydrostrep 3927
Dihydro-Streptoliquin 3927
*Dihydrostreptomycin*** 3927
Dihydrotachysterin 4632
*Dihydrostachysterol*** 4632
Dihydrotestosteron 3418
Dihydrotheelin 3095
Dihydrotylosin 4913
5.6-Dihydrovalepotriat 4096
Dihydroxyaceton 94
Dihydroxyanthrachinon 2054
Dihydroxydibutyläther 787
Dihydroxyestrin 3095
Dihydroxymethylfuratrizin 1370
Dihydroxyphthalophenon 3451
Dihydroxyprogesteronacetophenid 4654
Dihydroxypropyltheobromin 1203
Dihydroxypropyltheophyllin 1202
Dihyergot 4774
Dihyprylon 993
Dihytamin 4774
Dihyxal 94
Diidergot 4774
Diidro-Estreptomicina 3927
Diidro-Pantostrept 3927 c
Diidrostreptomicina 3927
Diidrotiazide 528
Diiodohydroxyquin 815
*Diiodohydroxyquinolin*** 815
Diiodone 475
Diiodothymol 3538
Di-Iodo-Tyrosine 857
Diiodrast 475
*Diisoprominhydrochlorid*** 3864
Dijodan 88
Dijod-Contrast 8
Dijodina 1032
Dijodobuphenin 153 N
Dijodoform 61
Dijodon 475
Dijodoquin 815
Dijodos 1032
Dijodotirosina 857
Dijodoxichinolinum 815
Dijodtyrosin 857
β-Dijodtyrosin 858
Dijodyl 3169
Dijozol 298
*Dikalii clorazepas*** 2523
Dikaliumchlorazepat 2523
Diklorofen 1849
Dikodid 3023
Dikol 2320
Dikolin 2718
Dikystrol 4632
Dilabid 2328
Dilabil 4351
Dilabron 2029
Dilac 80 235
Dilacol 336
Dilacoran 4554
Dilacoron „Knoll" 4554
Dilacoron „Sierochimica" 2730
Diladon 1114
Dilafrin 962
Dilafurane 2730
Di-lan 2328
Dilanacin 4876
Dilanca 235
Dilancor 4718
Dilangil 357
Dilanosid-C 4934
Dilantin 2328
Dilaphyllin 941
Dilar 4306
Dilasmyl 281 j
Dilatal 3357
Dilatan „Isis-Portugal" 2873
Dilatan Kore 3211
Dilatene 336
Dilatol 3357
Dilatol „AFI" 1114
Dilatol „Zambon" 281 b
Dilator 3076
Dilatropin 3357
Dilatropon 3357
Dilatyl 3357
Dilauden 2780
Dilaudid 2780
Dilaurazine 185 j
Dilavas 235
Dila-Vasal 2730
Dilavase 3076
Dilaverin 3489
Dilavit 4626
*Dilazep*** 4744
Dilazol 1114
Dilazolin 1114
Dilcit 4878
Dilcor 4367

Dilcoran 80 235
Dilexan 328
Dilexpal 4878
Dilin 1202
Dillar 4306
Diloderm 4176
Dilombrin 4140
Dilor 1202
Dilospan 328a
Dilosyn 3004
*Diloxanid*** 854
Diloxanidfuroat 2074
Diluen 547
Dilufrin 962
Dilumin 847d
Diluran 147
Dilurgen 1002
Dilurin 652
Diluvit 1951
Dilvasène 620
Dilvasine 620
Dilydrin 3357
Dilyn 1209
D. I. M. 4140
*Dimabefyllin*** 2617
Dimacor 2458
Dimametten 1961
*Dimantinhydrochlorid*** 3707
Dim-Antos 1961
Dimaphenon 1961
Dimapp 2800
Dimapyrin 1961
Dimazenum 2995
*Dimazol** 2469
Dimazon 2995
Dimebamat 599
Dimébenzcozamide 4966
Dimebolin 3786
*Dimecamin*** 1812
Dimecarbin 1923
Dimecolin 2288
*Dimecolonii iodidum*** 2288
Dimed 1951
Dimedazol 879
Dimedion 580
Dimedrol 2812
Dimedrol „Upjohn" 4072
Dimedryl 2812
*Dimefadan*** 2771
*Dimeflinhydrochlorid*** 3488
Dimegan 2598
Dimekamin 1812
Dimekarbin 1923
Dimekolin 2288
*Dimelazin*** 3299
Dimelin 2288
Dimelin „Shionogi" 2419
Dimelor 2419
Dimen „Robinson" 2812c
Dimen „Sintyal" 1276
Dimenformon 3095
Dimenformon-Amp. 4392
Dimenformon Dipropionate 4329
*Dimenhydrinat*** 2812c
Dimenol 192a
*Dimenoxadolhydrochlorid*** 3576
Dimephénopane 1521
Dimépheprimine 2885
*Dimepheptanol*** 3865
Dimepheptanolacetat 4215
Dimeplasmin 3696
*Dimepregnen** 208N
Dimepropion 1470
Dimeprotanhydrochlorid 4045
*Dimeprozan*** 3266
Dimeprozinum 3266
Dimeral 3720
Dimerasol 2189
*Dimercaprol*** 116
Dimercaprolglucosid 1014
Dimercaptol 116
Dimerin 1270
Dimersol 116
Dimer-X 4257
*Dimeson** 4212
Dimestrol 3554
*Dimetacrintartrat*** 3590
Dimetane 2598
Dimetazin 4889
Dimetazyl 1658
Dimetfol 3746
Dimetfolamid 3763
Dimethacrintartrat 3590
*Dimethadion*** 226
Dimethaen 192a
*Dimethazan*** 1537
Dimethazil 1652
Dimethazine 4889
Dimethibutin 2170
Dimethindenmaleat 3539
*Dimethiodal-Natrium*** 8
Dimethisoquin 2868
*Dimethisteron*** 4225
Dimethocaine 2699
*Dimetholizin*** 2477
Dimethone 1965
Dimethothiazine 3366
*Dimethoxanathydrochlorid*** 3296
Dimethoxin „Sankyo" 1658
Dimethoxyphenecillin 2798
Dimethoxystrychnin 4158
Dimethpyrindenmaleat 3539
Dimethulen 2148
Dimethylaminoantipyrin 1961
Dimethylaminophenazon 1961
Dimethylaminostovain 2700
Dimethylamphetamin 1521
Dimethylan(e) 1296
Dimethylandrostanolon 3913
Dimethylcaramiphen 3669
Dimethylcystein 263
Dimethyldebenal 1652
Dimethyldisulfanilamid 2171
Dimethyldithiohydantoin 232
Dimethylene 2148
Dimethylergometrin 3842
Dimethylglycylphenothiazin 2558
Dimethylguanilguanidini chloridum 195
Dimethylhexöstrol 3601
Dimethylhomosulfamin 982
Dimethyline 1296
Dimethylmeperidin 2881
Dimethylmiazylsulfonamid 1652
Dimethyl-Oestrogen 3554
Dimethyloxychinizin 1382
Dimethyloxyquinazine 1382
Dimethylpyrindenmaleat 3539
Dimethylsulfapyrimidin 1652
*Dimethylsulfoxid*** 52
Dimethylsulphadiazine 1652
Dimethyltestosteron 3904
*Dimethylthiambuten*** 2170
Dimethylthioniniumchlorid 2611
*Dimethyltubocurariniumchlorid*** 4857
Dimethyltyramin 1220
Dimethylurethimine 1558
Dimethylyn 1296
Dimetiazid 650
Dimetilan 1255
Dimetiltienbuteno 2170
Dimetina 2841
*Dimetindenmaleat*** 3539
Dimetiodolum 8

Dimétiotazine 3366
Dimetossilina 1658
Dimetossin 1658
*Dimetotiazin*** 3366
Dimetoxan 1658
Dimetoxin 1658
*Dimetridazol** 228
*Dimevamidsulfat*** 3338
Dimexid 52
Dimexin 1658
Dimezathine 1652
Dimezin 3017
Dimezol 879, 2867
Dimidiumbromid 3480
Dimidril 2812
Diminal 1501
*Diminazenaceturat*** 2147a
Diminex 954d
Dimiplex 1830
Dimipressin 3335
Dimitan 259
Dimitronal 4456
Dimocillin 2798
Dimoestrol 3554
Dimol 949
Dimopyran 1961
Dimorlin 4408
Dimorphid 2780
Dimorphinon 2780
Dimorphisid 2780
Dimorpholaminum 3699
Dimorphone 2780
Dimotane 2598
Dimothyn 46b
*Dimoxylinphosphat*** 3981
*Dimpylat*** 1801
Dimyril 2679
Dinacrin 340
Dinaphthimine 103N
Dinarkon 3026
Dinatrium cromoglicicum 4129a
Dinatriumedetat 1254a
Dinatriumflavodat 3196a
Dindevan 2305
Dineparil 1276
Dinerfene 2626
Dinetal 192
Dineval 2305
Dinevan 2305
Dinevit B_{12} 4960
Dinezin 3052
Dinile 132
Dinintel 2582
*Diniprofyllin*** 3945
*Dinitolmid*** 646
Dinitra 1083
Dinitrile 132
Dinitrokresol 492
Dinitrol 492
Dinitrophenol 299
Dinitrosorbid 354
Dinitrotoluamid 646
Dinolan 192b
Dinoleine 815
*Dinoprost** 3687
*Dinoprostone** 3679
Dinosol 1658
Dinotane 2598
Dinovex 2982
*Dinsed*** 2129
Dinsidon 4197
Dintoina 2328
Dinuclan 2070
Diobène 1378
Diobutil 1378
Diocain 3499
Diochin 2715
Diocoumine 3199
Dioctin 3700
Dioctlyn 3700
Dioctylal 3700
Dioctyl Calcium Sulfosuccinat 3700a
Dioctyl-Medo 3700
Dioctyl-Polfa 3700
Dioctyl Sodium Sulphosuccinat 3700
Diocurb 954
Diocyclin 3970
Diocyl 3434
Diocyl „Amco“ 3700
Diocylin 4329
Diodacetyl 1881
Diodan 815
*Diodon** 475
Diodonmegluminum 475a
Diodonmorfolid 475b
Diodoquine 815
Diodoxylin 815
Diodoxyquinoline 815
Diodrast 475
Di-Oestrogyn 4392
Dioestrol 4280
Diofectyl 3700
Diogenal 1788
Diognost M 475a
Diogyn-B 4392
Diogyn-E 3555
Diogyn(ets) 3095
Diokhin 2715
Diol 3917
Diolan 3318
Diolandrone 3675
Diolaxil 3700
Diolene 1816
Diolets 3095
Diolostene 3675
Dioloxol 1208
Diolyn 3555
Diomax 147
Diomedicone 3700
Dionin 3318
Dionjuste 3318
Dionone 2054
Dionosil 1095
Diopal 3113
Diopal „Heyden“ 4516
Diopenal 925
Diophindane 2305
Diophyllin 531b
Diopterin 4268
Dioquin 2715
Dioratrène 2593
Dioron 206a
Diosan 3318
Dioscorin 1995
Diosmol 442
Diossidone 3245
Diostrept 3927
Diostril 1095
Diosuccin 3700
Diosux 3700
Diothan(e) 4014
Diothoid 4014
Diothyl 1552
Diotilan 3700
Diotroxin 2317a
Diovac 3700
Diovascol 382
Diovocyclin 4329
Di-Ovocylin 4329
Diox 3700
*Dioxadrol*** 3517
Dioxahexadecaniumbromid 4636
*Dioxamat*** 2498
Dioxanin 4898
*Dioxaphetylbutyrat*** 4008
Dioxathion 1823
*Dioxation*** 1823

Dioxatrine 4155
*Dioxethedrin*** 1529
Dioxibenzonum 2096
Dioxidine 37 N
Dioxiquin 815
Dioxolane 1296
Dioxone 756
Dioxopromethazinhydrochlorid 2794
Dioxoprothazinhydrochlorid 2794
Dioxyanthranol 2067
*Dioxybenzon*** 2096
Dioxyephedrin 1227
Dioxyfluran sodium 3447
Dioxyline 2510
Dioxylinphosphat 3981
Dioxynorephedrin 967
Dioxyoestrin 3095
Dioxyphédrine 1227
Dioxyphenylisatin 3457
Diozol 3245
DIPA 445
Dipanol 116
Dipantosol 3927 c
Dipar 1236
Di-Paralen(e) 3009
Diparcol 3052
Diparkol 3052
Dipasic 340 a
Dipaxin 4128
Dipect 3788
Dipegyl 319
Dipenicillin 2590 e
Dipenine bromide 3702
Dipenten 1241
Dipentenglykolhydrat 1304
Dipentrate 235
Diperocainum 4014
*Diperodonhydrochlorid*** 4014
Dipezona 2521
Diphacil 3569
Diphantoine 2328
Dipharsine 309
Diphasin 3002
Diphazin 3002
Diphebuzol 3245
Diphébyl 3253
Diphedan 2328
Diphedran 1227
*Diphemanilmethylsulfat*** 3566
Diphemethoxidine 3563
Diphemin 3021
Diphemin-Asaletten 3021
Diphen (sowjet. Präp.) 3825
Diphenacin 4128
*Diphenadion** 4128
Diphenal 299
Diphenamilate 4598
*Diphenan*** 2105
Diphenason 1605
Diphenate 2328
Diphenatil 3566
Diphenazin 4063
Diphenazolinhydrochlorid 2763
Diphencarbamid 3339
Diphenchloxazine 3279
Diphendionum 2318
Diphenhydraminaminoxidcamphersulfonat 2816
*Diphenhydraminhydrochlorid*** 2812
Diphenhydraminmethylbromid 3108
Diphenhydramintheoclat 2812 c
Diphenicillin-Natrium 3717
Diphenidol 3820
Diphenin 2328
Diphenine „Maney“ 3311
Diphenizin 1875
Diphen „Knoll-Australia“ 2305
Diphenmethanilmethylsulfat 3566
Diphenox 2327
*Diphenoxylathydrochlorid*** 4704
Diphentane 70 1849
Diphentoin 2328
Diphentrop 3979
Diphenylan 2328
Diphenylbutazon 3245
Diphenylhydantoin 2328
Diphenylhydramine 2812
Diphenylmethansulfonamidum 1906
*Diphenylpyralinhydrochlorid*** 3311
Diphenylpyrilenhydrochlorid 3311
Diphenyltropinhydrochlorid 3978
Diphépanol 3562
Diphergan 2800
Dipheridin 3738
Diphésatine 4255
Diphétarsone 2174
Di-Phétine 2328
Diphexamideiodomethylate 4221
Diphezyl 154 N
Diphone 1605
Diphosphopyridinnucleotid 3843
Diphosphothiamin 1795
*Diphoxazid*** 2764
Diphryl 4269
Diphyllin 531 b
Diphylline 1202
Dipicilin V 2593 a
Dipidolor 4537
Dipin 1817
*Dipipanon*** 4313
Dipiperal 3878
Dipiperon 3878
*Dipiproverin*** 3656
Dipiracilina 2590 h
Dipiral 2749
Dipirartril-topico 52
Dipiridol 2626
Dipirin 1961
Dipirona 1965
Diplacin 4506
Diplazin 4506
Diplin 1829
Diplochin 3545 n
Diploicin 2506
Diplosal 2070
Diplosalacetat 2520
Di-Podil 1965
*Diponiumbromid*** 3702
Dipo-Saft 2590 e
*Dipotassium clorazepate*** 2523
Dipral 1965
Dipramid 4236
Diprazin 2800
Diprednisolonnatriumphosphat 4881
*Diprenorphinhydrochlorid*** 4481
Diprin 1305
Diprobis 777 a
Diprofarn 1965
*Diprofenhydrochlorid*** 4043
Diprofilin 1202
Dipromonium 445
Dipron 352, 1877
Diprone 1965
Dipropamine 3704
Diprophen 4043

*Diprophyllin***	1202
Dipropiomazine	3543
Dipropyline	3612
*Diproqualon***	1648
Diprostron	4329
Diprothazinum	3299
Diprotrizoat-Natrium	1891
Diprovex	4329
Diprozin	2800
Dipsan	9a
Dipterex	171
Dipterin	4268
Dipyrandiumchlorid	4696
*Dipyridamol***	4367
Dipyrin	1961
*Dipyrocetyl***	1350
Dipyrone	1965
Diquel	3597
Diquinol	4291
Di-Quinol	815
Dirastan	1760
Diratyl	652
Direct red	4752
Direktan	305
Direma	528
Direx	147
Direxiode	815
Diridone	1369
Dirnate	518
Diromo	810
Disacetine	4255
Disalicylsäure	2070
Disalide	547
Disalomin	334
Disalunil	528
Disalyl	2070
Disamid	1780
Disamide	547
Disanyl	1840
Disarim	2532
Dis-Cinil	787
Disclar	4815
Disecotamin	4774
Disefonin	3817
Diseptal (A)	2171
Diseptal B	1928
Diseptal C	1633
Disereno	2535
Disergan	3311b
Disetil	1287
Disipal	3071
Disipan	3817
Disir	4626
Diskin	787
Diskinex	787
Dismalgina	3068
Dismenol	1961q
Disocarban	4223
Disochina	815
Disoderm	4175
Disodium cromoglycate	4129a
Disodium flavodate	3196a
Disodium Tetrine	1254a
Disofen	289
Disolfamide	2171
Disolucilina	2590
Disomear	18
Disomer	2599
Disonate	3700
Disophenol	289
Disoprominii chloridum	3864
*Disopyramid***	3876
Disoquin	815
Di-Sosul	3700
Disotat-Amp.	445a
Disotat-Tabl.	445
Disoxyl	4223
Dispadol	2431
Dispamil	3489
Dispan	3111
Disparicida	698
Dispas	3689
Dispasmol	3394
Dispatabs	4835
Dispatate	4835
Dispermin	185
Dispersa-Baeschlin-Mydriaticum	2792
Dispersona	3806
Dispersona-inyect.	4412
Dispnoesan	1526
Dispranol	250
Dispril	847d
Disprin	847d
Dissilax-Zäpfchen	4446
Distacaps V-K	2593a
Distacillin	2593
Distalene	4255
Distamine	263
Distamycin A	4016
Distaquaine	2590d
Distaquaine V	2593
Distaval	1855
Disterina	4626
Distesol	585
Disthemin	1037
*Distigminbromid***	4102
Distilbène	3006, 4280
Distilbène retard	4585
Distivit	4960
Distobitin	1566
Distocid	1830
Distokal	22
Distol 8	1254a
Distopan	22
Distopin	22
Distracaina	2008
Distraneurin	346
Distranorm	3639
Distrepcin	3927
Disufene	4112
Disul	334
*Disulfamid**	547
Disulfamin	2171
Disulfan	1633
Disulfanilamid	1633
Disulfinblau	4524
*Disulfiram***	1287
Disulformin	4513
Disulon	1633
Disulone „Spécia“	1605
Disulphamide	547
Disulphin-Blau VNS	4524
Disulphine Blue	4524
Disuxyl	132
Disyncran	3004
Disynformon	4392
Di-Syntramine	3434
Ditaven	4875
*Ditazol***	3247
Diteftin	2901
Ditetracyclin	4957
Dith	4626
Dithan	790
Dithiaden	2784
*Dithiazaninjodid***	4140
Dithiazid	528
Dithio	799
Dithioglycerin	116
Dithiokresol	2136
Dithiophos	799
Dithiopropylthiamin(e)	2483
Dithioral	494
Dithizon	1888
*Dithranol**	2066
Dithymoldijodid	3538
Dithyral	3999
Ditiamina	2483
Ditilin	2289

Ditin 4255
Ditiovit 2483
Ditofen 3249
Ditoin 2328
*Ditolamid*** 2028
*Ditophal** 1662
Ditophen 3249
Ditran 3650
Ditrasin 1300
Ditrazin 1300
Ditrone 4642
Ditubin 340
Dityl 590
Ditylin 619b, 2289
Dityrin 857
Diu 60 2372
Diucalcin 532c
Diucardin 531b
Diucardyn-Sodium 2705
Diucelpin 1596
Diucholin 657
Diuciclin „Cifa" 3720
Diuciclin „Delta" 2374b
Diuclor 528
diu-fortan 650
Diugrandine 532a
Diumbrin 475
Diumerin 2277a
Diumide 334
Diumin 528
Diunamin 147
Diu-Perten 485
Diuractin 485
Diural 532c
Diuralter 485
Diuramid 147
Diuramine 411p
Diurase 885
Diurazida 650
Diurazide 528
Diurazina 1851
Diurazine 85
Diurazyna 835
Diurca 871
Diuredemina 652
Diuregan 1951
Diuren 528
Diurene 1596
Diuresal 485
Diuretebil 528
Diuretex 147
Diurethide 334
Diuretiacin 485
Diuretico Roberts 652
Diuretico „Sol" 835
Diureticum 2822 334
Diureticum-Holzinger 147
Diuretin 532b
Diurette 1951
Diurex 485
Diurex „Bracco" 528
Diurex „Eisai" 547
Diurex „Sintofarma" 2342
Diurex H 528
Diurexin 147
Diurexol 411
Diurgin 1540
Diuribene 835
Diuribeta 147
Diuril 485
Diurilix 485
Diurite 485
Diuriwas „Wassermann-Barcelona" 485
Diuriwas „Wassermann-Milano" 147
Diurnal 1011
Diurnal-Penicillin 2590d
Diuroblitz 547
Diurobromine 532
Diurodin 1906
Diuroformina 411i
Diurogen 528
Diurometon 652
Diurone 258
Diurophan 411q
Diurophylline 531b
Diurophylline-Amp. 1202
Diuroral 650
Diuros 258
Diurosan 411i
Diursal 1951
Diursana-H 528
Diutac 1596
Diutazol 147
Diuthein-Tabletten 532c
Diutrid 485
Diuxanthine 531b
Diuxin 485
Divalentyl 590
Divalvon 2626
Divanal 1733
Divanil 3959
Divanon 3959
Divascol 1114
Divaugan 528
Diverine 3689
Divermina 185a
Diveron 1011
Diveronal 3733
Diviminol 3894
Divinyloxid 149
Divitina 4626
Divit Urto 4626
Divulsan 2328
Dixamonbromid 3839
Dixan 385
*Dixanthogen*** 385
Dixeran 3770
Dixidrasi 528
Dixin 4875
Dixina 4876
Dixol 649
Dixypazin 4343a
Dixyrazin 4343
Diyodo 650 815
Diyodol 2320
Dizan 4140
Dizepin 2532
Dizidrin 528
Dizol 870
DJ-1550 1400
DJP 202
DL 152 4854
DMA 3913
DMAE 192
D_2-Mayer 4626
DMBG 195
DMCT 3720
D. M. E. 4857
D-Medrol 4038
DMO 226
D-Moramid 4408
DMP 116, 1209
DMPA 4348
DMPP 1785
DMS 154
DMS 70 52
DMS-90 52
DMSO 52
DMT 70N
D-Mulsin 4573
D-Mycin 4888
DNOC 492
DNP 299
Dobendan 3922
Doberol 2025
Dobesin 1994
Dobetin 4960

Do-Bil 3864
Dobo 954
Dobracina 3955
Doburil 2151
DOC 3884
DOCA 4230
Docaquosum 4564
Docecrisina 4960
Docedep 4960
Docélan 4959
Docémine 4960
Doce-Oral 4960
Docergona 4960
Docetasan 4960
Docevit 4959
Docibin 4960
Docigram 4960
Dociton 2635
Docivit 4960
Doclizid 528
Doclizid-T 835
Doctyl 3700
Doctynol 3700
Dodat 2055
Dodecabee 4960
Dodecarboniumchlorid 4248
Dodecavite 4960
Dodeclin 3970k
*Dodecloniumbromid*** 4117
Dodecozim B 12 4966
Dodemina 4959
Dodevitina 4960
Dodex 4960
Dodicin 3188
Dodilan 4959
Dodonal 2431
D. O. E. 1214
DOET 2024
*Dofamiumchlorid*** 4441
Dogmatil 2470
Dogmatyl 2470
Dohyfral-A 3659
Dohyfral-B_1 1765
Dohyfral-D 4626
Dohyfral-D_3 4573
Dohyfral-E 4693
Doimazin 2770
Doisynestrol 3302
Doisynoestrol 3302
Doktacillin 2614
Doktonox 2535
Dol 2431
Dolabrine 1084
Doladene 3839
Dolafin 3817
Dolaján 1816
Dolamid 3817
Dolamid „Hormona“ 1965
Dolamin 685
Dolamina 3817
Dolan 4046
Dolanaest 2475
Dolanquifa 2431
Dolantal 2431
Dolantin 2431
Dolantol 2431
Dolaren 2431
Dolarenil 2431
Dolargan 2431
Dolarin 2431
Dolartrox 2749
Dolatol 2431
Dolce-A 3659
Dolce-D_3 4573
Dolcental 1195
Dolcontral 2431
Dolcymène 1181
Doldram 514
Dolean pH 8 847
Dolenal 2431
Dolental 2431
Dolesona 3817
Dolestine 2431
Doleval 2431
Dolfin 2431
Dolgin 1965
Dolicur 52
Dolin 2431
Dolinal 2431
Dolipol 1760
Doliprane 685
Dolisan 2431
Dolisina 2431
Dolisina B 2669
Dolitrone 1625
Dollax 3700
Dolmina 2369
Dolocur 52
Doloderm 2192
Dolodorm 3026
Dolofin 3817
Doloheptan 3817
Dolomate 3215
Dolomide 514
Dolomit 1526
Doloneurin 2431
Dolongan 2749
Dolopax 328a
Dolopethin 2431
Dolopetin 2431
Dolophin(e) 3817
Dolor 2431
Doloren 1965
Dolorex 3817
Doloridine 2431
Dolormin 2431
Dolorphen 4046
Dolosal 2431
Dolosan 2431
Dolosil 2431
Dolotard 4046
Dolovin 3203
Doloxene 4046
Dolsin 2431
Dolvanal 2431
Dolvanol 2431
DOM 1777
Domafate 954
Domakol 1122
Domalium 2521
Domarax 1816
Domarax „Pfizer“ 3808a
Domeform 811
Domestrol 3006
D. O. M. F. 3441
Domian 1653
Domigon 4224
Dominal 2615
Dominex 2615
Dominil 3630
Dominil „Astra“ 2615
*Domiphenbromid*** 4121
Domistan 3330
Domocilline 3049
*Domoxinhydrogentartrat** 2588
Domtisona 4310
Domucor 3211
Domucortone 3859
Domupirina 847
DON. 377
Dona 200 434c
Donafur 1944
Donapax 2532
Donasil 2861a
Donisolone 3859
Donnabarb-Elixir 1250
Donostyp 967
DONS 3700
L-*Dopa* 925

Dopaidan 925
Dopalfher 925
Dopalina 925
Dopamet 1166
*Dopamin** 731
Dopan 951
Dopar 925
Doparkin(e) 925
Dopatec 1166
Dopatensil 1166
Dopegyt 1166
Dopidrin 1214
Dopirol 1965b
Doplan 1658
Doplan-Iso 1653
Dopom 1303
Dopram 4297
Dorahist 3311
Doral 4626
Doramicin 3927
Dorantamine 2861
*Dorastinhydrochlorid** 168N
Doraxamin 46b
Dorbane 2054
Dorbanex 2054
Dorcostrin 4230
Dorecain 2011
Dorela 3838
Dorevan 3544b
Dorévane 3544b
Dorexol 3817
Dorex retard 3681
Doriciclina 3720
Dorico 1700
Doriden 1920
Dorinamin 3323
Dorison 384
Dorisul 1658
Dorlen 450
Dorlotin 1883
Dorlotyn 1546
Dorm 1118
Dormabrol 1011
Dormacon 2208a
Dormal 32
Dormalest 384
dormallyl 1118
Dormamed 1699
Dormanal 1758a
Dormanol 747
Dormatyl 1758a
Dormel 32
Dormen 2235
Dormethan 3105
Dormex 762
Dormiben 32
Dormid 1004
Dormidin 384
Dormidina 2535
Dormigen 384
Dormigen(e) 391
Dormigoa 2535
Dormileno 747
Dormilone 2535
Dormin 2208a
Dormin „Dumex“ 937
Dormina 1607
Dorminal „Boots“ 1546a
Dorminal „Star“ 1699
Dorminon 391
Dormiphan 1699
Dormiphen „Darck“ 384
Dormiphen „Spofa“ 1699a
Dormiplex 2535
Dormiral 1607
Dormiretten 1249
Dormisan 1647
Dormised 2535
Dormison 384
Dormital 1546
Dormital „Athena“ 1545a
Dormitiv 937
Dormiturin 590
Dormobarbital 1699
Dormocit 384
Dormoformtabletten 391
Dormogen 2535
Dormona 1758a
Dormonal 747
Dormonidal 1699a
Dormosan 384
Dormovit 1650
Dormuphar 1382h
Dormutil(etten) 2535
Dormwell 1382h
Dormyl 2535
Dormytal 1546
Dornwal 1340
Dorsacain(e) 2918
Dorsallin 2590d
Dorsaphyllin 531a
Dorsedine 2535
Dorsiflex 1417
Dorsital 1545
Dorsulfan 1421a
Dorval 937
Dorvit 43N
Dorycil 2796
Doryl 450
Dosalupent 1528
Dosicodid 3023
Dosil 3971
Dosmin 1658
Dostalon 4889
Dosuciclina 3970k
Dosucyclin 3970k
*Dosulepinhydrochlorid** 3272
D. O. T. 646
*Dotefoniumbromid** 177N
Dothiepinhydrochlorid 3272
Douxan 707
Douzoral B_{12} 4960
Dovagen 698a
Dovenix 457a
Dovical 423
Dovine 1032
Dowco 132 1771
Dowex 1-X2-Cl 4042
Dowin 1032
Doxacin 3971
*Doxapramhydrochlorid*** 4297
Doxapril 4297
Doxate 3700
Doxephrin 1214
*Doxepinhydrochlorid*** 3264
Doxergan 3046
Doxical 3700a
Doxiciclinhydrochlorid 3971
Doxilato 3700
Doxilina 3971
Doximicina 3971
Doxinate 3700
Doxipan 3971
Doxised 2842
Doxium 332a
Doxo 4230
Doxol „Medital“ 4564
Doxol „Purdue Frederick“ 3700
Doxolan 3700
*Doxorubicin** 4518
Doxotone 4230
Doxycamon 4230
*Doxycyclinhydrochlorid*** 3971
Doxyfed 1214
*Doxylaminsuccinat*** 2842
Doxytrex 3971
Dozar 2208a
Dozefull 4960

Dozelin 4960
Dozibel 4960
DPA 777, 1023
DPEA 2104
D-penamine 263
D. P. H. 2812
DPN 3843
DPPP 4367
D-Pron 1965
DQV-K 2593 a
DR 4003 16 N
Dracotil 340
dracylic acid 495
Dragocal 423
Dramaject 2812
Dramal 2814
Dramamin(e) 2812 c
Dramarin 2812 c
Dramarr 2812 c
Dramavir 2812 c
Dramavol 2812 c
Dramcillin 2590
Dramcillin-S 2796
Dramyl 2812 c
Drapavel 3489
Drauxin 2598
*Drazidox** 38 N
Drazin 1876
Drazine 979
DRC 1201 1622
Dreimicina 4867
Drenamide 1865
Drenamist 968
Drenaren 4523
Drenison 4339
Drenobyl 4351
Drenol 528
Drenural 2342
Drenusil 1407
Dribazil 1865
Dridol 3951
Driliton 2208 a
Drimuel 2311
Drimyl 4208 a
Drinalfa 1214
Drinupalhydrochlorid 1494
Driol 1865
Dripterin 4650
Drisdol 4626
Drive-Strong 4389
Drixine 2681
Drix „Riom" 3113 b
Drize (8 + 12) 2600 a
Drocarbil 755 b
Drocode 3080
Drocolin 4351 a
Drocort 4339
Drogan 4430
Drolban 4246
Droleptan 3951
Drometil 2961
Dromisol 52
Dromoran 2851
Dromostanolonpropionat 4246
Dromostat 4056
Dromyl 2812 c
Dropcillin 2590
*Droperidol** 3951
*Dropropizin*** 2010
Dropsal 514
Dropsprin 514
*Drostanolon*** 3677
*Drostanolonpropionat*** 4246
Drostene 3675
*Drotaverinhydrochlorid*** 4316
*Drotebanol** 156 N
Droxacepam 2311
Droxaine 4619
Droxarol 1732
Droxaryl 1732
Droxipropinum 3137
Droxofor 4959
Droxol 2532 b
Droxolan 4369
Droxone 4654
Droxovite 4959
*Droxypropin*** 3137
Drucoles 2130
Drusilate 496
Dru-Tosse 3964
Drylistan 2812
DS 334
DS-36 1400
DSF 4971
DSP 4754
DSS 3700
DST 3927
DT-3 2321
DT 4 2316
DT-327 2213
D-Tiber 4626
DTPT 2483
D-Tracetten 4626
DTS 154
D. T. S. 1473
DU-21 220 2821
DU-21 445 82 N
Dualar 1706
Duamin 4662 a
Duapen 2590 e
Duatok 865
Duaxol 1488
*Duazomycin*** 738
Duazomycin A 738
Duazomycin B 2865
Dubimax 4340
Dublaethyl 44
Dublofix 44
Duboisinum purum 2855
Ducobee 4960
Ducobee-HY 4959
Ducodal 3026
Ducolax 3942
Ducun 340
Duecil 300 2590 d
Dufalone 3194
Dufaston 3854
Duktal 423 d
Dulana 865, 1399
Dularin 685
Dulcetas 476 a
Dulcicaine 2258
Dulcidor 722
Dulcin 934
Dulcin-Vellve 476 a
Dulcipan 590
Dulcipirine 847
Dulcolan 3942
Dulcolax 3942
Dulco-Laxo 3942
Dulsacar 476 a
Dulsivac 3700
Dulzol 476 a
Dulzor-Etas 433 a
Dumenan 2023
Dumicyclin 3970
Dumitone 1605
Dumocyclin(a) 3970
Dumopen 2593 a
Dumovit A 4835
Dumovit B_1 1765
Dumovit B_{12} 4960
Dumovit C 359
Dumovit D 4626
Dumovit E 4751
Dumovit K 1317 a
Duna-caine 2011 d
Duna-phorine lente 2778 b
Duna-phorine rapide 2778 c

Duncaine 2258
Duo B_{12} 4960
Duo-C 359
Duo-Darth 685
Duodebex 4960
Duodecibin 4960
Duodenale 4103
Duodin 3023
Duodorm 1382h
Duoesetil 3920
Duogastrone 4803
Duomycin 3961
Duopas 516
Duopax 3684
Duosol 3700
Duotal 2357
Duotrate 235
Duphacid T 4800
Duphafral A 3659
Duphafral D_3 4573
Duphafral E 4693
Duphalac-Hauptwirkstoff 1810
Duphanox 32b
Duphasol 4835
Duphaspasmin 4421
Duphaston 3854
Duphylline 1202
Duplaciclina 3955
Duplerga 652
Duplocilina 2590e
Duponil-Gotas 2812
Durabiotic 2590e
Durabol 4540
Durabolin 4540
Durabolin-O 3673
Durabolin-Oral 3673
Duraboral 3673
Duracaine 2011a
Duracholine 450
Duracillin 2590d
Dura-Dee 4573
Duradepot 1399
Dura-Dex 954
Duradoce 4959
Dura-Estradiol 4227
Duraflex 1337
Dura-Gram 4959
Durakinid 3546d
Duralgina 1965
Duralta-12 4959
Duraludrin 1526
Dura-12-M 4960
Duramax 847
Durandron 4493
Duranil 3931
Durapav 3489
Dura-Penita 2590e
Durapil 1498
Durasan 1397
Durasorb 52
Duraspan 3022c
Durasul 1911
Durasul „Estedi“ 1398
Durasul „Estedi“-Jarabe 1911
Durasul „Silbe“ 1658
Durasulf 1398
Durasulf „Benzon“ 1657
Durasulf „Dessy“ 1054
Dura-Tab 3546d
Dura-Testosterone 4501
Duratrad 4227
Duravit-12 4959
Durenat 1399
Duretic 906
Durolax 3942
Duroliopaque 3701
Duromine 1211a
Duromorph 2778
Duronitrin 412a
Duropenin 2590e
Durophet 954d
Duroprocin 1657
Duro-Tuss 4204
Durovex 4711
Durox 1398
Dusodril 4340
Dusotal 1758
Duspatal 4421
Duspataline 4421
Duvadilan 3076
Duvaline 1488
Duvaron 3854
Duvit D_3 4573
Duxen 2521
Duxen „Gedeon Richter“ 4140
Duximil 476a
DV 714 4179
D-vatine 4626
DVC 3959
D_3-Vicotrat 4573
D_3-Vigantol 4573
D-Vimin 4626
D_2-Vita 4626
D-Vita „Großmann“ 4573
D-Vital 4626
D_3-Vital 4573
DW-61 4265
DW-62 3488
DW-75 4973
Dwuallyl 1118
Dybenal 486
Dycholiol 4351
Dycholium 4351
Dyclocainum 3133
Dyclone 3133
*Dycloninhydrochlorid*** 3133
Dyclothane 3133
*Dydrogesteron*** 3854
Dyflos 437
Dygerma 527
Dygratyl 4632
Dylamon 3108
Dylate 78
Dylephrin 968
Dylhista 2208a
Dylidrin 3357
Dyloform 3555
Dymadon 685
Dymanthinhydrochlorid 3707
Dymelor 2419
Dynabolon 4688
Dynacaine 2216
Dynacoryl 1190
Dynactyl 245
Dynamicarde 1190
Dynamyxin 4956
Dynapen 3216
Dynaphenil 953a
Dynaphylline 888c
Dynaprin 3335
Dynarsan 698
Dynasten 3907
Dyna-Zina 3335
Dynazolo 803c
Dynazone 322
Dyneric 4453
Dynovas 3489
Dyodin 815
Dyphylline 1202
Dyprin 262
Dyren 1596
Dyrenium 1596
Dysedon 3046
Dysenterol 811
Dysentren 820
Dysentulin 820
Dyskinébyl 787
Dysmalgine 3068
Dyspnoesan 1526

Dytac 1596
Dytransin 1712
Dyvon 171

101-E 1066
141 E 332
205 E 332a
1007-E 2830c
E 1 968
E_3 3620
E-34 2695
E 39 2651
E 50 958
E 73 2894
E 250 1952
E 600 1187
EA-83 1029
EA 166 1233
Eaca 427
EACS 427
EAP 58
Eazaminum 3052
Ebacream 38a
Ebalgin 1965c
Ebalin 2598
Ebelin 4878
Ebercina 1375
Ebesal 1358
Ebidene 340
Ebimar-Wirkstoff 1770
Ebrantan 4872a
Ebserpine 4776
EBT 1173
Ebubamat 1557
Ebutol 1308
Ecain 2011
Ecals 423
Ecasil 1937, 3964
Eccain 3577
Echinopsin 1062
Echnatol 3040
Echothiophate iodide 1031
Ecinamin 2772
Eciphin 1216
Eclabron 1209a
Eclern 1776
Ecloril 2194
Eclorion 3742
Eclotizidum 931
Ecobutazone 3245
Ecoferol 4751
Ecofrol 4751
Ecolid 2255
Econ 4751
Econine 847
Econocil V-K 2593a
Economycin 3970
Econopen-V 2593a
Ecostigmini jodidum 1031
*Ecothiopate iodide*** 1031
Ecotrin 847
Ecoval 70 4551
ECP 4485
Ecrinex 1880
Ecrisina 4693
Ecristidine 373
Ecsal 847
Ectil 585
Ectimar 886
Ecton 585
Ectoral 651
Ectovis 4578
Ectovister 4578
Ectylcarbamidum 585
*Ectylurea*** 585
Ectyn 585
Ecuanil 1011
Ecylert 841a
Eczecidin 811
Edan 2436
Edatafer 1254e
Edathamil 1254
Edathamil-Calcium-Disodium 1254b
E. D. C. 3452
EDDI 59
Edecril 1880
Edecrin 1880
Edecrina 1880
Edematrin 2761
Edemazil 485
Edemdal 2072
Edemil 547
Edemox 147
Edenal 1011
Eden-psich 2532
Ederen 147
Ederphyt-Wirkstoff 2872
Edetamin 1254b
*Edetic acid*** 1254
Edetinsäure 1254
Edijodina 1032
Edion 368
*Edogestron*** 4498
Edoiacolo 698
Edoical 698
EDPA 2772
Edrabarbital 1883a
Edrofuradene 1126
*Edrophoniumchlorid*** 1269
EDTA 1254
Edtacal Spofa 1254b
EDTA-med 1254a
Edumicina 4747
Edusan-Cloro 1375
Edusan Compr. 3026
Edusan-Tetramin-inyect. 4530
Edusan-Tetramin (Suppos.) 3970a
E-103-E 1168
E-106-E 2408
EE_3 ME 3804
Efacin 305
Efanol 3076
Efcorlin 3893
Efcortelan 3893
Efcortelan soluble 4420
Efcortesol inj. 3899
Efcorticon 3893
Efedril 1217
Efedrin 1216
Efedrinetter 1217
Efemetin 4661
Efer 4751
E-Ferol 4751
Eferon 881
Efetonina 1217
Effeciclina 4530
Effelin 590
Efferkal 362b
Effervit C 359
Effilone 1470
Effimyl 3921
Effisax 2043
Effontil 1222
Effortil 1222
Efiran-583 3187
Efisol-Wirkstoff 4716
Efloran 375
*Efloxat*** 3211
Efortil 1222
Efricel 962
Efrodal 1883a
Efroxine 1214
Eftal 2737
Ef-Tiazin 865
Ef-tiazol 2737
Eftolon 2348

Efudex 126
Egacene 2855
Egavit A 3659
Egavit B_1 1765
Egavit B_2 2805
Egavit C 359
Egavit D 4626
Egavit E 4693
Egavit K 1317
Egavit PP 319
Egazil 2855
Egevit 4693
Eggobesin 1297
Eggophedrin 1216
Eggopurin 663c
Eggosalil 514
Eggosalyl 514
Eggovagin 698a
Egherit 1214
Egitol 22
Eglonyl 2470
Egmol 3472
Egmol (neue Form) 3451
Egmolax 3451
Egocin 3972
Egotux 3296
Egressin 2691
Egyt-201 3420
Egyt-739 36N
E-Hart 4693
Ehrlich 5 311
Ehrlich 594 698
Ehrlich 606 1598
Ehrlich 914 1896
Ehydrid 485
Ehydrid novum 528
Eidonciclina 4662a
EIGD 788
Eightpen 2590
Ein B_1 4845
Eirenal 1160
Eisen-Sajodin 4124a
Eisessig 37
Ejcopyrin 2179
Ejibil 947
Ejicalm 1011
Ejizolon 3859
Ejizon 3806
Ejor 3224
Ekachrome 3441
Ekaciclina 3971
Ekapron 427
Ekilan 1417
Ekilbran 1011
Ekkain 3577
Ekko 2328
Ekocain 2011
Ekomine 3139
Eksulin 1760
Ektebin 940
Ektophanol 2509a
Ektyl 585
Ekvacillin 3223
EL-974 104N
Elagostasine 2050
Elaldehydum 415
Elan „Abbott" 1900
Elanco-M 4912
Elarson 4115
Elastonon 953
Elatin 4847
Elatrol 3514
Elavil 3514
Elawox 14a
Elbiol 516
Elbon 2539
Elbrus 2549
Elcosal 46b
Elcosine 1653
Elcurin 2289
Elderfield pyrimidine mustard 33N
Eldofe 137a
Eldopal 925
Eldopaque 326
Eldopar 925
Eldoquin 326
Eldoral „Dumex" 4774b
Eldoral „Heyden" 1533
Eldrin 4520
Elecamphane 2424
Elecor 4269
Electro-Calcion 1382b
Eleklin 334
Elektrocortin 3860
Elen 3849
Elenium 2532
Elentol 316
Eletuss 2790
Eleudron 865
Elevan 192b
Elevaton 382
E. L. F. 101 3262a
Elfolin 3240
Elfosan 977
Elidin 1537
Elim-Asca 185e
Eliminoxy 1946
Elimix 82
Elinol 3989
Elipol 492
Elipten 1936
Eliranol 2799
Elisal 1197
Elist 3431
Elitone 1190
Elix 1911
Elixodyne 685
Elixofilina 531
Elixophylline 531
Elkamicina 3720
Elkosil 1653
Elkosin 1653
*Ellagic acid*** 2050
*Ellagsäure*** 2050
Ellecillina 2798
Elmarine 2770
Elmedal 3245
Elmetina 4140
Elmex-Hauptwirkstoff 4584
Elmidone 1643
Elmifarma 253
Elmintan 185d
Elmintex 185f
Elmitolo 411i
Elmizin 4140
Elodrine 652
Elorine 3680
Elozell 168b
Elpi 1668
Elprim 2927
Elrodorm 1920
Elroquil 2572
Elserpine 4776
Elsix 3931
Elthrin 2317
Eltroxin 2317
Elutin 3882
Elvetil 4080
Elviton 359
Elycaine 3159
Elyzol 375
Emaform 811
Emamin 3849
Emandione 2305
Emanil 908
Ematodyn 4795
Embacetin 1375
Embadol 4350

Embamida 4236
Embazin 2088
Embephen 1849
Embequin 815
EMB-Fatol 1308
Embichin 259
Embichin 7 598
Embichin 11 424
Embinal 747a
Embiol 4960
Embitol 1721
*Embraminhydrochlorid*** 3035
*Embraminteoclat*** 3035a
Embryostat 3972
Embural 755b
Embutal 1545a
*Embutramid*** 2908
Emcerol 3441
EMD 9806 3814
EMD 19698 142N
Emdabol 4350
Emdabolin 4350
Emdisterone 4246
Emecort 4288
Emedan 1534
Emedyl 2812c
Emelent 3536
Emelin 199N
*Emeproniumbromid*** 3646
Emerazina 1658
Emerex 4320
Émergil 4144
Emerin 571
Emes 2812c
Emeside 578
Emesinal 3791
Emetan 3849
Emethibutin 2411
Emetin 4666
Emetiral 3536
Emetisan 2254
Emeto-Na 156b
Émétoplix 4666b
Emex 1128
Emicina 3927
Emi-Corlin 4420
Emilene 563
Eminapyrin 847g
Emineurina 346
Emivan 1733
Emobione 4960
Emocalcium 423
Emocin 847
Emocitro 362e
Emo-cort 3893
Emodinamin 2034
Emostane 2609
Emotival 1546b
Emphysin 2205
Empirin 847
Empracil 3197
Emtebe-51 3839
Emtryl 228
Emtrylvet 228
EMU 4843
Emulax simplex 3700
E-Mulsin 4751
E-Mycin 4843
*Emylcamat*** 608
EN 564 2118a
EN-1010 2216
EN-1530 3270
EN-1620 A 3783
EN-1627 1689
EN-1661 L 4483
EN-1733 A 2684
EN-2234 A 3840
Enallachrome 2385
Enallynymalum 2182
Enallypropymalnatrium 1507a
Enallypropymalum 1507
Enamine 2600a
Enarmon 3395
Enarmon-Depot 4501
Enarmon-Inj. 4093
Enarmon-Tabl. 3662
Enavid-Wirkstoff 3604
Enboestrol 3006
Enbol 2626
Encapla 1285
Encebrovit 2626
Encefabol 2626
Encefalon 178
Encelad 2206
Encephabol 2626
En-Chlor 32
Encordin 4721
Encortolon 3859
Encorton 3806
*Encyprat*** 1956
Endecril 1880
Endequil 2532
Endiaron 813
Endiemalum 984
Endifasept 717
Endiodine 1032
Endiol 1032
Endismin 1398
Endo A 3659
Endo B_{12} 4960
Endo D 4626
Endo-E 4693
Endoartropathyl 121
Endobenzylinchlorid 3651
Endobilex 4351a
Endobion 319
Endocaina „Lafage“ 2011
Endocaine „Endo“ 2216
Endocalcio 423
Endochin 3109
Endociclina 4530b
Endocistobil 3448
Endoctalina 1792
Endoeritrin 4867
Endofollicolina 3095
Endofollicolina D. P. 4329
Endofosfan 977
Endoglucosol 419
Endografin 3448
Endo-Iodo 1032
Endo-J-Bi 1032a
Endojodin(a) 1032
Endolat 2431
Endolin 841
Endomid 2915
Endopasin-Antidiarreico 1067
Endophenolphthalein 4255
Endopirazolono-Suppos. 1961
Endopirina 1961i
Endoprenovis 4412
Endopyrin 1961i
Endosalicilato Ana 497b
Endotiocolene 544
Endoton 1032
Endoverine 3489d
Endowin 1032
Endoxan 605
Endoxana 605
Endrate 1254a
Endulcina 476a
Edulzorina 476
Enduron(um) 906
Enduxan 605
Enelone 3902
Enerbol 2626
Energiser 1387
Energlut 252
Energoserina 110
Eneril 685

Enerzer 1630
*Enestebol*** 3640
Enexina 1608
Enfenemal 1903
*Enfluran** 64
Englate 531a
Enheptin 69
Enheptin A 216
Enheptin-P 135
Enheptin Premix 69
Enheptin T 69
Enhexymal 1700
Enibomal 1457
Enicol 1375
Enidran 1865
Enidrel-Wirkstoff 3604
Enimalum 1700
Enkefal 2328
Enkemid 147
Enless 435
Enol-Luteovis 4492
Enoltestovis 4503
Enoltestovister 4503
Enorden 1011
Enoulan forte 4751
Enovid-Wirkstoff 3604
*Enoxolon*** 4724
Enphenemal 1903
*Enpiprazoldihydrochlorid** 124N
*Enpromat*** 191N
Enrumay 2861
Ensacet 847
Ensalate 497b
Enseals 516
Ensidon 4197
Ensoaktiv 2509
Ensobarb 1607
Ensodorm 1607
Ensogran 516
Ensomidon 1961
Ensorapid 497b
Enstamine 2420
17-ENT 3663
Entacyl 185h
Entair 1209a
Entamide 854
Entaprin 847
Entazin 185h
Entefuge 185c
Entelohl 940
Entepas 516
Entepon 810
Enteramide 2540
Enteramin 1115
Enterar 647
Entera-strept 3927
Enterex 3630
Enterfram 4252
Enterin „Kyoto“ 3478c
Enterin „Leiras“ 810
Enterinol 497f
Enteritan 811
Enteritex 811
Enteroceta 2540
Entero-cetamide 2540
Enterocid 2540
Enterocloran 1375
Enterocol 811
Entérocol-Wirkstoff 822
Enterocura 68N
Enterodiamoebin 815
Entero-Diyod 815
Enterofurol 647
Enterokan 3181
Enterokanacin 3181
Enterokin 811
Enterol 571
Enteromed 811
Enteromibe 815
Enteromide 2553a
Enteromycetin 1375
Enteromycetin glicinato 1918
Enteropas 516
Enterophenicol 1375
Enterophtalyl 2737
Entero-Pork 4901a
Enteropur-mite 810
Enteroquinol 811
Enterosal 497b
Entérosalicyl 497b
Enterosalil 497b
Enterosan 811
Enterosarine 847
Entéroscorbine 359
Enterosept 815
Enteroseptol 811
Entéroseptyl 4698
Enterospirine 847
Enterosteril 2737c
Enterosulfamid 2540
Entero-Sulfina 2737
Enterosulfocina 1894a
Enterosulfon 2540
Enterosulphamid 2540
Enterotalidina 2737
Enterotonin 450
Entero-Toxan 2737b
Entero-Valodon 811
Enterovermil 185a
Entero-Vincozol 2737
Entero-Vioform 811
Enteroxon 647
Enterozol 811, 2737
Entesil 2737
Entestil 4093
Entestil-M 3662
Entexidina 2737
Enticide 2952
Entobex 1567
Entodon 1032
Ento-Fal 811
Entoquel 3134
Entosept 810
Entra 3285
Entramin 69
Entrazin 185a
Entrokinol 811
Entron 423h
Entronon 1567
Entrophen 847
Entrosalyl 497b
Entro-Septic 811
Entumine 2974
Enturan 4132
Enturen 4132
Entusul 1421
Envacar 1172
Enzacetin 991
Enzactin 991
Enzalon 435
Enzicycline-Wirkstoff 3970
Enzim B 12 4966
Enzopride 3843
Enzytol 281c
Eocill 4960
Eosan 3700
Eosin (gelblich — yellowish) 160N
Eosinal 160N
Eosinopin 1300
Epa-Biocolina 281a
Epa-Bon 1276
Epadren 2631
Epadyn-U 448
Epafosforil 282
Epaidrocol 4351a
Epakon 760a
Epamin 2328

Epanaftol 2355
Epanal 1607
Epanutin 2328
Eparidasi 760a
Eparina 4360
Eparinoral 4360
Eparinovis 4360
Eparsénol 1598
Eparsolfo-Smit-Wirkstoff 572
Epasanol 4351
Epaspes 282
Epatopropan 947
Epatoxfen 947
Epelin 2328
E-Perle 4751
Epha 2812c
Ephadren 954
Ephalone 1216
Ephecardol 1216
Ephecor 533
Ephedral 1217
Ephedra „Orion“ 1216
Ephedrate 1216
Ephedremal 1216
Ephedrenan 1217
Ephedrin 1216
DL-*Ephedrin* 1217
Ψ-Ephedrinhydrochlorid 1218
Ephedrital 1216
Ephédroides 1217
Ephedrol 1216
Ephedron 1217
Ephedronal 1216
Ephédroprises 1217
Ephedrosan 1216
Ephedrosst 1216
Ephedrotal 1216
Ephedsol 1216
Ephelon 4751
Ephenamin-Penicillin 2590j
Epherit 1217
Epheron 881
Ephetonal 1245
Ephetonin 1217
Ephicillinum 4084
Ephine 1217
Ephynal 4751
Epiazin 1642
Epibenzalin 2319
Epicarin 2949
*Epicillin** 126N
Epiclase 881
Epidani 2318
Epidermol(o) 2995
Epidihydrocholesterin 4580
Epidione 368
Epidon 2995
Epidon „Lundbeck“ 2318
Epidorm 1607
Epidosan 3431
Epidosin 3431
*Epiestriol*** 3097
Epifen 1219
Epifenyl 2328
Epifrin 968
Epihetacillin 3327
Epihydan 2328
Epikur 1011
Epilan 1642
Epilan-D 2328
Epilantin 2328
Epileo-Petitmal 578
Epilin 3828
Epilol 1607
*Epimestrol*** 3376
Epimid 1363
Epinal 580
Epinaphtin 2949
Epinat 2328
Epinelbon 2319
Epinephran 968
*Epinephrin*** 968
Epinephrylborat 929
Epinin(e) 964
Epinoval 1006
Epinyl 580
Epioestriol 3097
Epiphenethicillin 2797
*Epipropidin*** 2709
Epirenamine 968
Epirenan 968
Epirenin 968
Epirenor 730
*Epirizol** 55N
Epirotin 3323
Epiryl 2642
Episcorb 968b
Episédal 1607
Episol 3257
Episton 2903
Epital 1642
Epitegin 2390
Epiteliol 3659
Epithelone 2995
Epithiazide 1092
Epithioandrostanol 3415
*Epitizid*** 1092
Epitoin 841
Epitrate 968
Epitromina „Roche“ 2792
Epixal 368
Epixine 4359
EPM 33N
Epocán 2626
Epodil 1807
Epodyl 1807
Epokuhl 2770
Epomon-Wirkstoff 4223
Eponate 2709
Epontol 3140
Eporal 1605
Epoxine 3113
Epoxymethamine bromide 3113
Epoxypropidine 2709
Eppy 929
Eprazin 215
*Eprazinondihydrochlorid** 213N
Eprinal 968
Eprofil 1040
Eprolin S 4693
*Eprozinol*** 4065
Epsamon 427
Epsicapron 427
Epsikapron 427
Epsilamin 427
Epsilan 4693
Epsilan-M 4751
Epsilcapramin 427
Epsilen-Caprinol 427
Epsilon 427
Epsilon-Aminocapronsäure 427
Epsylone 1607
Eptadone 3817
Eptal 2328a
Eptamicin 4739
Eptamina 616
Eptaminal 1029
Eptavigor 794
Eptoin 2328
Equacillin 3223
Equanil 1011
Equibaral-simple 528
Equibral 2532
Equigard 160
Equilenin 2984
Equilin 3007
Équilium 1065
Equipax 1279
Equipertine 4198

Equipose 3808a
Equitar 1011
Equizole 1040
ER 115 2522
Eraldin 2263
Eralon 340
Eramin 248
Erantin 4046
Erasin 259
Erasol 259
Eraverm 185a
Erbacort 4874
Erbaprelina 1617
Erbasona 4874
Erbastina 2642
Erbazid 556
Erbefan 2509
Erben-Powd. 3478d
Erbetin 4666a
Erbrol 391
Ercal 4771a
Ercefurol 1578
Ercéfuryl 1578
Ercémol 898
Erco-Fer 137a
Ercoferro 137a
Ercoquin 3118
Ercorax 4220
Ercoril 4220
Ercostrol 3061
Ercotina 4220
Ercylène 26
Erebile 4351
Eretil 4351
Erevit 4751
Erftamin C 359
Erftamin 12 4960
Erftocillin 200 2593a
Erftopred 3806
Ergadenylic acid 1204
Ergam (alte Form) 4771a
Ergamine 248
Ergane 4771a
Ergarsan 53d
Ergate 4771a
Ergatosse 3681
Ergobasin 3324
Ergobromin 391
*Ergocalciferol*** 4626
Ergocalciferolphosphat 4630
Ergocito 4771a
Ergocristin 4810
Ergofeina 4771a
Ergogene 4771a
Ergogyn 4771a
Ergoklin 2689
Ergoklinine 3324
Ergomal 3324a
Ergomar „Cooper" 4771a
Ergomar „Nordson" 3324b
Ergomet 3324a
*Ergometrin*** 3324
Ergomigrin 4771a
Ergomine-S 4771a
Ergon 419
Ergonovin 3324
Ergopartin 3584a
Ergorone 4626
Ergostabil 3324a
Ergosterid 4626
Ergosterin 4627
Ergosterin activatum 4626
Ergosterina Irradiata 4626
Ergosterol 4627
Ergosterol (activated or irradiated) 4626
Ergostetrin 3324
Ergosumin 2689
*Ergotamin*** 4771
Ergotan 4771a
Ergotartrat 4771a
Ergoteston 4501
Ergotex-Nebulogenum 4774a
Ergotex-Tabl. 4774b
Ergotidine 248
Ergotocin 3324
Ergotrat AWD 4771a
Ergotrate Maleate 3324a
Eributazone 3245
Ericain 2011
Ericin 900
Ericodyl 18
Eridan 2521
Eridione 2305
Erikodyl 18
Erikoissalisyyli 497b
Erimycin 4867
Erina 1011
Erinit 235
Eriochrome blue SE 2508
Erion 4202
Eripharma 4867
Eritina 4867
Eritran 4843
Eritrax 4843
Eritrazon 4867
*Eritrityltetranitrat** 148
Eritrobiotic 4867
Eritrocin 4867
Eritrocina 4843
Eritrolonga 4867
Eritromicin(a) 4843
Eritrone 4960
Eritrosir 4960
Eritroveinte 4867
Eritrovit B_{12} 4960
Eritro-Wolf 4843
Erivit C 359b
Ermalate 3324a
Ermalone 3678
Ermalone-Ampullen 4476
Ermerol 3545l
Ermetrin 3324a
Ermycin 4867
Ermysin 4867
Eroin 3742
Eromycin 4867
Erostin 4843
Errecalma 4408
Errolon 1588
Ertilen 1375
Ertonyl 3555
Ertron 4626, 4627
Ertuban 340
Ervasin 1087
Erybiocin 4867
Erycen 4843
Erycinum 4843
Erycon 1653
Erycytol 4960
Erycytol-Depot 4959
Erydin 1526
Erynit 235
Erypin 1652
Erysan 2137
Erysimin 4675
Erysimosid 4814
Erysipan 352
Erysipan-soluble 1120
Erythra 1961h
Erythran 4843
Erythrityl tetranitrate 148
Erythrocin 4843
Erythrocin-Filmtabs 4843a
Erythrocin-I. M. 4902
Erythrogran 4843
Erythroltetranitrat 148
Erythromast 36 4843
Erythromid 4843

Erythromix V 4843b
*Erythromycin*** 4843
Erythromycin A 4843
Erythromycinestolat 4867
Erythroped 4902
Erythrophyll 4790
Erythrosin 3440
Erythrotin 4960
Erythroxylin 2828
Erytonyl 1409
Erytrameb 4843a
Erytrarco 4867
Erytro-Prot 4867
Erytrotil V 4843
ES 132 3384
ES 304 4701
Esa-B 735
Esabeta 735
Esabiotic 3970a
Esabromina 411c
Esaciclina 3970a
Esaciprone-Calcio 2631
Esacitrina 411i
Esacortene 4038
Esafosfan 444
Esafosfina 444
Esaiodina 411d
Esajodil 411d
Esametina 1827
Esametonium 1827
Esanbutol 1308
Esantene 4878
Esaplin 528
Esaron 1767
Esasorb 441
Esb_3 1056
Esbatal 1231
Esbetre 1056
Esbevit 1765
Escain 2467
Eschatin 3858
Escin(a) 4946
Escladana 807
Esclerosina 3178c
Escoflex 462
Escopantil 3898
Escophyllin 531b
Escopolamina 2830
Escorpal 3339
Escosyl 2385
Escovermin 185h
*Esculamin*** 2410
Esculoside 2385
Escurocaine 2011
Eselin 332
Esentil 3434
Eseridin(e) 2444
Eserin 2443
Eserinaminoxid 2444
Eserpine 4776
Esestrolo 3058
Esidolene 4207
Esidrex 528
Esidrix 528
Esidron 2761
E-Sir 4693
Esjaydiol 3675
Eskabarb 1607
Eskacillin 2590
Eskacillin 500 2590d
Eskacillin V 2593
Eskadiazine 1081
Eskalin V 4602a
Eskalith 12
Eskaphen 1765
Eskaserp 4776
Eskayol 3311
Eskazine 3753
Eskazinyl 3753
Eskel 2098
Eskulamin 2410
Esmail 2549
Esmarin 650
Esmeto-Na 156b
Esmodil 618
Esmopal 4807
Esobarbitalo 1700
Esocalm 4343
Esoidrina 528
Esoiodine 1032
Esol 4693, 4751
Esomedina 3600a
Esomid 1827
Esonium 1827a
Esophan 2725
Esopin 2892
Esorb 4751
Esorben 422
Esotensyl 1827a
Espacil 2830c
Espalisal 3829
Espalisyl 3829
Esparin 2799
Espartocamphrol 2489c
Espasmo-Gemora 3130
Espasmox 2311
Espastik-Supos. 3612
Espectona-Gotas 1032
Espectrin 2187a
Esperal 1287
Esphygmogenina 968
Esphylline 1202
Espirin 847g
Espiro-Faes 698
Espirosal 899
Espril 2595
Espritin 96
Esprivex 3989
Espronate 4093
Esprorone 3095
Esracain 2258
Esromiotin 2443
Essiggeist 92
Essigsäure 37
Essitol 37c
Essogen 3659
Estafcilina 2798
Estafilol 865
Estasil 1011
Esta-Tabs 4785
Estate 4227
Estathion 1273
Estazol 3900
Esteed 3555
Ester 22 3574
Ester 25 1187
Ester B_1 1783a
Esterloven 4084
Esterosol 4626
Estersina 2374b
Esthizol 865
Estigyn 3555
Estil 2672
Estilben P 4280
Estilbin 3006
Estilsona 4874
Estimon 3006
Estimulex 1214
Estimulo-Powel 841
Estinerval 742
Estinil 3555
Estinyl 3555
Estocin 3576
Estolacina 4867
Estolcina 4867
Estomida 3338
Estomine 391
*Estomycin** 4251
Estón 4410

Eston-B 4392
Eston-E 3555
Estopen 4084
Estopenil 4084
Estoral 4733
Estoral „Orion“ 3555
Estrabenzon 4392
Estracyt 207 N
Estradep 4485
Estradin B 4392
Estradin Depot 4227
*Estradiol*** 3095
*Estradiol benzoate*** 4392
Estradiol cypionate 4485
Estradiol „Dexter“ 4392
Estradiol dipropionate 4329
Estradiol enanthate 4423
Estradiolo Depositum 4485
Estradiol „Sanwa“ 4392
*Estradiol undecylate*** 4681
Estradiol valerate 4227
Estradurin 3095 a
Estraldine 3095
*Estramustinphosphat** 207 N
Estrasal 3555
Estraval 4227
*Estrazinolhydrobromid*** 3573
Estrazol Z 4392
Estrene 3058
Estreptocide 352
Estrepto-Level 3924 a
Estreptoluy 3927
Estreptomade 3924 a
Estreptomaipe 3927
Estreptomicina 3924
Estrepto „P“ 3924 b
Estrepto-Plasmin 3927 c
Estreptorgan 3924 a
Estreptosil 352
Estriadin-Grageas 1256
Estriadin-Inyect. 1204
Estricnina 3728
Estriel 3096
Estriel Depot 4548
Estrifar 3058
Estril 4280
Estrine-forte 3555
Estriol 3096
*Estrioli succinas*** 4468
Estrobene 3006
Estrobene DP 4280
Estrofix 3006
Estrofosid 4886
*Estrofurat** 211 N
Estrogen „Chiesi“ 4392
Estrogen forte inj. 4392
Estrogen forte tabl. 3059
Estrogenina 4280
Estrogenolo 3058
Estrogil 3095
Estroglan 3095
Estrogyne 3095
Estroici 4329
Estroidral 4392
Estrol 3059
Estrolan-B 4392
Estrolan-E 3555
Estrolan-Micropelets 3095
Estrolent 4863
Estromenin 3006
Estromenin-Deposito 3554
Estromon 3006
Estromone „Endo“ 3059
*Estron*** 3059
Estronal 3058
Estronex-Ampoules 4329
Estronex-Tabl. 3555
Estronol 3059
Estropon 3059
Estro-Quibi 4392
Estroral 2982
Estroral „Pabyrn“ 3555
Estrosir 4280
Estrostilben 4280
Estrosyn 3006
Estrotate 4228
Estrovarin 3059
Estrovena 3006
Estrovis 4410
Estrovister 4410
Estrovite 3095
Estrugenone 3059
Estrusol 3059
Estrychnina 3728
Esucos 4343
Esulan 733
Esuron 359
Esurvit 359
Esuverol 4751
Esuvit C 359
Esyntin 3647
ET 495 2596
*Etabenzaron*** 4166
Etabus 1287
Etaciland 3326
Eta-Col 1276
Etacort 4565
Eta-Cortilen 4061
Etacortin 4288
Etacortisone 4565
Etacridin 2366
Etacrynsäure 1880
Etadrol 3810
Etafebo 4751
*Etafedrinhydrochlorid*** 1772
*Etafenonhydrochlorid*** 3827
Etafillina 888 c
Etafurazone 712
Etakridin 2366
Etalate 3178 b
Etambin 1308
Etambro 803
Etambutol 1308
Etambutyl 1308
Etamfen 3827
Etamican 4693
Etamicycline 4937
Etamid 1485
Etamide „I-Effe-I“ 913
Etamin 2880
Etamin „Zeria“ 412 a
Etaminal 1545
*Etaminil*** 2447
Etaminum 4693
*Etamiphyllin*** 2033
Etamiphyllinmethojodid 2279
*Etamivan*** 1733
*Etamocyclin*** 4937
Etamolin 3178 c
Etamon 803
Etamonium 803
Eta-Monovit 4693
*Etamsylat*** 332
Etamycin 4905
Etamyl 1546
Etanamin 192
Etanarie 4791 a
Etanautine 2812 d
Etanor 1226
Etaperazin 3791
Etaphen 4727
Etaphene 963
Etaphydel 888 c
Etaphylline 888 c
Etapiam 1308
*Etaqualon** 2748
Etascorbina 359 h
*Etasulin** 116 N
Etaverina 4291

Eta-Vit 4693
Etazol 1124
Etbutol 1308
*Etebenecid*** 1485
Etenzamide 913
Etephyl 987
Eterapion 4751
ETH 710
*Ethacridine lactate*** 2366
Ethacrynic acid 1880
Ethadionum 580
Ethallobarbital 937
Ethallymal 937
*Ethambutol*** 1308
Ethamicort 4565
Ethamide 885
Ethaminal 1545
Ethamine 2880
Ethaminol 3178c
Ethamivan 1733
Ethamolin 3178c
Ethamoxytriphetol 4527
Ethamsylate 332
Ethanion 414
Ethaperazin 3791
Ethaquin 4291
*Ethaverin*** 4291
Ethchlorovynol 548
Ethchlorvinol 548
Ethebenecide 1485
Ethefil 987
*Ethenzamid** 913
Ether de Kay 614
Ether muriatic 44
Ethiacin 690
*Ethiazid*** 931
Ethiazone 1173
Ethicetazone 1173
Ethicon PTFE Paste for Injection 23
Ethidiumbromid 3724
Ethidol 3555
Ethimide 710
*Ethinamat*** 966
Ethinamin 710
Ethinazone 2748
Ethin-Oestryl 3555
Ethinone 3851
Ethinoral 3555
*Ethinylestradiol*** 3555
Ethinylestrenol 3634
Ethinylnortestorsterone 3603
Ethinyloestradiol 3555
Ethinyltestosterone 3851
Ethiodan 3399
*Ethionamid*** 710
Ethioniamide 710
Ethionine 430
Ethiquiniumchlorid 2929
Ethiron 113
*Ethisteron*** 3851
Ethistradon 3555
Ethizon(e) 1173
Ethmozine 195N
Ethnin(e) 4204
Ethobrome 31
Ethocain(e) 2011
Ethochlon 3681
Ethochloroynol 548
Ethodin 2366
Ethodryl 1300
Ethoforme 917
Ethoglucid 1807
*Ethoheptazin*** 2670
Etholate 3178c
Ethomorphine 3318
*Ethomoxan*** 2464
Ethonamnitrat 2586
Ethopabate 1677
Ethophylline 531b
Ethopropazine 3346
Ethorphinhydrochlorid 4415
Ethosalamide 1482
Ethosalicyl 913
Ethosuccimide 578
*Ethosuximid*** 578
*Ethotoin*** 1384
Ethotrimeprazine 3597
Ethoxazene 2163
Ethoxazorutine 4778
*Ethoxazorutoside*** 4778
Ethoxene 395
Ethoxybutamoxane 2464
Ethoxyd 2793
Ethoxyzolamidum 885
Ethoxzolamide 885
Ethpenal 4219
Ethquinol 4291
Ethrane 64
Ethrisin 860
Ethryn 4843
Ethy 11 3555
Ethybenzatropinhydrobromid 4002
Ethybenztropinhydrobromid 4002
Ethychlordiphene 3242
Ethyl acetrizoate 1339
Ethylamphetamine 1522
Ethylase 614
*Ethyl biscoumacetate*** 3932
Ethyl Butex 895
Ethyl Chemosept 895
Ethyl Cysteine 13N
Ethyldicoumarol 3932
Ethyldithiurame 1287
Ethylemin 3052
Ethylene 33
*Ethylestrenol*** 3673
Ethylfenacemide 1439
Ethylheptazine 2670
Ethylhydrocupreine 3847
Ethylidene Dicoumarin 3452
Ethylidenedicoumarol 3452
Ethyl ipodate 2165
*Ethylis cartrizoas*** 2363
*Ethylis dibunas*** 3642
Ethylisobutrazine 3597
*Ethylmethylthiambuten*** 2411
Ethylmorphine hydrochloride 3318
Ethylnarceine 4404
Ethylnoradrenaline 1226
Ethylnorantifein 988
Ethylnorepinephrine 1226
Ethylnorphenylephrine 1222
Ethylnorsuprarenin 1226
Ethyloestrenol(um) 3673
Ethylol 44
Ethylon 803
Ethyl pabate 1677
Ethyl Parasept 895
*Ethylphenacemid** 1439
Ethylstibamine 349
Ethylsulfonal 790
Ethyl-Thiurad 1287
ethyl triiodoalphionic acid 1360
Ethylurethane 106
Ethymal 578
Ethymidine 676
Ethymisole 988
*Ethyneron*** 3511
Ethynodioldiacetat 4332
Ethyphyline 1222
*Ethypicon*** 1223
Ethypropymalum 983
Ethyserpine 4798
Ethysine 2594
Etibe 1308

Etibi 1308
Eticiclina 3555
Eticlordifene 3242
Eticol 1187
Eticyclin 3555
Eticyclol 3555
Eticylol 3555
*Etidronic acid*** 60
*Etifelmin** 2772
Etifollin 3555
*Etifoxin** 134N
Etil-Canforamina 1515c
*Etilefrin*** 1222
Etilen-Xantisan 531b
Etilfarm 1308
Etilfen 1607
Etiliform 614
Etilmetiltienbuteno 2411
Etimid 710, 754
Etimizol 988
Etin 4771a
Etinestrol 3555
Etinestryl 3555
Etinilestradiolo 3555
Etinil-Ovigon 3555
Etinoestryl 3555
Etinylestradiol 3555
Etiocidan 710
Etionamid 710
Etionid 710
Etionizina 710
ETIP 1662
Etiphen 4447
*Etipirii iodidum*** 3835
Etipyriumjodid 3835
Etiron 113
*Etisazol*** 886
Etisteron(a) 3851
Etistradiol 3555
Etisul 1662
Etivex 3555
Etivina 4751
Etizin 2594
Etmozin 195N
Etnapa 685
Etobedolum 4026
Etocaina 2011
Etocil 913
Etocumarol 3932
*Etodroxizin*** 4208
*Etofamid** 3242
Etofein 987
*Etofuradin*** 3031
*Etofyllin*** 941
Etofyllinnicotinat 2370
*Etoglucid*** 1807
Etogyn 4226
Etokain 2011
Etoksid 2793
Etolein 3178c
*Etolorex*** 1747
Etomal 578
*Etomidat*** 2156
Etomidehydrochlorid 4599
*Etonamnitrat*** 2586
*Etonitazen*** 4026
Etonitazinum 4026
Etophylate 888c
E-Toplex 4751
*Etoprindol** 2437
*Etorphinhydrochlorid*** 4415
*Etosalamid*** 1482
Etosalicil 913
Etosuximida 578
Etoval(etta) 1249
*Etoxadrolhydrochlorid*** 128N
*Etoxazen*** 2163
*Etoxeridin*** 3138
*Etozolin*** 2017
ETP 710
Etpenal 4219
Etradil 398
Etrazide 527
Etrenol 3548
Etrium 803
Etroflex 1486
Etromycin 4843
Etropres 4813
Etrozolidina 3246
Etruscomicina 4831
Etruscomycin 4831
Etrynit 398
Etryol Trinitrate 398
*Etryptaminacetat*** 1694
ETTN 398
Ettrioltrinitrat 398
Etumine 2974
*Etybenzatropinhydrobromid*** 4002
Etybenztropini hydrobromidum 4002
Etydion 580
Etyfin 3318
Etylklorid 44
Etylon 803
*Etymemazin*** 3597
Etymidehydrochlorid 4599
*Etynodioli acetas** 4332
Etyprenalinum 2029
EU-1806 4340
EU 4200 2596
Euacid 277
Eubasinum 1366
Eubetin 1145
Eubine 3026
Eubispasme-Wirkstoff 4051
Eubolin 4628
Eubornyl 2486
Eucaf 4747
Eucain (A) 3386
Eucain B 2430
α-Eucain 3386
β-Eucain 2430
Eucalcium 423, 1254b
Eucalyptol 1275
Eucanfol 1267
Eucapur 1275
Eucardion 4269
Eucast 1755
*Eucatropin*** 2888
Eucazulen 2393
Euchessina 3451
Euchinin 4181
Euchrysin 2785
Eucil 2590
Eucilat 3225
Eucistin 1369
Euclidan 1755
Euclidin 1755
Euclorina 527
Eucodale 3026
Eucodamine 3026
Eucodin 3363
Eucol 893
Eucol „Lefranq“ 440d
Eucolil 4499
Eucolina 4351a
Eucopon-Wirkstoff 3561
Eucoran 1190
Eucosan 3026
Eucupin 4344
Eucystin 411k
Eudan 1342
Eudatin 1409
Eudemine 638
Eudermol 1188a
Eudiamin 531b
Eudilat 3225
Eudin 3026

Eudiural 532b
Eudol 3026
Eudormat 1457
Eudormil 634
Eudoxin 3446b
Eudrin 485
Eufenor-Sustancia I 3090
Eufenor-Sustancia II 2839
Eufepar 947
Eufibron 1961
Eufilina 531b
Euflavin 2142
Eufodrin 1214
Eufodrinal 1214
Eufuran 830
Eugallol 671
Eugenol 1130
Eugerase 2011
Euglucan 4173
Euglucon 5 4173
Euglycin 2248
Euglykon 4173
Euguform 2383
Euhaemon 4960
Eukdin 3026
Eukodal 3026
Eukodan 3026
Eukraton 754
Eulaevomycetinum 4687
Eulantiluy 2600a
Eulantina 2861
Eulantinon 2861
Eulaxin 4255
Eulicin 4378
Eulimen 1241
Eulissin 2720
Eumangan 359e
Eumicton 147
Eumidrina 3139
Eumin 375
Eumorphal 3026
Eumostat 1125b
Eumotol 152N
Eumydrin 3139
Eunal 2672
Eunarcon 1457
Eunasin 1908
Eunephran 1493
Euneryl 1607
Eunesine 3128
Eunoctal 1546
Eunoctin 2319
Euparotinacetat 3996
Eupasal 516
Eupatin II 4326
Eupatorin 2963
Eupaverin (alte Form) 3201
Eupaverin (neue Form) 3487
Eupavéryl 3489
Euperistal 1792
Euphan 1961n
Euphodrin 1214
Euphodyn 953
Euphorin 918
Euphoron 2098
Euphozid 972
Euphthalmin 2888
Euphyllin 531b
Eupirina 637
Eupirone 2968
Euplacid 585
Eupneron 4065
Eupnine 711a
Eupnophile 904
Eupochlorinacetat 3998
Euporphin 3025
Eupractone 226
Eupramin 3335
Euprax 1246
Euprex 2932
*Euprocin*** 4344
Euquinin 4181
Euradal 528
Euragen 4351
Eurax(il) 1953
Eurazyl 3392
Eurene 528
Euresol 667
Eurheumon 847
Eurhyton 3766
Eurinol 650
Euro-Cir 728
Eurogale 1048
Europen 3139
Eurosprint 1471b
Eusal 913
Eusaprim 2187a
Euscopol 2831
Eusip-Wirkstoff 2342
Eusmanid 1231
Eusolex 2081
Euspart 2489a
Euspiran 1526
Euspirol 1525
Eusterol 1152
Eustidil 2117
Eustigmin 1792
Eustral 1081
Eustrophinum 4832
Eusulbon 1658
Eusulfa 1911
Eusulfon 887
Eusynthomycin 4687
Eutagen 3026
Eutan 1652
Eutarpan 2758
Eutasin 1652
Eutensol 1303
Euthatal 1545a
Euthermin 847
Euthroid 2317a
Eutimox inyect. 4660
Eutizon 340
Eutonyl „Abbott“ 1409
Eutonyl „Cophabel“ 1267
Eutosal 847
Eutrophyl 4694
Eutus 2790
Euvasol 963
Euvel 4751
Euvernil 555
Euvernil-Depot 1658
Euvestin 4280
Euvifor 380
Euvit A 3659
Euvit C 359
Euvitol „Allen & Han-bury“ 2426
Euvitol „Zambeletti“ 3659
Evablin 4789
Evacilin 2590d
Evaclin 2607
Evactil 3700
Evac-U-8 3700
Evacuol 2955
Evadol 2607
Eval 3451a
Evalgin 3068
Evalon 340
Evanex 132
Evansblau 4789
Evans Blue 4789
Evarsan 1896
Évasprine 1900
E-vatine 4693
Evazol 4716
Eventin 1297
Everninocin 2472
E-Veta-vit 4751

Evex 3063
Eviabit 4751
E-Vicotrat 4751
Evicyl 4878
Evigril 340
E-vimin 4751
Eviol 4751
Evion 4751
Evipal 1700
Evipan 1700
Evipherol 4751
E-Vita 4751
E-Vital 4693
Evitaminum 4693
Evitan 4693
E-Viterbin 4751
Evitex A 3659
Evitil 4693
Evitina 4693
Evitol 4751
Evitol „Assia" 4693
E-Vitum 4693
Eviunis 452b
Evogal 3839
Evolubran 2626
Evramicina 4877
Evramycin 4877
Evrodex 954
Evronal 1758
Evultin 2233
1347 Ex 258
Ex 4355 3042
Ex 4810 1931
Ex 10781 1908
Exadion 4038
Ex-Adipos 1211
Exadrin 968
Exagien 665
Exal 4918
Exalcol 3700
Exalgin 911
Examel 411
Examen 4960
Examin 2170
Exangit 4732
Exastur 411
Exazol 1398
Exazol-acetil 1911
Excolicin 2590d
Excresodin 485
Exelmin 185f
Exetidina 3931
Exhorran 1287
Exilon 1943
Exipid 1994
Exmigra 4771a
Exmigrex 4771a
Exna 2341
Exodol 4256
Exofalicain 2879
Exofène 1830
Exol 450
Exolan 3461
Exomycol 317a
Exonic OT 3700
Exopan 2690
Exoral 4960
Exosalt 2341
Exoseptoplix 352
Exostrept 3926
Exosulfonyl 2560a
Exotancain 2879
EXP-105-1 1268
EXP-126 1798
EXP-338 456
EXP-999 4013
Expansatol 1250
Expansin 500
Exponcit 958
Exsept 352
Extacol 1160
Extencilline 2590e
Extrabolin 4966
Extraciclina 3971
Extralax 3942
Extraneurina 1783
Extrapenil Antihista-minico 2590i
Extraphan 2509
Extrasulfa 1397
extrinsic factor 4960
Extussin 3561b
Eye-Cort 3893
Eye-Sul 708a
Eyesule 2854b
Ezerina 2443

883 F 1999
914 F 1214
929 F 2706
933 F 2197
1162 F 352
1262 F 3073
1358 F 1605
1399 F 2559
1500 F 2560
2249 F 620
F-1 339
F 2 3062
F-6 322
F-8 320
F 19 3028
F-26 713
F-28 341
F-30 636
F-35 1044
F-60 647
F-74 1316
F-150 1944
F-151 2207
F 156 3114
F 190 698
F 200 4063
F 256 120
F 270 696
F 368 2064
F 394 1518
F 1052 2000
F 1983 2662
F 2559 4734
F 6066 4141
F 6113 1070
F 30066 1119
Fa 402 4737
Fabacyclin 3970
Fabadorm 1699
Fabahistin 3244
Fabantol 3140
Fabedrine 953
Fabofosfor 977
Fabontal 3140
Facestir 1067
Factoclina 2374b
Factor B „Eros" 1765
Factor C „Eros" 359
Factor H_3 2011
Factor P-Zyma 4779
Factor citrovorum 3532
FAD 4533
Fademin 4533
Fadicer 2626
Fadormir 2535
α-Fagarin 3743
Fagine 281
Fago-Biotico 200000 2590
Fago-Biotico 300000 (600000) 2590d
Fahrox 71N
FAK III 1910

Faktor I 4954
Faktor III 4954
Falapen 2590
Falban 4038
Falban-Crema 4309
Falban inyect. 4648
Falcopen V-K 2593a
Falcopen-V-Susp. 2593c
Falepsin 1607i
Falicain (alte Form) 2011
Falicain (neue Form) 2879
Falicor 4269
Falimint 1443
Falithrom 2962
Falitrast 475
Falivegan 698a
Falkitol 22
Falmonox 3627
Falor-Piren 1961a
Famet 887
Fametokyn 1398
Famolin 2072
Famophos 1243
Famosept 317a
*Famotinhydrochlorid*** 2531
*Famprofazon*** 4318
Fanasil 1659
Fansulf 1659
Fanodormo 1699
Fanquinonum 1567
Fantan 3206
Fanterrin 3972
Fanthridonhydrochlorid 3001
Fantorin 1579
*Fantridonhydrochlorid*** 3001
Faragynol 3957
Farbioscal 423
Farciclina 3970
Fargan 2800
Faringil 1515a
Faringosept 740
Farlutal 4348
Farma „939“ 4943
Farmabutol 1308
Farmaciclina 4530
Farmacyrol 3957
Farmamid 708a
Farmaneurina 1795
Farmangina 1515a
Farmaproina 2590d
Farmatest 3885
Farmatox 2790
Farmicetina 1375
Farmicetina Sciroppo 3466
Farmidril 3690
Farmiglucina 4251
Farminosidin 4251
Farmintic 725
Farmiserina 89
Farmizina 215
Farmobion A 3659
Farmobion B_1 1765
Farmobion B_6 735
Farmobion C 359
Farmobion D_2 4626
Farmobion E 4693
Farmobion PP 319
Farmocaina 2913
Farmodent 2913
Farmolisina 1965
Farmotal 1542
Farnochinon 4870
Farpol-C 3210
Farutine 4520
Farvit B_1 1765
Farvit C 359
Fas-Cile 1011
Fasciolin 22
Fascol super 1830
Fasigyn (alte Form) 3095
Fastocaine 2258
Faston 2812c
Fatoliamid 710
Faustan 2521
Favistan 143
FBA 1420 3140
FBA 1464 1012
FBA 1500 1993
FBA 4503 2696
FB a 4059 98N
FB b 4231 176N
FB b 5097 3934
FB b 6896 89N
FC 1 3747
FC-379 2244
F-Cortef 4214
FDH-3 66
Fealan 2509e
Fealina 281h
*Febarbamat*** 3624
Febberit 685
Febbridol 685
Febichol 1512
Febramine 2388
Fébranine 1601
Febrifugin 2613
Febrilix 685
Febrilzolon 1961l
Febrimin 551
Febrinil 685
Febrinine 1961
Febro-Gesic 685
Febrolin 685
Febron „Daiichi“ 1961
Febron „Dr. Janka“ 1965
Febrosanal 847d
Febrosolvin 1961k
Febrovir 1961
Febutol(o) 3246a
Febuzina 3245
Fecalate 3700
Fe-Cap 46e
Fedacin 322
Fedajodo 1032
Fedal-Ami 815
Fedal-Ditiazin 4140
Fedal-Hexil 1767
Fedal-Lamb 4202
Fedal-Piperin 185f
Fedal-Telmin 1835
Fedal-Tri 697
Fedal-Tridon 216
Fedal-Un 21
Fedal-Uncin 2852a
Fedibaretta 2159
Fedion 2305
Fedolax 3451
*Fedrilatmaleat*** 3652
Fedrin 1216
Fefuma 137a
Feguanide 1236
Feidmin 5 4346
Felacrinos 4351
Fel-bis 2355
Felepatol 947
Felesan 947
Felicain 2475
Felicur 947
Felidin 2431
Feliflux 4351
*Felipyrin*** 2416
Félitrope 947
Felixyn 1462
Fello-Sed 576
Fello-Sulfa 2348
Feloflux 4351
Felogen „Asta“ 1989
Felogen „Wassermann“ 1665
Felombrine 1379

Felosan 530
Felotrast 1061
Felsules 32
Felumin 3440
Felurea 881
Felviten 1046
*Felypressin*** 4920
Femadol 4046
Femegan 2800
Femepen 2593
Femerazol 1075
Femergin 4771a
Femeride 4571
Femestral 3095
Femestrone 3059
Femestrone-inj. 4392
Femidyn 3059
Feminone 3555
Femirogen 3058
Fem Iron 137a
Femital 1903
Femiton 1903
Femogen Aqueous 3095
Femogex 4227
Femolone 4622
Femovolin 3095
Fena-C 1961a
Fenacaine 3045
Fenacemid 881
Fenacetina 1158
Fenacilin 2593
*Fenaclon** 1427
Fenactil 2770
*Fenadiazol*** 634
Fenadone 3817
Fenadoxon 4191
Fenafan 4174
*Fenaftic acid*** 4315
Fenakon 1427
*Fenalamid** 3413
Fenallymal 1883
Fenamet 3391
Fenamide 315
Fenamidofuril 2169
*Fenamifuril*** 2169
Fenamin 953
*Fenamisal*** 1866
Fenamizol 870
*Fenamol** 521
Fenamsulfoniumjodid 2819
Fenantoin 2328
Fenara 953
Fenarol 1374
Fenarsone 546
Fenartril 1937
Fenasal 1835
Fenascopen-Wirkstoff 2593
Fenasprate 2746
Fenastezin 3750
Fenatin 2377
Fenatrop „Quesada“ 1607e
Fenatrop 3871
Fenatsokin 4001
Fenazil 2800
Fenazolina 2785
Fenazolo 2348
Fenazone 1382
Fenazoxine 2773
*Fenbenicillin-Kalium*** 3954
Fenbensamin 2841
Fenbiotic 1375
Fenbital 1607
Fen-Bridal 2800
Fenbutamide 1509
*Fenbutrazat*** 4195
*Fencamfamin*** 2426
Fencaminahydrochlorid 3632
*Fencarbamid*** 3339
Fenchlorphos 651
Fenchon 1257
Fenchyval 2494
Fenciclina 3970h
*Fenclexoniummetil-sulfat*** 3908
*Fenclofos*** 651
*Fenclonin*** 873
Fenclorethate 1335
*Fenclozic acid*** 1314
Fencumar 2962
Fendibina 2593c
*Fendilinhydrochlorid** 4145
Fendimetrazin 1724
Fendio-Nessa 2305
Fendon 685
Fenedrin 953
Fenelzin 742
Fenemal 1607
Fenergan 2800
*Feneritrol*** 4908
Fenesina 2692
Fenesterin 4855
Fenestil 3539
*Fenestrel** 2630
Fenetamin(a) 4372
*Fenethazin*** 2594
Fenethicillin 2796
Fenethyllinhydrochlorid 3089
Feneticilline 2796
Fenetoxamide 1145a
*Fenetyllinhydrochlorid*** 3089
*Fenfluramin*** 1691
Fenfoduron 1236
Fenformin 1236
*Fenharman*** 2975
Fenhombreol 4603
Fenhydren 2305
Fenibutasan 3245
Fenibutol 3245
Fenidina 1158
Fenidox 2320
Fenidrone 2511
Fenigam 1154
Fenilaxan 3942
Fenilazone 1382
Fenilbichina 3545n
Fenilbutazona 3245
Fenilbutina 3245
Fenilcal 1607c
Fenilcaletas 1607c
Fenilefrina 962
Fenilfar 962
Fenilidina 3245
Fenilin 2305
Fenil-Indandione 2305
Fenil-Insa 411q
Fenilor 810
Fenil-PAS 1866
Fenimicrol-AM 1375
*Fenimid** 1919
Fenina 1158
Fenindione 2305
*Feniodiumchlorid*** 60N
Feniodol 2320
Fenipen 2796
Feniramin 2622
Fenisan 4255
Fenised 881
fenistil 3539
Fenitoin(a) 2328
Feniton 2509e
Fenitron 2418
Fenizina 2509i
Fenlaxin 4255
Fenmetralin 1471
*Fenmetramid*** 1411
Fenmetrazin 1471
Fenmetrazina cloridrato 1471
Fenobarbital 1607
Fenobiotic 4662a

Fenocarbamida 3339
Fenociclina 3302
Fenocin 2593a
*Fenocinol** 120N
Fenocyclin 3302
Fenocylin 3302
Fenodone 1961m
Fenoform forte 316
Fenoharman 2975
Fenolactine 1480
Fenolax 3451
Fenolftalein 3451
Fenolipuna 3195
Fenomag Mussini 2509c
Fenoperidine 4194
Fenopromin 953
Fenoquin 2509
Fenormin 1236
Fenosed 1607
Fenosept 317a
Fenospen 2593
Fenossipenil 2593
Fenostenyl 881
Fenostil 3539
Fenothiazin 1577
Fenotiazina 1577
Fenotone 3245
Fenoverm 1577
Fenox 962
Fenoxadrin 2814
*Fenoxazolin*** 1980
Fenoxazolum 841
Fenoxcillin 2593a
Fenoximetilpenicillin 2593
Fenoxin 2593
Fenoxipropazinum 979
Fenoxypen 2593
Fenoxypen-Novo 2593a
*Fenoxypropazinhydrogen-maleat*** 979
*Fenozolon*** 1387
*Fenpentadiol*** 1720
Fenpidon 4313
*Fenpipramidhydro-chlorid*** 3795
Fenpipramidmethyl-bromid 4064
*Fenpipranhydro-chlorid*** 3560
Fenpropamin 3612
*Fenproporexhydro-chlorid*** 1693
*Fenspirid*** 2417
Fensuximide 1363
Fentanest 4021
Fentanil 4021
*Fentanylcitrat*** 4021
Fentazin 3791
Fenterminhydrochlorid 1211
Fentetramina 2864
Fenthion 1240
Fentiazin 1577
*Fenticlor*** 1570
Fentirin 3281
Fentolamine 2787
Fenton 423h
Fentonium 4737
Fentredum 1720
Fentrinol 1253
Fentropilium 4708
Fenucil 1041
Fenural 881
Fenurea 881
Fenuril 485
Fenurone 881
Fenylbutazon 3245
Fenylefrine 962
Fenylepsin 2328
Fenylettae 1607
Fenyprin 1214
Fenyracilline 2590h
*Fenyramidolhydro-chlorid*** 1900
*Fenyripolhydrochlorid*** 1628
Fenytan 881
Fenytoine 2328
Fenzol 1382h
Feostat 137a
Feostim 137a
Fepar 947
Feparil 4946
*Fepentolic acid*** 1716
Fepirina 3246a
Fepratset 2791
*Fepromid*** 205N
FER 1443 461
Feramid 319a
Feraspartyl 168c
Feravol 423h
Fercacyclin 3970
Fercaferol 4751
Fercamycin 1375
Fercasone 4038
Fercaspectron 3972
Fercasulf 1398
Fercasulf-Sciroppo 1911
Ferdomus 452d
Férédetate de Sodium 1254e
Fergon 423h
Ferinal 3098
Ferlucon 423h
Fermentmycin 3970
Fermergin 4771a
Fermin 4960
Fermycine 3970
Ferncaine 2011
Ferndex 954
Fernide 408
Ferniron 137a
Fernisolone 3859
Fernisone 3806
Fernmersyl 1951
Ferona 3645
Feroton 137a
Ferox 423h
Feroxyl 4626
Ferranol 137a
Ferrets-forte 137a
*Ferric fructose*** 379
Ferricholinatum 281e
Ferricodile 53a
Ferrin 55 423h
Ferripyrinum 1382i
Ferriscorbone magnésienne 363
Ferritetraceminnatrium 1254e
Ferritose 379
Ferrivenin 423h
Ferrivin 338
Ferro-Agepha 423h
Ferrocal 362g
Ferrochel 281e
Ferro-Chews 137a
*Ferrocholinat*** 281e
Ferrocodile 53a
Ferro-dispers 137a
Ferrofumasan 137a
Ferrofume 137a
Ferroglobine 168c
Ferroglucon 423h
Ferroglycinsulfat 46e
Ferroglyconicum 423h
Ferrohept 604b
Ferrokapsul 137a
Ferrol 1254e
Ferrolip 281e
Ferrolyn 137a
Ferromate 137a
Ferromikron 137a

Ferromyn 153d
Ferron 820
Ferronascin 416
Ferronat 137a
Ferronicum 423h
Ferronord 46e
Ferropyrine 1382i
Ferroquelato 281e
Ferrosanol 46e
Ferrose 423h
Ferro-Sequels-Wirkstoff 137a
Ferrostrane 1254e
Ferrostrene 1254e
Ferrotartrat 156f
Ferrotrat 156f
*Ferrotrenin*** 1815
Ferro-Vinces-Wirkstoff 137a
Ferrumate 137a
Ferrum Polon 423h
Ferryl 53a
Fersaday 137a
Fersamal 137a
Fertaron 156f
Fertilan 4751
Fertiligen 4693
Fertilol 4693
Fertilvit 4751
Fertodur 4141
Ferumat 137a
Fervens C 359
Fervenulin 522
FES 3062
Fesia-sin 1830
Festamin 2812
Festivina 1011
Fetidin 4869
*Fetoxilathydrochlorid*** 4824
Fetoxylathydrochlorid 4824
Fetron 137a
Fettponceau R 4259
Feverall 1965
Fe-Vit 359d
Fevonil 1965
Fexin 2790
*Fezation*** 2739
FG 5111 2647
FH 3582 A 4864
Fherbolico 4560
F. I. 106 4518
F. I. 1163 4831
F. I. 5631 3043
F. I. 5853 4251
F. I. 5967 3721
F. I. 5978 1401
F. I. 6120 3591
F. I. 6143 1596
F. I. 6146 4221
F. I. 6150 3810
F. I. 6229 3275
F. I. 6337 4396
F. I. 6339 4517
F. I. 6341 4659
Fiasone 3806
Fiasone-Amp. 4412
Fibrogenina 201a
Ficortril 3893
Ficusin 1310
Fidemycin 3970
Fidemycin PM 4530
Fidepax 1011
Fidesbiotic 2614
Fidocin 3720
Filarcidan 1300
Filarsen 309
Filazine 1300
Filimarisin 4818
*Filipin** 4818
Fillincolina 281j
Filocor 3309
Filoderma 4310
Filon 4195a
Filoral 281j
Filotonsil 1515a
Filtrat-Faktor 1008
Fimalene 340
Fimazid 340
Fimbutol 1308
Fimediona 4746
Fimeil 4059
Final 3874
Finalin 3874
Finarthrin 2509
Findolor 1208
Fine-Dol 3411
Finistin 2598
Finlepsin 2325
Finnspirin 847
Fintozid 340a
Finuret 652
Fiobilin 4351
*Fipexid*** 3483
Firmalgil 1900
Firmalone 4038
Firmazolo 2348
Firon 137a
Fisalemina 4950
Fiseptona 3817
Fisiocobal 4966
Fisio-Gamma 177
Fisioral C 359
Fisioral-antitermico 1965
Fisioral-laxante 3700
Fisioral-piperazina 185h
Fisioral-sulfamidado 1911
Fisioral-tetraciclina 3970a
Fisiozim 3423
Fisiuretik 547
FisoHex 1830
Fisostina 768b
Fissucain 2475
Fitihispana 452b
Fitina 452b
Fitociclina 3955
Fitokellina 2098
Fitolo 452b
Fitonadiona 4746
Fitosol 452a
Fivepen 2590
Fiviton A 3659
Fiviton B_1 1765
Fiviton B_{12} 4960
Fiviton C 359
Fiviton D 4626
Fixanol C 3922a
Fixocal D_3 4573
F. J. 5508 1550
F-K-1 4746
FK 900 3212
Flaba 143
Flabelline 2798
Flacar 277b
Flacitran 2307
Flagecidin 2202
Flagemona 375
Flagesol 375
Flagil 375
Flagyl 375
Flaianina 857
Flamaril 3246
*Flamenol** 22N
Flamisul 1658
Flamotide 2838
Flanithin 245a
Flanthin 238
Flatax-Orange 3451
Flavacidin 2227
Flavacin 2227
Flavacridinum 2142
Flavacrin 1852a

Flavacyn 3970
*Flavaminhydrochlorid** 3740
Flavan „Gueyne" 2360
Flavascorb 359
Flavaxin 2805
Flavazone 322
Flavene 2805
Flaveric 3822
Flavicid 3087
Flavicidin 2227
Flavicin 500
Flaviform 2142
Flavin 2308
Flavinadenindinucleotid 4533
Flavin BB 2805
Flavine 2142
Flavinetten 2142
Flavinin 4533
Flavinmononucleotid 2838
Flavipin 2142
Flavisept 2142
Flavit 2805
Flavitan 4533
Flaviţina 2805
Flavitol 2805
Flavitol forte 2838
Flavitrol 2366
Flavocillin 2590
Flavoclor 2374b
*Flavodic acid*** 3196
Flavogyre 471
Flavol 2838
Flavolutan 3882
Flavon 2306
Flavopen-Wirkstoff 4662a
Flavoquine 3497
Flavosan 2142
Flavosil 2124
Flavosir 2805
Flavoteben 1873
*Flavoxathydrochlorid*** 4265
Flavugal 3959
Flavurol 3441
Flaxedil 4734
Flebex 4779
Flebiodina 1032
Flebocortid 4420
Flectar 2567b
Fleet-Theophylline 531c
Flegyl 375
Fleischmilchsäure 96
Flemicilina 300 2590d
Fleminsal 200000 2590
Fleminsal 300000 2590d
Fletase 3659
Flexal 1816
Flexamol 1486
Flexartal 1816
Flexazone 3245
Flexin 466
Flindix 354
Flivazone 1122
Flocillin 2590d
Flocinon 328a
*Floctafenin** 161N
Flogal 3246
Floghene 3246
Flogicort 3813
Flogistin 3246
Flogitolo 3246
Flogodin 3246
Flogoril 3246
Flogostop 3246
Flogovital 1846
Flonatril 2164
Flopirina 3246
*Flopropion*** 901
Floralbina 1039
Floramicina 3970
Florantiron 3450
*Florantyron*** 3450
Floraquin 815
Florema 2532
Florequin 815
Flores Benzoes 495
Floretione 679
Floricina-Wirkstoff 3732
Florimycin 4243
Florinef 3863
Florocycline-Wirkstoff 3970
Floropipamide 3878
Floropipeton 4233
Floropryl 437
Flou 2896
Floxamine 2814
Floxapen 3212
*Floxuridin*** 907
*Fluacizin** 165N
*Flualamid*** 2848
*Fluanison*** 3769
Fluanxol 4144
Fluanxol-Depot 234N
Fluazide 652
*Flubanilat*** 2195
Flubenisolondinatrium-phosphat 4062
Flubenisolonum 4039
Flubenisolonvalerat 4551
Flubigen 3887
Flubilar 3887
*Flucarbril*** 1315
Flucarmit 665
Flucinar 4295
*Fluclorolonacetonid*** 4285
Flucloronide 4285
*Flucloxacillin*** 3212
Flucort 4019
Flucort „Ikapharm" 3810
Flucort „Tanabe" 4295
Flucorticin 4019
*Flucrilat*** 20N
Flucrylate 20N
*Flucytosin*** 130
Fludemil 633
Fluderma 4659
Fludestrin 3351
Fludeten 435
Fludilat 3420
*Fludorex** 1434
Fludrocortisat 4214
*Fludrocortisonacetat*** 4214
Fludrocortisone 3863
Fludrocortone 3863
Fludrocortone(acetat) 4214
Fludrone 3863
Fludronef 3863
Fludroxicortidum 4339
*Fludroxycortid*** 4339
*Flufenamic acid*** 2062
Flufenaminsäure 2062
Flufenazindihydro-chlorid 3989
*Flufenisal*** 2313
Flufénone 2415
Fluformilone 4659
*Flugestonacetat*** 4213
Fluidane 2299
Fluidemin 2299
Fluidemol 2299
Fluilax 3700
Fluimucetin 243
Fluimucil 243
*Fluindarol*** 2505
Fluitran 650
Fluitting 2120
Flukanide 149N
Flukoids 1
Flu-Korti 4309
Flulon 4035

Flumadon 435
Flumamine 195
Flumazin 2991
Flumazine 3989
*Flumedroxonacetat*** 4311
Flumen 485
Flumeprednisolon 4307
Flumesil 2342
*Flumetason*** 4019
Flumetasonum pivalicum 4545
Flumethasone 4019
Flumethasondimethyl-propionat 4545
*Flumethiazid*** 633
Flumethone 4306
*Flumetramid*** 1337
Flumezin 3989
Flumidin 435
Flumiken 652
*Fluminorex*** 1058
Flumoperonum 3962
*Flunarizindihydro-chlorid*** 4449
*Flunidazol*** 1336
*Flunisolidi acetas*** 4472
*Flunitrazepam*** 111 N
Fluochol 3450
Fluocinil 4295
Fluocinolide 4463
*Fluocinolonacetonid*** 4295
Fluocinolona-Oculos 4295
*Fluocinonid** 4463
*Fluocortolon*** 4036
Fluocortoloncapronat 4610
Fluoderm plain 4035
Fluodryl 3039
Fluogan 698
Fluohydrisone 3863
Fluolon 4035
Fluomazina 2991
Fluonid „Marion" 4295
Fluonid „Orion" 1841
Fluonide dermica 4295
Fluonilid 1841
Fluopromazine 2991
Fluopromil 2991
Fluorandrenolon 4339
Fluorcortisol 3863
Fluordexamethason 4019
Fluordexamethason-pivalat 4545
Fluo-rectal 3447
Fluorembichin 257
Fluoresceinnatrium 3447
Fluorescite 3447
*Fluoreson** 679
Fluorhydrocortisonum 3863
Fluorhydrocortisonum aceticum 4214
Fluoridril 652
Fluoridron 652
Fluorin 3447
Fluor-I-Strip 3447
Fluormetholonum 4035
Fluormethyldehydrocortico-steron 4036
Fluormethylprednisolon 4038
Fluormetilone 4038
Fluormone 4038
Fluorocort 4038
Fluorodelta 4038
Fluorodopan 950
Fluorofen 2991
Fluoroform 4
Fluoroformylon 4659
Fluoromar 139
*Fluorometholon*** 4035
Fluoromezin 1950
Fluoro-Niagar 2342
Fluorophene 2051
Fluoroplex 126
Fluorosalan 2051
Fluorotyrosinum 876
*Fluorouracil*** 126
Fluorpan 950
6-Fluorprednisolon 3810
9-Fluorprednisolon 3812
9-Fluorprednisolonacetat 4187
Fluorthyrin 876
Fluortriamcinolonacetonid 4295
Fluortyrosin 876
Fluoryl 4
Fluoryl „AFI" 698
Fluosterolone 3813
Fluostigmin 437
Fluotal 293
Fluotestin 3645
Fluothane 24
Fluoximesteronum 3645
Fluoxiprednisolonacetonid 4310
Fluoxiprednisolonhexa-cetonid 4713
Fluoxiprednisoloni acetas 4400
Fluoxiprednisolonum 3813
Fluoxolonate 4472
Fluoxydin 125
*Fluoxymesteron*** 3645
Fluoxyphenoniumbromid 3911
Fluoxyprednisolon 3813
Flupac 821 b
Flupenthixolum 4144
*Flupentixol*** 4144
Flupentixoldecanoat 234 N
*Fluperolonacetat*** 4309
Fluphenazindecanoat 4764
*Fluphenazindihydro-chlorid*** 3989
Fluphenazinönanthat 4660
*Flupredniden** 4000
*Fluprednidenacetat** 4288
*Fluprednisolon*** 3810
Fluprednisolonvalerat 4480
Fluprednyliden 4000
Fluprednyliden-21-acetat 4288
*Fluprofen*** 2336
Fluracilum 126
Fluractin 652
Flurandrenolide 4339
Flurandrenolonacetonid 4339
Flurandrenolone 4339
*Flurazepamdihydro-chlorid*** 3736
Flurese 650
Flurèse 1092
Fluridan 652
Fluridrex 652
Fluril 126
Flurin 435
Flurochrom 3441
Flurogestonacetat 4213
Flurothyl 131
*Flurotyl** 131
*Fluroxen** 139
Fluroxyspiramine 3988
*Flusalan*** 2051
Flusone 529
*Fluspirilen*** 4644
Flusteron 3645
Flutazida 652
Flutestos 3645
*Flutiazin*** 2053
*Flutizenol** 170 N
Flutizide 652
Flutra 650
Fluvet 4019
Fluvin 528
Fluxinar 1596
Fluxobil 4499

Flypel 1723
FMN 2838
Fobex 3574
Focusan 3217
Fodinyl 3555
Folacapon 3957
Folacid 3240
Folacin 3240
Folämin 3240
Folanyl 3095
Folbal 3240
Folcidin 3240
Folcodan 4204
Folcodina 4204
Folcovin 4204
Foldan 1040
Foldine 3240
Folecina 3240
Foledrine 1219
*Folescutol*** 2140
Foliamin 3240
Foliandrin 4768
Folical 3240
Folicil 3240
Folico-Cidan 3240
Folico „Taricco" 3240
Folicular 4392
Folicular-depot 4485
Foliculina 3059
Foliculina „Bunsen" 4392
Foliculina LEA 4392
Foliculina Quer (Amp. fuerte B + Supositorios) 4392
Foliculin B 4392
Folicum 3240
Foli-Endo 4392
Foli-Endo retardado 4485
Foligan (neue Form) 207
Folijuste 3240
Folikrin 3059
Folillon 3240
Folimona 4392
Folina 3240
Folinerin 4768
Folinor 3240
Folinsäure 3532
Folipac 3240
Folipex 3059
Folisan 3059
Follestrine 3059
Follestrol 3059
Follhormon „Saper" 3856
Follicolina 3059
Follicoral 3555
Follicormon-Amp. 4392
Follicormon „Erba" 3095
Follicormone „Sodia" 3059
Folliculine 3059
Folliculine-Inj. 4392
Follicunodis 3059
Follicyclin 3095
Follicyclin mikrokrist. 4392
Follicyclin P 4329
Follidiene 2982
Follidimyl 4392
Follidrinbensoat 4392
Follidrin forte 3059
α-Follikelhormon 3059
Follikelmon 4392
Follikelmon-Depot 4329
α-Follikolhormonhydrat 3096
Follikoral 3555
Follikosid-Ampullen 4330
Follikosid-Tabletten 3375
Follikulin 3059
Folliplex 3058
Follormon 2982
Folöstrol T 3957
Fologenon 3882
*Folsäure*** 3240
Folsan 3240
Folsav 3240
Folvite 3240
Folysin 2736
*Fomocain** 3572
Fonatol 3006
Fonazine mesylate 3366
Foncaine 2475
Fonderma 213
Fondonal 1961
Fontamide 553
Fontarsan 311
Fontarsol 309
Fontilix 1168
Fonurit 147
*Fopirtolin*** 1458
Foragynol 3957
Foralactol 3957
Foralamine 2207
Foratena 1835
Forbina „Ciba" 1067
Forbisen 3956
Forceval 4088
Fordex „Martin Santos" 1760
Fordex „Testagar" 953
Forenol 1846
Forgenin(a) 201a
Forginol 53d
Forglesan 452b
Forhistal 3539
Foriod 3446
Foristal 3539
Forit 4198
For-Jodina 1032
Formalin 10
Formamine 411
Forman 1554
Formanol 411i
Formarin 576
Formatablin-antidiarreico 1067
Formatablin-antihistaminico 2642
Formetamide 1153
*Formetorex*** 1153
Formicin 11
Formidium 11
Formigital 4885
Formiloxin 4919
Formil-Quelu 1067
Formin(e) 411
Formin „Martin Santos" 1236
*Forminitrazol*** 128
Formison 384
Formisoton 11
Formitoxin-Holzinger 11
Formitrol 10
Formo-Cibazol 1067
*Formocortal*** 4659
Formocortol 4659
Formo-Geltalil 1067
Formoguanamin 85
Formoiodine 411d/1
Formojodin 411d
Formol 10
Formoped 381
Formophenarsine 524
Formophenarson 524
Formosolfanil 1067
Formo-Sulfamerazin 4391
Formo-Sulfathiazol 1067
Formo-Sulfidesa 1067
Formotangel 1067
Formothiazol 1067
Formotiazolo 1067
Formotropin 411
Formula 500 121
Formycin 1179
4-Formylantipyrin 1601

16-Formylgitoxin 4885
Formylsäure 11
Formylsulfamethin 1910
Formylsulfisomidin 1910
Formylterchlorid 3
Formyltetrahydrofolsäure 3532
Formylum tribromatum 2
Formylum trichloratum 3
Formylum trijodatum 5
Foromacidin 4901 a
Forpen 2590
Forsenid 4880
Fortal 3383
Fortalgesic 3383
Fortamine 2601 a
Fortasept 4686
Fortbeol-1 1765
Fortbeol-6 735
Fortbeol-12 4960
Fortcinolone 4310
Fort-Cyclin 3970
Fortecortin 4038
Fortecortin-Kristall-suspension 4307
Fortecortin-MONO-Amp. 4061 a
Fortedol 4626
Forterin 847 g
Forthan(e) 617
Forticiclina 3970 d
Fortificar 846
Fortigán 245 b
Fortodyl 4626
Fortombrine 821
Fortrombrine M 821 a
Forton 4093
Fortoshade M 821 a
Fortossan 452 a
Fortostilbeen 2982
Fortostilbene 3957
Fortral 3383
Fortralin 3383
Fortran 3574
Fortravel 3040
Fosarbin 800
Fosbione 1783
*Foscolic acid*** 399
Foselite 557
Foserin 110
Fosfakol 1187
Fosfamin 741
Fosfanil 58
Fosfarginil 440 e
Fosfaton 595
Fosfazide 972
Fosfenzima 1204
*Fosfestrol*** 3065
Fosfobetina 1783 b
Fosfobion 1256
Fosfociclina 3970 a
Fosfocolina 282
Fosfocreatinin-Natrium 8 N
Fosfocrisolo 741 a
*Fosfomycin** 5 N
Fosfonifmy 977
Fosforo De Angeli 452 b
Fosfostilben 3065
Fosfotiamina 1783
Fosfoton 977
Fosfotonico 977
Fosfo-Was 436
Fosgluna 436
*Fospirat*** 510
Fostimil 977
Foston 977
Fostrolin 3065
Fouadin 1579
Fouramin 617
Fourneau 190 698
Fourneau 309 4943
Fourneau 710 2895
Fovane 2341
Foxalin 4875
Fox green 4890
FPL 670 4129 a
FR 7 1866
Frabel 3246
Frademicina 3177 a
Fragivil 2742
Fragivix 2742
Framenco 462
Framicetina 4252
Framidal 4252
Framil 2290
Framycetin 4252
Framycin 4252
Framygen 4252
Francacilline 2590 d
Francain 2011 g
Francalcium „A“ 167
Francalcium „B“ 588 a
Francetin 4252
Franciclina 3955
Franocide 1300
Frantin 2852
Fraquinol 4252
Frauvit B_1 1765
Fravit B_{12} 4959
Fravit E 4693
Frazalon 3657
Freeuril 2341
Freez-o-derm 19
Frekain 2011
Frekaphyllin 941
Frekentine 1994
Frénactil 3966
Frenactyl 3966
Frenantol 890
Frenapyl 1968
Frenhistamin 2208 a
Frenipofisi 890
Frenodosa 261
Frenohypon 890
Frenogastrico 3839
Frenolon(a) 4738
Frenolyse 765
Frenon 890
Freno-pen 2621
Frenormon 890
Frenoton 3016
Frenquel 3016
Frentirox 143
Freoderm 19
Freon 113 20
Freon 114 19
Frepion 890
Frequentic acid 2071
Fresan 1760
Fresmin 4960
Fresmin S 4959
Freudal 2521
Frictan 334
Fridophen 2812 c
Friedheim 2065 849
Friedheim 4289 902
Friesomycin 3970
Frigen 113 20
Frigen 114 19
Frigiderm 19
Frolon 2115
Fruchtzucker 421
Fructal 421
Fructines-Vichy 3451
Fructopiran 421
Fructose 421
Fructosediphosphat 444
Fructosteril 421
*Fructosum ferricum*** 379
Fructoza 421

Fructusan 421
Frugalan 2408
Fruktos 421
Frumtosnil 4769
Frusemide 1588
Frutabs 421
Frutisin 237 N
Frutisol 421
Frutose 421
FSR-3 340
F. T. 19 4540
FT 81 2342
FT 9045 225
Ftalamaquina 2205
Ftal-Aseptil 2737
Ftalazan 2737
Ftalazol 2737
Ftalazone 1961 m
Ftaliazol 2737
Ftalicetimida 2540
Ftalil-Esteve 2737
Ftalil-Maipe 2737
Ftalil-Medeyol 3456
Ftalil-Septol 2737
Ftalil-Sulamyd 2540
Ftalilsulfatiazol 2737
Ftalisan simple 2737
Ftaliuril 2737
*Ftalofyn*** 2134
Ftalosulfa 2737
Ftaltiazol 2737
Ftalysept 2737
Ftamol 643
*Ftivazid*** 2110
Ftoracizin 165 N
*Ftormetazin*** 3726
Ftorotan 24
*Ftorpropazin*** 3967
FTS 4540
5-FU 126
Fuadin 1579
Fua-Med 636
Fuamón 1579
*Fubrogoniumjodid*** 2273
Fubromegan 2273
Fucidina 4749 a
Fucidin(e) 4749 a
FUDR 907
Fugacillin 2765
Fugapar 185 h
Fugatox 2790
Fugillin 4478
Fugo-Tenil 1835
Fujipaverin 3612
Fuktoin 636
Fulaxan 137
Fulcin 2750
Ful-Glo 3447
Fuluvamide 1588
Fulvicin 2750
Fulvina 2750
Fulvistatin 2750
Fumadil B 4478
Fumafer 137 a
*Fumagillin*** 4478
Fumaral 137 a
Fumarin 137 a
Fumaron 137 a
Fumarsen 137 a
Fumar F 137 a
Fumerin 137 a
Fumfer 137 a
Fumidil 4478
Fumigacin 4781
Fumigatin 673
Fumiron 137 a
Funabiron 704
Funacomin-F 4959
Funaton 2170
Funesil 794 a
Fungacetin 991
Fungichromin 4819
Fungicidin 4926
Fungicid UMA 2042
Fungifen 284
Fungifral 4800
Fungilin 4924
Fungiplex 2766
Fungisan 678
Fungit 1429
Fungivin 2750
Fungol 93
Fungo-Polycid 2335
Fungotox 2052
Fungusan 93
Fungzona 4924
Funiculosin 4566
Funtumidine 3919
Furacilin 322
Furacin 322
Furacinetten 322
Furacoccid 322
Furacrylin 832
Furadantin 636
Furadantoin 636
Furadoin(e) 636
Furadonin 636
Furadroxyl 713
Furaethidin 3896
Furagin 1044
Furaguanidin 341
Furakrilin 832
*Furalazin** 833
Furaldon 322
Furalone 322
*Furaltadon*** 1944
Furalton 1944
Furamazone 493
Furametral 322
Furamicid 339
Furamide 2074
Furamidone 1944
Furamon 768
Furamterene 1070
Furanace 1583
Furan „Bieffe" 636
Furan „Chelsea" 636
Furanestrenone 3883
Furanex 636
Furaniozid 1316
Furanite 636
Furan-Ofteno 322
Furanol 768
Furanomycin 579
Furanten 636
Furanthril 1588
Furantoin(e) 636
Furantral 1588
Furapromidium 1119
Furasept 636
Furaseptyl 322
Furaskin 322
Furasol 1944
Furaspor 339
Furatin 636
Furatone 1370
Furatrizine 833
Furavant 636
Furaxolon 713
Furaxon 647
*Furazabol** 3657
Furazidin 1044
Furazina 322
Furazol 647
Furazol „INE" 1944
*Furazolidon*** 647
Furazolin 1944
*Furazoliumchlorid*** 868
Furazol W 322

Furazon 322
Furazonal 481
Furazosinhydrochlorid 3277
Furbenal 339
Furédème 1070
Furenapyridazin 1042
Furenazin 1042
Furentomin 2074
Furesis 1588
Furesol 322
*Furethidin*** 3896
*Furfenorexcyclohexyl-sulfamat*** 2408
Furfural „Piper" 1944
Furfurin 322
Furfurydon 647
„*Furfurylurea*" 1904
*Furidaron*** 1850
Furidiazina 300
Furidin 659
Furidon 647
Furil 830
Furil „Off" 636
Furilazone 1594
Furilin 636
Furina 636
Furinamine 636
Furitale 1944
Furiton 520
Furium 830
Furix 1588
Furizol 830
Furlate 1944
Furlidon 1944
Furmethide 768
Furmethonol 1944
*Furmethoxadon*** 869
Furmethyl 768
Furmetox 1944
Fur-Novo 1944
Furobactina 636
Furodiarone 1850
Furomex 1588
Fu-Ron 137a
Furopec 647
Furosem 322
*Furosemid*** 1588
Furostilben(e) 4585
*Furostilbestrol*** 4585
Furostilboestrolum 4585
Furotest 4302
Furothiazol 830
Furotrid 1588
Furox 647
Furoxacillin 131N
Furoxal 647
Furoxane 647
Furoxon(e) 647
Furozin 796
Furozolidon 647
Furpyrinol 1583
Fur-ren 636
*Fursalan** 1616
Fursemide 1588
*Fursultiamin*** 2901
*Furteren*** 1070
*Furtrethoniumjodid*** 768
Furtrimethoniumjodid 768
*Fusafungin*** 4695
Fusaloyos 4695
Fusaric acid 1155
Fusarine 4695
Fusid 1588
*Fusidic acid*** 4749
Fusidinsäure 4749
Fusin 4749a
Futrican 2335
Fuxal 1658
FWH 114 1964
FWH 399 3157
FWH 429 3167
Fydalex 590
Fyracyl 847f
Fysepton 3817
Fysostigmin 2443
*Fytic acid** 452

G-1 685
2/G 1209
G-4 1849
G 11 1830
G-012 3002
G-020 3258
G-33 1878
G 87 1209
G 183-Asta 1989
G 469 534
G-472-b 154N
G 475 1981
G 527 535
G 605 1876
G-610 3455
G 867 2379
G 1204 1039
G 2747 3131
3012 G 3669
G 5668 1804a
G 7857 1953
G 11705 3932
G 12144 2620
G 13871 3245
G 14289 2589
G 22355 3335
G 23350 3202
G 24480 1801
G 25178 4636
G 25268 4441
G 25671 4131
G 25766 2300
G 27202 3246
G 28315 4132
G 29505 2672
G 30320 4512
G 32883 2325
G 33040 4197
G 33182 2072
G 34586 3305
G 35020 3042
G 35259 3287
GA 297 4584
GABA 178
Gabail 499a
Gaballon 178
Gabbrocillina 2590
Gabbromicina 4251
Gabbromycin 4251
Gabbropas 516
Gabbroral 4251
Gabilin 2389
GABOB 181
Gabobe 181
Gabomade 181
Gaboril 181
Gabromicina 4251
Gadexyl 3015
Gadol 3659
Gärungsmilchsäure 95
Gaiacol 540
Gaiactamincitrat 2023
Gaiacyl 544a
Gaïaglycol 898
Gaiamar 1209
Gaiarsolo 540a
Gaiatase 544
Gaiathiol 544
Gainex 1851
Galactinum 1809
Galactoflavin 3055
Galactoquin 3546e

Galactose 420
Galactosulfonum 4326
Galaktos 420
Galaktose 420
*Galantamin*** 2824
Galanthamin 2824
Galaphenylsulfone 4326
Galasan 385
Galatone 1635
Galatturil-Chinidina 3546e
Galatur 3393
Galbil 3864
Galecain 2011
Galenopyrin 1961
Galenuspirin 847
Galesan 1801
Galinid 1391
Galiron 1145
Galisol 3446
Gallabis 501b
Gallaflex 4734
Gallal 501a
Gallamin(triäthyljodid) 4734
*Gallamintriethiodid** 4734
Gallamoni jodidum 4734
Gallamonium iodide 4734
Gallekontrast A. L. 2320
Gallenperlen „Agepha" 947
Gallimycin 4843a
Gallimycin-Inject. 4902
Gallisal 497h
Gallobromolum 460
Gallochrome 3441
Gallogen 3377
Gallomuth 501b
Gallussäure 501
Galophyt 452a
Galoxone 2117
Galseptil 708a
Galulen 2355b
Gamadiabet 2419
Gamaliofil B_1 1765
Gamaliofil B_6 735
Gamaquil 1160
Gamaquin 811
Gamarex 178
Gamaserpin 4776
Gamasol 90 52
Gamatran 3612
Gamefar 3408
Gametocid 3408
*Gamfexin*** 2902
Gamibetal 181
Gaminal 181
Gamirpas 516
Gamiso 316
Gamma 666 316
Gamma Benzene Hexachloride 316
Gammachetone 3224
Gammaciclina 3955
Gammacorten 4038
Gamma-Hidroxibutirato 177
Gammalon 178
Gamma-OH 177
Gamma-Oryzanol 4860
Gammar 178
Gammasol 178
Gammexan 316
Gammistin 2598
Gamofen 80N
Gam-OH 177
*Gamolenic acid*** 3163
Gamophen 1830
Gamophen (sowjet. Präp.) 80N
Ganal 1691
Ganda 1421
Gangesol 650
*Ganglefenhydrochlorid*** 3682
Gangleron 3682
Ganglioplegina 3874
Gangliostat 1827
Ganidan 571
Ganlion 2049
Gansil 527
Gantanol 1102
Gantrisin 1421
Gantrisin diolamine 1421a
Gantrisona 1421
Gantrosan 1421
Gaplegin 2293
Garalone 3928b
Garamicina 3928b
Garamycin 3928b
Garantose 476
Gardalaxan 4255
Gardenal 1607
Gardepanyl 1607
Gardol 2497
Gargilon 4716
Garil 1072
Garrathion 56N
Garsenyl 1896
Gasexit 441
Gasparol 1488
Gasterax 4521
Gastol 3451
Gastomax 4521
Gastracid-Test 1369
Gastramine 247
Gastridine 3119
Gastrimade 3874
Gastripon 4708
Gastrixon 204N
Gastroamida 248
Gastro-Conray 1325a
Gastrodiagnost 4840
Gastrodyn 3405
Gastroform 811
Gastrografin 1324
Gastroistidina 373
Gastrolena 4167
Gastrometonio 1827
Gastron 3839
Gastropidil 3837
Gastropin 4708
Gastrosan 497g
Gastrosedan 3839
Gastrotest 1369
Gastrotopic 3119
Gastuloric 245a
Gatalone 1635
Gaultheriaöl 665
G. B. D. 2320
GD-121 2396
Geabol 3639
Geastimol 2683
Geatrast 2320
Gebaine 4685
Gebyl 2985
Geciclin 3970
Gecobletten 516
Gecophen 905
Gefanil 4574
*Gefarnat*** 4574
Gefarnil 4574
Geigy-Blau 536 4789
Geklimon 3061
Gel-12 4960
Gelacillin 2590
Gelacnine 464
Gelbkörperhormon 3882
Gelopol 2509
Gelovermin 1767
Gelsemin 3500
Gelstaph 3223
Geltabs 4626
Gel-V-P.O.S.-Wirkstoff 908
Gemacetina 1375

Gemalgene 26
Gemicina 3928b
Gemonil 984
Gemonit 984
Gémora 3130
Genabil 2355
Genabilin 2355
Genabol 3905
Genacort 3893
Genasprine 847
Genatropin 2858
Genebil 1046
Geneserine 2444
Genetina 201b
Genetron 113 20
Genetron 316 19
Genevis D_2 4626
Gen-Gro 344a
Genhyoscyamin 2859
Genistenal 1607k
Genocain 2475
Genocaine 2011
Genocodein 3027
Genocortison 4232
Genodyl 53
Genoface 1845
Genofibrin 1066
Genoform 1089
Genomorphin 2782
Genophyllin 531b
Genoscopolamine 2833
Genosol 317
Genostrychnin 3729
Genovul 4286
Genoxal 605
Genozym 4453
Gensalate 499a
Gensigen 499
Gensigon 499
Gentacin 3928b
Gentalline 3928b
Gentalpin 499a
Gentalyn 3928b
*Gentamicin** 3928a
Gentamicin C 3928a
Gentamicin C_1 3928
Gentamidon-Dragees 1961e
Gentamina 3928b
Gentamycin 3928a
Gentasol 499a
Gentiazina 185m
Genticid 4405
Genticil 499a
Genticin 3928b
Gentidol 499a
Gentimon 250
Gentinatre 499a
Gentioletten 4405
Gentiopicrin 2632
Gentiopicrosid 2632
Gentisan 499a
Gentisat 499a
Gentisato 499a
Gentisicum 499a
Gentisine 499a
Gentisinsäure 499
Gentisod 499a
Gentisone 499a
Genti-urol 499a
Gentochin 3545j
Gentocin 3928b
Gen-tos 2790
Geobiotico 3972
Geobiotico Depot 3971
Geo-Cipan 3972
Geoform 2383
Geomicina 3972
Geomycin 3972
Geomycine 3928b
Geopen 2765
Geosot 1714
Geotricyn 4662a
Gepesal 1961c
Gerbera A 4088
Gericaine H_3 2011
Geriocain 2011
Gerison 352
Geristerol 1152
Germamedico 1830
Germanin 4943
Germapect 3670
Germicid 1961l
Germicidal 4571
Germicina 1944
Germidin 3922
Germinol 4751
Germisulfan 1420
Gerobit 1214
Gerobit-Neu 1724
Gerobrek 1094c
Gerodyl 3015
Gerofuran 636
Gero-H^3-Aslan 2011
*Geroquinol*** 2657
Gerot-Epilan 1642
Gerot-Epilan-D 2328
Gerotrast 821
Gerovital H_3 2011
Gerulcin 373
Gerulkin 373
Gesarol 2055
Gesic 685
Gesinan 2622b
Gesmuto 1515a
*Gestaclon*** 4161
*Gestadienol*** 3605
Gestafortin 4186
Gestageno Gador 4231
Gestanin 3901
Gestanol 3901
Gestanon 3901
Gestanyn 3901
Gestapuran 4348
Gestapuron 4348
Gestatron 3854
Gesterol 3882
Gestest 3603
Gestogan 4186
Gestone 3882
Gestone-Oral 3851
*Gestonoroncaproat*** 4496
Gestoral 3851
Gestormone 3864
Gestovis 4617
Gestovister 4617
Gestronolhexanoat 4496
Gestrophan 4685
Gestrophin 4685
Getol 626
Getrihistan 3009
Getril 3624
Gevedoce 4960
Gevelina 2669
Gevex 4751
Gevilan 4639
Gevilon 1005
Gevramycin 3928b
Gewacain 2475
Gewaethyl 44
Gewagnost 2320
Gewalan 4639
Gewalgin 1965b
Gewaphyllin 531
Gewazol 382
GEWO 393 340a
Gexane 316
Geycillina 2614
GF 21 2667
GGE 1209

„GGG“ 1209
Ghentamidon 1961e
Giacol 3837
Giacosil 4372
Gialtiazol 865
Giardil 647
Giareg 1957
Giarlam 647
Giatricol 375
Gifaril 1965
Gigantic acid 2226
Gigantine 2003
Gilucard-nitro 84
Gilucor nitro 84
Gilurytmal 3596
Gilutensin 2772
Gimalin 2857
Gina 398
Ginamate 440b
Ginandrin 4433
Ginapect 398
Ginarsol 698
Gindarin 186N
Ginebatin 4964a
Gineclorina 527
Ginecol 527
Gineflavir 375
Ginestrene 3555
Ginestryl-15-Depot 4419
Ginezid 3059
Gingivit 1849
GINK 340
Ginolet 4280
Ginosedol 3095
Ginosedol B 4392
Ginoxol 3006
Gioron 177
Gipotiazid 528
Giracid 1369
Girostan 410
Gisulfan 1658
Gitaloxin 4885
Gitan 171N
Giv-Tan 2191
GL 7 899
Glade 4966
Gladilon 4875
Gládius 2626
*Glafenin*** 3215
Glairon 46e
Glandubolin 3059
Glandubolin-Monobenz 4392
Glanducorpin 3882
Glanestin 3882
Glanil 4456
Glaphénine 3215
Glarubin 4427
Glaucarubin 4427
Glaucinhydrobromid 3782
Glaucol 315
Glaucomide 147
Glaucomil 450
Glaucon 968
Glauconide 315
Glauconin 968
Glauconox 147
Glaucostat 994
Glaucotensil 885
Glaukosan 968
Glaumeba 4427
Glaumid 315
Glaunorm 994
Glaupax 147
Glauvent 3782
Glaxofer 137a
Glaxoridin 3220
Glaxose-D 419
Glianimon 3966
*Glibenclamid*** 4173
Glibeseis 735
*Glibornurid*** 3120
Glicafan 3215
Glicafe 1918
Glicemin „Cosma“ 1760
Glicemin „Fustery“ 1145
Glicerutin-INE 121
Glicetron 1760
Gliciclamide 2223
Glicinocaf 1918
Gliciotione 88
Glicirretina 4724
Glicoamin „Padil“ 46
Glicobet 1765
Glicocol 46
Glicolamina 46
Glicol D_2 4626
Glicormil 1534
Glicortene 3813
Glicose 419
Glicotron 1760
*Glidanil-Natrium** 4143
*Glidazamid** 130N
Glidiazine sodique 1926
Glifan 3215
Glifanan 3215
Glifanar 3215
Gliguanid 195
Glikolar 121
Glikosil 46
Glikotsiklin 4397
Glimetionil 262
Glimid 1920
Gliocalcil 1267a
Glior 2344
Gliotoxin 1905
Glipasol 1711
Glipin 3979
Glipon 1534
Gliporal 449
Glisema 1145
*Glisoxepid** 176N
Glitisol 1670
Glitisol (aerosol + iniettabile) 2177
G-Lixir 685
Globacillin 2581
Globenicol 1375
Globenicol palmitaat 4568
Globenicol succinaat 2374
Globocyl 514
Globucid 1124
Globularicitrin 4520
Glofil I-125 1326
Glofil I-131 1327
Glomax 281j
Glomerulin 652
Glonoinum 84
Glosso-Stérandryl 3662
Glosso-Syncortyl 4230
*Gloxazon*** 776
Glubel-cromo 3441
Glubionate-Calcium 1811a
Glucadal 195
Glucadiodone 475a
Glucadon 419
*Glucagon** 4976
Glucal 423
Glucalbet 423
Glucalcio 1267a
Glucalciolo 423
Glucaloids 423
*Glucalox*** 117a
Glucalsol 423
Glucamonix 423a
Glucantime 621a
Glucazide 1635
Glucetyl 847
Glucid 476
Glucidoral 1534

Glucin 75
Glucin-Inj. 3147
Glucit 441
d-Glucitol 441
Glucobasin 1256
Glucobiogen 423
Gluco-Cal 423
Glucochaux 423
Glucochloral(ose) 722
Glucociclin 3970d
Glucodigin 4875
Glucodin 419
Glucofer 425
Glucoferro 423h
Glucoferron 423h
Gluco-Ferrum 423h
Glucofillina 531f
Glucofos 444a
Glucofren 1534
Glucol 423
Glucolattone 361
Glucolin 419
Glucomag 423g
Glucomax 423h
Glucominus 1145
Glucon 423
Gluconiazid 1635
Gluconiazone 1635
Gluconyl 423
Glucoperiplocymarin 4833
Glucophage 195
Glucophyllin 531f
Glucopirina 1961f
Glucopostin 1236
Glucopur 419
Glucortin-ampuller 4881
Glucortin-Tabl. 3859
Glucos 419
Glucosal 423
*Glucosaminhydrochlorid** 434
Glucosan 419
Glucose 419
Glucosium 423g
Glucosmon 419
Glucosol 419
Glucosteril 419
Glucostibamine sodique 1749
Glucostimidine sodique 1749
Glucostrophantidin 4678
*Glucosulfamid*** 2035
Glucosulfaminol 2035
Glucosulfina 1145
*Glucosulfon Natrium*** 4354
Glucosylsulfanilamid 1764
Glucoteben 1742
Glucothrombin 419
Glucotrat 419
Glucoven B 419
Glucovex 4762
Glucovit 1267a
Glucoxy 361
Glucoza 419
*Glucurolacton*** 361
Glucuron 361
Glucuronima 388
Glucuronolactone 361
Glucuronsäure 388
Glucuronsan 361
Gludiase 1682
Gludorm 1920
Glufer 423h
Gluferate 423h
Gluferricon 423h
Glukagon 4976
Glukofag 195
Glukopur 419
Glukose 419
Glukose-INH 1742
Glumida 476
Glumin 252
Glu-Mon 423
Glunon 419
Glu-Phos 436
Gluquinate 3546d
Gluronazid 1635
Gluronsan 361
Glusate 245
Gluside 476
Glusidum 476
Glusimido 476
Gluta-Calcium 245c
Glutacerebro 252
Glutacid 245a
Glutacid-drag. 245
Glutacid-inj. 245b
Glutacyl 245b
Glutadenyl 1204
Glutadox 245a
Glutäthimid 1920
Glutal 245
Glutamag 245d
Glutametten 245
Glutamico 245
Glutamicol 245
Glutamicum 245
Glutamidex 245
Glutamidin 245a
Glutamin 252
Glutaminacid 245
Glutaminan 245a
Glutaminol 245
*Glutaminsäure*** 245
Glutamisol 754
Glutan H-C-L 245a
Glutarec 245
Glutargin 440b
Glutarienol-Calcium 360
Glutarom 245a
Glutasin 245a
Glutathiol 1273
Glutathion 1273
Glutathioral 1273
Glutatin 1273
Glutatoxin 1273
Glutavene 245b
Glutaven „Falorni“ 252
Glutepar 440b
Glutepatox 594
Gluterone 1881
Glutestere 594
*Glutethimid*** 1920
Glutetimide 1920
Glutetrex 3970d
Glutetrex-inyect. 4530
Glutide 1273
Glutiron 245b
Glutosalyl 497b
Glutrex 3970d
Glybenzyclamide 4173
Glybigidhydrochlorid 449
Glybrom 2861a
Glyburide 4173
Glybutamide 1534
*Glybuthiazol*** 1711
Glybuthizolum 1711
*Glybuzol*** 1682
Glycalox 117a
Glycamide 223
Glycanol 1926
Glycarbylamide 223
Glycarsamidum 699
Glycerin 117
*Glycerol*** 117
Glycerophosphen 121a
Glycerylaminophenaquine 3215
Glycerylguayacolum 1209
Glycerylguethol 1516
Glyceryltriacetat 991
Glyceryltricinchophen 4942

Glyceryltrinitrat 84
Glycin 46
Glycinal 46b
Glycinmethyltetracyclin 4397
Glycirenan 968
*Glyclopyramid*** 1430
*Glycobiarsol** 699a
Glycocaine 2225
Glycocalcol 121a
Glycocoll 46
Glycocoll-p-phenetidin 1191
Glycocycline 4397
Glycodiazin 1926
Glycodine 4204
Glyco-Flavine 2142
Glycofurthiamine 3760
Glyco-HCl 169a
Glycolixir 46
Glyconiazide 1635
Glyconiazonum 1635
Glyconormal 1926
Glycophenol 476
Glycophenylate bromide 3837
Glycopyrrolate 3405
*Glycopyrroniumbromid*** 3405
Glycor 4724
Glycoran 195
Glycosal 1138
Glycosid C aus Digitalis lanata 4934
Glycosin 2536
Glycosine 476, 934
Glycosthène 46
Glycosulphamide 2035
Glycosum 419
Glycotron 1760
Glycotuss 1209
Glycovarin 419
Glycovex 4762
Glycuril 39
Glycurone 361
*Glycyclamid*** 2223
Glycyl 2548
Glycylsulfanilamid 709
Glycyron-Inj. 4883
Glycyrrhetin(säure) 4724
Glycyrrhitin 4883
Glycyrrhizin(säure) 4883
Glydanile sodium 4143
Gly-Fe 46e
Glyferro 46e
Glyfyllin 1202
*Glyhexamid*** 2650
Glyhexylamide 2248
Glyketal 1295
Glykocyclin 4397
Glykokoll 46
Glykos 419
Glykresin 1208
Glylene 531a
Glymaxil 423d
Glymidine 1926
*Glymidinum natricum** 1926
Glynazan 531a
Glynite 84
Glyo-6 1169
*Glyoctamid*** 2685
Glyotol 1208
Glyoxamin 2785
Gly-Oxide 14a
Glyparamide 2371
Glypasol 1711
Glyped 991
Glyphen 1236
Glyphenarsine 719
Glyphyllin 1202
Glyphyllin „Ikapharm“ 531a
Glypin 3979
*Glypinamid*** 1970
*Glyprothiazol*** 1448
Glyprothizolum 1448
Glyrin 4883b
Glyrol 117
Glysal 899
Glysanin 117
Glysanol B 390
Glysennid 4880
Glyserin 117
*Glysobuzol*** 1964
Glysoletten 1607
Gly-Tetsu 46e
Glytheonate 531a
Glythol 1236
Gly-Trate 84
Glyvenal 4652
Glyvenol 4652
Glyzerin 117
G MI 3042
G-Mycin 3970
G. N. B. 2055
Gnoscopin 3964
Go-560 3624
Go 1046 1193
Go 1067 937
Goamidon 1961
GOBAB 180
Gobemicina 2614
Godabion B_1 1765
Godabion B_6 735
Godabion B_{12} 4960
Godabion C 359
Godabion E 4751
Godaferron 423h
Godafilin 531b
Godamed 262
Gö 186 1005
Gö 919 2267
Gö 1213 3085
Gö 1261 C 2853
Golarsyl 698e
Gold-Neoarsphenamin 1896a
Gold Sodium Thiomalate 138
Gomaxine 3438
Gombardol 352
Gonacrine 2142
Gonadrone 4093
Gonadyl 3882
Gonavit 4693
Gondafon 1926
Goniodomin 4894
Gonorol 2485
Gonosan 2133
Gontochin 3117
Gori-Tabl. 4571
Gortulina 1951
Gorutin 4950
Gossypin 281
Gotax 207
Gotimycin 1375
Gotimycin pro inj. 2374
Gouttin 545
Goyl 698
GP 38026 1268
GPA-878 1386
G. P. V. 2593a
GR 412 4117
Graafina 4392
Gracidin 1417
Graciol simple 4568
Gradociclina 2374a
Grafestrol 3006
Grambiotic 2374d
Gramicidin C 4953
Gramicidin J_2 4817
*Gramicidin S** 4953
Granaticin 3947
Granazan 45
Grancillin-V-K 2593a
Grandaxin 196N

Grandemicina 3955
Granitil 3970
Granulax 4255
Granulin 2995
Grapon 2170, 2641
Gratibain 4685
Gratidine 2431
Gratusbaina 4685
Gratus-Strophanthin 4685
Gravitan 1765
Gravitol 2689
Gravocain „Bayer" 2474
Gravocaine 2011
Gravol 2812c
Grayanotoxin I 4111
Grazilan 1691
G-Recillin 2590
Grecort 3893
Greenhartin 2351
Greenpar 1765
Grelan 747e
Greosin 2750
Greppo 1830
Gricevit 2861
Gricin(a) 2750
Grifolin 4089
Grifomin 531b
Grifulin 2750
Grifulvin 2750
Gripenin 2765
Grippe „Nissin" 435
Gripper 1072
Grippofren-Hauptwirkstoff 4879
Grisactin 2750
Griséfuline 2750
*Griseofulvin*** 2750
Griseovit 4960
Griserin 820
Grisetin „Andromako" 3721
Grisetin „Kayaku" 2750
Grisevit 4960
Grisovin(a) 2750
Grisovit 4960
Grisowen 2750
Grisvina 2750
Grocoril 1961
Grocyclin 3970
Grofurin 636
Grosodexon 4038
Grosul 1398
Grosulan 1397
Grotux 3098
Grysio 2750
GS 95 4057
GS-1339 3707
GS-2147 3731
GS-2876 3955
GS-2989 3948
GS-6244 1344
GS-7443 1077
GSH 1273
GT 1 534
G. T. 41 443
G. T. 75 2887
G. T. 92 3403
GT 1012 4237
GTBA 2686
G-Tril 3624
G-Tussin 1209
Guacamphol 4281
Guacetin 669
Guaiacol Calcico 898
Guaiacolina 540
*Guaiactamincitrat*** 2023
Guaiafenolo 2353
*Guaiapat*** 3156
Guaiastil 540
Guaiazulene soluble 2404
*Guaifyllin** 1209a
Guaiphenesin 1209
Guaiphenesincarbamat 1486
Guaithylline 1209a
Guajacetin 669
Guajacol 540
Guajacolcinchophenat 4130
Guajacolglycerinäther 1209
Guajacuran 1209
Guajaform 2383
Guajamar 1209
Guajantin 544
Guajazulen 2393
Guajazyl 1209
Guajol 540
*Guamecyclindihydrochlorid*** 4664
Guamide 571
Guamidone 1961g
*Guanaclinsulfat** 1012
*Guanadrelsulfat*** 1281
Guanamin 85
Guanamprazine 348
Guanar 1209
Guanatol (Hydrochloride) 1494
Guanatolily 1494
Guanazole 3N
*Guancidin** 602
Guancydine 602
Guaneran 845
*Guanethidinsulfat*** 1303
Guanexil 1303
Guanicaine 4149
Guanicil 571
Guanicoli 571
Guanidex 571
Guanidina-Quelu 571
Guanidin „Dif" 571
Guanidin „Lisapharma" 571
Guanigeno 571
Guanisochinsulfat 1107
Guanisol 1303
*Guanisoquinsulfat*** 1107
Guanistol 571
*Guanoclorsulfat*** 932
*Guanoctinhydrochlorid*** 1030
Guanofuracin 341
Guanothiazon 740
*Guanoxansulfat*** 1172
*Guanoxyfensulfat*** 1233
Guanozol(o) 136
Guanutil 1172
Guaranin 711
Guardocin 3961
Guasept 571
Guasetin 571
Guasol 540
Guasulfozyl 571
Guaya-Cal 898
Guayaciclina 3970e
Guayanesin 1209
Guayatox Calcico 898
Guayazolidona 1417
Gubernal „Geigy" 2458
Gucifor 4140
Guethine 1303
Guethural (Amp. + Suppos.) 1516
Guicitrina 2614
Guidazide 1635
Gujaphenyl 2353
Gumbix 682
Gu-nyl 2353
Guphen 4130
Gurgoletten 828c
Gurjunazulen 2393
Guronamin 397
Guronsan „Chugai" 361
Guronsan-Inj. „Chugai" 388a
Guronsan „Lannacher" 388a

Guronsan-Fe	388c	Gynotabs	1035	Haflutan	334
Guservin	2750	Gynothérax	1039	Hagrocain	2258
Gutabex	2790	Gynoval	2493	Haimased	6
Gu-Tapex	1849			Haimedin	1827
Guthimin	50	H_3	4478	Hain	340
Gutimin	50	H 56/28	2458	Hairoxal	704
Guttalax	2955	H 115	2335	Hakriton	956
Guttaletten	963	H 224	449	Halamid	527
Gu-Verban	185h	H 365	890	Halan	24
Gycoren	1804a	H 520	4776	Halarsol	309
Gyn	423g	H 610	2426	*Halazon*	469
Gynacthiol	1560	H 814	3089	Haldid	4021
Gynaflex	111	H 835,1	3090	Haldol	3735
Gynamide	469a	H 835,2	2839	Haldrate	4306
Gynamousse	3972	H. 940	578	Haldrone	4306
Gynandol	4392	H 990	2681	Haldrone-F	4339
Gynan-Rub	3555	H. 3292	3876	Halenol	1849
Gyndarin	186N	H 3452	4141	Halestyn	1992
Gyneclorina	527	H 3608	124N	*Haletazol***	3257
Gynecormone	4392	H 3625	232N	*Halethazole*	3257
Gynecorn	4771a	H 3774	77N	Halidor	3420
Gynediolo	3675	H 4007	125N	Halimide	4119
Gynefollin	2982	H 4132	177N	Halinone	2299
Gynergen	4771a	H 4170	141N	Halitrex	3970
Gynergon	3095	H 4723	113N	Halivitan	3659
Gyneton „Chemofux"	2689	HA 106	2932	Haloanison	3769
Gynformone	4392	Ha 242	2004	*Halocarban***	2057
Gynimbine	3800a	Hachemina	513	*Halofenat***	3213
Gynlutin	3882	Hachi-Isomidin	1653	Haloisol	3809
Gynochrome	3441	Hachi-Metoxin	1658	Halomycetin	1375
Gynocid	4392	*Hachimycin**	4955a	*Halopeniumchlorid***	4076
Gynocilline	2590a	Hachi-Sugar	433a	*Haloperidid*	4461
Gynocyrol	3957	*Hadacidin*	80	*Haloperidol***	3735
Gynodal	3425	Hadona	882	*Haloponi chloridum*	4076
Gynoestrol	3095	Haelan	4339	*Haloprogesteron**	3844
Gynoestryl	3095	Haemaporin	4795	*Haloprogin***	808
Gynoestryl-Amp.	4392	*Haematoporphyrin*	4795	*Halopropane*	66
Gynofon	216	Haemiton	855	Halopyramine	2620
Gynofort	4771a	Hämocura-Salbe	4360	Haloquin	4670
Gynokhellan	2098	Haemodan	922	*Halotano*	24
Gynolett	4280	Haemomedical	4752	Halotestin	3645
Gynolutin	3882	Haemonorm	4752	*Halothan**	24
Gynolutone	3882	Hämophirin	4795	Halotri	2322
Gynonguent	4392	Haemosept	309	*Haloxon**	2117
Gynopharm	3006	Hämosporidin	3414	*Halquinol*	813
Gynophen	317	Haemostasin	968	Halquivet	813
Gynoplix	698	Hämostatin	287a	Hanemaline	3596
Gynoral	3555	Haemostop Injection	1329	Hansacor	1190
Gynorest	3854	Haemostypticum Revici-Wirkstoff	186	Hansadorm	391
Gynosone	3454			Hansalbin	407
Gynospamine	1961q	Hämostyptin Veco	1679a	Hansamid	319
Gyno-Sterosan	1039	Haesandon	4911	Hansolar	2559
Gyno-Steroxin	1039	Haffkinine	4202	H-115 antifungus	2335

Hapamine 248d
Haplopan 1607
Haplos 1607
Haptocil 1366b
Harcilone 2590
Harden-Young-Ester 444
Harmin 1882
Harmonin „Yoshitomi“ 1011
Harmonyl 4760
Harnstoff 14
Harnstoffstibamin 1907
Harpagosid 212N
Harrical 354
Hartol 1011
Hartosol 115
Harv-Amine 2861
Harvatrate 3139
Harverine 4291
Harvogen 3395
Hasethrol 235
Hatorciclin 2374b
Haurymellin 195
Hautosone 3893
Havapen 3297
Havidote 1254
Havita-Inj. 1252
Havitan 1252
Havitol 1252
Haynon 2600a
Hazol 2681
4 HB 177
HB 113 69N
HB 115 1042
HB 182 1423
HB 419 4173
HBF 386 4963a
HBT 464
343 H. C. 4731
HC-3 4353
HC 1528 4352
HCA 823, 4232
H. C. H. 316
HCl-Caps 169a
H-Clorazida 528
H-Diuralter 528
HE 111 4593
Hea-Cyl 847d
Healthus 168b
Hebanil 2770
Hebaral 1789
Heb-Cort 3893
Heberine 847
Hebucol 1276
Hebulina 1276
Heciline 3326
Hectalin 2366
Hectine 1597
Hecylamine 2285
Hedachinum 4800
Hedamycin 4904
*Hedaquiniumchlorid*** 4800
Hedex 685
Hedonal 428
Hedulin 2305
Hegemonal 847d
Heksavit 735
Heksept 1830
Hektalin 968
Helborsid 4830
Helbradoze 4960
Helbratropin 2892
Helenien 4967
Helenin(e) 2424
Helfergin 1689
Helfo-dopa 925
Helfoserpin C 4776a
Helicon 847
Heligal 4967
Heliofer-Sirop 604b
Heliogen 527
*Heliomycin** 203N
Helional 1607
Heliopar 3117
Helioscin 497c
Helkamon 3915
Hellebrin 4830
Helmacid 185f
Helman 185f
Helmatac 1962
Helmazina 185a
Helmena 185f
Helmetina 1577
Helmezine 185f
Helmiantin 1835
Helmicid 185a
Helmicin 1577
Helmifren 185a
Helminthex 185h
Helmirazin 185h
Helmirone 2117
Helmiscil 185f
Helmisin 4140
Helmitin 185a
Helmitol 411i
Helmitoloids 411i
Helmiveril 4140
Helmox 82
Helodidym 238b
Helodym 238b
Helomycetine 1375
Helthion-Wirkstoff 1593
Heltolan 185h
Helveticosid 4675
Helvin 4459a
Helvolinsäure 4781
Hematodin 4795
Hematoporphyrin 4795
Hémédonine 4795
Hemicholiniumbromid 4353
Hemilagar 4412
Hémineurine 346
Heminevrin 346
Hemisine 968
Hemithiamin 346
Hemiton 855
Hemo 141 332
Hemo-B-Doze 4960
Hemobical-Amp. 1267a
Hémocaprol 427
Hemo-Ce 359
Hemocyte 137a
Hemodal(L) 1317a
Hemodal (T) 2639
Hemodyn 366
Hemoergene 4960
Hemofluid 3210
Hemofuran 322
Hemogen 3324a
Hemolidione 2305
Hemolin 4960
Hemomin 4960
Hemopar 427
Hemorex 962
Hemorrhagyl 4752
Hemosalus B_{12} 4960
Hemosin 1128
Hemostatico Revici 186
Hemostatin 968
Hemostyp 186
Hemotin 427
Hemoton 137a
Hennacin 847
Hennoletten 1607
Henomint 1607
Henotal 1607
Hépa B 5 281n
Hepabismol 3545d
Hepabyl 3864
Hepacalin 4360a

Hépacholine 281a
Hepacol 3864
Hepacrine 4202
Hepadist 1830a
Hepa-Galen inyect. 439c
Hepagin 4191
Hepagon 4960
Hepagon novum 4959a
Hepalande 2355b
Hépalidine 166
Hepamerz-Amp. 268
Héparégène 166
Héparexine 282a
*Heparin** 4360
Heparlipon 760
Hepartest „Casella“ 3443
Hepasil 2658
Hep-A-Stat 312
Hepasynthyl 3377
Hepatestabrome 3443
Hepatex-T 4960
Hepathion 262
Hepathionine 262
Hepathrom 4360
Hepathromb 4360
Hepatoflavin 2805
Hépatolamine 281n
Hepato-Radio 2320
Hepatosan 281a
Hepatoselectan 3694
Hepatosulfalein 3443
Hepatotestbrom 3443
Hepatoxane 3377
Hepavis 4960
Hepavit 4960
Hepavit-Depot-fortissimum 4959a
Hepax 1046
Hepcovite 4960
Hepin 427
Hepionin 262
Hepojel 4360
Heporal 1046
Heprisol 4360
*Hepronicat*** 4592
Hepsan-Infusionslösung 592b
*Heptabarb*** 1981
Heptabarbital 1981
Heptabarbitone 1981
Heptacylazin 2670
Heptadol 3817
Heptadon 3817
Heptadorm 1981
Heptadrine 616
Heptalgin 4191
Heptalin 4191
Heptamalum 1981
Heptamilen 794
Heptamin (sowjet. Präp.) 1028
Heptamine „Marsan“ 616
*Heptaminol*** 794
Heptaminolacefyllinat 794a
Hept-A-Myl 794
Heptamyl Delalande 794
„Heptanal“ 3817
„Heptanon“ 3817
*Heptaverin*** 3102
Heptazone 4191
Heptedrine 616
Heptenyl-12 4960
Heptin 616
Heptobarbital 1342
Heptocal 604a
Heptocardio 794
*Heptolamid*** 2451
Heptonal 794
Heptone 4191
Heptylaminsulfat 616
Heptylon 794
Heptylpenicillin 2703
Heptylresorcin 2019
Hepzide 355
*Hepzidinmaleat*** 3773
Héraclène 4966
Herbasal 847d
Herb Royal Tape Worm Treatment 1849
Heriodain 4795
Hermalone 4476
Hermalone-Glosset 3678
Hermeciclina 4662a
Hermesetas 476
Hermesol 3178a
Hermophenyl 331
Hérocaine 2011
Heroin 3742
Hérol 3241
Herolan 3742
Herothesin 917
Herpesil 908
Herpetil 908
Herpidu 908
Herplex 908
H. E. S. 3817
Hesotanol 2370
Hesotin 2370
Hesperetin-7-rutinosid 4600
Hesperidin 4600
Hesperidosid 4600
Hesse-sulfon 1398
Hestrium chloride 1827
*Hetacillin** 3326
Hetacycline 3326
Hetamine 954
Heteribat 411a
Heterin 411
Heteroauxin 1064
*Heteroniumbromid*** 3083
Heterovitamin B_1 2230
Hethaclon 1827
Hetol 846a
Hetol „Hoechst“ 626
Hetolin 4448
Hetralin 411v
Hetramine 2421
Hetrazan 1300
Hetrum bromide 3083
Hewoestrol 3555
Hewsol 649
Hexabalm 1830
Hexa-Belily 735
Hexabendin 4718
Hexabenzate 1827b
Hexa-Betalily 735
Hexa-Betalin 735
Hexabione 735
Hexabiscarbacholine 3190
Hexabolan 146N
Hexabutyl 1452
Hexacamphamine 411k
Hexacamphin 411k
Hexachloran 316
Hexachlorcyclohexan 316
Hexachlorone 1830
Hexachlorophane 1830
*Hexachlorophen*** 1830
Hexachlorxylol 626
Hexacit 411i
Hexacitramine 411i
Hexacitrol 411i
Hexacol 2659
Hexacolin 411
Hexacrest 735
Hexacycline 3970a
*Hexacyclonat-Natrium*** 1005
*Hexacypron-Calcium*** 2631
Hexadecadrol 4038
„Hexadien“ 2982
Hexadifeniumbromid 3832

*Hexadilin*** 3429
*Hexadimethrinbromid*** 2047
Hexadiona 1643
Hexadiphane 3815
Hexadipheniumbromid 3832
Hexadiphensulfonium-jodid 3150
Hexadistigmin 4631
Hexadol 4059
Hexadorm 1699
Hexadrol 4038
Hexadrol Phosphate Inj. 4061a
Hexadylamin 3429
Hexafen 1830
Hexafluoreniumbromid 4828
*Hexafluroniumbromid*** 4828
Hexaform 411
Hexaformine 411
Hexafosfat 452b
Hexafum 316
Hexagalen 411
Hexahydroadiphenin 3668
Hexahydrothymol 1292
Hexainosineet 4878
Hexajodin 411d, 1032
Hexal 411t
Hexalen 411i
Hexalet 411t
Hexalgon 4189
Hexalmin 4878
Hexaloids 411
Hexamandelate 411p
Hexamariumbromid 4102
Hexamethamide 4022
*Hexamethonium*** 1827
Hexamethylenamine 411
Hexamethylentetramin 411
Hexameton 1827
Hexametten 411
Hexamic acid 433
Hexamid 1954, 3114
*Hexamidin*** 3600
Hexamidin (sowj. Präparat) 1643
Hexamin 411
Hexaminel 411
Hexamon 411
Hexanastab 1700a
Hexanate 4878
Hexanestrol 3058
Hexanicit 4878
Hexanicon 4878
Hexanicotol 4878
Hexanin 4878
Hexanitrin 357
Hexanitrol 357
Hexanitromannitol 357
Hexanium 1827
Hexanoestrol 4300
Hexanöstrol 3058
Hexaphenyl 1830
Hexaphorine 452b
Hexaphos 411e
Hexaphosphamide 1288
Hexapiperin 185h
Hexaplin 4776
*Hexapradol*** 3353
Hexapren 1285
Hexapressin 1827
*Hexapropymat*** 1224
Hexapurin 411k
Hexapyral 735
Hexapyrin 411g
Hexargin 411 z/1
Hexarol 1827
Hexasan 411
*Hexasoniumjodid*** 3150
Hexate 4878
Hexatétramine 411
Hexathide 1827
Hexatonid 1827
Hexatramin 411
Hexatrol 411
Hexatropina 411
Hexaverine 4291
Hexaverm 316
Hexavibex 735
Hexaviet 1827
Hexayodina 1032
Hexazole 1271
Hexazorin 411a
*Hexcarbacholinbromid*** 3190
Hexchloran 316
Hexederm 3931
*Hexedin*** 4125
Hexemal 1699
Hexenal 1700
Hexermin 735
Hexermin-P 704
Hexestrofen 3058
*Hexestrol*** 3058
Hexetal 1789
Hexethal 1789
*Hexetidin*** 3931
Hexeton 1259
Hexetylamincitrat 2711
Hexicidum 316
Hexigoa-Tabletten 411
Heximed 411k
Hexinol 2232
Hexiocaps 1767
Hexital 3058
*Hexobarbital*** 1700
Hexobarbiton(e) 1700
Hexobarbitural 1700
Hexobarsol 1700
*Hexobendin*** 4718
Hexobion 735
*Hexocycliummethyl-sulfat*** 3684
Hexodorm 1699a
Hexoestrol 3058
Hexöstroldiacetat 3993
Hexöstroldicaprylat 4802
Hexöstroldiphosphat 3100
Hexoestroldipropionat 4300
Hexofen 384
Hexogyn 4300
Hexoline 444a
Hexomedine 3600a
Hexonat 1827c
Hexone chloride 1827
Hexonium 1827
Hexonium B 1827b
Hexopal 4878
Hexophan 2726
*Hexoprenalin*** 4087
Hexopyrrolate 3672
*Hexopyrroniumbromid*** 3672
Hexoral 3931
Hexorcène 1767
Hex-O-San 1830
Hexosin 1827
Hexothiocaine 3424
Hexovon 4300
Hexron 3058
Hexstit 411p
Hextril 3931
Hexurol 411j
Hexuronsäure 359
Hexyclan 316
Hexydal 411p
Hexydaline 411p
*Hexylcain*** 2664
Hexylcarbonsulfidum 2281
Hexylresorcin 1767
Hexylresorcinolum 1767
Hexyltheobromin 2018
Hexynol 1767

Hexypheen 3058
Heyden 471 675
Heyden 661 1579a
241-HF 153N
HF-1854 2990
HF-1927 3033
HF-2159 2974
HF-2333 150N
HFZ 4176
HG-factor 4976
Hg-Phyllin 1951
HH 105 2692
HH-108 2768
HH 184 1196
HH 197 3154
HH 212 3564a
H3-HE 111 4593
Hiace 4346
Hiadelon 704
Hi-A-Vita 3659
Hibanil 2770
Hiberna 2800
Hibernal 2770
Hibernol 2770
Hibernon 2618
Hibernyl 4204
Hi-Bestrol 3006
Hibicon 1108
Hi-Bilox 704
Hibital 1963
Hibitane 4059
Hibon 4780
Hicobalamin 4959
Hicobalan 4959
Hicomin 4959a
Hicortin 3859
Hicorton 3806
Hidacian 82
Hidantal 2328
Hidantilo 2328
Hidantoifmy 2328
Hidesol 1767
Hi-deratol 4626
Hidraciber 340
„Hidracida" 340
Hidrafasa 340
Hidral-Grey 340
Hidralter 340
Hidramicin 4572
Hidramina 2812c
Hidranic 340
Hidranizil 340
Hidra-Noxi 340
Hidraquimia 340
Hidrasegur 340
Hidrasix 340
Hidrasonil 340
Hidrassal 340
Hidrastep 3927
Hidrastol 340
Hidratorax 340
Hidrazida-I.N. 340
Hidrazinol 340
Hidril 652
Hidrina 340
Hidrix 15
Hidroalogen 652
Hidroaltesona 3893
Hidro-Alurene 528
Hidro-B_{12} 4959
Hidroclorotiazida 528
Hidroclortiazil 528
Hidro-Colisana 3893
Hidrocortisan 4232
Hidrocortisona 3893
Hidrocortizon 3893
Hidrodecortancyl 4207
Hidrode-Vir 4626
Hidro-Diuriwas 528
Hidroestron 4392
Hidromorfon 2780
Hidronal 2072
Hidro-Niagarim 528
Hidronutin 2342
Hidroronol 528
Hidrosal 532b
Hidrosaluretil 528
Hidro-Scheralson 4232
Hidrotiazida 528
Hidrovitamina A 4088
Hidrovitamina B_{15} 3706
Hidrovitamina E 4751
Hidrox 1110
Hidroxicobalamina 4959
Hidroxil-B_{12} 4959
Hidroxiteofillina 1202
Hidroxo-Catavin 4959
Hidroxodoce 4959
Hidro-Yadalan 528
Hidrulta 340
Hidrun 340
Hi-Enterol 811
Hierro „Laquifal" 423h
Hierroluy B_{13} 206b
Hierroluy-Grageas 423h
Hiestrone 3059
Hi-Fresmin 4966
Hifurujin 435
Higacol 1311
Highmeton P 2348
Hightisone 4038
Hi-glucon 423
Higronii 1824
Higroton(a) 2072
Hikarutin 4520
Hillcain 2011
Hillcholin 4351
Hillcolax 3942
Hilomid 1833
Hi-long 2311
Himalin 2857
Hinagen 1572
Hinderin 4177
Hinokitiol 1131
Hi-Normal 1222
Hiohex 1827
Hipadrin 340a
Hi-para 168b
Hiperazida 340
Hiperbiotico 2614
Hipercalcio 423
Hipercilina 2590
Hiperdrazida 2347
Hiperglucol 419
Hiperpas 340a
Hipertensina 4931
Hipervigoncal 4573
Hiphyllin 1202
Hipnax 2319
Hipnogal 35a
Hipnogeno 747
Hipocal 423
Hipoftalin 657
Hipoglicil 2419
Hipometonium 1827
Hipopresol 715
Hiposerpil 4776
Hiposterol 1152
Hipotensor Oftalmico Ce Me Ce 315
Hipotensor-Zambeletti-Alfa 4813
Hippocras 206c
Hippodin 838
Hippophain 1115
Hippramin 411z
Hippuran 838
Hippuran (R)-131 840
Hipputope I^{125} 839

Hiprex 411z
Hipsal 2319
Hi-Pyridoxin 704
Hiramicin 3961
Hirkan 2692
Hirnamin 3340
Hiropon 1214
Hiserpia 4776
Hisindamon 2255
Hispaderma 2101
Hispanofedrina 1216
Hispanoiodina-Amp. 1032
Hispanotiazol 865
Hispril 3311
Hista „Beytout“ 248
Histabort 2861
Histabromazin 2789
Histabutazine 4596
Histabutizine 4596
Histacap 2861
Hista-Carr 2600a
Histachlor 2600a
Histachlorazine 3009
Histachlorylène 2176
Histacin 2861
Histaclartyl 248
Histacur 3241
Histacuran 3241
Histaderme 2868
Histadoxylaminsuccinat 2842
Histadur 2600a
Histadyl 2208a
Histafed 2208a
Histaids 2600a
Histal 2208a
Histalert 3311
Histalgine 248
Histalog 247
Histalon 2861
Histamal 2861
Histamethine 4389
Histaméthizine 4389
Histametizyn 4389
Histamicin 2176
Histamifren 2812
Histamin-Azoprotein 248d
Histamindihydrochlorid 248
Histamyl 248
Histana 2861
Histantin „Bourroughs Wellcome“ 3009
Histantin „Richter“ 2558
Histapen 2600a
Histaphene 3074
Histapon 248
Histapran 248
Histapyran 2861
Histapyridamine 2622
*Histapyrrodinhydrochlorid*** 3330
Hista-Rex 2861
Histargan 3311
Histaron 2600a
Histasan 2861
Hista-Sed 2812
Histaspan 2600a
Histatex 2861
Histaxin 2812
Histazine 2785
Histazylamine 2653
Histex 2208a
Histidinhydrochlorid 373
Histifan 373
Histimin 247
Histionex 2814a
Histitrin 2600a
Histoacryl (N und L blau) 726
Histocarb 546
Histocillin 2590d
Histochrome 3441
Histodil 248
Histol „Horner“ 3036
Histol „Key“ 2600a
Histomibal 2074
Histopeptine 373
Histostab 2785
Histostat 312
Histoyodina 1032
Histrey 2600a
Histrol 3311
Histryl 3311
Histyn 3311
Hivernine 3545m
Hi-Z 4860
HK 137 4145
HK 256 4169
HL 255 2299
HL 267 3702
HL 523 270
HL 1050 1570
HL 2186 3274
HL 5746 2770
HL 8562 2720
HL 8583 4734
HL 8597 2294
HL 8606 2289
HL 8731 2048
HLS 831 1760
H. M-11 1244
HM 187 3631
HMP 1149
HMS 4091
HN_2 259
HN_3 403
Hn 931 1446
Hoca 1287
Hodostin 1792
Hoe s. Hoechst
Hoechst 193 946
Hoechst 8452 3116
Hoechst 8909 2431
Hoechst 9980 3795
Hoechst 10116 3560
Hoechst 10446 2435
Hoechst 10495 4189
Hoechst 10577 3986
Hoechst 10582 3561
Hoechst 10600 4191
Hoechst 10682 3562
Hoechst 10720 2433
Hoechst 10805 4313
Hoechst 10819 4190
Hoechst 10820 3817
Hoechst 11513 2622b
Hoechst 12494 4064
Hoechst 12512 4269
Hoechst 36801 134N
Hoeswin 3964
4029-9 Hoffman-La Roche 352
Hogival 3556
Hokkalucus 373
Holaphyllin 4105
Holbamate 1011
Holevid 1379
Holin 3096
Holin-Depot 4646
Holocain(e) 3045
Holodorm 2535
Holomycin 491
Holopane 3113
Holopon 3113
Holzgeist 17
Holzzucker 256
Homactid 4975
Homadamon 3304
Homagenets-A 4088
Homan 3662

Homan-inj. 4093
Homandren-Amp. 4093
Homandren-Tabl. 3662
Homapin 2892
*Homarylamin*** 1162
Homatrocel 2892
Homatromide 2892
Homatropil 2892
Homatropin 2638
*Homatropinmethylbromid*** 2892
Homatropinum methylbromatum 2892
Homatropinum methylonitricum 2892a
Hombreol 3428
Homburg 811 3486
Homéostan 986
Hometin 811
Homidiumbromid 3724
Homoarterenol 967
Homocaine 3082
Homocamfin 1259
*Homochlorcyclizin*** 3304
Homoclomin 3304
Homococain 3082
Homocodeine 4204
Homocysteinthiolactonhydrochlorid 164
Homocysten 164
homöolan 685
*Homofenazindihydrochlorid*** 4176
Homogene-P 4093
Homogene-S 3395
Homolone 2892
Homomycin 4196
Homonicotinsäure 515
Homo-PAS 687
*Homopipramol*** 4319
Homorenon 1163
Homorestar 3304
Homosteron 3395, 4093
Homosul 563
Homosulfamidum 563
Homosulfamin 563
Homosulfanilamid 563
Homosulfapyridin 1631
Homotiroxina 2317
Homotonin 1767
*Homprenorphin** 228N
Honey-Diazine 1081
Hongocil 300 2590d
Honvan 3065
Honvol 3065
H. O. P. 4623
Hopalet 153d
*Hopantenic acid*** 1280
Hoparon 153d
Hopate 1280
Hopiton 2170
*Hoquizilhydrochlorid*** 3373
Hordenin 1220
Hordetin 1220
Horfemine 4280
Horizon 2521
Hormale 3662
Hormale-inj. 4093
Hormobagó 3396
Hormocervix 3060
Hormocline 281a
Hormodyn 107
Hormoestrol 3058
Hormoestrol-Amp. 4300
Hormofemin 2982
Hormoflaveine 3882
Hormofollin 3059
17-Hormoforin 3396
Hormofort 4561
Hormogynon 4392
Hormoluton 3882
Hormonabol 4540
Hormoneta 3662
Hormonisene 4133
Hormo-retard 4628
Hormosedyl 4575
Hormostilboral 3006
Hormostilboral-stark 3973
Hormoteston 4093
Hormotonin 450
Hormovarine 3059
Hormozol 3806
Hortelazol 1398
Hortfenicol 1375
Hortfenicol-Susp. 4568
Hoscolax 3457
Hospex 236
Hosta 500 3970
Hostacain 1991
Hostacilline 2590d
Hostacortin 3806
Hostacortin H 3859
Hostacortin-H-Kristallsuspension 4207
Hostacortin H solubile 4412
Hostacyclin 3970
Hostacyclin „P“ 3970a
Hostacyclin-PRM 4530
Hostaginan 4269
HP 170 2078
HP 213 1871
HPC 2511
17-HPC 4561
HPEK-1 301
HPP 207
HS-592 3790
HSB I 2568
HSp 2986 3814
5-HT 1115
HT-11 3533
H. T. 1479 2477
Hubercrome 1128
Huberdine 1299
Huberplex 2532
Hubersona 3859
Hudorex 528
Humacthid 4975
Humatin 4251
Humectol 3700
Humevac 3700
Humidal 698a
Humorsol 4769
Humusmycin 3972
Humycin 4251
Hupnosal 747
Hustazol 3533
Hustodil 1209
Hustopan-Ox 3681
Hustosil 1209
Huxol 3451
HXR 1127
Hy-12 4959
Hy-185 231
Hyacide 4571
Hyadur 52
Hyamate 1165
Hyamine 10 4629
Hyamine (1622) 4571
Hyanilid 1863
Hyasorb 2590
Hybrin 359
*Hycanthon*** 3548
Hycholin 3422
Hyclorate 1668
Hycobal 4966
Hycodan (alte Form) 3023
Hycomin 4959a
Hycomine 3023
Hycor 3893

Hycorphan 3105
Hycort 3893
Hycortol(e) 3893
Hycozid 340
Hydacian 82
Hydantin 2328
„Hydantoin“ 2328
Hydantoinal 2328
Hydantol 2328
Hydeltra 3859
Hydeltra TBA 4556
Hydeltrasol 3877
Hydeltrone 3859
Hydex 1214
Hydocomin 4959a
Hydoin 2328
Hydol 652
Hydotin 2537
Hydoxamin 4960
Hydoxin 735
Hydra 340
Hydrabaminpenicillin G 2590k
Hydrabaminpenicillin V 2593e
*Hydracarbazin*** 230
Hydracetin 705
Hydracillin 2590d
Hydracycline 3970a
Hydragycin 184
Hydral 32
*Hydralazin*** 657
Hydrallazin 657
Hydrametracintartrat 1561
Hydramil 261
Hydramitrazine 1561
Hydramon 4248
Hydran AB 2277a
Hydraphen 3711
Hydrargan 1951
*Hydrargaphen*** 3711
Hydrargatoxyl 344c
Hydrargyrophenyl sodique 331
Hydrargyrum phenyloboricum 317a
Hydrasson 3893
Hydrastin 3723
Hydrastininhydrochlorid 1413
Hydrathion 1273
Hydrazid „Polfa“ 340
Hydrazid C „Polfa“ 82
Hydrazide 528
Hydrazide „Horus“ 340
Hydrazide „Médial“ 340
Hydrazide „Otsuka“ 340
Hydrazinoxane 2588
Hydrea 15
Hydreia 15
Hydrenol 652
Hydrenox 652
Hydrex 528
Hydrid 528
Hydril 528
Hydril B 2342
Hydril F 652
Hydrillin 2812
Hydrin-2 4232
Hydrion 1931
Hydrionic 245a
Hydrison 4232
Hydro-12 4959
Hydro-Adreson 4232
Hydro-Adreson-Salbe 3893
Hydro-Aquil 528
Hydro-Bencorton 4232
*Hydrobentizid*** 2373
Hydrobutamine 2687
Hydrocarbonsäure 11
Hydrochinidin 3594
Hydrochinin 3593
Hydrochinon 326
Hydrochlobuthiazide 1493
Hydrochlorbenzäthylamin 4208
Hydrochlorbenzethylamine 4208
*Hydrochlorothiazid*** 528
Hydrochlorthiazidum 528
Hydrochol 4351
Hydro-Clonazone 527
Hydrocobamine 4959
Hydrocodal 3026
Hydrocodan 3023
Hydrocodein(a) 3080
Hydrocodeinonbitartrat 3023
Hydrocodin 3080
*Hydrocodon*** 3023
Hydrocon 3023
Hydrocort „Dunhall“ 4232
Hydrocort „Ferring“ 3893
Hydrocortal 3893
Hydrocortal aquosum 4420
*Hydrocortamathydrochlorid*** 4565
Hydrocortancyl 3859
Hydrocortancyl Suspension injectable 4207
Hydro-Cortex 3893
Hydrocortidelt 3859
Hydrocortidelt-I.V. 4412
Hydrocortifor 3893
Hydrocortisate 3893, 4232
*Hydrocortison*** 3893
Hydrocortison „Ciba“ 4232
Δ^1-Hydrocortison 3859
Hydrocortisonacetat 4232
Hydrocortisonbutylacetat 4563
Hydrocortisoncipionat 4674
Hydrocortisoncyclopentylpropionat 4674
Hydrocortisondinatriumphosphat 3899
Hydrocortisone intraveineux 4420
Hydrocortisone Sodium Succinate 4420
Hydrocortisone TBA 4563
Hydrocortisonnatriumsuccinat 4420
Hydrocortistab 4232
Hydrocortistab soluble 4420
Hydrocortisyl 3893
Hydrocortodrin 3893
Hydrocortone 4232
Hydrocortone-Tabl. 3893
Hydrocortone TBA 4563
Hydrocycline 4662a
Hydrodeltalone 3859
Hydrodeltisone 3859
Hydrodiuretic 528
Hydro-Diuril 528
Hydroestryl 3008
*Hydroflumethiazid*** 652
Hydrofungin 4811a
Hydrogrisevit 4959
Hydrokodin 3023
Hydrokon 3023
Hydrolaudin 3026a
Hydrolax Pediatric 3700
*Hydromadinonacetat*** 4210
Hydrombine 475a
Hydromedin 1880
Hydro-Merfen 317a
*Hydromorphinol** 2827
*Hydromorphonhydrochlorid*** 2780
Hydromox 1110
Hydromycin 3927
Hydronol 387
Hydronsan 1684

Hydrooxazin 1471
Hydrooxycodeinona 3026
Hydro P_2 1053
Hydroperit 14a
Hydropethidine 2435
Hydrophyllin 1202
Hydropyrin 847b
Hydroquine 3594
Hydroquinidine 3594
Hydroquinine 3593
Hydroquinone 326
Hydroretrocortin 3859
Hydroricortex 4232
Hydrosal 37c
Hydro-Salisan 528
Hydrosaluret 528
Hydro-Saluric 528
Hydrosarpan 3756
Hydrosept 527
Hydrosin 3927
Hydrosol A 4835
Hydrosol E 4751
Hydrosone 3893
Hydrotest 3395
Hydrothiaden 3322
Hydrothide 528
Hydrothiobicin 1655
Hydrothroxin-Procain 2406
Hydro-tonuron 528
Hydrotrichlorothiazide 650
Hydrovit 4959
Hydroxamethocaine 2479
Hydroxicarbamidum 15
Hydroxidioni natrii succinas 4426
*Hydroxindasat*** 3755
*Hydroxindasol*** 3293
Hydroxizinum 3808
Hydroxo 5000 4959
Hydroxo B-12 4959
*Hydroxocobalamin*** 4959
Hydroxocobeminum 4959
Hydroxokobemin 4959
Hydroxyäthylnitrofurazon 713
Hydroxyaethyltheophyllin 941
*Hydroxyamphetamin*** 960
Hydroxybenzethacil 2590f
Hydroxybutyloxid 787
Hydroxycainhydrochlorid 2478
Hydroxycampher 1261
*Hydroxycarbamid*** 15
Hydroxychlorochin 3118
*Hydroxychloroquin*** 3118
Hydroxycinchophene 2511
Hydroxycobalamin 4959
Hydroxycolecalciferol 226N
Hydroxycortexon 3888
17-Hydroxycorticosteron 3893
Hydroxycycloheximide 2468
14-Hydroxydaunomycin 4518
Hydroxydiäthylphenamin 3846
Hydroxydigitoxin 4876
*Hydroxydionnatrium-succinat*** 4426
p-Hydroxyephedrin 1221
Hydroxyfumigatin 674
Hydroxy-Hepavit 4959a
Hydroxyhexamide 2452
Hydroxymetholone 3907
Hydroxymethylnitro-furantoin 844
Hydroxymethylpyridinum bitartaricum 336
Hydroxymethylrutosid 4595
Hydroxymethyltestosteron 3665
Hydroxymycin 4251
Hydroxynorprogesteron-capronat 4496
Hydroxynovocain 2015
Hydroxyöstron 3060
Hydroxyöstrondiacetat 3994
*Hydroxypethidin*** 2435
Hydroxyphenamat 1483
Hydroxyphenylbutazon 3246
Hydroxyprednisolon-acetonid 4337
*Hydroxyprocain*** 2015
21-Hydroxyprogesteron 3884
Hydroxyprogesteronacetat 4231
*Hydroxyprogesteron-caproat*** 4561
Hydroxyprogesteron-heptanoat 4623
Hydroxypropyltheobromin 1201
Hydroxypropyltheophyllin 1200
*Hydroxypyridintartrat*** 863
Hydroxysinum 3808
*Hydroxystenozol*** 3879
Hydroxystilbamide 2563
*Hydroxystilbamidin*** 2563
Hydroxystreptomycin 3925
*Hydroxytetracain*** 2479
Hydroxytetracyclin 3972
*Hydroxytoluic acid*** 664
Hydroxytriäthonium-jodid 2503
Hydroxytrimethonium-jodid 1032
Hydroxytyramin 731
Hydroxyurea 15
*Hydroxyzin*** 3808
Hydroxyzintrimethoxy-benzoat 4740
Hydrozide 528
Hydrozin 340
Hydura 15
Hyflavin 3056
Hyflavin F 2838
Hygiox 828b
Hygromix 4196
Hygromycin A 4196
Hygronium 1824
Hygroton 2072
Hyiode 815
Hykinone 1317a
Hykolex 4351
Hylenta 2590
*Hymecromon*** 1048
Hymeron 4746
Hyminal 2535
Hymorphan 2780
Hyndarin 186N
Hyosan 1849
Hyoscin 2830
Hyoscinaminoxid 2833
Hyoscinbutylbromid 3898
Hyoscinmethylbromid 3113
Hyoscyamin 2855
DL-*Hyoscyamin* 2854
Hypalène 1647
Hypantin 4388
Hypaque 1324
Hypatol 657
Hypatroval 278a
Hypaventral 3360
Hypcol 2535
Hyperbutal 1249
Hypercillin 2590d
Hypercyl 278
Hyperglykämisch-glykogeno-lytischer Faktor 4976
Hypericin 4697
Hypericumrot 4697
Hypernephrin 968
Hyperol 14a
Hyperpax(a) 1167
Hyperstat 638
Hypertencin 357
Hypertensin „Ciba“ 4931

Hyperysin	590	Hypothiazid	528	Ibiocal	167
Hyperzine	185a	Hypotiazid	638	Ibiodorm	1382h
Hypette B_1	1765	Hypotonin	153f	Ibiodoxine	735
Hyphylline	1202	Hypotrol	1758a	Ibiodral	2812
Hypnaletten	1607	Hypotyl	1539	Ibiofural	322
Hypnamil	1546	*Hypoxanthosine*	1127	Ibiophylline	1202
Hypnazol	634	Hyprone	1965	Ibiopopp	890
Hypnette	1607	Hypropen	2590d	Ibiosuc	433a
Hypnine	2011	Hyptor	2535	Ibiothelmint	1767
Hypnobal	1546a	Hyptrol	1758a	Ibiothyron	2322
Hypnobroom	590	Hypyrin	847g	Ibioton	2600a
Hypnodol	747a	Hyrganol	3692	Ibiotyzil	3574
Hypnofer	747	Hyrye	2838	Ibioxyl	1125
Hypnogène	747	Hysco	2830a	Ibiozedrine	953
Hypnogen „Fragner“	1607	Hyseptine	4629	Ibisterolon	3859
Hypnol	1545a	Hysone-A	4232	Ibition	746
Hypnolone	1607	Hysron	4348	*Ibomalum*	1140
Hypnon	662	Hystamin	3311	*Ibrotalum*	597
Hypnon „sowjet. Präp.“	2310	Hysteps	1607	*Ibrotamid***	597
Hypnoral(etten)	747	Hysterograf	821	*Ibufenac***	1712
Hypnorex	12	Hysterol	2492	Ibunac	1712
Hypnostan	1542	Hystrecin	3927	*Ibuprofen***	1987
Hypno-Tablinetten	1607	Hystryl	3311	*Ibuverin***	3126
Hypnotal „M. + M.“	1545a	Hytakerol	4632	*Ibylcainum*	2013
Hypnotal „Pharmacal“	1546	Hyton	841	I-C 26	3619
Hypnotal(on)	1607	Hytone	3893	Icaiodina	411d
Hypnoval	391	Hytrid	528	ICI 3024	4643
Hypnoval „Richter“	1699	Hytuss	1209	ICI 9073	29N
Hypnox	747	Hy-Vidox	735	ICI 15688	1662
Hypocerol	1668	*Hyxobamine*	4959	ICI 28257	1668
Hypocholate	4370	Hyzyd	340	ICI 29661	1552
Hypocholin	245a			ICI 32525	1400
Hypochylin	245a	I. A. 307	2144	ICI 32865	1807
Hypofrenine	890	Ia-but	3245	ICI 33828	603
Hypoglycamid	1534	Iacol	1598	ICI 38174	2407
Hypoglycin A	575	Ia-loxine	3972	ICI 45337	2557
Hypoglycin B	1763	Ia-pen	2593	ICI 45520	2635
Hypoglycone	1760	Ia-pram	3335	ICI 46476	4455
Hypoglymol	1760	IB 503	3030	ICI 46638	1829
Hypohistamine	4465	Iba-Cide	677	ICI 47319	2636
Hypoletten	419	Ibacillin	2590d	ICI 48213	4141
α-Hypophamine	4896	Ibadex	1214	ICI 50123	4840
Hypophenon	890	Ibatal	1545a	ICI 50172	2263
Hypophosphine	121a	Ibatran	992	ICI 50627	1391
Hypophthalin	657	IBD-78	2783	ICI 51426	2550
Hyporenin	968	Ibelomin	2812g	ICI 54450	1314
Hypostamine	4465	*Ibenzmethyzinhydro-*		ICI 55052	3963
Hypostat	890	*chlorid*	1781	Icipen V	2593a
Hypostérol Compr.	1152	Iberfolico	3240	Icol	947
Hypostérol Inj.	1132	Ibiclor	527	Icoral A	2274
Hypotan-Amp.	795	Ibicyn	3970	Icoral B	961
Hypotensin	2049	Ibidrol	2342	Icovit B_{12}	4959
Hypotensine	1619	Ibifur	1944	I. C. R. F. 159	1510

Ictéryl 2355 b
ID-955 3464
IDA 169
Idaltim 232 N
Idantoin 2328
Idantoinal 2328
Idasal 1530
Identhesin 917
Idexur 908
IDO-A 3659
IDO-B_1 1765
IDO-B_2 2805
IDO B_6 735
IDO-B_{12} 4960
Idoburonil 2647
Idobutal 1504
IDO-C 359
Idocobin 340
Idocyl 497 b
IDO-E 4751
Idoestril 3008
Ido-Genabil 2355
IDO-K 1353
Ido-Mandelat 663 c
Idorese 347
Idorutin 4520
Idoserp 4776
Idosil 2320
Ido-Tebin 340
Idotyl 847
Idoxo-B_{12} 4959 a
*Idoxuridin*** 908
Idracemi 3893
Idracetisone 3893
Idragin 847
Idralazina 657
Idramina 181
Idranal III 1254 a
Idrastina 3723
Idratene 3659
Idrazil 340
Idrexin-Na 2342
Idrianol 962
Idril 828 b
Idrisal 528
Idro-Apavit 4959
Idrobamina 4959
Idrobetina 4959
Idrobil 3450
Idrobutamine 2687
Idrobutazina 3246
Idro C 359
Idrocanfora 1267 a
Idrociclin 4662 a
Idroclorazide 528
Idrocobalamin 4959
Idrocobina 4959
Idrocodone 3023
Idrocort 3893
Idrocortigamma 3893
Idrocortisone 3893
Idrodiuvis 528
Idroepar 3450
Idroestril 3008
Idrofarm B_{12} 4959
Idroflavina 2805
Idrofluin 528
Idrogestene 4561
Idrogrisevit 4959
Idrokappa 1317 a
Idrokin 1110
Idrolisin 528
Idrometilen 255
Idromin 1201
Idromorfone 2780
Idroniagar 528
Idro P_2 1053
Idropen 2590 e
Idrorenil 528
Idrorubina 4959
Idrosol D_2 4626
Idrosone 3806
Idrospes B_{12} 4959
Idrossi B_{12} 4959
Idrossicobal 4959
Idrossimicina 3955
Idrossirubrin 4959
Idrossivit B_{12} 4959
Idrossizina 3808
Idro-Steral 4626
Idrotiazide 528
Idrotiobicina 1655
Idrozima 4959
Idrurto A 3659
Idrurto D_2 4626
IDU 908
Iducher 908
Idulea 908
Idulian 3498
Iduridin 908
Iduviran 908
IE-35 773
IEM-163 570
IEM-168 749
IEM-210 2258
IEM 249 1025
IEM-265 3824
IEM-275 3830
IEM-288 987
IEM-366 2791
Ieroin 3742
Ifag 1855
Ifenti-Tabletten 3021
Ifitalgina 248
*Ifosfamid*** 606
Igepal CO-430 4247
Igepal CO-630 4787
Igepal CO-730 4914
Igepal CO-880 4968
Ignazin 3596
Ignicut 686
Ignocut 686
Igrolina 2072
Igrosin 1951
Igroton 2072
Igsain 3874
Ikaclomin 4453
Ikamycin 3972
Ikterosan 2509
IL 6001 3591
IL-6302 3366
Ilbion 1122
Ilcocillin P 2590 d
Ildamen 3315
Ilentazol 2737 b
Ileoton 1023
Ilgonetten 433 a
Iliadin(e) 2681
Ilidar 2751
Iliso 452 a
Ilitia 4693
Ilixanthin 4520
Illudin S 2425
Ilmesol 828 b
Ilopan 1023
Ilosone 4867
Iloticina 4843
Ilotycin 4843
Iludrin(a) 1526
Ilvin 2598
Imadyl 248
Imagon 3117
Imagotan 3799
Imakol 3046
Imbresulf 44 N
Imbretil 3190
IMD 760 4439
Imebis 1515 a
Imecromone 1048

Imesonal 1758a
IMET 3393 2633
Imetro 3910
*Imiclopazindihydro-chlorid*** 4406
Imida-Lab 1855
Imidalin 1114
Imidaminhydrochlorid 2785
Imidan 1380, 1855
„Imidazolina" 2120
Imidazone 373
Imidazyl 2120
Imidene 1855
Imidin 2120
Imido 248
Imidobenzyle 3335
*Imidocarbhydrochlorid** 3250
*Imidolinhydrochlorid** 1969
*Iminophenimid*** 1644
Imiphos 773
*Imipramin*** 3335
Imipramin-N-oxid 3336
Imipranil 3335
Imiprex 3336
Imiprin 3335
Imizin 3335
Imizol 2120
Immenoctal 1758a
Immenox 1758
Immetal 4508
Immétropan 3910
Immunocillin-Wirkstoff 2593a
Imnudorm 384
Imoctetrazoline 2677
*Imolaminhydrochlorid*** 2228
Imotryl 3323
I. M. P. E. 3835
Impeasel 1508
Impedil 332
Imperacin 3972
Imperan 2254
Imperatorin 2546
Implanetten 3006
Implantin 3006
Impronal 1903
Improvin 2593c
Imuran 834
Imurek 834
Imurel 834
IN 117 4828
IN 292 2929
IN 379 2698
IN 391 4100
IN 461 3943
IN 511 1900
IN 836 1628
IN 1060 3715
INA 340
Inacid 3203
Inactin 1248
Inagen 1308
INAH-Mycin 4572
Inaktin 1248
Inamil 2348
Inamycin 4739
Inapetyl 2810
Inapsin(e) 3951
Inazid 340
Inazin 50 4751
Inbuton 1534
Incafolic 3240
Incidal 3244
Incidan 3244
Incoran 4269
Incortin 4206
Incortin H 4232
Indacin 3203
Indalitan 2300
Indaliton 2300
Indema 2305
Indenoestroldiacetat 3958
Inderal 2635
Inderalici 2635
Indicarminum 2507
Indigatin 334
Indigo (löslicher) 2507
Indigocarmin 2507
Indigogelb 4519
Indion(e) 2305
Indocid 3203
Indocin 3203
Indocyanine green 4890
Indocybin 1739
Indoform 1089
Indoiodine 1032
Indoklon 131
Indolacin 181N
Indolmycin 2143
Indomecol 3203
Indomed 3203
Indomee 3203
*Indometacin*** 3203
Indometan 3203
Indomethacin 3203
Indon 2305
Indone 1011
Indopal 3203
Indopan 1436
*Indopin*** 4178
*Indoramin** 194N
Indo-Rectolmin 3203
Indorm 3544b
*Indoxol** 3941
Indozyaningrün 4890
*Indrilinhydrochlorid*** 3261
Indumet 3203
Indunox „UCB" 4208a
Indusil 4966
Inestra 3555
Inetol 2407
INF 1594
INF-1837 2062
INF 3355 2364
INF-4668 2073
Infaciclina 4663
Infa-Digin 4875
Infadin 4626
Infantussin 4204
Infatabs 1081
Infepan 352
Infermine 435
Infiltrina 52
Inflamase 3877
Inflamil 3246
Inflammil 3246
Inflatine 4004
Influenol 1268
Influina 861
Influmin 435
Infron 4626
Ingelan 1526
INH 340
INHA-17 2347
Inhalocort 4038
INHA-PAS 340a
Inhasan 2231
INH-G 1635
Inhibostamin 4465
Inhiston 2622a
Inhizid 340
INHMS 556
INH-o-van 2109
Ini-Cardio 1541
Inidrase 147
Inizid 340
Injectopherol 4751
Inlax 4255
Inmetal 1546a
INO 495 1127

Inocor	382
Inocortyl	3806
Inofal	3799
Inolin	3321
Inomax lento	4875
Inomax medio	4897
Inomax rapido	4934
Inomax rapido fiale	4925
Inophos	452b
Inophosphan	452b
Inophyline-Amp.	531b
Inophyline-Compr.	531c
Inophylline	531b
Inopsin	3951
Inosie (-F)	1127
Inosimesol	418
Inosin	1127
„*Inosit*"	418
Inosital	418
Inositene	418
Inositina	418
Inositocalcium	452b
Inositol	418
Inositolhexanitrat	323
Inositol niacinate	4878
*Inositolnicotinat***	4878
Inositosal inyectable	452a
Inostral	3804
Inovitan A	3659
Inovitan B_1	1765
Inovitan C	359
Inovitan D	4626
Inovitan P. P.	319
Inoxiurol	1040
Inpea	1508
Inphysen	890
Inprochonum	2651
*Inproquon***	2651
Insecticide No. 4049	1282
Insektizid C-1014	807
INSH	1871
Insidal	3244
Insidon	4197
Insipidin „Spofa" (neue Form)	4921
Insolat	1250
In-solone	3859
Insomin	2319
Insomnol	384
Insom-rapido	1545b
In-sone	3806
Insoral „U. S. Vitamin"	1236
Insoral „Valeas"	1534
Inspir	243
Instantine	847
Insulamina	925
Insulin	4978
Insuloid	1236
Insuloid M	195
Insulton	1642
Intal	4129a
Intazin	2540
Intazol	865
Inteban	3203
Intefuran	647
Integrin	4198
Intensacrom	3622
Intensain	3622
Intensol	1039
Interazin	4773
Interbarb	1250
Intercain	2475
Intercyton	3196a
Interkellin	2098
Intermetin	2250
Interomycetin	1375
Interomycetin glicinato	1918
Interphan	2509j
Interpina	4776
Intertrom	168b
Intes-Gar	1515a
Intestiazol	2737
Intestin-Euvernil	2553a
Intocostrin-T	4846
Intoguan	571
Intolex-Wirkstoff	2342
Intrabilix	3448
Intrabutazone	3245
Intracain(e)	2462
Intracal	1267a
Intraciclina	4530
Intracort	4420
Intrafer	245f
Intraformazol	1067
Intraiodina	1032
Intrajod	2503
Intrajodin	1032
Intrajodin „Spofa"	447a
Intramin	8
Intramycetin	1375
Intranarcon	1938
Intran-DMSO	52
Intranefrin	968
Intra-Pan	1023
Intrased	1546a
Intrastigmina	1792
Intraval	1542
Intrayodo	447a
Intrazine	2799
*Intrazol**	2729
Intrinase	4960
Intrinolon	4960
Intron	8
Intropin	731
Inulacampher	2424
Inulevan	421
Inulon	421
Invenol	1534
Invercine	1555
Inversal	740
Inversine	1555
Invertol	2927
*Iobenzamic acid***	2525
Iobenzaminsäure	2525
Iobistidina	373
*Iobutoic acid***	2376
*Iocarmic acid***	4257
*Iocetamic acid**	1622
Iodacil	127
Iodafilina	2279
Iodairal	838
*Iodamid***	1591
Iodaphyline	2279
Iodarina	625
Iodaseptine	411n
Iodatin	501c
Iodatoxyl	310
Iodazine M	805
Iodazol	88
Iodazone	88
Iodeikon	3446
Iodesina	411d
Iod-Ethamine	59
*Iodetryl***	3698
Iodhéma	411n
Iodinated Glycerol	394
Iodinsoy	1032
Iodipamide	3448
Iodisan	1032
Iodistol	3538
Iodoalphionic Sodium	2320
Iodoantipyrine	1359
Iodobenzoylglycin-Sodium	838
Iodobil	2320
Iodobismuto „Pons"	3545d
Iodobrassid	4375
Iodochlorhydroxyquin	811
Iodocolina	279
Iodoenterol	811

Iodo-Fluothymina 1032
Iodoformal 411 d
Iodoformine 411 d
Iodofos 1003
Iodognost 3446
Iodohexamidine 3559
Iodohippuratum 838
Iodohydromol 3538
Iodol 122
Iodometonio 1827
Iodométine 411 n
Iodonicot 736 a
Iodonucléol 472
Iodopact 821
Iodopanoic acid 1379
Iodopaque 821
Iodophene 3446
*Iodophthalein Natrium*** 3446
Iodopirine 827
Iodopropylidenglycerol 394
Iodo-Pulmalon 1032
Iodopyracet 475
Iodopyrine 1359
Iodopyrrole 122
Iodoquinoléine 820
Iodo-Ray 3446
Iodorayoral 3446
Iodorgon 411 n
Iodosol 3538
Iodospartéine 2710
Iodothiamine 1765 a
Iodothiazid 489
*Iodothiouracil*** 127
Iodothymol 3538
Iodoxil 1032
Iodoxine 815
Iodoxyl 629
Iodoxyquinoline 811
Iodozol 298
Ioduron B 475
*Iofendylat*** 3399
*Ioglycamic acid*** 2936
Ioglycamid 2936
Iohimbina 3800
Iometan 1835
Iomethin I 125 90 N
Iomethin I 131 91 N
*Iometin (^{125}I)** 90 N
*Iometin (^{131}I)** 91 N
Ional 1758
Ionamin 1211 a
Ionaze 233
Ionol 2483
Ionopexan 4724
Iopan 1379
Iopax 488
Iophendylate 3399
*Iophenoic acid*** 1360
Iophenoxic acid 1360
Iopracyl 475
Iopropane 88
*Iopydol** 680
*Iopydon*** 202
Iopyracyl 475
Io-Queryl 2279
Ioquin 815
Iorganisan 1032
*Iosefamic acid*** 4588
Iosol 3538
*Iotalamic acid*** 1325
Iothalamate Sodium I 125 1326
Iothalamate Sodium I 131 1327
Iothion 88
Iothiouracil-Sodium 127
Iothymol 3538
*Iotrizoic acid*** 3091
Iovit 1765 a
*Ioxitalamic acid*** 1592
Ioxyl 811
*Iozomic acid** 236 N
IP-82 1987
IPA 2446
I. P. A. 1526
IPC 102
Ipebutona 3246
Ipecine 4666
Ipecsal 3741 a
Ipenitol 435
Ipercolin 282
Ipercortis 3813
Iper D_3 4573
Iperdiuren 650
Iperdiurin 85
Iperdodici 4959
Iperfil 2034
Iperphos 252
Ipersulfa 1658
Ipersulfidin 1397
Ipertensina 4931
Iphosphamid 606
Iphyllin 1202
Ipnofil 2535
Ipnofisiol 2535
Ipnolan 2535
Ipnosed 2535
Ipnosol 1607
Ipocolina 619 a
Ipoctal 1303
Ipodaren 1539
Ipofamin 4896
Ipofren 890
Ipoglicone 1760
Ipoglon 1509
Ipoglucos Scir 1760
Ipoguanin 1303
Ipolina 657
Ipometil 1299
Ipongin 3021
Iporal 1303
Ipores 4813
Iposalino 528
Iposclerone 3307
Iposin 1555
Ipotea 803
Ipotensil 4694
Ipotensivo Chinonico 4694
Ipotensivo Savoma 1555
Ipotensivo Vita 1285
Ipotiazide 485
Ipotidina 1303
Ipotonio 1827
Ipradol „Isis-Portugal“ 1528
Ipradol „Linz“ 4087
Ipral 983 a
Iprasan 2120
Iprazid 972
Iprenol 1526
*Iprindolhydrochlorid*** 3393
*Iproclozid*** 1460
Ipronal 1196
*Iproniazid*** 972
Ipronid 972
*Ipronidazol*** 583
Ipronin 972
Ipropethidine 2669
Iproveratril 4554
Iprox 2990
Ipsilon 427
Ipsodema 485
Ipsoflame 3245
Ipsomycin 1375
Ipsotran 1011
IPTD 1448
Ip-Toss 3964 b
Iramil 3335
Irasphan 2509 d
Irazu 1397

Ircon 137a
Irenal 983
Irezin 1396
Irgacin 1653
Irgafen 2379
Irgalon 1254a
Irgamid 1442
Irgasan CF 3 2057
Iricoline 450
Iridil 3246
Iridocin 710
Iridus 4340
Irifan 1699
Iriphan 2509d
Irmin 3335
Irocaine 2011
Irocevit 359
Irocovit C 359
Irofume 137a
Iroini 3742
Iromin 847e
Iromin „Gador“ 423h
Iromin-Saft 281g
1-Iron 137a
Ironate 423h
Ironyl 1204a
Iroquine 3117
Irostrene 1254e
Irox 423h
Irradia 4573
Irrigor 2228
Irrorin 4269
Irsium 4822
621 IS 2682
IS-225 439b
I. S. 362 2719
I. S. 370 2289
I. S. 401 445
I. S. 499 3836
IS 813 2234
I. S. 1200 2296
IS 2596 2588
I. S. A. 847
Isacen 4255
Isactid 4977
Isadin 590
Isadren 1526
Isadrin 1526
Isalax 4255
Isalizina 2595
Isalmine 46b
Isalon 2708
Isamid 4236
Isamin 2861
Isaniryl 1099
Isaphen 4255
Isaphenin 4255
Isarol 2348
Isatex 4446
Isavitam B_1 1765
Isavitam C 359
Ischemol 1934
Iscotin 340
ISD 354
Isendryl 4827
Isicaina 2258
Isicetin 1375
Isiciclin 3970a
Isidrina 340
Isimycoine 1375
Iskia-C 359a
Islotin 195
Ismazide 340
Ismelin 1303
Ismicetina 1375
Ismicetina Cinnamato 3466
Ismipur 210
Ismiverm 185h
Isnacort 4038
Isoadanon 3819
Isoadrenalin 967
Isoamidon 3819
Isoamin 953
*Isoaminil*** 2679
Isoamitil-sedante 1546
Isoamylhydrocuprein 4344
Isoamylium nitrosum 261
Isoamyn 953
Isoamytal 1545
Isoar 3756
Isoarteril 3756
Isobamate 1816
Isobarb 1545a
Isobebeerinsulfat 4827
Isobicina 340
Isobide 387
Isobromin 1203
Isobromyl 391
Isobronchisan 1526
Isobroval 590
Iso-Brovon 1526
Isobucainhydrochlorid 2457
Isobutil 3246
Isobutoform 1475
Isobutrazine 3053
Isobutylcaine 1475
Isobutylhydrochlorothiazid 1493
Isobuzole 1964
Isocain „Bernburg“ 2011
Isocain „Schmitz“ 2476
Isocaine 2829
Isocaine „Columbus“ 1475
Isocaine „Iso-Sol“ 2665
Isocaine „Upjohn“ 3615
Isocalcio „Erba“ 176
Isocaramidinsulfat 1171
*Isocarboxazid*** 1630
Isocarpine 1498b
Isochinol 2868
Isochol 530
Isochondrodendrinsulfat 4827
Isocid 340
Isocidene 340
Isocillin 2593a
Isocillina 2590
Isocinnamazide 2339
Isococain 2829
Isocolefanina 2320
Isocolin 282
Isocotin 340
Isocrin 4255
Isoctaminum 792
Isocurine 4731
Isodendril 4827
Iso-Dexter 340
Isodiane 2248
Isodihydroperparinium-chlorid 4316
Isodilan 1712
Isodin 2311
Isodine 366a
Isodormid 1004
Isodrenal 1526
Isodrin 1219
Isoephedrinhydrochlorid 1218
*Isoetarin*** 2029
Isoethadion 581
Isoetharin 2029
Isofedrin 1218
Isofedrol 1216
Isoflav 1869
Isofluorphate 437
Isoflurophate 437
Isoform 511
Isofosfamida 606
Isoftal 1961m
Isoglucal 423
Isoglycirenan 1526
Isoguvacin 23N

Isoida-17 2347
Iso-Intranefrin 1526
Iso-Iodeikon 3445
isoket 354
Isoklion 376
Isoladolhydrochlorid 2607
Isolanid 4934
Isolanid-Ampullen 4925
Isolax 3457
Isolevin 1527
Isolidin 3224
Isolyn 340
Isomeprobamat 1816
Isomerina 340
Isomerine 2601 a
*Isometamidiumchlorid*** 4587
Isometene 1015 a
Isometh 1015 a
*Isomethadon*** 3819
Isomethepdrinum 1015
*Isomethepten*** 1015
Isometronidazol 376
Isomidin(e) 1653
Isomilaminhydrochlorid 3179
Isomin 1855
Isomist 1526
Isomizin 1653
Isomycin „Werfft-Chemie, Protochemie" 211
Isomycin „Yamanouchi" 4877
Isomyl 1546
Isomylaminhydrochlorid 3179
Isomyn 953
Isomytal 1546
Isonal „Leiras" bzw. „Marsan" 1546
Isonal „Leo" 1194
Isonal „Dr. Roussell" 1903
Isonaphthol 1045
Isonate-Sodium 556
Isonazida 340
Isonerit 340
Isoneurin 391
Isonex 340
Isonhidrol 340
Isoniamyl 2980
*Isoniazid** 340
Isoniazone 340
Isonicazide 340
Isonicid 340
Isonico 340
Isonicol 340
Isonicophen 2340
Isonicotan 340
Isonicotil 340
Isonicotinsäurehydrazid 340
Isonide 340
Isonidrin 340
Isonikazid 340
Isonilex 340
Isonilyd 340
Isonin 340
Isonindon 340
Isonipecain(e) 2431
Isonirit 340
Isoniton 340
Isonitrosin 405
Isonizan 340
Isonizide 340
Isonorin 1526
Isonyl 1015 a
Isooctylhydrocuprein 4558
Isopacin 340 a
Isopaque 1590
Isopedine 2669
Iso-Pentabina 340
Isopentachin 3144
Isopentaquin 3144
Isopethidin 2432
Isophen 1214
Isophenergan 2801
Isophenethanol 1508
Isophénicol 1375
Isophenylephrin 961
Isophrin 962
Isophyllen 1202
Isophylline 1202
Isopine 4554
Isopirin 847
Isopirina 2204
Isoplasma 366
Isopolamidon 3819
Isopral 79, 1194
*Isopredniden** 200 N
Isopregnenone 3854
*Isoprenalin*** 1526
L-*Isoprenalin* 1527
Isoprid 102
Isoprin 1305
Isoprinosin 1127 a
Isopro 1526
Isoprofenamin 1492
Isopromethazin 2801
*Isopropamidjodid*** 4236
Isoprophenamin 1492
*Isopropicillin*** 3051
Isoproponi jodidum 4236
Isopropoxamin 2271
Isopropydrinum 1526
Isopropylaminophenazon 2204
Isopropylantipyrin 2179
Isopropylarterenol 1526
Isopropylcain 2693
Isopropylhexedrine 1297
Isopropylium chloratum 102
Isopropylmeprobamat 1816
Isopropylmethoxamin 2271
Isopropylnoradrenalin 1526
Isopropylnorepinephrin 1526
Isopropylphenazon 2179
Isopropyl-Systral 3329
β-*Isopropyltropolon* 1131
Isopropyrine 2179
Isoproterenol 1526
Isopryl 189
Isoptin(o) 4554
Isopto-Carbachol 450
Isopto-Carpine 1498
Isopto-Cetamide 708 a
Isopto-Dex 4038
Isopto-Frin 962
Isopto-Maxidex 4038
Isopyratsin 215
Isopyrin 2204
Isopyrin „Astra" 340
Isoquinazepon 2966
Isoquininoliumchlorid 4800
Isoradin 1653
Isorbid 354
Isordil 354
Isoren 2072
Isorenin 1526
Isorilone 1876
Isoritmon 2006
Isormon 3675
Isoscopil 2830 a
*Isosorbiddinitrat*** 354
Isosorbide 387
Isospasmex 3434
Isospirilene 4278
Isosulf 1653
Isosulfamerazin 1397
Isotebe 340
Isoteben 1870
Isotebezid 340
Isoten 1555
Isotense 4813
Isotensen 4100
Isothan Q 4 2927

Isothan (Q 15) 3909
Isothazine 3346
Isothiazin 3346
Isothin 710
*Isothipendylhydro-chlorid*** 2616
Isothrodym 308
Isotiamida 710
Isotinyl 340
Isotiran 936
Isotol 442
Isotubin 340
Isotyl 1661
Isoval 391, 2132
Isovalerylindandion 2132
Isoverazide 2367
Isoverin 1306
Isovex 4291
Isovon 1526
Isoxamin 1421
Isoxine 340
*Isoxsuprinhydrochlorid*** 3076
Isoxyl 4223
Isozid(e) 340
Isozin 340
Isozol 1757
Isozyd 340
Ispenoral 2593a
Isphamycin 3961
Ispranil 1526
Isravin 2142
Istafene 3074
Istal 248
Istidal C 373b
Istidina 373
Istin 2054
Istivis 373
Istizin 2054
Isto 373
Istolax 2054
Istonil 3590
Istopirin 847
Is-ulcus 373
Isuprel 1526
Isupren 1526
Isurin 373
IT-78 3979
IT-79 3871
Itaciclin 2374b
Itaglucina 3970d
Italchina 4202
Italcyclina 3970
Ital PAS 516
Italquina 2088
Itamidina 1382
Itamidon(e) 1961
Iticiclina 3720
Itinerol 4389
Itiocide 710
Itir 857
Itobarbital 1505
ITOX 3808 3402
*Itramin** 48
*Itramintosilat*** 48a
Itrol 362i
Itrumil 127
Ituran 14
Ituran „Promonta“ 636
Iturate 1545a
I. U. 7 3703
Ivaugan (alte Form) 528
Ivaugan (neue Form) 4763a
Ivazil 4716
Iversal 740
Ivertol 740
Ivilax 3942
I-Vobiocin 4739
Ivoran 2055
Ixazolina 2187a
Ixoten 1009
Izoacridina 1852
Izobarin 1303
Izonisin 340
Izonitrozin 405

Jacilin 2590
Jacuta 316
Jacutin 316
Jadit 1429
Jamaine 4429
Janeurin 1765
Jankacillin 2593
Jansulfon 1605
Japankampfer 1258
Jarexin 359
Jatroneural 3753
Jatropur 1596
JB-251 3029
JB-305 3775
JB-323 4054
JB-329 3650
JB-340 3837
JB-516 978
JB-840 3649
JB-8181 3042
177 J. D. 427
Jebasteron 4093
Jecocillin 2590d
Jellin s. N. 4295
Jenacain 2011
Jenacillin O 2590d
Jenotone 3367
Jeorgen 179a
Jestryl 450
Jesulan 733
Jetrium 4408
Jetsan 185h
Jilkon 2824
J. L. 374 3964a
J. L. 512 634
J. L. 991 1790
J. L. 998 3434
J. L. 1074 1787a
J. L. 1078 3689
Jodbenzamsäure 2525
Jobichin 3545d
Jocetaminsäure 1622
Jochinol 820
Jodafen 3446
Jodairol 838
Jodamid 1591
Jodantipyrin 1359
Jodantox 411n
Jodarin 625
Jodatoxyl 310
Jodchinol 820
Jodcholin 279
Jod-Cholumbral 3446
Jodcontrast 2320
Joddeoxiuridin 908
Jodeine 3022b
Jodeosin 3440
Jodethamine 59
Jodgorgon 857
Jodgorgosäure 857
Jodhexamidin 3559
Jodimin 36
Jodina Face 185b
Jodipamid 3448
Jodisan 1032
Jodisol 393
Joditren 820
Jodival 393
Jodix 1032
Jodmethamat-Natrium 629
Jodobil 2320
Jodobilan 2320
Jodochin 820
Jodocillina 4084

Jodocondramina 434a
Jodocur 366a
Jodoetano 281b
Jodoform 5
Jodoglobin 857
Jodognost 3446
Jodol 122
Jodo-Metil-Fillina 2279
Jodometilsparteina 2710
Jodopan 1379
Jodopansäure 1379
Jodophen 3446
Jodophthalein 3446
Jodopiperazina 185b
Jodopiridossina 997
Jodoprol 1360
Jodopropano 1032
Jodopyracet 475
Jodopyrin 1359
Jodoquinoléine 820
Jodoren 821
Jodosil rosso 1878
Jodosil-Tabletten 335
Jodostarin 3168
Jodotiroxon 2322
Jodotropina 411d
Jodoval 88
Jodoxyl 629
Jodoxysulfochinolinum 820
Jodozoat-Meglumin 821a
Jodozoat-Natrium 821
Jodphenazon 1359
Jodphthalein 3446
Jodpolyvinylpyrrolidon 366a
Jodramina 411d
Jodtalaminnatrium 1325a
Jodtalaminum 1325
Jod-Tetragnost 3446
Jodthiouracilum 127
Jodthymol 1150
Jodtriol 1379
Jodtyronin 2317
Jodumbran 475
Joduripos-Wirkstoff 908
Joduroklein 393
Joduron 475b
Joduron B 475
Jodylin 473
Jofendylatum 3399
Johimbin 3800
Joklokinol 811
Jomezol 251
Jonit 627
Jonol 2484
Jopagnost 1379
Jopanoesäure 1379
Jopydolum 680
Jopydonum 202
Jopyracil 475
Joristen 3169
*Josamycin*** 4866
Josciamina 2855
Joscina 2830
Josulco 820
Jothion 88
Jotiron 2322
Jovanyl 527a
JP 428 2417
J-Tiron 2322
Jubalon 4599
Jubedel 2483
Jubilar 2532
Jucundal 2286
Judolor 2901
Jugophenicol 1375
Juliapir 1961a
Jully 38a
Junmycin V 3970
Juridin 847f
Justamil 1420
Justealgina 2820
Justecaina 2473
Justelmin 1254c
Justoverm 316
Juvabe 12 4960
Juvabe 300 1765
Juva C 359
Juvacor 1190
Juvadexon 4038
Juvadexon-Amp. 4061
Juva-K 1317a
Juvamycetin 1375
Juvasolon 3859
Juvason 3806
Juvastigmin 1792
Juvela 4751
Juvela Nicotinate 4815
Juvela S 4785
Juvépirine 847
Juvevitan 4751
Juvocain 2011
Juvoxin 1399

K 17 1855
K 386 2223
K-430 3242
K-509 2915
K 1557 4874
K-1900 989
K-3917 2522
K 4710 2433
KABI-925 608
Kabipastin 516d
Kabipenin 2590d
Kabistrep 3927
Kadol 3245
Kaempferitrin 4519
Kaempferoldirhamnosid 4519
Kaergona 1317
Kaergona hidrosoluble 1317a
Kafedrin 3090
Kaffein 711
Kafocin 2996
Kainamina 1230a
*Kainic acid*** 1230
Kainsäure 1230
Kairin(e) 1469
Kairoline A 1468
Kairoline (M) 1151
Kaithon 3586
Kajos 362b
Kakodylintran 53
Kalacet 2540
Kalciferol 4626
Kaldil 3489f
Kalex 1254a
Kalgan 742
Kalicilin 2590
*Kalii canrenoas*** 4071a
*Kalii glucaldras*** 423c
*Kalii nitrazepas*** 2513
Kaliksir 362b
Kalipas 516a
Kalium-Beta 423b
Kalium-Magnesium-Aspartat 168b
Kalium-Sedaph 93a
Kalium-Tabletten „Scharffenberg" 386
Kalizell 168b
Kalkex 1254a
Kalkstickstoff 9
Kallidin 4948
Kallidin I 4938
Kallidin II 4948
Kallocain „Schweizerhall" 2461
Kalmadol 3612
Kalmettum-somniferum 722
Kalmin 1158

Kalmo 3098
Kalmocaps 2532
Kalmoid 1382
Kalmopyrin 847d
Kalodil 445
Kalpren 423
Kalsetal 847d
Kalsoven 847d
Kaluvinin 1317a
Kalvirazon 1222
Kalymin 985
Kalypnetten 1193
Kalypnon 1193
Kalziferol 4626
Kalzon 1317a
Kalzopol 95a
Kamaver 1375
Kamaxin 3181
Kampfer 1258
Kamphonium 2932a
Kamycine 3181
Kamynex 3181
Kanabiol 3181
Kanabiot 3181
Kanabiotic 3181
Kanabristol 3181
Kanacedin 3181
Kanacet 3181
Kanacetic 3181
Kanacidin 3181
Kanacillina 3181
Kanacin 3181
Kanacol 3181
Kanacyn 3181
Kanadesan 3181
Kanafil 3181
Kanafosal 3181
Kanahidro 3181
Kanakion 4746
Kanalaif 3181
Kanalux 3181
Kanamiçin(a) 3181
Kanamycin B 3184
*Kanamycinsulfat*** 3181
Kanamytrex 3181
Kananova 3181
Kanapert 3181
Kanapiam 3181
Kanaqua 3181
Kanasene 3181
Kanasig 3181
Kanasirux 3181
Kanavina 3181
Kanavit 4746
Kandiset 476a
Kanecidin 3181
Kanendomycin 3184
Kanescin 3181
Kanfar 3181
Kanicin 3181
Kannasyn 3181
Kannit 275
Kano 3181
Kanone 1317
Kanoxin 3181
Kantrex 3181
Kantrox 3181
Kaon 423b
Kaoxidin 1894
Kapacin 642
Kapadiona 1317a
Kapathrom 3227
Kapathrom-Ampullen 1361
Kapathrom-Tabletten 2356
Kapatone 1317
Ka-Pen 2590
Kapilin 2356
Kapilin-Ampoules 1867
Kapillen 1580
Kapilon 2356
Kapilon soluble 1867
Kappadione 1405
Kappamina 1353
Kappavigor 1353
Kappaxan 1317, 3181
Kappaxan-oral 2356
Kappaxin 1317
Karan 3303
Karantonin 2824
Karanum 3303
Karbakolin 450
Karbamid 14
Karbinone 1329
Karbolsäure 324
Kardin 412a
Kardonyl 1190
Kareon 1317
Karion „E. Merck“ 441
Karion „Richter“ 1799
Karmazine 3574
Kasiletas 1317a
Kasucol 544
Kasugamycin 2278
Kasyn 4746
KAT 256 2252
Katacol 1132
Kataglicina 1236
Katagrippe 913
Kata-Lipid 1410
Katalysin-Wirkstoff 1593
Kataphos 282
Katapyrin 973
Katareuma 1961m
Katasamycin 4865a
Katasterol 1132
Katasuccin 153
Katerapion 1317
Katerapion hidrosoluble 1317a
Kathesin 278
Katin 1349
Katine 958
Kativ-Injection 1405
Kativ-N 4746
Kativ-Tablets 1317a
Katon 421
Katonil-Ampullen 1002
Katonil-Tabletten 258
Katorin 423b
Katovit-Wirkstoff 2455
Katril 2010
Katroniazid 978
Kautschin 1241
Kavain 2133
Kavepenin 2593a
Kavitamin 1317a
Kavitan 1317a
Kavitol 1317
Kavitol-Ampullen 1317a
Kaviton aquosum 1317a
Kavitrat 1892
Kawain 2133
Kayhydrin 4750
Kayklot 1317
Kayquinone 1317
Kaytone 614
Kaytrate 235
Kayveroid 4291
Kayvisyn 1361
Kayvite 2356
Kaywan 4746
KB 95 3983
KB 227 1960
K-Barb 1607a
K-Carnot 1317a
K-Cillin 2590
KDM 3184
KE 3858
Kebal-II 1263
*Kebuzon** 3224

Kedanon 2203
Kefglicin 2996
Kefglycin 2996
Keflex 2579
Keflin 2561
Keflodin(a) 3220
Keflordin 3220
Kefloridina 2579
Keforal 2579
Kefspor 3220
Keimicina 3181
K-Eine 4746
Keipole 4746
Keithon 3586
Keitol 3939
Keladiazine 1081
Kelafer 245f
Kelaguanidine 571
Kelamerazine 1396
Kelametazine 1652
Kelamin 2098
Kelangin 2098
Kelatox 2090
Kelene 44
Keletab 2320
Kelex 281e
Kelferon 46e
Kelfizina 1401
Kelfizina Sciroppo 1912
Kelfizin(e) 1401
Kelfizine infantile 1912
Kelicorin 2098
Kelin 44
Kelincor 2098
Kelinorzan 2098
Keli-Salia 2098
Kelladyn 2098
Kellidrina 3028
Kellina 2098
Kellofyllin 3084
Kellosal 2098
Kelocaine 2258
Kélocyanor 1254f
Keloid 2098
Kelox 301
Kemadren 3401
Kemadrin 3401
Kemia 340
Kemicetin 1375
Kemicetinsuccinat 2374
Kemithal 1938
Kemodrin 1214
Kemoviran 1080
Kenacort 3813
Kenacort A 4310
Kenacort Diacetate 4400
Kenacort T 4310
Kenalog 4310
Kenalone 4310
Kenaquart 4310
Kendalls Desoxyverbindung B 3884
Kephrine 922
Kephton 4746
Keptan 4403
Kéracaine 2702
Keracid 908
Kerakain 2702
Keramik 1994
Keramin 1994
Keraphen 3446
Kerasalicyl 497b
Kerecid 908
Keribon 1658
Kerlactine 95
Kerocaine(e) 2011
Kerosal 497b
Kertasin 1222
Kessazulen 2393
Kesso-Bamate 1011
Kessodanten 2328
Kessodrate 32
Kesso-Pen 2590
Kesso-Tetra 3970
Kestil 2208a
Kestoben 4845
Kestolate 496
Kestrone 3059
Ketaject 1930
Ketalar 1930
Ketalgin 3817
Ketaman 4220
*Ketaminhydrochlorid** 1930
Ketanest 1930
Ketaset 1930
Ketazon 3224
Keteocort 3806
Keteocort H 3859
Kethamed 841
Kethoxal 417
Ketiak 1911
*Ketimipramin*** 3287
Ketipramine 3287
*Ketobemidon*** 2433
*Ketocain*** 3153
Ketocalcin 663b
Ketochol AB 4351
Ketocholanic acid 4351
Ketodestrin 3059
Ketofen 3224
Ketogaze 922
Ketogestin 3855
Ketohexazinum 351
Ketohydroxyestrin 3059
Ketolar 1930
Keton 250 4579
Ketooxyoestrin 3059
Ketophenylbutazonum 3224
11-Ketoprogesteron 3855
Ketoscilium 4737
17-Ketovis 3396
*Ketoxal*** 417
Ketrax 1392
Keuten 3098
Kevadon 1855
Key-Pred 3859
Key-Pyrone 1965
Key-Serpine 4776
Keysone 3806
K-Flebo 168a
Kharophen 698
Kharsivan 1598
Kharsulphan 2150
Khelangin 2098
Khelfren 2098
Khelisem 2098
Khell 2098
Khellanals 2098
Khellanetten 2098
Khellavis 2098
Khelletten 2098
*Khellin*** 2098
Khelline-Upha 2098
Khellinin 3256
Khellinorm 2098
Khellolglucosid 3256
*Khellosid*** 3256
Khelloyd 2098
Khizindamone 2255
Khloksil 626
Khlomizol 129
Khloreton 162
K-IAO 423b
Kiatrium 2521
Kidola 3117c
Kidoline 968
Kidon 138
Kidora 3117c
Kiho 4459a

Kihomato 185h
Killvermyl 1141
Kilor 847
Kinadion 4746
Kinalgina 328a
Kinavosyl 1208
Kinciclina 3970j
Kindersalbe DAP 2101
Kinecid 1399
Kinedryl-Wirkstoff 3070a
Kinetrast 2525
Kineurine 3545k
Kinidin 3546
Kiniduron 3546a
Kinilong 3546a
Kinin 3545
Kinisokain 2868
Kinitard 3546a
Kinkaine 247
Kinoform-Ungt. 815
Kinozol 828c
Kinurid-Avlon 3733
Kinzelin 445
Kipca (Oil soluble) 1317
Kipca (Water soluble) 1405
Kirin B_1 1765
Kirkaine 2011
Kirkstigmine 1792
Kirocid 1399
Kiron 1399
α-Kirondrin 4427
*Kitasamycin*** 4865a
Kitax 847
Kitine 4776
Kitnos 3242
Kitnosil 3242
Kivatin 4220
K-Ject 4746
KL 255 2253
KL 373 3868
Klamar 3156
Klari-B 1765
Klari-C 359
Klaricina 2590d
Klaricora 382
Klaritiazol 865
Klavi-Korda 84
Kleesäure 29
Klemidox 3241
Klianyl 3957
Klimadurin 3096a
Klinit 275
Klinium 4707
Klion 375
Klofiran 1668
Klometil 3536
Klomifenzitrat 4453
Klorœtyl 44
Kloralfenazon 1382h
Kloramfenikol 1375
Kloramfex 1375
Kloramin 527
Kloramin „Astra“ 314
Klorazin 2770
Klorex 2164
Klorita 1375
Kloritsid 485
Klorokin 3117
Kloropal 2600a
Klorpromаn 2770
Klorpromazin 2770
Klorpromex 2770
Klort 1011
Klorzoxazon 462
Klot 2389
Klotogen 1317a
Klotsin 2770
Klottone 1317
Klyx 3700
KM 65 4732
KMA 168b
K-Meseguer-Amp. 1317
K-Meseguer-Grageas 1361
K-Micina 3181
Knoll H 75 1219
Koagovit 1317
Koaxin 1317
Kobalong 4959
Kobaton 2170
Kodein 3022
Kodein-N-oxyd 3027
Kö 339 1402
Kö 592 2025
Kofamin 1961
Kofanol 1538
Koffein 711
Kofka 711
Kofyllin 281j
Kohiston 2600a
Kohplamin 427
Kokain 2828
Kokarboxylasa 1795
Kokayeen 2828
Kokline 614
Kokozigal „S“ 2088
Kol 1512
Kolantyl 3434
Kolikodal 3023
Kolin 281
Kolkamin 3784
Kolklot 1317
Kollerdormfix 1699a
Kollidon 366
Kolpisone 3806
Kolpolyn 3555
Kolpon 3059
Kolpostrol 2982
Kolton 3311a
Kolton-Gelee 3311
Koltonal 3311a
Kombecrisan 4832
Kombetin 4832
Komplexon II 1254
Komplexon III 1254a
Komplexon IV 2268
Komplezin 2268a
Komplifer 281e
Konakion 4746
Kondrocurare 4857
Konessinhydrobromid 4364
Kongorot 4752
Koniin 778
Konlax „Buffington“ 3700
Konlax „Nippon Shinyaku“ 3564a
Konogen 3059
Kon-Sul 1398
Kontakto-Hyperton 1827
Kontakto-Verm 185a
Kontal 1835
Kontrastmittel Roche 653
Kontrastmittel Savac 475
Kontrastmittel SH 216 3448
Kontrastol G 3446
Kontrast U 13
Kontristin 2861
Koprol 3451
Koptin 3181
Korazol 382
Korchorozid 4676
Kordiamin 1190
Korglykon 4677
Korinal 817
Korkonium 3189
Korodilat 4269
Korstim 794
Korti 4232
Kortison 3858
Koryfort 2282

Kosate 3700
Kosmo-C 359
Kostrophan 4832
Kotarnin 1679
Kotoin 2097
Kovitol 1353
Kowefin 847f
Kozidrina 340
KPAB 513a
K-Pen 2590
K. P. G. 2590
Kr 104 825
Kr 132 2327
Kratedyn 1216
Kratofin simplex 685
Krebon 449
Kresacet 892
Kresatin 891
Kresil 543
Kresival 543
Kresol 537
Kresosteril 2545
Kresulfin 2136
Kridan-simple 340
Krino B 15 445
Krinocorts 4230
Krino-Helmin 185a
Kriptin 2861
Kristacyclin 3970
Kristallose 476a
Kristall-Saccharin 476a
Kristallviolett 4405
Kritel 4256
Krizanol 101a
Krohekis 1689
Kronocin 3536
Kronosulfan 2348
Kryofin 1481
Kryogenin 551
Krysetan 42
Krysolgan 482
KS 33 3797
KSW 788 3145
KT 5 3586
K-Tamin 1317
K-Thrombin 1317a
K-Thrombyl buccale 1317
K-Thrombyl injectable 4380
K-Trombina 1317a
Kubarsol 698
Küken-Antidermatitis-Faktor 1008
Kukoline 3319
Kumoran 3194
Kutan 546
Kutan „Travenol" 186
Kutison 1489
Kutka(sin) 1286
Kvateleron 4114
K-vimin 1405
K-vital 1317a
K-Vitamin „Medica" 1317
K-vitan 1317
K-Vit „Dietopharma" 1353
K-Viton 1317a
K-Vitrat 1892
KWD 2019 1778
Kwell 316
Kwellada 316
Kwells 2830a
Kwietal 1140
Kyamepromazin 3275
Kyazon 3949
Kylascorbil 359
Kynex 1398
Kynex-acetyl 1911
Kyofulavin 2838
Kyonate 6a
Kyophyllin 531b
Kyophyllin-M 1202
Kyorin-AP 2 4608
Kyypakkaus 3893

84 L 1300
554 L 4465
1573 L 55
L 30 1653
L-67 2008
L 102 1420
L 566 2386
L 1591 197
L 1633 3098
L 1718 1865
L-1777 374
L 1945 340
L 02040 1016
L 2103 1224
L. 2909 3358
L 3763 4359
L 08146 3981
L 16298 4046
L 16726 4728
L 20025 1492
L 20522 1464
L 29275 218N
L 33379 4339
L 33876 4440
L 37231 4917
L 38000 4077
LA-012 2259
La 96a 3942
La 271a 4256
LA 956 841
LA 1211 2228
LA 1221 3149
LA 6023 195
LA-III 2521
LABA 1800
Labamicol 1375
Labasol 885
Labazyl (alte Form) 860
Labazyl (neue Form) 3358
Labican 2532
Labiton 2532
Labocystin 407
Laboestrin 3006
Labopal 2328
Labophyllin 531
Labophylline 5311
Laborcil 2796
Labordin 2958
Laborteine 2489a
Labotropin 3021
Labroda 901
Labrodax 901
Laburnin 1438
Labyrin 4456
LAC-18 3426
LAC-43 3146
Lacajol 1135
Lacajolin 1135
Lacalut 95e
Lachesin 3620
Lacivit 359
Laco 3942
Lacolin 95b
Lactacridine 2366
Lacteocitrol 362e
Lactinium 95e
Lactinium „Bika" 206
Lactobacillus casei-Faktor 3240
Lactobacillus lactis Dorner factor 4960
Lactobene 2805
Lactobiose 1809
Lactochol 4351
Lactoflavin 2805
Lactoflavinphosphat 2838
Lactoglucose 420

Lactolavol 95
Lactometten 95c
Lactophenin 1480
Lactose 1809
Lactosylsulfanilamid 3148
Lactotetracycline 3970f
Lactucopicrin 4137
*Lactulose*** 1810
Lactupikrin 4137
Lactylphenetidin 1480
Lacumin 3298
Lademil C 527
Ladogal 2035
LAE 3034
Laemoranum 2851
Laetrile 2141
Lävallorphan 3356
Laevfructose 421
Laevojodin 908
Laevolac 1810
Laevomepromazin 3340
Lävomycetin 1375
Laevoral 421
Lävorphan 2851
Laevosan 421
Laevo-Thyroxin 2317
Laevoxin 2317
Laevucalcin 238
Lävulino-INH 1419
Laevulose 421
Lävunicid 1419
Lafer-401 4724a
Lafircrom 3441
Lagalgin 1965
Lagarmin-A 3659
Lagarmin C 359
Lagistase 2050
Lagitim 2101
Lagohistidina 373
Lagosin 4819
Lagoyodina 1032
Laktulose 1810
Lambdaciclina 3970d
Lamblil 647
Lambral 1114
Lambratene 55
Lamdiol 3095
Lamidose 865
Lamisil 619
Lamoryl 2750
Lampit 1174
Lampren(e) 4512
Lampterol 2425
Lamuran 3756
Lanabolin 3639
Lanacillin 2590
Lanacordin 4876
Lanacrist 4876
Lanadigin 4898
Lanadix 4876
Lanasid 4925
Lanasid C 4934
Lanatigen C 4934
Lanatilin 4898
Lanatosid A 4932
Lanatosid B 4933
*Lanatosid C*** 4934
Lanatosid D 4935
Lanatosid E 4939
Lanatosid-Hameln 4934
Lanatoxin 4875
Lanazine 1214
Lancilline 2788
Landocaine 2475
Lan-Dol 1011
Landomycin 4820
Landrina 2034
Landromil 461
Landruma 1846
Lanesta-Wirkstoff 853
Laniazid 340
Lanicol 4876
Lanicor 4876
Lanimerck 4934
Lanimerck-Ampullen 4925
Lanitop 243N
Lano-C 4934
Lano-C-Ampullen 4925
Lanocide-C 4934
Lanophyllin 531
Lanoral 4876
Lanoxin 4876
Lantron 3514
Laoflavon 3232
Lapachol 2351
Lapav Graduals 3489
Lapicromo 3441
Lapinon(e) 4682
Lapudrine 1465
Larcaphylline 2617
Larex 173
Largacaine 3424
Largacilina 2590d
Largactil 2770
Largaktyl 2770
Largazin 2770
Largocyn 3970h
Largomicina 3955
Largon 3544a
Largopherin 1776a
Largophren 2615
Laricid acid 4118
Laricinsäure 4118
Laril 1767
Laringelan 1515a
Laringobis 752
Lariquin 4716
Laristine 373
Larmavita A 3659
Larmavita B_1 1765
Larmavita B_6 735
Larmavita B_{12} 4960
Larmavita C 359
Larocain 2699
Larodon 2179
Larodopa 925
Laroscorbine 359
Larostidin 373
Laroxal 3514
Laroxyl 3514
Larozyl 3514
Larten 1011
Larumen 755b
Larusan 2108
Larylin-Wirkstoff 2010
Laryngobis 752
Laryton 917
Lasacilina 2590
Lasepton 4756
Lasex 1588
Lasilix 1588
Lasix 1588
Lasodex 954
Lasotin 4256
Lastazine 1398
Lastin 1658
LAT 1688
Latépyrine 1961s
Latibon 3052
Latomicina 3720
Lattoflavina 2805
Latumcidin 40N
Latycin 3970
Latycin G 3970d
Laucalon 3404
Laudacon 2780
Laudadin 2780
Laudakon 2780
Laudemed 2780

*Laudexiummetilsulfat*** 4945
Laudexoni methylsulfas 4945
Laud-Iron 137a
Laudissine 4945
Laudocaine 2475
Laudogen 2034
Laudolissin 4945
Laurabolin 4729
Lauraciclina 3970g
*Lauralkoniumchlorid*** 4686
Laureal 1607b
Lauricuivre 1822
Laurilmicina 4867
Laurineenkampfer 1258
Lauritran 4867
Laurodin 4108
*Lauroliniumacetat*** 4108
Lauromicina 4867
Lauromycin 4867
Lauron(-Endo) 648
Laurophenoniumchlorid 4686
Lauroyldiacetylpyridoxin 4359
Laurycuivre 1822
Laurylin 4867
Lauth's Violett 1593
Lavabo 955
Lavema 3457
Laxadin 3942
Laxagen 4446
Laxagetten 4446
Laxanin-Wirkstoff 4446
Laxanorm-Tabl. 2054
Laxans „Thomae" 3942
Laxante „Pyre" 3451
Laxanthreen 2054
Laxaseptol 4255
Laxa-Tabletten „Lingner" 4446
Laxativum 59 3700
Laxatol 3451a
Laxematic 3942
Laxen 4255
Laxen-Busto 3451
Laxenna 4880
Laxesin 3620
Laxigen 4255
Laxilal 3218
Laxiline 3451
Laxin 3451
Laxinate 3700
Laxine „Maney" 3942
Laxipur 2054
Laxipurin 2054
Laxmus 4828
Laxnormal 4255
Laxoberal 2955
Laxobilina 4255
Laxocol 4255
Laxogen 3451
Laxol 3451
Laxol-Isatin 4255
Laxoluy 3942
Laxonalin 4256
Laxoral 4253
Laxorex 3942
Laxotinal 4255
Laxur 1588
Laxyl 4255
Lazeta 4456
LB 46 2221
LB 125 2041
LB-502 1588
LBC. 131 3190a
132 LBC 4731
LBC 319 3489f
LC 2 2607
LC 44 4144
LD 335 3549
L. D. 935 3656
LD 1205 1227
LD 2351 3404
L. D. 2480 4249
L. D. 2630 3279
L. D. 2988 2140
L. D. 3055 3910
L. D. 3300 359i
L. D. 3394 1387
L. D. 3598 1289
L. D. 3612 2102
LD-Par 925
LE-29060 4918
Leacen 4255
Lealgin 4194
Leandin 82
Lebaycid 1240
Lebon 15 3188
Lecibis 2852a
Ledercillin 2590d
Ledercillin VK 2593a
Ledercort 3813
Ledercort A 4310
Ledercortdiacetat 4400
Ledercort-Retard 4400
Lederfer 137a
Lederkin 1398
Lederkyn 1398
Lederkyn A 1911
Ledermicina 3720
Ledermycin 3720
Lediamox 147
Ledosten 756
Ledovit A 3659
Ledovit B 1765
Ledovit C 359
Lefebar 1607
Lefos 340
Legalon 4382
Legential 499a
Legir 2254
Leikogen 2168
Leimsüß 46
Leimzucker 46
Leiopan 2873
Léioplégil 4179
*Leiopyrrolhydrochlorid*** 4179
Leiotonicum 618
Lekamin 403
Lekhelmint 1391a
Lekosept 811
Lekozid 4934
Lemal 2277a
Lemandine 411p
Lemascorb 359
Lembrol 2521
Lemiserp 4776
Lemobid 3489
Lemonvit 359
Lemoran 2851
Lenasma 1528
Lender-Tiazol 865
Lenetran 1417
Lenicet 37c
Lenidol „Locatelli" 2431
Lenigallol 1613
Lenigastril 4220
*Leniquinsin** 3482
Lenisarn 385
Lenison 2770
Lenopect 3788
Lentabol 3101
Lentac 1398
Lentacetil 619d
Lentadoce 4959
Lentadol 4046
Lentadren 968
Lentamid 1397
Lentamida 1399
Lentazul 1398
Lentia (Augensalbe u. Tropfen) 708a

Lentichol 450
Lenticillin 2590d
Lentin 450
Lentinacin 34N
Lentivasan 450
Lentizol 3514
Lento B_{12} 4959
Lentobetic 1236
Lentocillin 2590e
Lentoelve 4959
Lentomicina-Zimaia 3955
Lentonitrin(a) 84
Lentopen 2590d
Lentopenil 2590e
Lentosone 4874
Lentostamin 2600a
Lentosulfa 1398
Lentosulfa-Sciroppo 1911
Lentosulfina 1398
Lentotran 2532
Lentovit 4960
Lentrat 235
Lentyl 450
Lentysin 34N
Leo 640 222N
Leocentyl 2342
Leocillin 4084
Leocortex 4230
Leocortine-D 3806
Leocortol 3859
Leodrast 475
Leodrin 953
Leodrine 652
Leofillina 531b
Leofungine-Wirkstoff 2890
Leomicina 3720
Leomigran 4311
Leomypen 2590e
Leonal „Leo" 1607
Leopam 2590d
Leopenicillin 2590
Leopenicillin Retard 2590d
Leopental 1542
Leophan 2509
Leostesin 2258
Leostigmin 1792
Leostrin 3096
Leostriol 3096
Leotubrin-Wirkstoff 340
Lepadina 1494
Lepasene 516
Lepetown 1011
Lephebar 1607
Lepicortin-Beta 4030
Lepicortin-Beta Injectavel 4467
Lepicortinolo i. m. 4207
Lepicortinolo i. v. 4412
Lepimidin 1643
Lepinal 1607
Lepitoin 2328
Leplegil 4179
Lepsiral 1643
Lepsol 1363
*Leptaclin*** 1813
Leptamin 1190
Leptamine 953a
Leptanal 4021
Leptazol 382
Leptidrol 3015
Leptodactyline 1548
Lep-ton 756
Leptosuccin 2289
Leptryl 4024
Lergefin 2602
Lergepenin 2590i
Lergigan 2800
Lergine 3680
Lergitin 2841
Lergoban 3311
Lergobit 3370
Lergopenin 2590i
Lerinol 4023
Leritine 4023
Leron 1012
Lertigon 248d
Lescopine Bromide 3113
Lescot 2187a
Lesidrin 2985
Lespedin 4519
Lespenefril-Wirkstoff 4519
Lespenephryl-Wirkstoff 4519
Lessterol 515
Lestemp 685
Lesterol „Dram" 305
Lesterol „Scharper" 3307
Lesviazida 340
Lesvipas 516
Letamate 3431
Lete 2799
Lethe 747
Lethelmin 1577
Lethidrone 3269
Lethopherol 4693
Letidion 580
*Letimidhydrochlorid** 92N
Letorin 2705
Letter 2317
Letusin 4047
Letyl 1011
Leucal 3532
Leucarsone 546
Leucéthane 106
Leuchlon 2593a
Leuciclina 3720
*Leucinocainmesilat*** 2912
Leuco-4 217
Leucobasal 541
Leuco-Cal 423
Leucocyanidol 2569
Leucodinine 1889, 4848
Leucodinine B 541
Leucogen 2168
Leucomycin 4865a
Leucomycin A_1 4865
Leucon 217
Leuconostoc-citrovorum-Faktor 3532
Leucosan 698a
Leucosulfan 443
Leucotropin 411q
Leucovorin 3532a
Leukase-Wirkstoff 4252
Leukeran 2194
Leukerin 210
Leukoalizarin 2067
Leukogen 2168
Leukomycin „Bayer" 1375
Leukomycin N 1424
Leukoran 2194
Leukotropin 411q
Leunerval 391
Leupurin 210
Leurocristine 4917
Leuvegan 698
Levadone 3818a
*Levallorphan*** 3356
*Levamfetamin*** 955
Levamfetamine Succinate 955b
Levamina 252
*Levamisol*** 1392
Levamphetaminum 955
Levanil 585
Levanxene 2522
Levanxol 2522
Levargin 440a
*Levarterenol** 734
Levartrol 734a
Levatrom 1668
Levaxin 2317

Levedrine 955
Leverlup 282
Leverse 4791 a
Levicor 961
Levil 585
*Levisoprenalin** 1527
Levisul 1658
Levitan 4046
Levium 2521
Levoamphetamin 955
Levocarbinoxamini tartras 2603
Levociclina U. M. 2374 b
*Levodopa*** 925
Levo-Dromoran 2851
Levofed 734 a
Levofenicol 1375
*Levofuraltadon*** 1945
*Levoglutamid** 252
Lévoglutamine 252
Levo „Husci" 421
Levoid 2317
Levomepate 3111
Levomeprazine 3340
*Levomepromazin*** 3340
Levomethiomeprazinum 3348
*Levomethorphan*** 3106
*Levometiomeprazin*** 3348
Levomicetina 1375
*Levomoramid*** 4409
Levomycetin 1375
Levonor 955 a
Levonordefrin 967
Levonor-Polfa 734
Levopa 925
Levophacetoperane 2200
Levophed 734 a
*Levophenacylmorphan*** 4271
Levopromazin „Spofa" 3340
Levoprome 3340
*Levopropicillin-Kalium*** 3050
Levopropoxipheni napsylas 4047
*Levopropoxyphennapsilat*** 4047
Levorene 968
Levorenine 968
Levoroxine 2317
Levorphan 2851
*Levorphanol*** 2851
Levosan 421
Levoscorbin 359
Levose 421
Lévospasme 3656
Levospasmol 3656
Levotetramisol 1392
Levothyl 3818
*Levothyroxin-Natrium*** 2317
Levotomin 3340
Levotrin 2322
*Levoxadrol*** 3519
Levoxan 3519
Levsin 2855
Levsinex 2855
Levucal 238
Levugen 421
Levulin calcio 238
Lévulose 421
Levulosio 421
Levum 1211
Levupan 421
Levusol 421
Lewomycetin 1375
Lexatol 962
Lexclin 3970 d
Leyk 2168
L. G. 152 3418
LG 202 3603
LG 206 2615
LG-11457 3827
L-Gen 439 a
LH-90 3970 g
LH-150 4642
Liadren 968
Liberans 2532
Liberen 4046
Liberetas 2521
Libexin 4169
Libiolan 1011
Libratar 4521
Libritabs 2532
Librium 2532
Licabile 4372
Licaran 4372
Licarbin 3377
Licarpin 1498 b
Lichtschutzsubstanz 6653 2081
Licidril 1689
Licolen 3009 a
Licorex 4724 c
Licosin 3423
Lida-Mantle 2258
Lidanar 3798
Lidanil 3798
Lidanor 3798
Lidazin 1398
Liden 3819
Lidépran 2200
Lidex 4463
Lidil 2681
*Lidocain** 2258
Lidocaton 2258
Lidociclina 4530
*Lidoflazin*** 4707
Lidol 2431
Lidorex 2258
Lidothesin 2258
Liestriol 3096
Lifabion 2590 d
Lifabiotico 2374 b
Lifaton B_1 1765
Lifaton B_{12} 4960
Lifaton C 359
Lifeampil 2614
Lifecal „G" 423
Lifène 1363
Liferytrin 4867
Life-Tetra 3970
Ligerium 161
Lignocain(e) 2258
Lignostab 2258
Likuden 2750
Lilac-Wirkstoff 439 b
Lilly 01013 2208 a
Lilly 01516 2800
Lilly 01526 2801
Lilly 14045 3680
Lilly 22113 1939
Lilly 31814 3083
Lilly 32391 2104
Lilly 33332 3051
Lilly 38253 2561
Lilly 38489 3262 a
Lilly 38851 4668
Lilly 39435 2996
Lilly 40602 3220
Lilly 59156 191 N
Lilly 66873 2579
Lilly 68618 139 N
Lilo 3451
Lilutin 3882
Limarsol 698
Limbial 2311
Limboxid 2532
Limitin 3603
Limo-Ce 359
Limonen 1241
Limosal 2847

Linadryl 3312
Linamin 2901
Linampheta 953
Linasen 1607
Linatin 1272
Linaxar 924
Lincocin(e) 3177a
Lincolcina 3177a
Lincolcipan 3177a
Lincolnensin 3177
Lincomix 3177a
*Lincomycin*** 3177
Linctussal 3098
Lindane 316
Linea-Valeas 1994
Linestrenol 3634
Linfadol 4408
Linfolysin 2194
Lingel 3245
Lingräne 4771a
Lingraine 4771a
Lingrene 4771a
Liniderme 1351
Linix 1211a
Link's Compound No. 42 3210
Link's Compound No. 63 3474
Linocalcium 3171
Linodil 4878
Linolexamide 4374
Linoral 3555
Lintex 1835
Linugon 1012
Linyl 1211a
Lio-Atropin 2854b
Liocin 3177a
Liofene 2567
Liofenicol 1375
Liofhem 4960
Liofil B_1 1765
Liofil B_6 735
Lioresal 41N
Liosol 2567
Liosterin 1152
Liostrofanto 4886
*Liothyronin*** 2322
Liothyronin-J[125] 2323
Liothyronin-J[131] 2324
Liotrix 2317a
Liowas 1906
Lioxone 515
Lipaina 277b
Liparon 192a
Lipavil 1668
Lipavlon 1668
Lipidemol 1410
Lipilisol 1152
Lipoacin 764
Lipoamid 764
Lipobeta 1410
Lipobismuto „Pons“ 1515a
Lipobismuto „Savoma“ 1265a
Lipocholin 281d
Lipociden 1968
Lipo-Diazine 1081
Lipodine 4375
Lipofillina 281j
Lipofos 281n
Lipo-Grantisin 1927
Lipo-Hepin 4360
Lipo-Hepinette 4360
Lipoicin 764
Lipoicin-Inj. 760
Lip-Oid 3095
Lipoidine 4375
Lipojodin 4375
Lipo-Lutin 3882
Lipometionina 262
Lipomin „Biohorm“ 1994
Lipomin „Wells“ 1471
Lipomine 262
Liponeurina 2483
Liponil 2532
Liponitra 299
α-Liponsäure 760
Lipopill 1211a
α-Liposäure 760
Liposan 760
Liposana 2567
Liposid 1668
Liposlim 1994
Lipotam 193a
Lipothion 760
Lipotiazol 865
Lipotril 281a
Lipotrin 1276
Lipotropin 281d
Liprotene 3307
Liquacillin 2590
Liquadiazine 1081
Liquaemin 4360
Liquagesic 685
Liquamar 2962
Liquapen 2590
Liquemin 4360
Liqui-Cee 359
Liquicillina 2590e
Liquidrast 1413
Liquiprin 514
Liquital 1607
Liquophylline 531
Liranol 2799
Liron 1012
Lirotil 967
Lisacarin 476
Lisacillina 2590e
Lisacol 4499
Lisacort 3806
Lisagal 4255
Lisagen 499a
Lisalgin 1965b
Lisater 1488
Liserdol 4396
Lisergan 2594
Lisergin 2594
Lisibex 3384
Lisidonil 1561
Lisifan 2509
Lisinbiotic 4663
Lisinciclina 4663
Liskantin 1643
Lisolipin 2316
Lisomicina 4662a
Lisonase 2595
Lisospasm 2873
Lisovermin 185h
Lispamina 3467
Lispamol 3367
Lisprin 514
Lissephen 1208
Lissolamine 3438
Listica 1483
Listrocol 4385
Lisulfen 1398
Lisulfen-Jarabe 1911
*Lisurid** 3598
Lisurina 185g
Litalir 15
Litarin 1700
Lithane 12
Lithicarb 12
Lithidrone 3269
Lithiumacetat 37a
Lithiumadipat „Scharffenberg“ 386b
Lithiumcarbonat 12
Lithium Negroni 245g
Lithonate 12
Lithopan 3952
Litial 3246a

Litican 2215
Liticar 12
Litiophan 2509a
Litmopyrine 847b
Lito 12
*Litracen** 3515
Litraderm 4232
Liulan 101 497g
Livathiol 179a
Livazone 1122
Livera 3981
Liver-Chol 787
Liverdren 4351a
Livesan 2342
Liviane 4528
Livia-Tabletten 527
Liviatin 3971
Livifollin 3059
Livifollin-Amp. 4392
Livisol 1527
Livonal 2090
Livonal „Dr. Andreu" 947
Lixabeta 1765
Lixaminol 531b
Lixin 2532
Lixophen 1607
Lizenil 3598
L. J. 48 179a
L. J. 206 246
LK 267 7Na
LK 274 7N
LL-1 1824
L 2197-Labaz 2742
L 2214-Labaz 2728
L 2329-Labaz 2730
L 2642-Labaz 4166
L 3438-Labaz 4393
LL-AM 648β 4913
LLD-Factor 4960
Llon-Angin 1515a
Llonasmil 531b
LL-705 W 4808
LM 176 4966
LM 192 172N
L. N. 107 3939
Lobak 1374
Lobamine 262
Lobamin forte 998
Lobarthrose 448a
Lobatox 4004
Lobelcon 4004
*Lobelin** 4004
Lobeton 4004
Lobidan 4004
Lobidram 4004
Lobishan 4004
Locabiotal 4695
Locacorten 4545
Localyn 4163
Localyn „Recordati-Syntex" 4295
Locastine 2926
Locorten 4545
Locula 708a
Locundiesid 4683
Lodal 1737
Lodinon 419
Lofenal 184N
Logthiamine 1765
Loisol 171
Lokalan 2011
Lokarin 3576
Lokundjosid 4683
Lomades 4250
Lomarin 2812c
Lombrical-Piperacina 185f
Lombricida „Tropico" efervescente 185f
Lombrifher 185f
Lombrimade 185h
Lombristop 1040
Lombrix 185a
Lombrizanina 4140
Lomecitina 1375
Lomidine 3349a
Lomisat 2252
Lomofungin 2304
Lomondomycin 2304
Lomotil 4704a
Lomudal 4129a
Lomupren 1526
Lonarid (spasmolyt. Komponente) 4500
Londocaina 2011
Londomycin 3955
Longacid „alt" 2466
Longacid „neu" 1485
Longacilina 2590e
Longactin 3964b
Longamex 3964b
Longamid 1398
Longanoct 1249
Longasulf 1399
Longatin 3964b
Longbê 1765
Longevan 3095
Longestrol 3939
Longheparin 4360
Longicil 2590e
Longicobal 4959
Longifène 4596
Longin 1398
Longirubrin 4959
Longisul 1398
Longisulf 1398
Longisulfa 1658
Longisulf-pediatric 1911
Longum 1401
Lonin 4 4534
Lontanyl 4562
Loparol 3756
Lopion 1354
Lopirin 1156
*Lopraminhydrochlorid** 222N
Lora 762
Loranil 1234
Loranil „Winthrop" 4025
*Lorazepam*** 2303
*Lorbamat** 73N
Loretin 820
Lorexane 316
Lorfan 3356a
Loridine 3220
Lorinal 32
Lormin 4186
Loromisin 1375
Lorophyn 317
Lorothidol 1565
Lorusil 3367
Losan 256
Los-Jelly 317
Lost 170
Lotagen 2384
Lotusate 1506
Loubarb 1250
Lovadil 729
Lowedex 954
Loweserp 4776
*Loxapin*** 2973
*Loxapinsuccinat*** 2973a
Loxeen 3564a
Loxon 2117
Loxuran 1300
Loxyolan-Wirkstoff 2258
LP-1 1036
LP 2 3414
L-PAM 1973
L. P. G. 2590e
L. P. V. 2593a

L. P. V. Suspension 2593c
110 L-R. P. 1688
LS 121 4340
LSD 3583
LSD-25 3583
L. T. 1 2289
LT-3 2322
Lu 3-010 174N
LU 3-083 3261
Lu 5-003 3581
Luan 2258
Lubacida 340
Lubergal 1607
Lubisan 2463
Lubricort 3893
Lucaine 2220
Lucamid 913
*Lucanthonhydrochlorid*** 3542
Lucanthon-Metabolit 3548
Lucarin 1961e
Lucensomicina 4831
Lucensomycin 4831
Lucidil 3574
Lucidol 2069
Lucidril 1689
Lucillin 2590d
*Lucimycin** 4831
Lucina 3916
Lucodan 2780
Lucodina-Gotas 3080a
Lucofen 1183
Lucofène 1183
Lucomycin 3961
Lucopenin 2798
Lucorteum-Oral 3851
Lucorteum-Sol 3882
Lucosil 887
Ludobal 3733
Ludoctal 2046
Ludonal 3026
Lü H 6 2188
Lufyllin 1202
Luheparina 4360
Lulamin 1855
Lullamin 2208a
Lulu-Gargle 4571
Lumasate 37c
Lumbaxol 1374
Lumbocain 2011
Lumbrical 185
Lumbrioxyl 185a
Lumcalcio 1607c
Lumen 1607
Lumesettes 1607
Lumesyn 1607
Luminal 1607
Lumirelax 1486
Lumofridetten 1607
Lumoxyd 629
Lum-Sedo 1607a
Lunal 3872
Lunamin 1224
Lunamycin 2425
Luncidril 1689
Luobismol 497g
Luostyl 3575
Luphenil 1607
Lupinidin 2489
Lupronex-Amp. 3882
Lupronex-Tablets 3851
Lupubleu 2611
Lupurol 3441
Luramin 1607
Luridine 281
Luril 352
Lusane 1579
Lusil 352
Lusoral 2590e
Lusotetra 3970
Lusoxi 3972
Lutawin 1506
Lutazol 1878
Luteine 3882
Luteinica 3882
Luteinol 3882
Lutenin 3397
Lutenurin 4715a
Luteocrin depot 4561
Luteocrin normale 3882
Luteocrin orale 4348
Luteocrinin 3882
Luteocryst 3882
Luteocyclin 3882
Luteodione 4348
Luteodyn 3882
Luteogan 3882
Luteogen 3882
Luteohormon 3882
Luteoici 3882
Luteo-Inex 3882
Luteol 3882
Luteolin 3882
Luteolin-Magnesium 2307
Luteolipex 3882
Luteomenin 3882
Luteomensin 3882
Luteopur 3882
Luteormon 3882
Luteosan 3882
Luteosid 3882
Luteostab 3882
Luteosterone-Compresse 3851
Luteosterone-fiale 3882
Luteototal 3882
Luteovis 3882
Luteovister 3882
Luteran 4186
Luteroid 3882
Lutex 3882
Lutidon(a) 3882
Lutidon-Oral 3851
Lutin 3882
Lutociclina 3882
Lutociclina-Linguetas 3851
Lutocor 3882
Lutocyclin-Linguetten 3851
Lutocyclin (M) 3882
Lutocylin (M) 3882
Lutocylol 3851
Lutodin 3882
Lutoform 3882
Lutogan 4225
Lutogil 3882
Lutogil A. P. 4623
Lutogyl 3882
Lutogyl A. P. 4623
Lutogyl retard 4623
Lutogyl-Tabletten 3851
Lutogynon 3882
Lutoidral 3882
Lutolin 3882
Luto-Metrodiol 4332
Lutopolar 4348
Lutopron 4561
Luto-Quibi 3882
Lutoral „Assia“ 3851
Lutoral „Farmit“ 4348
Lutoral „Syntex“ 4186
Lutral 3851
Lutren 3882
Lutromone 3882
Lutron 3882
Lutyrexin 3882
Luvasyl 1607f
Luvatren(a) 3987
Luvatren (alte Form) 1768
Luvicaina 2258
Luvisteol 366
Luvistin 3330

Luxazone 4038
Luxidin 3015
Luxomnin 1883
Luxon 2117
Luycardiol 382
Luycloromicina 4568
Luycoricin 2600a
Luygripan 847
Luyodina 1032
Luzine 847
L. W. 1927 3033
Lyamine 439a
Lycanol 1926
Lycedan 1204
Lycetol 438
Lycopersicin 4941
Lycoral 32
Lycoremin 2824
Lydol 2431
*Lymecyclin*** 4663
Lymethol 3377
Lymphamin 1463
Lymphochin 1148
Lympholysin 2194
Lymphoquin 1148
Lynamine 2098
Lynestoral 3555
*Lynestrenol** 3634
Lynoestrenol 3634
Lynoral 3555
Lyobex 3964
Lyocholine 281a
Lyogen 3989
Lyogen-Depot 4764
Lyopect 4263
Lyophrin 968
Lyovac-Cosmegen 4958
*Lypressin*** 4921
Lysalgo 2364
Lysamide 352b
Lysantin 3071
Lysapyrine 1366c
Lysateril 337
Lysbex 3384
Lyseen 3564a
Lysenyl 3598
Lysepsin a 1283
Lysepsin b 1284
Lysergamid „Spofa“ 3583
Lysergan 2594
*Lysergid*** 3583
Lysibex 3384
Lysilan 3304
Lysin 439
Lysion 439a
Lysivane 3346
Lysobex 3384
Lysocithin-Durant 4377
Lysococcin(e) 352
Lysodren 2061
Lysolecithin 4377
Lysortine 439c
Lysothiazol 865b
Lyspafen 3129
Lyspamin 3467
Lyssipoll 3311
Lysthenon 2289
Lysurid 3598
Lyteca 685
Lytensin 2501
Lytensium 1563
Lytispasm 2931
Lytophan 2723
Lytosin 3337
LZ 544 4448

4000 M 309
5512-M 2785
M 6/42 1649
M-18 1957
M 99 4415
M 115 2719
M-141 2276
M-144 912
M 183 4542
M 285 4475
M 551 1439
M 640 865b
M 811 3342
M-1028 808
M-2350 4682
M-4209 4888
M 4888 1494
M 5050 4481
M 5943 1465
M 7555 2871
M 33536 3434
MA 593 2014
MA 1277 1986
MA 1291 1924
MA 1337 3737
MA-1443 92N
Mablin 443
Mabron 392
Macashi 334
Macetocyl 847f
Mackreazid 82
Macmiror 1104
Macocyn 3972
Macrabin 4960
Macrobin 3862
Macrobin-Depot 4428
Macrobin (Tabl. + Syrup) 3678
Macrodantin 636
Macrodial 4626
Macrodiol 3095
Macrogestin 3882
Macromerine 1779
MAD 3675
Madecassol-Wirkstoff 4929
Madeciclina 4663
Madil 3630
Madinon-S 4186
Madiol 3675
Madomicetina 4685
Madribon 1658
Madrifar 1658
Madrine 1214
Madriqid 1658
Madroxin 1658
*Mafenid** 563
Magadon 2319
Magan 497d, 847f
Magaspirin 847f
Magdelate 663a
Magenhist 2861
Magestin 4331
Magisal 847f
Magis-Ciclina 3720
Magmilor 1104
Magnacort 4565
Magnacortril 4565
Magnacyl 847f
Magnadelt 4557
Magnal 391
Magnamycin 4888
Magnepurin 663a
Magnesium-„AC“ 1254d
Magnesium-Diasporal 238a
Magnesium-Methonaphthone 2355b
Magnesium-Pemolin 841a
Magnesium-Verla (Amp. + Suppos.) 245d
Magnespasmyl 95d
Magnespirin 847f
Magnolutin 245d
Magnophenyl 2511

Magnopyrol 1965b
Magnoral 747b
Magnorbin 359c
Magrene 1994
Magsyn 847f
Maintenan 4860
Maipece 359
Maitran 2770
Majeptil 4068
Majsolin 1643
Makeryl 433a
Makethin 1994
Malachite Green 4154
Malachitgrün 4154
Malachitgrün G 4536
Malagride 698
Malaquin 3117
Malaren 3117
Malarex 3117
Malaricida 4202
Malarsan 698h
Malathion 1282
Malazin 2349
Malazol 550
Malcotran 2892
Maleen 411p
Maleinylsulfanilamid 1078
Malestrone 3395
Malestrone-Tabl. 3662
*Maletamer*** 124
Malethamer 124
*Maleylsulfathiazol*** 1879
Malfamin 563
Malgesic 3245
Maliasin 1607j
Maliazin 1607j
Malic acid 155
Malidone 550
Malil(um) 1118
Malival 3203
Mallophene 1369
Mallorol 3802
Malloryl 3802
Malocide 1617
Malogen 3662
Malogen aqueous inj. 3395
Malogen inj. in oil 4093
Malogex 4501
Malonal 747
Malotrone 3395
Malotrone-P 4093
Malouetin 4583
Maltrate 357
Malyl 1118
Malysol 754
Manadrin 1216
Manalox AG 117
Manalox AS 1808a
Manartin 3964
Manco 118Na
Mandacon 411p
Mandalay 411p
Mandamina 663
Mandamine 411p
Mandasmin 2861
Mandaverm 1988
Mandecal 663c
Mandeheksan 411p
Mandelamine 411p
Mandelets 411p
Mandelia 663
Mandelifmy 663c
Mandelium 663
Mandelix 663
Mandelurine 411p
Mandeluro 411p
Mandenol 3691
Mandicid 663
Mandolo 663
Mandopan 411p
Mandoz 411p
Mandural 411p
Mandurin 411p
Mandurol 663c
Manduryl 663
Manexin 357
Manganocholin 619d
Manganol 3660
Manhexin 357
Manicol 442
Manicole 357
Manidon 4554
Manilina 4867
Maninil 4173
Manipal 4632
Maniron 137a
Manite 357
Manitol 442
Manitol „Faes" 357
Maniton-S 442
Manitrit 357
Mannazucker 442
Mannex 357
Mannidex 442
Mannigen 442
Mannistol 442
Mannit 442
Mannitate 357
Mannitlost 1301
Mannitol 442
D-*Mannitolbusulphan* 791
*Mannitolhexanitrat** 357
Mannitolmyleran 791
Mannitol nitrogen mustard 1301
Mannitraat 357
Mannitrin 357
Mannitum hexanitricum 357
Mannityli nitras 357
Mannogranol 791
*Mannomustindihydrochlorid*** 1301
Mannosidostreptomycin 4581
*Mannosulfan** 50N
Mannyl 442
Manoxol OT 3700
Mansonil 1835
Mantheline 3839
Manticor 3893
Mantomide 1357
Mantropine 411p
Manuril 528
Manvene 3641
Maoa 2535
MAO-Inhib 978
Maolate 1109
Mao-rem 742
MAP 1204
Maperidina 2431
Mapharsemin 311
Mapharsen 311
Mapharsid(e) 311
Mapharsol 311
Maphenid 563
Mapiprin 185h
Mappine 1697
*Maprotilin** 169N
Maranhist 2861
Maratrate 235
Marbadal 563c
Marboran 1080
Marcain 3146
Marcoeritrex 4867
Marcomycin 1375
Marcophan 773
Marcoumar 2962
Marcumar 2962
Marécaine 2011
Maremal 3040

Mareosan-Draminico 2812c
Maretin 2556
Marevan 3210
Marevit 2812c
Marex 4389
Marezine 3040
Marfanil 563
Margéryl 2542
Margocoat 1011
Margonovine 3324a
Maribis 777a
Maricain 2258
Maricolene 1276
Marineurina 2483
Marisan 4456
Marizil 82
Markacillin 2593
Marmelosin 2546
Marnisonal 3806
Marnitension simple 4776
Marolin 2812c
Marophen 2572
Marplan 1630
Marplon 1630
Marprontil 563
Marsalid 972
Marsilid 972
Marsin 1471
Marsolone 3859
Marsone 3806
Marsyle 53a
Marticarpine 1498b
Martimil 3262a
Marudin 2897
Marvacaine 2241
Marvagin M 168b
Marviciclina 3970
Marvidiene 3806
Marvidione 4038
Marvidrazida 340
Marvipas 516
Marvisona 3806
Marvisona D 4038
Marvizol 865
Marygin-M 4236
Marzine 3040
Masblon 4960
Masblon H 4959a
Mascetin 1375
Masdiol 3675
Masekal 4771a
Masenate 4093
Masenone 3662
Maslutein 3882
Masmoran 3808a
Maspaver inyectable 3489e
Mastan 52
Masterid 4246
Masteril 4246
Masteron 4246
Mastestona 3662
Mastisol 4246
Mastofuran 322
Matachron 4843b
Matanol 747e
Match 603
Mateina 711
Matinol 882
Mato 1835
Matosil 2659
Matox 185a
Matrimycin 4820
Matrol 4186
Matromicina 4877
Matromycin 4820
Matromycin T 4877
Matronal 3397
Matulane 1781
Maviserpin 4776
Maxibol „Roussel“ 4966
Maxibol „Silanes“ 375
Maxibolin 3673
Maxicain(e) 2462
Maxicilina 2614c
Maxidex 4038
Maximed 3263
Maxipen 2796
l-Maxipen 2797
Maxitate 357
Maxiton 954b
Maxolon 2254
Maxukal 588a
Maxulfa 1658
Maxulvet 1658
Mayeptil 4068
Mayfung-Lösung 2042
Mayserpine 4776
*Mazindol** 112N
Mazintil 2770
M. &. B. 125 1902
M. &. B. 693 1366
M. &. B. 744 2562
M. &. B. 760 865
M. &. B. 782 2804
M. & B. 800 3349a
M. & B. 838 1100
M. & B. 1270 2756
M. & B. 1314 3559
M. & B. 1863 2293
M. & B. 1948 A 3248
M. & B. 1950 2283
M. & B. 2050 A 2501
M. & B. 2207 2289
M. & B. 2210 2719
M. & B. 4180 A 4587
M. & B. 4486 1299
M. & B. 5062 A 2381
M. & B. 5921 467
M. & B. 8430 2164
M. & B. 9105 A 4696
M. & B. 9302 1916
M. & B. 15497 4352
M. & B. 20755 H 457a
MBA 259
MBAO 260
MBBA 1321
MBR 4164-S 2075
MBR-4197 20N
MBR 4223 2738
2-MBT 478
133 MC 1351
MC 2303 1484
MC 3199 4085a
MC 3743 4085
MC 4112 1780
MC 4703 2991
M. C. D. 2254
M-Cillin 2590
McN-100 4745
McN-181 3991
McN-485 466
McN-742 880
McN-1075 1411
McN-1107 851
McN-1210 4511
McN-1231 1058
McN-1546 1337
McN-1589 105N
McN-2559 101N
McN-JR-2498 3962
McN-JR 3345 3878
McN-JR 4263 4021
McN-JR 4749 3951
McN-JR 4929-11 4155
McN-JR 6218 4644
McN-JR 7242-11 4597
McN-JR 7904 4707
McN-JR 8299-11 1391
McN-JR 13558-11 4824

McN-R-747-11 1724
McN-X-94 1010
McN-X-181 780
M. C. P. 875 4408
141 MD 332
516 MD 4456
2028 MD 3769
5101 M. D. 2355b
5579 MD 4236
6134 MD 3210a
MDAP 4301
MDi 193 2151
MEA 55
Measurin 847
Mebacid 1396
Mebadin 4661
Meballymalum 1758
*Mebanazin*** 743
Mebaral 1903
Mebedrol 3071
*Mebendazol** 115N
Mebenformin 1237
Meberyt 4843a
Mebetide 655
Mebetus 2673
*Mebeverinhydrochlorid** 4421
*Mebezoniumjodid*** 3437
*Mebhydrolin*** 3244
Mebichloramine 259
Mebinol 2747
*Mebolazin*** 4889
Mebophos 282
Mebron 55N
Mebrophenhydraminhydrochlorid 3035
Mebrophenhydrinat 3035a
Mebryl „SKF" 3035
Mebryl „Spofa" 1321
Mebubarbital 1545
Mebumal 1545
Mebutal 1250
*Mebutamat*** 1285
Mebutan 4126a
Mebutina 1285
*Mebutizid*** 2007
Mecafides 1555
Mecal 2766
Mecalmil 3009
Mecamilamina 1555
Mecamin 1555
*Mecamylaminhydrochlorid*** 1555
*Mecarbinat*** 1923
Mecarol 576
Mecazine 4389
Mechinolum 541
Mechloral 762
Mechlorethamine Hydrochloride 259
Mechlorethamine Oxide Hydrochloride 260
Mechlozid 485
Mecholine 795
Mecholyl 795
Mechothane 624
Meciclin 3720
Meclastinfumarat 3790
Meclicina 4389
Meclizine 4389
*Meclocyclin*** 3948
*Meclofenamic acid*** 2073
Meclofenoxane 1689
*Meclofenoxathydrochlorid*** 1689
Mecloprodinfumarat 3790
*Mecloqualon*** 2310
*Mecloralurea** 161
*Mecloxamincitrat*** 3329
*Meclozin** 4389
Mecodin 3817
Mecodrin 953
Meconium 2778
Mecoral 762
Mecortolon 4487
Mecostrin 4857
Mecothane 624
*Mecrilat*** 214
Mecroeat 1689
*Mecystein*** 179
MEDA 194
Medamycin 3970
Medapan 1981
Medapsol 1600
Medaron 647
Medarsed 1250
Medarsen 18c
Medatinic 305
*Medazepamhydrochlorid*** 2549
Medazepol 2549
*Medazomid*** 374
Medazonamide 374
Medebiotin 1252
Medecaina 2462
Medekellin 2098
Medemanol 357
Medepantol 1008a
Medeperin 2431
Medepropil 1526
Medeprozina 2799
Médérel 4107
Medeserpina 4776
Medesone 4072
Medetermo 685
Medex 954
Medeyol 1589
Medeyoquin 815
Medfalan 1974
Mediacycline 3970
Medialan LL-99 2497
Médiamer 3003a
Médiaméthasone 4038
Mediamid 1190
Médiamycetine 1375
Médianox 32
Médiasolone 3859
Médiasone 3806
Mediastman 968
Mediatonal 4576
*Medibazindihydrochlorid** 4387
Medicain „Grünau" 2475
Medicain „Medica" 2258
Medicel 1398
Medicetil 1375
Medicodal 3026
Medicon 3105
Medicort 3813
Medicoryn 2120
Medicosteron 4230
Medicumarin 3194
Medicyclin 3970
Medidorm 1699
Medidryl 2812
Mediflavin 2142
Medifuran 1944
*Medigoxin** 243N
Medigoxin „Medica" 4876
Medihaler-EPI 968
Medihaler-ISO 1526
Medinal 747a
Medinil 4959
Medio-Contrix „38" 1325a
Médiopyrine 653
Medipan 1700
Medipectol 3384
Medi-Pets 1642
Mediphyllin 941
Medirex 1712
Mediron 153d

Medisedan 1250
Medisul 1397
Medisulfa 1658
Meditalfa 3659
Meditrene 820
Medituss 3105
Med-Laxan-Suppos. 3457
Medmain 1978
Medobis 752
Medodorm 762
Medomin 1981
Medopaque 838
Medorbon 2535
Medosulfina 1397
Medoxyl 624
Medphalan 1974
Medramin 2812c
Medrate 4072
Medrelon 4072
Medrifar 4091
Medrin „Medichem" 1965
Medrin „Spofa" 3035a
*Medrogeston*** 4226
Medrol 4072
Medrol Enpak 4336
Medrone 4072
Medroxiprogesteroni acetas 4348
Medroxyprogesteron 4092
*Medroxyprogesteron-acetat*** 4348
*Medrylamin*** 3074
*Medryson** 4091
Medufen 1961
Medullin 3679
Medulor 1470
Meethobalm 2475
*Mefeclorazin*** 3557
Mefedina 2431
Mefenal 1653
Mefenal(ettae) 1903
*Mefenamic acid** 2364
Mefenamina 3071
Mefenaminsäure 2364
Mefenamsäure 2364
Mefenesina 1208
Mefenetoin 1642
Mefenhydraminhydrochlorid 3070
Mefenisin 1208
*Mefenorexhydrochlorid** 1746
Mefenoxalona 1417
Mefentermin 1520
Mefeprol 3357
*Mefeserpin*** 4761
*Mefexamid*** 2481
Méfexamide 2481
Meflophenhydraminhydrochlorid 3039
Meflorin 1570
Mefobarbital 1903
Mefolin 1471
*Mefrusid*** 1993
Mefurina 2098
Mega 1285
Megabion (ind. Präp.) 4960
Megabion „Teikoku Zoki" 3675
Mégabyl 3864
Megaciclina 3720
Megacilina 2590i
Megacillin „Faulding" 2590d
Megacillin „Frosst" 2590e
Megacillin „Frosst"-Tabl. 2590
Megacillin „Grünenthal" 2590i
Megacillin-oral 2593a
Megaclor 4142
Megacort 4061a
Megacortin 4038
Megadiuril 528
Megafur 1944
Megalectil 4320
Megalip 2985
Megalovel 4960
Megamid 2806
Mega-Milbedoce 4959a
Megapen 2590d
Megaphen 2770
Megasedan „Andreu" 3574
Megasedan „Dif" 2549
Megasul 1572
Megeron 4331
Megestin 4331
*Megestrol** 4069
Megestrolacetat 4331
Megibal 754
Megimide 754
*Meglucyclin*** 4657
*Meglumin*** 621
Meglumine acetrizoate 821a
Meglumine iothalamate 1325b
Megoestrolacetat 4331
Meguan 195
Megustan 811
Mehothane 624
Mekamine 1555
Meklozin 4389
Mekodin 3817
Me-Korti 3806
Meksamin 1437
Mekvalon 2535
Meladinin 1574
*Meladrazintartrat*** 1561
Melamin 91
Melaminsulfon 1683
Melanex 3756
Melanex „Lilly" 2248
Melantoin 2537
Melarsen 902
Melarsenoxid-BAL 1667
Melarsenoxyd 849
*Melarsonyl potassium*** 1890
*Melarsonylum kalicum*** 1890
*Melarsoprol*** 1667
Melatonin 1935
Mel B 1667
Melbin 195
Melcough-Powd. 1524
Meldane 2152
Meldian 1145
Meldol 3987
*Melengestrol*** 4205
Meleril 3802
*Meletimid*** 4279
Meletin 2308
Melfa 1658
Melfalan 1973
Meliamin 1534
Melin 4520
*Melinamid** 224N
Melinax 93
Melipan 2690
Melipan (neue Form) 3507
Melipramin 3335
Melisar 1145
Melitoxin 3194
*Melitracen*** 3770
Melittin 4970
Melivec 1236
Mellaril 3802
Mellerets 3802
Mellerette(n) 3802
Melleril 3802
Mellictin 240N
Mellinese 1145
Mellitin 195
Mellitol 1760
Mellitoral 1534
Mellitos 1534
Mellitos C 1145

Mellitos D 1760
Melonex 2248
Melosan 391
Melox 849
Meloxine 1574
*Melphalan*** 1973
Melpintol 384
Melsaphine 3315
Melsed 2535
Melsedin 2535
Melsomin 2535
Melubrin 1683
Melugan 2648
Meluginan 2648
Mel W 1890
M. E. M. 4204
Memcozine 1658
Memine 4204
Memogen 252
Memoril 252
*Memotinhydrochlorid** 2753
Menachinonum natrium bisulfurosum 1317a
Menaderm simplex 4187
Menadiol 1346
Menadiol „Spofa“-Inj. 1405
Menadiol „Spofa“-Tabl. 2356
Menadiol-bis-dinatrium-phosphat 1405
Menadiol-bis-sulfobenzoat 4380
Menadioldiacetat 2356
Menadioldibutyrat 3303
Menadioldisuccinat 3227
*Menadiolnatriumsulfat*** 1353
Menadiol sodium diphosphate 1405
*Menadiol sodium sulfate*** 1353
Menadioltrimethylammonio-acetatchlorid 2639
Menadiolum solubile 1405
Menadion 1317
*Menadionnatrium-bisulfit*** 1317a
*Menadion sodium bisulfite*** 1317a
Menadoxime 1867
Menagen 3059
Menalgesia 685
Menaphthene 1317
Menaphthon(e) 1317
Menaquinone 1317
Menarex 1317
Menatensina 4813
Menazone 1594
*Menbuton*** 2355
Mendelgina 2431
Mendiaxon 1048
Mendovite 1317
Menesia 423g
Menesin 1208
Menetyl 1772
Menfacid 3059
Menformon 3095
Menformon-Dragees 3059
Menformon (Inj. + Emulsion) 4392
*Menglytat*** 2282
Menhydrinate 2812c
Menichlopholan 1564
Menidrabol 4073
Menier 305
Menine 262
*Menitrazepam*** 2577
Menocil 880
Menocrin 2982
*Menocton*** 4328
Menodin 2389
Menogyn 4300
Menolyn 3555
Menolysin 3800a
Menomal 847g
Ménomuth 2040
Menonasal 2475
Menoril 3922
Menorol 1961q
Menostilbeen 3006
Mensal 245e
Mensalin 2861a
Mensicort 3893
Menstridyl 4186
Menta-Bal 1903
Mentalormon 3396
Menthakampfer 1292
Menthol 1292
Menthospirin 3378
Menthoval 2496
Mentovalol 2496
Mentowal 2496
Menutil 1994
Meonine 262
Mep 1011
*Mepacrin*** 4202
Mepadin 2431
Mepal 890
Mepanit 3421
Mepantin 1011
Meparfynol 384
Meparfynolcarbamat 576
Mepasin 3298
Mepatar 3972
Mepavlon 1011
Mepazine 3298
Mepecton 3817
Mepedyl 3311
Mepenicycline 4662a
Mepentamat 576
Mepentil 384
*Mepenzolatbromid*** 3837
Mepenzolonbromid 3837
Meperidide 4526
Meperidin(e) 2431
Meperidinic acid 1955
Meperidol 2431
Mephabutazon 3245
Mephacevin 359
Mephacyclin 3970
Mephadecortyl 4230
Mephadexamin 954
Mephadryl 2812
Mephalutren 3882
Mephameson 4038
Mephameson-Injektionslösung 4648
Mephamycin 1375
Mepharubin 4960
Mepharubin-Depot 4959
Mephaserpin 4776
Mephate 1208
Mephathelin 4220
Mephatopherol 4693, 4751
Mephazin 3344
Mephebarbital 1342
Méphéchlorazine 3557
Mephedan 1208
Mephedine 2431
Mephelor 1208
Mephenamin(e) 3071
*Mephenesin*** 1208
Mephenesincarbamat 1484
Mephenetoinum 1642
Mephenhydramin 3070
Mephenhydraminteoclat 3070a
Mephenhydrinat 3070a
Mephenon 3817
*Mephenoxalon*** 1417
Mephenterdrinsulfat 1520
*Mephentermin*** 1520
*Mephenytoin*** 1642
Mepherol 1208

Mephesin 1208
Méphêtedrinsulfat 1520
Mephin 1208
Mephine 1520
Mephobarbital 1903
Mepholin 1471
Mephson 1208
Mephyllin 1202
Mephytal 1903
Mephyton 4746
Mephyton-DK 4750
Mepiben 3311
Mepiciclina 4662
Mepicycline 4662
Mepidon 3561
Mepinova 4662 a
Mepiperphenidol 3430
Mepiperphenidyl 3430
*Mepiprazoldihydrochlorid** 125 N
Mepireserpathydrochlorid 4325
Mepirizol 55 N
*Mepiroxol*** 337
Mepiserpato 4325
*Mepivacainhydrochlorid*** 2448
Meprane 3601
Mepranedipropionat 4477
*Meprednison*** 4030
Meprednisonhydrogensuccinat 4467
Meprin 50 1011
Meprindon 1011
Meprisolon 3859
Meprison 3806
Meprobam 1011
*Meprobamat*** 1011
Meproban 1011
Meprobil 1011
Meprocaine 2241
Meprochol 618
Meprocompren 1011
Meprodat 1816
Meprodil 1011
Meprodine 2883
Meprodiol 1011
Meprol 1011
Meproleaf 1011
Meprolonga 1011
Mepron „Choseido“ 1011
Mepron „Merit“ 1965
Mepronil 1011
Meprophendiol 1990
Meprosa 1011
Meprosedan 1011
Meprosin 1011
Meprospan 1011
Meprotabs 1011
Meprotan 1011
Meprothixol 3313
*Meprotixol*** 3313
Meprozine 1011
*Meprylcain*** 2241
Meptran 1011
*Mepyraminbromtheophyllinat*** 2861 a
*Mepyraminmaleat*** 2861
Mepyramon 2861
Mepyran 2861
Mepyren 2861
Mepyrium 2229
Mépyroxol 337
Mepyrrotazinum 3299
Mequalon 2535
Mequelon 2535
*Mequidox*** 1077
*Mequinol*** 541
Mequinolate 2832
Mer-17 3016
Mer-25 4525
Mer-27 3710
Mer-29 4523
Mer-41 4453
Merabitol 3596
Meracen 317
Meractinomycin 4958
Meradin 11 N
Meragidon-Theophyllin 1149
*Meraleinum natricum*** 3191
*Merallurid*** 1002
Meranol 1760
Merapiran „Finadiet“ 2535
Meraprina 2842
Merastom 448
Merasulfozyl 1396
Meratonic 3015
Meratran 3015
Merazene 1396
Merbak 2678
Merbantal 3434
Merbaphen 747 c
Merbentul 4133
Merbentyl 3434
Merbiurelidin 426
*Merbromin*** 3441
Mercadal 564
Mercaleukin 210
Mercamin 55
Mercamphamidum 2277
Mercamphoramidum 2277
Mercaprol 116
*Mercaptamin*** 55
Mercaptizol 143
Mercaptoarsenical 1426
Mercaptoarsenol 1426
Mercaptol 143
*Mercaptomerin*** 2705
Mercaptophos 1240
*Mercaptopurin*** 210
β-Mercaptovalin 263
Mercapurene 210
Mercapurin 210
Mercardac 1002
Mercardan 1002
Mercardox 258
Mercazole 143
Mercazolyl 143
Mercilon 877
Merck MK-02 4049
Mercloprin 258
Mercloran 258
Mercodinone 3023
Mercoral 258
Mercote B_1 1765
Mercote B_2 2805
Mercotin (Drop + Powd.) 3964
Mercromina 3441
Mercromsal 3441
Mercrotona 3441
Mercroverk 3441
Mercryl 1143
*Mercuderamid*** 1672
Mercuhydrin 1002
Merculest 258
Mercumallylnatrium 2118
Mercumallyl-theophyllin 2118 a
*Mercumatilin sodium*** 2118 a
*Mercumatilinum natricum*** 2118 a
Mercuprocyl 1951
Mercupurin 2277 a
Mercuramide 1951
Mercuranine 3441
Mercuranum DAK. 3441
Mercurasept 3441
Mercuresceine 3441
Mercuretin 1002
Mercurex 3191
Mercurgan 1951
Mercuriaan 847

Mercurin „Campbell" 2277a
Mercurin „Monik" 3441
Mercurio rojo „Ideal Tide" 3441
Mercurit 1620
Mercurit „Teva" 2277a
Mercurobromfluorescein 3441
*Mercurobutol*** 1143
Mercurocéine 3441
Mercurochrom(e) 3441
Mercurocol 3441
Mercurocromo 3441
Mercuro-Fluoren 3441
Mercurome 3441
Mercuron 267
Mercurophage 3441
Mercurophen 304
*Mercurophyllin*** 2277a
Mercurosalyl 1951
Mercurothiolate sodique 877
Mercuroxyl 258
Mercuryl 317a
Mercurylurée 258
Mercusalum 1951
Mercuzal 1951
Mercuzan 2277a
Mercuzanthin 2277a
Merdroxon 1149
Mereprin(e) 2842
Merethoxyllin-Procain 2406
Meretran 3015
Merfalan 1975
Merfamin 877
Merfen 317a
Mergadion 1149
Mergamate 1149
Merian 2348
Mericycline 3970
Meridil 2199
Merilid 258
Merinax „Labaz" 1224
Meriodine 298b
Merislon 745a
*Merisoprol (^{197}Hg)*** 109
Merisoprol Hg 197 109
Meristolone 4072
Meritin 2914
Merival 282
Merkamin 55
Merkaptopurin 210
Merkasept 317a
Merlusan 921
Mern 210
Merobalum 747c
Merocait 2011
Merocet 3922
Meroclor 258
Meroctan 2535
Merodicein 3191
Meroditan 2593c
Meropenin 2593
Merophan 1972
Meroquinolamide 2761
Merpanit 3421
Merpanol 4523
Merparan 258
Merphalan 1975
Merphène 317a
Merphenylnitrat 317b
Merphillin 4793
Merphtallyl 3230
Merphyllin 1951
Merphyrin 4793
Merprane 109
Merpurate 1149
Merrell 29 4523
Mersagel 317
Mersaline 1951
Mersalpin 1951
Mersalyl-Theophyllin* 1951
Mersalyn 1951
Merseptone 470
Merseptyl-Wirkstoff 877
Mersoben 2500
Mersone 877
Mer „Takeda" 3711
Mertestate 3395
Merthilate 877
Merthiolate 877
Merthiosal 877
Merthiphyl 1951
Merthylline 2277a
Mertionin 262
Mertorgan 877
Mervacycline 3970i
Mervaldin 1208
Mervamine 3700
Mervan 52N
Mervapas 516b
Mervastrept 3926
Merzonin 877
Mesanolon 3678
Mesantoin 1642
Mesarin 185c
Mesaton 962
Mescalin 1532
Mescomine 3113
Mesconit 3113a
Mescopil 3113
Mesdicain 2473
Me. Se. Ce. 448
Mesegacida 340
Mesentol 578
Mesenyl 3850
Mésidicaine 2473
Mesin 462
Mesitalkohol 92
Mesitol 418
Mesmar 1011
*Mesna*** 4N
Mesocain 2473
Mesohexöstrol 3058
Mesoinosit 418
Mesokain 2473
Mesol 418
Mesonex 4878
Mesonitrol 322
Mesontoin 1642
Mesopin 2892
Mesopren 4072
Mesorgydin 3598
*Mesoridazinbesilat*** 3798
Mesosit 4878
Mesosulin 1236
Mesotal 4878
Mesotan 900
Mesotol 894
Mesovit 418
Mesoxan 65
Mespenal 4083
Mesphenal 4083
Mestalone 3678
*Mestanolon*** 3678
Mestenediol 3675
Mesteranum 3676
*Mesterolon** 3676
Mesteron 3662
Mestilbol 3301
Mestinon 985
Mestoranum 3676
*Mestranol*** 3804
Mesudin 563
Mesudrin 563
Mesulfa 1396
Mésulfamide sodique 569
*Mesulfen** 2101
Mesulphen 2101
*Mesuprinhydrochlorid** 3371
Mesural 2532
Mesurol 670

*Mesuximid*** 1624
Mesylith 3117
Metabarbital 984
Metabasal 81
Metab-Auxil 273
Metabiotico(n) 3955
Metabolase 1795
Metabolin 1765
Metabolina 3639
*Metabromsalan** 1839
Metabutethaminhydro-chlorid 2012
Metabutoxycaine 2916
Metacain 916
Metacaraphen 3669
Metacardiol 728
Metace 4133
Metacen 3203
*Metacetamol*** 684
Metachloridin(e) 1055
Metaciclin 3955
Metacil „Ibirn“ 3955
Metacil „Lundbeck“ 221
Metacin 3360
Metacortalon 3859
Metacortandracin 3806
Metacortandralon(e) 3859
Metacortin 3806
*Metacyclin** 3955
Metadee 4626
Meta-Delphene 1723
Metadin 3015
Metadorm 2535
Metadrenalin 1229
Metagin 666
Metaglucina 2419
*Metaglycodol*** 1461
*Metahexamid*** 2248
Metahexanamide 2248
Metahydrin 650
Metalax 3942
Metalcaptase 263
Metalene 4523
Metalid 685
*Metallibur*** 603
Metalolhydrochlorid 1547
Metalutin 3397
*Metamfazon*** 1365
*Metamfepramon** 1470
Metamfepyramone 1470
Metamide 4966
Metamidor 2535
Metamina 1214
Metamine „Pfizer“ 412a
Metamine „Zori“ 1214
Metamisyl 3830
Metamizol 1965
Metamphetamine 1214
*Metampicillin-Natrium*** 2788
Metamsustac 1214
Metanabol 3639
*Metandienon** 3639
Metandiol 3675
Metandiol-Amp. 4502
Metandren 3662
Metandrostenolon 3639
Metanephrine 1229
Metanin 3401
Metanite 3139
Metanitra 412a
Metantelina 3839
Metantyl 3839
Metaoxedrin 962
Metaphen 470
Metaphyllin 531b
Metapirazone 1418
Metaproterenolsulfat 1528
Metapyrin 1965
Métaquine 4202
Metaradrin 961
*Metaraminol*** 961
Metaril 961
Metarsen 311
Metarsenobillon 2150
Metarsolo 53
Metartril 3203
Metasclene 4523
Metasedin 3817
Metasma 1525
Metasolon 4038
Metason(a) 4038
Metasone 3806
Metaspas 3689
Metastab 4072
Metastenol 3639
Metasteron 3675
Metastigmin 1792
Metasulfa 1397
Metasulfanilylbutyl-carbamid 1535
Meta-Synephrine 962
Metatetril 3955
Metatone 3817
*Metaxalon*** 1674
Metaxan 3839
Metaxan „Faro“ 3296
*Metazamid*** 1386
Métazépiumjodid 4221
*Metazid** 1913
Metazina 1398
Metazina capronato 245N
Metaziven 1652
*Metazocin** 2427
Metazol 42N
Metazolo 143
Metcaraphen 3669
Metebanyl 156N
Metenamin 411
Metendiol 3675
*Metenolonacetat*** 4094
*Metenolonönanthat*** 4569
Meterazin 3536
Meterdos-iso 1526
*Metergolin*** 4396
Meterox 426
*Metescufyllin*** 1585a
Metestine 3662
Met-estrin 3095
*Metethoheptazin*** 2884
*Metetoin*** 1641
Metexterona 3662
Metfendrazine 1244
Metflorylthiadiazin 652
Metflorylthiazidine 652
Metfol-B 2350
*Metformin** 195
Methabol 3907
Methacetin 914
Methacholin 795
*Methacholiniumchlorid*** 795
Methacil 221
Methacin 3360
Metha-Colimycin 4936
Methacon 2208a
Methacycline 3955
Methadin 2432
Methadol 3865
*Methadon** 3817
Methadon-Zwischen-produkt 3284
Methadone intermediate 3284
Methadone-S 3619
Methadren 1228
Methadyl „Century“ 2208a
Methadylacetate 4215
Methaform 162
Methafrone 2098
Methafurilen 2207
Methagon 4019

Methajade 3817
Methalamic acid 1325
Methallatal 1192
*Methallenestril*** 3061
Methallenoestril 3061
Methallenoestrol 3061
Methallibure 603
Methalone 3677
Methalthiazide 1690
Methalutin 3397
Methamicil 3830
Methamine 1214
Methaminodiazepoxide 2532
Methamphazone 1365
*Methamphetaminhydro-chlorid*** 1214
Methamphidon 2528
Methamphin 1214
Methampyrone 1965
Methanabol 3675
Methandienone 3639
Methandiol 3675
*Methandriol*** 3675
Methandriol-bis-önanthoyl-acetat 4851
Methandrioldipropionat 4502
Methandriolpropionat 4245
Methandrol 3675
Methandrostenolone 3639
*Methaniazid*** 556
Methanide 3839
Methanol 17
Methanopyranorin 3474
*Methantheliniumbromid** 3839
Methanthine Bromide 3839
Methantoinum 1642
*Methaphenilenhydro-chlorid*** 2420
Méthaphénylène 2420
*Methapyrilen*** 2208
*Methaqualonhydro-chlorid*** 2535
*Metharbital*** 984
Metharbitone 984
Methargan 3711 a
Metharsan 18
Metharsinat 18
Methased 2535
Methasedil 2535
β-Methasone 4039
Methasquin 183 N
*Methastyridon*** 1921
Methatropin 2892
Methavin 411 p
Methazid 1913
Methazine 3203
*Methazolamid*** 234
Methazon-Ion 4038
Methbipyranone 2121
*Methdilazinhydro-chlorid*** 3004
Methebanyl 156 N
Methedrinal 1214
Methedrine 1214
Méthédrone 1477
Methelina 3839
Methemin 2034
*Methenamin*** 411
Methenolonacetat 4094
Methenolonönanthat 4569
Metheph 1523
*Metheptazin*** 2671
Methepton 1015
Methergen 3584 a
Methergin 3584 a
Methergoline 4396
Méthescufylline 1585 a
Methesculétol sodique 1585
*Methestrol** 3601
*Methestroldipropionat*** 4477
Methetharimide 754
Methetoin 1641
Methexaminum 617
Methexenyl 1700
Methiacil 221
Methiaden 3531
Methicil 221
Methicillin-Sodium 2798
Methidine 2431
Methidon 3817
Methilanin 262
Methimazol 143
Methimazolmethyljodid 251
Methindethyriumchlorid 4100
Methindizate 4401
Methinon 1317
Methiocil 221
Methiocon 262
*Methiodal Natrium*** 13
Methioflurane 72
Methiol 262
Methiolon 262
*Methiomeprazin** 3347
Methion 262
Méthionamine 592
*Methionin*** 262
Methionin-Ampullen „Merck" 406
Methionin-Amp. „VEB Philopharm" 592
Methioninformylamid 406
Methionyl 262
Methiopidin 4775
Méthioplégium 3990
Methiothepin 3553
Methiotriazamine 1745
Methioturiate 1788
Methirit 143
Methisazone 1080
Methisul 887
*Methitural*** 1788
Methiumchlorid 1827
Methiuracil 221
Methixenhydrochlorid 3530
Methobenzorphan 2427
Methobromin 1827
Methocabal 1486
Methocamphoni methyl-sulfas 2932
*Methocarbamol*** 1486
Methocillin 2798
Methocillin S 3223
Methocinnate 2191
Methodin-Base 2600
Methoestroli propionas 4477
Methofadin 1657
Methofazine 1657
Methofluranum 71
*Methohexital*** 2182
Methohexitone 2182
Methoin 1642
Metholes 1167
Methonal 274
Methonal „Toyo" 2535
Methonamin 1525
Méthonaphthone-Natrium 2355 a
Methonium 1827
Methophedrinum 1477
Methophenazin 4738
Methopholine 3534
*Methopromazin*** 3043
Methopropazine 3043
Methopterine 3495
Methopyranorin 3474
Methopyrapone 2121
Methopyrimazole 55 N
Methoquine 4202
Methorate 3105
Methorphan 3104

Methorphinan 2849
Methoserpidin** 4777
Methostan 3675
Methotrexat** 3503
Methotrimeprazine 3340
Methoxa-Dome 1574
Methoxadone 1417
Methoxamedrinhydrochlorid 1530
Methoxamin* 1530
Methoxifluranum 71
Methoximol 1901
Methoxin 3360
Methoxin „Hokuriku" 1658
Methoxiphenadrinum 1525
Methoxital 2182
Methoxsalen 1574
4-Methoxybenadryl 3074
Methoxychlorprocainamidhydrochlorid 2254
Methoxydone 1417
Methoxyethylpyridine 725
Methoxyfluran** 71
Methoxyhydrastin 3964
Methoxylene 2208a
Methoxyn 1214
Methoxyphedrin** 1477
Methoxyphenaminhydrochlorid** 1525
Methoxyphenoserpin 4761
Methoxypromazine 3043
Methoxypsoralen 1574
Methoxypyrimal 1399
Methoxysalen 1574
m-Methoxythioacetazon 1447
Methozin 1382
Methozole 1398
Methozole-Syrup 1658
Methphenäthaminhydrochlorid 2809
Methphendrazin 1244
Methphenoxydiol 1209
Methral 4309
Methscopal 3113
Methscopolamine Bromide 3113
Methscopolamine Nitrate 3113a
Methsuximide 1624
Methural 112
Methurazil 221
Methurine 262
Methyantalon 3678
Methybol 3678
Methybol-Depot 4356
Methycilline sodique 2798
Methyclothiazid** 906
Methydromorphine 3079
Methy-F 1523
Methygenal 1788
Methyladrenalin 1228
Methylaminacrin 2082
Methylaminoantipyrin 1681
Methylaminonaphtholum 1361
Methylaminopterinum 3503
Methylamphetamin 1214
o-Methylamphetamin 1212
p-Methylamphetamin 1213
1α-Methylandrostanolon 3676
17α-Methylandrostanolon 3678
Methylandrostendiol 3675
Methylandrostendiolpropionat 4245
Methylantifebrin 911
Methylarecaidin 755
Methylarsinum 18
Methylarterenol 968
Methyl-Aspriodine 1060
Methylatropinbromid 3139a
Methylatropinnitrat 3139
Methylazol 911
Methylbenactyzinhydrochlorid 3830
Methylbenzedrin 1214
Methylbenzethoniumchlorid** 4629
Methyl-Benzoquate 3963
Methyl Butex 666
Methyl-Calminal 1903
Methylcatechol 540
Methylcephaelin 4666
Methyl Chemosept 666
Methylchloroquin 3389
Methylchromon** 1047
Methylcinchophen 2736
Methylcuprein 3545
Methyl-Curarin 4857
Methylcystein 179
Methyldebenal 1396
Methyldesomorphin 3020
Methyldesorphin** 3020
Methyldiazepinon 2521
Methyldiazil 3830
Methyldiazin 1396
β-Methyldigoxin 243N
Methyldihydromorphin** 3079
Methyldihydromorphinon 3024
Methyldinitrobenzamid 646
„Methyl Diol" 3675
Methyldioxatrine 4279
Methyldiphacil 3824
α-Methyldiphenhydraminhydrochlorid 3070
o-Methyldiphenhydraminhydrochlorid 3071
p-Methyldiphenhydraminhydrochlorid 3072
Methyldisulfanilamid 1928
Methyldopa** 1166
DL-Methyldopa 1167
Methyldopathydrochlorid 1738
Methyldopum** 1166
d-3-Methyldromoran 3105
Methylen-bis-INH 1913
Methylenblau 2611
Methylenchlorid 7
Methylendehydroacetoxyprogesteron 4301
Méthylènecycline 3955
Methylenprednisolon 4031
Methylen-Sulfamerazin 4391
Methylensulfathiazol 1067
Methylenum coeruleum 2611
Methylephedrin 1523
DL-Methylephedrinhydrochlorid 1524
Methylepinephrine 1228
Methylergobasin 3584
Methylergobrevin 3584
Methylergolcarbamid 3598
Methylergometrin** 3584
Methylergonovin 3584
Methylets 3662
Methylfenytoine 2537
Methyl-Finarthrin 2736
Méthyl-Gag 271
Methylglucamin 621
Methylheptaminolhydrochlorid 1029
Methylhexabitalum 1700
Methylhexamin(e) 617
Methylhexaneamine 617
Methylhomatropinbromid 2892
Methylhomatropinnitrat 2892a
„Methylhydantoinum" 1642
Methylhydrocuprein 3593
Methylhydroxyprogesteronacetat 4348
Methylisomyn 1214
Methylium aminooxybenzoicum 689

Methylium salicylicum 665
Methyllycaconitin 240N
Methylmelubrin 1965
Methylmeprobamat 1285
Methylmercadone 1104
Methylmethergin 3842
Methylmiazylsulfonamid 1396
Methylmitomycin C 2629
Methylmorphin 3022
Methylmydriatin 1217
Methylnaphthochinon(um) 1317
Methylnicethamid 1541
Methylniphenazine 2978
Methylnirvanol 1642
Methylnoradrenalin 967
Methylnortestosteron 3397
Methylöstradiol 3375
Methyloestrenolon 3397
Methylolriboflavin 3056
Methylon 3139
Methyloxamethoniumjodid 2048
Methyloxedrin 1221
Methyloxytocin „Spofa“ 4906
Methylparaben 666
Methylparafynol 384
Methyl-Parasept 666
Methylparedrin 1219
*Methylpentynol*** 384
Methylpentynolcarbamat 576
Methylperidid 4526
Methylperidol 3987
Methylperone 2647
Methylphenetoin 1642
*Methylphenidathydrochlorid*** 2199
Methylphenidylat 2199
*Methylphenobarbital*** 1903
Methylphenobarbitone 1903
Methyl-phenylaethylhydantoinum 1642
Methylphenytoin 2537
Methylphthivazid 2368
Methylprampini nitras 3897
*Methylprednisolon*** 4072
Methylprednisolonacetat 4336
Methylprednisolonnatriumsuccinat 4479
Methylprednison 4030
Methylprednisonhemisuccinat 4467
Methylpromazine 3053
Methylpropamine 1214
Methylpyrimal 1396
*Methylrosaniliniumchlorid*** 4405
Methylscopolaminbromid 3113
Methylscopolaminnitrat 3113a
Methylstanazolum 3900
4-Methylsulfadiazin 1396
5-Methylsulfadiazin 1397
Methylsulfathiazol 1100
Methylsulfazinum 1396
Methylsulfonal 790
Methylsulphadiazine 1396
Methylsulphapyrimidine 1396
Methyl Sulphoxide 52
Methylsympatol 1221
Methylsynephrin 1221
Methyltestediol 3675
*Methyltestosteron*** 3662
*Methylthioniniumchlorid*** 2611
Methyl-Thiorist 221
*Methylthiouracil*** 221
Methyltrienolone 3350
Methyltubocurarini chloridum 4857
Methyltyramin 960
Methylumbelliferon 1048
Methylustin 3462
Methymazol 143
Methymycin 4437
Methyndamine 1001
Methyocil 221
Methyphemin 2022
Methypregnone 4348
*Methyprylon*** 1270
Methyridine 725
*Methysergid*** 3842
*Metiapin*** 3276
*Metiazinic acid*** 2337
Meticaine 2665
Metical 262a
Meti-Caps 262
*Meticillin-Natrium** 2798
Meticlorpindol 508
Meticortelone 3859
Meticortelone aequeous 4207
Meticortelone soluble 4412
Meticortem 3806
Meticorten(e) 3806
*Meticran*** 1168
Metid 3791
Meti-Derm 3859
Metidione 3675
Metifex 2366
Metifor 432
Metigestrona 4348
Metiguanide 195
Metiken 4530
Metilalfa 3307
Metilandrostendiolo 3675
Metilar 4306
Metilbenzodiacepinona 2521
Metilbetasone 4072
Metilbiotico 4530
Metilbisexovis-Compr. 3675
Metilbisexovis-fiale 4245
Metil-Bisexovister 4245
Metilcaf 2374b
Metilciclina 3720
Metilcromone 1047
Metildiolo 3675
Metildiolo-fiale 4245
Metilfenidato cloruro 2199
Metilgestene 4348
Metil-Glucosulfina 1760
Metilmercadone 1104
Metilnifenazina 2978
Metilon 1965
Metilosulfonal 790
Metilprednilone 4072
Metilstendiolo 4072
Metiltiouracil 221
Metimazol(o) 143
Metin 2798
*Metindizat*** 4401
Metindol 3203
Metiodolum 13
Metiogran 262
Metiompirina 685
Metionalfa 262
Metione 262
Metionical 592a
Metionina 262
Metiosil 262
Metiotrop 262
*Metiprenalin** 72N
*Metisazon*** 1080
Metisone „Lafi“ 4038
Metisone „Luso“ 3806
*Metixenhydrochlorid*** 3530
Metizol 143
Metizol „Orion“ 887
*Metizolin*** 1908
*Metochalcon** 2985
Metochin 4202
*Metoclopramidhydrochlorid*** 2254
Metocrine 4202

Metocryst 3675
Métoctatropiniumbromid 2931
Metofane 71
*Metofenazat*** 4738
Metofenina 1486
*Metofolin** 3534
Metofurone 296
Metoin 1642
*Metolazon*** 2555
Metolmin 195
Metolquizolone 2535
*Metomidat*** 1901
Metomide 2187a
Meton 1827
Metonitron 354
*Metopimazin*** 4013
Metopiron 2121
*Metopon** 3024
Metopryl 188
Metopycide 2187
Metopyrone 2121
Metoquine 4202
*Metoquizin*** 4015
Metoran 3769
Métorène 4694
Metormon 4246
*Metoserpathydrochlorid*** 4325
Metoso 470
Metossanil 1658
Metossil 1398
Metosulfex 1658
Metosulfin 1398
Metothyrin 143
Metoxadon 1417
Metoxal 900
Metoxal „Medipolar" 1102
Metoxamide 1760a
Metoxamina 1530
Metoxidon 1658
Metoxin 1574
Metoxin „Locatelli" 1658
Metoxiprofilinnicotinat 2034
Metoxisul 1398
Metoxyn 1398
Metozin 2203
Metractyl 1011
Metramin 411
Metranil 235
Metranquil 1011
Metrasil 1886
Metraspray 2475
Metravigor 973
Metrazine 1471
Metrazol 382
*Metribolon*** 3350
Metricur A 527
*Metrifonat*** 171
*Metrifudil*** 145N
Metriphonate 171
Metrisone 4072
Metrociclina 3555
Métrodiol 4332
Metrodon 1961
Metrogestone 4226
Metrokin 3006
Metrolax 4256
Metron 2622a
Metron „Kowa" 1562
Metronal 4343
Metrone 3662
*Metronidazol*** 375
Metronil 375
Metropin 3647
Metropine 3139
Metroval 3555
Metroval-Amp. 4392
Metsapal 1374
Metubin(e) 4857
Metufan 13
Metural 112
*Meturedepa*** 1558
Metycain(e) 2665
Metychol 795
Metydan 1642
Metylan 3817
Metylfenemal 1903
*Metylperon** 2647
Metyltiouracil 221
Metynal(etter) 1903
*Metyrapon*** 2121
*Metyridin** 725
Metyrin 221
Metysil 3006
Metyzolin 1908
Mevasine 1555
Mexamin 1437
Mexan 1530
*Mexenon** 2354
Mexephenamide 2481
Mexochol 4351
Mexocine 3720
Mexolamine 2442
Mexyl 698
Méxyphaminhydrochlorid 1525
Mezasulfamid 1652
Mezaton 962
Mezcalin 1532
Mezepan 2549
*Mezepin*** 3041
Mezil 221
Mezin 1652
Mezobols 1652
Mezolin 3203
Mezulon 2535
MF 10 3264
MF 272a 1042
MF 465a 4071a
M. G. 137 3008
M. G. 143 1053
M. G. 322 2763
M. G. 345 4727
M. G. 346 3613
M. G. 500 1655
M. G. 624 4080
M. G. 1039 1961i
M. G. 1480 1871
M. G. 1559 2567
M. G. 2552 2300
M. G. 2555 2299
M. G. 3062 2945
M. G. 4833 2658
M. G. 5454 3156
M. G. 5771 2567b
M. G. 8001 2329
MH 532 1160
mI 35 962
mI-36 1222
Mi 85 2628
217-Mi 1031
Miadon(e) 3817
Miafesin 1208
Miagret 955b
Mialex 1314
Mialgin 2431
Miambutol 1308
Mianesin 1208
Mianin 527
*Mianserinhydrochlorid** 2999
Miaquin 3497
Miarsenol 1896
Miazol 466
Miazylsulfonamid 1081
Miba-Micina 3961
MIBT 1080
Micatex 465
Micipan 3970
Micloretin 1375
Micochlorine 1375
Micoclorina 1375

Micoclorina glicinato 1918
Micodry 4680
Micofur 205
Micoina 500
Micol 3438
*Miconazolnitrat*** 2946
Miconen 1804a
Micoren 1804a
Micosan 340
Micoserina 89
Micostatin 4926
Micotiazone 859
Micridium chloride 4457
Microbamat 1011
Microban 1852a
Microcetina 1375
Microcid 1398
Microcillin 2765
Microcillin VK 2593a
Microdiol 3095
Microest 3006
Microlyse A 1063
Microlyse B 828a
Micromega 1658
Micropenin 3238
Microsul 887
Microsulfa(a) 2348
Microsulfon 1081
Microtan guanidina 571
Microtan pirazolo 2348
Microtan tiazolo 865
Microtiazol 865
Microtin 2561
Microtox 352
Microzine 1081
Mictasol 411
Mictine 973
Mictone 624
Micturol simple 636
Midacainum 3013
Midadone 3817
*Midaflur** 456
*Midamalin** 3013
Midamor 348
Midarine 2289
Midelid 3119
Mideton 2661
Midicel 1398
Midicel Acetyl 1911
Midikel 1398
Midikel liquido 1911
Midocalm 2661
Midocil 1534
Midosal 1534
Midriazin 2854b
Midronal 4456
Midyciclina 4662b
Mielogen 178
Mielomade 178
Mielucin 443
Miforon 2074
Migdasmut 1515a
Migestrone 3882
Migristène 3366
Migrol 1961b
Migyl 3092
MIH 1781
Mikamycin B 4909
Mikarol 3006
Mikedimide 754
Mikol 3176
Mikostatin 4926
Mikrofollin 3555
Milamil 1011
Milan(ol) 549b
Milazide 340
Milbedoce 4960
Milbedoce anabolico 4966
Milbedoce-depot 4959
Milchsäure 95
Milchzucker 1809
Milcopen-V 2593a
Mildmen 2532
Milestrol 3006
Mileval 4255
Milezin 3340
Milheparine 2033b
Milibis 699a
Milid(e) 3119
Milidex 954
*Milipertin*** 4322
Milkinol 3700
Milk sugar 1809
Millafol 3240
Miller-drine 1214
Millevit 4960
Millicaine 3427
Millicillin 2590d
Millicorten 4038
Millicortenol 4550
Millicorten-TMA 4550
Millisulfa 1658
Millophylline 2033
Milontin 1363
Milonton 1363
Milpenita 2593a
Miltamato 1011
Miltaun 1011
Miltown 1011
Miltrate 1011
Mil-u-cal 238
Miluyvit A 3659
Miluyvit B_1 1765
Miluyvit B_{12} 4960
Miluyvit B_{15} 3706
Miluyvit C 359
*Mimbanhydrochlorid*** 3592
Mimetina 953
Mimexina 1525
Mina D_2 4626
Minadit 1471
Minalgin 1965
Minaphil 531b
Mincard 973
Minedil 515
Minelcin 4053
Minelco 4053
Minelsin 4053
*Minepentat*** 3135
Minervacil 2593c
Minetoin 2328
Mingit 1880
Mingle U 448
Mingoral 885
Minifage 1691
Minihist 2861
Minikel 1398
Minimicina 3955
Minimid 1397
Minipen-V 2593b
Minipill 4186
Minisone 4039
Minista 248
Minithixen 2972
Mino-Aleviatin 368
Minocain 2011
Minocil 880
Minocin 4171
Minocrin 1852a
*Minocyclin*** 4171
Minophagen A 440a
Minoral 2419
Minoran 4777
Minorin 3801
Minosulfa 1398
Minoton 1032
Minoval 1965
*Minoxidil** 35N
Minozinan 3340

Mintacol 1187
Mintal 1545a
Mintezol 1040
Mintic 725
Mintussin 3139a
Minzil 485
Minzolum 1040
Mioartrina 1816
Miocaina 1209
Miocalma 1816
Miocardina 1190
Miocarpine 1498
Miochol 619
Miocrisina 138
Miocuril 999a
Miocurin 1209
Miodar 1900
Miofilin 531b
Mioflex 2289
Miokon-Sodium 1891
Miolaxene 1486
Miolisina 1208
Miolisodal 1816
Mioran 462
Miorelax „Bouty“ 1209
Mio-relax „Lefa“ 2661
Mio-Relax „Sadef“ 1816
Mioridol 1816
Mioril 1816
Miorilas 1486
Miorilax 1374
Mio-Sed 1374
Miosin 1498
Miostigmina 1792
Miostin 1792
Miotenlis 2289
Mioticol 1748
Miotico oculus „Frumtost“ 1498
Mioticum „Bayer“ 1187
Miotin 1753
Miotisal 1187
Miotolon 3657
Miotran 462
Miowas 1486
Miowas G 4734
Miox 1498c
Mioyodo 1032
Mi-Pilo 1498
Miq-321 841b
Miracil A 3547
Miracil B 3509
Miracil C 3595
Miracil D 3542
Miracol 3542
Miracyl 4820
Miradon 2517
Miral 978
Miramel-forte-Tropfen 384
Miran 1069
Miranon 21
Mirapront 1211a
Mirasan 2021
Mirbedal 563c
Mirciclina 3720
Miret 4389
Mirfudorm 590
Mirion 4111
Miroistonil 3590
Miro-Lincaina 2258
Miromorfalil 3269
Mirontin 1363
Miroseryn 89
Mirvan 52N
Miscleron 1668
Misolyne 1643
Mistabron 4N
Mistaprel 1526
Misulban 443
Misulfin 1658
Misuran 4625
Mitabol 2101
Mitarson 1026
Mitasone 4038
Mit-Ciclina 3955
Mithracin 244N
*Mithramycin*** 244N
Miticoçan 2090
Mitigal 2101
Mitin-Anästhesie 917
Mition D 1658
*Mitobronitol*** 401
*Mitoclomin*** 2604
*Mitoguazon*** 271
Mitomen 260
Mitomycin-C 2401
*Mitopodozid*** 4299
Mitostan 443
*Mitotan*** 2061
*Mitotenaminhydrochlorid*** 1915
Mitoxan 605
Mitoxine 259
Mitredin 4717
Mitronal 4456
Miuril 485
*Mixidin** 105N
Mixiod 820
Mizodin 1643
MJ 216 1325a
MJ 1986 3261
MJ 1987 3371
MJ 1988 1645
MJ 1992 1794
MJ 1998 1547
MJ 1999 1793
MJ 4309-1 4081
MJ 5022 3004
MJ 5190 1253
MK-02 3772
MK-53 4427
MK-56 215
MK-57 3020
MK-65 89
MK-71 1162
MK 75 1858
MK-89 4023
MK-125 4038
MK-130 3485
MK-135 3476, 4042
MK-185 3213
MK-188 3127
MK-191 201N
MK-202 1921
MK-230 3514
MK-240 3263
MK-250 608
MK-351 1166
MK-360 1040
MK-485 47N
MK-595 1880
MK-615 3203
MK-665 3511
MK-745 2254
MK-835 2313
MK-870 348
MK-915 1336
MK-955 5N
MK-990 149N
MMI 143
MMR 4595
Mnemina 252
MO-482 1244
MO-911 1409
MO-1255 1956
Moban 2684
*Mobecarb*** 2167
Mobenol 1760
Mobutazon 1937

Mobuzon 1937
Mocaton 3424
Modacor 3315
Modalina 3753
*Modalinsulfat*** 1232
Modatrop 1518
Modecate 4764
Moderamin 1417
Moderil „Pfizer" 4812
Moderil „Wander" 1556
Moderin 4072
Moderix 4038
Moderix-Amp. 4648
Moderlax 3942
Modirax 1224
Moditen 3989
Moditen Enanthate 4660
Moditene 2254
Modulan 195
Modulor 1994
Modumate 440b
Moduretic (alte Form) 348
Moebinol 2747
Moebiquin 815
*Mofebutazon*** 1937
Mofedion 163N
Mogadan 2319
Mogadon 2319
Moheptan 3817
Molatoc 3700
Molciclina 3955
Moldamin 2590e
Moldcidin B 4819
Molevac 4459a
Molinal 1607
*Molinazon*** 1394
*Molindonhydrochlorid*** 2684
Molkensäure 206
Mollax 3700
Mollinox 2535
Molofac 3700
Moloid 357
Molycu 46c
Momentol 2120
Monacrin 1852a
Monadyl 3108
Monafuracin 322
Monagyl 375
Monamin 4389
Monargan 698
Monasalyl 847
Monase 1694
Monazan 1937
Monbutina 1937
*Monensin*** 4836
Monenssäure 4836
Monetamin 953
Monethan 3178c
Monicin 1517
Moniflagon 631
*Monoäthanolaminoleat*** 3178c
Monoäthylglutamat 594
*Monobenzon*** 1889
Monobenzoquin 1011
Monobromkampfer 1210
Monobutazon(e) 1937
Monobutona 1937
Monobutyl 1937
Monocain(e) 2013
Monocamin 609a
Monochloraminum B 314
Monochlorimipramin-hydrochlorid 3305
Monochlorphénamide 334
Monocillin 2593a
Monocort 3893
Monocortin 4306
Monocortin-S 4060
Monodion 4746
Monodorm 1249
Monodral 3166
*Monoethanolamine oleate*** 3178c
Monofen „AL" 742
Monofen „Star" 1937
Monofillina 281j
Mono-Kay 4746
Monolate 3178c
Monomestrol 3301
*Monometacrin*** 3333
Monomethylolrutin 4595
Monomex 1937
Monomil 1937
Monomycin A 4251
Monopar 4741
Monopen 2590
Monophen 2155
Monophenylbutazon 1937
Monophos 953a
Monophosaden 1204
Monophosadenine 1204
*Monophosphothiamin-chlorid*** 1783
Monophyllin „Afi; Takeda" 1200
Monophyllina 281j
Monorheumetten 1937
Monoserina 110
Monospan 3898
Monosulfiram 1286
Monotheamin 531c
Monovar 3853
Monoxantil 531c
Monozol 4388
Monozolidinum 1937
Monozon 1937
Monteazol 865
Montrel 1771
Monzal 3616
Monzaldon 3616
Moogrol 3692
8-MOP 1574
Mopazine 3043
*Moperonhydrochlorid** 3987
Mophebutazonum 1937
Mopipérone hydrochloride 3987
*Moquizon** 3491
*Moracizinhydrochlorid** 195N
Moramide intermediate 3778
Moramid-Zwischen-produkt 3778
Moramin 3178c
*Moranteltartrat** 1704
Moranyl 4943
*Morazon*** 4170
Morbam 1011
Morbasin 74b
Morbusan 1903
Morcain 3574
Morestin 3063
Morfazinamida 1199
Morfelen 2431
Morfikon 2780
Morfin 2778
Morfocloru 2778a
Morfolep 2624
Morfomide 1199
Morfotsiklin 4532
Morgan-Bex 2790
Morgan-Cilin 2590
*Morinamid** 1199
Morlone 3859
Mornidine 3749
Moronal 4926
Morosan 2521
*Moroxydinhydro-chlorid*** 435
Morphacetin 3742
Morphazinamid 1199

*Morpheridin*** 3658
Morphetylbutyne 2673
Morphicon 2780
Morphin 2778
Morphinaminoxyd 2782
Morphindiacetat 3742
Morphindinicotinat 4639
Morphine Hyperduric 2778 d
Morphinmethylbromid 3081
Morphin-N-oxyd 2782
Morphium 2778
Morphocyclin 4532
Morphodid 2780
Morphodone 4191
Morpholep 2624
Morpholinoäthylnorpethidin 3658
Morpholinobiguanidhydrochlorid 435
Morphonamin 435
Morphosan 3081
Morrivit B_1 1765
Morrivit C 359
Morsarinas 514
Moryl 450
Mosatil 1254 b
Moscarda 1282
Mosidal 1192
Mosidal (neue Form) 3684
Motilyn 1023
Motivan 2535
Motolit 22
Motolon 2535
Motopirin 847
Motozina 3040
Motrin 1987
Movecil 1488
Movellan-Ampullen 3757
Movellan-Tabletten 3729
Movilene 1350
Movirene 1350
Mox 1391
Moxa 72 N
*Moxastinhydrochlorid*** 3070
*Moxastinteoclat*** 3070 a
*Moxestrol** 187 N
*Moxicoumondihydrochlorid*** 4067
Moxile 4067
Moxilite 2694
*Moxisylyt*** 2694
Mozambin 2535
Mozol 1937
6 MP 210
2-M-4P 2695
MP-271 4588
MP-620 1622
MP-2001 3892
M. P. Chlorcabs T. D. 2600 a
MPD 1990
M-P „Dymond" 2208 a
M-Pentynol 384
MPMP 3298
MPP 209
M. P. P. 1495
MPT 2162
Mr 29 788
MRD-108 3015
MRD-125 1625
MRL-38 3429
MRL/41 4453
MS-53 1102
MS-222 916
Ms. 752 3542
MSbB 1687
MSD-819 812
MSG 245 b
MT 6 2705
M 6 T 2022
MTB 51 3839
M-Tetra 3970
MTQ 2535
MTS 263 4317
MTU 221
MTX 3503
Mucaesthin 2475
Mucain 2011
Mucaine 4619 a
Mucalan 2679
Mucidrina 968
Mucilax-Wirkstoff 4965
Mucitux 213 N
Mucocilline 2590
Mucofilin 243
Muco-Lise 243
Mucolyticum „Lappe" 243
Mucomycin 4663
Mucomyst 243
Muconomycin A 4541
Mucoral 246
Mucosolvin 243
Mucostop 1209
Mucotherm 686
Mucoxin 4619 a
Mudeka 1546 a
Mündorman 391
Mugol 3098
Mulfasin 1167
Mulsal A 3659
Mulsal D 4626
Mulsal D_3 4573
Mulsal E 4751
Mulsiferol 4626
Mulsopaque 3399
Multacodin 3023
Multergan 3093
Multezin 3093
Multibrol 3174
Multidin 252
Multifinguin-Wirkstoff 1838
Multifuge Citrate 185 f
Multifungin-Wirkstoff 1838
Multifunguin-Wirkstoff 1838
Multimycine 4915
Multipas 516 c
Multizoet 476
Multum 3323
Mundisal 281 g
Muracil 221
Muracine 3970
Murazine 3970
Murel 3431
Murenal 9 1587
Murexin 1550
Muriamic 245 a
Muriat 277
Muriton 3210
Murnil 1252
Murrayamine 2076
Muscatox 2152
Musco-Ril 4528
Muscotal 1374
Muscuryl 2289
Muskeladenylsäure 1204
Muskel-Trancopal 1374
Muskelzucker 418
Muskurelax 1209
Musol 1860
Musonal 4202 a
Mustardgas 170
Mustargen 259
Mustarnitrogen 259
Mustine 259
Mustron 260
Mutabase 638
Mutanona 2316
Mutésa 4619 a
Muthanol 497 g
Muthesa 4619 a

Mutsutamin 1765
My 301 1209
Myagen 3904
Myalex 1314
Myalgin 685
Myambutol 1308
Myamin 841
Myanesin 1208
Myanol 1208
Myarsenol 2150
Myascorbin 359
Myastenin 1208
Myastenin „Lääke“ 1792
Myastenol 1826
Myastigmin 1792
Myasul 1398
Myavan 2154
Mybasan 340
My-B-Den 1204
Mycal 4714
Mycanodin 825
Mycantine 828b
Mycaptine 210
Mycardol 235
Mycebin 1375
Mycetin „Farmigea“ 1375
Mychel 1375
Mychel-S 2374
Mycil 905
Mycin 3927
Mycinol 1375
Mycivin 3177a
Myclocin 1375
Mycobacidin 996
Mycobactyl 1635
Mycobutol 1308
Mycochlorin 1375
Mycochlorin glycinate 1918
Mycocten „Leo“ 895
Mycodécyl 1553
Mycodermin 1553
Mycoin C 500
Mycoklorita 1375
Mycol 1316
Mycomycin 1859
*Mycophenolic acid** 139N
Myco-Polycid 2335
Mycosept 1822
Mycoseptina 340
Mycosert 1852a
Mycosid 468
Mycosin 1553
Mycosporin 3934
Mycostatin 4926
Mycota 1553
Mycotol „Knop“ 1553c
Mycotol „Polfa“ 2469
Mycozide 82
Mydantan 1268
Mydeton 2661
Mydocalm 2661
Mydriacyl 2792
Mydrial 723a
Mydriamide 4022
Mydriasin 3139a
Mydriat 2792
Mydriaticum „Chibret“ 2792
Mydriaticum „Roche“ 2792
Mydriatin 956
Mydrilate 2887
Mydrin 2792
Mydrum 2792
Myeleukon 443
Myelobromol 401
Myelodil 3399
Myelographin 2165
Myelosan 443
Myelotrast 13
Myelotrast „Guerbet“ 4257
Myelucin 443
Myerlan 443
*Myfadol*** 3777
Mygal 2595
Mykoceton 1334
Mykomed-Wirkstoff 2090
Mykoseptin 1553
Mykostin 4626
Mykotektan-Wirkstoff 302
Mylaxen 4828
Mylecytan 443
Mylepsin(um) 1643
Myleran 443
Mylipen 2590d
Mylodorm 1546
Mylosul 1398
Mynal 2535
Mynol 2011
Myoarsemin 2150
Myoarsenobenzol 2150
Myoarsphenaminum 2150
Myobid 3489
Myocain 1209
Myocholine 624
Myochrysin(e) 138
Myocol 1177
Myocon 84
Myocoryl 1190a
Myocrisin 138
Myocuran 1208
Myodetensin 1208
Myodigin 4875
Myodil 3399
Myoflex 497j
Myoflexin 462
Myoglycerin 84
Myoinosit 418
Myolastan 2570
Myolax 1208
Myolaxene 1486
Myolaxin 2289
Myolysin 1208
Myon 281i
Myopan 1208
Myo-Percapyl 1002
Myoplégine 2289
Myopurin 4875
Myopyron 2749
Myoquin 4291
Myoral 30
Myordil 4458
Myorelax 1209
Myorelax „Neisler“ 4828
Myo-Relaxin 2289
Myorgal 4625
Myosalcin 514
Myo-Salvarsan 2150
Myosaviol 2150
Myoscain 1209
Myoserol 1208
Myosmen 419
Myospaz 924
Myostatine 4846
Myosthenine 968
Myostibin 1797
Myostigmine 1792
Myostimin 3588
Myoston 1204
Myoten 1208
Myotenlis 2289
Myotonine chloride 624
Myotophin 2509h
Myotrate 235
Myotriphos 1256
Myovarsyl 2150
Myoxane 1208
Myoxyl 1208
Myprozine 4783
Myquapen 2590d
Myralact 2716

Myralon 2120
Myricin 4846
Myricodine 4848
Myrmekan 11
Myrmicyl 11
*Myrophin*** 4848
*Myrtecain*** 2928
Myrticolorin 4520
Mysedon 1643
Mysoline 1643
Myspamol 3367
Mysulban 443
Mysuran chloride 4625
Mytatrienediol 3641
Mytelase chloride 4625
Mytolon 4805
Mytrate 968
Myvax 4835
Myvizone 1122
Myxal-Lösung 4714
Myxin 1856
Myxiode 820
Myxotren 1836
Myxoviromycin 1013
MZ-144 81 N

N 3 1641
N-68 3875
N-399 4708
N-553 2661
N 714 trans 2972
N-728 3359
N 746 3975
N 750 3514
N-1157 2891
N 7001 3770
N 7009 4144
N 7020 3313
N 7048 3262 a
N 7049 3515
Na 3 2772
Na 66 1799
NA 97 4821
NA 274 2212
N. A. B. 1896
Nabadial 3675
Nabadol 359
Nabithional 1565 a
Nabolin 3639
Nac 243
Nacemide 860
Nacenyl 4186
Nacitoid 362 e
Nack 2532
NaClex „Glaxo“ 652
NaClex „Robins“ 2341
Naclopa 837
Nactate 3836
Nacton 3836
Nacyclyl 4329
NAD 3843
Nadacide 1300
Nadalgine 1965
Na-Dechol 4351
Nadeine 3080
Nadestryl 3555
Nadiasin 1534
*Nadid*** 3843
Nadisal 497 b
Nadisan 1534
Nadopen 2590
Nadopen-V 2593 a
Nadospart 2489 a
Nadosterone 3662
Nadozone 3245
Nadrothyron D 2316
Naematolin 2876
Naepaine 2261
Nafarin 3473
Nafazol 2120
Nafazolin 2120
*Nafcaproic acid*** 2597
*Nafcillin-Natrium*** 3730
*Nafenopin** 3507
Nafisal 4558 a
*Nafiverinhydrochlorid*** 4794
*Nafominmalat** 62 N
*Nafoxidinhydrochlorid*** 4645
Nafrine 2681
Nafronyloxalat 4340
*Naftalofos*** 2556
Naftamon 2852
Naftazolina 2120
*Naftazon*** 1329
Naftemol 1066
Nafticlorina 2137
Naftidan 4794
*Naftidrofuryloxalat*** 4340
Naftifurinoxalat 4340
Naftimepezin 4794
Naftionina 1066
Naftipramide 3369
Naftobil 2355
Naftocol 1311
Nafto-Epatina 2355
Naftylamin „Spofa“ 1066
*Naftypramid*** 3369
Naga-Hormo-F 3095
Naga-Hormo-M 3395
Naganin 4943
Naganol 4943
Na-gent 499 a
Nagentine 499 a
Nagentis 499 a
Nagravon 4960
Nahron 419
*Nalbuphinhydrochlorid*** 3840
Nalecin 2374
Nalexin 1900
Nalfan 4088
Nalidin 1608
Nalidixanum 1608
Nalidixate sodium 1608 a
*Nalidixic acid*** 1608
Nalidixin 1608
Nalidixinsäure 1608
Nalidixsäure 1608
Naligram 1608
Nalissina 1608
Nalix 1608
Nallin(e) 3269
*Nalmexonhydrochlorid*** 3783
Nalorfin 3269
*Nalorphin*** 3269
Nalorphindinicotinat 4735
Nalox-Compr. 375
Naloxifan 3356
Naloxiphan 3356
*Naloxonhydrochlorid*** 3270
Nalpen G 2590 b
Naltropin 3359
Nalurin 1608
Nalutone 3882
Nalutoral 3851
Nalutron 3882
Namol xenyrate 2567 a
*Namoxyrat*** 2567 a
Namuron 1699 a
Nanbacine 3124
Nandrolin 4540
*Nandrolon** 3125
Nandroloncapronat 4356
Nandroloncyclohexylpropionat 4560
Nandroloncyclopentylpropionat 4494
Nandrolondecanoat 4628
Nandrolonfurylpropionat 4411
Nandrolonhexadrobenzoat 4424

Nandrolonhydrogen-succinat 4073
Nandrolonlaurat 4729
Nandrolonphenylpropionat 4540
Nandrolonpropionat 3886
Nandrolonundecylat 4688
Naniopinum 607
*Nanofin*** 607
Nanophin 607
Nanophyn 607
Naopaine 2261
Naotin 305
NAP 4540
NAPA 685
Napafen 685
Napaltan 563a
N. A. P. A. P. 685
Na-PAS 516
Napashin 340a
Napatyl 685
Na-Penicillin 2590
Na-Penita 2590
Napental 1545a
Napharin 3473
*Naphazolin*** 2120
Naphcillin sodium 3730
Naphol 2120
Naphtamon 2852
Naphtazolin 2120
Naphthacaine 2843
Naphthalol 1045, 2733
Naphthalophos 2556
Naphthamin 411
Naphthammon 2852
Naphtha Vitrioli 187
Naphthiomate-N 3935
Naphthiomate-T 3217
Naphthion 1066
Naphthionin(e) 1066
Naphthionsäure 1066
Naphthizine 2120
Naphthocain 2843
Naphtholum 1045
Naphtholum benzoicum 2731
*Naphthonon*** 2566
Naphthosalol 2733
Naphthylamin Blue 4788
Naphthylin 3192
Naphthylisoproterenol 2407
Naphthymepezine 4794
Naphthypramide 3369
Naphthyzin 2120
Naphuride 4943
Napicil 2614
Napional 685
Napionate 4093
Naposim 3639
Napoton 2532
Napp 4791a
Naprilin 2635
Naprinol 685
Napropion 93
*Naproxen** 87N
*Naproxol** 88N
Naqua 650
Naramycin-A 2465
*Naranol*** 3019
Narbel 1934
Narbutin 1496
Narcain 3146
Narcamon 1457
Narcan 3270
Narcangyl 1700
Narcein 4168
Narcidine 4001
Narcobarbital 1457
Narcobasina 3026
Narcodal 3026
Narcodorm „Katwijk" 1700
Narcodorm „Lundbeck" 1457
Narcofor 2431
Narcogen 26
Narcolan 31
Narcolo 4408
Narcompren 3964
Narconat 1700a
Narconumal 1507a
Narcoren 1545a
Narcosan 1700
Narcosin 3026
Narcosine 3964
Narcosop 102
Narcotan „Spofa" 24
Narcotile 44
Narcotin 3964
Narcotussin 3964
Narcotyl 31
Narcovene 1457
Narcovenol 1700a
Narcyl 4404
Narcylen 27
Nardelzine 742
Nardil 742
Naretin 935
Narfen 4001
Nargenol 3026
Naridan 3630
Narisyn 962
Narkogen 1500
Narkolan 31
Narkosoid 26
Narkotal 1457
Narkothion 1248
Narkotil 7
Narkotin 3964
Narkotyl 3964
Narkozan 1700
Narone 1965
Narpenol 1391
Narphen 4001
Narsenol 1896
Nartate 1965
Narzocina 4001
Nasdol 4093
Nasemo 1835
Nasivin 2681
Nasky 4878
Nasolin 2680
Nasophen 962
Nasprin 685
Nasténon 3907
Nastizol 2120
Nastyn 585
NAT-324 4709
NAT-327 2460
NAT-333 2417
Nataba 516
Natacillin 3326
*Natamycin** 4783
Natestrin 3059
Natexin 2316
Naticardina 3546e
Natidigoxine 4876
Natigoxin 4876
Nati-K 156a
Natirene 25 547
Natisedine 1607l
Natol 1152
Natolone 3902
Natopherol Acetate 4751
Natorexic-Wirkstoff 1994
Natrascorb 359
natreen „diätsüße" 433a
natrena 433a
Natri-C 359a
Natricilin 2590
*Natrii acetrizoas*** 821
*Natrii apolas*** 40
*Natrii ascorbas*** 359a

*Natrii aurothiomalas*** 138
Natrii benzamidosalicylas 2078
Natrii bismuthi tartras 156e
Natrii bithionolas 1565a
*Natrii bitionolas*** 1565a
*Natrii calcii edetas*** 1254b
*Natrii carbazochromi sulfonas*** 1128
*Natrii cyclamas*** 433a
*Natrii dehydrocholas*** 4351
*Natrii dibunas*** 3098
*Natrii diprotrizoas*** 1891
*Natrii etasulfas*** 789
*Natrii feredetas*** 1254e
*Natrii gualenas*** 2404
*Natrii hexacyclonas*** 1005
Natrii iodohippuras (^{131}I)* 840
*Natrii iopodas*** 1621
Natrii iotalamas (^{125}I)** 1326
Natrii iotalamas (^{131}I)** 1327
Natrii jopodas 1621
*Natrii metrizoas*** 1590
*Natrii picosulfas*** 2955
Natrii radio-iotalamas (^{125}I) 1326
Natrii radio-iotalamas (^{131}I) 1327
*Natrii stibocaptas*** 1614
*Natrii stibogluconas*** 1797
*Natrii timerfonas*** 702
*Natrii tyropanoas*** 2397
Natril 650
Natrinal 747a
Natrionex 147
Natri-Pas 516
Natrium acetylarsanilicum 695
*Natriumamidotrizoat*** 1324
Natrium Azetrizoate 821
Natrium cinnamylicum 846a
Natrium cyclohexenylallylthiobarbituricum 1938
*Natriumdioctylsulfosuccinat*** 3700
*Natriumgentisat*** 499a
Natriumglucaldrat 423d
Natriumglycerophosphat 121
Natriumjoddiazotat 1324
Natriumkakodylat 53
Natrium methyldijodchelidamicum 629
Natrium nitroprussicum 10N
Natriumnitroprussid 10N
Natrium noraminophenazonmethansulfonicum 1965
Natriumöstronsulfat 3063
Natrium-α-oxybenzylphosphinicum 557
Natrium pasalicylicum 516
Natriumphytat 452a
Natrium „Ravizza“ 1596
Natrium-Stibium-bisbrenzkatechindisulfonicum 1579
Natrium sulfaminochloratum 527
*Natriumtetradecylsulfat*** 2287
Natriuran 2072
Natrocitral 362e
Natrol 156e
Natropas 516
Natruril 485
Natryl 53
Natulan 1781
Natulanar 1781
Natur B_{12} 4959
Naturetin 2342
Naturine 2342
Naturon 906
Naucain(e) 2011
Nausan 3849
Nauseton 3849
Nausidol 3749
Nautamine 2812e
Nautazine 3040
Nauzine 4389
Navadyl 3423
Navan(a) 4200
Navane 4200
Navaron 4200
Navicalm 4389
Navidrex 1971
Navidrix 1971
Navisal 704
Nawarin 3210
Naxogil 989
Naxogin 989
Naxuril 1608
Nazett 1016
NC 123 3798
NC 150 1369
NC 0687 3567
NC 1264 4770
NC 1318 2154
ND 50 730
NDR 263 3649
NDR 304 3642
NDR-5061 A 1466
NDR-5523 A 2460
NDR 5998 A 2417
*Nealbarbital*** 1759
Nealbarbitone 1759
Neallymalum 1759
Neamin 1821
Neandron 708
Neargal 3311
Neazina 1652
Neazolin 1421
Nebs 685
Nebulicina 1980
Necacyl 654
Necatorina 1
Nece-Pen 2590
Nectadon 3964
Nectandrin 4825
Nectapen 2593a
Nectares 334
Necyrane-Hauptwirkstoff 572
Nedaurine 30
Nedeltran 3053
Nedermin 3922a
Nedis 2635
Nefco 322
*Nefopamhydrochlorid** 2773
Nefrecil 1369
Nefrix 528
Nefrolan 2164
Nefrosulfin 1054
Nefrotest 884
Neftin 647
Negadol 3526
Negamicin 1821
Negatan 2384
Négatol 2384
NegGram 1608
NEGram 1608
Neguvon 171
Nekal (BX) 3098
Nekel 4140
Nelacid 708
Nelbon 2319
Nelex 2384
Nelkegan 747d
Nema 21
Nemactil 3744
Nemacyl 185h
Nemafugan 185h
Nematan 4140
Nematex 185f
Nematocid 185d

Nematocton 185h
Nematol 185f
Nematorazine 185i
Nemazene 1577
Nemazine 1577
Nembutal 1545a
Nemex 2852
Nemicide 1391
Nemicide „ICI“ 1392
Nemoxiur 185f
Nemural 755b
Nene 2535
Nene C 359
Nenesin 590
Nenesin S 2535
Neo-Absentol 580
Neo-Acromicina 3970b
Neo-Alavit 4959
Neo-Albasil 865
Neoalfasol 2189
Neoaltesona 3806
Neo-Amisept 4571
Neoantergan 2861
Neo-antiglicemikos 1760
Neo-Antimosan 1579
Neo-antitensol 4776
Neo-Arsacid 1896
Neoarsaminol 1896
Neo-Arsefenamine 1896
Neoarsemin 1896
Neoarsenobenzol 1896
Neo-Arsenophenolaminum 1896
Neoarsolan 1896
Neo-Arsoluin 1896
*Neoarsphenamin*** 1896
Neo-Arsycodile 18
Neo-Ascron 3098
Neoasman 1526
Neo-Aspamin 3874
Neoatophan 3219
Neo-Atromid 1668
Neo-Avagal 3113
Neo-Axil 3659
Neo B_1 2483
Neo-Barb 1250
Neo-Basolan 564
Neobellin 1760
Neo-Benadol 2812h
Neo-Benadosol 2812g
Neo-Benadryl 2789
Neo-Benodine 3072
Neo-Benol 4959
Neobenzarsan 1896
Neobes 1994
Neo-Betalin-12 4959
Neobex 3681
Neobicina Salicilica 1871
Neobilopac 2320
Neobis 752
Neo-Bismal 153e
Neobismol 1515a
Neobornyval 2923
Neo-Bredal 2861
Neo-Bridal 2861
Neobutil 1937
Néocain(e) 2011
Neo-calcin 238
Neo-Calglucon 1811a
Neocalma 3808
Neo-Cardiamine 2683
Neocardiol 2683
Neocardol 382
Néocardyl 2713
Neochin 3117
Neochinidin 3546e
Neochloral 1382h
Neocid 2055
*Neocinchophen** 3219
Neocitol 2060
Neo-Citrullamon 3492
Neoclinal 1699a
Neo-Cloram 1375
Neo-Cloruril 528
Neocobal 4966
Neo-Cobalan 4959
Neocobin 1792
Neococcid 352
Néo-Coccyl 352
Neocode 3023
Neo-Codema 528
Neocodin 4204
Neo-Codion 3022d
Neocol 1865
Neocolene 647
Neocolina 281a
Neo-Contrast 1379
Neocordial 1190
Neo-Coronaril 3613
Neo-Corovas 235
Neo-Cort 4310
Neo-Cortin 4230
Neocresil 543
Neocrisolo 1896a
Neocromaciclin 3720
Neocrosedin 585
Neocryl 1454
Neocycline 3970
Neo-Cytamen 4959
Neodalit 3033
Neodecadron 4061
Neodechol 4351
Neodelta 3859
Neo-Dema 485
Neo-Depopen 2590e
Neo-de-vomit 2812c
Neo-Devomit „Noury“ 3040
Neodexabine 4220
Neo-Diabetal 1760
Neo-Diabet-Pagés 1236
Neo-Diacid 391
Neodiarsenol 1896
Neodicumarinum 3932
Neodiestreptopab 3924
Neodil 3033
Neodin-Depositum 4495
Neodiseptal 1100
Neodit 3033
Neo-Diu-Perten 528
Neo-Diuresal 931
Neodiuril 85
Neodorm (alte Form) 597
Neodorm (neue Form) 1545
Neo-Douxan 707
Neodrast 3457
Neodrenal 1526
Neodrine 1214
Neodrol 3418
Neo-Drox 954
Neodualestrepto 3924b
Neodyne 3642
Neo-ehramisol 1896
Neoepinephrin 1526
Neo-Epinine 1526
Neo-Ergotin 4771a
Neo-Erycinum 4867
Neoeserin 1792
Neoestrolo 4300
Neo-Estrone 3555
Neo-Exal 411u
Neo-Faes 1896
Neofamid 563
Neo-Farmadol 3246
Neo-Fedrin 1216
Neofemergen 3324b
Neofen 3246
Neo-Fer 137a
Neofillina 2279
Neoflex 462
Neoflumen 528

Neo-Foliculan 4280
Neo-Foliculan-Pomada 3006
Neofollin 4227
Neoform 290
Neo-Fosfanil 58
Neo-Fulcin 2750
Neofuran 1944
Neofyllin 1200
Neo-Gadital 3098
Neo-Gastrosedan 4220
Neogerison 708
Neo-Giflon 497 g
Neoginon Depositum 4485
Neoglaucit 437
Neoglutamicum 252
Neoglutamina 252
Neo-Halarsine 311
Neo-Hepatex 4959
Neohetramine 2653
Neo-Hexal 411 u
Neo-Hibernex 2799
Neohidroaltesona 3859
Neo-Hollaxans 4446
Neo-Hombreol 4093
Neo-Hombreol F. 3395
Neo-Hombreol-M 3662
Neohydrazid 82
Neohydrin 258
Neohydrin-Inj. 1002
Neohydropyrin 847 f
Neoiacol 1896
Neo I. C. I. (Neoici) 1896
Neo-Ilotycin 4867
Neoinsoral 1760
Neo-Iodamina 185 b
Neo-Iopax 629
Neo-Iscotin 556
Neo-Istafene 4389, 4596
Neoisuprel 2029
Neojodin 1032
Neokathesin 279
Neokellina 3028
Neokharsivan 1896
Neo-K-Vitamin „Medica" 1405
Neolamin 4346
Neolax 3942
Neolax „Interpharm" 4255
Neo-Lergic 3311
Neolin 2590 e
Neo-Livonal 2332
Neoluteone 3882
Neolutin „Orma" 3882
Neolutin „Spofa" 4561
Neo-Macrabin 4959
Neomagnephen 3219
Neomagnol 314
Neomarsilid 1751
Neo-Marvidrazida 552
Neo-Melubrina 1965
Neomercazole 564
Neomersyl 1951
Neo-Mesarca 1896
Neo-Metabolin 2269
Neo-Metantyl 4220
Neometh 1792
Neomethidine 262
Neomethiodal 475
Neomethymycin 4438
Neomide 4966
Neomidone 1961 n
Neominas A 3659
Neo-Minzil 528
Neomochin 2431
Neomohin 2431
Neomonacrin 2082
Neo-morphazole 564
Neomycin A 1821
Neomycin B 4252
Neo-NaClex 2342
Neonal 1249
Neo-Navigan 2812 c
Neo-Neo-Arsemin 1598 a
Neoniagar 2007
Neoniazide 1635
Neonicotin 1189
Neonitin 4878
Neo-Norboral 1760
Neo-Novutox 2258
Neo-Octon 2046
Neo-Oestranol I 3006
Neo-Oestranol II 4280
Neo-Olesal 1262
Neo-Ormonal 3645
Neo-Osvarsan 698
Neooxedrine 962
Neo-Oxiurina 438
Neo-Oxylon 4035
Neo-Oxypaat 4459 a
Neo-Pacide 516 b
Neo-Panalgyl 3224
Neopant 4236 a
Neopap 685
Neo-Paranutrin 1765
Neoparbrom 191
Neopas 516
Neopasalate 516
Neopavrin 4291
Neo-Penil 4084
Neo-Pens 2590
Neopenyl 2590 i
Neopepulsan 4220
Neo-Pet 235
Neo-Peviton 305 c
Neophan 3219
Neopharmedrine 1214
Neophedan 881
Neophen 2736
Neophenal 881
Neophryn 962
Neophyllin „Eisai" 531 b
Neophyllin „Dr. Seebach" 1202
Neophyllin M 1202
Neo-Picatyl 699 a
Neopielofanina 629
Neo-Piperaze 185 a
Neopiran 2749
Neopirine No. 25 847
Neoplasina 340
Neopon-90 52
Neo-Ponden 3895
neoPondus 3895
Neopramate 576
Neoprin 2991
Neo-proc 2590 d
Neoprodesciclina 4657
Neoprogestin 3638
Neoprol 597
Neoproma 3043
Neoprontosil 2961
Neoprotoveratrin 4873
Neopsicaine 3361
Neo-Pyramine 2861
Neo-Pyrazonal 1965
Neopyrithiamin 2230
Neoquinophan 3219
Neo-Quipenyl 2439
Neoreserpan 4813
Neo-Restamin 2600 a
Néo-Revulsiv Boudin 140
Neormarsilid 1751
Neo-Rojamin 4959
Neo-Rontyl 2342
Néo-Roquessine 4365
Neo-Rubentin 4959
Neorubra 4959
Neosabenyl 1849
Neo-Salicyl 497 b
Neo-Saluretic 528
Neosalutan 1896

Neosalvarsan 1896
Neo-Salyl 497b
Neosanamid 2145
Neosanamid II 1633
Neo-Scabicidol 316
Neosclérol 3178c
Neo-Secopan 4771a
Neosedyn 1855
Neoserfin 4776
Neo-Serp 4776
Neoserpin 4777
Neosidantoina 2328
Neo-Sinefrina 962
Neo-Sintrom 3202
Neo-skiodan 475
Neo-Sombraven 13
Neospasmina 3689
Neospekt 475
Neospiran 2683
Neo-Spirol 1896
Neostal 4845
Neostam 1749
Neostene 3675
Neo-Stenovasan 1202
Neosteron 3675
Neostibosan 4859
Neostibosan (alte Form) 349
*Neostigmin** 1792
Neostrepsan 865
Neostreptal 1658
Neo streptosil 2145
Neostrophan 4832
Neostyl a la Mercures-ceine 3441
Neosulfamyd 1658
Neosulfil 1658
Neosulfine 2101
Neosulfon 1398
Neo-Sulfonazina 1605
Neosulphonamide 571
Neosupranol 793
Neosympatol 962
Neosynalar-simples 4295
Néosynéphrine 962
Neo-Synephrine 962
Neosynesin 962
Neosynthalin 2291
Neoteben 340
Neotebesin 928
Neo-tenebryl 475
Neotésine 2665
Neotestis 3395
Neotetrazolinum 4844
Neotetrex 4530
Neo-Tetrine 3970
Neotheotin-M 1202
Neo-Thepryl 2600a
Neothesin 2665
Neo-Thiazide 528
Neo-Thiotebesin 928
Neothyl 188
Neothyllin(e) 1202
Neo-Thyreostat 564
Neotiazol 865
Neotibil 1122
Neoticide 556
Neo Ticinil Calcium 3245a
Neotilina 1202
Neotimolo 3545c
Neo-Tireol 565
Neo-Tiroimade 2322
Neo-Tizide 556
Neotocopherol 4634
Neo-Tomizol 564
Neoton 2170
Neotonocaine sine Tonogeno 2011
Neotramin 411i
Neotran „Italseber" 1462
Neo-Tran „Neo" 1011
Neotrend 685
Neo-Treparsenan 1896
Neo-Trichocid 631
Neotride 528
Neotropin „Schering" 2190
Neotropin „Warner Hudnut" 2886
Neotutocaina 2011
Neo-Typhusan 3204
Neo-Uliran 1928
Neo-Uliron 1928
Neo-Ulkophob 4220
Neo-Urofort 835
Neo-Urografin 1324
Neo-Urotropin 411i
Neo-Varicane 3178c
Neovascoril 445
Neo-Vasophylline 1202
Neo-ventrisan 4220
Neoverm 185e
Neoviron 4603
Neovit 4959
Neo-Vitadom 4959
Neo-Vitwel 4959
Neo-Vogan 4835
Neox 185f
Neoxazol 1421
Neoxin 340
Neoxon 340
Neo-Yopax 629
Neo-Zine 1471
Neozine 3340
Neo-Zoline 3245
Nepental 1759
Nephenal 1526
Nephenalin 1526
Nephentine 1011
Nephramid 147
Nephridine 968
Nephril 1407
Nephrin 407
Nephrone 962
Nephroshade 475a
Nephrotest 884
Nepresol 715
Nepresolin 715
Népressol 715
Neptal 1672, 1951
Neptazane 234
Neptusan 2812c
*Nequinat** 3963
Neral 564
Neraltein 969
Neraval 1788
Neravan 1250
Neriine 4364
Nériol 4768
Neriolin 4768
Neriostene 4768
Nero 328a
Nerobol(ettes) 3639
Nerobolil 4540
Nerusil 2378
Nervacton 3574
Nervanaid B 1254a
Nervatil 3574
Nervelon 704
Nervilon 2483
Nervonus 1011
Nervopyron 1961
Nesacaine 1992
Nesdonal 1542
Neseril 2681
Nesivine 2681
Nesontil 2311
Neston 262
Nesylan 475
Netaf 2254
Netax 315

Nethalide	2407
Nethamine	1772
Netocyd	4140
Netox	108 N
Netrin	3669
Netropsin	3123
Netto longcaps	1211
Neuarsenobenzol	1896
Neu-Cesol	1021
Neufil	1202
Neulactil	3744
Neuleptil	3744
Neumandin	340
Neumolisina	3847
Neumolysin	3847
Neu-Nylofanol	3219
Neupaverin	2944
Neuphylline	1202
Neupran	3838
Neurabê	1765
Neuractil	3340
Neuralex	2378
Neuramin(a)	1765
Neuramina „Vinas“	252
Neuramina „Vinas“-Sol.	586
Neur-Amyl	1546
Neuraxin	1486
Neurazol	382
Neurifosforil	1783
Neurin	276
Neuriplege	3306
Neurit „Oti“	1765
Neurobaltina	4960
Neurobamato	1011
Neurobarb	1607
Neurobenzile	3574
Neurobivina	1765
Neurocaine	2828
Neurocil	3340
Neurodin	1415
Neurodyn „Astra“	1855
Neurofitol	1765
Neurofort	835
Neuroglutamin	245
Neurokin	1004
Neurolax	2799
Neurolax „Pharmachim“	3808
Neurolepsin	12
Neuroleptone	3574
Neuro-Liser	4960
Neuronal (alte Form)	400
Neuronidia	747
Neuronika	847
Neuro-Padil	2991
Neuropax	3791
Neuroplegil	2799
Neuroplex	2770
Neuroprocin	585
Neuroprom	2770
Neurosedine	1250
Neurosedyn	1855
Neuroserina	110
Neurosine	121 a
Neurosterone	3903
Neurostop	3328
Neurotiazina	2770
Neurotol	2325
Neuroton	1209
Neurotrast	3399
Neurotropan	281 d
Neuroxin	2626
Neurozina	3808
Neurozol	2749
Neurvita	2483
Neuryl	1005
Neurylan	3179
Neu-Sidonal	2270
Neustab	1122
Neusteron	3675
Neutracétyl	847 g
Neutrafil	1202
Neutrafillina	1202
*Neutramycin***	4808
Neutraphylline	1202
Neutrasol	847
Neutraubofan	2736
Neutravir	7 Nb
Neutroflavin	2142
Neutrormone	3675
Neutrosteron	3675
Neutroxantina	1202
Neuuron	1596
Neuvitan	4242
Nevadral	728
Nevanide	513 c
Nevax	3700
Nevental	1759
Nevigramon	1608
Nevimycin 500S	1375
Nevimycin pro inj.	2374
Nevin	340
Neviron	3675
Nevracten	2523
Nevralgina	1965
Nevralteina	969
Nevritar	2483
Nevriton	2483
New cacodyl	18
Newcellan	2873
Newcillin	2593
Newphrine	962
New-Proge-Depot	4561
Newrogin	803
Newsan	1320 a
Nexarbol	1577
Nexion	25 N
NF 6	205
NF 7	322
NF 35	94 N
NF 64	520
NF 67	713
NF 71	296
NF 84	493
NF 113	1104
NF 153	636
NF 161	712
NF 180	647
NF 189	1236
NF 246	660
NF 260	1944
NF-602	1945
NF 963	868
NF 1010	1126
NF 1088	2565
NF 1120	889
NFN	3574
NFP	4411
N-Fur	636
N. H. C.	3193
5-NI	1336
Niacevit	319
Niacimid	319
Niacin	305
Niacinamid	319
Niacinex	319
Niacol „Locatelli“	319
Niacol „Roche“	336
Niacycline	3970
Niadrin	340
Niaforte	305
Niagar	485
Niagara Blue	4788
Niagaril	2342
Niagarim	485
Niagestin	4331
*Nialamid***	2595
Nialamina	2595
Niamidal	2595
Niamide	319

Niamid(e) „Pfizer“ 2595
Niamine 1190
Niamycetine 1375
Niapan 2749
*Niaprazin** 173 N
Niapyrine 2749
Niaquitil 2595
Niavit PP 319
Niazid(a) 340
Niazo 2190
Niazol 2120
Nibal injection 4569
Nibal Tablets 4094
Nibet 277 c
Nibiol 822
Nibitor 3387
Nibrole 2535
Nibufin 2256
Nibuphin 2256
Nicacid 305
Nicaethacor 1190
Nicaethamidum 1190
Nicäthan 686
Nicalex 305 a
Nicalgene 2431
*Nicametatdihydrogen-citrat*** 1755
Nicamid(e) 319
Nicamide 1190
Nicamin 305 c
Nicamina 319
Nicamindon 319
Nicangin 305
Nicarb 1858
Nicarbazin 1858
Nicardin 1190
Nicasir 319
Nicastubin 359 h
Nicateron 305
Nicatol 706
Nicazid(e) 340
Nicazolidin 2749
Nicazone 2749
Nicefull A 435
*Niceritrol*** 4638
Nicetal 340
Nicetamid 1190
*Nicethamid*** 1190
Nicetin 1334
*Niceverin*** 4700
Nichicampher 1207
Nichiphyllin 531 b
Nichiphyllin-M 1202
Nichiserpin 1596
Nicholin 2280
Nicizina 340
*Niclofolan*** 1564
*Niclosamid*** 1835
Nico 305
Nicobion 319
Nicocap 305
Nicoceptin-Wirkstoff 305
Nicocidin 305
*Nicocodin*** 4263
Nicocrisina 305
Nicodan 305
Nicodan percutan 919
Nicodelis 2749
Nicodermin-Inj. 305
*Nicodicodin*** 4267
Nicodin 530
Nicodon 2749
Nicoform 530
Nicofort 319
*Nicofuranose** 4701
Nicogen 319
Nicohexan 4878
Nicohexonium 1827 c
Nicolane 3964
Nicolin 2370
Nicomed 319
Nicomethanol 336
Nicomidina 319
Nicomidol 319
*Nicomol*** 235 N
*Nicomorphin*** 4639
Niconacid 305
Niconat 305
Niconyl 340
Nicopavin 3489 b
Nicopheson 2749
Nicophin 4639
*Nicopholin*** 1117
Nicoprazin 1199
Nicopyron 2749
Nicopyron ad injectionum 3239
Ni-Cor 1190
Nicordamin 1190
Nicoreumal 2749
Nicorgona 305
Nicorine Latema 1190
Nicorol 305
Nicoron 2749
Nicoryl 1190
Nicosamin 4878
Nicosan 305
Nicosciorin 340
Nicoscorbine 359 h
Nicosedine 319
Nicosin 3768
Nicosinate 4878
Nicosinit 4878
Nicosode 305
Nicosol 305
Nico-Span 305
Nicostamina 248 c
Nicoster 4878
Nicostreptil 4572
Nicosyl 305
Nicosylamide 319
Nicota 319
Nicotafuryl 1412
Nicotamide 319
Nico-Tamin 305
Nicotamina 319
Nicotazide 2367
Nicotazone 2749
Nicotene 305
Nicotensil 619 c
Nicoterapion-Amp. 319
Nicoterapion-Compr. 305
Nicotherm 1729
*Nicothiazon*** 534
Nicothizonum 534
Nicotibina 340
Nicotid 319
Nicotil 305
Nicotilamid(e) 319
Nicotin 1188
*Nicotinamid*** 319
Nicotinamidadenindi-nucleotid 3843
Nicotinex 305
Nicotinico 305
Nicotinipca 305
Nicotinoylaminophenazon 2749
Nicotinoyldiaethylamidum 1190
Nicotinoyl-Procain 3325
*Nicotinsäure*** 305
Nicotinsäureamid 319
Nicotinylalcohol 336
Nicotinylamidoantipyrin 2749
Nicotinylhydroxymethyl-amid 530
Nicotinyltartrat 336
Nicotion 710
Nicotisan 340
Nicotol 319
Nicotol „Polfa“ 336

Nicotron 305
Nicotubin 340
Nicotylamide 319
Nicoumalone 3202
Nicovasen 305
Nicovel 319
Nicovigor 319
Nicovit 319
Nicovitam 319
Nicovitamin 305
Nicovitina 319
Nicovitol 319
Nicoviton 319
Nicoxatin 4878
Nicoxin 1858
Nico-Zef 305
Nicozid 340
Nicozid „Pharmacia“ 1871
Nicozin 340
Nicozone 2749
Nicozone-I 3239
Nicrazin 1858
Nicyl 305
Nidacil 4897
Nidaton 340
Nidanthel 1043
Nidikel 1398
Nidrafur 520
Nidralen 2595
Nidrapas 340a
Nidrazid 340
Nidroxyzon** 713
Nidulin 3462
Nieraline 968
Nifadone 1944
Nifenalol** 1508
Nifenazon** 2749
Niflumic acid** 1846
Nifluril 1846
Nifos 801
Nifucin 322
Nifulidone 647
Nifuraden** 660
Nifuralazinum 833
Nifuraldezon** 493
Nifuramizonum 1238
Nifuran „Apogepha“ 647
Nifuran „Maney“ 636
Nifurantin 636
Nifuratel** 1104
_Nifuratron_* 21N
Nifurazolidonum 647
Nifurdazil** 1126
Nifurethazon** 1238
Nifurfolin** 1929
Nifurhydrazonum 520
Nifurid 322
_Nifurimid_* 889
_Nifurizon_* 1637
Nifurmazol** 1345
Nifurmeron** 296
Nifuroxazid** 1578
Nifuroxim** 205
Nifurpipon** 1744
Nifurpirinol** 1583
Nifurprazin** 1042
Nifurquinazol** 2565
Nifursemizon** 712
_Nifursol_* 1569
Nifurthiazol** 635
Nifurthilinum 659
Nifurtimox** 1174
_Nifurvidin_* 1331
Nifuryl 636
Nifuzon 322
Nigalax 3700, 3942
Nigellin 45N
Niglicrema 84
Niglin 84
Niglon 354
Niglycon 84
Nigma 352
Nigracap 32
Nigrifactin 1722
Nigrin 4381
Night-Caps. 1545a
NIH 2933 3865
NIH 2953 4215
NIH 4185 2641
NIH 5145 2411
NIH 5986 A 4848
NIH 7274 4289
NIH 7440 3110
NIH 7519 4001
NIH 7525 4271
NIH 7539 2634
NIH 7574 4193
NIH 7590 4203
NIH 7607 4026
NIN 7667 4048
NIH 7672 3534
NIH 7958 3383
Nihicor 941
Nihydrazon** 520
Nikardin 1190
Nikartrone 1961m
Nikatol 706
Nikavite 1190
Nikeciclina 4662a
Nikecor 1190
Niketamin 1190
Nikethamide** 1190
Nikethan 686
Niketharol 1190
Nikethyl 1190
Nikión 2342
Nikoban 4004
Nikodon 2749
Nikofezon 2749
Nikoform 530
Nikohexonium 1827c
Nikokhloran 316
Nikorin 1190
Niko-Tamin 319
Nikotin 1188
Nikozid 340
Nikozin 3768
Nilacid 698
Niladyl 4692a
Nilatil 48a
Nilazid 1871
Nildema 652
Nilergex 2616
Nilevar 3663
Nilfan 2620
Nilgana 1183
Nilhistin 2420
Nilistine 2420
Nilodin 3542
Nilprin 685
Nilstat 4926
Nilverm 1391
Nilvitam 3357
Nilzan 1391
Nimaol 798
_Nimazon_* 1322
Nimelan 4735
_Nimorazol_* 989
Ninol 262
Ninopterin 3494
NiO-A-Let 4088
Nioform 811
Nionate 423h
Niong Retard 84
Niozymin 319
Nipa 49 1137
Nipabenzyl 2090
Nipabutyl 1452
Nipagin A 895

Nipagin (M) 666
Nipasol (M) 1134
Nipavina 3489b
Nipecotan 4023
Nipellan 305
Nipentrol 235
Niperyt 235
Nipe-Troche 4716
Niphanoid 2475
Niphen „Monsanto“ 307
Niphen „Torch“ 118Nb
Nipi (supposte bambini) 2749
Niplen 340
Nipodal 3536
Nippas (-Calcium) 516
Niprazina 2749
Nipron 352
Nipyl 920
Niquetamida 1190
Niramine 2812
Nirexon 1906
*Niridazol*** 321
Niritham 235
Niritol 235
Nirvan 3340
Nirvanil 780
Nirvanin(e) 2225
Nirvanol 1385
Nirvanol „Midy“ 780
Nirvonal 1607
Nirvotin 1065
Nisäpuuteri 553
Nisaval 2861
Niselan 2535
Nisentil 2667
Niseral 4795
Nisidana 4197
Nisintil 2667
*Nisobamat*** 2044
Nisolone 3859
Nisolone i. m. 4207
Nisolone i. v. 4412
Nisometasona 4038
Nisone 3806
Nistafugin 4926
Nistatin 4926
Nisulfadine 1332
Nisulfazol(e) 831
Nitadon 340
Nitan 841
*Nitarson*** 312
Nitasom 629
Nitazol 216
Niteban 340
Nithiazid(e) 355
Nitoin 636
Nitol 259
Nitoman 3385
Nitora 84
Nitractin 1368
Nitral 600
Nitralaminhydrochlorid 1144
Nitraldone 1944
Nitralettae 412a
Nitralfa 299
Nitramin IDO 69
Nitramyl 261
Nitrangin 84
Nitranitol 357
Nitranol 412a
Nitrasin 259
*Nitrazepam*** 2319
*Nitrazepate potassique*** 2513
Nitrazepol 2319
Nitrenpax 2319
Nitretamin 412a
Nitrex 636
*Nitricholiniumperchlorat*** 280
Nitricin 1421
Nitrimidazine 989
Nitrin „Andrews“ 412a
Nitrin „Vale“ 235
Nitrinal 235
Nitrine 84
Nitrinose 323
Nitrobaat 84
Nitro-Bid 84
Nitrocaps 84
Nitrocard 84
Nitrocardiol „Miluy“ 412a
Nitrocels 84
Nitrocholine 280
Nitrocine 84
Nitrocor-TD 84
*Nitrocyclin*** 3725
*Nitrodan** 1043
Nitro-Diaceller 84
Nitrodiazepam 2319
Nitrodimethylin 265
Nitroduran 412a
Nitrodyl 84
Nitroerythrit 148
Nitroerythrol 148
Nitroéthanolamine 48
Nitrofan 492
Nitrofarin 3465
Nitrofen 75N
Nitrofungin 295
Nitrofur 1944
Nitrofuracin 636
Nitrofuradoxonum 869
*Nitrofural** 322
Nitrofurallon 636
Nitrofuraltadone 1944
„Nitrofuran“ 322
Nitrofuran-C-Wirkstoff 636
*Nitrofurantoin*** 636
Nitrofurazan 322
Nitrofurazon 322
Nitrofurin 636
Nitrofurmethonum 1944
Nitrofuroxazide 1578
Nitrofuroxizonum 713
„Nitrofuryläther“ 339
Nitrofurylen 14N
Nitroglin 84
Nitroglycerin 84
Nitroglycerol 84
Nitroglyn 84
Nitrogranulogen 259
Nitroguanil 693
Nitro-I 84
Nitroinosit 323
Nitro Inosital 323
Nitrolamine 48
Nitrol „Eisai“ 354
Nitrol „Unik“ 84
Nitro-lent 84
Nitroletten 84
Nitrolime 9
Nitrolingual 84
Nitrolowe 84
Nitro-Mack-Retard 84
Nitroman 357
Nitromannit 357
Nitromannitol 357
Nitromed 84
Nitromersol 470
Nitromethaqualonhydrochlorid 2529
Nitromide 480
Nitromin 260
Nitromint 84
Nitronal 781
Nitrong 84
Nitronium 412a
Nitro „Orion“ 84
5-Nitro-oxin 822
Nitropent(a) 235

Nitropentaerythrit 235
Nitropentaerythritol 235
Nitropentaerythrolum 235
Nitropenthrite 235
Nitropenton 235
Nitropharin 3465
Nitropharm 84
Nitrophenid(e) 1572
Nitroprol 84
Nitroprussidnatrium 10N
Nitrorektal 84
Nitroretard 84
Nitro-Riletten 235
Nitrosid 354
Nitrositol 323
Nitrosorbid 354
Nitrospan 84
Nitrospasmin 84
Nitrospray 84
Nitrostabilin 84
Nitrosulfapyridin 1332
*Nitrosulfathiazol*** 831
Nitrosulphathiazole 831
Nitro-Tabletten 412a
Nitrotalans 235
Nitro-T. D. 84
Nitrothiamidazole 321
m-Nitrothioacetazon 1105
Nitrotime 84
*Nitroxinil*** 457
*Nitroxolin** 822
Nitroxynil 457
Nitrozide 1857
Niuron 822
Nivachine 3117
*Nivacortol** 4591
Nivalin(a) 2824
Nivaquine (B) 3117
Nivaquine C 3389
Nivazol 4591
Nivecin 4739
Nivelina 963
Nivelon 3566
Nivitin 441
Nivoman 2991
Nivomicin 4739
Nivonorm 1152
*Nixylic acid*** 2122
Nizethamid 1190
Nizin 338a
Nizinsal 338a
Nizon 3806
Nizotin 710
NK 1006 3184
N-Lost 259
N-Lost-N-oxyd 260
NM 259
N. M. O. 260
Noan 2521
Noapin A 3898
Nobacid 2070
Nobacter-Wirkstoff 1565
Nobadorm 2535
Nobamid 4671
Nobarbitate 2208a
Nobecutan 761
Nobedon 685
Nobedorm 2535
Nobelyse 1011
Nobesal 514
Nobilen 133
N-Oblivon 576
Nobrium 2549
Nobutan 4126
Nocbin 1287
Noclon 953
Nococycline 3970
Noctal 1140
Noctan 1270
Noctes Capsules 32
Noctenal 1140
Noctilene 2535
Noctinal „Faes" 1607
Noctinal „Frosst" 1250
Noctivan(e) 1700
Nocton 1382h
Noctopan 1700
Nocturetten 590a
Noctyn 1981
Noctynol 1208
Nodapton 3405
Nodoplegin 1017
Nodoz 711
Noformicin 771
Nogexan 1536
Nogotan-Tabl. 2509
Nogram 1608
Noicetin 3574
Noinarin 3874
5-NOK 822
Nokhel 3028
No-kotin 4004
Noktüral 2535
Nolamine 2600a
Nolesil 4574
Noloten 2635
Nolotil 1965b
Noludar 1270
Nolvasan 4059
Nomestrol 3006
Nomestrol-Amp. 4280
Nometan 185h
Nometic 3820
Nometine 3749
*Nomifensin** 119N
Nomillon 1152
Nominox 2535
Nonactin 4864
Nona-Gel 317
*Nonapyrimin*** 2482
Nonflamin 137N
Nonkodine 2692
*Nonoxinol 4*** 4247
*Nonoxinol 9*** 4787
*Nonoxinol 15*** 4914
*Nonoxinol 30*** 4968
Nonoxynol 4 4247
Nonoxynol 9 4787
Nonoxynol 15 4914
Nonoxynol 30 4968
Nonpressin 715
Non-stop 4186
Nonylvanillamid 2907
Nopcocide 4248
Nopenol 2590d
Nopoxamine 2928
No-Press 1285
Noprylsulfamide 2400
Noptil 1607
Norabol 4540
*Noracymethadol*** 4048
Noradnamine 2551
Noradrèc 734a
Noradren 1526
Noradrenal 734
Noradrenalin 734
Noradrine 734a
Norāthandrolon 3663
Norāthisteron 3603
5(10)-Norāthisteron 3604
Norāthynodrel 3604
Norakin 3869
Noralutin 3603
Noramidon 3561
Noramidopyrine 1681
*Noramidopyriniummethan-sulfonat-Natrium** 1965
Nor-Anabol 3886
Norandrol 4540

Norandros 4540
Norandrostenolon 3125
Norantiffein 570
Norantoin 1076
Norartrinal 734a
Norbalin 4540
Norbilan 948
Norbiline 3815a
Norbolethone 3905
*Norboleton*** 3905
Norboral „Elmu"-Wirkstoff 1145
Norboral „Silanes" 1534
*Norbudrinhydrochlorid*** 1736
Norbutrine hydrochloride 1736
Norcain 917
Norcamphane „Emidia Export" 2426
*Norclostebol*** 3101
*Norcodein*** 2779
Norcoralydin 3781
Norcozine 2770
Norcycline 3731
Nordasma 730
Nordefrin 967
Nordemerol 2198
Nordèn 730
Nordiazina 1658
Nordicort 4420
Nordiol 3095
Nor-Durandron 4424
Noredrol 728
Norenol 728
Norephedrane 953
Norephedrin 956
Nor-Ephedrin „Riedel" 724
Norepinephrin 734
Nor-Epirenan 734
*Norethandrolon*** 3663
Norethindrone 3603
Norethindrone acetate 4028
*Norethisteron** 3603
Norethisteronacetat 4028
Norethisteronönanthat 4555
Norethynodrel 3604
Noretona 4072
*Noretynodrel*** 3604
No-Reumar 4039
Norevipal 1440
Norevipan 1440
Norexadrine 734
Norfelol 734
Norfen 730
*Norfenefrin*** 728
Norfenfluramine 1111
Norfillina 2114
Norfin 3269
Norflex 3071a
*Norfluran*** 28
Norfor 3603
Norgan 3023
*Norgesteron** 3637
Norgestin 3603
*Norgestrel*** 3853
*Norgestrienon*** 3506
Norglycin 2249
Norheparin 4360
Norhexobarbital 1440
Norhexobarbitone 1440
Nor-homoepinephrine 967
Nori-A 137a
Noridyl 1596
Norilgan-S 1421
Norisedrin 1526
Norisodrine 1526
Norisoephedrin 958
Noritren 3262a
Norivan 4140
Norkel 2098
*Norleusactid** 4973
Nor-lévorénine 734
*Norlevorphanol*** 2634
Norlongandron 4424
Norlutate 4028
Norluten 3603
Norluten A 4028
Norlutin 3603
Norlutin-A 4028
Norlutin acetate 4028
Norluton 3603
Normacen 4255
Normacyl 847f
Normadrine 1214
Normagina F 647
Normalax 3457
Normalene 3942
Norman 3630
Normanox 1699
Norma-oestren 3555
Normastigmin 1792
Normatens 1299
Normedon 3561
Normenon 4186
Normeperidine 2198
Normestrol 3006
Normestrol-Amp. 4280
Nor-Metaoxedrin 728
*Normethadon*** 3561
Normethandrolone 3397
Normethandrone 3397
Normetolo 728
Normi-Nox 2535
Normobis 497g
Normocytin 4960
Normofrenon 2799
Normoglic 1145
Normoglucina 1236
Normolax 3472
Normo-Level 2020
Normonsona 3859
Normopina-Amp. 3113
Normopirem 1961
Normopresan 855
Normorescina 4812
Normorest 2535
Normorif 1303
*Normorphin*** 2574
Normosicol 2532
Normoson 548
Normospas 3111
Normostérol 2020
Normosterolo 1152
Normotiroide 144
Normotiroides 857
Normovagin 3006
Nor-Nichicamin 2011
Norodin 1214
Norofilina 531b
Norpace 3876
Norpethidin 2198
Norphedrin 724
Norphen 730
Nor-Phenylephrine 728
Norpholedrin 960
*Norpipanon*** 4189
Norpolake 3042
Norpramin 3042
Norpramine „Norton" 3335
Norpran 3042
Norpregneninolon 3603
Norprogen 3603
Nor-progestelea 3638
Norpropandrolate 4358
Norpseudoephedrin 958
Norquentiel A 3555
Norstenol 4540
Norsulfazol 865
Nor-Sympatol 730
m-Norsynephrin 728

p-Norsynephrin 730
Nortab(s) 3262a
Nortesto 3886
Nortestonate 3125
Nortestosteron 3125
Nortestosteronadamantan-carboxylat 4668
Nortestosteroncapronat 4356
Nortestosteroncyclohexyl-propionat 4560
Nortestosteroncyclopentyl-propionat 4494
Nortestosterondecanoat 4628
Nortestosterondodecanoat 4729
Nortestosteronfurylpropio-nat 4411
Nortestosteronhemisuccinat 4073
Nortestosteronhexahydro-benzoat 4424
Nortestosteronhexyloxy-phenylpropionat 4782
Nortestosteroni cypionas 4494
Nortestosteronphenyl-propionat 4540
Nortestosteronpropionat 3886
Nortestosteronundecanoat 4688
Nortestrionate 4494
*Nortetrazepam*** 2361
Northiaden 2994
Nortibina 340
Nortimil 3042
Nortobione 1122
Nortodril 2812
Norton 730
Nor-TPP 4540
Nortrilen 3262a
Nortriptylin ** 3262
Nortrix 3262a
Nortyl 3262a
Nortylin 3262a
Norval 3700
*Norvinisteron*** 3638
Norvinodrel 3637
Norybol-19 3886
Norzepine 3262a
Noscadon 3964
Noscafides 3964
Noscamin 3964
Noscapal 3964
Noscapalin 3964
Noscapect 3964
*Noscapin** 3964
Nosemack 877
Noskapin 3964
No. 220 soluble 3441
Nosopan 820
Nosopan B 828c
Nosophen 3446
No-Spa „Chinoin“ 4316
Nospan „Chinoin“ 4316
Nospan „Wallace“ 2043
Nostal 585, 1140
Nostel 548
Nosterol 2567
Nostyn 585
Nosydrast 475
Nosylan 475
Notandron 3675
Notandron-Depot 4851
Notaral 2590
Notaral „Fontoura-Wyeth“ 2311
Notazine 1300
Notensil 3289
Notezine 1300
Nothiazine 3298
Noticin 2766
Notilas 3874
Notomycin 4947
Noton 2085
Notox 3681
Notricel 1608
No-tus 2679
Nourilax 4255
Nourycid 316
Nourydorm 1699a
Novabidodici 4959
Novabol 3639
Novacetyl 847f
Novacide 1844
Novacyl 847f
Novacyl „Lematte et Boinot“ 306a
Novadex 955b
Novadral 728
Novadren 1526
Novahistin 2600a
Novain 609
Novakol 1122
Novalcina 1965
Novaldin 1965
Novalgetol 1965
Novalgin 1965
Novallyl 1118
Novalutyl 2736
Novamato 1011
Novamid 215
Novamidazophen 1965
Novamidon 1961
Novamin(a) 2812c
Nova-Min „Nova“ 1765
Novamin „Shionogi“ 3536
Novaminsulfon 1965
Novammon 423a
Novamycetin 1375
Novamycetin-Susp. 4568
Novanaest purum 2011
Novandrol 3675
Novanest 26
Novaneurina 1783
Novantoina 2328
Nova-Pheno 1607
Novapon-Troche 4716
Novapromazin 2770
Novapyrin 1965
Novarben 1896
Novarsaminol 1896
Novarsan 1896
Novarscodyle 18
Novarsenobenzene 1896
Novarsenobenzol 1896
Novarsenobillon 1896
Novarsenol 1896
Novarsol 1598
Novarsolan 1896
Novarsolo 18
Novarsphenamine 1896
Novartrina 4170
Novascor 359
Novasen 847
Novasil 933
Novasmasol 1528
Novaspirin 3713
Novasurol 747c
Novatophan 3219
Novatophan „Schering“ 2736
Novatoxyl 719
Novatrin 2892
Novatropin 2892
Novatropit 2892
Novatyl 847
Novazide 528
Novazin 3295
Novazolo 1421
Novazolon 1965
Novdimal 4667
Novecyl 514
Novedrin 1772
Novelciclina 3971

Noveltex 1965
Novembichin 598
Novembitol 1184
Novemina 1965
Noventabedoce 4960
Noveril 3033
Novesin(e) 2918
Novesinol 2918
Novestrine 3061
Novestrol 3555
Novex 1570
Novexurat 2736
Novicodin 3080
Novicodina 3023
Novid 847
Novidiumbromid 3724
Novidroxin 4959a
Noviform 285
Novil 1965
Noviltisona 3893
Noviotrast 475
Novivit 4960
Novo B_{12} 4959
Novoadlin 2011
Novo-Ascorbic 359
Novobedouze 4959
Novobeta 1783
Novobi 752
Novo-Biocal 1267a
*Novobiocin*** 4739
Novo-Bioscardiol 382
Novobismu 777a
Novocain 2011
Novocainamid 2031
Novocain-Penicillin 2590d
Novocal 423
Novocalcilac 95c
Novocamid 2031
Novochlorhydrate 32
Novochlorocap 1375
Novociclina 3720
Novocillin 2590d
Novocobalamin 4959a
Novocodon 3526
Novocol 558
Novocolin 4351
Novo Cora-Vinco 382
Novocort „Bivifarma" 4038
Novocort „Novopharm" 4206
Novo-Dermoquinona 541
Novodetophin 2736
Novodigal 4899
Novodigal-Amp. 4876
Novodigoxin 4876
Novodil 4367
Novodiphenyl 2328
Novodiur(ex) 528
Novodon 4038
Novodramin 2812c
Novodrin 1526
Novoembichin 598
Novoexpectro 2614
Novofenarsan 1896
Novoferrogluc 423
Novofilina 1202
Novoform 285
Novofortan 977
Novofosfan 977
Novofumar 137a
Novofur 868
Novofuran 636
Novohetramine 2653
Novohydrin 258
Novohydrochlorothiazide 528
Novohydrocort 4232
Novojodin 411d
Novolaudon 2780
Novolax 4255
Novolax „Krka" 3942
Novo-Leophan 2736
Novom 3849
Novomazina 2770
Novomepro 1011
Novomina 2812c
Novomycetin 1375
Novomycin 4739
Novomycin S 3927
Novonal 1006
Novoniacin 305
Novopan 1700
Novopen 2590
Novopen-V 2593
Novophenicol 1375
Novophenmetrazine 1471
Novophenyl 3245
Novophone 1605
Novophyllin 531b
Novophyllin M 1202
Novoprednisolone 3859
Novoprednisone 3806
Novopromazine 2799
Novopropanthil 4220
Novopuren 3451
Novoquinidin 3546a
Novoreserpine 4776
Novo-Rheumatophin 3219
Novo-Rheumatophine 2736
Novosalvarsan 1896
Novoscabin 2090
Novosed 2532
Novoseptale 1100
Novoserin 89
Novoserpina 4813
Novosparol 3411
Novospasmina 3423
Novostab 1896
Novostilboestrol 3006
Novostrol 3058
Novosul 1397, 1398
Novosulfan 2348
Novosulfin 1398
Novosulfina 2737b
Novotetra 3970
Novo-Thiamina 1765
Novotiaceno 865
Novotocal 1267a
Novotolbutamide 1760
Novotono B_1 1765
Novotono C 359
Novotono D_2 4626
Novotophosan 2509b
Novotriclina 3720
Novotrone 2161
Novoyodina 1032
Novrad 4047
Novurit 2277a
Nov-Uropurat 411u
Nov-Uropurin 411u
Novutox 2011
Novydrine 953
Novyl 514
Noxabén 3216
Noxadron 4208a
Noxal 1287
Noxal „Wolfs" 2535
Noxaminol 306a
Noxibiol 822
*Noxiptilinhydrochlorid*** 3288
Noxiptylinhydrochlorid 3288
Noxiron 1920
Noxitiolinum 111
Noxiurotan 185e
Noxokratin 384
Noxybel 2535
N-Oxyd-Lost 260
Noxyflex 111
Noxylin 173
Noxyron 1920
Noxythiolin 111

*Noxytiolin*** 111
Nozinan 3340
NP 13 754
NP-27 303
NPA-Acid 1586
N-Pc„ol“ 2590d
NPP 680
NPT 10381 1127a
NR 286 170N
NSC-185 2465
NSC-739 3251
NSC-740 3503
NSC-741 4232
NSC-746 106
NSC-749 136
NSC-750 443
NSC-751 430
NSC-752 219
NSC-755 210
NSC-758 434
NSC-762 259
NSC-1026 396
NSC-1390 207
NSC-1895 3N
NSC-2100 322
NSC-2107 636
NSC-3053 4958
NSC-3055 4058
NSC-3061 1617
NSC-3070 3006
NSC-3073 3240
NSC-3087 311
NSC-3088 2194
NSC-3096 3784
NSC-3097 1598
NSC-3364 4818
NSC-3425 67
NSC-5340 4672
NSC-6135 4370
NSC-6396 410
NSC-7365 377
NSC-8746 107
NSC-8806 1973
NSC-9120 3859
NSC-9166 4093
NSC-9168 4478
NSC-9169 3972
NSC-9564 3603
NSC-9566 4392
NSC-9698 1301
NSC-9700 3395
NSC-9702 3857
NSC-9703 3858
NSC-9704 3882
NSC-9705 3888
NSC-9706 946
NSC-9717 409
NSC-10023 3806
NSC-10107 260
NSC-10108 4133
NSC-10481 3065
NSC-10483 3893
NSC-11319 3884
NSC-12165 3645
NSC-12169 3096
NSC-12173 3351
NSC-12198 4246
NSC-13252 3961
NSC-14083 3924
NSC-14210 1975
NSC-14574 3542
NSC-17262 2652
NSC-18268 4963a
NSC-19893 126
NSC-19987 4072
NSC-22877 120a
NSC-23436 33N
NSC-24559 244N
NSC-25154 1242
NSC-26198 3907
NSC-26271 605
NSC-26980 2401
NSC-27640 907
NSC-29215 1629
NSC-29422 1180
NSC-30211 403
NSC-32065 15
NSC-32074 739
NSC-32743 2894
NSC-33001 4035
NSC-34462 721
NSC-34521 4038
NSC-34533 2750
NSC-35051 1974
NSC-35752 3058
NSC-36539 141
NSC-37095 601
NSC-37096 1706
NSC-37538 791
NSC-38721 2061
NSC-38887 845
NSC-39084 834
NSC-39147 2468
NSC-39661 908
NSC-42722 3639
NSC-45383 4381
NSC-45409 142
NSC-47774 1805
NSC-49842 4918
NSC-51097 738
NSC-51325 1558
NSC-56054 2979
NSC-56308 2709
NSC-56410 2629
NSC-56654 2865
NSC-57199 1972
NSC-58514 246N
NSC-59727 2032
NSC-63878 975
NSC-64393 4901a
NSC-64826 759
NSC-64967 4569
NSC-66248 573
NSC-67574 4917
NSC-68626 692
NSC-70929D 4904
NSC-72274 4299
NSC-76455D 4923
NSC-77213 1781
NSC-82151 4517
NSC-100880 162N
NSC-104800 402
NSC-112682 191N
NSC-123127 4518
NSC-400979 2425
NSC-409962 242
NSC-446297 951
NSC-521778 80
NSD 1055 526
NTCHP 4560
NTOI 321
Nu-404 3716
Nu 445 1421
Nu-582 1799
Nu-896 2669
Nu-903 965
Nu-1196 2667
Nu 1504 3231
Nu-1510 993
Nu-1779 2668
Nu-1932 2883
Nu-2121 336
Nu-2206 2849
Nu 2222 3990
Nuarsol 344a
Nubarène 2310
Nucite 418
Nucleocardyl 1177
Nucleon Argentinian 1122

Nuclinid 3546c
Nucodan 3026
Nufleine 4715
Nugestoral 3851
Nuhaton 3021
Nuital 3597
Nulabort 3006
Nulans 3197
Nulaverm 4140
Nulicaine 2258
Nullapons 1254a
Nullatuss 2679
Nulsa 3119
Numal 1194
Nu-Man 3662
Numbon 2319
Numoquin 3847
Numorphan 2781
Numorphan Oral 2827
Numotac 2029
Nuncital 608
Nunol 1607
Nupa-Sal 1871
Nupercain 3655
Nupercainal 3655
Nuperlone 3655
Nuphlein 4715
Nuporals 3655
Nupren 1420
Nuprin 1420
Nuran 3721
Nur 1 Tropfen 4637
Nuredal 2595
Nuridexon 4038
Nurilaksi 4255
Nurisolon 3859
Nurison 3806
Nuseals 497b
Nutinal 3574
Nutorimin 1765
Nutracort 3893
Nutrase 1795
Nutricor 445
Nutrin 1755
Nutritive Sugar 419
Nutrop 2892
Nuvacthen 4972
Nuvapen 2614
Nuvarone 1076
Nuvelbi V. C. A. 2483
Nyazin 2595
Nycain 3320
Nyclin 305
Nycobon 93
Nycopaque 1324
Nycoton 32
Nycotrast 475
Nyctal 590
Nydor 650
Nydrane 1108
Nydrazid 340
Nylestrin 3555
Nylidrinhydrochlorid 3357
Nylmerate 317
Nylofanol 2509
Nylorac 685
Nyodid 3023
N-Yperit 259
Nysacetol 685
Nyscaps 2861
Nysconitrine 84
Nyscozid 340
Nystacid 4926
Nysta-Dome 4926
Nystafungin 4926
Nystal 2670
Nystan 4926
*Nystatin*** 4926
Nystatyna 4926
Nytol 2208a
Nytophan 2509
Nyxolan 828d

Oasil 1011
O. B. 677
Obason 2535
Oberex 1968
Obesedrin 954
Obesil 221
Obesin „Andromaco“ 953
Obesin „VEB Fahlberg-List“ 1297
Obesin „Zori“ 1214a
Obesitabs 953a
Obesitex 1994
Obesonil 954
Obex 1724
Obex „Gerot“ 1211a
Obidex 953b
*Obidoximchlorid** 2188
Obin 195
Obiturine 3447
Oblevil 576
Oblioser 2535
Obliterol 2287
Oblivon 384
Oblivon C 355
Oblivoncarbamat 376
Obotan 9576
Obsidan 254c
Obston 7600
Obuden 1011
Occipartein 2489a
Occrycetin 3972
Ocestrol 3602
Oclucid 708a
O. C. M. 2532
*Ocrilat*** 1775
Ocritan 4230
Ocriten 3884
Ocritena 4230
Octab 4582
*Octabenzon*** 3805
*Octacainhydrochlorid** 2257
Octacosactid 4975
Octacosactrin 4975
Octadinum 1303
*Octafoniumchlorid*** 4570
Octamethyl 807
*Octamoxinsulfat*** 798
*Octamylamin*** 2046
Octanil 1015
Octapen 2593a
Octaphen 4570
Octaphoniumchlorid 4570
Octapressin 4920
Octasept 4570
Octasetten 4570
Octatenzine 1303
*Octatropini methylbromidum*** 2931
Octatroponum 2931
*Octaverinhydrochlorid*** 4167
Octestrol 3602
Octicizer 3626
Octilin 786
Octin D 2046
Octinagrain 1015
Octin(um) 1015
Octinum D 2046
Octisamyl 2046
Octoclothepinmaleat 3259
*Octodrin*** 792
Octöstrol 3602
Octofen 828b
Octofollin 3602
Octometine 2046
Octon 1015
Octopamin 730

Octopressin 4920
*Octotiamin*** 4242
Octsetan 708a
Octylatropinbromid 4435
Octyl-Softener 3700
Oc-U-Mid 708a
Ocuseptine 93
Ocusol 708a
Ocytocin 4896
ODA 914 4895
Odantol 2616
Odarsol 2150
ODEPA 775
Odiston 1324
Odontocaine 2011
O-Due 54
Odylen 2101
Oedemal 528
Ödemin 147
OeKolp 3006
Önethyl 793
Oeplexyl 3940
Oestergon 3095
Oestilbrol 4280
Östradiol 3095
β-Östradiol 3095
*Östradiolbenzoat*** 4392
Östradiolbutyrylacetat 4330
Östradiolcyclopentyl-propionat 4485
Oestradiolcypionat 4485
Östradioldiönanthat 4767
Östradioldipropionat 4329
Östradioldiundecylat 4863
Östraldiolfuroat 4159
Östradiolhexahydrobenzoat 4419
Oestradioli propionas 4329
Oestradiol „Jenapharm" (Amp.) 4392
Oestradiol „Jenapharm" (Depot-Amp. + Tabl.) 4227
Östradiolmonopropionat 3856
Östradiolönanthat 4423
Östradiolpalmitat 4807
Östradiolpropoxyphenyl-propionat 4711
Oestradiol-retard Pharlon 4227
Oestradiol retard „Rolland" 4485
Oestradiol-retard Théramex 4863
Oestradiol „Solco" 4392
Östradiolstearat 4834
Östradioltrimethylacetat 4228
Östradiolundecylat 4681
Östradiolvalerianat 4227
Oestradiol „Vitis" 4392
Oestralyn 3555
Oestramedin 4392
Östramenol 4280
Oestramine 4392
Oestrasid 3957
Östrastilben (D) 3554
Oestrenolon 3125
Oestrin 4392
Östriol 3096
Östriolcyclopentyläther 4229
Östrioldinatriumsuccinat 4468
Oestriolsodiumsuccinat 4468
Östriolsuccinat 4468
Östrioltripropionat 4548
Oestrobin 4261
Oestrobion 3059
Oestrocyclan 4392
Oestrodiene 2982
Oestrodienol 2982
Oestroform-Inj. 4392
Oestroform-Pellets 3095
Oestroform-Tablets 3059
Oestrogen-Holzinger 3006
Oestrogenin 3006
Oestroglandol 3059
Oestrogyl 3454
Östrogynaedron 4280
Oestrogynon 3059
Oestrol 4280
Oestrol „Vetag" 3006
Oestrolum propionicum 3856
Östromenin 3006
Oestromenine-Depot 3554
Oestromensyl 3006
Oestromon 3006
Östron 3059
Östron b 3059
Östronacetat 3556
Östrontetraacetylglucosid 4762
Oestronyl 3453
Oestroperos 3555
Oestropur 3059
Oestroral liquidum 2982
Oestroral-Tabletten 3957
Oestros 4280
Oestrosalve 3059
Östrostilben 4280
Oestrosyntal 4280
Oestrovis 4280
Oevipana 1700
OF 4660
OF 109 2396
OF 816 2718
OF 1299 2288
OF 1478 4126
Ofametos 1911
Ofamicin 4662
Ofenicol 1375
Offitril 3246
Offterror 3779
Ofta-Cloran 1375
Ofta-Diamol 147
Oftafrin 962
Ofta-Hydrone 3893, 4232
Oftalfrine 962
Oftalmic V 335 732
Oftalmo-Yodol inyect. 1032
Oftan-Idurin 908
Oftan-syklo 2887
Oftasone 4206
Oftazol 1878
Ogen 3063a
Oginex 4141
Ogostal 218N
Ogyline 3506
O. H. B. 514
OH B_{12} 4959
OH-Cobalamin 4959
OH-Duphar 4959
Ohtecin 2614
Ohton 2170
Okilon 4035
Okistyptin 1679a
Okodon 841
Oksaden 218
Oksafenamid 1865
Oksazil 4625
Oksilidin 2166
Oksisyklin 3972
Oksyran 185h
Oktatensin 1303
Oktedrin 953
OL 1 464
OL 110 464
Olaminoxiniacat 306a
Oldagen 4176
Oldevit 4626
Oleandocetine 4877
Oleandocyl 4820
Oleandocyn-oral 4877
Oleandocyn-parenteral 4820
Oleandom 4877

*Oleandomycin*** 4820
Oleandopen 4820a
Oleandrin 4768
Oleandrosid 4768
Oleochrysine 101a
Oleomycetin 1375
Oleovit A 3659
Oleovit D_2 4626
Oleovit D_3 4573
Oleovitamin A 3659
Oleovitamin D_2 4626
Oleovitamin D_3 4573
Oleum Sinapis 140
Oleum Tropaeoli 645
Olicin 4877
Olimpen 4662a
Olimplex 3689
Olitensol 1114
Olitorisid 4814
Oliver 4860
*Olivomycin*** 4951
Olmagran 652
Olmicina 4820
Olosed 576
Olosot 384
Oltopan 1700
Olvadon 384
Olympax 3279
OM-518 1417
OM-977 2447
Omadine 213
Omain 3784
Omal 288
Om-Arocan 411k
Omatropina 2638
Ombradil 475
Omca 3989
Omcilon 3813
Omcilon A 4310
Om-Dicinona 332
Omefin 2518
Omega 100 2602
Omega 127 1048
Omegamycin 3970
Omelip 1094a
Omephin 2518
Omeril 3244
Om-Furan 1929
Om-Hidantoina 2328
Om-Hydantoine 2328
Omifin 4453
Omnalio 2532
Omnibel 2892
Omnibex 1211a
Omnibon 1658
Omnicain 2011
Omni-Passin 4140
Omnipen 2614
Omnipen-N 2614b
Omnizole 1040
Omnosil 352
Omnyl 2535
OMP 782
OMPA 807
Ompyrone 1965
OM-tussic 3384
OM-tussis 3384
Onco-Carbide 15
Onco-Cloramin 259
Onco-Imine 259
Oncoredox 1629
Onco-Tiotepa 410
Oncovin 4917
Onctoses sulfamides 352
Ondascora 4113
Ondena 4517
Ondena (alte Form) 3059
Ondogyne 4141
One Drop only 4637
Oneiragon 747a
One-Iron 137a
Onirema 2319
Onivizone 1122
Onocaine 3424
Oophormin-Luteum 3882
Oophormin-Luteum-Depot 4561
Ooporphyrin 4791
Opacin(e) 3446
Opacol 3446
Opacoron 821b
Opagraf 821
Oparénol 475
Opaxil 629
Operidine 4194
Operidine „EPJ. I" 2431
Opertil 4198
Ophtalimide 708a
Ophtalmokalixan 3181
Ophtamedine 3600a
Ophtazol 1878
Ophthacain 2702
Ophthafalicain 2879
Ophthaine 2702
Ophthalamin 3659
Ophthalmo-Cortisone 4206
Ophthalmosept 93
Ophthaphenicol 1375
Ophthazin 715
Ophthetic 2702
Ophthocillin 2939
Ophtomycil 1375
Ophtopen 2590
Opian 3964
Opianine 3964
Opilon 2694
*Opiniazid*** 2552
Opinsul 1398
Opioid 4026
*Opipramoldihydrochlorid*** 4197
Op-Isophrin 962
Oposim 2635
Opo-Sint 58
Opotestan 4093
Opotestan-perlingual 3662
Oppacyn 3970
Opramol 4197
Oprochin 2438
Opromazin 2769
Opsan 732
OPSPA 774
Op-Sulfa 708a
Optal 114
Optalgin 3817
Optalgin „Teva" 1965
Optanox 1503
Optarakt 1011
Optaryl 1476
Optazol 647
Optef 3893
Opticor 382
Opticorten 4038
Opticortenol 4550
Optimycin 3955
Optinoxan 2535
Optipen 2796
Optiphyllin 531
Optisone 3893
Optival 3877
Optochin 3847
Optodorm 590
Optojod 298
Optokain 3655
Opton 3026
Optophrine 962
Optophyllin 531b
Optoverm 185h
Optovite B_1 1765

Optovite B_{12} 4960
Optovite D_2 4626
Opturon 871
Optyn 3159
Opyrin 2062a
Opystan 2431
Orabet 1760
Orabeta 2451
Orabetic „Lilly“ 1534
Orabetic „Torrents“ 1145
Orabilex 2375
Orabilix 2375
Orablix 2375
Orabolin 3673
Oracaine 2241
Oracef 2579
α-Oracillin 2796
Oracillin „Medica“ 2593a
Oracillin „Théraplix“ 2593
Oracil-VK 2593a
Oracol 3922
Oracyn-K 2593a
Oradash 262
Oradexon 4038
Oradexon-Amp. 4061a
Oradian 1949
Oradil 2072
Oradiol 3555
Oradol 4121
Oradon 753
Oradur 753
Orafuran 636
Oragal 1185
Oragalin 1185
Oragallin purum 1185
Oragest 4348
Orageston 3901
Oragrafin-Calcium 1621a
Oragrafin-Sodium 1621
Oragulant 4128
Ora-Jel 917
12-Oral 4960
Oral-C 359
Oralcid 698
Oralcon 315
Oral-Contrast 2320
Oraldene 3931
Oraldine 3931
Oraldrina 953
Oralgol 4716
Oralin 1760
Oral-K 168b
Oralopen 2796
Oral-Penicillin V 2593
Oralphyllin 531
Oralsone 4420
Oralsterone 3645
Oral-Tetragnost 3446
Oral-Turinabol 3608
Ora-Lutin 3851
Oraluton 3851
Oralyl 753
Oramercur 258
Oramid 514
Oranabol 3665
„Orange“ 359
Oranil 1534
Oranixon 1208
Orap 4590
ORAP-24 4590
Orapen 2590
Orapen „Bayer“ 2796
Orapen V-K 2593a
Orarsan 698
Oraseptic 3931
Orasthin 4896
Orastina 4896
Orasulin 1534
Orasylin 2590
Oratestin 3645
Ora-Testryl 3645
Oratren 2593
Oratren-Saft 2593c
Oratrol 315
Oraviron 3662
Ora-VK 2593a
*Orazamid** 145
Orazin 1396
Orbenin 3223
Orbil 2525
Orbinamon 4200
Or-Bolic 4502
Orcanon 221
Orchic-Ol 4093
Orchiol 4093
Orchiormon 4093
Orchisteron 4093
Orchisterone-M 3662
Orchisterone-P 4093
Orchisteron-Lingualtabl. 3662
Orchistin 4093
Orcin 539
Orcinol 539
*Orciprenalinsulfat*** 1528
Ordenina 1220
Ordiflazine 4707
Ordil 1539a
Ordimel 2419
Ordinator 1387
Orencil 25901
Oresan 1760
Oresol 1209
Oreson 1209
Orestol 4280
Orestralyn 3555
*Orestrat** 4546
Orestrol 3957
Oretic 528
Oreton 4093
Oreton F 3395
Oreton-M 3662
Oreton Methyl 3662
Orexin 2084
ORF 1658 4357
ORF 3858 2630
Orfen 3071
Orfenadin 3071
Orfenso 4189
Orferon 46e
Org-483 3673
Org-491 4468
Org 817 3376
Orgabolin 3673
Orgaboral 3673
Orgadrone 4038
Orgadrone-Inj. 4061a
Orgaguanidon 571
Orgametil 3634
Orgametril 3634
Orgametrol 3634
Organidin 394
Orgasal 137a
Orgasepton 352
Orgasona 4206
Orgasteron 3397
Orgastyptin 4468
Orgestriol 3096
Org GB 94 2999
OrgNA 97 4821
Org OD 14 3852
Oricillin (alte Form) 2593a
Oricillin (neue Form) 3049
Oricur 258
Oricyclin 3970
Oridopa 925
Orientomycin 89
Orimercur 258
Orimon 1577
Orimycin 3872

Orinase 1760
Orion „Cyanamid" 3813
Orion „Farmetical" 153d
Oripas 516
Oriserin 89
Orisul 2348
Orisulan 2348
Orisulf 2348
Oritab 2341
Orlutate 4028
Ormacillina 2614
Ormalon 818
Ormerdan 258
Ormeta 268
*Ormetroprim*** 2186
Ormicet 11a
Ormidal 1067
Ormogamma 3095
Ormoluteina 3882
Ormosurrenol 3884
Ormovas 3307
Ornicetil 268a
Ornid 1539
*Ornipressin*** 4911
Ornitrol 4439
Orobetina 2483
Oro-Bilopac 3446
Orocain 2011
Orociclina 3961
Orocillin-fort 2590
Orocillin V 2593b
Oro-Diabin 1145
Orodin 206
Orodir 485
Oroestron 4280
Orografin-Calcium 1621a
Orografin-Sodium 1621
Orokanamicil 3181
Oronol-(B-oleosum) 390
Oropur 206a
Orosan 1398
Orosteron 3397
Orostrept 3924a
Orosulfan 1397
Orotics 206
Orotonin 206
Orotonsan 206
Orotonsan Fe 206b
Orotonsan S 554
Orotopin 206
Orotsäure 206
Oroturic 206
Orotyl 206
Orovermol 1391
Orovermol-Liquido 1391a
Oroxin 1398
Oroxine 2317
Orparan 268
Or-Pen 2590
Orphal 1045a
Orphan 2849
Orphenadini chloridum 3071
*Orphenadrinhydrochlorid*** 3071
Orphofarm 32
Orphol 1045a
Orpidan 835
Orpizin 835
Orpressin 4911
Orquisteron 3395
Orquisteron-E-Depot 4501
Orquisteron-P 4093
Orravina 847
Orsanine 696
Orsile 2342
Orsimon 4170
Orsinon 1760
Orstanorm 4774
Orsulon 1366b
Ortal 1789
Ortédrine 953
*Ortetamin*** 1212
Orthesin 917
Orthiourea 1354
Orthocaine 689
Orthocide 836
Orthocol 544
Orthoderm 689
Orthoform 688
Orthoform (-Neu) 689
Orthoiodin 838
Orthonal 2535
Orthosarcolysin 1972
Orthoserpina 4776
Orthovanizide 2109
Orthoxin(e) 1525
Orthoxycol 3023
Orthoxyprocain 2015
Ortin „Misemer" 84
Ortin „Wild" 412a
Ortizon 14a
Ortocardina 2683
Ortodermina 2258
Ortodrinex 1525
Ortojodina 1032
Ortol 1208, 1789
Orton 2170
Ortopirona endovenosa 1965
Ortosol 2258
Ortovermin 185f
Ortoxilina 2258
Ortoxin 1525
Ortyn 4053
Orvagil 375
Orvalin 1534
Orvepen 2593a
Oryza 4860
Oryzanin 1765
γ-Oryzanol 4860
Osacyl 516
Osaiin 4384
*Osalmid*** 1865
Osangin 4716
Osarbon 698a
Osarsol 698
Osatron 4038
Osatron-Solución 4061a
Osayin 4384
Osbil 2525
Osbiland 2525
Oscine 2830
Os-Cyclin 3972
Osdiabet 1760
Osfatiazolo 2737b
Osfavit B_{12} 4960
Osfavit H_1 513c
6 O/SJ 1977 3530
Osmitrol 442
Osmobrom 3441
Osmocaine 2664
Osmofundin 20% 442
Osmoglyn 117
Osmolactan 1809
Osmon 419
Osmopenicillina 2590
Osmosal 442
Osnervan 3401
Ospalivina 2778
Ospen 2593
Ospen-Brausetabl. 2593a
Ospen (Chartae, Sirup) 2593c
Ospolot 1197
Ossazin 1072
Ossazone 1072
Ossiamina 260
Ossiciclina 3972
Ossiclorin 260
Ossicodone 3026
Ossimicetina 3972

Ossimicina 3972
Ossimorfone 2781
Ossipirina 1072
Ossirondil 3955
Ossiscel 3972
Ossitetra 3972
Ossiurene 4140
Ostelin 4626
Ostensin 2932
Ostensol 2932
Osteodina 4626
Osteovit 4626
Osteovitadin 4626
Osteovitina 4626
Ostergil 4626
Osthole 2382
Ostkhol 2382
Ostoforte 4573
Ostogen 4573
Ostopenil 2593c
Ostral 3555
Ostreogrycin B 4909
Ostrocilline 2593c
Ostron 4392
Osyritin 4520
Otachron 1375
Otacril 1880
Otamidyl 2756a
Otan 94
OTC 3972
Oterben 1760
Otho 281g
Oticortrix 3813
Otifuril 1944
Otinil 698a
Otofural 322
Otofuran 322
Otokalixan 3181
Otomycin 1375
Otophen 1375
Oto-Rino-Langal 708a
Otosone F 3893
Otox 486
Otriven 2680
Otrivin 2680
Otrix 2680
Otrun 582a
OTS 68 4896
Ouabain(e) 4685
Ouabainosid 4685
Ouabaol 4685
Ouropan Soda 1700a
Ovacrin 4329
Ovahormon 3095
Ovahormon-Benzoate 4392
Ovahormon-Depot 4329
Ovahormon-Strong 3555
Ovaria-Hormon „Polfa" 4392
Ovaria Ormon „Farbio" 3059
Ovarid 4331
Ovasterol 3059
Ovasterol-B 4392
Ovastol 3804
Ovendosyn 3006
Overton 359
Ovesterin 3096
Ovestin 3096
Ovestinon 3096
Ovestrion 3096
Ovetten 576
Ovex B 4392
Ovex Leo 3059
Ovex Leo prolongatum 4485
Ovifollin 3059
Ovigon-1 (-5) 4392
Ovigon-perlingual 3095
Ovinal 1
Ovisot 619
Ovitrol 1570
Ovobrene 4254
Ovociclina 3095
Ovocryst 4392
Ovocyclin 3095
Ovocyclin M 4392
Ovocyclin P 4329
Ovocylin 3095
Ovoflavin 2805
Ovolacer 4392
Ovostab 4392
O-V Statin 4926
Ovulamide 352
Ovumin 3957
*Oxaboloni cypionas*** 4497
Oxacilin 3238
*Oxacillin-Natrium** 3238
*Oxacillin-Sodium** 3238
Oxaden 218
*Oxadimedin*** 3032
Oxaditon 2295
Oxadrolum 3517
*Oxaflumazinhydrogen-succinat*** 4464
Oxaflumine 4464
Oxafuradene 660
Oxagine 4619a
Oxaine-M 4619a
Oxal 1072
Oxalept 1247
Oxalsäure 29
*Oxamarin*** 4101
Oxamethoniumjodid 2294
Oxamid 767
Oxamin 2206
Oxamphetamine 960
Oxamycin 89
Oxana 1767
*Oxanamid*** 767
*Oxandrolon*** 3419
Oxantin 94
Oxapan 2311
Oxaphenamid 1865
Oxaphor 1261
Oxapina 2311
*Oxapropaniumjodid*** 620
Oxarmin 2206
Oxarsan 311
Oxarutinum 4778
Oxason 185f
Oxasulfa 1420
Oxatets 3972
Oxatone 94
Oxazelin 2311
*Oxazepam*** 2311
Oxazepamnatriumsuccinat 3197
Oxazepol 2311
*Oxazidion** 163N
Oxazimédrine 1471
Oxazina „Made-Madrid" 1658
Oxazina „Made-Lisboa" 3238
„Oxazine" 1421
Oxazocilline (-Sodium) 3238
*Oxazolam** 2967
Oxazolazepam 2967
„Oxazole" 1421
Oxazolidin-Geigy 3246
Oxazyl 4625
Oxedrin 963
*Oxeladincitrat*** 3681
Oxepam 2311
*Oxetacain*** 4619
Oxetan 3972
Oxethamol 3681
Oxethazaine 4619
Oxéthazine 4619
*Oxetoron*** 182N
Oxiamin 1127
Oxiapil 530
Oxiarsolan 311
Oxibenzonum 2094

*Oxibetain*** 431
Oxibuprocainum 2918
Oxibutol 3246
Oxibutyninum 4081
Oxichinolini sulfas 828b
Oxichlorochinum 3118
Oxicinchophenum 2511
Oxiclina 3972
Oxiclipinum 3649
Oxiclozanidum 1829
Oxiconum 3026
Oxicopolamina 2833
Oxidipentonum 2721
Oxifedrini chloridum 3315
Oxifenamatum 1483
Oxi-Fenibutol 3246
Oxifenon 3915
*Oxifentorex*** 2815
Oxiflavil 3211
Oxifugol 185c
Oxiklorin 3118
Oxikon 3026
Oxilapine 2973
Oxilidin 2166
Oxilin 3238
OxiMedicyclin 3972
Oximesteronum 3665
Oximetazolini chloridum 2681
Oximetholonum 3907
Oximetolona 3907
Oximicrol-AM 3972
Oximin 3630
Oximorphonum 2781
Oxin 828
Oxinazin 3323
Oxindasoli acetas 3755
Oxindasolum 3293
*Oxiniacic acid*** 306
Oxinofen 2511
Oxipalciclina 3972
Oxipendyli chloridum 3599
Oxipertinum 4198
Oxipethidinum 2435
Oxiphenbutazonum 3246
Oxiphencyclimini chloridum 3630
Oxiphenisatinum 3457
Oxiphenon 890
Oxiphenoni bromidum 3915
Oxiprocainum 2015
Oxiprogesteroni acetas 4231
Oxiprogesteroni caproas 4561
*Oxipurinol*** 208
Oxipyrroni bromidum 3910
Oxiridazinum 3797
Oxisoni jodidum 3151
Oxistilbamidinum 2563
*Oxisuran*** 26N
*Oxitefoniumbromid*** 3387
Oxitetracainum 2479
Oxitetracyclinum 3972
Oxitosona-50 3907
*Oxitriptylin*** 3267
Oxiural 185h
Oxiuraliq 185e
Oxiuran 4405
Oxiurazina 185a
Oxiurina 4405
Oxiurose 4405
Oxiurzan 185e
Oxiurzan-F 185c
Oxiustip 185h
Oxoate 474
Oxoate B 474a
Oxobemin 4959
Oxocamphor 1207
Oxocorticosteron 3860
*Oxogeston*** 3664
Oxogestonphenpropionat 4665
*Oxolamincitrat*** 2206
Oxolev 2206
*Oxolinic acid*** 1868
*Oxomemazin*** 3046
*Oxonazin*** 990
*Oxophenarsinhydrochlorid*** 311
Oxophenhydroxazin 630
Oxotremorin 1752
*Oxpheneridin*** 4007
*Oxprenololhydrochlorid*** 2459
Oxsoralen 1574
Oxtriphylline 281j
Oxucide 185f
Oxurasin 185h
Oxuridren 185f
Oxyäthyltheophyllin 941
Oxyäthyltheophyllinniacinat 2370
Oxyamethocain 2479
Oxyamine 260
Oxyamphetamin 960
*Oxybenzon*** 2094
m-Oxyberon 1872
o-Oxyberon 1871
p-Oxyberon 1873
Oxybicillin 2590e
Oxybiocycline 3972
Oxybulan 2105
*Oxybuprocain*** 2918
*Oxybutynin*** 4081
Oxycain 2015
Oxycamphor 1261
Oxychinol 828
Oxychlorin 260
Oxychlorochin 2646, 3118
Oxychloroquine 2646, 3118
5-Oxychlorpromazin 2769
Oxycholin 4351
Oxycid 1767
*Oxycinchophen** 2511
*Oxyclipin*** 3649
*Oxyclozanid*** 1829
Oxyclyne 3972
Oxycodeinonhydrochlorid 3026
*Oxycodonhydrochlorid*** 3026
Oxycodyl 3026
Oxycolor 4405
17-Oxycorticosteron 3893
Oxycoumarin 2952
Oxycyclin 3972
Oxydans 46
Oxy-DE 250 3972
Oxydess 1214
Oxydigitoxin 4876
Oxydimethylchinazin 1382
Oxydimorphone 2781
*Oxydipentoniumchlorid*** 2721
Oxydolantin 2435
Oxydon 3972
Oxydrin 1214
Oxydumocyclin 3972
Oxyephedrin 1221
Oxyfed 1214
*Oxyfedrinhydrochlorid*** 3315
*Oxyfenamat*** 1483
Oxyfenon 3915
Oxyfensulfoniumjodid 3151
Oxygel 14a
Oxyhexadiphensulfoniumjodid 3151
Oxy-Kesso-Tetra 3972
Oxykodal 3026
Oxykon 3026
Oxylan 2105
Oxyleine 828b
Oxylidin 2166
Oxyl-Iodide 2509k
Oxylone 4035
*Oxymesteron*** 3665

Oxymestrone 3665
*Oxymetazolinhydrochlorid*** 2681
Oxymethebanol 156N
*Oxymetholon*** 3907
Oxyméthurée 112
*Oxymorphon*** 2781
Oxymycin 3972
Oxymykoin 3972
Oxyozyl 4405
Oxypaat 185h
Oxypan 3972
Oxypangam 445
Oxypantocain 2479
Oxypel 185f
*Oxypendyldihydrochlorid*** 3599
Oxypentyl simplex 3408
*Oxypertin*** 4198
Oxypethidin 2435
Oxypharmetten 4405
Oxyphenarsinhydrochlorid 311
*Oxyphenbutazon*** 3246
*Oxyphencycliminhydrochlorid*** 3630
Oxyphenhydrazoniumbromid 3161
*Oxyphenisatin*** 3457
Oxyphenisatinacetat 4255
Oxyphenon 3915
*Oxyphenoniumbromid*** 3915
Oxyphenudrine 2825
Oxyphyllin 531d
Oxyphyllin „Astra" 531k
Oxyphyllin „Spofa" 941
Oxyphylline „Amido; Sankyo" 941
Oxyphylline „Houdé" 1202
Oxypinocamphone 1264
Oxypinone 1264
Oxypip 185a
Oxyprocain 2015
Oxyprogesteronum capronicum 4561
Oxypropyliodon 1096
Oxypropyltheobromin 1201
Oxypurinol 208
*Oxypyrroniumbromid*** 3910
Oxyquinol 828
Oxyquinolini sulfas 828b
Oxyquinol potassium 828c
Oxyren 462
*Oxyridazin*** 3797
Oxysentin 3972
*Oxysoniumjodid*** 3151
Oxystilbamidin 2563
Oxystilbémidine 2563
Oxystin 4896
Oxystreptomycin 3925
Oxytéfoniumbromid 3387
Oxyterracyna 3972
Oxytetracain 2479
Oxy-Tetrachel 3972
Oxytetracid 3972
*Oxytetracyclin*** 3972
Oxytetral 3972
Oxytheonyl 941
Oxytheonyl novum 1200
Oxythiospasmin 3151
*Oxytocin*** 4896
Oxytracin 3972
Oxytrimethylline 281j
Oxyurex 4274
Oxyvermal 828d
Oxyvermin 185e
Oxyvet 3972
Oxyzin 185h
γ-OZ 4860
Ozepam 2311

21 P 3933
P_7 3690
P-12 3238
P-16 557
P-18(Na) 2989
P-23 1488
P-50 2614
P 55 4426
P 96 2590d
P-248 3050
P 253 3311
P 284 3311a
P-301 1483
P 391 3298
P-463 521
P-607 1145
P-638 4058
P 725 3585
P 845 1607i
P-1003 1172
P-1011 3216
P-1133 2595
P-1306 2371
P-1393 2341
P-1496 3127
P-1742 4309
P-1779 1431
P-2105 1092
P-2525 1407
P-2530 1690
P-2647 4086
P-3693 A 3264
P-3896 1107
P-4000 938
P-4385 B 4277
P 4429 1827
P-4599 3265
P-4657 B 4200
P-5048 4225
P-5227 4160
P-7138 1583
PA-90 4004
PA-93 4739
PA-94 89
P. A. 105 4820
P. A. 106 2202
PA 114 B 4909
PA-144 244N
PA 155 A 2143
PAA 500 359
PAA-701 4615
PAB 513
PABA 513
Pabacidum 513
Pabacyd 513
Pabafilm 513
Pabamine 513
Pabanol 513
Paba-Phylliran 531m
Pabasin 513
Pabavit 513b
Pabazin 513
Pabenol 192b
Pabestrol 3006
Pabestrol D 4280
Pabiamid 352
PABIG 2347
Pabofen 2584
Pabophen 2584
Pabracort(in) 4232
PABS 352
Pacamine 793
Pacatal 3298
Pacatol 3298
Pacemo 685
Pacemol 685
Pacetyn 585
Pachycarpin 2490

Pacienx 2311
Pacifan 1545a
Pacinol 3989
Pacinone 3989
Pacinox 1010
Pacisyn 2319
Pacitane 3667
Pacitran „Ciba“ 4325
Pacitran „Grossmann-Mexico“ 2521
Pacrazid 340
Pactal 3298
Pacyl 278a
PAD 3170
Padicor 4367
Padisal 3093
Padivit B_1 4346
Padophène 1577
Padrax 185
Padrin 4041
Padrina 3023
Paediathrocin 4902
Paedo-Sed 1382h
Pafadrin 1526
Pafavit 2356
Pagesamida 2419
Pagitane 3400
Pagulin 1409
PAH „Spofa“ 884
Paidazolo 2348
Paidenol 685
Paidomicetina 4568
Paidotermin 281g
PAIN 340a
Pai-Simes 884
Palacrin 4202
Palafer 137a
Palafuge 2105
Palapent 1545a
Palaprin 847h
Palerol „Salvoxyl“ 4317
Palerosan 4317
Palestrol 3006
Palfadonna 4408
Palfium 4408
Palidin(a) 1397
Palimerck 1397
Palinum 1699
Palisedan 1011
Paliurosid 4520
Pallicid 156e
Pallicid „Wander“ 698
Pallidin 1397
Pallimerck 1397
Pallirad 120
Pallisan 2904
Palmestril 4940
Palmicol 4568
*Palmidrol*** 3182
Palmiron 137a
Palmitosin 4691
Palmitoylsarcolysin 4691
Palmofen 4436
Palocillin 2590
Palohex 4878
Palonyl 3555
Paloval 2509
Paloxin 847h
Palpex 3053
Palphium 4408
Paltet 3970
Paludrin 1494
Paludrinol 1494
Palusan 4202
Palusil 1494
Palvite 4960
PAM 562
PAM-780 3481
PAM „Dumex“ 2590d
Pamabrom 191
Pamachin 3408
Pamacyl 516
*Pamaquin*** 3408
Pam-B-12 4960
Pamba 682
Pamedone 4313
Pamin(e) 3113
Paminosal 516
Pamisal 516
Pamisone 516
Pamisyl 516
PAMN 3897
Pamol 685
Pamopir 4459a
Pamovin 4459a
Pamoxan 4459a
Pamozine 3808a
PAMSA 687
Pan 647
Panacain 3572
Panacete 685
Panadil 685
Panadol 685
Panadon 1023
Panaleve 685
Panalgen 3817
Panalgin 2670
Panalide 4002
Panalix 685
Pan-Allerg 3241
Panamidin 2804
Panamine 956
Panangin 168b, 2031
Panasit 352
Panasmil 1202
Panazon 2089
Panbesy 1211
Panbio-C-Wirkstoff 3970
Panbule 1545a
Pancain 2011
Pancal 1008a
Pancard 235
Pancervo 359
Pancholin 282
Panciclina 3970
Pancid 1421
Pancilin-V-K 2593a
Pancin 1008a
Panclar 196
Pancodine 3026
Pancodone „Retard“ 3026b
Pancortyl 4230
Pancoxin 2229
Pancreabil 120N
Pancridine 1869
Pancuronium „Organon“ 4821
*Pancuroniumbromid*** 4821
Pancycline-Wirkstoff 3970
Pandiona 2305
Pandormin-Drag. 391
Pandrenil 963
Pandrocine 4432
Pandryl 4394
Panectyl 3053
Panediol 1011
Panergal 3324a
Panergon 3489
Panets 685
Panflavin 2142
Panfuran 833
Panfuran acetate 1333
Panfuran-S 1370
Pangacitin 3706
Pangametin 3706a
Pangamil 3706
Pangamox 3706
Pangamsäure 3706
Pangene 3095
Pangerin 3865

Pangonyl 4251
Panheprin 4360
Panholic-L 1127
Panhor 4966
Panibin 4260
*Panidazol** 53N
Panithal 514
Panitone 685
Panitrin 3489a
Paniverin 3489
Panjopaque 1379
Pan-K 423b
Pankal 423
Pankalma 1011
Pankiller 4140
Panmycin 3970
Panmycin V 3970a
Pannazin 1118a
Panobal 116
Panodil 685
Panodorm 1699
Panok 685
Panolid 4002
Panosine 1317
Panparnit 3131
Panpav TP 3489
Panpurol 206N
Panquil 1011
Panrone 1122
PANS 4345
Panseki 1008a
Panseptol 352
Panseren 2535
Pansil 435
Panstreptina 3927c
Pantafillina 1200
Pantalgan 1965
Pantalgin 2431
Pantamin 3839
Panta-Valeas 2176
Pantazina 1398
Pantemic-M 137a
Pantenil 1008a
Pantestin 4093
Pantestin-oral 3662
Pantethin 4123
Pantetina 4123
Pantevit 1023
Pantheline 4220
*Panthenol*** 1022
Panthenol 1023
Panthesin 2912
Panthoderm 1023
Panthoject 1008a
Pantholin 1008a
Panthurecholin 624
Pantidia 4966
Pantin 407
Pantobromina 1201
Pantocain 2475
Pantocid 469
Pantocin 1008a
Pantocol 4723
Pantodinium 3922c
Pantofenicol 1375a
Pantol 1023
Pantolax 2289
Pantomicina 4843
Pantomycin 3927b
Pantonsiletten 2142
Pantonyl 1023
Pantopaque 3399
Pantosal 516
Pantosal-Glucosid 1959
Pantosediv 1855
Pantosept 469a
Pantosin 4123
Pantostracina D 3927c
Pantostracina E 3924b
Pantotene 1008a
Pantothaxin 1008a
Pantothen „Linz“ 1022
Pantothen „Linz“-Tabletten 1008a
Pantothen-Streuli 1008a
Pantothenol 1023
Pantothensäure 1008
Pantothenylalkohol 1023
Pantothenylol 1023
Pantotone 1008a
Pantovernil 1375
Panurin 528
Panwarfin 3210
Panyodina 1032
Panzalone 4425
Paoguan 571
Papacon 3489
Paparid 3411
Papaveril 3489
Papaverin 3489
Papaverlumin fuerte 3489
Papaverolin 114N
Papaversan 3489
Papavéryl 3489
Papetherine 4291
Papital 3298
Para „Pharmacia“ 527
Para-Aminosalicylsäure 516
Parabal 1607a
Paraben 498
Parabencil 2105
Parabione 1122
Parabis 1849
Parabolin 1994
Parabortine 1395
Parabromdylamine maleate 2598
Parabrox-Hauptwirkstoff 46b
Paracain(e) 2011
Paracarbinoxamine 2602
Paracetaldehyd 415
*Paracetamol*** 685
Paracetamolnicotinat 2086
Parachloramine 4389
Parachlorocidum 2055
Paracical 516
Paracipan 516
Paracodein 3080
Paracodin 3080
Paracodin-Tropfen 3080a
Paracort 3806
Paracortol 3859
Paradien 2982
Paradion(e) 581
Paradormalene 2208a
Paradryl 3108
Paradyne 1965
Paraesin 2919
Paräthoxycain 2462
Paraflex 462
*Paraflutizid*** 2102
Paragon 3874
Parahexyl 4090
Paral „Fellows Med.“ 415
Paralaudin 3785
Paraldehyd 415
Paralest 3667
Paralgin 1965
Paralgin „Fawns & McAllan“ 685
Paramal 2861
Paramenyl 563
Paramesone 4306
*Paramethadion*** 581
*Paramethasonacetat*** 4306
Paramethasondinatriumphosphat 4060
Paramez 1652
Paramezone 4306

Paramibe „UCB“ 815
Paramibe „Ucepha“ 810
Paramicina 4251
Paramidin 2264
Paramid supra 1398
Paramid supra-Tropfen 1911
Paramilchsäure 96
Paramilin 2861
Paramin 516
Paraminal 2861
Paraminan 513
Paraminol 513
Paraminosal 516
Paraminosulfalbin 352
Paraminthin 185h
Paraminyl Maleate 2861
Paramion 4366
Paramisan 516
Paramorfan 2822
Paramorphan 2822
Paramorphin 3268
Paramycin 516
Paramyon 4366
Paranausine „Couvreur“ 2812
Paranausine „Suner“ 2812c
Paranephrin 968
Paraniazide 340a
Paranitrosulfathiazol 831
Paranoval 2289
Paranten 2521
Parantin 3113
Paranyline 3710
Paraoxon 1187
Para-Pas 516
*Parapenzolatbromid*** 3838
Parapenzolonbromid 3838
Paraperidide 4276
*Parapropamol** 915
Pararon 1273
*Pararosanilini embonas*** 3237
Pararosanilinpamoat 3237
Para-S 1765
Parasal 516
Parasalicyl 516
Parasalindon 516
Parasal-INH 340a
Parasan „Abello“ 516
Parasan „Medicinalco“ 3574
Parasmina 968
Parasod 516
Parason 585
Paraspan 3113
Parastimal 618
Parasympatol 963
Paratensiol 4482
Parathesine 917
*Parathiazinhydrochlorid** 3003
*Parathiazinteoclat** 3003a
Parathyn 2208a
Paratil 3574
Paratophan 2735
Paratropina 2892
Paravallarin 202N
Paraverm 185f
Paravermin 185e
Paraxin 1375
Paraxin pro inj. 2374
Paraxin-Trockensaft-Wirkstoff 4747
Parazan 185a
Parazine 185c, 185f
Parazol 1636
Parazone 1122
*Parbendazol*** 1962
Parbrom 2861a
Parbutoxate 2480
Parcidol 3346
Pardinon 876
Pardisol 3346
Pardopa 925
Paredrin(e) 960a
Paredrinex 960
Paredrinol 1219
Parekin 3071
Parenabol 4719
Parencillin 2590d
Parensedal 1011
Parentosol B_{12} 4960
Parentracin 4964a
Parephyllin 2033
Paresan 281a
Parest 2535
Parethoxicainum 2462
*Parethoxycain*** 2462
Parexyl 4734
Parfezin 3346
Pargitan 3667
Pargonyl 4251
*Pargylinhydrochlorid*** 1409
Paricina 4251
Parid 185a
*Paridocain*** 2899
Parinase 1970
Parispas 516
Parkan 3667
Parkazin 3052
Parkemed 2364
Parkevrine 1217
Parkibleu 4788
Parkidine 1366
Parkidyl 3667
Parkimbine 3800a
Parkin 3346
Parkinsan 3667
Parkipan 4788
Parkisan 3667
Parkisol 3346
Parkodiazin 1081
Parkoguanin 571
Parkomerazin 1396
Parkopan 3667
Parkophyllin 531
Parkosed 590
Parkotal 1607
Parkovit B_1 1765
Parkovit C 359
Parks 3564
Par KS 12-Hommel 3564
Parlam 754
Parlax 3700
Parlef 2062
Parlif 2062
Parmal Timules 2861
Parmelin 3228
Parmenison 3806
Parmetina 192b
Parmetol 507
Parmezane 1652
Parmilene 2535
Parminal 2535
Parmol 685
Parnate 910
Parnetril 3669
Parnitene 910
Parnox 2529
Parocain 2011
Parodina 1382
Parodyne 1382
Parofenol 4571
*Paromomycin*** 4251
Paroven 4779
Parox 890
Paroxil 698
Paroxon 890
*Paroxypropion*** 890
Parpanit 3131
Parphezein 3346
Parpon 3574
Parpon A 3044

Parpon M 3021
Parsetic 2011
Parsidol 3346
Parsitan 3346
Parsley camphor 1664
Parsotil 3346
Partel 4140
Parten 685
Partergin 3584a
Parterol 4632
Partigan 3667
Partocon 4896
Partrex 3970
Partyn 4053
Parvex 253
Parvidoxil 3971
Parvin 1994
Parzone 3080
PAS 516
Pasa 516
Pasade 516
Pasaden 4176
Pasal „Vitis“ 516
Pasalate 516
Pasalba 516
Pasalca 516b
Pasalicylum 516
Pasalon 516
Pasamil 516
Pasamin 516
Pasan 516
Pasara 516
Pasaton 516
PAS-Benzoyl 2078a
PAS-C 516
Pasca 516
Pascain 2015a
Pascidaber 340a
Pascopon 3098
Pascorbic 516
PAS-Depress 3808
Pasdrazide 552
Pasem 516
Pasgayoso 516
PAS-Glucosid 1959
Pashain 340a
Pas-Hidracida 340a
Pas-Hidral 340a
PAS-Hydrazid 552
Pasicillin 2590d
Pasid 516
Pasido 516
Pasing B_{12} 4960
*Pasiniazid** 340a
PASIT 1448
Pask 516
Paskalium 516a
Paskate 516a
Paslagar 516
Pasmed 516
Pasmicina 516
Pasmorgan 516
PASNA 516
Pasnal 516
Pasnatral 516
Pasnatryl 516
Pasnidrine 340a
Pasnikal 516a
Pasnodia 516
Pasolac 516
Pasomycin 3927a
Pasorzan 516
Pasotomin 3536
Pasoyl 2078a
Paspertin 2254
Pasphar 516
Paspremin 516
Passodico 516
PAS-Tebamin 1866
PAT 521
Patentblau V 4524
Pathcole 3236
Pathecon 1023
Pathilon 3920
Pathin 435
Pathocidin 136
Pathocil 3216
Pathoclon 764
Pathorysin 462
Patilon 3920
Patrovina-Wirkstoff 3569
Patulin 500
Pausafren 2311a
Pausital 1462
P-A-V 3489
Pava 3489
Pavabid 3489
Pavacap 3489
Pavacels 3489
Pavacen 3489
Pavaclar 3489
Pavadel 3489
Pavadyl 3489
Pavakey 3489
Pavased 3489
Pavatrin(e) 3520
Paveciclina 3955
Pavemal 3489c
Paverilphosphat 3981
Paverin 3525
Paverin „Bracco“ 3487
Paverolan 3489
Paveron 3489
Paverona 3981
Paverone 3981
Pavinal 3026
Pavisoid 3907
Pavnell 3489
Pavorex 384
Pavrona 3981
Pavulon 4821
*Paxamat*** 2106
Paxanol 192a
Paxarel 992
Paxate 2521
Paxeladine 3681
Paxidil 1011
Paxidorm 2535
Paxil „Frosst“ 3569
Paxin 1011
Paxistil 3808a
Paxital 3298
Paxital „Clin-Comar“ 1250
Paxium 2532
Paxtibi 3262a
Paxyl 2972
Paynocil 847
PBIT 458
PBZ 2642
PC 1 1512
PC 63-14 369
PC 603 1460
PC-796 180N
PC-1238 3651
PC-1421 4298
PCM 685
PCMX 677
PCP 284
P-Crivit 319
PDB 4041
PDDB 4121
PDGA 4268
Peba 1607
PEBG 1236
*Pecazin** 3298
Pecilene-G 2590
*Pecilocin*** 2890
*Pecocyclin** 4653
Pectamol 3681

Pectamon 3681
Pectan 828 c
Pectex 2659
Pectipront 4082
Pectite 179 a
Pectol 3073 a
Pectolex 235
Pectolin 4204
Pectothiazole 865
Pectussil 3681
Pecudin 856
Pedameth 262
PEDG 1236
Pediamintic 185 a
Pediamycin 4902
Pedipen 2593 a
Pediprin 847 g
Pedric 685
Pedrolon 960 a
Pedron 137 a
Pedyol 3922 d
Pedzyl 1553
Peflate 4265
Peganin 1383
Peganone 1384
Pehanorm 193
Pekazin 3298
Pelanin 4392
Pelanin Depot 4227
Pelazid 340
Pelentan 3932
Peligal 2101
*Peliomycin*** 4923
Pellagramin 305
Pellagrin 305
Pellcaps 954
Pelletierin 763
Pellidol 2995
Pellium 708 a
Pellurin 411 b
Pelmin 319
Pelonin 305
Pelonin Amide 319
Pelosin 4825
PELS 4867
Pelson 2319
Pelviran 475
Pelvisulfa 1054
Pemal 578
Pemalin 578
Pembules 1545 a
*Pemeriddinitrat** 109 N
Pemetesan 382
*Pemolin*** 841
Pemophyllin 531 a
Pempidil 1299
*Pempidintartrat*** 1299
Pempidinum tosylicum 1299 a
Pempiten 1299
Pen-200 2796
Penadur L-A 2590 e
Penalev 2590
*Penamecillin*** 3297
Penampla 2614
Penaqua 2590 d
Penaquacaine G 2590 d
Penasoid 2590
Penatinal 2593 a
Penaureus 2798
Penavlon 2590
Penavlon V 2593
Penazine 3791
Penbenzil S 2590 e
Penberin 2614
Penbristol 2614
Penbritin 2614
Penbritin-S 2614 b
Penbrock 2614
Penbutamin 1028
Pencard 235
Penchim 2796
Pencillin 200 2590
Pencillin 300 2590 d
Pencitabs 2590
Pencompren 2593 a
*Pendecamain** 209 N
Pendepon 2590 e
Pendex 2590
Pen-Di-Ben 2590 e
Pendine 2501
Pendiomid 2049
Penditan 2590 e
Pendocillin 2590 d
Pendorm 1545 a
Penduran 2590 e
Pen D. V. 2593 c
Penemvé 2796
Penester 4084
Penetek 273
Pénéthacilline 4084
Penethamathydrojodid 4084
Penethicillin-Kalium 2796
Peneton 3711
Pénétracyne 4662 a
Penevan 2590
Penfenos 2593
*Penfluridol** 4586
*Pengitoxin*** 4944
Pengrocill 2593 a, 2593 c
Penhexamin 1559
Penialmen 2614
Penibronchial 4084
Penicals 2593 b
Penicaps 2593 a
Penichinin 2590 c
Penicidin 500
Penicilina G 2590
*Penicillamin*** 263
Penicillan 2590
Penicillin 356 2759
Penicillin 12141-Z 3717
Penicillin I 2226
Penicillin II 2590
Penicillin III 2592
Penicillin IV 2703
Penicillin V 2593
Penicillin X 2592
Penicillin AT 1984
Penicillin B-Kalium 2796
Penicillin F 2226
Penicillin G 2590
Penicillin „Göttingen“ 2590
Penicillinum G Pyrimidinicum 2590 n
Penicillin-Heyl („b“, aqua + forte) 2590 d
Penicillin-Heyl-Oral 2593 a
Penicillin ISN 2593 a
Penicillin K 2703
Penicillin M 2251
Penicillin MV-Kalium 2796
Penicillin N 2250
Penicillin O 1984
Penicillin P 2795
Penicillin P 12 3238
Penicillin-prokain 2590 d
Penicillin S 2193
Penicillina orale Bouty 2796
Penicillina-Viti 2593
Penicillinbenethaminum 2590 g
Penicillinbenzatinum 2590 e
Penicillinclemizolum 2590 i
Penicillindamin 2590 e
Penicillinphenyrazinum 2590 h
Penicillin-Sirup Mepha 300000 2593 c
Penicillin V-Kalium 2593 a
Penicinsa 2590
Pénicline 2614

Penicorm 400 2593a
Penidryl 2590l
Penidural 2590e
Penidure 2590e
Penilan 2798
Penilaryn 2590
Penilente 2590e
Penilevel 2590
Penillon 2590
Peniltetra 4662a
Penimaster 2614
Penimepiciclina 4662a
*Penimepicyclin*** 4662a
Penimil 2593a
Penimiluy 2590
Penimiluy-Procaina 2590d
*Penimocyclin*** 4853
Penioral 2590
Peni-Plasmin 2590d
Peniplus 2796
Peniprocain 2590d
Peni-Pulmo 500 4084
Penirazina 2590h
Peni-Set 2590
Penisintex 2614
Penistafil 3238
Penistaph 2798
Penitabs 2593a
Penitracin 4964a
Pénivé 2593
Peni-Vee K 2593a
Peni-Vee-Susp. 2593c
Penivillina 2593
*Penmesterol*** 4432
Penmestrol 4432
Pen-Mugolio 2590e
Pennate 235
Peno-Bar 1545a
*Penoctoniumbromid*** 4509
Pen-Oral 2593
Penorsin 2614
Pen-Os 2593c
Penotrane 3711
Penova 2796
Penpentamin 1298
Pen-Pharma 2593c
Penplenum 3326
Pensanate 3779
Pensig 2796
Pen-Sint 3216
Pensive 1011
Pensol „Glaxo-Allenburys" 2590
Pensol „Wolfs" 2593a
Penspek 3954
Penstafo 2798
Penstapho 3238
Penstaphocid 3238
Penstapho N (Penstaphon) 3223
Pen-Syn 2796
Penta 1545
Pentaacetylgitoxin 4944
*Pentabamat*** 772
Pentabil 1512
Pentabs 2593a
Pentacard 382
Pentachin 3143
Pentachlorinum 2055
Pentacin 2272
Pentacor 382
Pentacorina 382
Pentacosactid 4973
Pentacosactride 4973
*Pentacyniumchlorid*** 4567
Pentacyonumchlorid 4567
Pentadorm 384
Penta-E 235
Pentaerythrit 273
Pentaerythrit „Ebewe" 235
Pentaerythrit „Fux" 235
Pentaerythritol 273
Pentaerythritolchloral 1932
Pentaerythrityltetra-nicotinat 4638
*Pentaerythrityltetranitrat*** 235
Pentaerythrityltrinitrat 249
Pentafen 3131
Pentafenil 1512
Pentafin 235
Pentaformylgitoxin 4919
*Pentagastrin*** 4840
Pentagen 235
*Pentagestroni acetas*** 4617
Pentagin 3383
Pentagit 4944
Pentakos 2120
Pental „Saunders" 1545a
Pental „S. G. de Farmacia" 352
*Pentalamid*** 1728
Pental-Guanidina 571
Pentallin 2590
Pentalong 235
Pentaméthazène 2049
Pentamethazol 382
Pentamethon 1563
*Pentamethonium*** 1563
Pentamethylentetrazol 382
Pentameton 1563
*Pentamidin*** 3349
Pentamin 2049
Pentamina 2483
Pentammonio MM 1563
Pentamon 2049
*Pentamoxan*** 2245
Pentamycin 4819
Pentamyl 3338
Pentamylon 261
Pentanca 1545a
Pentanitrine 235
Pentanitrite 235
Pentanitrol 235
Pentanobornamid 158N
Pentapen 2593a
Pentaphen 3131
*Pentapiperidhydrogen-fumarat*** 3129
*Pentapiperidmetilsulfat*** 3422
Pentapyr 1397
Pentapyrrolidin 2501
Pentapyrrolidinium-bitartrat 2501
*Pentaquin*** 3143
Pentaquinomethonium 4157
Pentarsone 546
Pentaryl 235
Pentaryt 235
Pentasol 382
Penta-Spirol 698
Penta-Spirol inyectables 698e
Pentastib 349a
Pentathelate 235
Pentavitol 1008a
*Pentazocin*** 3383
Pentazol 382
Pentazolum 382
Pentedrin 963
Pentek 273
Pentemesan 382
Pentenal 1441
Pentestan-80 235
Pentethylcyclanonhydro-chlorid 2690
Pen-Tetra 235
Pentetrate 235
*Pentetrazol*** 382
Penthamil 2272
Penthienate (metho)-bromide 3166

Penthiobarbital 1542
Penthonium 1563
Penthrane 71
*Penthrichloral*** 574
Penthrit 235
Penticidum 2055
Pentids 2590
Pentid V 2593
Pentilen 4202
Pentilium 2501
Pentime 235
Pentin C 576
Pentinol 384
Pentio 2501
Pentitrate 235
*Pentobarbital*** 1545
Pentobarbiton 1545
Pento-Del 1545a
Pentodorm 1545a
Pentogen 1545a
Pentoksil 353
Pentoliniumtartrat 2501
Pentolonbitartrat 2501
*Pentoloniumtartrat*** 2501
Pentonal 1545a
Pentonarcol 1542
Pentone 1545a
*Pentorextartrat*** 1518
Pentosol 1545a.
Pentostam 1797
Pentosteron 4559
Pentothal 1542
Pentothiobarbitalum 1542
Pentovis 4229
Pentoxiverini citras 3670
Pentoxyl 353
*Pentoxyverincitrat*** 3670
Pentral 235
Pentrallon 4662a
Pentran (No. 1 + No. 2) 235
Pentrane 71
Pentrate 235
Pentrazol 382
Pentrex 2614
Pentrexyl 2614
Pentrinat 235
Pentrit 235
Pentritina 235
Pentritol 235
Pentrittae 235
Pentrozol 382
Pentryate 235
Pentryl 2208a
Pentryl „Bernhoft" 235
Pentydorm 384
Pentyl 1545a
Pentylenetetrazol 382
Pentylhydroflumethiazid 1976
Pentymal 1546
Pentyoxylon 235
Pentyrest 384
Pentyrit 235
Pentytrit 235
PenuVoral 2593
Pen-Ve 2593
Pen-Vee-Cillin 2593
Pen-Vee (Drops, Susp.) 2593c
Pen-Vee K 2593a
Pen-Vee-Oral 2593
Pen-Vi 2593
Penvicina 3970h
Penvigor 2796
Penvikal V 2593a
Penvios 2593a
Penysol 2798
Penzaethinum G 2590e
Penzal 2590
Penzethin G 2590e
Peonol 897
PEP 3095a
Peppermint Camphor 1292
Pepsacid 277
Pepsidol 245a
Pepsilphen 1653
Pepstatin 239N
Peptavlon 4840
Pepulsan 3839
Perabol 3639
Per-Abrodil 475
Per-Abrodil „M" 475a
Peracetin 1740
Peracon 2679
Peradithiepin 2802
Peragit 3667
Peraktivin 509
Peralga 747
Perandren 3395
Perandren-Amp. 4093
Perandren-Linguetten 3662
Perandren M 4239
Perandren-Phenylacetat 4539
Perandrone A 3885
Perandrone-Amp. 4093
Perandrone-Ampoules cristallines 4239
Perandrone-Linguettes 3662
Perangil 235
Perapten 3540
*Perastinhydrochlorid** 3565
Perathiapten 3054
Perathiepin 3300
*Peratizolmaleat** 142N
Peratsin 3791
Perazil 3009
Perazin 3585
Perazyl 3009
Perbicoccide 1396
Percain(e) 3655
Percalçit 97
Percamin 3655
Percapyl 258
Percarbamid 14a
Perchloräthan 22
Perchloräthylen 21
Perciclina 3720
Percin 340
Percitron 340
Perclene 21
Perclusone 2237a
Perclustop 2237a
Percoccide 1396
Percodal 3026
Percodan 3026
Percomon 953
Perconval 4684
Percoral 1190
Percorten 4230
Percorten M 4495
Percorten „wasserlöslich" 4564
Percotol 4230
Percutina 4295
Percutrin 84
Perdilatal 3357
Perdilaton 446
Perdolfin 847
Perdurine 2005
Perebron 2206
Peregal ST 366
Peremesin „alte Form" 29a
Peremesin-Suppos. 4389
Peremin 248
Perequil 1011
Pereston 366
Perfectochol 2320
Perfenazin 3791
Perfenil 3791
Perfesin 3791
Perflavon 3232
Pergalen-Wirkstoff 40

Pergestron 4561
Pergitral 235
Perglottal 84
*Perhexilinmaleat*** 3433
Perhydrit 14a
Perhydrol-Urea 14a
Periactin 3721
Periactinol 3721
Periatin 3721
Peribana 366
Pericardin 1776
*Periciazin** 3744
Pericel 3196a
Periclor 1932
Pericyazine 3744
Peridex 235
Peridil 706
Peridol 3751
Perifen 1114
Perikursal 168b
Perilax „Farmosintesi" 1486
Perilax „Nordisk Droge" 3942
*Perimetazin*** 4024
Perin 1254c
Perinal-S 1542
Periodil 475
Periodyl 2501
Peripherine 1114
Peripherminum 2995
Periphetol 1776
Periplocin 4833
Periplocosid 4833
Perista 624
Periston 366
Perithiaden 3490
Peritonan 507
Peritracida 340
Peritrat(e) 235
Perityl 235
Perjodäthylen 61
Perjodal 475
Per-Jodan 625
Perke-One 954
*Perlapin*** 150N
Perlatan 3059
Perlatanol 3095
Perlatos 3296
Perlepsin 2624
Perlopal 384
Perlutex 4348
Permadex 954
Permapen 2590e
Permastril 4246
Permazin 4367
Permethol 1585
Permidan 1961
Permin 813
Permital 2812c
Permitil 3989
Permonid 2818
Pernaemon 4960
Pernaevit 4960
Pernajek 4960
Pernapar 4960
Pernasator-Wirkstoff 1297
Pernavit 4960
Pernazene 2219
Pernical 4960
Pernicipur 4960
Pernipuron 4960
Pernocton 1456
Pernoral 4960
Pernoston 1456
Pernovin 3231
Perocan 2679
Perogan 2679
Perolety tabl. 2590d
Perolysen 1299
Peronin 4264
Peroninmyristat 4848
Perovex 3555
Perparin 4291
Perperine 4291
Perphenan 3791
*Perphenazin*** 3791
Perphenazinacetat 4172
Perphenazintrimethoxy-benzoat 4738
Perphoxène 1693
Perquietil 1011
Perquinol 828c
Per-radiographol 475
Persadox 2069
Persantin 4367
Perscerol 3307
Persedon 965
Persisten 756
Persistol Hö 1/193 946
Persomnin 590
Persteril 2N
Persulfene (in Süd-amerika) 1658
Persulfon 2806
Pertestis 4093
Pertestis depositum 4559
Perthipendyldihydrochlorid 3599
Pertiran 2120
Pertirate 235
Pertofran 3042
Pertofren 3042
Pertofrina 3042
Perton 3757
Pertonal 1158
Pertoxil 2252
Pertradiol 4485
Pertranquil 1011
Pertrombon 3452
Peruol 2090
Perurdil 475
Peruscabin 2090
Peruvosid 4721
Pervagal 4220
Pervasol 1114
Pervetral 3599
Pervincamine 3801
Perviol-Doce 4960
Pervitin 1214
Perviton 2377
Peryan 2254
Perycit 4638
Perynitrate 235
Perysit 4638
PES 40
Pesomax 3418
Pesomin 1599
Peson 40
Pestox III 807
Petab 1545a
Petalgin 3817
Petantin 2431
Peteha 940
Peterphyllin 531b
Petersilienkampfer 1664
Petezol 382
Pethanal 2431
Pethanol 2431
Pethedine 2431
Pethenal 2431
*Pethidin*** 2431
β-Pethidin 2432
Pethidine intermediate A 1933
Pethidine intermediate B 2198
Pethidine intermediate C 1955
Pethidin-Zwischen-produkt A 1933
Pethidin-Zwischen-produkt B 2198
Pethidin-Zwischen-produkt C 1955

Pethidone 2431
Pethoid 2431
Petidin 2431
Petidiol 580
Petidion „Brocades“ 368
Petidion „Gerot“ 580
Petidon 368
Petilep 368
Petimalin 368
Petimid 1363
Petinimid 578
Petinutin 1624
Petisan 580
Petisedol 2431
PETN 235
Petnidan 578
*Petrichloral*** 1932
PETRIN 249
Petrisul 1398
Petrohol 115
Petrolone 382
Peviton 305
*Pexantel*** 1803
Pexid 3433
Pexiol 423
PF-26 4598
Pfefferminzkampfer 1292
P-Ferol 1023
Pfipen 2593
Pfipen V 2593e
Pfizerpen 2590
PFU 1236
P. G. A. 2590
PGA 3240
PGE_1 3686
PGE_2 3679
$PGF_{1\alpha}$ 3693
$PGF_{2\alpha}$ 3687
Ph 137 3712
PH. 218 4498
Ph 549 1570
Ph. 1882 1568
Phacétoperane 2200
Phacetur 881
Phacolin 2940
Phagopedin σ 4478
pHaisoHex-Wirkstoff 1830
Phakopol 95a
Phalatox 2737
Phaldrone 32
Phanchinonum 1567
Phanoctal 1699
Phanodorm 1699
Phanodorn 1699
Phanotal 1699
*Phanquinon** 1567
Phanquone 1567
Phanurane 4029
Phargan 2800
Phargedrine „F“ 953
Pharmacaine 2011
Pharmacetina 1375
Pharmacillin 2590
Pharmadiazin 1081
Pharmadil 3357
Pharmadoxine 735
Pharmäthyl 19
Pharmaflavine 2805
Pharmalgine 1965
Pharmamedrine 953
Pharmamerazin 1396
Pharmaneurine 1765
Pharmaphenicol 1375
Pharmarenin 2011
Pharmascorbine 359
Pharmatiazol 865
Pharmatonin 2011
Pharmatovit B_{12} 4960
Pharmatovit C 359
Pharmatrene 820
Pharmestrin 3100
Pharmetten 1607
Pharmocaine 2913
Pharmotal 1542
Pharsazin 4164
Phaseomannite 418
Phavit C 359
*Phebutazindihydrochlorid** 4606
Phebutirazina dichloridrato 4606
Phebuzine 3245
Phedoxe 1214
Phedracine 1982
Phedrazin 1982
Phedrisox 1214
Phelasin 742a
Phelazine 742a
Pheliquin S 2593c
Phelloberin 3478a
Phelypressin 4920
PHEM 3407
Phemamid 3413
Phemerazole 1075
Phemeride 4571
Phe-Mer-Nite 317b
Phemerol 4571
Phemetone 1903
Phemithyn 4571
Phemiton(e) 1903
*Phenacain** 3045
Phenacalum 881
Phenaceda 3348
*Phenacemid*** 881
Phenacereum 881
Phenacetamide 881
*Phenacetin*** 1158
Phenacetur 881
Phenacetyl „Kongo“ 685
Phenacin 685
Phenacon 1427
Phenacridanchlorid 4457
*Phenactropiniumchlorid*** 4292
Phenacylhomatropinium-chlorid 4292
Phénadiazole 634
Phenadon 3817
*Phenadoxon*** 4191
Phenaemal 1607
*Phenaglycodol*** 1462
Phenalco 317b
Phenalgene 681
Phenalgin 681
Phenaline 3390
Phenallymal 1883
Phenamacidum hydro-chloricum 1997
*Phenamazolin*** 1170
Phenamet 3391
Phenamidin(e) 2127
Phenamidofuryl 2169
Phenamin 953
Phenamine 1191
Phenamizol 870
*Phenampromid*** 2898
Phenamsulfoniumjodid 2819
Phenamyliniumchlorid 4441
Phenanthridinium 1553 3480
Phénantine 2328
Phenantoin 2328
Phenaphan 4174
Phenarsenamine 1598
*Phenarsone sulfoxylate** 559
Phenarsoxidehydrochlorid 311
Phenarsyl 1598
Phenasal 1835
Phenastezin 3750
Phenathyl 2770
Phenatin 2377
Phenatrop 3871
Phenaxazan 4145

Phenazacillin 3326
Phenazetin 1158
„*Phenazinium*“ 1909
Phenazo 1369
*Phenazocin*** 4001
Phenazodine 1369
Phenazolin 2785
*Phenazon*** 1382
*Phenazopyridinhydrochlorid*** 1369
Phen-Bar 1607
Phenbenicillin-Kalium 3954
Phenbenzaminum 2841
Phenbutadion 1937
Phenbutamide 1509
Phenbutazol 3245
Phenbutrazate 4195
Phencarbamid(e) 3339
*Phencyclidinhydrochlorid*** 2877
Phendextro 2601a
*Phendimetrazin** 1724
Phendional 2305
Phénécyclamine 4372
Phenedina 1158
Phenedrine 953
Phénégic 1577
*Phenelzindihydrogensulfat** 742
Phenemal 1607
Phenergan 2800
*Pheneridin** 4006
Phenesin 2692
Phenesterin 4855
Phenetamid 1152
Phenetamindihydrochlorid 4372
Phenetharbital 2159
Phenethazinum 2594
Phenethicillin-Kalium 2796
Phenethylamincitrat 2692
Phenethylazocinum 4001
*Pheneticillin-Kalium*** 2796
Phenetin 2692
Phenetolcarbamid 934
Phenetron 2600a
Phenetsal 2338
Pheneturide 1439
Phenetylsuccinimid 1627
Phenexan 1152
Phenexol 1132b
Phenfluoramine 1691
*Phenformin** 1236
*Phenglutarimidhydrochlorid*** 2869
Phenhydan 2328a
Phenhydropyxylate 3652
Phenicarb 881
*Phenicarbazid*** 551
Phenicazone 2749
Phenicin 978
Phenidiemalum 2159
Phenidin 1158
Phenidylate 2199
Phenigam 1154
Phenilin 2305
Phenimate 2600a
Phéniméthoxazine 1724
Phenin 1158
*Phenindamintartrat*** 3231
Phenindan 2305
Phenindion(e) 2305
*Pheniodol Natrium*** 2320
Pheniperidinum 4194
*Pheniprazinhydrochlorid** 978
Pheniramidol 1900
*Pheniramin*** 2622
Pheniratan 2600b
Phenisatin 4446
Phenisononhydrobromid 1735
Phenitrone 2418
Phenizin 978
Phenlaxinum 4255
Phenmerzylnitrat 317b
Phenmetralini chloridum 1471
*Phenmetrazinhydrochlorid** 1471
*Phenmetrazinteoclat** 1471a
Phennin 2331
Phenobal 1607
Phenobamate 3624
*Phenobarbital*** 1607
Phenobarbiton 1607
Phenobarbitural 1607
Phenobarbyl 1607
Phenobenzorphan 4001
Phenobutijodilum 1061
*Phenobutiodil*** 1061
Phenochan 2509b
Phenochin 2509b
Phenochlorium 469a
Phenocillin 2593
Phenocoll 1191
Phenoctide 4570
Phenoctidiumchlorid 4570
Phenoctyl 3544b
Phenocyclin 3302
Phenodianisyl 4149
Phenododeciniumbromid 4121
Phenodyn 742
Phenoestrol 242N
Phenoharman 2975
Phenolactine 1480
Phenolax 3451
Phenolaxan 3451
Phenolaxol 3451
Phenolisatin 3457
Phenolphthalein 3451
Phenolphthalol 3472
Phenol red 3195
Phenolrot 3195
Phenolsulfazole 842
Phenolsulfonphthalein 3195
Phenolsulfophthaleinum 3195
Phenolsulphazole 842
Phenol(um) 324
Phenomagnal 1607d
Phenomerborum 317a
Phenomidon 1607h
*Phenomorphan*** 4289
Pheno-M-penicilin 2796
Phenomycilline 2593
Phenonyl 1607
Pheno-penicillin 2593
*Phenoperidin*** 4194
Phenoperidone 3739
Phenophan 2509
Phenopromin 953
Phenopropazin 3346
Phenopropyl 3612
Phenopryldiasulfone sodique 4705
Phenopyral 1961
Phenopyrazon 2327
Phenopyrine 3245
Phenoquin 2509
Phenosal 847j
Phenosol 2338
Phenosuccin 1627
Phenosulfon 842
*Phenothiazin*** 1577
Phenoturic 1607
Phenoval 1967
Phenovalin 3451a
Phenoverm 1577
Phenovis 1577
Phenoxadrin 2814
Phenoxalid 2340
Phenoxan 4145
Phenoxazol 841
Phénoxazoline 1980

Phenoxene 3036
Phénoxéthamine 3586
Phenoxetol 717
Phenoxin 1
Phenoxine 3036
Phenoxine „P. C. B.“ 841
Phenoxur 1577
*Phenoxybenzaminhydrochlorid*** 3037
Phenoxyethanol 717
*Phenoxymethylpenicillin*** 2593
Phenoxymethylpenicillin-Kalium 2593a
Phenoxypropazinhydrogenmaleat 979
Phenoxypropylpenicillin-Kalium 3049
Phenozolone 1387
Phenpentermintartrat 1518
Phenpiperazole 1986
*Phenprobamat*** 1160
Phenprocoumarol 2962
*Phenprocoumon*** 2962
Phenpromethadrinum 1215
*Phenpromethamin*** 1215
Phenpropaminum 3612
Phensitol 4871
*Phensuximid*** 1363
Phentanylcitrat 4021
Phenteral 1211
*Phenterminhydrochlorid*** 1211
*Phenterminresinat*** 1211a
Phentermyl 1211
Phentetiothalein-Sodium 3445
Phenthiasulfonum 1576
Phenthiazin 1577
Phenthimentoniumbromid 3047
Phenthoxate 4199
*Phentolamin*** 2787
Phentoloxamine 2814
Phentonium 4737
Phentyrin 3281
Phenuron(e) 881
Phenutal 881
Phenychol(on) 947
Phenygam 1154
Phenygenine 551
Phenylacetylpenin 2590
Phenyläthanolaminsulfat 724
Phenylalanin-Lost 1973
Phenylalanin-Mustard 1973
Phenylaminosalicylat 1866
Phenyl-Aspriodine 2314
Phenylazo 1369
Phenylbarbital 1607, 2159
Phenylbarbiton 2159
Phenylbenzylatropiniumbromid 4708
Phenylbetazone 3245
*Phenylbutazon*** 3245
Phenylbutazontrimethylgallat 4642
Phenylcarbinolum 536
Phenylcellosolve 717
Phenylcinchometten 2509
Phenyldimazone 3561
Phenyldimethonium 2283
Phenyldimethylpyrazolon 1382
Phenyl-Drane 962
Phenyle 2342
*Phenylephrin** 962
Phenyletten 1607
Phenylgamma 1154
Phenylhydrargyri acetas 317
*Phenylhydrargyri boras*** 317a
Phenylhydrargyri nitras 317b
Phenylhydrargyrum boricum 317a
Phenyl-Idium 1369
Phenylindandion 2305
Phenylinum 2305
Phenylisatin 4255
Phenylisohydantoin 841
Phenylmercuriacetat 317
Phenylmercuriborat 317a
Phenylmercurinitrat 317b
Phenylmethylaminopropanhydrochlorid 1214
Phenyl-Mobuzon 3245
Phenylon 1382
Phenyl-PAS 1866
Phenylpiperone 4313
Phenylpropanolaminhydrochlorid 956
Phenylpropylhydroxycumarinum 2962
Phenyl-Sedasprin 2309
Phenylstilbenbromid 3453
Phenylstilbenchlorid 3454
Phenylsulfapyrazol 2348
*Phenyltoloxamin*** 2814
Pheny-PAS-Tebamin 1866
Phenypyra 3311
*Phenyracillin*** 2590h
Phenyral 1607
Phenyramidolhydrochlorid 1900
Phenyrit 881
*Phenythilon*** 1626
*Phenytoin*** 2328
Phenytron 2418
Phenzidole 1851
Phenzoline 2084
Phepracet 2791
Phepranon 1994
Phetadex 954
Phetanol 1222
*Phetarbital*** 2159
Phethenylat 1854
Phetylureum 881
Phezathion 2739
PHH-Holzinger 890
Phiaquin 326
Phiasol 2191
Philodorm 1699
Philopon 1214
Philostigmin 1792
Phinifos 977
pHisoHex-Wirkstoff 1830
Phlebocid 3178c
Phlogex 3859
Phlogin 4942
Phlogodym 333b
Phlogosam 503
Phlogosol 503
Phloroglucin 328
Phloroglucinol 328
Phloropropiophenone 901
Phob 1607
Phobex 3574
Phocil 4204
Phoenixin 1
*Pholcodin*** 4204
Pholcolin 4204
Pholcomed 4204
Pholdine 4204
*Pholedrinsulfat*** 1219
Pholescutol 2140
Pholetone 1219
Pholevan 4204
Pholtussin 4204
Phomin 4656
Phoralergi 2600a
Phorbic 3779
Phorbol 3643
P-50 „Horner“ 2590
Phortisolone 3877
Phos 557
Phosaden 1204
Phosarbin 800

Phosarzin 4164
Phos B_1 1783a
Phosbiose 452b
Phosbitamin 1783
Phoscholin 282
Phoscolic acid 399
Phoscolsäure 399
Phoscortil-Wirkstoff 4594
Phoselit 557
Phosellite 557
Phosetamin 58b
Phosflan 2805
Phosilite 557
Phosmycine 3970a
Phosodyl 977
Phosphacin 751
Phosphacol 1187
Phosphamin 741
Phosphazin 751
Phosphentaside 1204
Phosphestrol 3065
Phosphicin 806
Phosphit „Spiess" 452b
Phosphocreatinin-Natrium 8N
Phosphocyclin 3970a
Phosphoestrolum 3065
Phospholine iodide 1031
Phosphonephrin 968a
Phosphonomycin 5N
Phosphorylcholin-Calcium 282
Phosphothiaminum 1783
Phosphothion 1282
Phospho-Urto 121
Phos-Pon-3 56
Photobiline 3446
Photodyn 4795
Photogol 2320
*Phoxim** 1680
PHQA 33 3077
Phrenazol 382
Phrenolon 4738
Phrenotropin 2615
Phtalazol 2737
Phtalil 2737
Phthaläthamid 2683
Phthalamaquin 2205
Phthalamudine 2072
Phthalazol 2737
Phthal-cetamide 2540
Phthalidin 2737
Phthalimetten 3451
Phthalofyne 2134
Phthalophos 2556
Phthalylsulfacetamid 2540
Phthalylsulfacetimide 2540
*Phthalylsulfamethizol*** 2740
Phthalylsulfapyridazin 3209
*Phthalylsulfathiazol*** 2737
Phthalylsulfonazole 2737
Phthazin 3209
Phthazol 2737
Phthenylat 1854
Phthiocol 1318
Phthisen 340
Phthisosan 1871
Phthivasid 2110
Phthivazid 2110
Phthoruracil 126
Phtorotan 24
Phtyson 1419
Phylcardin 531b
Phyldrox-Suppos. 531b
Phyllaxène 2622a
Phyllindon 531b
α-Phyllochinon 4746
β-Phyllochinon 4870
Phyllocormin 531b
Phyllocormin „N" 941
Phylloquinone 4746
Phyrithioxin 2626
Physalaemin 4950
Physepton(e) 3817
Physiocortison 3899
Physiolax 3700
Physonit 4878
Physostigmin 2443
Physostigmin-N-oxid 2444
Physostol 2443
Phytadon 2431
Phytat D-B 452a
Phytex 454
Phytin(e) 452a
*Phytinsäure** 452
Phytobleine 452b
Phytocalcium 452b
Phytoferol 4751
Phytogermine 4693
Phytomelin 4520
Phytomenadioli natrii phosphas 4750
*Phytomenadion*** 4746
*Phytonadioli natrii diphosphas*** 4750
Phytonadione 4746
Phytophosphine 452b
α-Phytosterol 4692
pI 35 963
pI 38 1776
Piaccamide 4236
Piamicetina 1375
Piarine 2799
Piaverm 185a
Piavermit 185a
Piavetrin 185a
Piazofolina 1199
Piazolina 1199
*Pibecarb*** 1948
Picadex 253
Picain 2196
Picatyl 698
*Piclopastin*** 3587
*Picloxydin*** 3537
*Picodralazin*** 2113
*Picolaminsalicylat** 16N
Picosulfol 2955
Picragol 291a
Picric acid 291
Picromycin 4633
Picrosulfin 1398
Picrotoxinum 4706
Picural 4124a
P. I. D. 2305
Pidefilina 531b
Pidylon 2391
Pielectan 629
Pielofanina 13
Pielograf 1324
Pielosil 475
P. I. E. M. 340a
*Pifenathydrochlorid*** 4005
Pigmex 1889
Pignadon 1961
Pig-Wormer 1391
PIH 978
Pikorin 2681
Pikrinsäure 291
Pikromycin 4633
Pikrotoxin 4706
Pilanin 185
Piliophen 3446
Pilo B 1498
Pilocar 1498
Pilocarpin 1498
Pilocarpol 1498
Pilocarpinsal 1498b
Pilocel 1498
Pilodur 1498
Pilofrin 1498

Pilo-Miotic 1498
Pilomiotin 1498
Pilophthol 1498
Pilopt 1498b
Pilovisc 1498
Pilunquent 1498
Pimadin 4203
Pimafucin 4783
Pimal 1011
Pimaricin 4783
*Pimeclon*** 1799
*Pimefyllin*** 2402
*Pimethixen*** 3235
*Pimetinhydrochlorid*** 2698
Pimétixène 3235
*Pimetremid*** 2587
Pimeverin 2587
*Piminodin*** 4203
*Pimozid*** 4590
Pinacyanolchlorid 4386
Pinate 3779
Pincets 185c
Pindione 2305
*Pindolol** 2221
Pinkamin 4960
Pin-Kill-Pamoate 4459a
*Pinoxepindihydro-chlorid*** 4160
Pinpron 4791a
Pinrou 185c
Pinsirup 185c
Pintacrom 3441
Pin-Tega 185f
Piocaine 1992
Piodel 704
Pioderm 2995
Piodina 185b
Piofolin 3240
Piomburene 1254b
Piopen 2765
Piostacina 4909a
Pioxol 841
Piozin 2054
*Pipacyclin*** 4662
Pipadone 4313
Pipadox 185h
*Pipamazin*** 3749
*Pipamperon*** 3878
Pipanol 3667
Pipanone 4312
Piparsine 699b
Piparsol 185h
*Pipazetathydrochlorid*** 3788
Pipazethathydrochlorid 3788
Pipede 185h
Pipefral 185f
Pipelan 185f
Pipelmin 185a
Pipenate 3779
Pipendyl 2610
Pipenin-Syrup 185f
Pipensolon 4054
*Pipenzolatbromid*** 4054
Pipenzolonbromid 4054
Piper (Anticolinergico) 4054
*Piperacetazin*** 4298
Piperacinum 185
Piperal 185a
*Piperamidmaleat*** 2922
Piperamine 3331
Piperanitrozole 944
Piperascat 185h
Piperasol 185f
Piperate Tartrate 185e
Piperaver 185h
Piperazate 185c
Piperazide 2079
Piperazil 185a
Piperazin 185
Piperazinal 185f
*Piperazin-Calcium-Edetat*** 1254c
„*Piperazinepentanol*“ 3158
Piperazinöstronsulfat 3063a
Piperazol 185a
Piper „Brionnia“ 185f
Pipercilina 2590h
Pipercream 185h
Pipereumen 185
Piperex 185f
Piperfillina 888c
Piperhidrin 185a
Piperidion 993
Piperidol 185a
*Piperidolathydrochlorid*** 3775
Piperidyl-Amidon 4313
Piperidyl-Methadon 4313
Piperil 185f
Piperilathydrochlorid 3779
Piperin 2777
Piperin „Kay“ 185f
Piperiod 185b
Piperitol 185e
Piper-Jodina 185b
Pipermiol 185a
*Piperocain*** 2665
Piperoctane 3156
Piperoids 185a
Piperol fort Lacroix 185f
Piperonil 3878
Piperonyl 3878
Piperophyllin 531e
Piperorgan 185a
Piperosal 2431
Piperothesin 2640
Piperoverm 185e
*Piperoxanhydrochlorid*** 2197
Piperoxil 185f
Piperoxine 185h
Piperphenamine 3430
Piperphenidolhydrochlorid 3152
Piperphenidolmethyl-bromid 3430
Pipertol 185h
Pipertox 185a
Piperver 185h
Piperverm 185f
*Piperylon** 2862
Pipethanatäthobromid 206N
*Pipethanathydrochlorid*** 3779
Pipexin 185a
Pipidone 4312
Pipizan Citrat 185f
*Pipobroman** 1242
Pipolphen 2800
*Piposulfan*** 1805
*Pipotiazin** 215N
*Pipoxolanhydrochlorid** 3980
Pipradol 3015
γ-Pipradrol 3016
*Pipradrolhydrochlorid*** 3015
Pipral 3015
Pipralon 3015
*Pipratecol*** 3345
Piprazidine 2596
Piprelix 185f
Pipricide 185f
*Piprinhydrinat*** 3311a
*Piprocurarii iodidum*** 4249
*Piprozolin*** 2267
Pip-Sirup 185f
Piptal 4054
Piptalake 4054
Pipurone 185f
*Piquizilhydrochlorid*** 3372
Pirabutina 3246
*Piracetam** 380
Piradox 1072
Pirafel 1961

Pirafezol 1961
Piraflogin 3246
Piraken 1965b
Piraldina 215
Piralgo 2749
Piramidone 1961
Pira-Noxi 1961
Pirarreumol-B 3245
Pirartrin 1350
Pirasco 1961a
Piraseptolo 1961l
Pirasin 2861
Pirasulfon 1398
Piratox 1397
Piravital 1961a
Pirazimida 215
Pirazin 185f
Pirazinamid 215
Pirazon 1961
Pirbenina 4053
Pircan 1382f
Pircan „Zambeletti" 2950
Pirecin 2896
Pirevan 3733
Pirexil 3822
Pirexyl 3822
*Piribedil*** 2596
Piribenzamina 2642
Piricardio 350a
Pirid 350
Piridacil 1369
Piridene 1366
Piridil 515
Piridina „N" 1634
Piridin Derganil 1366
Piridisir 1081
*Piridocainhydrochlorid*** 2220
Piridoksifen 2845
Piridol 1961
Piridolan 4537
Piridolo 1398
Piridosal 2431
*Piridoxilat*** 1169
Piridoxina 735
Piridrol 3015
Piriex 2622a
Pirifan 281g
Pirifonato 735d
Piril 4046
Piril „Doctors" 1965
Pirilen 1299a
Pirimal 1081
Pirimecidan 1617
Pirinitramide 4537
Pirinon 847d
Piristerol 515
Piristina 2653
Piritioxina 2626
Piriton 2600a
*Piritramid*** 4537
Pirivigor 735
Pirixysin 1398
Pirmazin 1652
Pirocatechol „Nessa" 1350
Pirocyl 3733
Pirofosfasi 1795
Piroftal 1961m
Pirofum 316
Pirolakson 4734
Piromarvi 1961
Piromidina 1961
Piro-rectal 1961
Piroreumal 1961m
Pirosolvina 913
Pirotens 1025
Pirothesin 2217
Piroxina 1072
Pirozoo 3733
*Pirralkoniumbromid*** 4822
Pirrobutamina 3496
Pirrolidin CAF 2374b
Pirseal 847
Pirvikain 1230a
Pirvil 4459a
Pirvineox 4459a
Pisatin 2743
Pitayin 3546
Pitocin 4896
Piton-S 4896
Pitrex 3217
Pituilobine 4896
Pituitrope 4388
Pitupartin 4896
Pivadorme 391
Pivalizid 1487
Pivalylbenzhydrazin 1751
*Pivampicillinhydrochlorid*** 201N
Pivazide 1751
Piverma 185a
Pivhydrazine 1751
*Pizotifen*** 3273
Pizotyline 3273
PK-Merz 1268a
PKM-Tabletten 3354
P. L. 100 464
Placadol 847
Placet 847h
Placidal 576
Placidas 576
Placidex 1417
Placidol 3808
Placidon 1011
Placidyl 548
Placitate 1011
Placium 2203
Pladmin 1494
Planadalin 590
Planavit C 359
Planium 3186
Planocaine 2011
Planochrome 3441
Planoform 1474
Planomide 865
Planomycin 522
Plaquenil 3118
Plaquinol 3118
Plasdone 366
Plasgen 366
Plasil 2254
Plasin 1494
Plasmadone 366
Plasmatrol 193
Plasmochin 3408
Plasmocid 2895
Plasmocorinth B 2508
Plasmodil 1494
Plasmokin 3408
Plasmoquin 3408
Plasmosan 366
Plassint 366
Plastenan 769a
Plath-Lyse 1849
Platifillin 3142
Platyphillin 3142
Plecyamin 4960
Plegal 2991
Plegan 3684
Plegangin 1555
Plegarol 2292
Plegatil 2048
Plegicil 3289
Plegicin 3289
Plegicyl 3289
Plegine 1724
Plegomazin 2770
Pleiacor 3084
Plemocil 4385

Plenabural 391
Plenactol 3071
Plenastril 3907
Pleniron 46e
Plenium 841
Plenocain 2011
Plenophiole 2011
Plentasal 4960
Plentine 3706
Plenur 12
Pleocide 216
Plesmet 46e
Plestrovis 4410
Pletocol 4751
Pletorin 609c
Plexamina 373
Plexavit B_1 1765
Plexavit C 359
Plexocardio 2730
Plexofer 1254e
Plexombrine 821b
Plidan 2521
Plins 847
Plinvau 2593
Plisulfan 2348
Plivaphen 3289
Plivistin 3074
Plivit A 3659
Plivit B_1 1765
Plivit B_6 735
Plivit C 359
Plivit D 4626
Plivit PPF 319
Plokon 3311a
Plostene 2062
Plurazol 1366
Pluridox 25N
Plurine 652
Plurisulfa-retardada 1398
Pluropon 4494, 4560
Pluryl(e) 2342
Plus-Ciclina 3970d
Pluscillin 3049
Plus-Tetra 3970
Plustiazol 865
Plusuril 2342
Plusurin 652
Pluvex 650
PLV-2 4920
PM 241 2622a
PM 245 2841
PM 254 3231
PM 255 2812
PM 262 2208a
PM 265 2785
PM 273 2861
P. M. 284 2800
PM 334 1363
PM 396 1624
PM 671 578
PMB 3874
PMT 4530
Pneumocilina 4084
Pneumohelmin 82
Pneuropenil 4084
Pnol 3098
3 P-Nol 685
PO 12 4724
Pobilan 3448
*Podilfen*** 3088
Polagol 3864
Polamidon 3817
L-Polamidon 3818
Polamivet 3817
Polaradex 2601a
Polaramin(e) 2601a
Polarcetin 1375
Polarcyclin 3970
Polarfen 685
Polaronil 2601a
Polartensin 1285
Polase 168b
Polcominal 1607
Polcortolon 3813, 4400
*Poldinmethylsulfat** 3836
Poldoni methylsulfas 3836
Polfamezin 1652
POLI-67 1001
Polibac 3970
Polibil 1049
Polibrene 2047
Policiclina 3970
Policort 4038
Polidiuril 2342
Polidral 1906
Poliflogil 3246
*Poligeenan*** 1770
Poligerim 3849
*Polihexanid** 29N
Polik 808
Polinal 1166
Polinal-Wirkstoff 3115
Polinalin 1961
Polineurin 1765
Poliseptil 865
*Politef** 23
Poliurene 3230
Poliuron 2342
Polival 1944
Polmiror 1104
Polmix 4949
Polocaine 2011
Pologol flavum 1852a
Polopiryna 847
Polstigminum 1792
*Polybenzarsol*** 504
Polybrene 2047
Polyca A 2739
Polycain 2606
Polycartin 609a
Polychrom 2385
Polycidal 1401
Polycidine 4716
Polycillin 2614
Polycillin-N 2614b
Polycycline 3970
Polydin 2739
Polyerone 2047
*Polyetaden*** 151
Polyethadene 151
Polygeenane 1770
*Polyglycolic acid** 1N
Polyhexanide 29N
Polymonine 1472
*Polymyxin B*** 4949
Polymyxin E 4915
*Polynoxylin*** 173
Polyöstradiolphosphat 3095a
Polyöstriolphosphat 3096a
Polyphlogin 2509
Polyphloroglucinolphosphat-Sodium 342
Polyquil 4459a
Polyregulon 1407
Poly-DL-p-sarcolysin 4971
Polyteben 1173
Polytef 23
*Polythiazid*** 1407
Polyurene 3230
*Polyvidon** 366
Polyvinylpyrrolidon 366
P. O. M. 977
Pomadex 954
Ponalid 4002
Poncuroniumbromid 4821
Poncyl 2750
Ponderal „Servier“ 1691
Ponderax 1691
Ponderex 1691

Pondets 2590
Pondex „Löwens“ 201 N
Pondex „Medimpex“ 841
Pondimin 1691
Pondinil 1746
Pondinol 1746
Pondocillin 201 N
Pondumin 1599
Pondus 3886
Ponflural 1691
Ponoxylan 173
Ponsil 352
Ponsital 4406
Ponstan 2364
Ponstel 2364
Ponstil 2364
Ponstyl 2364
Pontal 2364
Pontalin 1357
Ponticin 3765
Pontocain(e) 2475
POPMA-aethanol 963
Poquil 4459 a
POR-8 4911
Porecin 359
Porekal 362 b
Porfidyna 4795
*Porfiromycin*** 2629
Porfolan 3817
Porphyrin „Zilliken“ 4795
Portafin 391
Portyn 4053
Posedran 1108
Posédrine 1108
Posiformin 285
Posipen 3216
Positol 4692 a
Positon 3813
*Poskinhydrobromid*** 3580
Posoglaukom 968
Possipione 890
Postacton 4921
Postafen(e) 4389
Postafen-Salbe 3074
Postafen-Tabletten (UCB-Köln) 4596
Potaba 513 a
Potalium 423 b
Potamon 528
Potasoral 423 b
Potassion soluté Buvable 604
*Potassium canrenoate*** 4071 a
Potassium-Égic 423 b
*Potassium glucaldrate*** 423 c
Potassium Levopropycillin 3050
Potassium Menaptho-sulphate 1353 a
*Potassium nitrazepate*** 2513
Potassium-Oligosol 423 b
Potassium penicillin-152 2796
Potassium-Phenethicillin 2796
Potassium-Phenoxymethyl-penicillin 2593 a
Potassium-Rougier 423 b
*Potassium-Troclosene*** 63
Potassuril 423 b
Povan 4459 a
Povanyl 4459 a
Povidone 366
Povidone-Iodine 366 a
Poyamin 4960
3 P-Pav 3489
PP-Faktor 319
P-Phyllin 1202
PP-Monovit 319
PPP 890
PR 66 2862
PR-3847 4618
Pracarbamin 106
*Practolol** 2263
Praducil 2590
Pradupen 2590
Praecirheumin-Drag. 3245
Praedil 1526
Praeformin 3612
Praegninum 3851
Prälumin 1699
Praenitrona 412 a
Praepacillin 2590 d
Präparat A-2 1357
Präparat 932 352
Präparat 2822 334
Präparat C 7441 715
Präparat 10040 4059
Praequine 3408
Praevagin 698 a
Pragman 3067
Pragmoline 619 a
Praia 4046
*Prajmaliniumbitartrat*** 4237
Pralidoximi methiodidum 562
*Pralidoximjodid*** 562
Pramil 1758 a
Pramin 2254
Pramindolhydrochlorid 3393
Praminil 3335
Pramiverin 3814
*Pramocain*** 2904
Pramoxin(e) 2904
*Prampinmethylnitrat*** 3897
Pranone 3851
*Pranosal** 129 N
Prantal 3566
Prantil 3566
*Prasteron** 3396
Pratalgin 3067
Pratonal 2379
Pravocaine 2701
Praxilène 4340
Praxiten 2311
*Prazepam*** 3214
*Prazepin** 3334
Prazil 2770
Prazine 2799
*Prazitonhydrochlorid** 2612
*Prazosinhydrochlorid*** 3277
P. R. „Boots“ 590
Preamin 527
Prean 1285
Prebediolonacetat 4240
Precedyl 2431
Precortal 3806
Precortalon aquosum 4412
Precortalon-inj. 4207
Precortalon-Tabl. 3859
Precortancyl 3859
PreCortisyl 3859
PreCortisyl-injectable 4207
Predartrina 3859
Predef 4187
Predema 191
Prediacortine 4207
Predicort 4207
Predmicina 4739
Prednacinolon 4337
*Prednazat*** 4412 a
*Prednazolin*** 3877 a
Predne-Dome 3859
Prednelan 3859
Prednelan-N 4207
Prednesol 3877
Predni-Artrit 3806
Predni-Coelin 3859
Prednicor 3859
Prednicorm 3806
Prednicort 3859
Prednicortelone 3859
Prednidoren 3859, 4207

Prednifor-Tabl. 3806
Prednifor-Tropfen 3859
Predni-F-Tablinen 4038
Predni-H-injekt. 4207
Predni-H-Tablinen 3859
Prednilonga 3806
Predniment 3806
Predniretard 3859
Prednis 3859
Predniseguer 3806
Prednisol 4412
Prednisol „Smallwood" 3806
*Prednisolamat*** 4557
*Prednisolon*** 3859
Prednisolonacetat 4207
Prednisolonbutylacetat 4556
Prednisolondiäthylamino-acetat 4557
Prednisolondinatrium-phosphat 3877
Prednisolon F 4038
Prednisolon-m-sulfo-benzoat-Natrium 4594
Prednisolonnatrium-succinat 4412
Prednisolonnatriumtetra-hydrophthalat 4655
Prednisolonpalmitat 4842
Prednisolonpiperidino-acetat 4612
Prednisolonpivalat 4487
*Prednisolonsteaglat*** 4874
Prednisolonstearoyl-glycolat 4874
Prednisolontrimethyl-acetat 4487
Prednisolonvalerianat 4486
Prednisolut 4594a
Prednisolut „Jenapharm" 4412
*Prednison*** 3806
Prednisonnatriumsuccinat 4399
Predni-Tablinen 3806
Prednital 3806
Prednival 4486
Prednivet 3859
Predni-Wolner 3806
Prednorsolon 3859
Prednovister 3806
*Prednyliden*** 4031
Prednylidendiäthylamino-acetat 4613
Predonine 3859
Predonine-Inj. 4207
Predonine soluble 4412
Predorgasolona 3859
Predorgasona 3806
Predsolan 3877
Predsol „Glaxo" 3877
Predsol „Morgan" 3806
Predsone 3806
Prefamone 1994
Prefaxil 1114
Prefer 137a
Preghenolone 3902
Pregnanolone 3912
Pregnantol 2689
Pregnartrone 4240
Pregnedione 3882
Pregneninolon 3851
*Pregnenolon*** 3902
Pregnenolonacetat 4238
Pregnenolonsuccinat 4425
Pregnetan 3902
Pregneton 3902
Pregnin 3851
Pregnocin-Natrium 4426
Pregnolon 3902
Pregno-Pan 4238
Pregnoral 3851
Prelazine 1471
Prelital 1250
Preludin 1471
Premaspin 847
Premastrone 3882
Pre-Methadone 3284
Preminex 1285
Premocillin 2590d
Premodrin 1214
Pre-Moramide 3778
Prenderol 613
Prenema 4207
Prenitron 412a
Prenolon 3902
Prenolone 3859
Prenomiser forte 1526
Prensols 1767
Prentan 1350
Prentif 1767
Prentol 3566
*Prenylamin*** 4269
Prepalin 3659
Preparation 8 1721
Preparation 484 103N
Preparato A Glaxo 3659
Preparein 4291
Preparten 4046
Pre-Pethidine 1933
Prequil 1011
Prequine 3408
Preroide 3678
Pre-Sate 1183
Prescaina 2918
Prescatan 855
Préserval 666
Presidal 4567
Presidon 965
Presinol 1166
Presinol pro injekt. 1738
Presolisin 1166
Presolon 3859
Pressalin 715
Pressamina 58N
Press-Control 1827d
Pressedin 1303
Pressedrin 956
Pressitan 1219
Pressomin 1530
Pressonex 961
Pressorol 961
Pressoton 1222
Presteron 4580
Prestociclina 4662a
Presuren 4426
Prethcamide 1804a
Prevangor 235
Prévarsyl 698
Prevartin 4523
Prevecilina 2590i
Prevecillin 2590i
Prevencilina P 3223
Prevenol 284, 1565
Preventol 1849
Prevepen 3049
Prévisone 4238
Prexcide 841
Prexin 652
Preza 3742
Priadel 12
Priamide 4236
Priatan-Hauptwirkstoff 1444
Priazimide 4236
Pridazol 1114
*Pridinolhydrochlorid*** 3564
*Prifiniumbromid*** 4041
Prilepsin 1643
*Prilocain*** 2008
Prilon 2206
Primacaine 2916
Primachin 2439

Primaclone 1643
Primal 740
*Primaperon** 2415
*Primaquin*** 2439
Primaspan 847
Primatene-Mist 968
Primavit 3659
*Primidon** 1643
Primobolan 4094
Primobolan-Depot 4569
Primocort 4230
Primocort-Depot 4624
Primocortan 4230
Primofol 3095
Primofol-Depot 4227
Primogyn 3095
Primogyn B oleosum 4392
Primogyn C 3555
Primogyn-Depot 4227
Primogyn M 3555
Primolut 3882
Primolut C 3851
Primolut-Depot 4561
Primolut N 3603
Primolut-Nor 4028
Primon 4459a
Primonabol 4094
Primonabol-Depot 4569
Primoniat 4093
Primoniat-Depot 4501
Primoniat T 3395
Primostat 4496
Primotest 4093
Primotest-Depot 4501
Primoteston 4093
Primoteston-Depot 4501
Primoteston T 3395
Primoteston-Tabl. 3662
Primotest T 3395
Primpéran 2254
Primperil 2254
Prinadol 4001
Principen 2614
Principen-N 2614b
Prindol 3393
Prindolol 2221
Prinsyl 649
Priodax 2320
Priospen 2796
Pripsen 185c
Priscol 1114
Priscoline 1114
Prisilidene 2667
Prisilidin 2667
Pristacin 3922
*Pristinamycin*** 4909a
Pristinamycin-Komponente IA 4909
Pristinamycin-Komponente II A 4602
Privénal 1700a
Privin 2120
Prizole 2120
PRN 2814
Pro 210
Pro-Actidil 3285
Pro-Actidilon 3285
*Proadifenhydrochlorid*** 4218
Proaqua 2342
Proasma 1525
Proazamin 2800
Probal 1011
Probamato 1011
Probamolo 1011
Probamyl 1011
Pro-Banthin(e) 4220
Probantim 3839
*Probarbital*** 983
Probecid 2005
Probedryl 2812
Probemid 2005
Proben 2005
*Probenecid*** 2005
Probenemid 2005
Probenid 2005
Probenzamide 1157
Probenzen 2005
Probese-P 1471
Probexin 2005
Probiamide 352
Probilina 4351
Probinsul 1534
Probiocaina H_3 2011
Probolik 4502
Probolin 4502
Probon 81N
*Probucol** 231N
Probunafon 4047a
Probutylin 2011e
Pro-C 359a
Procacilline 2590d
Procagel 2590d
*Procain*** 2011
*Procainamidhydrochlorid*** 2031
Procain-Pecilene 2590d
Procain-Penicillin 2590d
Procain-Penita 2590d
Procalm 3574
Procalmadiol 1011
Procalmidol 1011
Procamid(e) 2031
Procanodia 2590d
Procapen 2590d
Proca-penicillin 2590d
*Procarbazinhydrochlorid*** 1781
Procardin 4717
Procardin(e) 1190
Procardium 4875
Procardyl 2031
Procarit 2590d
Procasil 2011
Procasol 2011
Procéthazine 4321
Prochelate 1254a
Prochlorpémazine 3536
*Prochlorperazin*** 3536
Prochol 4351
Procholin 192
Procholon 4351
Procholum 4351
Prociclidina 3401
Prociclina 3970
Procilan 4717
Procillin(a) 2590d
Procillin A-S 2590d
*Procinolol** 106N
Procit 2800
Proclival 153N
*Proclonol*** 2534
Procoagulo 1405
Procodal 3023
Pro-Cor 1201
Procorman 1190
Proc-Pen 2590d
Proctobismuto 1515a
Proctocaine 917
Proctocort 3893
Proctodon 4014
Procuran 2720
Procutene 1845
*Procyclidinhydrochlorid*** 3401
Procyclidinmethylchlorid 3680
Procyclomin 3434
*Procymat** 1279
Procytox 605
Prodamin 2600a
Prodasone 4348

Prodechol 4351
*Prodeconiumbromid*** 4636
Prodecort 4230
Prodel 3854
Prodexin 46b
Prodexona 4038
Pro-Dextero 954
Prodiaben 1145
Prodigal 4875
Prodigiosin 3582
Prodil 1114
*Prodilidinhydrochlorid*** 2429
Prodisan 2628
Prodix 4231
Prodixamon 4220
Prodorm „Nyco“ 1699
Prodormol 1545a
Prodox 4231
Prodoxan 3851
Prodromine 4204
Product 5054 2429
Product 5107 32a
Product 5190 1253
Produxan 3851
Proechin 3408
Pro-Entra 3285
Proestrin(a) 3006
Proestro 4392
Proethyl 2160
*Profadolhydrochlorid*** 2239
Profamina 953
Profarmil 1855
Profecundin 4693
*Profenaminhydrochlorid*** 3346
Profenil 3612
Profenine 3612
Profenone 890
Profetamine 953a
Profil 1268
Profisone 4724
*Proflavin** 1869
Profoliol 3095
Profoliol B 4392
Proformiphen 1160
Profundol 384, 1506
Profyllin 1202
Progallin-P 1137
Progarmed 1442
Pro-Gastron 4220
Proge-Hormon 3882
Progekan 3882
Progelan 3882
Progen 4392
Pro-gen 344
Progenin 3882
Progest 3882
Progestab 3851
Progestalfa 4348
Progestelets 3851
Progesteroid 50 3882
Progesterol 3882
*Progesteron*** 3882
Progesterona-Serral 4561
Progesterona-Serral-Tabletas 3851
Progesteron-Depot „Jenapharm“ 4561
Progesteron-retard Pharlon 4561
Progestilin 3882
Progestin 3882
Progestin P 3851
Progestol 3882
Progestolets 3851
Progestona 3882
Progestonaq 3882
Progestoral 3851
Progestormon 4186
Progestronal 3882
Progeubril 3882
Progevera 4348
*Proglumid*** 3119
Proguanide 1494
*Proguanilhydrochlorid*** 1494
Progynon 3095
Progynon B oleosum 4392
Progynon C 3555
Progynon D 4329
Progynon-Depot 4227
Progynon-Depot 100 mg 4681
Progynon-retard 4681
Progynon M 3555
Progynova 4227
Progynovum 4227
Prohalone 3844
Proheptadien 3514
Proheptatrien 3485
*Proheptazin*** 2885
Prohormo 3678
Proileus 1023
Proinsul 1760
Prokain 2011
Prokain-Penicilin G 2590d
Prokapen 2590d
Prokardyl 2031
Prokayvit 1317
Prokayvit-Oral 2356
Proken 2600a
Proketazine 4321
Prolactun 319
Proladone 3026b
Proladyl 3496
Prolax 1208
Prolergic 2988
Prolets 3882
Prolidon 3882
Prolidon-Comprimidos 3851
Proligne 2487
*Prolintanhydrochlorid*** 2455
Prolixan 2628
Prolixin 3989
Prolixin-Enanthate 4660
Prolmon 4791a
Proloid 2317
Prolongine 2005
*Prolonii iodidum*** 1032
*Proloniumjodid*** 1032
Proloxin 1208
Prolusteron 3882
Proluteasi 3603
Prolutol 3851
Proluton 3882
Proluton C 3851
Proluton-Depot 4561
Proma 2799
Promacetin 2144
Promacetina 1375
Promacid 2770
Promacortine 4072
Promactil 2770
Promagen 2799
Promandeline-263 3648
Promani 1830
Promanide 4354
Promantine 2799
Promanyl 2799
Promaquid 3366
Promassolax 4255
Promate 1011
Promazettes 2799
Promazil 2770
Promazinamide 2800
Promazina „Morgan“ 2770
*Promazinhydrochlorid** 2799
Promazionon 2799
Prombal 352
Promedol 2881
Promepiazon 3631
Promeran 258

Promesa-ciclin 2374a
Promesa-ciclin inyect. 2374b
Promethazincamsylat 2800a
Promethazindioxid-hydrochlorid 2794
*Promethazinhydro-chlorid*** 2800
Promethazinhydroxyäthyl-chlorid 3370
*Promethazintheoclat*** 2800b
Promethestrol 3601
Promethestroldipropionat 4477
Prometholone 4246
Prometin 1219
Promezerine 2799
Promiben 3335
Promicinsa-300 2590d
Promilene 2799
Promin(e) 4354
Prominal(etten) 1903
Promintic 725
Promiodol 1816
Promiton 1903
Promizol(e) 866
*Promolat*** 2673
Promone-E 4348
Promotil 2455
*Promoxolan*** 1296
Promoxolum 1296
Prompt 685
Promptonal 1607
Promsedin 2799
Promtpaverin 3489
Promulse 3882
Promwill 2799
Pronabol 3663
Pronacol 1311
Pronapen 2590d
Pronarcin 3026
Pronarcol 187
Pronarcon 1457
Pronbal 352
Prondol 3393
Prone 3851
Pronestyl 2031
*Pronetalolhydrochlorid*** 2407
Pronethalolhydrochlorid 2407
Proneurin 2483
Pronison 3806
Pronoctal 1758a
Pronogene 3882
Pronox „Reiss" 1699a
Prontalbin 352
Prontalin 352
Prontamid 708a
Prontilbena 352
Prontoglukal 1764
Prontoin 352
Prontoramin 352
Prontosed 2790
Prontosil 1636
Prontosil album 352
Prontosil flavum 1636
Prontosil pro injectione 2961
Prontosil rubrum 1636
Prontosil S 2961
Prontosil solubile 2961
Prontosil III 1895
Prontovermil 185f
Prontylin 352
Pronzin album 352
Pronzin rubrum 1636
Propacil 561
Propacin 1670
Propaderm 4604
Propadrin(e) 956
Propäsin 1159
Propagin 1134
Propagon-E 3095
Propagon-S 3059
Propal 1251, 1526
Propaldon 1140
Propalgyl 3576
Propallylonal 1140
*Propamidin*** 2804
Propamin „Erba" 1214
Propamin „sowj. Präp." 119
Propaminodiphen 3814
Propanal 1251
*Propanidid*** 3140
Propanim 2635
*Propanocain*** 3570
Propanolide 76
Propanon 92
Propanosedyl 1209
Propanovitan 1214
Propantan 3140
Propantel 4220
Propanthel 4220
*Propanthelinbromid*** 4220
Propaphen 2770
Propaphenin 2770
Proparacaine 2702
Proparsile 99
Propasa 516
Propasal 340a
*Propatylnitrat*** 398
Propavan 3544b
Propax 2311
Propaxolincitrat 2896
Propazepin 3334
Propazin 2799
*Propazolamid*** 233
Propazone 995
Propazyl 1159
Propellax-„R" 3457
Propeni-300 2590d
Propentan 3937
Propenyl 953
Propenzamide 1157
Propenzolate 3649
Propériciazine 3744
*Properidin*** 2669
Propesin 1159
*Propetandrol*** 4244
Propethandrol 4244
Propethoni jodidum 3920
Prophelan 3612
Prophenal 1883
Prophenaminum 3346
Propheniramine 2622
Prophenoxamincitrat 3329
Prophenpyridamine 2622
Prophyledta 1254b
Prophyllen 1202
Prophylline 1202
Propial 3544b
*Propicillin-Kalium** 3049
Propicol 1748
Propifel 947
Propilbromina 1201
Propiliodon 1095
Propil-Tiouracile 561
Propilvir 93
Propinal 2695
*Propinetidin*** 3358
Propiocine 4867
Propiodal 1032
Propiodone 1095
Propiofar 93
Propiofenil 890
Propiokan 4093
*Propiolacton*** 76
*Propiomazin*** 3544
Propion 93
Propionat „Farmigea" 93
Propionatosal 93
Propionylerythromycin-laurylsulfat 4867

Propionylphenetidin 1478
Propionylpromazin 3543
Propionylscopolaminhydro-bromid 3580
Propionyltestosteron 4093
Propi-Ophtal 93
Propiopromazine 3543
Propiosteron 4093
*Propipocainhydro-chlorid*** 2879
*Propiramfumarat** 2696
Propisamine 953
Propisol 93
Propitan 3878
Propitocaine 2008
Propivanhydrochlorid 2903
*Propizepin*** 2803
Propizin 3536
Propoctamin 3709
Propol 115
Proponal (alte Form) 1251
Proponesin 2428
Propoquin 3481
*Propoxat*** 2398
Propoxicainum 2701
Propoxipheni chloridum 4045
*Propoxycain*** 2701
D-*Propoxyphen* 4046
*Propoxyphenhydro-chlorid*** 4045
Propoxypiperocainum hydrochloricum 2879
Propoxyprocain 2701
*Propranololhydro-chlorid*** 2635
Proprasylythydrochlorid 2635
Proptan 954c
Propyallylonal 1140
Propycil 561
Propyladiphenin 4218
Propylbarbital 1251
Propylbenzene 947
Propylbutamidum 2039
Propyl Butex 1134
Propylcain 1159
Propyl Chemosept 1134
*Propyl docetrizoate*** 2119
*Propylhexedrin*** 1297
*Propyli docetrizoas*** 2119
*Propyliodon*** 1095
Propylix 1095
Propylon 1526
Propylparaben 1134
Propyl Parasept 1134
Propylphenazone 2179
Propylsympatol 1776
Propylthiocil 561
Propyl-Thiorist 561
Propylthiorit 561
*Propylthiouracil*** 561
Propyl-Thyracil 561
Propynalin 1526
*Propyperondihydro-chlorid*** 4233
*Propyphenazon*** 2179
Propyphyllin 1202
*Propyromazinbromid*** 3549
Proquamezinfumarat 3367
Proquanil 1011
*Proquinolat*** 2832
Proresid-Ampullen 4299
Proresid-Hauptwirkstoff 4809
Proresidor-Hauptwirk-stoff 4809
Proresipar 4299
Prorex 2800
Pros 4717
Prosamine 2812c
Proscabin 2090
Proscillan 4717
Proscillar 4717
*Proscillaridin*** 4717
Proscillaridin A 4717
Proscillid 4717
Proscomide 3113
Proscopine 3580
Proscorbin 359
Proseptasine 1902
Proseptazine 1902
Proseptin 352
Proseptol 352
Proserin 1792
Proseryl 1689
Pro-Sonil 1699
Prosopin 3183
Prospasmin 2903
Prospasmin (alte Form) 4490
Prospidin 3185
*Prospidiumchlorid*** 3185
Prostabillin 2590d
Prostafilina 3238
Prostaglandin E_1 3686
Prostaglandin E_2 3679
Prostaglandin $F_{1\alpha}$ 3693
Prostaglandin $F_{2\alpha}$ 3687
Prostaphcillin 3238
Prostaphilin A 3223
Prostaphlin 3238
Prostaphlin A 3223
Prostigmin 1792
Prostilban 3453
Prostilben(e) 4280
Prostrumyl 221
Prosulthiamine 2483
*Prosultiamin*** 2483
Prosyl 2615
Prosympal 1999
Protabol 4350
Protactyl 2799
Protagent 366
Protalba 4872
Pro-Tan 2799
Protanabol 3907
Protandren 3675
Protazine 2800
Protector 4704a
Protéina 3418
Protendiol 3675
Protensil 619d
Protensin 2532
Protensyl 619d
Proterciclina 2374b
Proterenal 1526
Protergine 3678
Proternol 1526
Proteron-Depot 4560
Proteroxyna 3972
Protex 4348
Protexin 1268
Prothanon 2794
Prothazin 2800
*Protheobromin*** 1201
Protheophyllin 1202
Prothiaden 3272
Prothidium 4460
Prothionamide 940
*Prothipendylhydro-chlorid*** 2615
Prothiucil 561
Prothiurone 561
*Prothixen*** 2993
Prothromadin 3210
Prothycil 561
Prothyran 561
Protiform 411
Protiomide 940
Protion 940
*Protionamid*** 940
Protionizina 940

Protistène 3446
Protiural 561
Protivar 3419
Protoanemonin 211
Protobolin 3639
Protocaine 2011
Protogen A 760
Protogen „Takeda" 1605
Protokyl 3029
*Protokylolhydrochlorid*** 3029
Protomin 4354
Protona 3418
Protopam 562
Protophenicol 1375
Protophenicol scrioppo 4568
Protophenicol-succinate 2374
Protophylline 1202
Protoporphyrin IX 4791
Protopyrin 913
Protormone 3882
Protostephanin 3841
Protostib 621 a
Protoveratrin A 4872
Protoveratrin B 4873
Protoxyl 343
Protozide 1874
Protozol 866
Protran „Century" 1011
Pro-Tran „Mowatt & Moore" 2799
*Protriptylinhydrochlorid*** 3263
Protrombrovit 1346
Protropin 3897
Provagin 698 a
Provamicina 4901 a
Provamycin 4901 a
Provarix 419
Provasan 1755
Provascul 1776 a
Provell 4872 a
Provera 4348
Proverone 4348
Provetan 4392
Providoform 1033
Provigan 2800
Provimicina 3720
Proviodine 366 a
Proviron 4093
Proviron (neue Form) 3676
Proviron-Depot 4501
Proviron T 3395
Provismine (A) 3764
Provitabion 2590 d
Provitamin D_2 4627
Provoprin 847, 847 d
Prov-U-Sep 411 p
Proxazocainhydrochlorid 2904
*Proxazolcitrat*** 2896
*Proxibuten** 198 N
Proxicor 4367
*Proxifezon** 3245 d
Proximetacainum 2702
Proxiphenon 890
Proxiphyllinum 1200
*Proxymetacain*** 2702
*Proxyphyllin*** 1200
*Prozapin*** 3815
Prozil 2770
Prozin 2770
Prozorin-inj. 3877
Prudents 4255
Prulantex 2868
Prulax 4255
Prulet 4255
Pruralgan 2868
Pruralgin 2868
Prusocain 3425
Prylaphan 3864
Prysoline 1643
P. 1. S. 1. 4312
P2S 562
PS 207 641
PS 620 3436
PS-2383 2203
P. S. B. P. 1961 q
PSC-801 4717
Pseudoatropin 2856
Pseudochelerythrin 3458
Pseudococain 2829
*Pseudoephedrinhydrochlorid*** 1218
Pseudonorephedrin 958
„Pseudourea" 2979
PSG 4874
Psicain 2829
Psicain-Neu 3361
Psicarmon 2770
Psichergina 1214
Psichial 2532
Psicodin 2972
Psicodisten 2595
Psicofar 2532
Psicofuranine 1491
Psicolina 192 c
Psicomidina 2595
Psiconor 2532
Psicopan 1214
Psicopax 2311
Psicoperidol 3962
Psicoplegil 576
Psicorilas 576
Psicosan 2532
Psicosedin 2532
Psicosedina 576
Psico-Soma 245 e
Psicosten 978
Psicosterone 3396
Psicoterina 2532
Psicoton 192 b
Psilocin 1696
Psilocin-(aeth) 2218
*Psilocybin*** 1739
Psilocybin-(aeth) 2247
Psiquergina 1214
Psiquiwas 2311
Psoralen 1310
Psoriacid-S-Stift 497
Psoriacid-Stift 2066
Psoriazin 170
Psorisan 283
P. S. P. 3195
PSVA 2907
Psychamine A 66 1471
Psychedrin 953
Psychergine 1214
Psychial 2770
Psychoforin 3335
Psychoperidol 3962
Psychosan 3016
Psycho-soma (Gélule) 245 e
Psychoson 3799
Psychostyl 3262 a
Psychoton 953
Psykosedan 1011
Psykoton 1214
Psylactil 2770
Psyquil 2991
Psytomin 3585
P-T 235
PT-9 745
PT-14 2220
Pteramina 3251
Pterodon 3685
Pterofen 1596
Pterophene 1596
Pteropterin 4650
Pteroylglutaminsäure 3240
3 P-Tet 3970

PTGA 4650
Ptimal 368
Ptosine 796
P-T-T 235
P. T. U. 561
PTZ 382
PU 239 4053
Puerifenicol 1375
Puernol 685
Pularin 4360
Pulmaxil N 4084
Pulmidol 2119
Pulmo 500 4084
Pulmobeta 2206
Pulmobiotic 4662a
Pulmofenil 2790
Pulmo-leic 1032
Pulmoluy-S 3026
Pulmorex 569
Pulmosolfamina 1653
Puls 3699
Pulsatillakampfer 1050
Pulsoton 959
Pulsotyl 1219
Pulvococcyl 352
Pulvoprobiamide 352
Punicin 763
Puradin 647
Purapen G 2590b
Purasphin 309
Purazolin 647
Purazulen 2393
Pur-Cellin 2042
Purex 3451
Purga 3451
Purgaceen 4255
Purgalon 3451
Purganol-Daguin 3451
Purgarol 3451
Purgativ 3451
Purgax-Zazzera 3451
Purgazen-Tabl. 4255
Purgen 3451
Purgetten 4255
Purgophen 3451, 4255
Purgyl 3451
Purifilin 1202
Purigens pH 5 1673
Purinethol 210
Purmetion 262
Purocyclina 3970
Purodigin 4875
Purofilina 1200
Puromicina 4058
*Puromycin** 4058
Purophyllin „Laevosan“ 531b
Purophyllin „Siegfried“ 1200
Purostrophan 4685
Purovagin 698a
Puroverin 4872
Puroxantina 1200
Purpuren 4875
Purpurid 4875
Pursennid 4880
Purserpine 4776
Purvit A 3659
Pustalax 2054
P. V.-Carpine 1498b
P-vimin 4520
PVK 2593a
P. V. O 2593a
PVP 366
PVP-I 366a
PVP-Macrose 366
PVS 295 4872a
P. W. 50 2420
Pybu-Gama 1786
Pycamisan 340a
Pycaril 1864
Pycazide 340
Pydirone 1965
Pydoxal 704
Pyelectan 629
Pyelodrast 475
Pyelokon-R 821
Pyelombrine 475
Pyelombrine „M“ 475a
Pyelosil 475
Pyelumbrin 475
Pykaryl 1864
Pyknolepsinum 578
Pylorphine 3113a
Pylostropin 3139
Pylumbrin 475
Pymafed 2861
Pyoctaninum aureum 2834
Pyocyanin 1853
Pyodron 352
Pyoktanin-gelb 2834
Pyopan 2765
Pyopen 2765
Pyostacine 4909a
Pyrabital 747e
Pyrabrom 2861a
Pyracain 2011
Pyracetin 847
Pyracetol 1613
Pyraceton 475
Pyracetosalyl 1382d
Pyracinamide 215
Pyracyl 847f, 1961
Pyradene 1256
Pyradon(e) 1961
Pyrafat 215
Pyrahexyl 4090
Pyrahist 3311
Pyral 1965
Pyralcid 1396
Pyraldin 2871a
Pyralgin 1965
Pyralon 1382
Pyra-Maleate 2861
Pyramal Maleate 2861
Pyramide 215
Pyramidon 1961
Pyramin 372, 1961
Pyramistin 3667
Pyramon 747e
Pyran 1961
Pyran „Hizon“ 1965
Pyranisaminmaleat 2861
*Pyrantelembonat*** 1445a
*Pyranteltartrat*** 1445
Pyrantin 1627
Pyrantinum solubile 1676
Pyrapap 685
Pyraseptic 2163
Pyrasyth 1961l
Pyrate 2602
Pyrathiazine hydrochloride 3002
Pyrathyl-A 847g
Pyrathyn 2208a
*Pyrazinamid*** 215
Pyrazinobutazon 3245c
Pyrazofen 1369
Pyrazogin 1683
Pyrazolin 1382
Pyrazomycin 976
Pyrazon 3245a
Pyrazophyl 1382
Pyrazorin 1961
Pyrbenine 4053
Pyrbenzindole 3943
Pyrcon 4459a
Pyreazid 340
Pyrebactil 1635
Pyredal 1369
Pyrene 1

Pyrequan 1445
Pyrethane 685
Pyrethia 2800
Pyretin 1965
Pyretinol 685
Pyrets 3922
Pyrgasol 4686
Pyriamid 1366
Pyribe 735
Pyribenzamin(e) 2642
Pyribenzoxal 2642
Pyribenzyl 2642
Pyricamphre 735b
Pyricardyl 1190
Pyricidin 340
Pyrictal 2159
Pyridacil 1369
Pyridaron* 1848
Pyridazin „Meito“ 1398
Pyridazol 1366
Pyridenal 1369
Pyridene 1369
Pyridiatte 1369
Pyridicin 340
Pyridine-N 1366
Pyridinin 1367
Pyridinolcarbamat 1488
Pyridion 965
Pyridipca 735
Pyridium 1369
Pyridivite 1369
Pyridofyllin** 735c
Pyridone 1965
Pyridoscorbine 359i
Pyridostigminbromid** 985
Pyridoxalphosphat 704
Pyridoxal „Yashima“ 704
Pyridoxaminphosphat 28N
Pyridoxin 735
Pyridoxiniumchlorid** 735
Pyridoxol 735
Pyridoxylate 1169
Pyridoxyphen 2845
Pyridrol 3015
Pyrilaminmaleat 2861
Pyrilax 3942
Pyrilen 1299
Pyrilgin 1965
Pyrimal 1081
Pyrimal M 1396
Pyrimalone 2861
Pyrimazid 378
Pyrimethamin** 1617
Pyrimidine-Penicillin G 2590n
Pyrimitat** 1552
Pyrimithate 1552
Pyrinamine 2642
Pyrinazin 685
Pyrinistab 2208a
Pyrinistol 2208a
Pyrinol 847
Pyrinolin** 4511
Pyripeni 2412
Pyri-Pyridium 1369
Pyrisan 1965
Pyrisept 3922
Pyrisulfon 352
Pyrithiamin 2230
Pyrithian 704
Pyrithidiumbromid 4460
Pyrithion-Zinc 213a
Pyrithioxin 2626
Pyrithyldione 965
Pyritidiumbromid* 4460
Pyritinol** 2626
Pyriton 2622
Pyrium 4537
Pyrivel 735
Pyrivin 4459a
Pyrivitol 735
Pyrizidin 340
Pyrizil 2642
Pyrizin 1369
Pyroace 1034
Pyrocaine 2131
Pyrocat 1350
Pyrochol 4369
Pyrodid 1961o
Pyrodifeniumbromid 4041
Pyrodin 705
Pyrofanil 3944
Pyroform 501c
Pyrogallin 327
Pyrogallol 327
Pyrogallussäure 327
Pyrogesic 1965
Pyrol 847
Pyrolase 1795
Pyrolaxon 4734
Pyromijin 704
Pyronil 3496
Pyrophendan** 3771
Pyrophos 800
Pyroplasmin 3733
Pyrosalin 847j
Pyrostib 1579
Pyrotan 1961a
Pyrotens 1025
Pyrotyne 1965
Pyrovaleronhydrochlorid** 2662
Pyroxamin** 2997
Pyroxin 735
Pyr-Pam 4459a
Pyrralan 2208a
Pyrrhodid 1961o
Pyrrobutamine 3496
Pyrrocainhydrochlorid* 2216
Pyrrocycline-N 4530a
Pyrrolamidol 4408
Pyrrolazot(e) 3003
Pyrrolidinomethyltetracyclin 4530
Pyrrolifen** 4192
Pyrroliphene 4192
Pyrrolnitrin** 1034
Pyrroplegiumtartrat 2501
Pyrrovinyquiniumchlorid 4459
Pyrteen 2208a
Pyruvodehydrase 1795
Pyrvin 4459a
Pyrviniumchlorid** 4459
Pyrviniumembonat** 4459a
Pyrviniumpamoat 4459a
Pytaminhydrochlorid* 3628
PZ 1511 4609
PZ 17105 2896
PZA 215
PZC 3791

Quaalude 2535
Quadracycline 3970
Quadriciclina 4530
Quadrosept 4571
Qualidil 4804
Quamaquil 1160
Quamonium 3438, 3708
Quaname 1011
Quanan 1011
Quanil 1011
Quantalan 4042
Quantin-100 (-1000) 4960
Quantril 4086
Quarcyl 699
Quarzanbromid 4011
Quat 2212
Quatacainhydrochlorid** 2259
Quateleron 4114
Quaternil 3630

Quateron 4114
Quatrachlor 4571
Quatrasan 3695
Quatrax 3970
Quatresin 3695
*Quazodin*** 1645
Quazoline 2185
QB-1 2644
Q. B. Tabs 1758
Quebrachin 3800
Quelacid 423d
Quelicin 2289
Quellada 316
Quelu-Anginol 1515a
Quemicetina 1375
Quemicetina succinato 2374
Quen 2311
Quensyl 3118
Quercetin 2308
Quercetol 2308
Queresan 4971
Quertiazol 865
Quertilbina 4280
Quertine 2308
Querton 4127
Queryl 2033
Questran 4042
Questrex 1254a
Quetimid 1855
Quetinil 2521
Quiactin 767
Quiatril 2521
Quibron 1209a
Quicksan 317
Quicifal 4113
Quide 4298
Quiebar 1250
Quiescin 4776
Quiescon 252
Quietal 384
Quietalum 1140
Quiete 391
Quietidin 4062
Quietidon 1011
Quietoplex 1855
Quievita 2521
Quifasol 3922
Qui-Lea 4410
Quilene 3422
Quilibrex 2972
Quill 2319
*Quillifolin*** 3748
Quilofex 2004
Quilonum 37a
Quilonum retard 12
Quimbo 298a
Quimbosan 298a
Quimitiazol 865
Quimpeiodina 1032
Quimpe-rectol 1515a
Quinachlor 3117
*Quinacillin*** 2960
Quinacrine 4202
Quinacrine Soluble 4202a
Quinadome 815
Quinaform 3545i
Quinaglute 3546d
Quinalbarbital 1758
Quinalbarbitone 1758
*Quinaldine Blue*** 4386
*Quinaldinum coeruleum*** 4386
Quinalgen 2958
Quinalspan 1758
Quinambicide 811
Quinapyramine 2871
Quinate 3546d
*Quinazosinhydro-chlorid*** 2863
*Quinbolon*** 4327
Quinby 3545d
*Quindecaminacetat** 4709
Quindoleina 815
*Quindoniumbromid*** 2637
Quindorm 1758
Quinercyl 3117a
Quinestradiol 4229
*Quinestradol*** 4229
*Quinestrol** 4410
*Quinetalat*** 2205
*Quinethazon*** 1110
Quinetolate 2205
Quingamin 3117
*Quingestanol*** 4418
Quingestanolacetat 4547
*Quingestron*** 4492
Quingetten 476
Quinicardine 3546a
Quinidate 3546a
Quinidex 3546a
Quinidin 3546
Quinidoxine 3546a
Quiniduran 3546a
Quini-Durules 3546a
Quinienbedoce 4960
Quinilac 3546e
Quinilon 3117
Quinimutol 3545d
Quinin 3545
β-Quinin 3546
Quinini aethylcarbonas 4181
Quiniobine 3545d
Quiniobismuth 3545d
Quiniofon 820
Quinio-Goyl 698h
Quiniostovarsol 698h
Quinisal 3545g
Quinisan 3545g
*Quinisocain*** 2868
Quinocaine 3655
Quinocide 2440
Quinoform 3545i
Quinoform „C + M" 811
Quinoleine 2868
Quinolor 813
Quinophan 2509
Quinophenol 828
Quinora 3546a
Quinoscan 3117
Quinoseptyl 1398
Quinosol 828c
Quinostab 3545d
Quinosulphan 820
Quinothymol 3545o
Quinotimol 3545o
Quinoxidine 2125
Quinoxyl 820
*Quinprenalinsulfat*** 2181
Quintabor 698a
Quinterenolsulfat 2181
*Quintiofos** 133N
Quintrate 235
Quinuroniumsulfat 3733
*Quipazinmaleat*** 1924
Quipenyl 3408
Quirvetin 3970
Quirvetin-intramuscular 3972
Quitaxon 3264
Quivet 1011
Quixalin 813
Quixalud 813
Quotane 2868
Quoticidine 4716
Quotidine 3817
Quotidon-Wirkstoff 3817
QZ-2 2535

502-R 3117a
R 5 2914
R 12 514

R 47 403
R 48 2137
R-52 50N
R 65 1730
R 79 4236
R 100 3629
R 106 340a
R 108 4490
R 154 3392
R-164 3834
R 199 4861
r-225 1954
R 239 1718
R 253 3864
R 382 1471a
R 445 4170
R 516 4456
R 522 4452
R 548 2686
R 610 4407
R 616 4759
R-657 411z
R 658 4022
R 661 4221
R 714 3815
R 738 2773
R 757 1132
R. 875 4408
R 1132 4704
R 1248 U 2016
R-1303 56N
R 1406 4194
R 1516 3739
R 1589 3751
R 1625 3735
R 1647 3976
R 1658 3987
R 1707 3215
R 1881 3350
R 1892 3513
R 1929 3282
R 2028 3769
R 2113 4037
R 4-2130 1102
R 2159 3809
R 2453 188N
R 2498 3962
R 2580 146N
R 2858 187N
R 2962 4276
R 2963 4526
R 3201 4461
R 3248 4287
R 3345 3878
R 3365 4537
R-3588 2033
R 2-3661 2838
R 4082 4233
R 4263 4021
R 4318 161N
R 4584 3966
R 4749 3951
R 4845 4736
R 4929 4155
R 5046 4390
R 5147 4152
R 5188 3984
R 5240 4021
R 5385 4180
R 5808 3988
R 6109 4278
R 6218 4644
R 6238 4590
R 6438 1390
R 7242 4597
R 7315 1901
R 7405 2157
R 7464 2398
R 7904 4707
R 8141 843
R 8193 1343
R 8284 2534
R 8299 1391
R 9298 3950
R 9985 3503
R 10100 2586
R 10948 4429
R 12564 1392
R-13423 3216
R 13558 4824
R 14889 2946
R 14950 4449
R 15403 4589
R 16341 4586
R 16470 4156
R 16659 2156
R 17635 115N
RA 8 4367
Ra 101 3789
Rabalon 2540
Racedrin 1217
*Racefemin*** 3068
*Racefenicol*** 1671
Racemelfalan 1975
Racemethadol 3865
*Racemethorphan*** 3104
*Racemoramid*** 4407
*Racemorphan*** 2849
Racemorphanolum 2849
Raceophenidol 1670
Racephedrin 1217
Racephen 953a
Racephenicol 1671
Racepin 968
Racet 2934
Rachineocaine 2011
Racimida 4812
Racobalamin-57 4961
Racobalamin-60 4962
Racomex 243
Radecol 336
Radedorm 2319
Radepur 2532
Radeverm 1835
Radiamon 4626
Radio-Chholografin 3449
Radiocin 4295
Radiocyanocobalamin (^{57}Co) 4961
Radiocyanocobalamin (^{60}Co) 4962
Radio-cycobeminum (^{60}Co) 4962
Radiographol 13
Radio-Hippuran 840
Radiol 3708
Radiomerisoprol (^{197}Hg) 109
Radiomiro 1591a
Radioplex 1266
Radio-Rose-Bengal-I-131 3439
Radiosa A 3659
Radiosa D_3 4573
Radiosélectan biliare fort 3448
Radiosélectan urinaire et vasculaire 1324
Radioselenomethionin (^{75}Se) 264
Radiosterina 4626
Radiostol 4626
Radiotétrane 3446
Radiozim 4966
Radonil 1102
Radonin 1658
Radonna 1588
Radsterin 4626
Rafa-Cortin 3858
Rafamebin 815
Rafamida-Tiazol 865

*Rafoxanid**	149N
Rakumex	243
RAL	3062
Ralay 106	2910
Ralenta	1398
Raley 106	2910
Ralgin	1698
Ralgro	3127
Ralopar	3561a
Rametin	2556, 4960
Ramycin	4749
Randolectil	4320
Ranestol	185o
*Ranimycin***	1769
Ranitol	3756
rankotip-Wirkstoff	957
Ranocaine	2701
Rapacodin	3080
Raphetamine	953a
Rapidal	1699a
Rapid-Gum	2011
Rapidocaina	2258
Rapidocillin	2590d
Rapidorm	2016
Rapidosept	486
Rapilax	2955
Rapostan	2749a
Raquixok „D"	4626
Rarical	362g
Raschit (K)	507
Raspberin	514
Rassprin	847
Rastalid	590
Rastinon	1760
Rathimed	698a
Raticida	3210
Ratiso	3210
Ratmaster	3210
Raubaserp	3756
Raubasil	3756
Raubasin	3756
Raucap	4776
Raudioxid	4776
Raugal	4776
Raulen	4776
Rauloydin	4776
Raumalina	3756
Raumanon	340
Raunervil	4776
Raunormin „Orzan"	4776
Raunormine	4760
Raunova	4813
Raupasil	4776
Raupin	3294
Raupyrol	4812
Raurescin	4812
Raurine	4776
Rausan	4776
Rau-Sed	4776
Rausedan	4776
Rausedyl	4776
Rauserpen-Alk	4776
Rauserpin	4776
Rausetin	4269
Rausingle	4776
Rautamin	137a
Rautrin	4776
Rauvasan	3756
Rauvilid	4776
Rauwipur	4776
Rauwita	4776
Rauwoleaf	4776
Rauwolfin	3596
Rauwopur „Byk"	4776
Ravenil	3298
Ravizol	1607h
Ravocaine	2701
Ravona	1545b
Ravonal	1542
Ray-Gluciron	423h
Ray-Nox	513
Rayodal	236N
Rayomiro	1591a
Rayopake	653
Raythesin	1159
Razebil	2525
Raziosulfa	2348
RB-252	2549
27-109 RC	1578
RC-167	4700
RC 172	146a
RC-173	146b
R. C. M. 258	1716
Rd 292	1720
RD 310	3994
Rd 328	340a
R. D. 1403	2470
RD 2801	4460
RD 3803	854
R. D. 9338	1736
R. D. 13621	1987
RD 13962	2960
R. D. 17345	2336
R. D. 20000	4335
Reactimerck-Wirkstoff	2426
Reactivan-Wirkstoff	2426
Reactrol	3241
Réactyl	513d
Readicillin	2590
Reanimil	3488
Reargon	734a
Reasec	4704a
Rea-tos	3384
Reazid(e)	82
Rebal	1183
Rec 1/0060	1459
Rec 1/0185	3211
Rec 7/0040	4265
Rec 7/0052	3740
Rec 7/0267	3488
Rec 7/0518	3153
Rec 14/0127	3491
Rec 15/0019	4067
Rec 15/0180	2103
Recacid	245a
Recalferol A	3659
Recalferol D_2	4626
Recanescin	4760
Recbonfilin	531b
Recetan	2687
Recheton	3224
Rechtsmilchsäure	96
Reciogan	85
Recipavrin	3066
Recobrin	342
Recognan	2280
Recolip	1668
Recolon	3457
Reconan (Oto)	4326
Reconox	1577
Recorcaina	2011
Recordil	3211
Recoveron	8N
Recrein	192a
Rectabaine simple	4685
Rectadione	2305
Rectamigdol	1515a
Rectanol	31
Rectaspint	847
Rectidon	1718a
Rectitonsil 4	1515a
Recto-Angesal	1515a
Rectobaina	4685
Recto-Base	1515a
Rectobion	3961
Rectobismu	898a
Rectobru	1515a
Rectocalcium	423
Rectocenga	4960

Rectociclina 3961
Rectodelt 3806
Rectofasa 3245
Rectofasa-Bismuto 1515a
Rectofuran 636
Rectogarmida 1515a
Rectoglucon 423
Recto-Hosbon-Bi 1515a
Recto-Klari 3545d
Recto-Labol 1515a
Recto-Lafir-Bismutico 1515a
Recto-Lagos 1515a
Rectolmin-Bismutico 1515a
Recton 1718a
Rectopavonal 1515a
Rectopenicillina 2590
Rectopirin 1961
Recto-Pulmo-Amigdalar-B 153e
Rectosalyl 847
Rectotrava 1515a
Rectules 32
Recuryl 2501
Recytomin 4960
Red 1000 4959
Redamin 4960
Redavit B_{12} 4960
Red-B 4959a
Redeon 221
Redicilin 2614
Redifal 1658
Redimyl 577
Redinal 1607
Rediralt 1692
Rediron 1692
Redisol 4960
Redisol-H 4959
Redomex 3514
Redouline 4182
Redoxon 359
Redskin 140
Red tetrazolium 3208
Reducdyn-Hauptwirkstoff 367
Reducto (alte Form) 3545b
Reduform 958
Redul 1926
Redusterol 1152
Reduton 1209
Redux 3700
Reflecta 2191
Reflex-Suppos. 1965
Reflexyn 1486
Refluit 2005
Reflux 411p
Refobacin 3928b
Reformin 1190
Refresh'n 711
Refugal 2790
Refuin 2578
Refungine 2766
Refusal 1287
Régacholyl 1320
Régacid 4883c
Regadrin 728
Regal „Andromaco" 3700
Regal „Ferrosan" 4255
Regaspirin 847
Regelan 1668
Regenasol 1584
Regenfor B_1 1765
Regenfor C 359
Regenon-Wirkstoff 1994
Region 708
Regitin(e) 2787
Reglan 2254
Reglovar 4392
Regmolax 3472
Regnosone 3902
Regoxal 4256
Regredol 4046
Regresin-sine 4035
Regretos 4047
Regul-aids 3700
Reguletts 3451
Regulex 3700
Regulin „Gea; Medica; Nyco" 1231
Regulix „Kwizda" 2054
Regulin „Kwizda" (neue Form) 1211
Regulin „Takeda" 3385
Regulon 2341
Regutensin 1307
Regutol 3700
Rehibin 3933
Rehiston 2600a
Reichsteins Substanz S 3890
Reise-Engletten 2812c
Reithritol 235
Rejogyn 286
Rektandron 3395
Rektolax 3700
Rela 1816
Relan Beta 2342
Relane 3518
Relanium 2521
Relanol 3838
Relapaz 1816
Relasom 1816
Relavit 252
Relavit-Inj. 586
Relax „Ion" 1486
Relax „S. A. R. L." 2521
Relaxan (BDH bzw. Gea) 4734
Relaxant 1208
Relaxar 1208
Relaxil (rumän. Präp.) 1209
Relaxil „Pelosi" 2532
Relaxil „Zambon" 1208
Relaxin 423g
Relaxin „Kyorin" 2289
Relaxine „Meinsderma" 847
Relaxo-Powel 1816
Relax-U-caps 2208a
Relaxyl 1208
Relaxyl-G 1209
Relay 847
Relbapiridina 1366
Relbazon 1636
Relenol 3838
Relestrid 1486
Reliberan 2532
Relicor „Azevados" 3827
Reliveran 2254
Relmus 4528
*Relomycin*** 4913
Reltine 3152
Relvène 4779
Remaxan 3523
Remazin 3246
Remeflin 3488
Remestyp 922
Remiderm 4310
Remin 1462
Remodin 685
Remophan 2509i
Removine 2812c
Remyolan 4734
Renaglandin 968
Rénaleptine 968
Renalina 968
Renalsulfa 1054
Renamid 147
*Renanolon** 3906
Renarcol 31
Renarcol „Byk" 1208
Renascin 4815
Renasul 887

Renazide 2151
Renbu 1250
Rencal 452a
Renelate 411p
Renese 1407
Renoform 968
Renografin 1324
Renolin 871
Renolon 847d
Renon 2072
Ren-O-sal 313
Renostypticin 968
Renostyptin 968
Renosulfan 1421
Renotest 884
Renovan 1209
Renovist 1324
Renstamin 2861
Rentopren 2590
Rentovet 2972
Renumbral 838
Renurix 1891a
*Renytolin*** 3710
Reociclina 3970b
Reocorin 4269
Reomax 1880
Reorganin 1209
Reostral 1011
Reoxyl „Bika" 4718
Reparal 3434
Reparil 4946
Repeltin 3053
Repocal (alte Form) 720
Repocal (neue Form) 1545b
Repocobe 4960
Repodral 1579
Repoise 4320
Reposal „Novo" 2183
Reposal „Ocefa" 2532
Reposamal 2183
Reposan 2043
Repper-DET 1723
Repriscal 1005
Repudin-Special 1723
R-E-S 4776
Resactin A 2468
Resantin 4064
Rescaloid 4812
Rescamin 4812
Rescimin 4812
Rescin 4812
Rescinnal 4812
*Rescinnamin*** 4812
Rescinol 4812
Rescisan 4812
Rescitens 4812
Rescitensina 4812
Rescupal 3846
Resedril 4776
Rese-Lar 4776
Reseptyl 1571
Reserbal 4776
Resercaps 4776
Resercen 4776
Reserjen 4776
Reserlor 4776
Reserp „Wander" 4776
Reserpal 4776
Reserpamed 4776
Reserpanca 4776
Reserpene 4776
Reserpex 4776
Reserpidefe 4776
Reserpil 4776
Reserpilin 4182
*Reserpin*** 4776
Reserpinin 4812
Reserpka 4776
Reserpoid 4776
Reserpur 4776
Resersana 4776
Resertene 4777
Reserutin 4776
Resi 4333
Resiatric 4776
Resibufogenin 4333
Resil 1209
Resiloid 4812
Resine 4776
Resipal 4812
Resistab 2653
Resistamine 2642
Resistomycin 3181
Resistopen 3238
Resistovites 3659
Resitan 3431
Resitox 2152
Resivit 2569
Resmin-Inj. 2812
Resmin-Powd. 2812g
Resobantin-Wirkstoff 3839
Reso-Bronkotal 1526
Resocalm 4776
Resochen 3117
Resochen S 3117d
Resochin 3117
Resocyanin 1048
Resomicina 3970
Resomicina P 3970a
Resoquina 3117
*Resorantel*** 74N
Resorcin 325
Resorcinol 325
Resorcinphthalein-Natrium 3447
Resormol 2593
Resotren 3117b
Respaire 243
Respectol 2052
Respenyl 1209
Respifral 1526
Respigon 4333
Respil 1209
Respir 2681
Respiron 3699
Respirot 1804a
Respital 4776
Resplamin 427
Resplegum 2292
Restal 1546
Restamigdol 1515a
Restamin 2812
Restamin (Powd., Tabl. for infants) 2812i
Restamin S 2812g
Restansia 1011
Restenacht 3646
Restene 4812
Restenil 1011
Restetal 608
Restimao 978
Restin 2812
Restin-Elixir 685
Reston M 2600a
Reston-Powd. 2812i
Restore 3678
Restran 4776
Restrol 2982
Restropin 3113
Restryl 2208a
Restryn 1211a
Resucil 192d
Resulfina 1398
Resulfon 571
Resyklin 4724
Resyl 1209
Retabolil 4628
Retalon aquosum 3100
Retalon-Lingual-Tabletten 3993

Retalon oleosum 4300
Retalon-Oral-Tabletten 3957
Retalon-Salbe 3058
Retamin 4596
Retandrol 4603
Retar-B_1 2901
Retarcilina 2590e
Retarcyl 4971
Retard-gen E 4485
Retardillin 2590d
Retardin 4704a
Retardon 1397
Retardsulf 1397
Retar-gen A 4559
Retar-gen E 4485
Retar-gen P 4561
Retarpen 2590e
Retasulf 1657
Retasulfin 1398
Retavin B_{12} 4959
Retensin 4734
Retentin 2107
Retentós 3964
Retet 3970
Retex 4186
Reticulin 890, 3925
Reticulogen 4960
Retidex B_{12} 4960
Retinoesäure 178N
Retinoic acid 178N
*Retinol*** 3659
Retinolacetat 4088
Retinolpalmitat 4835
Retozide 340
Retrangor 2730
Retrocortin 3806
Retrografin-Wirkstoff 1324
Retroid 3767
Retrone 3854
Reubenil 3983
Reu-Bon 1961m
Reuchetal 3224
Reudazil 1072
Reudo(x) 3245
Reugaril 1072
Reulatt S. S. 361
Reulin 1072
Reumachlor 3117
Reumacide 3203
Reumacif 497b
Reumagrip 1072
Reumalon 2511
Reumanova 1961m
Reumaquin 3117
Reumartril 2511
Reumasedina 1961m
Reumasyl 3245
Reumatex 3246a
Reumatosil 2749
Reum-Atox 1937
Reumazin 3245
Reumazol 3245
Reumilene 2654a
Reumina 2509b
Reumital 1072
Reumo-Campil 3224
Reumoftal 1961m
Reumoide 3118
Reumo-Termina 1961a
Reumotranc 1961m
Reumox 3246
Reumune 3245
Reumuzol 3245
Reupirin 2948
Reupiron 2749
Reupolar 3245
Reuprosal 1157
Reutan 2516
Reutissome 3323
Revac 3700
Revasa(n) 3718
Revercaf 2374b
Reverin 4530
Revertina 1555
Reves 2535
Revibol 841
Reviten 1596
Revival 1896
Revival „Grünau“ 2683
Revivon 4481
Revocain 2011
Revonal 2535
Revoxyl 2386
Revulex 1961q
Revulsin 1864
Rexamid 3114
Rexamin A 3659
Rexamin B 1765
Rexamin C 359
Rexamin D 4626
Rexamycin 3970
Rexan 1374
Rexicor 4269
Rexiode 820
Rexocaine 2475
Rexolate 496
Rexsulfa 1397
Rezerpin 4776
Rezifilm-Wirkstoff 408
Rezipas 516d
Rezistomicin 3181
RG 305 1979
R-Gene 440a
Rhaetocain 917
Rhaponticin 3765
Rhapontin 3765
Rhenocain 2479
Rheopak 821
Rhetinic acid 4724
Rhetinol 4724
Rheumacyl 899
Rheumaex 514
Rheumatin 4515a
Rheumatol 514
Rheumatophine 2509
Rheumintabletten 847
Rheusyth 1961l
Rhex (regulans) 1208
Rhinagutt 1960
Rhinal 2120
Rhinalator 953
Rhinantin 2120
Rhinantol 246
Rhinaspray 1960
Rhinathiol 246
Rhinazin 2120
Rhinetten 3021
Rhinex 2120
Rhinityl 616
Rhinocillin 2590
Rhinodol 2178
Rhinofrenol 2681
Rhinogutt 1960
Rhinogutt (alte Form) 1164
Rhinokalixan 3181
Rhinol 1960
Rhinon 2120
Rhinoperd 2120
Rhinosan 2681
Rhinosol 616
Rhinospray 1960
Rhirhitin-K_2 4724b
Rhocya 6a
Rhodacryst 4960
Rhodain 277b
Rhodallin 174
Rhodarsan 1896
Rhodazil 2090
Rhodine 847

Rhoditan 1663
Rhodochin 2895
Rhodoquine 2895
Rhodotoxin 4111
Rhodulinorange NO 2786
Rhomex 185f
Rhonal 847
Rhumax 497b
Rhynaspray 1960
Rhythm 609a
Rhythmaton 3596
Rhythmidine-Amp. 3546b
Rhythmol 4553
Riabal 4041
Riacon 55
Rianil 4133
Ribalgilase 4980
Ribazol 2184
Ribena 359
Ribex 2010
Ribibca 2805
Riblanc 4746
Ribo 2838
Riboazauracil 739
Ribocrisina 2805
Riboderm 2805
*Riboflavin*** 2805
Riboflavinbutyrat 4780
Riboflavinmonophosphat 2838
Riboflavinum mononucleotidum 2838
Ribofosfina 2838
Ribofosforil 2838
Ribolacton 2805
Ribonosine 1127
Ribonuclease 4980
Ribo-Phos 2838
*Riboprin*** 2446
Riboral-Wirkstoff 1760
Ribosyn 2805
Ribothiamina 1765
Ribotinic 2805
Ribotone 2805
Ribovel 2805
Ribovin 2805
Ribovit B_2 2805
Ribo-Vitan 2805
Riboxal 2805
Ribozyme 2838
Ribrin 2206
RIC 272 2535
Ricaine 2906
Ricketon 4573
Ricomicina 3720
Ricortex 4206
Ricycline 3970
Ridazine 3552
Riddobetes 1825
Ridinol 3564
Ridzole 356
Riedelcaine 2011
Rifa 4893
Rifadin(e) 4893
Rifaldazine 4893
Rifaldin 4893
*Rifamid** 4892
*Rifampicin*** 4893
Rifampin 4893
*Rifamycin*** 4839
Rifamycin AMP 4893
Rifamycin SV 4839
Riflavin 2805
Rifocin(a) 4839
Rifocin M 4892
Rifocyna 4839
Rifoldin(e) 4893
Rifomycin SV 4839
Riforal 4893
Rigedal 354
Rigenicid 710
Rigenox 1920
Rigesol 1652
Rigetamin 4771a
Rigidyl 3354
Riker 545 835
Riker 548 2686
Riker 594 1197
Riker 595 4320
Riker 601 1629
Rilansyl 1374
Rilaquil 1374
Rilassol 1374
Rilatin 2199
Rilax 1374
Rilaxan 3451
Rilton 336
Rimactan 4893
*Rimantadinhydrochlorid*** 1798
Rimaon 2366
Rimbonil 1515a
Rimicid 340
Rimidol 2120
Rimifon 340
Riminophenazine 4512
Rimitsid 340
Rimmalcor 4458
Rinatiol 246
Rinazina 2120
Rincorten 3858
Rinderon 4039
Rinderon V 4551
Rinder-Vasopressin 4922
Rineptyl 616
Rinidol 2178
Rinil 528
Rinisol 962
Rinitol 2120
Rinofug 2120
Rino-Nessa 1934
Rinver B 1765
Rinver C 359
Rinverfons 340
Rinvertiazol 865
Riomitsin 3972
Ripercol 1391
Riposon 384
Ripresil 4966
Riripen 3323
Risatarun 582a
Riseptin 3918
Riserpa 4776
Risolid 2532
Risordan 354
Rispasulf 3339
Ristat 313
Risulfasens 1397
Risulpir 1658
RIT 1140 4710
Ritalin 2199
Ritamine 4960
Ritardovit B_{12} 4959
Ritarsulfa 1658
Ritinsan 4724
Ritmocor 3546e
Ritmodan 3876
Ritmos „Elle“ 3997
Ritmos I. d. B. 3596
*Ritodrin*** 2821
Ritosept 1830
Ritromin 4867
Rivafurazon 322
Rivanol 2366
Rivased 4776
Rivasin 4776
River 652
Riverpen 2590d
Rivivol 972
Rivon 1299

Rivopon-H	636
Rivopon-O	647
Rivopon-S	322
Rivosil	652
Rixamone	860
Rixapen	2759
Rizinomycine	4663
Rizinsan A	4883
Rizinsal AL	4883c
Rizinsan K	4883b
RJ-64	1834
RL-50	245b
RMC	2593a
RMS Petrasch	96
Ro-0810/1	4837
Ro 1-4849	2962
Ro 1-5130	985
Ro-1-5155	336
Ro 1-5431	2851
Ro-1-5470	3104
Ro 1-5470/5	3105
Ro-1-5470/6	3106
Ro 1-6463	1270
Ro 1-6794	2850
Ro 1-7627	2952
Ro-1-7683	2792
Ro 1-7700	3356a
Ro 1-7977	154
Ro-1-9213	89
Ro 1-9334	4661
Ro 1-9569	3385
Ro 2-1160	694
Ro 2-2222	3990
Ro 2-2453	2469
Ro 2-3198	1269
Ro 2-3248	2751
Ro 2-3773	4011
Ro 2-4969	1913
Ro 2-5803	4553
Ro 2-7113	3110
Ro 2-7638	4820
Ro 2-9578	3849
Ro 2-9757	126
Ro 2-9915	130
Ro 4-0288/1	4271
Ro 4-0403	2972
Ro 4-1544-6	1614
Ro 4-1575	3514
Ro 4-1634	1751
Ro 4-1778/1	3534
Ro 4-2130	1102
Ro 4-3476	1400
Ro 4-3816	4903
Ro 4-4393	1659
Ro 4-4602	1235
Ro 4-5282	1746
Ro 4-5360	2319
Ro 4-6467	1781
Ro 4-8347	3767
Ro 5-0690	2532
Ro 5-0810/1	4837
Ro 5-0831	1630
Ro 5-2092	99N
Ro 5-2807	2521
Ro 5-3307/1	1171
Ro 5-3350	2058
Ro 5-4023	2302
Ro 5-4556	2549
Ro 5-6574	3848
Ro 5-6901	3736
Ro 5-9110/1	168N
Ro 5-9754	2186
Ro 6-2153/12F	2187b
Ro 6-2580/11	2187a
Ro 6-4563	3120
Ro 7-1554	583
Roan	427
Ro-A-Vit	3659
Ro-A-Vit (Roavit)	4835
Robal DP	3058
Robal-Tabl.	3993
Robalate	46b
Robamate	1011
Robanul	3405
Robarb	1546
Robaxin	1486
Robelvit	4960
Robengatope	3439
*Robenidinhydrochlorid**	100N
Robenzidene	100N
Roberazyd	340
Robercain R	4619
Robese	954
Robicyclan	3970
Robimycetin	1375
Robinul	3405
Robiocina	4739
Robisellin	340
Robitrin	3520
Robitussin	1209
Roboral	3907
Robumycon-Hauptwirkstoff	1071
Rocain	2011
Rocapyol	677
Rocar	619d
Rochipel	3346
Rociamin-plus	1994
Rocilin	2593a
Ro-Cillin	2796
Rocional	2374c
Rocornal	48N
Rodalina	174
Rodalon	3921
Rodameb	2174
Rodanca	6a
Rodilen	3604
Rodilone	2559
Rodina	847
Rodipal	3346
Rodismin	3368
Rodiuran	652
Rodomicina	3971
Rodopyrin	847
Rö 101	1643
Roeridorm	548
Ro-Fedrin	1218
*Rofluran***	70
Rogitine	2787
Ro-Hist	2642
Rohrzucker	1808
Rohydra	2812
Rokubion	735
Roladek	4351
Rolazine	657
Rolazote	3003
Rolciclina	3970g
Roldiol	3555
*Roletamid***	2608
Rolicton	974
Rolicypram	2158
*Rolicyprin***	2158
Rolintrex	2374b
*Rolitetracyclin***	4530
*Rolodin**	2126
Rolserp	4776
Rolstigmin	1792
Rolsul	1894
Romanit	4878
Romavit	513
Romecil	2593a
Romecor	1733
Romedat A forte	3659
Romedat D_2	4626
Romedat D_3	4573
Romeph	1208
Romergan	2800
Rometin	811
Romezin	1396

Romicil 4820
Romicol 336
Romilan 3104
Romilar 3105
Rominophyllin 1202
Romosol 390
Romotal 1899
Romparkin 3667
Rompun 1705
Romtiazin 2799
Romycil 4820
Rondar 2311
Rondelim 185a
Rondomicina 3955
Rondomycin 3955
Roniacol 336
Ronicol 336
*Ronidazol** 356
Ronin 1366
Ronnel 651
Ronozol 298
Ronpacon 1590a
Ronton 578
Rontyl 652
Ronycin 305
Ronyl 841
Ro-Papav 3489
Rophen 1607
Rophene 3569
Ro-Phylline 531
Ropred 3806
Ropredlone 3859
Ropten 865
Roquessine-Wirkstoff 4364
Roquine 3117
Roridin A 4669
Rosamit 4359
Rosapin 4303
Roscal 4343
Roscopenin 2593a
Rose bengal I 131 3439
*Rose bengal sodium (^{131}I)** 3439
Roseocin 3181
*Roseum bengalense natricum (^{131}I)** 3439
Rosimon-Neu-Ampullen 4170a
Rosolio-Wirkstoff 1094b
Rosonal 171
Rosoxol 1421
Rossobivit 4959
Rotamebin 708
Rotamin 4960
Rotamycin 1375
Rotenon 4136
Rotersept 4059
Rotesar 1776
Rothalid 2737
Rotilen 3955
*Rotoxamintartrat*** 2603
Rotropin 3630
Rouge Congo 4752
Rouge de Phénol 3195
Rouge Trypan 4753
Rougoxin 4876
Roulone 2535
Rouqualone 2535
Rovamicina 4901a
Rovamycine 4901a
Rovan 1534
Roviciclina 3970
Roviclor 1375
Rowapraxin 3980
Rowol-lax 3451
*Roxarson*** 313
Roxel 4776
Roxenol 677
Roxifen „Miquel“ 340
Roxifen „Sigurtà“ 3630
Roxilon 4889
Roxilon inyect 245N
Roxinoid 4776
Roxochemil 4867
Roxomicina 4867
*Roxoperon*** 3308
Roxyl 847
Roxyl „Star“ 2031
Roxytropyl 3113
Royalcor 4367
40 R. P. 2400
46 R. P. 1902
143 R. P. 366
146 R. P. 1100
177 R. P. 2903
245 R. P. 1542
866 R. P. 4202
2090 R. P. 865
2166 R. P. 2431
2168 R. P. 621
2224 R. P. 902
2254 R. P. 1448
2255 R. P. 553
2256 R. P. 1710
2259 R. P. 1711
2275 R. P. 571
2339 R. P. 2841
2512 R. P. 3349a
2535 R. P. 3600a
2591 R. P. 309
2632 R. P. 1396
2740 R. P. 2420
2750 R. P. 2642
2786 R. P. 2861
2831 R. P. 794
2856 R. P. 2926
2921 R. P. 74
2971 R. P. 2421
2980 R. P. 735
2987 R. P. 3052
3015 R. P. 2594
3038 R. P. 3389
3177 R. P. 849
3203 R. P. 475
3276 R. P. 2799
3277 R. P. 2800
3356 R. P. 3346
3359 R. P. 1494
3377 R. P. 3117
3389 R. P. 2801
3554 R. P. 3093
3602 R. P. 1208
3668 R. P. 4705
3697 R. P. 4734
3735 R. P. 3542
3799 R. P. 1300
3828 R. P. 3367
3854 R. P. 1667
4207 R. P. 1122
4270 R. P. 3003
4420 R. P. 1827
4423 R. P. 2719
4482 R. P. 364
4560 R. P. 2770
4632 R. P. 3043
4753 R. P. 1617
4763 R. P. 2174
4841 R. P. 2289
4891 R. P. 3349b
4909 R. P. 3306
5015 R. P. 340
5171 R. P. 4218
5172 R. P. 147
5278 R. P. 4381
5337 R. P. 4901a
5847 R. P. 3046
6140 R. P. 3536
6171 R. P. 3248
6484 R. P. 3597
6549 R. P. 3053

6847 R. P. 3046
6870 R. P. 2651
6870 R. P. soluble 2652
7044 R. P. 3340
7162 R. P. 3591
7204 R. P. 3275
7293 R. P. 4909a
7452 R. P. 770
7522 R. P. 1398
7676 R. P. 562a
7843 R. P. 4068
7891 R. P. 1682
8228 R. P. 2200
8243 R. P. 216
8357 R. P. 4400
8595 R. P. 228
8599 R. P. 3366
8823 R. P. 375
8909 R. P. 3744
9153 R. P. 3749
9159 R. P. 4024
9715 R. P. 3485
9760 R. P. 1911
9778 R. P. 940
9921 R. P. 4979
9965 R. P. 4013
10090 R. P. 410
10192 R. P. 3720
10248 R. P. 1197
10257 R. P. 1629
10768 R. P. 1835
11589 R. P. 1912
11614 R. P. 4029
12222 R. P. 4432
12278 R. P. 227N
12833 R. P. 2164
13057 R. P. 4517
13245 R. P. 3140
13607 R. P. 814
13907 R. P. 901
16091 R. P. 2337
19366 R. P. 215N
22410 R. P. 176N
RS-1301 4162
RS 1401 AT 4295
RS-2106 4095
RS 2177 4019
RS-2208 197N
RS-2252 4285
RS-3540 87N
RS-4034 88N
R & S 218-M 225N
R & S 5205-M 228N
Ru-B_{12} 4960
Rubaseptyl 3921
Rubatone 3245
Rubavit 4960
Rubazin 1636
Rubentin 4960
Rubenzim 4966
Rubesol 4960
Rubesol-LA 4959
Rubiazol I 1636
Rubiazol II 1895
Rubiazol A 352
Rubiazol injectable 2961
Rubicrest 4960
Rubidomycinhydrochlorid 4517
Rubigen 3385
Rubion 4960
Rubitard B_{12} 4959
Rubivitan 4960
Rubracina 4867
Rubraluy 4960
Rubramin 4960
Rubramin OH 4959
Rubranova 4959
Rubratope 4962
Rubratope Co 57 4961
Rubren 4259
Rubriment 1864
Rubrine 4960
Rubripca 4960
Rubrocitol 4960
Rubrocol 3946
Rubron 4960
Rubrophen 3946
Rubrosal 2530
Rubrosil 1636
Rubrovit 4960
Rubrovit 1000 Depot 4959
Rubrum Congoensis 4752
Rubyl 3545d
Rubyvit 4960
Rucaina 2258
Rucetin 4520
Rucronyl 411m
Rübenzucker 1808
RU-EF-Tb 340
Ruelene 1771
Rufai-B 13 281o
Rufai-H 1252
*Rufocromomycin*** 4381
Rufol 887
Rufol-Carbone-Wirkstoff 2740
Rufol-Charbon-Wirkstoff 2740
Rugo 3423
Rugulosin 4699
Ruhmal-Wirkstoff 630
Rulivan 4960
Rulo-Fer 137a
Rumarid 847d
Rumasal 847g
Rumer simple 1267a
Rumilet 4716
Runcut 427
Runova 4959
Ruocid 571
Ruppit 4716
Rutabion 4520
Rutacel 3404
Rutamin 4520
Rutascol 4520
Rutavit 4520
Rutice-inyect. 4520
Rutiflavona 4520
Rutiladbi 4520
Rutilemone 4779
Rutin 4520
Rutinetas 4520
Rutinhydrochlorothiazid 4763a
Rutinibys 4520
Rutinion 4520
Rutinon 4520
Rutinsol 4520
Rutinun 4520
Rutiorzan-simple-Compr. 4520
Rutisan 4520
Rutocide 4520
Rutonal(e) 1342
Rutorbin 4520
*Rutosid*** 4520
Rutozyd 4520
Rutranex 497
Ruven 4779
Ruvit 4520
Ruvite 4960
Ruvitil 4520
Rydar 3517
Ryegonovin 3584a
Ryfen 317a
Rygostin 4771a
Rykellin 2098
Ryomycin 3972
Ryotol 317b
Ryser 4776
Rystal 685
Rythmodan 3876
Rytmalin 3596

Rytmil 3942
Rytmilax 3942
Ryuato 2854b

768 S 1691
1600 S 2248
3500 S 1493
4105 S 4187
10275-S 3415
S 7 1570
S 22 1762
S 23/46 2330
S-45 3354
S 46 1439
S 51 2812
S 62 1183
S 78 3431
S 85 1686
S 94 3989
S-108 2622a
S-109 2600a
S 115 305
S 2-127 1156
S. 131 479
S-140 2431
S. 186 1005
S 210 2624
S 314 4695
S 567 2015
S 604 1312
S 650 2919
S-804 2549
S 940 2556
S-1210 4854
S 1-1236 3630
S 4004 2265
S 4216 3345
SA-7 2649
SA-97 3304
Sa 217 1161
Sa 267 3702
SA-412 1657
Sabari 4389
Sabényl 1143
Sabromin 4122
Sacarosin 476a
Sacavir 476
Saccarina 476
Saccharimidum 476
Saccharin 476
Saccharin solubile 476a
Saccharinetten 476a
Saccharinol 476
Saccharinose 476
Saccharir 476
Saccharobiose 1808
Saccharoidum 476
Saccharol 476
Saccharose 1808
Saccharum 1808
Saccharum amylaceum 419
Saccharum lactis 1809
Saccharum uveum 419
Saceril 2328
Sacerno 1642
Sacersulfa 2348
Sachillen 476
S-Acide 1666
Sacietil 953b
Sacophan 3105
Sacrinol 476a
Sadamin 2034
S-Adchnon 1175
Sadiferol 4559
Sadociclina 3720
Sadocort 3813
Sadoreum 3203
Safersan 253
Safra 1499
Safrazine 1499
Sagatal 1545a
Sagimid 1835
Sagittacortin 4232
SAH 1871
SaH-1123 2966
SaH-2348 3484
SaH-42548 112N
Saiclate 2873
Saicostin 2770
Saizide 334
Sajodin 4124
Sakina 2532
*Salacetamid*** 860
Salacetin 847
Salacetin „Quirvet“ 281g
Salacetol 1088
Salacin 847
Salacrin 2082
Sal-Adult 847
Salamide 514
Salamid „Ferrosan“ 347
Salantol 1088
Salazodimidine 3221
*Salazodin*** 2956
Salazolon 1382c
Salazopyridin 2948
Salazopyrin 2948
*Salazosulfadimidin*** 3221
*Salazosulfamid*** 1878
Salazosulfanilamidum 1878
Salazosulfapyridazin 2956
*Salazosulfapyridin** 2948
*Salazosulfathiazol*** 2516
Salazosulphadimidine 3221
Salazothiazol 2516
Salbiolo 497g
*Salbutamol*** 2030
Salcetogen 847
Salco 334
*Salcolex** 281g/1
Salcyl 502
Salcylamin 514
Salcylix 502
Sal de Merck 2828a
Saldiuril 528
Saldoren 1382c
Salernil 4571
Sal Ester Sal 2070
*Saletamid*** 2014
Salethamide 2014
Sal ethyl 894
Sal-Ethyl Carbonate 3226
Saletin 847
Salex 4878
Salfacillin 2590e
Salfalgin 3898
Salf-Pas 516
Salfuride 1569
Salglufos 436
Salhypnon 2333
Saliamid 514
Saliamin 514
Saliamin-NJ 862
Sali-Asp 497b
Salibena 2812g
Salibi 497g
Salicain 538
Salicain „Hoechst“ 2479
Salical 2070
Salicel 514
Saliceral 1138
Salicéryl 1138
Salicétyl 847
Salicil 2068
Salicilamid 514
Salicilatos „Meseguer“ 497b
Salicilina 847
Salicim 514
Salicine 497b

Salicitrin 3713
Salicol 281g
Salicyl 860
Salicylacetol 1088
Salicylalkohol 538
*Salicylamid*** 514
Salicylamidophenazon 2968
Salicylazosulfadimidin 3221
Salicylazosulfamethazin 3221
Salicylazosulfapyridin 2948
Salicylazosulfathiazol 2516
Salicylna 497b
Salicylphenetidin 2365
Salicylsäure 497
Salide 514
Salifebrin 1863
Saliformin 411r
Salifungin 1838
Saligenin 538
Saligenol 538
Saliglutin 497b
Salikalz 497c
Salimed „Medo" 514
Saliment 899
Salimenthol 2874
Salimethyl 900
Salimid 1971
Salimide 514
Salin 3666
Salina 2070
Salinaphthol 2733
*Salinazid*** 1871
Sal-Infant 847
Saliniazidum 1871
Salinidol 1863
Saliphen(in) 2365
Saliphenazon 1382c
Salipirina 1382c
Salipur 514
Salipyrazolon 1382c
Salipyrazon 1382c
Salipyrin 1382c
Salirgan 1951
Salisan 485
Salisod 497b
Salisuccyl 2951
Salisulf 2948
Salisyylivoide 497k
Salit 2847
Salitin(e) 497b
Salix 1588
Salizell 514
Salizell-Ampullen 862
Salizid 1871
Salizid „Effepi" 340a
Salizol 1382c
*Salmefamol*** 3362
Salmester 900
Salmide 514
Salmidochol 1865
Salmocid 173
Salnabrom 532b
Salochinin 4515
Salocoll 1191a
Salodiur 485
Salodiur H 528
Salofena 2338
Salol 1860
Salonil 497
Salophen 2338
Salopur 514
Salosept 1878
Salotan 894
Salotil 847f
Salphenyl 1860
Salpirin 1382c
Salpix 821
Salrin 514
Salsolidin 1731
Salsolin 1479
Salsonin 497b
Salta-Wirkstoff 931
Salten T. D. 514
Salthein 532c
Salthion 568
Saltron 334
Saltucin 1493
Salu-058 1588
Saludrin 652
Salumin 497f
Salunil 485
Salupres 528
Salural 2342
Saluren 485
Salurene 411r
Salures 2342
Saluret 485
Saluretic 485
Saluretil 485
Saluretin 2072
Saluric 485
Salurilo-C 1971
Salurin 1951
Salurin „Wadel" 650
Saluron(a) 652
Saluside 2552
Salusol 865
Salutrid 485
Saluzid 2552
Salvacard 1190
Salvaciclina-Capsulas 2374b
Salvacorin 1190
Salvarsan 1598
Salvarsan Neu 1896
*Salverin** 3342
Salvicain 2011
Salvis 516
Salvizol 4861
Salvoseptyl 553
Salvuron 2163
Salymid 514
Salyrgan 1951
Salysal 2070
Salzen 334
Samedol 514
Samid 514
Samocycline 3971a
Samol 2874
Samorin 4587
Samoryl 450
Sanabolicum 4560
Sanaboral 3665
Sanall-Vi 3241
Sanamicina 4963a
Sanamid 352
Sanamidol 352
Sanamycin 4963a
Sanapert 4255
Sanasin 1853
Sanasma 1526
Sanaspasmina 3412
Sanatrichom-Tabl. 375
Sanazin 1853
Sanbiotetra 3970
Sanbiotetra-Susp. 3970a
Sanbromal 2861a
Sanciline 2590
Sanclomycine 3970
Sancora 1190
Sancoton 382
Sancupran 46c
Sancyclan 2873
*Sancyclin*** 3731
Sandesin 1177
Sandolanid 4898
Sandomigran 3273
Sandopart 4895
Sandoptal 1505
Sandoscil(l) 4717

Sandosten 2846
Sandril 4776
Sanedrine 1216
Sanegyt 36N
Sanetten-Tabletten 3021
Sanflumin 435
Sangostasin 1125
Sango-Stop 589
Sanguinarin 3458
San-Hepon 1
Sanidril 1575
Sanigal 1286
Sanipirol 516
Sanivermine 4140
Sanken 2011
Sankumin 3304
Sanluol 1598
Sannecit 4878
Sanocholen 4351
Sanodiazine 1081
Sanodin 4803
Sanoflavin 1869
Sanohidrazina 340
Sanoma 1816
Sanopron 2770
Sanoquin 3117
Sanoral 4716
Sanorin 2120
Sanormon 4093
Sanotensin 1303
Sanotiazol 865
Sanpas 516
Sanpilo 1498
Sanrine 3874
Sansdolor 1208
Sansert 3842
Sansulfa-Depot 1398
Santacyl 4027
Santalgesic 1505
Santalol 2485
Santavy's Substanz F 3784
Santeson 4648
Santhanal 3817
Santhéose 532
Santicizer 141 3626
Santoban 185f
Santochin 3389
Santokin 1767
Santolacton 2403
Santonin 2403
Santoninsäurelakton 2403
Santoperonin 2949a
Santophen 1 1862
Santophen 20 284
Santoquine 3389
Santosol 2403a
Santyl 4027
Sanudorm 1883
Sanulcer 3684
Sanulcin 4236
Sanvacual 3942
Sanwaphyllin 1200
Saodorm 2812
SAP 113 1104
Saprosan 1039
Saramicina 3971
Saratin 206
Sarbamyl 4223
Sarbatracine 4964a
Sarbol 4966
Sarcocide 385
Sarcocide B 1286
Sarcoclorin 1975
*Sarcolysin*** 1975
o-Sarcolysin 1972
Sarcoptan 316
Sarcosan 4476
Sargenor 440f
Sarkolysin 1975
Sarkolyt 1204
Sarkomycin A 542
Sarnex 2281
Sarocol 899
Sarocycline 3970
Sarodormin 1920
Saromet 2521
Saropen 2590
Saroten(a) 3514
Sarotex 3514
Sarpagan 4776
Sarpagin 3294
Sarpan 3756
Sarracin 3141
Sarratsin 3141
Sartoenzim 4966
S. A. S. 152
SAS 521 4740
SAS 538 3197
SAS 546 3197a
Sasapirin 2070
Sasapyrinum 2070
Saspryl 847
Satibon 281g
Satiétyl 953b
Satodai 433a
Satomin 433a
Sauteralgyl 2431
Sauterazid 340
Sauterpas 516
Savac 475
Savacort 4207
Savacotyl 319
Savamine 2799
Savapyrin 2190
Savatin 530
Savazol 1652
Saventrine 1526
Savex inyect. 4960
Saviol 1598
Savitil 3574
Savorquin 815
Saxin 476a
Saxisozine 1421
Saxisozine-Syrup 1927
S. B. 1 1535
SBT 156e
SBU 185 2925
S 139C55 4567
S 11925 C 1567
SC 1627 2594
SC-1674 3450
SC 1749 2355a
SC-2910 3839
SC-3171 4220
SC-5586 835
SC-6924 3641
SC-7031 3876
SC-7105 4172
SC-7525 4358
SC-8246 3307
SC-9376 4029
SC-9387 3749
SC-9420 4334
SC-9794 4298
SC-9880 4213
SC 10295 375
SC-10363 4331
SC-11585 3419
SC-11800 4332
SC-12350 1144
SC-12937 4439
SC-14266 4071a
SC-15396 1887
SC-16148 4110
SC-17599 4620
SC-18862 93N
Scabagen 2090
Scabanca 2090
Scabicide 2090

Scabicidol 385
Scabide 2090
Scabinol 2090
Scabiol 2090
Scabioxan 2055
Scabiozon 2090
Scabol 2101
Scanbutazone 3245
Scan C 359
Scancillin V 2593
Scandicain 2448
Scandione 2305
Scandisil 1658
Scanfluazide 2342
Scanmycetin 1375
Scanpazine 3791
Scansolone 3859
Scantetrin 3970
Scapuren 3542
Scarle 703 3876
Scarlet Red 4259
Sch 221 4188
Sch 412 984
Sch 2747 2610
Sch 3132 1788
Sch 3444 3838
Sch 3940 3791
Sch 6673 4199
Sch 7056 1767a
Sch 10304 1861
Sch 10649 3498
Sch 11527 3220
Sch 12169 3011
Sch 12707 2571
Scha 306 3953
Scharlachrot 4259
Scheralson 4206
Scherisolon 3859
Scherisolon-Kristall-suspension 4207
Scherisolon solubile 4612
Scherofluron 4214
Scheroson 4206
Scheroson F 4232
Scheroson F-Tabl. 3893
Schistomide 3248
Schiwanox 1546
Schiwaphyllin 531b
Schlafen 1545b
Schlafen-Inj. 1607a
Schmerztabletten „Rieswerke" 1961
Schradan 807
Schwefeläther 187
Schweine-ACTH 4977
Scillacrist 4717
Scilla-Didier 4717
Scillaren A 4829
Scillaridin 4717
Scinnamina 4812
Sclane-Amp. 4062
Sclane-Compr. 4039
Sclavosulfa 1658
Scleral 1152
Scleramine 411n
Sclerofillina 281j
Sclerokin 3307
Sclerovit 2567
Sclerutin 4520
Scobenol 2090
Scobro(n) 3898
Scobutil 3898
Scolaban 4431
Scolamine 2833
Scolazil 1011
Scolen 2833
Scoline „Allen + Hanburys" 2289
Scoline „Westerfield" 3113
Sconitran 3113a
Scopamin 2830a
Scopodex 2833
Scopolamin 2830
Scopolaminbutylbromid 3898
Scopolaminmethobromid 3113
Scopolaminum methylo-bromatum 3113
Scopolaminum methylo-nitricum 3113a
Scopolan 3898
Scopolin 3113a
Scopos 2830a
Scopyl 3113a
Scorbacid 359
Scorbettes 359
Scorbitol 359
Scorbu-C 359
Scorbumine 359
Scordin 3113
S-Cortrophin 4972
Scorvite 359
Scotine 1116
Scotrate 3113a
Scottavit B_1 1765
Scottavit C 359
Scrobin 1668
S. C. T. Z. 346
Scurenaline 968
Scurocaine 2011
Scurocillin 2590e
Scuroform(e) 1474
Scutamil 1816
Scyan 6
Scyllite 418
SD 25 3341
SD 104.19 3549
SD 141-12 506
SD 149-01 4908
SD 171-02 1168
SD 218-06 3557
SD 270-31 4464
SD 271-12 2582
SD 271-15 2408
SD 286-03 610
SD 709 3590
SD 1223-01 185N
SD 7859 64N
SD 2-124-01 106N
S-Dimidine 1652
S. D. M. 1398
SDMO 1420
SDMP 1653
Sdt 91 1579
Sdt 1041 1122
711 SE 3345
Sea Legs 4389
Sea Legs (in Canada) 3311a
Seamalin 2833
Seanfillina 531b
Searle 703 3876
Searlequin 815
Season 3096
Sebaclen 3317
Sébaklen 3317
Sebical 146
Sebizon 708a
Seboderm 3438
Sebutol 1250
Secagyn 4771a
Secanorm 4771a
*Secbutabarbital*** 1250
Secbutobarbitone 1250
Secergan 3047
Sechvitan 704
Seclin 3689
Seco-8 1758a
*Secobarbital*** 1758
Secobarbitone 1758
Secogen 1758a

Secolone 1758a
Secometrin 3324a
Secomytal 1758
Seconal 1758
Secophyllin 281j
Secorbate 359
Secotabs 1758
Secotamin 4771a
Secotil 2769
Secotinen 4878
Secotyl 3584a
Secrebil 1046
Secrepina 3113
Secrobil 1276
Secrosteron 4225
Secumalum 1250
Secupan 4771a
Securinin 1922
Securonal 1249
Sedabamate 1011
Sedabar 1607
Seda-Bute 1250
Sedacaps 2208a
Sedacetyl 992
Sedadorm 590
Sedadrops 1607
Sedafamem 1724
Sedafax 1546
Sedaform 162
Sedal 1546a
Sedalande 3769
Sedalcer 4220
Sedalgim 3898
Sedalis 1855
Sedalon 747e
Sedamate 1011
Sedamon 590
Sedamyl 992
Sedanfactor 9N
Sedanfactor-Solucion 178a
Sedanox 1545a
Sedansina 3574
Sedansol-ISO 1526
Sedans-Tranquilizante 1011
Sedantoin(al) 1642
Sedanyl 1011
Sedapercut 384
Sedapsin 1462
Sedaquin 2535
Sedaraupin 4776
Sedarax 585
Sedartrina 121
Sedase 2535
Sedasma 1528
Sedasprin 824
Seda-Tablinen 1607
Sedatex 2790
Sedatin 1382, 1998
Sedavier 1011
Sedazil 1011
Séd-Émésis 29a
Sedenol 720
Sedentral 1320a
Sedersan 1011
Sédeval 747
Sedicat 1607
Sedi-Lab 1855
Sedilan 993
Sedilen 1643
Sedimide 1855
Sedin 1011, 1855
Sedipam 2521
Sediston 2799
Sedival 747
Sedizorin 1607
Sedlyn 1607
Sedmynol 992
Sednaco 4204
Sednotic 1546
Sedobex 3384
Sedobretas 1607
Sédocaine 2242
Sedofaro 3791
Sedofen 1607
Sedogamma 3612
Sedokin 2311
Sedolatan 4269
Sedolin 953
Sedomucol 3630
Sedonal 1607, 1758
Sedonal „Dr. Mühlen" 1965a
Sedonettes 1607
Sedonova 2532
Sedoquil 1011
Sedor 1382h
Sedo-Rapide 3817
Sedormed 1118
Sedormid 1004
Sedoselecta 1011
Sedothyron 746
Sedotosse 2679
Sedotox 2790
Sedotus 3105
Sedotussin 3670
Sedoval 1855
Sedovestul 2812c
Sedovomin 3536
Sedoxazin 2203
Sedozina 3791
Sedozolona 3813
Sedral 1011
Sedserp 4776
Sed-Tens 2892
Sedtran 992
Sedulon 993
Sedural 391
Sedural „Assia" 1369
Sedutain 1758a
Seduxen 2521
Seetonin-Syr. 185f
Sefacin 3220
Sefona 820
Segontin 4269
Segontinal 4269
Segur-C 1 359
Seguril 1588
Sehkraft A 4088
Seibion 735
Seidipirona 1961
Selcarbinol 336
Sele 2438
Selectan 204
Selectan-neutral 318
Selectomycin 4901a
Selene 1011
*Selenomethionin (^{75}Se)*** 264
Selenomethionine Se 75 264
Selfer 1127
Selinol 1664
Seltz-K 362b
Seltzo 847
Selvadin 333a
Selvignon 3788
Selvigon 3788
Sembrina 1166
Semcox 2780
SeMe 264
Semenen 2403
Semicillin 2614
Semicol 1122
Semikon 2208a
Semopen 2796
Semori 828b
Semoxydrine 1214
Sempervirene 3205
Sempervirin 3205
Semulgin 3874
Senalid 3095
Senaside 4880

Sendoxan 605
Senecioylsulfanilamid 1442
Senes 174a
Senfgas 170
Senföl 140
Sennoside A + B 4880
Senociclin 2374b
Senomen 317
Sensatil 1011
Sensaval 3262a
Sensibion 4795
Sensit 4145
Sensival 3262a
Sensucaren 917
Sentiv 3569
Sentril 4716
Seotal 1758
Seotosan 1636
Sepan „Janssen“ 4456
Sepan „Yamanouchi“ 3098
Seperidol 3950
Sepik 1094a
Sepotence 1439
Sepsimicina 4662a
Sepsinol 1944
Sepsoral 740
Septacil 1396
Septalone 4059
Septamid 527a
Septamid „Assia“ 352
Septamycin 3961
Septa-om 3817
Septazine 1902
Septazol 352
Septcid 563
Septichrome 3441
Septicid 563
Septicol 1375
Septicol-Sirup 4568
Septifuge 1398
Septikal 1830
Septimax 2035
Septin 4571
Septinal 352
Septiolan 2065
Septiphene 1862
Septipulmon 1366
Septo 1830
Septochlore 527
Septochol 4369
Septocillin 2593b
Septodin 411d
Septofen 1830
Septol „Assia“ 1142
Septol „Hemofarm“ 3438
Septonex 3930
Septoplex 352
Septoplix 352
Septosan 1636
Septosil 748
Septosil-Medichemia 352
Septotal 1039
Septozol 865
Septran 2187a
Septrin 2187a
Septuron 708
Septuron „Ferrosan“ 253
Sepyron 2873
Sequamycin 4901a
Sequestrene 1254a
Sequestrol 1254a
Seracaine 2258
Seral 384
Seral „Cresci“ 3298
Serax „Wyeth“ 2311
Serbose 2650
Serc 745
Serciclina 89
Sercinamin-S 4812
Sereen 2830a, 3040
Serenace 3735
Serenal 2311
Serenal „Sankyo“ 2967
Serenamin „Galup“ 1011
Serenamin „Toyo“ 2521
Serenase 3735
Serenelfi 3735
Serenex „Gama“ 2799
Serenex „Sintofarma“ 2319
Serenid-D 2311
Serenium 2163
Serenium „Richter“ 2549
Serensil 548
Serentil 3798
Serenvita 2532
Serenzin 2521
Serepax 2311
Seresta 2311
Seretin „Bayer“ 1
Serfin 4776
Sergetyl 3597
Sergosin 13
Seril 1011
Serilone 3859
Serinfosfan 110
Serinphosphat 110
Sermaka 4339
Sermion 4396
Sernabiotic 2614
Sernamicina 3955
Sernyl 2877
Sernylan 2877
Serociclina 89
Seroden 1122
Serolfia 4776
Seromicina 89
Seromycin 89
Seronex 2833
Serophen 110
Serotinex 1668
Serotonin 1115
Serp-AFD 4776
Serpagon 4813
Serpalan 4776
Serpanray 4776
Serpasil 4776
Serpasol 4776
Serpate 4776
Serpatone 4776
Serpax 2311
Serpedin 4776
Serpen 4776
Serpena 4776
Serpentil 4776
Serpentine „Pharbil“ 4776
Serpicon 4776
Serpiloid 4776
Serpilum 4776
Serpine 4776
Serpiod 4776
Serpipur 4776
Serpivite 4776
Serpoid 4776
Serpone 4776
Serpresan 4776
Serpyrit 4776
Serral 3006
Serramida 514
Serravit B_1 1765
Serravit B_{12} 4960
Serravit C 359
Sertabs 4776
Sertal 3834
Sertan 1643
Sertens 4776
Sertensin 4776
Sertina 4776
Sertinon 710
Sertofren 3042

Servadorm	590
Servedasa	760
Servicin	3970f
Servisone	3806
Servium	2532
Sestron	3612
Setavax	89
Setazine	1902
SETD	1124
Sethadil	1124
Sethotope	264
Sethyl	2892
Setonil	2521
Setran	1011
Setrol	3630
Sevalin	359
Sevanil	1733
Sevenal	1607
Sevicaine	2011
Sevilmina	4532b
Sevin	61N
Sevinal	3989
Sevinol	3989
Sevinon	1553
Sevinon „Schering-USA“	3989
*Sevofluran**	6N
Sexadien	2982
Sexadieno	4141
Sexestrol	3006
Sexocretin	3006
Sexogen	3006
Sexovar	4141
Sexovid	4141
Sextobe	735
S. E. Z.	1656
SG	571
S-Guajazulen	2393
S-Guanidine	571
SH 216	3448
SH 243	3448a
SH 261	947
SH 272	1324
SH 419	2936
SH 420	4028
SH 514	1621
SH 550	1621a
SH 567	4094
SH 582	4496
SH 601	4569
SH 613	1399
SH 617 L	2165
SH 714	4283
SH 717	1926
SH 723	3676
SH 741	4304
SH 742	4036
SH 770	4610
SH 818	4294
SH 850	3853
SH 926	1591
SH 1040	4161
SH 1051	4143
SH 20894	1324
SH 30858	3413
Shadocol	3446
Sharcillin	2590d
Sharmone	3902
SHCH-49	320
SHCH-58	1489
SHCH-85	1447
SHCH-87	1122
SHCH-431	1173
SHCH-614	1105
Sherley's Roundworm Tablets	185f
Sherley's Tapeworm Tabl.	1849
Shermafilin	531
Shigatox	571
Shigrodin	3245
Shikiton	2170
Shizuphylline	1202
Shlaspin	847
Shock-Ferol	4626
Showdomycin	926
Siberon	2602
Sibevit B_6	735
Sibilen	1951
Sibiromycin	216N
Sibol	3006
Siccamid	639
*Siccanin**	4070
Sicoglutal	252
Siddiqui	3596
Sideryl	168c
Sidonal	185n
Sidros	423h
501 Siegfried	4354
Sieromicin	4662
Sifacycline	3970c
Sificetina	1375
Sif-Pas	516
Sigetin	3064
Sigmacort	3893
Sigmadyn	841
Sigmafon	1285
Sigmaform	287a
Sigmavit C	359
Sigmicillina	1375
Sigmodal	1718
Sigmuth	156e
Signef	3893
Signemycin	4877
Sigophyl	1200
Sigumid	1686
Silamprobamate	784
*Silandron***	4110
Silbephylline	1202
Silberol	362i
Silbersalvarsan	1598b
Silbesan „Atmos“	3117
Silborina	544
Siledin	1011
Silénan	352e
Silenpax	2311
Silentium	3105
Silibrin	2532
Silistren	802
Silital	1312
Silomat	2252
Silopentol	3681
Silpromin	2034
Silubin „Grünenthal“	449
Silubin „Icasa“	497g
Silutin	1994
Silva-Guanidin	571
Silva-Talidin	2737
Silva-Tiazol	865
Silvestren	1254b
Silybin	4382
Silybumsubstanz E_6	4382
Silymarin	4382
Siman	2549
Simaron	1733
Simaten	578
Simatin	578
Simatropin	3021
Simbiopen	4662a
Simcor	962
Simesalgina	2431
Simesfilina	2279
Simeskellina	2098
Simes-Lanide C	4934
Simesphyllina	2279
*Simetrid**	4608
*Simfibrat***	4151
Simpadrén	963
Simpalon	963
Simpamete	961

Simpamina	953
Simpamina D	954
Simpatedrin	953
Simpatina	953
Simpatoblock	1827
Simpatol	963
Simpidrolo	1267 e
Simpla	63 a
*Simtrazen***	2162
Sinalgex-Amp.	1965
Sinalgex-Tabl.	1965 b
Sin-Algin	3817
Sinalost	403
Sinan	1208
Sinanomycin	3123
Sinapet	1994
Sinaspril	847
Sinaxar	924
Sin-Bios	1765
Sincaline	281 a
Sinciclan	4280
Sincodeen	3154
Sincodin	3154
Sincodix	3154
Sincolestrol	3307
Sincolin-fiale	1352
Sincolin semplice	3959
Sincortex	4230
Sincoumar	3202
Sincromicyn	3971
Sincurarina	4734
Sindepres	2319
Sinderesin	1460
Sindrenina	968
Sinecod „Alpine“	3964
Sinecod „Hommel“	3154
Sinedol	514
Sineflutter	3546 e
Sinemet	2254
Sineptina	4865 a
Sinequan	3264
Sinerdan	340 a
Sinerol	2681
Sinervit D_2	4626
Sinesalin	2342
Sinesex	3675
Sinestrol	4280
Sineurina	1783
Sinflavin	2573
Sinforil	1462
Singletin	39701
Singoserb	4813
Singramicina	4662 a
SINH	4572
Sinitest	2112
Sinkimal	46 b
Sinmenier	745
Sinogan	3340
Sinografin	3448
Sinomenin	3319
Sinomin	1102
Sinomin-acetyl	1632
Sinopen	2620
Sinophenin	2799
Sinos-Wirkstoff	1016
Sinotal	847
Sinquan	3264
Sintabolin	4540
Sintalgon	3817
Sintecort	4306
Sinterol	328 a
Sintespasmil	3423
Sintespen	2798
Sintestrol „Abello“	3993
Sinthrome	3202
Sintiodal	3026
Sintisone	4874
Sintobilina	2355
Sintocaina	2011
Sintocardiolo	281 k
Sintocol	4351 a
Sintodian	3951
Sintodril	3951
Sintofene	2511
Sintofillina	1202
Sintofolin	3957, 3993
Sintoglutam	252
Sintolax	3700
Sintomicetina	1375
Sintomicetina palmitato	4568
Sintomicetina succinato	2374
Sintopenyl	2614
Sintosulfa	1397
Sintotiamina	2483
Sintovar	4280
Sintral	2620
Sintrom(a)	3202
Sintusan	3964 b
Sinus	616
Siobutazone	3245 a
Siocarbazone	1122
Siogenal	1039
Siogen(o)	1039
Siogenon	1039
Siomine	411 d
Sionite	441
Sionon	441
Sioren	1039
Siosan	441
Siosept	1039
Siosteran	1039
Sipafix	1961
Sipasyl	3341
Siplaril	4144
Siplarol	4144
Siponol-0-100	3700
Siqualine	3989
Siqualone	3989
Siqualone enantat	4660
Siquil	2991
SIR 93	158 N
Siracol	544
Siragan	3117
Sirbiocina	4739
Siringina	4813
Siringol	4813
Siringone-simple	4813
Siriserpin	4813
Sirokal	423 b
Sirolin(a)	544
Sirop A. O. D.	2816
Sirotol	1209
Sirpex	2790
Sirprogen	4348
Sirtal	543
*Sisomicin**	159 N
Sisotek	4038
Sisotek-Inj.	4648
Sistogram	1944
Siston	4692 a
Sistral „Endo“	841
Sisuril	652
Sitiol	246
Sititetral	3955
Sitobelin-Gotas	1032
β-Sitosterin	4692
Sistosterin-Delalande	4692
β-Sitosterol	4692
Situcidine	4715 a
Sividol	1011
Sixettes	735
Sixtysix-20	4412 a
SJ 1977	3530
SK-7	2018
SK 52	1826
SK 1133	946
SK 331 A	2034
Skabilan	385
Skedule	4186

Skelaxin 1674
SKF 51 792
SKF 385 910
SKF 478 3820
SKF 501 2757
SKF 525-A 4218
SKF 538-A 2868
SKF 688-A 3037
SKF 1340 2771
SKF 1637 3898
SKF 1700-A 3357
SKF 1717 1046
SKF 2599 2344
SKF 2601-A 2770
SKF 3050 3890
SKF 3195 835
SKF 4648-A 2991
SKF 4657 3536
SKF 4965 383
SKF 5019 3753
SKF 5116 3340
SKF 5137 4408
SKF 5277 3053
SKF 5354-A 3260
SKF 5883 4068
SKF 6270 3347
SKF 6539 131
SKF 6574 4001
SKF 6612 3381
SKF 6890 2036
SKF 7249 2526
SKF 7690 3398
SKF 8318 4134
SKF 8542 1596
SKF 8898-A 435
SKF 12141 3717
SKF 12866 203
SKF 13338 1595
SKF 13364-A 3754
SKF 14287 908
SKF 14336 3010
SKF 16046 3936
SKF 17035-A 4101
SKF 20716 3744
SKF 29044 1962
SKF 33134-A 4393
SKF 70230-A 3788
SKF 769-J_2 3131a
Skinostelon 3902
Skiodan-Sodium 13
Sklene 1830
Sklerocholin 279
Skleromexe 1668
Skopal 3113a
Skopolat(e) 3113a
Skopyl 3113a
SL-164 2514
SL-501 2790
SL 6057 3747
Sleep-aid 2208a
Sleepal 384
Sleepinal 2535
Sleepwell „Arcana“ 1700
S-Leopon 217
Slit 212
S-Lost 170
Slosul 1398
Slosul-Susp. 1911
Smail 2532
Smaragdgrün 4536
S-Methizole 887
S-Mez 1652
Smith's Sulfone 2160
SMOP 1398
SMP 68-40 2861a
S-M-R 3489
SN 352
S. N. 112 1081
S. N. 118 2611
S. N. 166 4354
S. N. 186 3792
S. N. 191 2438
S. N. 390 4202
S. N. 475 3956
S. N. 612 2163
S. N. 971 3408
S. N. 3115 2895
S. N. 3517 1615
S. N. 4395 4459
S. N. 5870 3733
S. N. 6771 4615
S. N. 6911 3389
S. N. 7618 3117
S. N. 8137 2646
S. N. 10751 3497
S. N. 11437 1055
S. N. 12837 1494
S. N. 12870 1905
S. N. 13272 2439
S. N. 13274 3144
S. N. 13276 3143
S. N. 13421 3109
SNR 1804 2312
S. N. S. 1066
Snup-Spray 1980
Soamin 344a
Sobelin 3175
Sobile 2311
Sobita 156e
Sobitol 441
Sobrepin 49N
Sobrerol 49N
Sobril 2311
Socatyl 1067
Soclidan 1755
Sodanton 2328
Sodascorbate 359a
Sodécycline 3970
Sodelut G 4348
Sodico-W 1607a
Sodiopas 516
Sodital 1545a
Sodium acetosulfone 2144
Sodium acetrizoate** 821
Sodium acéxamate 769a
Sodium actinoquinol** 1364
Sodium amidotrizoate** 1324
Sodium p-aminohippurat 884
Sodium Ampicillin 2614b
Sodium anazolene* 4445
Sodium anoxynaphthonate 4445
Sodium apolate** 40
Sodium arsanilate 344a
Sodium ascorbate** 359a
Sodium bitionolate** 1565a
Sodium cacodylate 53
Sodium Calcium Edetate** 1254b
Sodium Cephalothin 2561
Sodium Cloxacillin 3223
Sodium dextrothyroxine** 2316
Sodium diatrizoate 1324
Sodium dibunate** 3098
Sodium dicloxacillin** 3216
Sodium dioctylsulfosuccinate** 3700
Sodium dipantoylferrate 416
Sodium diphenicillin 3717
Sodium diprotrizoate** 1891
Sodium edetate 1254a
Sodium estrone sulfate 3063
Sodium etasulfate** 789
Sodium ethasulfate 789
Sodium etoquinol 1364
Sodium feredetate** 1254e
Sodium gentisate** 499a
Sodium glucaldrate 423d
Sodium glycarsamate 699
Sodium glymidine 1926

*Sodium gualenate*** 2404
Sodium iodipamide 3448
Sodium iodohippurate 838
*Sodium iodohippurate (^{131}I)** 840
Sodium iodomethamate 629
*Sodium iopodate*** 1621
*Sodium iotalamate (^{125}I)*** 1326
*Sodium iotalamate (^{131}I)*** 1327
Sodium iothalamate 1325a
Sodium ipodate 1621
Sodium Ironedetate 1254e
Sodium lyapolate 40
*Sodium meralein*** 3191
Sodium mercumallylate 2118
*Sodium metrizoate*** 1590
*Sodium nafcillin*** 3730
Sodium nitroprusside 10N
Sodium Oxacillin 3238
Sodium Oxybate 177
Sodium phytate 452a
*Sodium picosulfate*** 2955
Sodium radio-iotalamate (^{125}I) 1326
Sodium radio-iotalamate (^{131}I) 1327
*Sodium stibocaptate*** 1614
*Sodium stibogluconate*** 1797
Sodium tequinol 1364
Sodium thimerfonate 702
Sodium triclofos 35a
*Sodium tyropanoate*** 2397
Sodiuretic 2342
Sodizole 1421
Soduben 1250
Soduxin 153b
Soffecine 3700
Sof-ner 3700
Sofracaps 4252
Soframycin(e) 4252
Sofro 841
Sofrosine 2311
Softene 3700
Softenil 1855
Softenon 1855
Softil 3700
Softol 3700
Softon 3700
Softran 4596
Sogentine 499a
Solacen 2043
Solacil 2896
Solacin 2043
Soladrene 968
Solaesthin 7
Solamin 2405
Solamine 4571
Solantoin 2328
Solantyl 2328
Solapsone 4705
Solarson 596
Solarutine 4778
Solaspin 847d
*Solasulfon** 4705
Solaxin 462
Sol-bi 1515a
Solbon 708a
Solbrin 2812c
Solbrol 666
Solbrol A 895
Solbrol M 666
Solbrol P 1134
Solbrol Z 2092
Solcain 2258
Solcalcium 582
Solcatuss 3964
Solcetas 847
Solciclina 4662a
Solcillin 2614
Solco B_{12} 4960
Solco H 4959
Solcodein 3022c
Soldak 3216
Soldep 288
Soldesam 4061a
Soleal 94
Solestril 4717
Solestrin 3059
Solestro 4392
Soletter 476
Solevar 4244
Solevione 1011
Solfaiacol 2150
Solfofenil 2348
Solfone „Bracco" 2123
Solfone „De Angeli" 4354
Solfotom 1607
Solganal (A) 525
Solganal B 390
Solidgrün 4536
Soliphylline 281j
Solisone 3806
Solium 3624
Solkaciclina 3972
Solmethine 7
Solnicol 2374
Solodelf 4310
Solone „Fawns & McAllan" 3859
Solone „Liade" 4038
Solone inyect. 4061a
Solosin 531
Soloxin 828b
Solprin 847d
Solprina 3117
Solpurin 2005
Solquinate 828b
Soltabs 2590
Soluarsphenamin 2971
Solubain 4685
Solu-Barb 1607
Solu-Biloptin 1621a
Soluble Indigo Blue 2507
Solucal 423
Solucampher 1267d
Solucamphre 1267d
Solucanfor 1267d
Soluchinon 1353
Soluchrome 3441
Solucillin 2590d
Solucin 2400
Solucongo 4752
Solucontrast 821
Solucort 3877
Solu-Cortef 4420
Solu-Dacortin 4412
Soludactone 4071a
Soludagenan 1366a
Solu-Decadron 4061a
Solu-Decortin-H 4412
Solu-Delta-Cortef 4412
Soludiazine 1081a
Solufantina 4685
Solufen 847d
Solufilin 1202
Solufilina 2033
Solufillina 2033
Solufone 4326
Solufontamide 553a
Solu-Fortecortin 4614
Solufyllin 1202
Soluglaucit 1187
Solu-Glyc 4420
Solu H 917
Solujodin 411d
Solumédine 1396a
Solu-Medrol 4479

Solumethion 592a
Soluna 1658
Solunitrine 183
Solu-Paraxin 2374
Solu-Pas Elbiol 516
Solupen 2590
Soluphyline 2033
Soluphyllin 2033
Soluphylline „Nadeau" 941
Solupred 4594
Solu-Prednison „Sanabo" 4399
Solupren 3859
Solupront 568
Solupyridine 3493
Soluran 334
Solurea 411
Soluric 185g
Solurine 411r
Solurutine 4778
Solusal „Holzinger" 497i
Solu-Salvarsan 2971
Solusediv 3769
Soluseptamid 1121
Soluseptasine 2400
Soluseptazin(a) 2400
Solusol 3700
Solusterol 1293
Solustibosan 1797
Solustin 1797
Solusulfa 1124
Solusulfon 4705
Solusulpha 1124
Solusurmin 1797
Soluteben 864
Solutédarol 4061
Soluthiazomide 865a
Soluthizon 945
Solution A 40 1164
Solutison 945
Soluyodina 1032
Solvamin AB 3569
Solvan 4128
Solvapyrin-A 1418
Solvarsin 698f
Solvasma 1526
Solvat 14 644
Solvent P 717
Solvika 1361
Solvisat 4074
Solvit B 1765
Solvit C 359
Solvitan A 3659
Solvitan D 4626
Solvocillin 2590, 4530
Solvocolo 2985
Solvocortyl 4594
Solvodol 915
Solvoscleril 2567
Solvo-strept 3927
Solvoteben 864
Solvotest 4093
*Solypertin*** 3985
Soma 1816
Somabet 277a
Somadril 1816
Somagum 953
Somalgit 1816
Somanil 1816
Somatyl 277a
Somavit A 3659
Somavit E 4751
Somben 590
Somberol 2535
Sombrabil 2320
Sombrachol 3446
Sombrevin 3140
Sombril-400 1325a
Sombrinal 747a
Sombucaps 1700
Sombulex 1700
Sombutol „Lääke" 1545a
Sombutol „Noco" 1607
Somedin 1653
Somelin 2535
Somilan 32a
Sominat 1382h
Sominox 590
Somio-Wirkstoff 722
Somipront 52
Somnafac 2535
Somnal 1546
Somnalclor 32a
Somnalert 1700
Somnalin 590
Somnamid 766
Somnesin 384
Somnevrin 346
Somnibrom 391
Somnicaps 2208a
Somnidon 2535
Somnifral 32b
Somnipron 1194
Somnis 2535
Somnital 1545a
Somnium 2535
Somnokalan 1699
Somnol 391
Somnolens 1607
Somnoletten 1607
Somnomed 2535
Somnopan 1700
Somnopentyl 1545a
Somnos 32
Somnosan 1607
Somnotol 1545a
Somnotropon 2535
Somnurol 391
Somonal 1607
Somonal „Croyden-Browne" 1758a
Somophyllin 531b
Somsanit 177
Sonacon 2521
Sonaform 1699
Sonal 747
Soñal 2535
Sonapax 3802
Sonate 344a
Sonbutal 1456
Sone 3806
Sonebon 2319
Sonerile 1249
Soneryl 1249
Sonia 2532
Sonilyn 1054
Sonimen 2532
Sonin 384
Sonistan 1545a
Sonnil 2535
Sonnormon 384
Sonolen 384
Sontochin 3389
Sontoquine 3389
Sonuctane 1501
Sonya 1011
Sooner 1526
Sopacortelone 3859
Sopacycline 3970
Sopamycetin 1375
Sopangamine 3706
Sopaquin 3117
Sopental 1545a
Sophoretin 2308
Sophorin 1438, 4520
Sopor 2535
Soporigen 1249
Soporis 32
Soprinal 747a
Soprontin 3289

Soranil 1366b
Sorbangil 354
Sorbenor 440f
Sorbid 387
Sorbide nitrate 354
Sorbidilat 354
Sorbilande 441
L-*Sorbinose* 422
Sorbit 441
Sorbitol 441
Sorbitrate 354
Sorbo 441
Sorbo-Calcion 37b
Sorbol 441
Sorbonit 354
L-*Sorbose* 422
Sorbostyl 441
Sordinol 3975
Soretol 4059
Soripal 2337
Sormetal 1254b
Sornitron 354
Sorosil 32
Sorot 4716
Sortaxin 1125
Sorudinite 354
Sorunex 1767
Sosegon 3383
Sosenyl 3383
Sosigon 3383
Sosol 1421
Sospitan 1488
Sossegon 3383
Sostol 3792
Sosulone 708a
*Sotalolhydrochlorid*** 1793
*Soterenolhydrochlorid** 1794
Sotorni 4047a
Sotradecol 2287
Sotyl 1545a
Souframine 1577
Soufrane-Wirkstoff 212a
Sovcain 3655
Sovelin 2535
Soventilo 3331
Soventol 3331
Soventolo 3331
Soverin 2535
Sovinal 2535
Sowell 1011
Soxisol 1421
Soxitabs 1421
Soxysympamine 1214
Sozojodol 298
Sozojodol-Kalium 298a
Sozolsäure 330
Sp-100-2 1370
Sp 281 3616
Sp 725 4079
SP 732 2455
SPA 2605
Spaciclina 3970
Spacolin 3612
Spactin 4221
Spacyl 2593
Spadon 4012
Spal 2489a
Spalisal 3829
Spamicetina 1375
S. P. Amobarb 1546a
Spamol 3367
Spandiuril 652
Spaneph 1216
Spanestrin 3555
Span-FF 137a
Spansona 4038
Spantol 1160
Spantran 1011
Sparagin 168b
Spargan 3059
Sparine 2799
Sparine „Tokyo Tanabe“ 3411
Sparm-Inj. 2489a
*Sparsomycin*** 2032
Spartakon 1391
Spartase 168b
Sparteal 2489a
*Spartein*** 2489
Sparten 2489a
Spartepur 2489a
Spartin(e) 2489a
Spartocin „Ayerst“ 2489a
Spartocin „U. C. B.“ 168c
Spartofillina 2489d
Spartoloxin 1208
Spartoval 2489b
Spasdolsin (spasmolyt. Komponente) 4679
Spasepilin 1607
Spasex 2892
Spasfon 328a
Spasmadrina 3520
Spasmadryl 3826
Spasmal 4265
Spasmalex 3689
Spasmalfher (spasmolyt. Komponente) 4079
Spasmalgan 214N
Spasmamide (semplice) 3413
Spasmamina 3898
Spasman 2809
Spasmaparid 3411
Spasmaverine 3612
Spasmedal 2431
Spasmexan 4372
Spasmex „Maestretti“ 328a
Spasmex „Pfleger“ 4403
Spasmin „Stricker“ 1965
Spasmine 1404
Spasmione 2873
Spasmium 4012
Spasmo 3 4403
Spasmocalm 2456
Spasmocan 3423
Spasmocol 3612
Spasmocromona 1047
Spasmocyclon(e) 2873
Spasmodex 3689
Spasmodin 2090
Spasmodolin 2431
Spasmo-Dolisina 2669
Spasmofin 4275
Spasmo-Kalipsina 3655
Spasmokalm 2456
Spasmolevel 3689
Spasmol „Holzinger“ 1988
Spasmolyn 1208
Spasmolysin 1200
Spasmolyt 2352
Spasmolytin 3569
Spasmolytol 2236
Spasmonal „VEB-AWD“ 3655
Spasmone 3489
Spasmo-Nervogastrol (spasmolyt. Komponente) 3486
Spasmo-Paparid 3411
Spasmophen 3915
Spasmo-Sapos-Wirkstoff 4606
Spasmostenyl 1988
Spasmoxal 4008
Spasmutal 2090
Spasmyl 3113a
Spasodil 4291
Spaston 3702
Spastussine 2090
Spatinox 1699
Spatomac 3874

Spatonin 1300
Spatym 2489a
Spavit B_1 1765
Spavit B_{12} 4960
Spavit C 359
Spavit D_2 4626
Spavit E 4693
Spavit K 1317
Spavit PP 319
Spazoc 1015
SPC 297 D 2581
S. P. Cillin 2590d
S. P. Ciltabs 2590
S. P. Cycloamin 4960
SPE 2792 2517
Spechol 2985
Specifin 1608
Specilline G 2590
Spectam 2276
*Spectinomycin*** 2276
Spectomycin 2276
Spectrafur 1944
Spectra-Sorb UV 9 2094
Spectra-Sorb UV 24 2096
Spectra-Sorb UV 284 2099
Spectra-Sorb UV 531 3805
Speda 1503
Speedrin 847
S-Penn 2590
Speridin 4796
Spersacarpine 1498
Spersadox 4061a
SP-G 827 4809
SP-G Sandoz-Hauptwirkstoff 4809
Sphaerophysin 1302
Spheromycin 4739
Spherophysine 1302
Sphygmogenin 968
SP-I 77 4299
Spicain Amide 2031
*Spiclomazinhydrochlorid** 192N
Spidox 317a
Spidoxol 317a
Spilan 4442
Spinulosin 674
*Spiperon*** 4152
Spiractin 1799
Spira-Dine 847
Spiraein 847
*Spiramid** 3988
Spiramin 1702
*Spiramycin*** 4901a
Spiramycin I 4901
Spirarsyl 2554
Spirasidin 2714
Spirazidin 2714
*Spirazin** 2413
Spiresis 4334
*Spirgetin*** 1289
Spiridon 4334
*Spirilen** 4278
Spiritus 51
Spirobismol 3545d
Spirocid 698
Spirodiflamine 4644
Spirodon 1602
Spiroform 2331
Spirofulvin 2750
Spirogène 643
Spirolactone 4334
Spirolakton 4334
Spirolang 4334
Spiromak 497g
Spirone 4334
*Spironolacton*** 4334
Spironovan 1896
Spiropal 309
Spiroperidol 4152
Spiropitan 4152
Spirosal 899
Spirosept 698
Spirothal 1756
Spirothiobarbital 1756
Spirotriazine 2413
Spirotrypan 3986
Spiroxamide 3984
*Spiroxason*** 4347
*Spiroxatrin*** 3984
Spiroylsäure 497
Spirsäure 497
SP-I Sandoz 4299
Spofa 325 3070
Spofa III/101 3565
Spofa III/384 2861
Spofadazin 1398
Spolotan 3959
Spolotan-Injektionslösung 4594
Spolotan-Kristallsuspension 4207
Spoloven 4038
Spoloven-Ampullen 4648
Spoloven-Kristallsuspension 4307
Spongiacaine 917
Sporiline 3217
Sporostacin-Wirkstoff 1517
Sporostatin 2750
S-p-Penita 2796
S. P. Pentobarb 1545a
Spray-Dermis 322
Sprayfural 322
Spraynal 968
Sprindol 3393
S. P. Secobarb 1758a
Spulmako-lax 3451
Sputamin 527
SQ 4918 3989
SQ 9453 52
SQ 9538 3351
SQ 9993 4681
SQ 10269 4599
SQ 10496 3291
SQ 10643 3541
SQ 11302 126N
SQ 15101 4654
SQ 15102 223N
SQ 15112 229N
SQ 15761 1621
SQ 15860 2650
SQ 16150 4423
SQ 16374 4569
SQ 16401 813
SQ 16496 4094
SQ 16603 4749
SQ 17382 2614
Squibb 16,144 4660
SQX 2088
SR 406 836
SR 720-22 2555
SRG 95213 638
SRH 3180
SS 578 815
S. S. Calcium 157
SSDMAE 192d
ST 865
ST-37 1767
ST 71 1977
St. 105 4031
St 155 855
St 487 2591
St 1411 208N
St 1512 4087
ST 4250 4146
ST 5066 2525
ST 7090 4718
ST 9067 1185
StA 307 4350

Stabicillin 2593c
Stabicilline 2593
Stabil A 3659, 4088
Stabilarsan 4323
Stabilène 3932
Stabillin V 2593
Stabillin V-K 2593a
Stabinol 1964
Stabinol „Horner“ 1145
Stabisol 497g
Stablin 1555
Sta-C 359
Stadacain 2905
Stadadorm 1546
Stadaverm 185a
Stadren 1125a
Stärkezucker 419
Stafcilin „V“ 3238
Stafenopin 3216
Staficilin-N 3238
Staficyn 2798
Stafylopenin 2798
Stakhidrin 591
Stamicin 4926
Stamine 2861
Staminoide ritardo 2600a
Stampen 3216
Stamycil 2515
Stanaprol 3418
Stanaprol „Taito-Pfizer“ 4361
Stanazoline 2120
Stanazolol 3900
Stanephrin 962
Stangen Maleate 2861
Stangyl 3591
Stanodril 2812
Stanolone 3418
Stanolone benzoate 4476
Stanolone valerate 4361
Stanomycetin 1375
Stanorone 3418
Stanozide 340
*Stanozolol*** 3900
Stanquinate 815
Stansin 1421
Stanzamine 2642
Sta-Pas 516
Stapenor 3238
Stapenor-DC 3216
Staphcillin 2798
Staphcillin V 3238
Staphobristol 3223
Staphybiotic 3223
Staphylamid 1100
Staphylex 3212
Staphylocid 2798
Staphylomycin 4602a
Staphylomycin M_1 4602
Stapyocine 4909a
Starazin 2799
Starfanil 563
Starifen 1607
Starilettae 1607
Starisil 887
Starocain 2011
Starogyn 810
Starosept 810
St 52-Asta 3065
Staticin 2107
Statimo 1125a
Statomin Maleate 2861
Statoquate 3963
Statran 608
Statyl 3963
Stauffer R-1504 1380
StC 407 200N
Stchinin 3728a
S. T. D. 2287
Stéa-16 277d
*Stearylsulfamid*** 4373
Stearylsulfanilamidum 4373
Steatrope 431
Steclin 3970
Stecsolin 3972
Stegalgina 1965
Steinamid 2925
Steinazid 2925
Stelazine 3753
Steliarid 4717
Stellacamphre 1267
Stellacardiol 382
Stellachrome 3441
Stellamicina 4867
Stellamidon 1961
Stellamine 1190
Stellarid 4717
Stellaspiril 847
Stellidin 373
Stemetil 3536
Stemex 4306
Stemmetil 3536
Stenalgil 2034
Stenandiol 4433
*Stenbolon*** 3661
*Stenbolonacetat*** 4095
Stenediol 3675
Sténergine 53b
Stenesium 3675
Stenibell 3675
Stenobolone inyectable 4095
Stenocardil 4367
Stenocardiol 4367
Stenocor 4367
Stenofillina 888
Stenofosfer 741
Stenofosfol 1435
Stenolon 3639
Stenopir 4367
Stenosine 18
Stenosterone 3675
Stenosterone-fiale 4245
Stenovasan 531b
Stensolo 1011
Stental 1607
Stepin 464
Steps 235
Sterabol 3862
Steral 4626
Steralol 4038
Steramide 708
Steramin 4626
Steranabol 3862
Steranabol ritardo 4497
Sterandril 4093
Sterandril A. P. 4493
Stérandryl 3395
Sterandryl-A 4493
Stérandryl-Amp. 4093
Sterandryl duratum 4493
Stérandryl retard 4493
Steran Due 4626
Sterane 3859
Sterane intramuscular 4207
Sterapred 3806
Steraq 4230
Steraskin 1830
Sterathal 2540
Sterazine 1081
Stercuroni jodidum 4505
*Stercuroniumjodid*** 4505
Stereomycin 4926
Stéréomycine 4865a
Sterigin 666
Sterilate 3931
Sterillium 3922b
Sterilone 4059
Sterinol 3921
Sterisil 3931

Sterisol 4125
Steri/Sol 3931
Sterisolum 527
Sterobiol 4626
Steroclazina 3307
Sterocort 4031
Sterocrinolo 4494
Sterodin 4626
Sterogenol 3922a
Sterogil 4626
Sterogyl 4626
Sterogyl A 3659
Sterolone 3859
Sterone 4230
Steronyl 3662
Sterosan 1039
Sterosol 4626
Sterosone 4240
Sterotate 3395
Sterotest 4093
Sterovit 4626
Sterovitina 4626
Steroxin 1039
Stesil 1462
Stesolid 2521
Stesolin 2521
Stevacin 3972
Stibacetin 703a
Stibamin 349b
*Stibaminglucosid*** 1749
Stibanate 1797
Stibanose 1797
Stibatin 1797
Stibenyl 703
Stibilium 3006
Stibinol 1797
Stibnal 156b
Stibocaptate 1614
Stibofen 1579
Stiboglucanat-Natrium 1797
Stibomen 292
Stibophen 1579
*Stibosamin** 349
Stibosan 675
Stibyal 156b
Stickrome 3441
Stickstofflost 259
Stickstoff-N-oxyd 260
Stickstoffsenfgas 259
Stickstoffyperit 403
Stiglidorm 2535
Stiglyn 1792
Stigmanol 1792
Stigminène 2399
Stigmonenebromid 2399
Stigmosan 1792
Stil-2 953
Stilalgin 1208
*Stilbamidin*** 2562
Stilbarol 3006
Stilbazi jodidum 4741
*Stilbazium iodide*** 4741
*Stilbaziumjodid*** 4741
Stilbémidine 2562
Stilbenol 3006
Stilbest-Oral 3006
Stilbestrina 3006
Stilbestrol 3006
Stilbestrolo-Farmitalia 4280
Stilbestronate 4280
Stilbestrone 3006
Stilbestrosan 3006
Stilbetan C 3006
Stilbetin 3006
Stilbiocina 4739
Stilboefral 3006
Stilboestroform 3006
„Stilböstrol" 3006
Stilboestrol „Berlin-Chemie" 4280
Stilböstroldifuroat 4585
Stilböstroldimethyläther 3554
Stilböstroldipalmitat 4940
Stilböstroldipropionat 4280
Stilboestrol DP 4280
Stilboestrol „Vitis" 4280
Stilbofax 4280
Stilbofollin 3006
Stilbolum 3006
Stilboral 3006
Stilciclina 3970
Stilestrate 3006
Stileton 1515a
Stilkap 3006
Stillomycin 4058
Stilpalmitate 4940
Stilphostrol 3065
Stil-rol 3006
Stilronate 4280
Stils 3006
Stiltetra 4663
Stim-Inj. 1023
Stim-Tabl. 711
Stimatone 1219
Stimdex 1214
Stiminol 1190
Stimolcardio 4367
Stimsen 1388
Stimulan 953
Stimulest 192a
Stimulexin 4297
Stimulin 1190
Stimulina 252
Stimulol 841
Stimul (-Wirkstoff) 841
Stinerval 742
Sting-Kill 447
Stipolac 3446
Stiptanon 4468
Stipticina 1679a
*Stirimazol** 83N
StL 1106 4288
St 52 Lucien 3065
Stodcodon 3023
Stodinal 499a
Stoff H_3 2011
Stogerin-Amp. 3478b
Stoikon 3574
Stolimina 3721a
Stopcold 3074
Stopcold-N 4596
Stopethyl 1287
Stopton 352
Storinal 4358
Stovaginal 698
Stovain(e) 2242
Stovarsol(o) 698
Stoxil 908
STP 1777
Strabolene 4540
Strahlensalbe „Trommsdorf" 298a
Stramid 352
Straminol 4248
Strazide 4572
Stremicina 3927
Strensol 1042
Strepancil 3924b
Strepantine 3924b
Strepolin 3924a
Strepsulfat 3924a
Streptal 352, 1877
Streptal-Sulfotalidina 2737
Streptamide 352
Streptamin 352
Streptamyl 352
Streptan 352
Streptancil 3924a
Streptaquaine 3924a

Streptazol 352
Streptevan 3924a
Streptex 1894
Streptidin 785
Streptimidone 2674
Streptocid(e) 1636
Streptocid(e)-(weiß) 352
Streptocidum album solubile 569
Streptocidum rubrum solubile 2961
Streptocin 3924a
Streptocon 352
Streptoconin 4572
Streptofar 3924a
Streptohydrazid 4572
Streptoidrazide 4572
Streptoimidazolidin 241N
Streptoliquin 3924a
Streptolymphin 3924d
Streptolysin 352
Streptomagma 3927
Streptomicin(a) 3924
Streptomycin** 3924
Streptomycin A 3924
Streptomycin B 4581
Streptomycine Panto-thénique Specia 3927c
Streptoniazid** 4572
Streptonicozid 4572
_Streptonigrin_* 4381
Streptonivicin 4739
Streptopan 352, 1877
Streptopas 3927a
Streptorex 3924a
Streptorit 3924a
Streptosaluzid 3924c
Streptosil 352
Streptosil guanidina 571
Streptosil piridina 1366
Streptosil piridina N 1634
Streptosil rosso 1636
Streptosil talidina 2737
Streptosilthiazol 1100
Streptosil tiazolo 1100
Streptosol 3924a
Streptothenat 3924b
Streptotibine 3927d
Streptotubazid 4572
Streptovitacin A 2468
Streptozol 352
Streptozon 352, 1636
Streptozon S 2961
Streptozyl 352
Stresnil 3282
Stress 1011
Stresso 1011
Streunex 316
Striadyne 1256
Strialgin 1816
Striatan 608
Striatran 608
Stricnina 3728
Stricnogen 3729
Strictylon 2120
Strifos 977
Strinazina 4572
Strixina 4572
Strocain 4619a
Strofan-K 4886
Strofantina 4685
Strofopan 4886
Strofosid 4886
Stromba 3900
Strombaject 3900
Strongid 1445
Stronglamine 1576
Strontisal 497e
Strophalen „Tosse" 4685
g-Strophan 4685
k-Strophan 4832
Strophangit „Chinoin" 4685
g-Strophanthin 4685
h-Strophanthin 4722
k-Strophanthin-α 4722
k-Strophanthin-β 4832
k-Strophanthin-γ 4886
Strophanthin Leo 4832
Strophanthin „Rieswerke" 4832
Strophanthine Houdé 4832
g-Strophanthosid 4685
k-Strophanthosid 4886
g-Strophicor 4685
k-Strophicor 4832
Strophinos 4685
Strophoperm 4685
Strophosan 4685
Strophosid 4886
Strospesid 4725
Strumacil 221
Strumazol 143
Strychintran 3728a
Strychnal 3757
Strychnin 3728
Strychnovet 3728a
Strycin 3924a
Stryphnon 922
Stryphno-nasal 922
Strysolin 3924a
STS 2287
Studiaplex 252
Study 3431
Stugeron 4456
Stupenal 3026
Stupénone 3026
Stutgeron 4456
Stutgin 4456
Stylochrome 3441
Stylomycin 4058
Stylophorin 3479
Styphnon 922
Stypnon 922
Styptanon 4468
Stypticin 1679a
Styptirenal 968
Styptogen 1679a
Styptol 1679b
Styptopur 682
Styracol 2544
Styramat** 924
Su 42 1607j
Su-1775 2500
Su-1906 3365
Su-3088 2255
Su-3118 4813
Su-4885 2121
Su-5864 1303
Su-6187 1493
Su-6227 2116
Su-6518 3539
Su-7057 650
Su-7078 2372
Su-7692 3000
Su-8341 1971
Su-9064 4325
Su-10568 1182
Su-13437 3507
Su 18137 3529
Suanovil 4901a
Suavitil 3574
Subamycin 3970
Subathizon** 1173
Subatin 1173
Subcorticalum 384
Subcutin 917a
Subdamine 1024
Subecholin 3189
Subellan 4639
Subeston 37c

Subicard 235
Subicor 235
Subital 847
Sublimaze 4021
Sublings 3662
Subose 2650
Su-Brontine 4165
Subsidal 4520
Subsidon 4520
Substanz DS 1115
Substerina 1152
Subtosan 366
Sucaryl 433a
Succicaf 2374
Succicuran 2289
Succicurariumchlorid 2289
Succil 132
Succimal 578
Succimer 154
Succin 2289
Succinic acid 153
Succinil 132
Succinol 153b
Succinolin 2289
Succinonitril 132
Succinyl-Asta 2289
Succinyl-HAF 2289
Succinyl-Taro 2289
Succinylcholin 2289
Succinyldapsone 2560
Succinyldiaphenylsulphone 2560
Succinyldicholin 2289
Succinyl-Methionin 998
Succinylphenetidin-Natrium 1676
Succinylsulfanilamid 1120
*Succinylsulfathiazol*** 1894
Succiphylline 2897
Succisulfone 2560
Succitimal 1363
Sucolin 2289
Sucostrin 2289
*Sucralfat*** 1808b
*Sucralox*** 1808a
Sucraphen 962
Sucrets 1767
Sucrida 1535
Sucrine 476
Sucrol 934
Sucrosa 433a
Sucrose 1808
Sucrum 7 433a
Sudafed 1218
Sudan IV 4259
Sudermo 2101
Sudine 1658
Süssette(n) 433a
Süßmittel S 23/46 2330
Süßstoff „Riedel“ 934
Süstamin 433a
Sütanetten 476
Sufrachol 4351
Sufralem 1046
Suganyl 571
Sugarin 433a
Sugaron 433a
Sugiuron 629
Sugracillin 2590
Suicalm 3282
Suismycetin 1375
Sukolin 2289
Sukrinetten 476a
Suladrin ointment 1421a
Sulamin 1398
Sulamyd 708
*Sulazepam*** 2524
*Sulbentin*** 2766
Sulbio 1421
Sulcaine 2649
Sulcimid 519
*Sulclamid*** 506
Sulcymide 519
Sulestrex Piperazine 3063a
Sulfa 352
Sulfa-30 865
Sulfaäthylthiodiazol 1124
Sulfabenamid 1762
*Sulfabenz*** 1604
Sulfabenzamid 1884
Sulfabenzamin 563
Sulfabenzaminpropionat 732
Sulfabenzid 1884
Sulfabenzolsulfonmethylamid 1928
Sulfabenzoylamid 2379
Sulfabenzpyrazinum 2088
Sulfabid 2348
Sulfabon 1658
Sulfabrom 1615
Sulfabromomethazine 1615
Sulfabutin „Grünenthal“ 1420
Sulfabutin „Sanabo“ 443
Sulfabutylharnstoff 1534
*Sulfacarbamid*** 555
Sulfacarboxychrysoidin 1895
Sulfacarboxythiazol 1068
Sulfacarizol 1068
Sulfacet 708
*Sulfacetamid*** 708
Sulfacetenum 1912
Sulfacetil 1911
Sulfacetimid 708
Sulfachin 828c
Sulfachinoxalin 2088
*Sulfachlorpyridazin*** 1054
Sulfacholazine 4726
Sulfacholon 4754
*Sulfachrysoidin*** 1895
Sulfacid 1893
Sulfacil 708
Sulfacinnamine 2345
*Sulfacitin** 65N
*Sulfaclomid** 1618
Sulfaclorazina 1054
Sulfacolene 2737
Sulfacron 2348
Sulfactin 116
Sulfacyl 2540
Sulfacyl(um) (sowjet. Präp.) 708
Sulfacur 1397
Sulfa D 1081
Sulfadazina 1398
Sulfadepot 1398
Sulfadermil 2345
Sulfadets 1081
Sulfadexan 1398
Sulfadiabet 1534
*Sulfadiasulfon-Natrium*** 2144
*Sulfadiazin*** 1081
*Sulfadicramid*** 1442
Sulfadicrolamide 1442
Sulfadigesin 1894
Sulfadimer 571
Sulfadimerazine 1652
Sulfadimesin 1652
Sulfadimeta 1633
*Sulfadimethoxin*** 1658
Sulfadimethoxypyrimidin 1658
Sulfadimethoxytriazin 1423
Sulfadimethyloxazol 1420
Sulfadimethylpyrimidin 1652
Sulfadimetin 1653
Sulfadimezin 1652
*Sulfadimidin*** 1652
Sulfadimin 1396
Sulfadin „Cif“ 1398
Sulfadine 1652

Sulfadiurine 147
Sulfadomus 1658
*Sulfadoxin*** 1659
Sulfaduran 1658
Sulfadurazin 1398
*Sulfaethidol*** 1124
Sulfaethiodole 1124
Sulfäthizol 1124
Sulfäthoxypyridazin 1656
Sulfaethylpyrazol 1446
Sulfafenazol 2348
Sulfa F-M 1081
*Sulfafurazol** 1421
Sulfa G 571
Sulfa-Galup 1399
Sulfagan 1421
Sulfa Ge 571
Sulfa-Gram 887
Sulfaguanicil 571
*Sulfaguanidin*** 571
Sulfaguanil 571
Sulfaguanisan 571
*Sulfaguanol*** 68N
Sulfaguine 571
Sulfaharnstoff 555
Sulfaintensa 1398
Sulfaisodimérazine 1653
Sulfaisodimidinum 1653
Sulfalagar 865
Sulfalast 1397
*Sulfalen** 1401
Sulfalex 1398
Sulfallumina 2737a
Sulfalon 1652
Sulfalon „Sumitomo“ 1658
Sulfalong 1911
*Sulfaloxic acid*** 2553
Sulfaluy 865
Sulfamax 1398
Sulfamaxillin 1398
*Sulfamerazin*** 1396
Sulfa-Merck 1397
Sulfametan 1652
Sulfametazina 1652
Sulfameter 1399
Sulfamethazin(e) 1652
Sulfamethiazol 887
Sulfamethin 1653
*Sulfamethizol** 887
Sulfamethomidine 1657
*Sulfamethoxazol*** 1102
Sulfamethoxipyridazinum 1398
Sulfamethoxizole 1102
Sulfamethoxydiazin 1399
Sulfamethoxydin 1399
Sulfamethoxypyrazin 1401
*Sulfamethoxypyridazin*** 1398
Sulfamethyldiazin 1396
Sulfamethylisoxazol 1102
Sulfamethylizol 887
Sulfamethylphenazol 2564
Sulfamethylphenylpyrazol 2564
Sulfamethylpyrimidin 1396
Sulfamethylthiazol 1100
Sulfamethylthiodiazol 887
Sulfametin „Pharmacia“ 887
Sulfametinum 1399
*Sulfametomidin*** 1657
Sulfamétopyrazine 1401
Sulfametopyridazin 1398
Sulfametorinum 1399
Sulfametossi 1398
*Sulfametoxydiazin*** 1399
Sulfametoyl 2379
Sulfamezathin 1652
Sulfamid(e) 352
Sulfamida-enterica 1067
Sulfamida-Tiazol 865
Sulfamidine 1657
Sulfamidine „Katwijk“ 352
Sulfamidinum 571
Sulfamidochrysoidin 1636
Sulfamidol 352
Sulfamidomaleyl 1078
Sulfamidopyrinnatrium 1683
Sulfamidosal 708a
Sulfamin 352
Sulfaminfacan-Guanidina 571
Sulfaminfacan-Tiazol 865
Sulfamipyrine 1683
Sulfamizina 1398
*Sulfamonomethoxin*** 1400
Sulfamoprine 1660
*Sulfamoxol*** 1420
Sulfamul 865
Sulfamyd 352
Sulfamyd „Polli“ 1398
Sulfamylon 563
Sulfana 352
Sulfan Blue 4524
Sulfanidyl 352
Sulfanilacetamid 708
Sulfanilacetamidum phthalylatum 2540
*Sulfanilamid*** 352
Sulfanilamidothiazol 865
Sulfanilcarbamid 555
Sulfanilguanidin 571
Sulfanilharnstoff 555
Sulfanilylacetamid 708
Sulfanilylxylamidum 2379
*Sulfanitran*** 2111
Sulfanoline 2737b
Sulfanovo 1397
Sulfa-Noxi 1398
Sulfanthrolum 1885
Sulfantimon 1614
Sulfanylurée 555
Sulfaorthodimethoxine 1659
Sulfa-Orzan 865
Sulfa-Orzan-M 1398
Sulfa P 1366
Sulfa-Padil 2348
Sulfa-Penetracin 1398
Sulfapenta 1397
*Sulfaperin*** 1397
Sulfa-Perlongit 1124
*Sulfaphenazol*** 2348
Sulfaphenylpyrazol 2348
Sulfaphthalidin 2737
Sulfaphthalylthiazol 2737
Sulfaphzol 2737
Sulfapirazid 2348
Sulfapirazidina 2348
Sulfapirin 1398
Sulfaplan 1658
Sulfapolar 1421
Sulfapolar-Syrup 1927
Sulfaprocul 708a
*Sulfaproxylin*** 2589
Sulfapyelon 887
Sulfapyrazin 1082
Sulfapyrazinmethoxin 1401
*Sulfapyrazol*** 2564
Sulfapyridazinum 1398
*Sulfapyridin** 1366
Sulfapyridine Neutral Soluble 3493
Sulfapyrimidin 1081
Sulfa-Q 20 2088
Sulfaquinoxaline 2088
Sulfa-R 1398
Sulfarene 1054
Sulfarest 2348
Sulfaretard 2348
Sulfaretard „Andrade“ 1396
Sulfarlem 1046
Sulf-Arsébényl 2150
Sulfarsenobenzene 2150

Sulfarsenobenzol 2150
Sulfarsenol 2150
Sulfarside sodique 364
*Sulfarsphenamin*** 2150
Sulfasalazin 2948
Sulfasan 1658
Sulfasan „Sanders“ 1124
Sulfasey 1398
Sulfasil 887
Sulfasmit 1658
Sulfasol „Guarnieri“ 1911
Sulfasol „Key“ 887
Sulfasol „Pliva“ 1421
Sulfasol „Pliva“-Sirup 1927
Sulfasolucin 2400
Sulfasomidin 1653
*Sulfasomizol*** 1101
Sulfasorb 865
Sulfasoy 2737
Sulfastearyl 4373
Sulfastop 1658
Sulfastur 352
Sulfasuccidin 1894
Sulfasuccinamid 1120
Sulfasuccinil 1894
Sulfasuccithiazol 1894
Sulfasuxidine 1894
*Sulfasymazin*** 1966
Sulfa T 865
Sulfatacor 2737
Sulfataluy-simple 2737
Sulfatar 1398
Sulfathalidin(e) 2737
Sulfathiadiazol 658
Sulfathiamid-M 563c
*Sulfathiazol*** 865
Sulfathiazolphthalat 2737
Sulfathiocarbamid 553
Sulfathiodiazol 658
Sulfathioharnstoff 553
*Sulfathiourea*** 553
Sulfatiazol 865
*Sulfatolamid*** 563c
Sulfatoxcilin-R 1399
Sulfatrava 865
Sulfatreis 1397
Sulfatriazin 1423
Sulfatropinol 2854b
*Sulfatrozol** 44N
Sulfa-Ulta 1398
Sulfaurea 555
Sulfauridin 1442
Sulfa-Veinticuatro 1398
Sulfavigor 1420
Sulfavit-guanidina 571
Sulfaxidin 1894
Sulfaxylamidum 2379
Sulfazamet 2564
Sulfazamon 1652
Sulfazen 1658
Sulfazid I. S. 1653
Sulfazil 1652
Sulfazin (sowjet. Präp.) 1081
Sulfazin „Shionogi“ 1421
Sulfazin-Syrup „Shionogi“ 1927
Sulfazina 1398
Sulfazol 865, 1100
Sulfazol „Barlocco“ 2348
Sulfazole „Protea“ 1421
Sulfazolsan 865
Sulfdurazin 1398
Sulfenazin 4068
Sulfene 1397
Sulfenteral 2737b
Sulfenterone 1894
Sulfentidine 571
Sulfetron 4705
Sulfhexet 411t
Sulfiam 2348
Sulfidin 1366
Sulfidon 1658
Sulfidren 1658
Sulfile 1658
Sulfimel DOS 3700
Sulfinid 476
*Sulfinpyrazon*** 4132
Sulfintestin 1067
Sulfiode 49
Sulfiodizole 1074
Sulfion 1046
Sulfiozyl 865
Sulfiramum 1286
Sulfirgamid 1442
Sulfisomezole 1102
*Sulfisomidin*** 1653
Sulfisomizin 1653
Sulfisoxazole 1421
Sulfisoxazole Acetyl 1927
Sulfisoxazole diolamine 1421a
Sulfixone 1397
Sulfizin 1421
Sulfizol 1421
Sulfmidil 1420
Sulfobromophthalein-Sodium 3443
Sulfobromphthalein 3443
Sulfocerol 865
Sulfochinol 828c
Sulfochloramin 469a
Sulfochlorin 1618
Sulfocholine 199
Sulfocidan 1398
Sulfodiamin 2559
Sulfodimesin 1652
Sulfodimezin 1652
Sulfodina 1398
Sulfoform 2957
*Sulfogaiacol*** 544
Sulfogal 1046
Sulfoglycin 1782
Sulfoguajacol 544
Sulfoguamid 571
Sulfoguanidina 571
Sulfoguanil 571
Sulfoguanyl 571
Sulfomaleyl 1078a
Sulfomed 1398
Sulfo-Merthiolate 702
Sulfo-Mesarca 1897
Sulfomikron 1658
Sulfomyl 563b
*Sulfomyxin*** 4956
Sulfona 1605
Sulfonal 615
Sulfonalbil 708
Sulfonalone 615
Sulfonamid-Arcana 1658
Sulfonamid Astra 352
Sulfonamide EOS 748
Sulfonamid-P 352
Sulfonamid retard „Arcana“ 1911
Sulfona P 4354
Sulfonaphtine 1066
Sulfonazina 4705
Sulfonazolum 865
Sulfon-Cilag 2123
Sulfone J. 51. 4757a
Sulfonethylmethanum 790
Sulfone U. C. B. 1605
Sulfoniazide 1876
Sulfoninum 4703
Sulfonmère 1605
Sulfonmethanum 615
Sulfon-Niazone 1876
Sulfonovin 1965
Sulfonphthal 3195
Sulfonsäureblau R 4445a

Sulfopiran 1397
Sulfopirimidina „Eosfarmaco" 1397
Sulfoplan 1658
Sulfoquinol 828c
Sulfoquinol neutre 828b
Sulforal 2348
Sulforetent 1398
*Sulforidazin*** 3799
Sulforin C 2342
Sulforit 1398
Sulforma 1658
Sulformetoxinum 1659
Sulforthomidine 1659
Sulfossil 2737b
Sulfostab 2150
Sulfostat 2348
Sulfotepp 799
Sulfothiazol 865
Sulfotreparsenan 2150
Sulfoxin-Wirkstoff 2088
Sulfoxol 1421
Sulfoxon(e)-Natrium 2161
Sulfoxydiasulfone sodique 2161
Sulfoxyl-Salvarsan 4150
Sulfoxyphenylpyrazolidin 4132
Sulfozona 1398
Sulf-Retén 1658
Sulfstat 887
Sulftal 2737
Sulftalyl 2737
Sulfune 1420
Sulfuno 1420
Sulfurène 1398
Sulfurine „Table Rock" 887
Sulfurin PVO 485
Sulfur-mustard 170
Sulfuronic 1658
Sulgin 571
Sulgin ASG 943
Sulhexet 411t
*Sulisobenzon*** 2099
Sulky 1398
Sulla 1399
Sulmanyde 352c
Sulmet 1652
Sulmeton 1658
Sulmidin 1657
Sulmontil 3591
Sulmycin 3928b
*Sulocarbilat*** 939
Suloxsol 1421
Suloxybenzon 2100
Sulphabenzamine 563
Sulphacalyre 708
Sulphacarizole 1068
Sulphacetamide 708
Sulphachlorpyridazine 1054
Sulphadiazine 1081
Sulphadimethoxine 1658
Sulphadimethylbenzoylamide 2379
Sulphadimezine 1652
Sulphadimidine 1652
Sulphadine 1366
Sulphaethidole 1124
Sulphaethylthiadiazole 1124
Sulphafurazole 1421
Sulphaguanidine 571
Sulphaloxate 2553
Sulphaloxic acid 2553
Sulphalumin 338b
Sulphalyl 2540
Sulphamethiazole 887
Sulphamethizole 887
Sulphamethoxazole 1102
Sulphamethoxydiazine 1399
Sulphamethoxypyridazin 1398
Sulphametin 4703
Sulphamezathil 1652
Sulphamezathine 1652
Sulphamidine 1652
Sulphamidopyrin-Natrium 1683
Sulphamidyl 352
Sulphaminum 352
Sulphamonomethyldiazine 1396
Sulphamoprine 1660
Sulphamoxole 1420
Sulphamylon 563
Sulphan Blue 4524
Sulphanilamide 352
Sulphaphenazole 2348
Sulphaphthalyl 2737
Sulphaproxyline 2589
Sulpharsan 2150
Sulpharsenolum 2150
Sulpharside 364
Sulpharsphenamin(e) 2150
Sulphasalazine 2948
Sulphasil 708
Sulphasolucin 2400
Sulphasomidine 1653
Sulphasomizole 1101
Sulphathiazole 865
Sulphathiourea 553
Sulphatolamide 563c
Sulphaurea 555
Sulphazol „Grossmann" 2737
Sulphedrone 4705
Sulphenothiazine calcique 1576a
Sulphental 3195
Sulphenytame 1197
Sulphetrone 4705
Sulphidine 1366
Sulphinpyrazone 4132
Sulphix 1652
Sulphocalcol 544a
Sulphocidine-album 569
Sulphomyxin 4956
Sulphonal 615
Sulphonàmide-P 352
Sulphonaplast 352
Sulphonazine 4705
Sulphonthal 3195
Sulphormethoxine 1659
Sulphorthodimethoxine 1659
Sulphorthomidine 1659
Sulphostab 2150
Sulphysomin 1653
Sulpin 1965
Sulpirazina 1054
*Sulpirid*** 2470
Sulpylon 1965
Sulpyrin 1965
Sulpyron 1965
Sulqui 1835
Sulquin 2088
Sulredox 263
Sul-Spansion 1124
Sul-Spantab 1124
Sultanol 2030
Sultén 1911
Sulthiame 1197
Sulthigel 865
*Sultiam*** 1197
Sultirene 1398
Sultropan 3654
*Sultroponium*** 3654
Sultroponum 3654
Sulxin 1658
Sulzimid 519
Sulzol 865
Sulzon 1173
SUM 3170 2973
Sumaclina 3720
Sumapen VK 2593a
Sumédine 1396

Sumetamin 1658
*Sumetizid** 1619
Sumezin 1398
Sumial 2635
Sumifon 340
Sumipan 1008a
Sumipanto 2614
Sumipyrin 1965
Sumital 1546
Sumycin 3970a
*Suncillin-Natrium** 121N
SunDare 2191
Sundral 147
Sunoxol 828b
Suntax 4573
Suosan 1103
S. U. P. 36 4930
Supangol-Bi 1515a
Supasa 847
Supatonin 1300
Supavan 3612
Supazine 1511
Supelon 1965
Supen 2614
Super A 3659
Super B_{12} 4959
Superacil 227
Superanabolon 4540
Superaspidin 847
Superbolin 4540
Supercholin 282
Superciclin „Andrade“ 3972
Superciclin „Farmabion“ 4640
Superciclina 3720
Supercort 3813
Supercortene 4039
Supercortil 3806
Supercortisol 3859
Super-Cromer-orto 3441
Superdren 1577
Superglicose 419
Supergotal-Anti-histiminico 2642
Supergotal-Cardiaco 382
Superlutin 4301
Supermesin-Suposi-torios 4389
Supermidone 2749
Superneurina 1783
Supernisona 3806
Superol 828b
Superorabolon 3913
Superprednol 4038
Superpyrin 847h
Supersan 3721
Superseptyl 1652
Supersulfa 1658
Supertest 4559
Supertiamin 2483
Super-Vincozol 1398
Supervit A 3659
Supervit B_1 1765
Supervit B_{12} 4960
Supervit C 359
Supeudol 3026
Supicain Amide 2031
Supion 1122
Supirdyl 1409
Suplin 1471
Supo-Arrans-Bismuto 1515a
Supobis 1515a
Supobismut 1515a
Supopred 3806
Supoprenalin 1526
Supotran 1374
Suppangin 777a
Suppo-Bismutal 153e
Suppocalcium 423
Suppolosal 2431
Supponeryl 1249
Suppophylline 531b
Suppoptanox 1503
Supra-B_1-Esteve 4845
Suprabion 735
Supracapsulin 968
Suprachol 4351
Supracid „Schering AG“ 708
Supracilina 2590
Supracillin 2590d
Supracodin 3023
Supradol 2431
Supral 2890
Supralef 4232
Supralgin 4191
Suprametil 4072
Supramycin N 3970
Supranefran 968
Supranephrin 968
Supranol 968
Suprantil 4220
Suprarenalin 968
Suprarenin 968
Supra-Somnol 590
Suprasteron-Amp. 4093
Suprasteron-Tabl. 3662
Suprastin 2620
Suprel 968
Supressin 3105
Suprifen 1221
Suprimal 2812c, 4389
Supriphen 1221
Supron 1877
Suquinabis 3545d
*Suramin-Natrium*** 4943
Surenine 968
Surestrine 3302
Surestryl 3302
Surestryl (neue Form) 187N
Surexin 4511
Surfacaine 4099
Surfa-Cort 4232
Surfak 3700a
Surfathesin 4099
Surfen 3718
Surfen C 4135
Surgam 226N
Surgevit 4960
Surgex 38a
Surgex „Firma“ 2595
Surgi-Cen 1830
Surhème 3149
Surika 2062
Surital 1757
Surmin 703a
Surmontil 3591
Surofene 1830
Surplix 3335
Surquetil 1486
Surrectan 120a
Surrenine 968
Surrenon 4230
Surrenosterone 4230
Sursum 1460
Suscardia 1526
Suspen V 2593b
Suspencilline 2590d
Suspenin 2590d
Sus-Phrine 968
Sustac 84
Sustac „Sintyal“ 4803
Sustrate 398
Sustwelve 4959
Suthogen 1081a
Suton 2170
Suversin 1555
Suvipen 2788
Suvipla 1658
Suvren 3875

*Suxamethonium** 2289
Suxameton 2289
Suxazol 1894
Sux-Cert 2289
*Suxemeridsulfat** 217N
*Suxethonium*** 2719
Suxeton 2719
*Suxibuzon** 210N
Suxiferin 153d
Suxil 132
Suxilen 578
Suxilep 578
Suximal 578
Suxin 578
Suxinutin 578
Suxinyl 2289
Suxiphen 1404
Svavitil 3574
S. V. C. 698
SW 5063 1671
Sweeta 476
Sweet birch oil 665
Sweetex 476
Sweetona 433a
Swine ACTH 4977
Swiss blue 2611
SY-21 2757
SY 28 2395
Sy 108 2292
Sybron 1254e
Sycose 476
Sycotrol 3779
SYD-230 2301
Sydemclor 1375
Sydemclor-Jarabe 4568
Sydemsed 1011
Syflonal-Wirkstoff 1588
Sygethin 3064
Sygkrotein 2475
Syklandol 2873
Syklifen 3630
Syklofosfamid 605
Sykose 476
Sylador 4738
Sylantoic 2328
Symbio 1658
*Symclosen*** 62
Symcoral 963
Symcorthal 963
Symcortol 963
*Symetinhydrochlorid** 4728
Symmetrel 1268
Symoron 3817
Sympadrin 963
Sympaethamin 963
Sympal 2694
Sympalept 963
Sympametin 953
Sympamin 953
Symparin 3194
Sympatedrine 953
Sympatektoman 803
Sympatektoman-N 803a
Sympathicus-Wieden-mann 963
Sympathin E 734
Sympathin I 968
Sympatholytin 2583
Sympathomim 963
Sympatizin 963
Sympatocain 2011
Sympatol 963
m-Sympatol 962
Sympatosan 728
Symphocal 2206
Sympocain 2917
Symprocain-Wirkstoff 2707
Sympropamin 1219
Symptol 963
Symptomycin 4568
Symptovas 963
Synacthen 4972
Synacur 2720
Synadren 963
Synadrin 4269
Synadrone 4295
Synalar 4295
Synalon 4295
Synandone 4295
Synandrets 3395
Synandrol 4093
Synandrol F 3395
Synandrotabs 3662
Synandrulin 3395
Synapause 4468
Synapen 2796
Synapinamid 1416
Synapleg 1299
Synarin pediatric 962
Synasal 962
Synasteron 3907
Synastrin 2489a
Synatan 954c
Synate 1758a
Syncain(e) 2011
Syncalton 963
Synchrosyn 4186
Syncillin 2796
Syncordan 1219
Syncort(a) 4230
Syncortin 4230
Syncortyl 4230
Syncoumar 3202
Syncuma 3377
Syncumar 3202
Syncurarine 4734
Syncurin(e) 2720
Syncurol 2289
Syncuror 2289
Syndiol 3095
Syndren-Amp. 4093
Syndren-Tabl. 3662
Syndrox 1214
Synephrine 963
Syneptine 4865a
Synergid R 2005
Synergikon H 4685
Synergol 963
Synerone 4093
Synerpenin 2796
Synestrin-Ampullen 4280
Synestrin-Tabletten 3006
Synestrol 3058
Synestrol „White“ 2982
Synfollin „Haupt“ 4755
Synformon 4280
Syngachol 4351
Syngesterone 3882
Syngestrets 3882
Syngestrotabs 3851
Synguajol 558a
Synhexyl 4090
Synistamin 2600a
Synkamin 1361
Synka-Vit (Synkavit) 1405
Synkay 1317
Synkayvite 1405
Synkonin 3023
Synlaudine 2431
Syn-MD 441
Synmiol 908
Synnematin B 2250
Synöstrol 3058
Synoestron 4280
Synopen 2620
Synophylate 531a
Synpaverine 3489e
Synpen 2620
Synphenicol 1375

Synphenicol-Susp. 4568
Synpherol 4751
Synpherol S 4785
Synpitan 4896
Synrex 3190a
Synsteron 2982
Synstigmin 1792
Syntabil 3377
Syntagnost 3446
Syntarpen 3216
Syntarsol 698g
Syntaverin 3201
Syntecort 4306
Syntedril 2812
Syntestrin „Richter“ 4280
Syntetrex 4530a
Syntetrin 4530
Syntex 3058
Syntexan 52
Synthacholin 716
Synthacort 4232
Synthalin(e) 2724
Synthalin A 1825
Synthalin B 2291
Synthanal 3817
Syntharsan 1896
Synthazulol 2149
Synthecaine 917
Synthécilline 2796
Synthenate 962
Synthepen 2796
Synthepen R 3049
Synthex 1317a
Synthex P 4746
Synthila 3554
Synthobilin 3377
Synthobilin(-Kapseln) 948
Synthocrin 3006
Synthoestrin 3006
Synthomycetin 1375
Synthomycetinsuccinat 2374
Synthomycin 1375
Synthophylline 1202
Synthovo 3058
Synthrogène 4300
Synthroid 2317
Synthrom 3202
Synticillin 2798
Syntocain 2011
Syntociclina 4530a
Syntocinon 4896
Syntocur 2289
Syntodecin 4530
Syntoestron 4280
Syntofollin 3006
Syntolutan 3882
Syntolutin-Amp. 3882
Syntolutin-Tabletten 3851
Syntomen 1308
Syntophenicol 1375
Syntopherol Acetate 4751
Syntophyllin 531b
Syntopressin 4921
Syntostigmin 1792
Syntostrol 4280
Syntropan 3155
Syntubin 4734
Syralgan 1951
Syrap 281g
Syraprim 2187
Syrco 3817
Syropon 3318
*Syrosingopin*** 4813
Systodin 3546a
Systogen 723a
Systral 3036
Sytobex 4960
Sytobex-H 4959
Sytron 1254e
Szamazulen 2148

T_3A 2056
T 3 2717
T 40 483
T 59 3435
T 72 693
T-125 3970
T 165 215
T-250 3970
T 712 1994
T 1024 259
T-1384 3123
T 1824 4789
T 3303 1279
TA 1 3658
TA 306 3777
TA-2407 3099
Taasa 847
Tabalgin 685
Tabex 1438
Tabillin 2590
Tabiomyl 3328
Tablamide 352
Tablelumin 1607
Tablopen 2590d
Tabnet 46b
Tab.-Pen VK 2593a
TAC-28 981
Tacaryl 3004
TACE 4133
Tachicol 1276
Tachicurina 2719
Tachidon 4632
Tachidrolo 3610
Tachipirina 685
Tachmalin 3596
Tachycurarin 2719
Tachycuraryl 2719
Tachydrol 3610
Tachystin 4632
Tachystol 4632
Taci-Bex 3404
Tacitin 2992
Tacosal 2328
*Tacrinhydrochlorid*** 1899
Tacryl 3004
Tactaran 2972
Taeniolin 755a
Taesch-Nasol-Wirkstoff 2704
Tagathen 2176
Taiguic acid 2351
Taitan 4966
Tajmalin 3596
Takamina 968
Takaton 2170
Takeda-Teben 1122
Taketron 2483
Takimetol 375
Takimetrin 3324a
Takineocol 115
Takolin 281a
Takycor 3596
Taladren 1880
Talamida 2540
Talamo 1546
Talanton 1534
Talargan 1855
*Talastinhydrochlorid*** 3274
Talasulfa 2540
Talatrol 193
Talazol 2737
Talbucid 2540
Talbumalum 1506
*Talbutal** 1506
Talecid 2540
Taleudron 2737
Talibaifon-simple 2737
Talicetimida 2540
Talidine 2737

Talil-Quelu 2737
Taliltiazol 2737
Talimol 1855
Talisulfazol 2737
Talodex 1240
Talofen 2799
*Taloximin*** 1708
Talpento 1607a
Talpheno 1607a
Talpran 3566
Talseco 1758a
Talsigel 2540
Talsutin 2540
Talucard 4717
Talusin 4717
Talwin 3383
Taman 1658
Tamas 3323
Tamate 1011
TAMCHA 765
Tamid 2540
Tanabe-Kuchu 185f
Tanacain 2259
Tanaclone 3133
Tanadin 1657
Tanafol 1374
Tanakan 3117
Tanasul 1657
Tanbena 2812i
Tancolin 3105
Tandearil 3246
Tanderal 3246
Tanderil 3246
Tanganil 770
Tanicaine 3045
Tanidil 2800
Tannamina 411w
Tannopin 411w
Tanody-Formil 1067
Tanody-Ftalil 2737
Tanphetamin 954c
Tanrutin 4520
Tanston 2364
Tantarone 3678
Tantropine 2854c
Tantum 3323
Tanvarsan 1598
Tao 4877
Taocin 4877
Taoryl 3131a
Tapal 1965
Tapazol(e) 143
Tapazol „Star“ 4861
T. A. P. E. 2020
TAPHA 1820
Taquicurin 2289
Tara 4446
Taracortelone 3859
Taracortelone Injections 4207
Taracorten 3806
Taractan 2972
Taras(s)an 2972
Tardamide 1420
Tardamin 3009
Tardin 2005
Tardisal 4971
Tardocillin 2590e
Tardofol 4485
Tardoginestryl 4419
Tardolyt 2727a
Tardomorfina 2778b
Tardomyocel 2590e
Tardopen V. M. 2590g
Tardopenil 2590e
Tardosterandryl-Depot 4493
Tardosulf 2348
Tarmina 3681a
Tarmosept 1039
Tarocillin 2590e
Taroctyl 2770
Tarodyl 3405
Tarodyn 3405
Tarpan 2758
Tartarus emeticus 156c
Tartarus stibiatus 156c
Tartarus stibiatus natronatus 156b
Tartrina 3105
Tartrol 156e
Tarugan (alte Form) 4170
Task 160
Tasmin 4354
Tasnon 185f
Tassociclina 3970d
Tassocidin 3720
Taston 4802
Tastromin 2706
TAT-3 3364
TATBA 4713
TATD 4242
Tathion 1273
Taturil 1596
Taumidrine 3331
Tauremisin 95N
Taurin 54
Taurocolo 4784
*Taurolin** 612
Tavegil 3790
Tavegyl 3790
Ta-Verm 185f
Tavist 3790
Tavor 2303
Tawasan 4046
Taxilan 3585
Taxin 4255
Taxofit C 359
Tazepam 2311
Tazoline 4570
TB 1 1122
TB I/698 1122
TB II/242 927
TB III/1374 1173
TB V 1198
TB VI 864
T. B. A. Leonidas 1122
TBGF 4652
T. B. K. — „Dr. Kutiak“ 1122
TBP 1565
Tb-Phlogin 340
T. B. Razide 340
TB-S 1655
TB „Solubile“ 864
T. B. Vis 340
TC 109 631
T-cain 2913
TCC 1845
T-Ciclina 3970
TCM 4525, 63N
TCNP 453
TDS 4346
TDS-N 4346a
TEAB 803
Teaberry oil 665
Teabrom 803
TEAC 803
Tealacer 803
Teamon 803
Teamyl 803
Tebacyl 1490
Tebaina 3268
Tebakon 3526
Tebalon 1122
Tebaminal 516
Tebamin-Leo 1866
Tebaminol 516
Tebamyn 1866
Tebanyl-Leo 1866
Tebasid 1122
Tebe 1201

Tebecid 340
Tebecin 340
Tebecure 1122
Tebeform 940
Tebemar 1122
Tebemicin 89
Tebenic 340
Teberus 710
Tebesimes 1201
Tebesium-Wirkstoff 340
Tebessal 1122
Tebethion 1122
Tebethion-solubile 864
Tebetracin 340
Tebeunizan 1122
Tebeuno 1122
Tebewas 1122
Tebewass Wassermann 2807
Tebexin 340
Tebezon 1122
Tebilon 340
Tebodal 3026
Tebos 340
Tebrazid 215
Tebrofen 59N
Tebron 66
Tebrophen 59N
Tebunol 1122
Tecaf 2374b
Tecal 423
Tecarine 532a
Teciclina 3970
Teclinazets 3970
*Teclothiazid*** 641
*Teclozan*** 3627
Teclozine 3627
Tecomin 2351
Tecormina 350b
Tecquinol 326
Tédarol 4400
Tédarol-Crème 4310
Tedegyl 190
Tedral 3070a
Tedralanin 1979
Tedryl 3780
Teebacin 516
Teebaconin 340
Teebazone 1122
Teecaine 2913
Teejel 281g
TEF 409
Tefamin 531b
*Tefazolinnitrat** 2178
Tefilin 3970
*Tefluran*** 25
Teforin(a) 3231
Tega-Cetin 1375
Tega-Nyl 1015a
Tega-Pap 685
Tegisec 1693
Tego 103 S 3188
Tego-Betaines 209N
Tegopen 3223
Tegosept B 1452
Tegosept E 895
Tegosept M 666
Tegosept P 1134
Tego-Spray 3188
Tegretal 2325
Tegretol 2325
Teguran 636
Tekazin 340
Tekodin 3026
Teldrin „Ralay“ 3108a
Teldrin „SFK“ 2600a
Telebrix 1592
Tel-E-Dose 2532
Teledrin 2600a
Telemicina 4662a
Télémid 1657
Telepaque 1379
Telepathin 1882
Teletrast 1379
Telidal 3246
Teline 3970
Telioxina 815
Telipex 4093
Telipex aquosum 3410
Telipex-Lösung 3395
Telipex Retard 4622
Telipex-Tabl. 3662
Telmicid 4140
Telmid 4140
Telotrex 3970
T. E. M. 946
Temaril 3053
Temasept IV 1833
*Temazepam*** 2522
Témentil 3536
Temet 3720
Temetan 685
Temetil 3536
Temhistine 2208a
Temian 1208
Temiran 1994
Temlo 685
Temp 1965
Tempanal 685
Temparin 3194
Temperal 847
Tempo 3942
Tempo B_{12} 4960
Tempodex 954
Tempodiazina 1658
Temponitrin 84
Temposerpine 4776
Temposil 9a
Temposulfan 1398
Tempra 685
Temsert 685
Tem-Simes 946
Temurin 942
Tenakrin 1899
Tenalin 1409, 2208a
Tenamid 2320
Tenamine 4812
Tenaphto 2178
Tenaphtoxalinnitrat 2178
Tenatan 1849
Tencilan 2523
Tendoscen-Compr. 4776
Tenebryl 8
Tenepenin 2590g
Tenfidil 2209
Teniacid 1849
Tenial 2320
Teniamida 1835
Teniarene 1835
Teniathane 1849
Teniatol 1849
Tenicid 2320
Ténicridine 4202
Tenitramine 1290
Tenitran 1290
Tenlap 685
Tennecetin 4783
Tenntuss 1209
Tenoban 755b
Tenormal 1299
Tenpen 2590
Tensamin 962
Tensan 329a
Tensatrin 4872a
Tenserpina „Sigmitalia“ 4777
Tenserpine „Assia“ 4776
Tensibar 4854
Tensicor 445b
Tensiflex 1299
Tensil 2532

Tensilest 2501
Tensilon 1269
Tensinyl 2532
Tensional 4776
Tensionorm 2772
Tensioplegyl 1827
Tensodex 1032
Tensodilen 315
Tensofin 3989
Tensofin inyect. 4660
Tensonal 1011
Tensopam 2521
Tensoral 1299
Tensum 1285
Tensyl 3756
Tentone 3043
Tentrate 235
Tenuate 1994
Tenuazonic Acid 1225
Tenuazonsäure 1225
Tenurid 1287
Tenylene 2208a
*Tenylidon*** 2542
Tenzamin 1269
Teobiline 281j
Teobim 523
Teobromin(a) 532
Teocardio 1202
Teocorin 1201
Teodramin 2812c
Teofene 1202
Teofilcolina 281j
Teofilfedrina 1216a
Teofillina 531
Teofizina 531e
Teoformina 411y
Teofyllamin 531b
Teoglicina 531a
Teoglysin 531a
Teoharn 91
Teokolin 281j
Teolaxin 1607
Teolit 3351
Teolix 531
Teonicol 2034
Teopropil 1201
Teoquil 4800
Teosal 532b
Teositmina (compresse + supposte) 888a
Teositmina (fiale) 888b
Teospartina 2489e
Teosuccin 2897
Teotam 193b
Teozina 888c
T. E. P. 801
TEPA 409
Tepal 4507
Tepanil 1994
Tepasium-Wirkstoff 516
TEPF 801
Tepilta 4619a
Teplin 4693
TEPP 801
Teprin 3747
Tequil 1607g
Teralene 3053
Teralin 2208a
Teralpherin 4649
Teralutil 3882
Teralutil-L. A. 4561
Teramine 4571
Terapinyl 1219
Terapirol 1965b
Terasin 301
Teraviton H_3 2011
Terbenol 3964b
*Terbutalinsulfat*** 1778
Tere-Cardiol 382
Terenol 74N
Terephtyl 4756
Terfluran 25
Terfluzine 3753
Tergitol 4 2287
Terial 3964
Tériam 1596
Teridax 1360
Teridin 1596
Terincor 350b
Terinin 500
Terisal 3741
Terivalidin 2128
*Terizidon*** 2128
Termalgon 2749
Termigdanal 1515a
*Terodilinhydrochlorid*** 3611
Terofolin 3240
Teroftal 3972
Terolut 3854
Teropterin 4650
Teropterinamid 4658
*Teroxalenhydrochlorid*** 4618
Terpacid 1257
Terpal 4724a
Terpalate 4724a
Terpan 1275
Terpicillin 500 (-oral) 2593a
Terpinhydrat 1304
Terpinolhydrat 1304
Terrabon 3972a
Terrafungine 3972
Terramedic 3972
Terramicina 3972
Terramycin 3972
Terraos 3972
Terratrex 4664
Terraven 3972
Terravenös 3972
Tersaseptic 1830
Tersatetra 2374b
Tersavid 1751
Tersavin 2590m
Tertroxin 2322
Tervalon 2509
Tesalón 4732
Tesamone 3395
Tesendocrin 4093
Teserene 2982
Tes-Hol „Z“ 3395
*Tesicam** 110N
*Tesimid*** 117N
Teslac 3351
Teslak 3351
Teslen 3395
TESPA 410
Tespamin 410
Tes. P. P. 4603
Tessalin 4732
Tessalon 4732
Testacid 848
Testadenos 3395
Testadenos in oil 4093
Testaform Aqueous 4093
Testaform-Tabl. 3662
Testahomen 4093
Testahomen-Depot 4501
Testahomen T 3395
Testahomen-Tabl. 3662
Test-Anabol 3862
Testandrone 3395
Testanthate 4501
Testarmon 4093
Testarona 4093
Testascorbic 359
Testate 4501
Testavirol 4093
Testavol 3659
Testavol-S 4835
Testeplex Aq. inj. 3395

Testeplex in oil 4093
Testeplex-Tabl. 3662
Testergon 4559
Testerone-Deposito 4559
Testeubril 4093
Testex 4093
Testex Leo krystal-suspension 4239
Testex Leo prolongatum 4559
Testhormona 3662
Testikelhormon 3395
Testin-Amp. 4093
Testin-Tabl. 3662
Testine 4093
Testinon 4093
Testipron 3662
Testirene 4093
Testiwop 3676
Testo 100 4093
Testoban 3395
Testobase 3662
Testobase Aqueous 3395
Testobios 4093
Testobis depositum 4559
Testobolin 3886
Testocryst 4239
Testodet 4093
Testodiol 3675
Testodrin-Amp. 4093
Testodrin-lösning 3395
Testodrin prolongatum 4559
Testodur 4493
Testo-Enant 4501
Testo-Endo 4093
Testo-Endo retardado 4559
Testo-Fenil 4603
Testoferol 4093
Testogen 4093
Testogenina 3662
Testoici 4093
Testoidral 4093
*Testolacton*** 3351
Testolent 4603
Testolets 4093
Testomed 3862
Testonate 4093
Testonique 4093
Testonorpon 4093
Testonorpon-Tabl. 3662
Testopan 4432
Testopropon 3395
Testora 3662
Testoral 3645
Testoral „Leo“ 3662
Testorex 3662
Testorit-deposito 4559
Testormol 4093
Testormon 4093
Testormon-Tabl. 3662
Testorolland-Depot 4559
Testorona-Amp. 4093
Testorona-Tropfen 3395
Testoron retard 4501
Testosaf 4093
Testoselecta 4093
Testosid 4093
Testosid-Depot 4748
Testosid-Tabl. 3662
Testosir 3395
Testostelets 3662
Testosteroid 3395
*Testosteron*** 3395
Testosteron Großmann Amp. 4093
Testosteron Großmann-Tabl. 3662
Testosteron-Amp. „Jenapharm“ 4093
Testosteron-Depot-Amp. „Jenapharm“ 4501
Testosteron-Depot Thilo 4493
Testosteron-Lingualtabl. 3662
Testosteron longo 4603
Testosteron ZZ 4093
Testosteronacetat 3885
Testosterona Dexter Compr. 3662
Testosterona Dexter Inyect. 4093
Testosteroncaprinoyl-acetat 4748
Testosteronchloralhemi-acetalacetat 4211
Testosteroncipionat 4559
Testosteroncyclohexyl-propionat 4622
Testosteroncyclopentyl-propionat 4559
Testosterone enanthate 4501
Testosterone Farma-selecta 4093
Testosterone Farmitalia 4093
Testosterone Lusofarmaco depositum 4559
Testosterone-Retard „Rolland“ 4559
Testosteron forte Amp. „Orion“ 4093
Testosteronfuroat 4302
Testosteronheptanoat 4501
Testosteronhexahydro-benzoat 4493
Testosteronhexahydrobenzyl-carbonat 4562
Testosteronhexyloxyphenyl-propionat 4801
Testosteronisobutyrat 4239
*Testosteronketolaurat*** 4748
Testosteronnicotinat 4402
Testosteronönanthat 4501
Testosteronönanthat-benziloylhydrazon 4858
Testosteronphenylacetat 4539
Testosteronphenyl-propionat 4603
Testosteronphosphat 3410
Testosteronpropionat 4093
Testosteron resoribl. „Orion“ 3662
Testosteron-Tabl. „Jenapharm“ 3662
Testosteronum prolonga-tum „Polfa“ 4501
Testosteron „Vitis“ 4093
Testostroval 4501
Testovena 3395
Testoviron 4093
Testoviron-Depot 4501
Testoviron T 3395
Testoviron-Tabl. 3662
Testovis 4093
Testovis Compr. 3662
Testovister 4093
Testovister-Depot 4559
Testovitis 4093
Testoxyl 4093
Testoxyl perlinguale 3662
Test P. S. P. 3195
Testral 3662
Testrex 4093
Testrol 4093
Testron „Benzon“ 4093
Testrone 3395
Testrone P 4093
Testryl 3395
Tesyklin 3970
TET 946
Tetamon-J 803
Tetbrothalein-Sodium 3442

Tet-Cy 3970
TETD 1287
Tete-Lax 4255
Tetidis 1287
Tetilan 4632
Tetiothalein 3446
Tetlen 21
Tetmal 685
Tetmosol 1286
Tetnor 3245
Tetocaine 2475
„*Tetra*“ 1
Tetra 5 3961
Tetraäthylthiuramdisulfid 1287
*Tetrabarbital*** 1790
*Tetrabenazinmesilat*** 3385
Tetrabiguanide 4664
Tetrabion 3970
Tetrabior 3970
Tetrabiotic 3970
Tetra-biotic „Frumtost“ 2374b
Tetrabon 3970
Tetrabon V 3970a
Tetrabrom 3442
Tetrabromum 803
*Tetracain*** 2475
Tetracap 21
Tetracaps 3970
Tetracemate Disodique 1254a
Tetracemin 1254
Tetracemindinatrium 1254a
Tetrachel 3970
Tetrachloräthylen 21
Tetrachlorkohlenstoff 1
Tetrachlormethanum 1
Tetrachlormethiazid 641
Tetraciclene 3970
Tetraciclina 3970
Tetracid 887
Tetraciklin 3970
Tetracin-Calcium 1254b
Tetracinil 3970
Tetra-cipan 3720
Tetra-Citro 3970b
Tetracline 3970
Tetra-Co 3970
Tetracol 1
Tetracompren 3970
Tetra-Contrast 3446
Tetracor 382
*Tetracosactid** 4972
Tetracosactrin 4972
*Tetracyclin*** 3970
Tetracyclin-Mustard 4525
Tetracyclin P „Ankermann“ 3970a
Tetracycline Phosphate Complex 3970a
Tetracyllin 3970h
Tetracyn(a) 3970
Tetracyn Plus 3970a
Tetracyn V 3970a
Tetra-D 3970
Tetradecin 3970
Tetradecin novum 3970a
Tetradecin P 3970a
Tetradek 3720
Tetradin 1287
Tetradin „Granelli“ 4663
Tetra-dispers 3970i
*Tetradoniumbromid*** 2933
Tetraetil 1287
Tetraetilamonio 803
Tetrafarmed-Wirkstoff 4530
Tetrafenicol 2374b
Tetrafil 3970
Tetraform 1
Tetraform „Spofa“ 285
Tetrafugan 1391a
Tetraglamin 3970d
Tetraglucina 3970d
Tetra-Gluco 3970d
Tetragobens inyect. 2374b
Tetraguer 21
Tetragyn 3970
Tetrahydrocannabinol 3881
Tetrahydrocortisol 3914
Tetrahydrodiazepam 2570
Tetrahydrogardenal 1699
Tetrahydropalmatin 186N
Tetrahydrophenobarbital 1699
Tetrahydroxyquinone 301
Tetrahydrozolin 1934
Tetraiode 3446
Tetraiodophthalein-Natrium 3446
Tetrajod 3446
Tetrajod-Contrast 3446
Tetrajodthyronin 2317
Tetrakain 2475
Tetrakap 3970
Tetra-Lauril 3970g
Tetralea 21
Tetralen „C. E. P. A.“ 3970
Tetralen „Vitória“ 3955
Tetraleno 21
Tetraletas 3970
Tetraletten 1
Tetralidina 4530
Tetralisal 4663
Tetralissal 4663
Tetrallobarbital 1505
Tetralonga 3970
Tetralonga-intramuscular 4530
Tetralution 3970
Tetralysal 4663
Tetralysine 4663
Tetram 3970
Tetramalum 1790
Tetramavan 3970
TetraMAX 3970
Tetramel 411, 3972
Tetraméprozine 3367
Tetramethoquine methiodide 2266
Tetramethylacriflavin 3087
Tetramethylolmethan 273
Tetramethylthiuramdisulfid 408
Tetramin 2717
Tetramina 3970a
Tetramina-inyect. 4530
Tetramin „BASF“ 395
*Tetramisolhydrochlorid*** 1391
Tetramonid-TEAB-10 803
Tetramonum 803
Tetra M. P. 3970
Tetramycin 3970
Tetramyl 4663
Tetran-Amp. 4531
Tetran „Chinoin“ 3972
Tetranite 235
Tetranitrin 148
Tetranitrol 148
Tetranium 803
Tetranormo 4662a
Tetrantoin 1602
Tetra-Oro-inyect. 2374b
Tetraos 3970
Tetra-Pirrolidin 4530
Tetraplus 3970
Tetra-Proter 3970
Tetra-Quimiol-Solucion 4532a
Tetrarco 3970
Tetrasanciline 4662a
Tetrascel 3970
Tetrascel fosfato 3970a
Tetraseptan 4442
Tetrasol 1

Tetrasoline 657
Tetrasolvina 4662
Tetraspasmin-Lefa 4316
Tetrastaph 4662a
Tetrastigmine 801
Tetrasuiss 3970
Tetrasule 235
Tetra-Tablinen 3972
Tetrate-80 235
Tetrathion 408
Tetra-Tike 3970
Tetraverin 4530
Tetravu 4662a
Tetra-Wolf 3970
Tetra-Wolf-inyect. 4530
*Tetrazepam** 2570
Tetrazetas-Retard 3970a
„Tetrazol" 382
Tetrenolin 54N
Tetrex 3970a
Tetrex-PMT 4530a
*Tetridamin*** 1001
Tetridin 965
Tetrim 4530a
Tetrin 4530
Tetrinfan 3972
Tetriv 4530a
Tetrofan 2943
Tetroid 4937
Tetronal 1027
Tetronat 803b
Tetrophan 2943
Tetrophine 2943
Tetropil 21
*Tetroquinon*** 301
Tetrosan 3918
Tetrosol 3970
Tetrothalein 3446
Tetroxin 2322
Tetrucid 1286
Tetrun 3970
Tetrydamine 1001
*Tetrylammonium-bromid*** 803
*Tetryzolinhydrochlorid*** 1934
Teturam 1287
Tevabolin 3900
Tevacycline 3970a
Tevaphyllin 531
Tevaphyllin-Amp. 531f
Tevecrisan 4887
Tevenel 1433
Tevina 4887
Teviral 3989
Tevirol 4093
Texacort 3893
TG-5 2880
TG-6 2418
T-G-ME 796
1064 TH 3699
1183 TH 4489
1314 TH 710
1321 TH 940
1395 TH 1682
2105 TH 230
2132 TH 1101
2152 TH 847c
2180 TH 3140
4114 TH 1061
4128 TH 1152
Th 22 1132
Th 152 1528
Th 322 145N
Th 1165a 2826
T. H. A. 1899
Thacapzol 143
Thalajen 2540
Thalambrol 590
Thalamyd 2540
Thalazole 2737
Thalazone 2737
*Thalidomid*** 1855
Thalinil 2737
Thalinon 3451
Thalistatyl 2737
Thalisul 2540
Thalocid 2540
THAM 193
Thamesol 193
Thanite 2001
Thanomin 3178c
THC 3965
Theacyclon 2541
Theadryl(ettae) 3070a
Theal-Amp. 1202
Theal-Tabletten 531
Theamin 531c
Thean 1200
Thebacetyl 3526
Thebacodon 3526
*Thebacon** 3526
Thebain 3268
Theba-Intran 2778a
Thebametten 2778a
Thèbes 1201
Thebrosal 532b
Thecodin 3026
Theelin 3059
Theelol 3096
Thefanil 2209
Thefylan 1202
Thein 711
Thelestrin 3059
Thelmesan 3707
Thelmic 185f
Thelmin 185a
Thelykinin 3059
Themalon 2641
Themisone 912
*Thenalidintartrat*** 2846
Thencel 4966
Thenclor 2176
Thendorm 2535
Thenfadil 2209
Thenfanil 2209
*Thenii closilas*** 2434
*Theniumclosylat*** 2434
Thenophenopiperidin-tartrat 2846
Thenopiperidintartrat 2846
Thenyldiamine 2209
Thenylen(e) 2208a
Thenylpyramine 2208
Theoaethamin 531b
Theobrocal 532c
Theobromin 532
Theobromin-Calcium-salicylat 532c
Théobromine salisodique 532b
Theobromin-Natrium-acetat 532a
Theobromin-Natrium-salicylat 532b
Theobromsal 532b
Theobrosal 532b
Theocal 532c
Theocalcin 532c
Theocardin 1203
Theochol 281j
Theocholiode 279a
Theocin 531
Theocolin 281j
Theocor 1201
Theocyne 531a
Theoden 1200
Theodoxine 735c
*Theodrenalin*** 2839
Theodrox 531b
Theodural 532c

Theodure 532b
Theofin 531
Theofol 531
Theofort 531a
Theoglycin 531a
Theoglycinate 531a
Theograd 531
Theoharn 91
Theo-Heptylon 794a
Theola-Glyn 531a
Theolamine 531b
Theolix 531
Theolixir 531
Theolone 531b
Theomedrine 267
Theomersyl 531a
Theon 1200
Theonasal 532b
Thephorin 3231
Theophyl(l)amin 531b
Theophyl-Choline 2811
Theophyllin 531
Theophyllinäthylamphet-amin 3089
Theophyllin-Äthylen-diamin 531b
Theophyllin-Diäthanol-amin 531d
Theophyllin-Dihydroxy-ephedrin 531h
Theophyllin-Heptaminol 531j
Theophyllin-Lysin 531l
Theophyllin-Meglumin 531f
Theophyllin-Merodrin 267
Theophyllin-Monoäthanol-amin 531c
Theophyllin-Natrium-glycinat 531a
Theophyllin-Piperazin 531e
*Theophyllinum ephe-drinum*** 531g
Theopropanol 531k
Theosalicinum 532c
Theosalin 532c
Théosalvose 532
Theosan 532b
Theosintol 531j
Theosol 532c
Theosol „Maney" 1202
Theosophen 532a
Théostène 532
Theosumman 531b
Theoxylline 281j
Theoxylline „McClung" 941
Thephorin 3231
Thephyldine 531b
Theptine 953
Theracanzan 1658
Theradiazine 1081
Theradione 2305
Théragynes 469a
Theralen 3053
Théralène 3053
Théraleptique 3699
Theramin 4354
Théramine 248
Théranabol 3665
Therapas 2078a
Therapline 3699
Therapol 352
Theraptique 3699
Therargidine 1149
Therargidon 1149
Theratuss 3788
T-hermes 4523
Thermol 299
Thermorubin 3938
Therops-Wirkstoff 560
Theruhistin 2616
Thesal 532
Thesalyl 1951
Thesodate 532a
Thetamid 578
Theurin 1951
Thevanid 4887
Thevanil 4887
Thevetin (B) 4887
Thévina 4887
Thiaben 1040
Thiabendazole 1040
Thiabutazid 1493
*Thiacetarsamid*** 1371
Thiacetazon(e) 1122
Thiacetazon soluble 945
Thiacoccine 865
Thiacyl 1894
Thiadoxine 1765
Thiadrin 1444
Thiafor 1765a
Thiafur 300
*Thialbarbital*** 1938
Thialbarbitone 1938
Thialbutal 1500
Thialbutone 1500
Thialisobumal-Natrium 1500
Thialpenton 1938
Thiamalgyl 1765a
*Thiamazol*** 143
Thiambuten 2641
*Thiambutosin*** 3365
Thiamethon 1828
Thiamidin F 4346
*Thiamin** 1765
Thiaminallyldisulfid 2453
Thiamindisulfid 4346
Thiaminmonophosphat-disulfid 4355
Thiaminokal 352a
Thiaminpropyldisulfid 2483
Thiaminpyrophosphat 1795
Thiamintetrahydrofurfuryl-disulfid 2901
Thiaminthiazolon 1709
Thiamintol 1765
Thiamiprine 845
Thiamizide 903
Thiamol 1765
*Thiamphenicol*** 1670
Thiamphenicolglycinat 2177
Thiamylal 1757
Thianeuron 2656
Thianeuron (alte Form) 2483
Thianid 710
Thiantan 3052
Thiantetten 3052
Thianthol 2101
Thiantoin 1854
Thiaphthallyl 2737
Thiaplasme 865
Thiaretic 528
Thiarid 1765
Thiaseptol 1366
Thiasin 1421
Thiasin ophthalmic 1421a
Thiasulfol 865
Thiatriamide 759
Thiavit 1765
Thiazamide 865
Thiazanol 1741
Thiazen 24 865
Thiazenone 3291
Thiazesimhydrochlorid 3291
Thiazide 485
„*Thiazin*" 865
Thiazinamium 3093
Thiazinamon 3093
Thiazol „C. & C." 865
Thiazolone 865
Thiazolsulfone 866

Thiazomide 865
*Thiazosulfon*** 866
Thiazothielite 843
Thiazothienol 1390
Thiazylsulfonamid 865
Thibenzazoline 882
Thibenzole 1040
Thibetine 412a
Thibon 1122
Thicaine 2009
Thidicur 887
Thidoxol 464
Thiergan 2800
Thiethazone 1490
*Thiethylperazin-dimaleinat*** 4057
*Thihexinolmethylbromid*** 3134
Thihexinoloni bromidum 3134
Thilatazin 3791
Thilocain 2011
Thilocanfol 1267
Thilopemal 578
Thilophenyt 2328
Thilophyllin 531b
Thimecil 221
Thimerosal 877
Thimethaphan-d-Campher-sulfonat 3990
Thimorlone 1626
*Thioacetazon*** 1122
Thioami 764
Thioamide 710
Thioamobarbital 1543
Thioamytal 1543
Thioarsphénamine 2150
Thiobactal 877
Thiobal 1542
Thioban 3965
Thiobaral 746
Thiobarbital 746
Thio-Barbityral 1542
Thiobarsol 1542
Thiobis 262b
Thio-Bismol 38
Thiobutabarbital-Natrium 1248
Thiobutalum 1788
Thiobutone 1500
Thiocain 2009
Thio-Cara 6a
Thiocarbamid „Dr. Janka" 555
Thio-Carbamisin 3714
Thiocarbamizine 3714
Thiocarbanidin 3965
Thiocarbarsone 1406
Thiocarbazonum diaethanolaminum 864
Thiocarbazyl 1122
Thiocarlide 4223
Thiocarone 1122
Thiocarzolamide 142
Thiocetin 1670
Thiochinalbarbiton 1757
Thiocid 1286
Thiocil 221
Thiocillin 2989
Thiocol 544
*Thiocolchicosid** 4528
Thio-Colciran 3527
Thiocoumar 3937
Thioctacid 760
Thioctamid 764
Thioctan 760
Thioctsäure 760
Thioctsan 760
Thiocutol 2065
Thiocyan-Tabs. 6b
Thiocyl 496
Thiocymetin 1670
Thiocytin 407
Thiodantol 2616
*Thiodiglycol*** 190
Thiodinon 1104
Thiodiphenylamin 1577
Thiodipin 1818
Thiodril 246
Thiodyne 496
Thioethamyl 1543
Thioethazone 1490
Thioform 494a
Thioformol 2281
*Thiofuraden*** 659
Thiogenal 1788
Thiogin 1425
Thioguanine 219
Thioguaninribosid 1180
Thioguanosin 1180
Thiohexallymalum 1938
*Thiohexamid*** 2224
Thiohexital 1939
Thioketazon 1122
Thiola-Amp. 244
Thiolate 496
Thioluminal 1606
Thiolutin 656
Thiomebumal 1542
Thiomedan 232
Thiomedon 262
Thiomedon-Amp. 592
Thiomerin 2705
Thiomerosol 877
*Thiomersal** 877
Thiomersalat 877
Thiomesterone 4350
Thiométhane 104
Thiomethibumalum 1788
Thiomicid 1122
Thiomid 710
Thiomidil 221
Thiomycetin 1670
Thionarcex 1787a
Thionarcon 1544
Thionembutal 1542
Thioniden 710
Thionin 1593
Thio-Novurit 2705
Thiontan 3052
Thionylan 2208a
Thioparamizone 1122
*Thiopental*** 1542
Thiopentan 1542
Thiopentemal 1542
Thiopentobarbital 1542
Thiopentone 1542
Thiopentymal 1542
Thioperazine 4068
Thioperkin 3530
Thiophanate 94N
Thiophanium 3990
Thiophenatin 2380
Thiophenicol 1670
Thiophenicol inj. 2177
Thiophenine 1576a
Thiophenobarbital 1606
Thiophenylpyrazolidin 4131
Thiophéol (Compr. + Amp.) 212
Thiophosphamidum 410
Thioporan 3937
Thioporin 760
*Thiopropazat*** 4172
*Thioproperazindimesilat*** 4068
Thiopropyl 561
Thiopurinol 209
Thioquinalbarbitone 1757
*Thioridazin*** 3802
Thiosal 496
Thiosalan 1832

Thiosan 1286
Thiosarmin 1897
Thioscabin 1286
Thioseconal 1757
„Thiosemicarbazon“ 1122
Thiosinamin(e) 174
Thiospasmin 3150
Thiospasmin-inj. 3151
Thiospen 2593
Thiosporin 4956
Thiosulfil 887
Thiotal 2101
Thiotebesin 1122
Thiotebezine 1122
Thiotebicina 1122
Thiotebin 1122
Thiotebrin 1122
Thiotef 410
*Thiotepa (Thio-TEPA)*** 410
*Thiotetrabarbital*** 1787
Thiotetramalum 1787
Thiothal 1542
Thiothixene 4200
Thiothymin 221
Thiothyr 746
Thiothyron 221
Thiotomin 764
Thiouracil 133
Thioxanthone 3542
Thioxidrene 367
Thioxolon 464
Thiozinamin 3093
Thiphen 3568
Thiphenamilhydrochlorid 3568
Thiphencillin 2591
Thipindol 2623
*Thiram** 408
Thiuragyl 561
Thiuram 1287
Thiuranide 1287
Thiuryl 221
Thixokon 821
Thixolone 464
Thixoron 1324
Thizone 1122
Thonzide 4770
Thonzoniumbromid 4770
*Thonzylaminhydro-chlorid*** 2653
Thonzylene 2653
Thoragol 3384
Thorazene 2770
Thorazine 2770
Thorexin 3105
Thoxidil 1208
Thozalinone 1388
THQ 301
Threomycin 1375
Thromasal 2305
Thrombasal 2305
Thrombaton 3452
Thrombion 2305
Thrombocytin 1115
Thrombodym 308
Thrombo-Holzinger 1814
Thromboliquine 4360
Thrombolyt 2305
Thrombophen 2305
Thrombophenon 2305
Thrombophob ad inj. 4360
Thrombosan 2305
Thrombosolum 1814
Thrombotonin 1115
Thrombo-Vetren 4360
THS-839 3880
β-Thujaplicin 1131
Thurfylnicotinat 1412
Thuricyclin 3970
Thyalone 747a
Thybon 2322
Thycapzol 143
Thylamid 2686
Thylin 2749
Thylochinon 1317
Thylogen 2861
Thylokay 1405
Thyloquinone 1317
Thymacetin 2243
Thymazen 2219
Thymeol 3770
Thymiankampfer 1205
Thymiansäure 1205
Thymidazol 143
Thymin 222
Thyminalkylamin 952
Thymiode 3538
Thymiodol 3538
Thymodin 3538
Thymol 1205
Thymolan 1150
Thymol iodide 3538
Thymoloverm 4507
Thymolsulfon 4757
Thymosulfone 4757
o-Thymotinsäure 1451
Thymotol 3538
Thymoxamine 2694
Thymoxyalcylamine 2694
Thyopac-3 2323
Thyphenytoin 1854
Thyradin-S 2317
Thyrantin „Haupt“ 221
Thyratabs 2317
Thyreocordan 882
Thyreocordon 882
Thyreonorm 221
Thyreosedine 746
Thyreostat(I) 221
Thyreostat II 561
Thyreostaticum EBEWE 642
Thyril 221
Thyrine 2317
Thyrobasine 221
Thyrocil 221
Thyroidan 81
Thyrolar 2317a
Thyromedanhydrochlorid 3754
Thyronamin 2322
Thyronamine 2139
Thyronine „Taisho“ 2322
*Thyropropic acid*** 2315
Thyropurin 2317
Thyrosan 74b
Thyrostabil 221
Thyroxevan 2317
Thyroxin 2317
Thyroxinal 2317
Tiabenda 1040
*Tiabendazol*** 1040
Tiafonato 1765c
Tiafur 300
*Tiametoniumjodid*** 1828
Tiamidina 1765
Tiamidon 1765
Tiamina 1765
Tiaminal 1765
Tiaminasi 1795
*Tiamiprin*** 845
*Tiamizid** 903
Tiantoina 1854
*Tiapirinol*** 1703
Tiaxal 1765
Tiazamida 865
Tiazanone 1374
Tiazene 24 865
*Tiazesimhydrochlorid*** 3291
Tiazodroga 865
Tiazo-Faes 865
Tiazogel 865

„Tiazol“ 865
Tiazoline 1199
Tiazovelez 865
Tiazovuli 1100
Tiazo-Warka 865
Tibacil 1122
Tibamax 2043
Tibatin 4326
Tibazide 340
Tibemid 340
Tibicin 89
Tibicur 1122
Tibinide 340
Tibion(e) 1122
Tibisan 1122
Tibison 340
Tibital 1308
Tibitan 340
Tibivis 340
Tibiwas 1122
Tibizide 340
*Tibolon*** 3852
Tibon 1122
Tibon soluble 945
Tibraina 1523a
*Tibrofan*** 1309
Tibs Roundworm Tablets 185f
Tibs Tapeworm Tabl. 1849
Tiburone 1635
Tibusan 340
Tibutol(o) 1308
*Ticarbodin** 104N
Ticarda 3561a
Ticinil „de Angeli“ 3245
Ticinil „Petrizzio“ 2342
*Ticlaton*** 461
Ticolin-Inj. 760
Ticolin-Powd. 764
Tidex 954
*Tiemoniumjodid*** 3112
Tiemozyl 3112
Tiervigantol 4573
Tifen 3568
*Tifenamilhydrochlorid*** 3568
*Tifencillin*** 2591
Tifenitoina 1854
Tiferron 333
Tifomifin 1375
Tifomycetin 1375
Tifomycine 1375
*Tiforminhydrochlorid*** 270
Tifosyl 410
Tigan 3849
*Tigestol*** 3636
*Tigloidin*** 2027
Tiglyssin 2027
Tigonal 2790
Tiguvon 1240
Tikacillin 2593a
Tikaleptin 368
Tilakin 3545o
*Tiletaminhydrochlorid*** 1725
Tildrin 590
Tilene 4046
Tilidate 2853
*Tilidin** 2853
*Tiloron** 221N
Timecaps 954
Timerfonnatrium 702
Timodyne 2481
Timofax 1553
Timol 1205
Timolet 3335
Timolkina 3545o
Timosin 2532
Timosulfon 4757
Timoval 2615
Timovan 2615
Tinactin 3217
Tinaderm 3217
Tinafon 3561b
Tinarhinin 1934
Tindal(a) 4199
Tindanol 3178c
Tindurin 1617
Tineafax-Powd. 1553
Tineasyl 1553
Tinevet 4800
*Tinidazol*** 757
Tinokal-Powd 1830
*Tinoridin** 137N
Tinostat 1819
Tintorane 3210
Tioamide 352
Tiobarbital „Miro“ 1542
Tiobeta 2483
Tiobicina 1122
Tiobismolo 2713
Tiocarbazil 1122
*Tiocarlid*** 4223
Tiocarone 1122
Tio-Colciran 3527
Tiocondramina 434b
Tioctacid 760
Tioctamina 760a
Tioctan 760
Tioctene 760a
Tioctico-Hermes 760
Tioctidasi 760
Tioctinessa 760a
Tiofenatin 2380
Tiofeniclin 1670, 2177
Tiofenicol 1670
Tiofenicol inj. 2177
Tiofosyl 410
Tiogin 1425
*Tioguanin*** 219
Tioicorzan 760a
Tiolidon 1961j
Tiolidon-Amp. 244
Tiomeracil 221
*Tiomesteron*** 4350
Tiometylurasil 221
Tiomicetina 1670
Tiomid 710
Tiomidone 1961j
T-Ionate 4559
Tionidel 3318
Tiopan 1542
Tio-Pentemal 1542
Tiopentonal 1542
Tiopentone 1542
Tiopirene 1658
Tiopropen 1046
Tiorale M 221
*Tiosalan*** 1832
Tiosecolo 1122
Tioseptale 1366
Tiosulfan 887
Tio-TEF 410
Tiotiamina 2483
Tiotil 561
Tiotiron 221
*Tiotixen*** 4200
Tiotrifar 1046
Tiouracilo 133
Tio-Urasin 83
Tiovit-B_1 2483
*Tioxolon*** 464
TIP 3446
*Tipepidin*** 2387
Tiphen 3568
Tipidi 2483
*Tipindol** 2623
Tipolin Tiazolico 865
TIPP 1826
T. I. P. P. S 3446
*Tiprenololhydrochlorid*** 82N
Tirantil 3898

Tirazolo 143
Tireobutil 980
Tirian 1494
Tirodril 143
Tirogen 2322
Tiromycetin 1375
Tiron 333
Tironina-Lefa 2322
Tirosedina 221
Tiroton 2322
Tirovit B 565
Tisamid 215
Tiscercin 3340
Tisin 340
Tisiodrazida 340
Tisomycin 89
Tisulac 96
Tithen 221
Ti-Tre 2322
Titriplex II 1254
Titriplex III 1254a
Titroid 2317
Tiuram 1287
Tiurolo 1054
Tivazine 185a
Tivenol 2509
Tiverol 4093
*Tixadilhydrochlorid*** 4266
Tixantone 3542
Tizide 340
Tizone 1122
Tizopan 340
TM-10 2036
TM-4049 1282
TMAI 201
TMB 4 2422
TMCA 3628
TMD 10 803
TMPDS 4355
TMPEA 1532
TMT 3111
TMTD 408
TMV-17 3639
Toa 3296
Toban 4004
Tobinal 1700a
Tobispray 1960
Tocal 423
*Tocamphyl*** 3377
Tocatyl 3029
Toce 756
Tocen 756
Tochergamin 2682
Tochlorine 527
Tocine 2489a
Toclase 3670
Tocoergin 4693
Tocoferina E 4693
Tocoferolo Bioglan 4693
Tocoferolum 4693
*Tocofersolan*** 4693a
Tocoferylchinonum 4694
Tocofyn 4693
Tocogèn 4693
Tocomed 4693
Tocomine 4751
Tocophal 4751
Tocopherex 4751
α-Tocopherol 4693
β-Tocopherol 4634
δ-Tocopherol 4577
γ-Tocopherol 4635
Tocopherol „Gumpro“ 4751
α-Tocopherolacetat 4751
α-Tocopherolnicotinat 4815
α-Tocopherolsuccinat 4785
Tocophersolan 4693a
Tocopherylquinone 4694
Tocophrin 4751
Tocopressina 4694
Tocorol 4751
Tocos 4751
Tocosamine 2489a
Tocosimplex 2489a
Tocosine 723a
Tocovigor 4751
Tocovit 4693
Todalgil 3245
Todorit 1796
Todul-simple 373
TOED 2269
Tofaxin 4751
*Tofenacin*** 2813
Toferol 4751
*Tofisolin** 196N
Tofranil 3335
Togram 2614
Toilax 3942
Toin 2328
Tokokin 3059
Tokols 4751
Tokomicina 3181
Tokopharm 4693
Tokopherylchinon 4694
Tokosin 723a
Toladryl 3072
Tolamine 527
Tolamizol 1330
Tolanase 2249
Tolanate 323, 4878
Tolansin 1208
Tolavad 1114
Tolax 1208
*Tolazamid*** 2249
*Tolazolin*** 1114
Tolazul 2389
Tolbet 1760
*Tolboxan*** 2234
Tolbugen 1760
Tolbusal 1760
*Tolbutamid*** 1760
Tolbutol 1760
Tolbutone 1760
Tolbutylharnstoff 1760
Tolcasil 3983
Tolcil 1208
Tolclotidum 547
Tolcyclamide 2223
Toldertabletten 352
*Toldimfos-Natrium** 977
Tolectin 101N
Toleran „Kwizda“ 1700a
Toleran „Medica“ 1407
Toleron 137a
*Tolfenamic acid** 84N
Tolferain 137a
Tolferate 137a
Tolglybutamide 1760
Tolhart 1208
Tolhexamide 2223
Tolifer 137a
Tolinase 2249
Toline 1114
Tolinon 2535
Tolivalin 2142
Tollerclin 3720
*Tolmetin*** 101N
*Tolnaftat*** 3217
Tolnaphthat 3217
Tolnate 2615
Tolociniummethylsulfat 4120
*Toloconiummesilat*** 4120
Tolofren 1208
Tolomol 2614
*Toloniumchlorid*** 2389
Tolosate 1208
Toloxichloralum 2154
*Toloxychlorinol*** 2154
Toloxyn 1208

Tolpal 1114
*Tolpentamid*** 1983
*Tolpiprazol** 141 N
*Tolproninhydrochlorid*** 2428
*Tolpropaminhydro-chlorid*** 3067
*Tolpyrramid*** 1701
*Tolquinzol*** 2663
Tolsanil 3217
Tolseram 1484
Tolserol 1208
Tolseron 1208
Tolsil 1208
Tolubetin 1760
Toluidinblau 2389
Toluidine blue O 2389
Toluidrin 547
Toluina 1760
Tolulexin 1208
Tolulox 1208
Tolumid 1760
Tolurasi 1760
Toluren 547
Toluvan 1760
Toluylphosphenite de Sodium 977
*Tolycainhydrochlorid*** 2450
Tolydrin 1208
Tolynol 1208
Tolypomycin Y 4891
Tolysin 3219
Tolyspaz 1208
Tolytrimoniummethyl-sulfat 4120
Tolzol 1114
Tomaspray 1960
Tomatin 4941
Tomil 2799
Tomindrina 3331
Tomizol 143
Tomobil 948
Tomorin 3198
Tonadrin 616
Tonamil 2653
Tonamine 967
Tonaril 2642
Tonarsan 18
Tonarsin 18
Tonazol 1190
Tonedron 1214
Toneon 515
Tonepar 282
Tonestat 1023
Toness 2896
Tonexol 2475
Tonfos 557
Tonhormon 968 b
Tonical 1267 a
Tonicorine 1541 a
Tonilen 4769
Tonistidina 79 373 a
Tonobetal 1765
Tonocard 1190
Tonocardin 1267 d
Tonocholin 450
Tonocholin B 619 a
Tonofarma 977
Tonoformina 201 a
Tonofosfan 977
Tonoftal 3217
Tonogen 968
Tonolysin 715
Tonolyt 1816
Tonomentis 2626
Tono-Phos 977
Tonophos „Polfa“ 741
Tonophosphan 977
Tonoplon 803
Tonormon 3675
Tonoyodina 1032
Tonozit 418
Tonsil 4861
Tonsilon 1515 a
Tonuron 485
Tonus-Lab 4102
*Tonzonii bromidum*** 4770
Topanaest 2011
Topanalgin 917
Topazone 647
Top-Form-Wormer 1040
Tophex 4379
Tophin(ett) 2509
Tophista 248
Tophochol I 2509
Tophochol II 4351
Tophol 2509
Tophosan 2509
Tophosphal 977
Topicaine 4488
Topiclyn 4295
Topicort 3893
Topicorte 4037
Topilan 4163
Topilar 4285
Topilidon 2258
Topionic 366 a
Topisolon 4037
Topitracin 4964 a
Topmycin 3961
Topocaine 4099
Topokain 2011
Topsym „Syntex-Vet.“ 52
Toquilone 2535
*Toquizin** 4201
Toraflon 2535
Toramin 549
Toraxilina 4084
Torazina 2770
Torchi 275
Torecan 4057
Torelle 510
Toremonil 3118
Toresten 4057
Torfan 3105
Torinal 2535
Torion 216
Toriseptin M 1100
Torlamicina 4843 a
Tormine 411
Torofor 811
Torulin 1765
Toryn 3131 a
*Tosactid** 4975
Tosiciclina 4662 a
Tosivia 3131 a
Tosmicil 4769
Tosmilen 4769
Tospasmol 3423
Tossedin 3670
Tossilamina 2790
Tossitolu „R“ 3009 a
Tostram 48 a
Tostramin 48 a
Tostrina 4093
Tostrina-M 3662
*Tosylchloramide sodium*** 527
*Tosylchloramidum natricum*** 527
Totacillin 2614
Totacillin-N 2614 b
Totacyclin V 3970
Totapen 2614
Totelmin 4140
Totokaine 2260
Totomycin 3970
Totosulfa 2348
Towk 1960
Toxanon 3296
Toxedin 3681

Toxiferin 4856
Toxivers 185h
Toxocan 185f
Toxogonin 2188
Toxopyrimidin 372
Toyocamycin 63N
Toyomelin 1145
Toyomycin 246N
*Tozalinon*** 1388
Tozocide 4466
TP 21 3802
TPD 2483
TPGS 4693a
TPN 12 3799
T. P. P. 4603
TPS-23 3798
TPTZ 3208
TR 495 2535
TR 1736 2727
TR 19119 2523
Trabuton 3739
Tracebil 2525
Trachosept 2142
Trachyl 3620
Tracitin 2992
Tracumin 549a
Tradal 231
Tradenal 4717
Tradinol 3555
Tradon „Beiersdorf" 841
Trafarbiot 2614
Trafarpen 4662a
Trafuril 1412
Tral 3684
Tralgon 685
Tralin(e) 3684
Tralisin 4663
*Tramadol** 2688
*Tramazolinhydrochlorid*** 1960
Tramin 4523
Tramina 1375
Tramina liquida 3466
Tramisol 1391a
Tramisol „Am. Cyan-amid" 1392
Trancalgyl 913
Trance 275
Trancin 3989
Trancocard 4367
Trancolon 3837
Trancopal 1374
Trancrol 462
*Tranexamic acid*** 765
Tranexamsäure 765
Trangorex 4393
Tranil 3963
Tranimul 2521
Tranite 235
Tranlisant 1011
Tranmep 1011
Tranpoise 1417
Tran-Q 3808
Tranqdyn 2521
Tranquifen 1377
Tranquil „Ibieffe" 1160
Tranquil „Lepetit" 1011
Tranquilan 1011
Tranquilate 1011
Tranquilax 1011
Tranquilene 2523
Tranquiline 1011
Tranquillactin 3574
Tranquilline T. E. V. A. 3574
Tranquinal 1011
Tranquinox 1011
Tranquirit 2521
Tranquis 3753
Tranquisan „N. D. F." 3791
Tranquisan „Sanabo" 1011
Tranquizine 3808
Transamin (sowjet. Präp.) 910
Transamin „Daiichi" 765
*Transclomifen*** 4455
Transclomiphene 4455
Trans-colin 282
Transcycline 4530
Transedon 2769
Transene 2523
Transergan 3295
Transerpin 4776
Trans-Ferr 137a
Transidione 163N
Transit 1588
Transital „Miquel" 1546
Transithal 1500
Transmetilan-Compr. 262
Transpiral 847
Transren 545
Transvaalin 4829
*Tranteliniumbromid** 204N
Trantoin 636
Tranvet 3543a
Tranxène 2523
Tranxilene 2523
Tranxilium 2523
*Tranylcyprominsulfat*** 910
Tranzer 585
Tranzusol 419
Trapanal 1542
Trapanil 1542
Trapymin 48N
Traquilan 2972
Trasentin 3569
Trasentin H 3668
Trasentine-A 3668
Traserit 4710
Trasicor 2459
Traslán 4186
Trasylol 4979
Trates 84
Traubenzucker 419
Traubofan 2509
Traumaide 3893
Trausabun 3770
Travamin(e) 2812c
Trav-arex 2812c
Travelin 2812c
Travelmin 2812c
Travelon 4389
Travel Sickness Tablets 2830a
Travenon 2316
*Trazodonhydrochlorid*** 3280
Trazucon 419
Trecator 710
Trecid 1209
Trédémine 1835
Tredum 1720
Trefol 1715
Trefo-Sit 584
Treis-ciclina 3955
Trelmar 1011
Tremaril 3530
Tremarit 3530
Trematocid 1
Tremerad 2301
Tremexane 3932
Tremilor 3530
Tremin 3667
Tremonil 3530
Tremoquil 3530
Tremorin 1784
*Trenbolon** 146N
Trenelone 2601a
*Trengeston*** 3767
Trenimon 1629
Trentadil 3625
Treomicetina 1375
Trepal 368
Treparsen 311

Tréparsenan 1598
Tréparsol 524
Trepidone 1417
Trepinal 698
Trepocid 698
Trepol 156d
Trépolysine 309a
Trepopal 309
Trepoquinol 3545d
Treposan 153e
Trescatyl 710
Trescillin 3049
Tresitope 2323
Tresochin 3117
Tres-orix 609
Tresortil 1486
Trest 3530
Tresten 4057
*Trestolonacetat** 189N
*Tretamin*** 946
*Trethiniumtosylat*** 1773
*Trethocanic acid*** 2499
Trethylene 26
*Tretinoin** 178N
*Tretoquinolhydrochlorid** 3321
Trévintix 940
Trevison 1398
Tri 26
Triabarb 1607
Tri-Abrodil 821
Triac 2056
Triacanthin 46N
*Triacetin*** 991
Triaceton 4310
Triacetonamin 1007
Triacetoxyanthracen 3461
Triacetyldihydroxyphenyl-isatin 4446
Triacetyldiphenolisatin 4446
Triacetyloleandomycin 4877
Triacil 4877
Triadenyl 1256
Triäthylenmelamin 946
Triagin 84
Trialax 4446
Trialona 3813
Triamcimetil 4038
*Triamcinolon*** 3813
Triamcinolonacetonid 4310
Triamcinolonacetonid-hemisuccinat 4601
Triamcinolonacetonid-sodiumphosphat 4324
Triamcinolon-acetophenid 229N
Triamcinolondiacetat 4400
*Triamcinolon-hexacetonid*** 4713
Triamcinolonpentanonid 223N
Triamcort 3813
Triamcortin 4310
Triamelin 946
Triampur 1596
*Triampyzin*** 1000
*Triamteren*** 1596
Triamteril 1596
Trianate 412a
Triandomycin 4877
Trianel 4523
Trianisoestrol 4133
Trianon 1366
Trianthil 2939
Triantoin 1642
Triarene 1596
Triasox 1040
Triazin-Gel 1423
*Triaziquon*** 1629
Triazol 156 1271
Triazure 2173
Triazurol 835
TRIB 4837
Tribenorm 3453
*Tribenosid*** 4652
Tribil 1276
Tribilina 1276
Tribiofosfor 1256
Tribra (for child + soft strong) 4389
Tribromaethanolum 31
*Tribromsalan*** 1833
Triburon 4837
Tributan 162
Tricaine 916
Tricarballylic acid 358
Tricarballylsäure 358
Tricetamide 2686
Trichazol 375
Trichex 375
Trichloräthylen 26
Trichloräthylurethan 73
Trichloran 26
Trichlorbutanolum 162
Trichlorcarbanilide 1845
Trichloren 26
Trichloréthoxyphos-phamide 1026
Trichlorex 288a
Trichlorfon 171
*Trichlormethin*** 403
*Trichlormethiazid*** 650
Trichlormethylhydrochloro-thiazid 641
*Trichloroethylen*** 26
Trichlorphon 171
Trichocid 216
Trichodermin 2875
Trichofuron 647
Trichofytocid 458
Trichoman 216
Trichomol 375
Trichomonacid 4538
Trichomonacid „Pharmachim" 375
Trichomycin 4955a
Trichomycin A 4955
Trichonat 4955a
Trichonovo 216
Trichorad 216
Trichoral 216
Trichosamin 216
Trichosept 4955a
Trichoster 216
Trichothecin 3352
Trichovan 698a
*Triclacetamol*** 632
*Triclazat*** 3521
Tri-Clene 26
Tricleryl 35a
Triclina 3970
*Triclobisoniumchlorid*** 4837
*Triclocarban*** 1845
*Triclodazol*** 2744
*Triclofenolum piperazinum*** 185o
*Triclofos** 35
*Triclofyllin*** 1408
Triclordiuride 650
Tricloretic 650
Tricloryl 35a
Tricocet 375
Tricodein-Solco 3022c
Tricofur 647
Tricofurin 647
Tricofuron 647
Tricogen 216
Tricolaval 216
Tricoloid 3680
Tricom 375
Tricomicina 4955a

Tricomon 216
Tricomonocid-Candelillas 698
Tricoral 216
Tricoryl 412a
Tricosept 631
Tricosept vet. 1844
Tricosil 216
Tricosteril 216
Tricotiazil 216
Tricotiazol 216
Tricowas B 375
Tricranolin 1146
Tricromyl 1047
Trictal 2972
Triculamin 4969
Tricuran 4734
Tricyclamolchlorid** 3680
Tricylatate 3521
Tricyvagol 3680
Tridecamin 2045
Tridekamin 2045
Tridelta 4573
Tridestrin 3096
Tridezibarbitur 1607
Tridies 3927d
Tridiesetile ioduro 3920
Tridihexäthylchlorid 3920
Tridihexethide 3920
Tridihexethylchlorid** 3920
Tridihexide 3920
Tridion(e) 368
Tridium 3139
Tridiurecain(e) 4745
Tridiuril 650
Tridurex 650
Tri-Effortil 1222
Trielene 26
Trielin 26
„Trien“ 820
Trienbolone 146N
Triesifenidile 3667
Triethanomelamine 946
Triethylene Melamine 946
Trifacilina 2614
Trifavit 4954
Trifeman 216
Triflocin* 1847
Triflox 328a
Trifluéthamine 1691
Triflumen 650
Triflumidat** 2738
Trifluoperazin** 3753
Trifluorex 1112
Trifluoromethylhydrothiazide 652
Trifluoromethylthiazide 633
Trifluoroperazine 3753
Trifluperazine 3753
Trifluperidol** 3962
Triflupromazinhydrochlorid** 2991
Triflurin 3753
Triflutamin 1112
Trifluthepin 166N
Triflutrimeprazin 3260
Trifosfaden 1256
Trifosfaneurina 1802
Trifosfodin 1256
Trifosyl 1256
Triftazin 3753
Trifurox 647
Trigamma 216
Trigemin 1961t
Trigentisinsäure 3933
Trigon 3813
Trigon-Depot 4310
Trihexy 3667
Trihexyphenidylhydrochlorid** 3667
Trihistan 3009
Trihydroxyestrin 3096
Triiotrast 821
Trijobil 1061
Trijodamin 2660
Trijodan 1338
Trijoden 821
Trijodina 1032
Trijodthyronin 2322
Trijodthyroninessigsäure 2056
Trijodthyropropionsäure 2315
Trijodyl 821
Trikamon 375
Triketol 4351
Trikojol 375
Trikosterol 4523
Trikozol 375
Triladine 691
Trilafan 3791
Trilafon 3791
Trilax 3451
Trilaxina 4446
Trilcin 4035
Trilen(e) 26
Trilifan 3791
Triline 26
Trillekamin 403
Trilofosfamida 1009
Trilombrine 1360
Trilon B 1254a
Triloshade 1360
Trilute 2323
Trimal 368
Trimanyl 4727
Trimar 26
Trimazinol 1450
Trimebutinmaleat** 4056
Trimecain* 2473
Trimecolo 2985
Trimedal 368
Trimedone 368
Trimedoximbromid** 2422
Trimedoximi bromidum** 2422
Trimeglamide 2686
Trimeks 375
Trimelarsan 1890
Trimepaton 2985
Trimeperidinhydrochlorid** 2881
Trimepranol 2909
Trimeprazine 3053
Triméprimine 3591
Trimepropiminum 3591
Trimetamid** 2836
Trimetaphancamsilat** 3990
Trimetazidindihydrochlorid** 2265
Trimethadion** 368
Trimethamide 2836
Trimethazon 3969
Trimethidiniummethosulfat** 2932
Trimethin 368
Trimethobenzamidhydrochlorid** 3849
Trimethobenzglycine 2686
Trimethophenoxamid 2921
Trimethoprim** 2187
Trimethoquinolhydrochlorid 3321
Trimethoxyaurin 3946
Trimethylpsoralen 2095
Trimetin 368
Trimeton 2622a
Trimeton „Schering-Milano“ 2600a
Trimetoxan 3849
Trimetozin* 2203
Trimipramin* 3591

Trimitan 403
Trimizolinhydrochlorid 1977
Trimolide 2203
Trimon 1579
Trimosulfa 2187a
*Trimoxaminhydrochlorid*** 2460
Trimustine 403
Trinachlor 2660a
Trinex 216
Trinitrin 84
Trinitroglycerol 84
Trinitrol 84
Trinosin 1256
Trinuride 1439
Triocil 3931
Triodan 1338
Triodan „Nikonyaku-kagaku" 821
Triognost „Assia" 1324
Triognost „C. F. A." 821
Triogyl 328a
Triolan 4877
Triombrin 1324
Triomet 2324
Triomin 3791
Triomiro 1591a
Trional 790
Trionalone 790
Trionine 2322
Triopac 821
Triopacon 821
Triopaque 821
Triophen 290
Triopron 2315
Triosil 1590
Triostam 423f
Triostib 423f
Triothyrone 2322
Triovex 3096
Trioxal 368
Trioxanona 368
Trioxazin 2203
Trioxi-R 4779
Trioxisalenum 2095
Trioxsalen 2095
Trioxun 1574
Trioxyethylrutine 4779
Trioxyoestrin 3096
*Trioxysalen*** 2095
Tripapenicillina 2593
*Triparanol*** 4523
Triparin 4523
Triparsamide 719
Tripaverin 3411
Tripelenaminhydrochlorid 2642
*Tripelennaminhydrochlorid*** 2642
Triperazine 3753
Triperidenhydrochlorid 3869
Triperidol 3962
Triphacyclin 3970
Triphal 628
Triphenatol 1607
Triphenidyl 3667
Triphenin 1478
Triphenot 3791
„Triphenylstilben" 4261
Triphenyltetrazoliumchlorid 3208
Triphosaden 1256
Triphosadenine 1256
Triphosphodine 1256
Triphtazine 3753
Triphysan 465
Triphysol 465
Tripirafene 4907
Tripla-Etilo 2142
Triple-Sal 847
Tripoton 2622a
*Triprolidinhydrochlorid*** 3285
Triprop 2315
Triprop-methyl ether 2526
Triptanol 3514
Triptide 1273
Triptil 3263
Triptizol 3514
Triptone 2830a
Triptyl 3514
Tripyraphene 4907
Tripyrazolidinyl 4907
Tris 193
Trisamine 193
Trisaminol 193
Trisan 26
Trisanyl 1833
Trisatin 4446
Trisedil 3962
Trisedon 1881
Trisedyl 3962
Triserpin 4776
Trisix 316
Trisodarsen 2150
Trisoralen 2095
Trispan 1596
Trispuffer 193
Trisucort 3813
Trisurix 821a
Trisustan 412a
Triteren 1596
Tritheon 216
Trithio 1046
Trithion 56N
Trithyrone 2322
Tritiazide 650
Trition 1046
Tritional 1046
Tritocaline 4465
*Tritoqualin*** 4465
Triumbren 821
Triurol 821
Triuropan 821
Trivastal 2596
Trivazol 375
Trivenal 1478
Trivetrin 2187b
Tri „Vita" 2319
Trivitan 4573
Trizma 193
Trobicin 2276
Trobochine 3408
Trochin 3117
Trocinate 3568
*Troclosenum kalicum*** 63
Trocurin 636
Trodax 457a
Trofistina 373c
Troformone 3675
Trofosedan 245e
*Trofosfamid*** 1009
Trofozim 4966
Trofuran 636
*Troleandomycin*** 4877
Trolene 651
Trolmine 412a
*Trolnitrat*** 412
Trolnitratphosphat 412a
Trolone 1197
Tromacaps 645
Tromafen 1607a
Tromal 1727
Tromalyt-Wirkstoff 645
Tromasedan 2083
Trombantin 2305
Trombarin 3932
Trombex 3932
Trombex „Leiras" 2305
Trombil 3932

Trombol 2305
Trombolisina 3194
Trombolysan 3932
Trombontin 2305
Trombosan 3194
Trombosoltabl. 2305
Trombostop 3202
Trombovar 2287
Trombyl 2305
Trometamol** 193
Tromethamine 193
Tromexan 3932
Trommcardin 168b
Trompid 2305
Tronitrona 412
Tronotene 2904
Tronothan(e) 2904
Tropacaine 2409
Tropacin 3978
Tropacocain 2409
Tropalpin 3021
Tropanal 1699b
Tropane 3113
Tropaphen 4395
Tropax 4081
Tropazine 3978
„Tropein" 2409a
Tropentan 3618
Tropenzilini bromidum** 4317
Tropenzilium 4317
Tropenzilonum 4317
Tropethydrylin 4002
Trophenium 4292
Trophicard 168b
Trophicardyl 1127
Trophil 18a
Trophires-Wirkstoff 212a
Trophosphamid 1009
Tropicamid** 2792
Tropiglin** 2026
Tropin „Takeda" 3139a
Tropinox 2858a
Tropintran 2854b
Tropirinmaleat** 3968
Tropiston 2903
Tropocer 841a
Tropodifen** 4395
Trosinone 3851
_Trospiumchlorid_* 4403
Trotton 449
Troversin 2812c
Troxanol 788
Troxerutin** 4779
Troxidon(e) 368
Troxilan 4408
Troxone 3167
Troxoniumtosilat** 3167
Troxypyrrole 3157
Troxypyrroliumtosilat** 3157
Troxysteroidnatrium 4749
TRU 4459a
Trusono 576
Truxal(etten) 2972
Truxalon 4850
Truxicuriumjodid** 4806
Truxil 2972
Truxillonium 4850
Truxilon 4850
Truxipicuriumjodid** 4849
Truxolonium 4850
Tryen 820
Trykalex 4979
Trypadine 3480
Trypaflavin 2142
Trypanblau 4788
Trypan Blue 4788
Trypan Red 4753
Trypanrot 4753
Tryparsamid** 719
Tryparsone 719
Tryponarsyl 719
Trypothane 719
Trypoxyl 344a
Tryptamin 1113
Tryptanol 3514
Tryptizol 3514
T. S. 160 403
TS 219 1187
TS-222 916
TS 1801 2062a
T. S. A. G. 423f
Tsepentil 3787
T-Serp 4776
TSG 531a
Tsiklobutonii 4806
Tsiklokhin 4413
Tsiklomitsin 3970
Tsimarin 4722
Tsipenam 3402
TSPA 410
Tsuerumin S 4959a
TTC 3208
TTD 1287
TTFD 2901
TTS 1287
Tualone 2535
Tuamine 616
Tuaminheptanum 616
Tuaminoheptan** 616
Tuareg 4812
Tuasal 100 1833
Tuazole 2535
Tuazolona 2535
Tubadil 4846
Tubarine 4846
Tubatoxin 4136
Tubazid 340
Tubazide „Pharmachemie" 82
Tube Chauvin Dermochrome 3441
Tubeco 340
Tube P. O. S. Chromercure 3441
Tuberal 4846
Tubercazon 1122
Tubercid 340
Tubercidin 1449
Tuberex 940
Tuberian 340
Tubermide 940
Tubermin 710
Tuberoid 710
Tuberon 340
Tuberoson 710
Tubersan 215
Tubetol 1308
Tubezin 340
Tubicon 340
Tubigal 1122
Tubil 3665
Tubilysin 340
Tubin 1122
Tubiserin 89
Tubocain 2011
Tubocuran 4846
Tubocurarinchlorid** 4846
Tubocurin 4846
Tubomel 340
Tubopas 516
Tubophan 2005
Tubriz 340
Tuclase 3670
Tucodil 3023
Tucurin 4846
Tuelve B 4960
Tugon 171
Tuisec 1758a
Tulbonal 4140

Tulisan 3964a
Tulyn 1209
Tumisal-fenicol 2374
Tumovan 2615
Tuphetamine 954
Tuqualone 2535
Turagil 3210
Turanone 3817
Turbinaire 4061a
Turgasept „Albert" 2606
Turinabol (alte Form) 3862
Turinabol (neue Form) 4540
Turinabol-Depot 4628
Turloc 1558
Turophyllin 1200
Turresis 1308
Tusan 3964
Tuscapine 3964
Tuscodin 3023
Tuselin 2659
Tusilan 3105
Tuso-Blandin 3283
Tusolven 3670
Tussadyn 2790
Tussedina-Smit 3681
Tussefane 3652
Tussets 3642
Tussibron 2206
Tussicain 2262
Tussicula 1209
Tussidin 3296
Tussigon 2790
Tussilan 2252
Tussilex 2010
Tussimol 3681
Tussin 3105
Tussinol „G. P." 4204
Tussiplegyl 2790
Tussistop 2790
Tussizid 3296
Tussokon 4204
Tussol 1382e
Tussophob 2357
Tussoryl 3131a
Tussukal-Wirkstoff 3562
Tusucal-Wirkstoff 3562
Tutocain(e) 2260
Tuttomycin 4252
Tuxnil 2790
Twel-Be 4960
Tweltone 4960
Twelve-Oral 4960
Twiston 2603
TWSb 1614
*Tybamat*** 2043
Tybatran 2043
Tybrain(e) 1523a
Tyclarosol 1254a
Tydantil 1104
Tydex 954
Tyforminhydrochlorid 270
Tyjodin 2322
Tyla-Cillin 2590
Tylagel 3067
Tylahist 2600a
Tylan 4912
Tylandril 3662
Tylcalsin 847d
Tylciprine 910
Tylemalum 1536
Tylenol 685
Tylinal 1994
Tyllithin 847b
Tylmarin 1348
Tylnatin 847c
Tylocrebrin 4272
Tylon 4912
Tylophorin 4273
*Tylosin*** 4912
Tymahist 2600a
Tymazolinhydrochlorid 2219
Typhomycin 1375
Typhusan 1375
Typindol 2623
Tyramin 723
Tyrazol 564
Tyrimid(e) 4236
*Tyromedanhydrochlorid*** 3754
Tyrosam 723a
Tyroxin 2317
Tyrylen 4320
Tysine 1934
Tyvid 340
Tyzanol 1934
Tyzine 1934

U-0382 3113
U-0441 2810
U-1063 2832
U-1085 3482
U-1093 3623
U-1258 3855
U-1363 4128
U-2043 1760
U-4191 885
U-4527 2465
U-6987 1534
U-7800 3810
U-8344 721
U-8471 4091
U-9353 1389
U-9361 2468
U-9586 1491
U-9818 1145
U-9970 2248
U-10149 A 3177a
U-10858 35N
U-10974 4019
U-11100A 4645
U-12062 3679
U-12898 3923
U-13933 1139
U 14462 2451
U-14583 3687
U-14743 2629
U-14812 2419
U-15614 189N
U-17835 2249
U-19183 2032
U-19763 3904
U-19920A 975
U-21251 3175
U-22020 3941
U-22550 190N
U-24973 3770
U-25873 1769
U-26225A 2688
U-26452 4173
U-26516 175N
U-26597A 30N
Uabaina 4685
Ubamycin 3970
Ubiquin 782
Ubretid 4102
Ubritil 4102
U. B. V-Tabletten 391
U. C. B. 502 3074
U. C. B. 1109 2178
U. C. B. 1402 3846
U. C. B. 1414 4208a
U. C. B. 1474 4521
U. C. B. 1545 4372
U. C. B. 1549 3135
U. C. B. 1967 2010
U. C. B. 2073 3138
U. C. B. 2543 3670
U. C. B. 3412 4343
U. C. B. 3928 3652
U. C. B. 4445 4596

U. C. B. 4492 3808
U. C. B. 5033 1091
U. C. B. 5055 810
U. C. B. 5062 4389
U. C. B. 5067 2721
U. C. B. 5076 4576
U. C. B. 5080 1350
Ucebilline 2590d
Ucediazine 1081
Ucedorm 1091
Ucemine A 3659
Ucemine B_1 1765
Ucemine B_{12} 4960
Ucemine C 359
Ucemine D 4626
Ucemine K 1317a
Ucemine PP 319
Ucepha 11001 768b
Ucerax 3808
Uclarsyl 1896
U-28288D 1281
Udantol 2616
Udder (-Lotion, -Sol) 3931
Udolac 1605
Udor 485
UDPG 108N
U-17312E 1694
U 18409E 2276
Ufora 955
Ufrix 1493
Ug 767 4509
Ugurol 765
Ujophosan 2188
Ujothion 1646
Ujoviridin 4890
UK-738 4002
UK-2054 2531
UK-2371 2753
UK 2964-18 1704
UK 3540-1 151N
UK 3557 3332
Ulacort 3859
Ulbreval 1500
Ulcadol 3471a
Ulcazina 3684
Ulcerlmin 1808b
Ulcex 4521
Ulcine 3839
Ul-Cladene 248b
Ulco 4574
Ulcoban 4053
Ulcociclinina 3630
Ulco-Histidina 373
Ulcolin 3684
Ulcort 4565
Ulcostidine 373
Ulcudexter 3839
Ulcusemol 373b
Ulcutin 3119
Ulcuwas 3839
Ulcyn 3651
Uldumont 3839
Uleron 2171
Ulexin 1438
Ulfon-Hauptwirkstoff 146a
Ulfon-Nebenwirkstoff 146b
Uliran 2171
Uliron 2171
Uliron C 1633
Ulkophob 3839
Ulmin-D 1760
Ulo 2790
Ulone 2790
Ulpepsan 46b
Ulphyn 4522
Ulsanax 4574
Ultandren 3645
Ultimacort 4232
Ultivitamin C 359
Ultrabi 1765
Ultrabil 3448
Ultrabion 2614
Ultrabiotic „Latino“ 4662a
Ultraciclina 3970a
Ultracorten 3806
Ultracorten H 3859
Ultracorten H „wasserlöslich“ 4655
Ultracortenol 4487
Ultracorterenol 4487
Ultradiazin 1081
Ultrafur 1944
Ultra-Kurz-Narkotikum „Bayer“ 1500
Ultralan oral 4036
Ultralanum oral 4036
Ultramicina 3972
Ultra-Minzil 1971
Ultran 1462
Ultranol 4573, 4626
Ultrapal 2289
Ultrapen 3049
Ultraren-Na 629
Ultrased 2991
Ultraseptal 1100
Ultraseptil 1100
Ultraseptyl 1100
Ultrasol 515
Ultrasüß 938
Ultrasulfan 1658
Ultrasulfon 1397
Ultrasweet 938
Ultratiazol 2737
Ultraton 1003
Ultratumisan 4662a
Ultravermil 185
Ultrax 1399
Ultrazide 528
Umbellatin 3478
Umbeon 1783a
Umbradil 475
Umbragnost 475
Umbralon 475
Umelargil 2770
Umetracil 3970
UML 491 3842
Ummetus 3700
UMP 971
Unacaine 2012
Unagen-Syrup 1965
Unan 2622b
Unazid 528
Uncinacina 1263
Undalon 708
„Undecan“ 1553d
Undecap 1553
Undecenil 1553
Undecilendermina 1553
Undecilenico-Padil 1553
Undecoyliumchlorid 2920
Undecylon 1553
Undecyl „Zori“ 1553
Unden 3059
Undenate 1553
Undetin 1553
Unephral 1672
Unibiotina 2590h
Uniboldina 3271
Unicaine 2011
Unicarbazan 1300
Unichol 947
Unicilina 2590
Unicillina „Washington“ 2590h
Unicort 3893
Unicozyde 340
Unidigin 4875
Unidocan 4230
Unidon „Unitas“ 281g
Unidone „Unilabo“ 2517

Unifort 4966
Unifur 1944
Unik-C 359
Unik-Crystalline 2590
Unik-Pen 2590d
Unik-Strepto(sol) 3924a
Unilax 4446
Unilobin 4004
Unilord 4776
Unimicina 4915
Unimycetin 1375
Unimycin „Un. Am. Ph.“ 3970
Unimycin „Unigreg“ 3972
Unipaque 1891a
Unipen 3730
Uniprin 847d
Unipyranamide 215
Uniscaril 1391a
Unisedil 2521
Unispiran 2683
Unistradiol 4392
Unisulf 1421
Unisulfa 1398
Unisulfa-Dulcis 1911
Uniteston 4093
Unitetra 3970
Unitiol 118
Unitoxin 4875
Univerm 1
Unizona 1937
Unobe 1783
Unocan 1553d
Unophyllin 531c
Unospaston 3702
Unosulf 1398
Unozol 865
UP 57 3575
UP 74 2122
UP 83 1846
UP 106 2803
UP 107 2576
Upcyclin 3970a
Updormin 1222
Upiol 391
Upixon 185a
Upnos 747g
Upotrope 431
Upral 1011
Uquicodid 3023
Urabon 206
Uracillost 721
Uracilmostaza 721
Uracil-Mustard 721
Uractone 4334
Uractyl 555
Uracyl 411k
Uradal 590
Uragan 1951
Uragon 1951
Uralenic acid 4724
Uraline 231
Ural(ium) 231
Uralysol 411
Uralyt „Reichel“ 2509i
Uramide „I. Effe I.“ 2005
Uramid „Spofa“ 555
Uramin(a) 411
*Uramustin*** 721
Uranin 3447
Urasal 411
Uraseptine 411
Uratone 411
Uratrine 411
Urazine 411r
Urazinol 1652
Urazium 1369
Urbal 4186
Urbanyl 113N
Urbason 4072
Urbason-Kristall-suspension 4336
Urbason solubile 4479
Urbil(at) 1011
Urea (pura) 14
Ureaphil 14
Ureamid 14
Urea-Sulphazide 2961
Urebion-Ampicilina 2614
Urecholine chloride 624
*Uredepa*** 601
Uregit 1880
Urelim 1485
Urenil 555
Urénile 411
Urepasi 108N
Urerubon 1760
Urese 2341
Urestrin 3059
*Urethan*** 106
Urethimine 601
Urethony 334
Urethoron 334
Urethroklein 411
Uretina 411
Uretoin 636
Uretren 1596
Urévène 14
Urevert 14
Urfadine 844
Urfadyn 844
Urfamicin(a) 1670
Urfamicin inj. 2177
Urfamycin(e) 1670
Urgilan 4717
Uri-Boi 466
Uricida 185a
Uricinol 411i
Uricovac 2728
Uricosid 2005
Uridinal 1369
Uridion 2298
Uridognost 629
Uridoxyl 185h
Uridozid 207
Uridrene 528
Uridrol 528
Urifluine 153a
Urifon 887
Urigon 352
Urinex 485
Uriodone 475
Uriprim 207
Urisan 2509d
Uriseptol 411s
Urisol 411
Urisoxin 1421
Urispas 4265
Urisulfan 1054
Uritab 411i
Uritofos 2509
Uritone 411
Uritrisin 1421
Uritrol 822
Urizanol 101a
Urizept 636
Urgilan 4717
Urlea 2342
Uro 411f
Uroazulen 2393
Uroben 2005
Urobenyl 411b
Uroboramine 411a
Urocanylcholin 1550
Urocarmin 2163
Urocaudal 1596
Urocheck 3208
Urocid 2005
Urocistyl 411p
Urocitrin 411i

Uro-Coli 822
Urocontrast 838
Urocortisol 3914
Urocydal 887
Urodeine 411
Uro-diaton 887
Urodiazin 528
Urodin 636
Urodine 1369
Urodixin 1608
Uro-Faes 411
Urofarm 411
Urofeen 1369
Urofene 2509
Urofinil 2072
Uroflux 485
Uroformin(e) 411
Urofort 871
Urofuran 636
Urofurin 636
Urogenine 411
Urognost 475
Urograf 475
Urografin 1324
Urografin B 629
Urogram 1608
Urogran „Spofa“ 645
Urokizol 887
Urokolin 821
Urokon-Sodium 821
Urol 588 b
Urolex 887
Urolin 887
Urolisa 636
Urolocide 4248
Urolong 636
Urolubrol-INE 2011
Urolucosil 887
Uromandelin 411 p
Urombral 13
Urometil 2334
Urométine 411
Uromide 1369
Uromide „Edwards“ 514
Uromina 411
Uromiro 1591 a
Uromiron 1591 a
Uronal 747
Uronamin 411 p
Uroneg 1608
Uronovan 411 o
Uropac 629
Urophan 411 q
Urophenyl 1369
Uropurat 411 t
Uropurgol 411 i
Uropuryl 411 i
Uropyridin 1369
Uropyrine 1369
Urosaline 411 r
Urosan 411
Uroscreen 3208
Uroselectan 488
Uroselectan B 629
Urosept 636
Uroset 828 c
Urosin 588
Urosol „Erba“ 2509
Uro-Sombril 821
Urospekt 821
Urosulfan 555
Urosulfin 887
Urosulfon 708
Urosympathin 734
Uro-Tablinen 636
Urothiazin 528
Urotiazida 528
Urotin 411
Urotramin 411
Urotrast 629
Urotrast „Krka“ 1324
Urotrast „Nyco“ 8
Urotril 411 p
Urotropin 411
Urotropin-New 411 i
Urovertin 411
Uro-Vesical 411
Urovison 1324
Urovist 1324
Uroxamina 411
Uroz 887
Ursin 1717
Urso 4368
Ursocain 2258
Ursocyclin 3972
Ursodesoxycholsäure 4368
Ursosan 4368
Ursovit A 3659
Urtilone 3806
Urto Calciosterina 4626
Urtosal 514
Urtosterina 4626
Urumbrin 629
Usal 2509 a
Usempax AP 2521
Usnarin 3228
Usnein 2964
Usniacin 2964
Usninsäure 2964
Usno 2964 b
Usnolsäure 2965
Ustimon 4718
Ustin 185 a
USVC 6524 107 N
USVP-D 177 2265
Utabon 2681
Utedrin 4896
Uteplex 999
Uteracon 4896
Uteramin 723 a
Uterol 2689
Uterosedol 121
Uterospan 2489 a
Uterotonyl 2689
UTH 31 4109
Uticillin VK 2593 a
Util 384
Utipina 999 a
Utostan 1369
UTP 999
Utrasul 887
Utropine 411
Uval 2099
Uvaleral 391
Uvapur 419
Uvasol 1717
Uveline 1097
Uviban 1364
Uvilon 185 a
Uvinul D 49 2358
Uvinul M-40 2094
Uvinul MS-40 2099
Uvistat (2211) 2354
U-Vit 448
Uxen 3514
Uzarin 4816

V-5 1542
V-7 2203
V 12 1192
V. 19 253
Vaben 2311
Vabrocid 322
Vaccastrep 3924 a
Vaconex 3659
Vaco-Pas 516
Vadebex 3964
Vadilan 1776
Vaditon 1961 a

Vadosilan 3076
Vadrine 479
Vaflol 3659
Vagamin 3839
Vagantin 3839
Vagestrol 3006
Vagifuran 636
Vagilen 375
Vagimid 375
Vagipurin 698a
Vagisec 4787
Vagisept 698
Vagisteran 1039
Vagival 698
Vagogastrin 3630
Vagoflor 698
Vagominal 3839
Vagopax 3838
Vagophemanilmethyl-sulfat 3566
Vagoprol 597
Vagosin 3680
Vagospamyl 3569
Vagostigmine 1792
Vagothyl 2384
Vagotrop 1965
Valamin (alte Form) 1294
Valamina „Schering-USA“ 3989
Valamin(etten) 966
Valan 3093
Valans 1417
Valate 3431
Val-Atux 3105
Valbine 3026
Valbine-Wirkstoff 4009
Valbornine 2486
Valdrene 2812
Valearin 804
Valecor 4269
Valeo 2521
Valepotriat 4075
Valéral Puy 240
Valeramide-OM 3338
Valergen 4227
Valérium Paul Thibault 254
Valérobromine Legrand 240
Valerydin 1998
Valerylamide 3338
Valerylperazin 4416
Valerylphenetidin 1998
Valestra 4227
Valethamatbromid 3431
Valgesic 685
Validil 3246
Validol 2496
Valimyl 1019
Valinil 391
Valip 4523
Valisan 2486
Valisone-Cream 4551
Valisone-ointment 4039a
Valitran 2521
Valium 2521
Valladan 3574
Vallene 1285
Vallergan 3053
Vallergin 2800
Vallestril 3061
Vallimida 1733
Valmethamide 780
Valmid 966
Valmidate 966
Valmiran 2151
Valmorin 1072
Valneurin 252
*Valnoctamid*** 780
Valobroom 391
Valoctamidum 780
Valofin 2496
Valoid 3040
Valone 2132
Valoron 2853
Valotrat 1020
Valpin(e) 2931
Valpipamatmethylsulfat 3422
Valpyronal 1961r
Valsyn 1944
Valtomicina 4662
Valtomycin 4662
Valtorin 1072
*Valtrat** 4075
Valural 391
Valurea 391
Valveobit 1765
Valvit B_1 1765
Valvit C 359
Valyfen 2494
Valyl 1018, 2132
Valymbin 3800b
Valzin 934
Vanabol 3639
Vana-Diazine 1081
Vanay 991
Vancide 89 836
Vancide BN 1565a
Vancide ZP 213a
Vancocin(a) 4974
*Vancomycin*** 4974
Vandid 1733
Vanectyl 3053
Vanetril(a) 3669
Vanetrilla 3669
Vanidiam 1733
Vanillaberon 2110
Vanillin 668
Vanilone 3959
Vanirom 896
Vanithiozone 928
*Vanitiolid*** 1675
Vanizide 2110
Vanquil 4459a
Vanquin 4459a
Vantyl 2509
*Vanyldisulfamid*** 3502
Vanyldisulfanilamid 3502
Vanzoate 2090
Vapédrine 953
Vapin 2931
Vapona 160
Vaponefrin 968
Vapo-N-Iso 1526
Vaporole 261
Varesal 192a
Varex 3178c
Varfan 3210
Varfine 3210
Variargil 3053
Varicetin 3178c
Varicol 2287
Varik 2593a
Variotin 2890
Varistab 3178c
Varitol 1219
Variton 3566
Varon 1531
Varonat 1531
Varunax 350a
Vasactin 611
Vasadil 2730
Vasal 3489
Vasalgin 1196
Vasangor 398
Vasazol 382
Vasazol „Kwizda“ 1190
Vascardin „Nicholas“ 354
Vascardyne 963
Vascopil 1201
Vascuals 4693

Vasculat 1776
Vasculene 445
Vasculit 1776
Vasculopatina 445
Vaseren 1011
Vasicin 1383
Vasidin 1114
Vasil 619
Vasilar 2730
Vasimid 1114
Vasiodone 475
Vasiten 3357
Vasitrin 84
Vasoblitz 445
Vasobrix 1592
Vasocaine 2258
Vasocon-Regular 2120
Vasoconstrictine 968
Vasoconstrictor-Pensa 2120
Vasocor 235
Vasocordrin 963
Vasodex 4038
Vasodiatol 235
Vasodil 1114
Vasodilan 3076
Vasodilat 354
Vasodilatan 1114
Vasodilatin 1114
Vasodilene 3076
Vasodrine 968
Vasodyl 2873
Vasofilina 531 b
Vasoflex 3309
Vasofren 967
Vasoglyn 84
Vasokellina 2098
Vasolan 4554
Vasolat 1776
Vasolate 235
Vasomed 412 a
Vasonicit 4878
Vasopan 1114
Vasoperif 450
Vasophylline 531 b
Vasoplex 445
Vasopressin „Sandoz" 4921
Vasopressin „Spofa" 4921
Vasorbate 354
Vasoregis 1201
Vasorome-Kowa 3419
Vasorutina emostatica-Wirkstoff 4595
Vasoselectan 3698
Vasospan 3489
Vasospas 2730
Vasosteril 1530
Vasosuprina-Ilfi 3076
Vasosyklan 2873
Vasotherm 305
Vasoton (sowjet. Präp.) 963
Vasoton „Star" 1190
Vasoton „Ufarom" 968
Vasotonin 968
Vasotrate 235
Vasoxardin 1549
Vasoxine 1530
Vasoxyl 1530
Vasperdil 4701
Vastacyn 2614
Vastarel 2265
Vastosulfa 1658
V-Astrongol 82
Vasurix 821 a
Vasylox 1530
Vatensol 932
Vatran 2521
Vatsol OT 3700
Vaumigan 2393
Vaupen 2593 c
Vau-ro-pen 2593 a
Vaxantene 3839
Vazadrine 340
Vazalmin 1900
V-B-I 1765
V-Cil 2593
V-Cil-K 2593 a
V-Cillin 2593
VC-K 500 2593 a
V-Cylina 2593
VD 923 201 N
VE 4751
Vebecillin 2593
Vebicyclysal 4663
Vebonol 4719
Vecortenol 4487
Vectidan-inyectable 3447
Vector 4966
Vectren 903
Vederon 340
Védrénan-Hauptwirkstoff 1947
Vedrin 2034
Veecillin 2593 a
Veecillin-Susp. 2593 b
Veetids 2593 a
Vegacillin 2593
Vegantil 3569
Vegantin 3569
Vegaserpina 4813
Vegephos 452 b
Vegex 4955 a
Vegolysen 1827
Vegolysen-T 1827 a
Veinartan 1585 a
Vekarciclina 3970 a
Velaciclina 4530
Velacycline 4530
Velamate 3431
Velaxin 3472
Velban 4918
Velbe 4918
Velium 2521
Velmol 3700
Velocillin 3961
Vena 2812
Vena-Pasta 2812 f
Vena-Powd. (10%) 2812 i
Venala 2873
Venarsan 53
Venasa 147
Venasmin-Inj. 2812
Venasmin-Powd. 2812 g
Vendal 4639
Vendarcin 3972
Venerlon-Inj. 2812
Venerlon-Powd. 2812 i
Venimicetin 1375
Venitrin 84
Venobarbital 1248
Venocaina 2011
Venocortin 4882
Venolutin 3882
Venopan 1457
Venoparil 4946
Venopyracylum 1961
Venoruton (-P_4) 4779
Venosio 421
Ventaire 2205
Ventilone 1733
Ventolin 2030
Ventramine 1190
Ventran 4619 a
Ventrazol 382
Ventrinerval 3741 a
Ventrisan 3839
Ventromil 3071
Ventussin 4732
Venzonate 2090

Vepen 2593a
Vepharmacaina 2258
Veprol-Tiazol 865
VER-A 4541
Veraciclina 3720
Veracilina 3216
Veracillin 3216
Veracin 3970
Veractil 3340
Veracyl 847f
Veraethyl 747e
Veralba 4872a
Veralgan 747e
Veramix 4348
*Verapamilhydrochlorid*** 4554
Veratetrin 4873
Veratrate 4421
Veratrylhydrazinhydrochlorid 981
Veratrylidenisoniazid 2367
*Verazid*** 2367
Verazina 2367
Verban 185f
Verbanol 1900
Verbindung 1637 3898
Verbindung 08958 3400
Verbindung 14045 3680
Verbindung A van Kendall 3857
Verbindung B von Kendall 3888
Verbindung E von Kendall 3858
Verbindung F aus Herbstzeitlose 3784
Verbindung F von Kendall 3893
Verbindung Fa von Reichstein 3858
Verbindung H von Reichstein 3888
Verbindung M von Reichstein 3893
Verbindung Q von Reichstein 3884
Verbindung S von Reichstein 3890
Verbindung X von Reichstein 3860
Verbrillantol 4536
Vercidon 4140
Vercyte 1242
Verde-B-Cater 4536
Verdiana 4925
Verecolene 2658
Vereden 576
Vergonil 652
Verina „Fujisawa" 3357
Verina „Testagar" 4291
Veripaque 3457
Veriscarpina 1498
Veriscolina 281a
Veriscrom 3441
Veristiazol 865
Veritain 1219
Veritol 1219
Verlamycol 1375
Vermago 185f
Vermala 4154
Vermazine 185a
Vermecine 185f
Vermefugan 185h
Vermella 1141
Vermenter 185h
Vermex 185f
Vermexan 316
Vermicida „Ordep" 185a
Vermicid „Biochimica" 185h
Vermicid „Leo" 4405
Vermicina 4140
Vermiclase 185a
Vermicompren 185h
Vermidol 185f
Vermifug 185f
Vermifugin 185e
Vermigal 4459a
Vermigen 185h
Vermilass 185h
Vermilen 185a
Vermilind 185j, 1767
Verminol 21
Verminun 1962
Vermipan 185h
Vermiparin 1988
Vermipharmette 185f
Vermiquifa 1391a
Vermi-Quimpe 185h
Vermisol 185a
Vermisoy 185f
Vermitestin 185h
Vermithana 1849
Vermitiber 4459a
Vermitin 1835
Vermitox 185h
Vermizine 185k
Vermobial 1040
Vermoestricid 1
Vermofin 4459a
Vermofrik 185h
Vermogel 185a
Vermoids 1767
Vermolysin 4405
Vermoxyl 185a
Vernamycin B_α 4909
Vernil 1072
Vernitest 4386
Verobroman 391
Verodon 747e
Verofén 2799
Veroform 11b
Veroftal 3659
Verografin 1324
Veroletten 747
Veronal 747
Veronyl 3817
Verophen 2799
Verospiron 4334
Veroxil 185e
Verrol 4693
Verrucarin A 4541
Versamine 1555
Versapen 3326
Versatrex 3326
Versene 1254a
Versene acid 1254
Versenium 1254b
Versenol 1274
Versidyne 3534
Versomnal 1607
Versotrane 3711
Versus 2538
Vertisal 375
Vertirosan 2812c
Vert Malachite 4154
Vertoform 11b
Vertolan 1652
Verton 4186
Verutil 4779
Verzina 185h
Vesalvine 411
Vesalvine „S" 411r
Vesamin (R) 821
Vesculat 1776
Vesibilix 2376
Vesicalma 3864
Vesidril 2985
Vésidryl 2985
Vesifluyl 4315

Vesipaque 1061
Vesipyrin 2331
Vespazin 3989
Vespéral 747
Vesperal „Pioner“ 1965
Vesperone 1091
Vespral 2991
Vesprin 2991
Vestin 1369
Vestphyllin 4422
Vesulong 2564
Vetacalm 2972
Vetacyclinum 3970
Vetaflavin 2142
Vetalgin 1965
Vetalog 4310
Vetame 2991
Vetamerazine 1396
Vetamox 147
Vetanamin 841
Vetanarcol 1545a
Vetarcillin 2590e
Vetarsenobillon 1896
Vetazol 382
Veterin-Vermisol 1391
Vetibenzamin 2642
Veticillin 2590
Vetidrex 528
Vetinarcon 1542
Vetisulid 1054
Vetivazulen 2392
Vetocain 2011
Vetomazin 3043
Vetoquinol 828c
Vetoquinol neutre 828b
Vetracafe 2374b
Vetranisol 1391
Vétranquil 3289
Vetrax 1953
Vetrazin 981
Vetren 4360
Vetsid 650
Vetsin 245b
Vetspen 2590d
Vetstrep 3924a
Vexurat 2509
Viacillin 2593a
Viacutan 3711a
Viadenin 3659
Viadril 4426
Vialibran 4387
Vialin 1520
Vi-alpha 3659
Viamicina 4877
Viamit 3659
Viansin 2532
Via-Quil 2532
Viarespan 2417
Viasept 699a
Viatate 4088
Viatussin 3562a
Vibafort 1765
Vibalt 4960
Vibazine 4596
Vibé 1765
Vibecon 4960
Vibeden 4959
Vibedosan 4959
Vibefol 3240
Vibeladbi 1765
Vibeline 3764
Vibeta 1765
Vibetamin 1765
Vibex 1765
Vibiasi 1795
Vibicon 4960
Vibiman 1765
Vibi Monico 1765
Vibisone 4960
Vibitabs 1765
Vibitina 1765
Vibracina 3971
Vibramicina 3971
Vibramycin 3971
Vibriocid 546
Vibriomycin 3927
Vical 423
Vicapirine 847
Viccillin 2614
Vicedent 359
Vicelat 359
Vicelpas A 3659
Vicemex 359
Vicemycetin 1670
Vicetrin 359
Viciman 359
Vici Monico 359
Vicin 359, 2593c
Vi-Ci-Sin 359
Vicitina 359
Vicomin C 359
Vicon 359
Victoria green 4154
*Vidarabin*** 1178
Vi-De 4626
Vi-De_3 4573
Videlta 4626
Videophel 3446
Viderma 735
Videx 3942
Vi-Di 4626
Vidil 841
Vidiman 4626
Vidine 281
Vidipon 1968
Vidodex 4959
Vidolen 4626
Vi-Dom-A 4088
Vi-Dom-C 359
Vi-Dom-E 4751
Vidox 4960
Vidoxina 735
Vidue Monico 4626
Vi-Ea 4751
Vi-E-Caps 4751
Vieman 4693
Viemin 12 4960
Vi-Etal 4751
Viforcit 359
Viforlax 3700
Viforvit 1765
Vigal 2950
Vigantol 4573
Vigolatin 4959a
Vigoncal 4626
Vigorsan D_2 4626
Vigorsan D_3 4573
Vigrame 4771a
Vi-K 2356
Vi-Ka-5 1361
Vikaman 1317
Vikasol 1317a
Vikastab 1353a
Viken 2593
Vikor 38a
Viktoriagrün 4154
Vilan 4639
Vilescon-Wirkstoff 2455
Vilexin 1900
Villescon-Wirkstoff 2455
Vilnovex 427
Vimabil 530
Vimicon 3721
*Viminol** 3894
Vimocilin 3326
Vinacetin A 4243
Vinactane 4243a
Vinamar 175
*Vinbarbital*** 1501

Vinbarbitone 1501
*Vinblastin*** 4918
Vincaleukoblastine 4918
Vincamajoridin 3992
*Vincamin*** 3801
Vinces 1398
Vincidol 232
Vinco-Abführperlen 4255
Vincozol 865
*Vincristin*** 4917
Vincrisul 4917
Vinesthene 149
Vinesthesin 149
Vinethen(e) 149
Vinether 149
*Vinglycinat*** 4927
Vi-Nicotyl 319
Vinidyl 149
Vinilestrenolone 3637
Vinisil 366
Vinothiam 1765
Vinthiamol 3759
*Vintiamol*** 3759
Vinydan 149
Vinyläther 149
*Vinylbital*** 1503
Vinylbitone 1503
Vinylnortestosteron 3638
Vinymalum 1503
Vinyzene 455
Vio-A 4835
Vio-Bamate 1011
Viobilina 1276
Viobis 777a
Viocid 4405
Viocin 4243
Viocurin 4857
Vio-D 4626
Viodor 634
Vioform(io) 811
Viofuragyn 647
Viofural 1944
Viojoclor 811
Violamil 3849
Violaquercitrin 4520
Violet cristallisé 4405
Viomicin 4243
*Viomycinsulfat** 4243
Vionactan 4243a
Viopen 2593
Viophan 2509
Viopsicol 2532
Vio-Serpine 4776
Viosterin 4626
Viosterol 4626
Viothenat 4243a
Vio-Thene 3630
Viotil 1299
Viozol 811
Vipê 4 4779
Viperone 1965
Vipromazin 2799
Vipryniumembonat 4459a
*Viquidil** 172N
Virac 2920a
Virazene 842
Virex 3395, 4093
Virex-cryst 4239
Virex-oral 3662
Virex-Retard 4493
Virgimycine 4602a
Virgin 3659
*Virginiamycin*** 4602a
Viride malachitum 4154
Viride nitens 4536
Viridepon 4559
Viridogrisein 4905
Viro 285
Virociclina 3970
Virofral 1268
Virogyl 4626
Vironil 435
Virormolo-compr. 3662
Virormolo-fiale 4093
Virormone 3395, 4093
Virormone-oral 3662
Virosol 1268
Virosterone 3395
Virotest Mariatherma 3395
Virubra 4960
Virugon 435
Virusan 908
Viruside 435
Virusmin 435
Virustat 435
Virustin 435
Virustop 435
Virux simple 4383
Viruzona 1080
Visadron 962
Visammimix 2098
Visammin 2098
Viscardan 2098
Visceralgin 3112
Viscéralgine 3112
Viscoiosol 475
Viscope 3113a
Viscor 4367
Visco-rayopaque 653
Viscorin 359
Viscyazol 475
Visgan 3764
Visine 1934
Visiokan 3181
Visken 2221
Viskiosol 475
Visnacorin 3764
*Visnadin*** 3764
*Visnafyllin** 3084
Visnagalin 2098
Visnagan 3764
Visnagen 2098
Visnamine 3764
Visoderm 4175
Visotrast 1324
Vistabamate 1011
Vistamycin „Vista" 3970
Vistaril 3808a
Visuanestetico 2702
Visubeta 4039
Visubutina 3246
Visucolistin 4915
Visudrisone 4091
Visumatic 4769
Visumetazone 4038
Visumidriatic 2792
Visumiotic 4769
Visutensil 1303
Vita-A 3659
Vitaberin 4766
Vita Bi_1 1765
Vitabin 1765
Vita B „Lääke" 1023
Vitabolone 1765
Vitacampher 1206
Vitace(e) 359
Vitaci 359
Vitacian C 359
Vitacimin 359
Vitacin 359
Vitacort „Vitarine" 3859
Vitacyclin 3970
Vitadermin 735
Vitadit 4626
Vitadol 4626
Vitadom 4960
Vitadomus B_1 1765
Vitadomus C 359
Vitadomus PP 319

Vitadral 3659
Vitadurin 4959
Vita-E 4693
Vitaflavine 2805
Vitagen-AS 1765b
Vitaglucose 419
Vitahexin-P 704
Vitalen A 3659
Vitalfa 3659
Vitalgin 1118a
Vitalizan-H_3 2011
Vitaloid-Ampullen 276
Vitalpen 2796
Vitama 3659
Vitamin A 3659
Vitamin A_1 3659
Vitamin A_2 3633
Vitamin-A-acetat 4088
Vitamin A-palmitat 4835
Vitamin-A-säure 178N
Vitamin A „Spofa“-Caps. 4088
Vitamin A „Spofa“-Hydrosol 4835
Vitamin B_1 1765
Vitamin B_2 2805
Vitamin-B_2-tetrabutyrat 4780
Vitamin B_3 319
Vitamin B_4 217
Vitamin B_5 1008
Vitamin B_6 735
Vitamin B_7 1252
Vitamin B_8 1204
Vitamin B_{11} 3240
Vitamin B_{12} 4960
Vitamin B_{12a} 4959
Vitamin B_{12b} 4959
Vitamin B_{12III} 4954
Vitamin B_{13} 206
Vitamin B_{15} 3706
Vitamin B_c 3240
Vitamin B_T 609
Vitamin B_W 1252
Vitamin B_X 513
Vitamin C 359
Vitamin C_2 2385
Vitamine Carlevaro 359
Vitamin D 4573
Vitamin D_2 4626
Vitamin-D_2-monophosphat 4630
Vitamin D_3 4573
Vitamin E 4693
Vitamin G 2805
Vitamin H 1252
Vitamin H' 513
Vitamin H_3 2011
Vitamin K_1 4746
Vitamin $K_{2(30)}$ 4870
Vitamin K_3 1317
Vitamin K_3 „BC“ 1317a
Vitamin K_4 1346
Vitamin K_5 1361
Vitamin K_6 1381
Vitamin K_7 1362
Vitamin K Analogue 1405
Vitamin-K-EBEWE 1346
Vitamin K „Maggioni“ 1353
Vitaminum K „Polfa“ 1353
Vitamin K Spofa 1405
Vitamin K Spofa-tablety 2356
Vitamin L_1 512
Vitamin M 3240
Vitamin P_4 4779
Vitamin PP 319
Vitamin S-B_1 1707
Vitamin U 448
Vitaminum pellagrapraeventivum 319
Vitamogen 4355
Vit A-N 3659
Vitaneuran 1765
Vitaneurin 1765
Vitaneurina 1795
Vitanévril 3328
Vitanicit 4878
Vitanon 1765
Vitant(i)al 1765
Vitaplex A 3659
Vitaplex B_1 1765
Vitaplex B_2 2805
Vitaplex C 359
Vitaplex D 4626
Vitaplex E 4693
Vitaplex K 1317a
Vitaplex N 305
Vitaplex P 4520
Vitapressina 4694
Vitapric 359
Vitapur A 3659
Vitapur B_1 1765
Vitapur B_2 2805
Vitapur B_6 735
Vitapur B_{12} 4960
Vitapur C 359
Vitapur D_3 4573
Vitapur K 1317
Vitarubin 4960
Vitarubin-Depot 4959a
Vita-Rubra 4960
Vitasan A 3659
Vitasan B_1 1765
Vitasan B_2 2805
Vitasan B_6 735
Vitasan C 359
Vitasan D 4626
Vitasan E 4693
Vitasan K 1317
Vitascorb 359
Vitascorbin 359
Vitascorbol 359
Vita „Showa“ 1765
Vitassara 359
Vitastabil D_2 4626
VitaStain 3208
Vitasterin 4626
Vitasterol 4626
Vitas U 448
Vitathirteen 206
Vitatoxin 217
Vitatrinum D_2 4626
Vitavel A 3659
Vitavel D 4626
Vitavel K 1317
Vitavel K-oral 2356
Vitavel K soluble 1317a
Vitavex 3659
Vitavial B_1 1765
Vitavin 1765
Vitayonon 4693
Vitazechs 704
Vitazon 3806
Vitazone 1961a
Vit-B-retard „Gerot“ 4845
Vitelix-C 359
Vitemin 609a
Viteolin 4751
Vitestrol 3058
Viteta 4693
Viticolor 94
Vitobun 1765
Vitocee 359
Vitosit 4966
Vitpex 3659
Vitral 4960
Vitralgin 207
Vitrocin 322
Vitron 137a
Vituglamina 252

Vitwas A 3659
Vitwas B_1 1765
Vitwas B_6 735
Vitwas C 359
Vitwas D_2 4626
Vitwas E 4693
Vitwas K 1317
Vi-Twel 4960
Vivacalcium 245c
Vivactil „M. S. + D." 3263
Vival 2521
Vividyl 3262a
Vivol 2521
Vivo-Niplen 867
Vizine 1934
Vizor 590
VK 53 887
VK 55 1124
VK. 57 1448
Vladicort 3810
VLB 4918
Vogalène 4013
Vogan 3659
Vogan-Neu 4835
Volamin 966
*Volazocin*** 3103
Volital 841
Volocid 1398
Volon 3813
Volon A 4310
Volonimat-Creme 4310
Volpar 317
Volpin 847
Voluntal 73
Vomantin 29a
Vomex A 2812c
Vomicinum 4158
Vomidrine 2812c
Vomisseis 4389
Vomital 29a
Vomitil 29a
Vomitin 389a
Vomitin „Spofa" 29a
Vonedrine 1215
Vontil 4068
Vontrol 3820
V 335 Ophthalmic 732
Voranil 1182
Voren 4593
Vorenvet 4593
Voyal 2812c
V-Pen 2593a
V-Penicilin „Spofa" 2593a
V-penicillin 2593
V-Penita 2593a
V-P 500 Penita 2593a
V-Tablopen 2593
VTS-Preparation 928
Vucine 2366
VÚFB-914 1079
VÚFB-2763 4290
VÚFB-2804 1298
VÚFB-3113 3161
VÚFB-6453 2909
VÚFB-6493 3683
Vulcamicina 4739
Vulcamicine 4742
Vulcamycine 4739
Vulnalin 809
Vulvamin 527
Vupenciclina 4662a
Vuzin 4558
Vuzinotoxin 4558

W 7 2679
W 32 1236
W 33 2208a
W 37 449
W 50 2420
W 290 2886
W-483 3346
W 583 1285
W 713 2043
W 1015 2044
W-1191-2 871
W 1224 3298
W-1372 144N
W-1544 742
W-1548-1 939
W 1597 1005
W 1655 1369
W 1760 A 2567a
W 1782 2317a
W 1929 4936
W 2180 217N
W 2291 A 3591
W 2394 A 109N
W 2900 A 2017
W 2965 A 1640
W 3366 A 2637
W 3395 4349
W 3399 4492
W 3566 4410
W 3623 3222
W 3676 2524
W 3699 2267
W 3746 1917
W 4020 3214
W 4454 A 3573
W 4500 4020
W 4540 4547
W 4665 1868
W 4744 2310
W 4869 4486
W 5219 3119
W 5494 A 3019
W 5733 3085
W 5759 A 2853
W 5975 4647
W 6246 117N
W 6309 4535
W 6412 A 2889
W 6495 26N
W 7320 52N
W 7618 3117
Wa-fer-lax 3451
Wakadenin 4533
Wakaflavin S 2805
Wakamatu 3478a
Walco-Nesin 1208
Wandervit A 3659
Wandervit B_1 1765
Wandervit B_2 2805
Wandervit C 359
Wandervit D_2 4626
Wandervit D_3 4573
Wandervit E 4751
Wandervit N 319
Waran 3210
Warbex 1243
Warcoumin 3210
Wardamate 1011
Warduzide 485
Warfalest 3210
*Warfarin** 3210
WARF compd. 42 3210
Warfilone 3210
Warnerin 3210
Wasangor 4269
Wasserciclina 2374b
Wasserina 89
Wasser-Lax 3700
Wassermicina 3955
Waxsol 3700
WB 4130 3522
W 3207 B 1232
W 3580 B 371
W 3976 B 1000
WD 53 4402

Weifacodin 4204
Weifa-Kalk 423
Weifapenin 2593a
Weingeist 51
Weinsäure 156
Weinsteinsäure 156
Weiscor 2730
Weisen 3574
weißes Streptocid 352
Wellcome 47-83 3040
Welfurin 636
Welldorm 1382h
Welvin-E 4751
Wera-C 359
Werramycin 4864
Westocaine 2011
Westrosol 26
WG 537 4311
WG 696 2873
WH 3822 4416
Whey factor 206
Whipcide 2134
Wia 699a
Wick-Hustenstiller 3105
Wicron 3304
Widocillin 2593
Widocillin-Sirup 2593c
Wiflucin 642
Willbutamide 1760
Willcain V 2011
Willcotrin 4960
Willenol V 677
Willestrol 4280
Willnestrol 2982
Willosetten 476
Willpower 1471
Wilpo 1211
Win 244 3117
Win 357 4442
Win 511 3667
Win 771 2435
Win 1011 699a
Win 1161-3 3619
Win 1258-2 3118
Win 1344 2902
Win 1539 2433
Win 1766 3818a
Win 1783 3819
Win 2747 4805
Win 2848 2209
Win 3046 2029
Win 3459-2 2701
Win 3706 2917
Win 4369 3166
Win 4500 4020
Win 4692 1374
Win 5047 1357
Win 5063 1670
Win 5063-2 1670
Win 5162 1526
Win 5494 4458
Win 5606 3574
Win 5690 3978
Win 8077 4625
Win 8851-2 2397
Win 9154 4878
Win 9317 398
Win 11318 3146
Win 11450 2746
Win 11464 1434
Win 11530 4328
Win 12267 1356
Win 12901 2363
Win 13146 3627
Win 13820 4025
Win 14098 4203
Win 14833 3900
Win 16568 3880
Win 17757 4003
Win 18320 1608
Win 18320-3 1608a
Win 18413 3985
Win 18501-2 4198
Win 18935 4322
Win 19356 1057
Win 20,228 3383
Win 20740 3107
Win 21904 4510
Win 23200 3103
Win 24933 3548
Win 25347 1322
Win 25978 2959
Win 27914 4591
Wincillin 2593
Winstroid 3900
Winstrol 3900
Wintergrünöl 665
Wintermin 2770
Wintetil 1375
Winthrop-Spenitol 435
Wintodon 699a
Wintomilon 1608
Wintomylon 1608
Wintradimidine 1652
Wintradine 1081
Wintrazole 865
Wismusan oleosum 497g
Witamina B_c 3240
Witamina B_1 1765
Witamina B_2 2805
Witamina C 359
Witamina D_2 4626
Witamina E 4693
Witamina H' 513
Witamina M 3240
Witamina PP 319
Wofacain A 2919
Wofapas 516
Wofaverdin 4890
Wofazurin 4445a
Wolley's Antiserotomin 3286
Wolnerciclina 3720
Wood sugar 256
Wometin 1910
Wormacyl 185h
Wormin 1037
WP 40 2248
WR 3863 227N
WR 17206 626
WR 26041 4682
W 45 Raschig 350
Wrightine 4364
WSM 10166 21N
WT 161 2183
Wu 461 4679
Wulpyrin 497a
Wurm-Agen 1767
Wurmex 185h
Wurm-Shock Burchard 316
Wurm-Thional 1577
WV 569 730
WV 761 2840
WV 90043a 4722
WX 2426 1183
Wy-401 2670
Wy-535 2884
Wy 651 4877
Wy-757 2885
Wy-806 4619
Wy-1094 2799
Wy-1204 753
Wy-1359 3544b
Wy-1395 2932
Wy-2039 3138
Wy-2445 4321
Wy-3263 3393
Wy-3277 3730
Wy-3467 2521
Wy-3475 3905

Wy-3478 177
Wy-3498 2311
Wy-3707 3853
Wy-3917 2522
Wy-4036 2303
Wy-4508 2471
Wy-5103 2614 a
Wy-8138 4256
Wy-20788 3297
Wy-21901 194 N
Wyacort 4072
Wyamine 1520
Wycillin 2590 d
Wycillina A. P. 2590 e
Wyerone 2135
Wyfentermina 1520
Wylaxine 4256
Wymesone 4061
Wynestrone 3059
Wyovin 3434
Wypicil 2614
Wysulfa 1658
Wytrion 4877

X-1497 2798
XA-2 260
Xacolin 281 j
Xalogen 1011
Xalyl 1018
Xamamina 2812 c
Xametina 3849
Xametrin 411
Xanteline 3839
Xantenol 3839
Xanthacridinum 2142
Xanthinolniacinate 2034
Xanthinolnicotinat 2034
*Xanthiol*** 4183
Xanthocillin(-X) 2939
Xanthomycin 4664
Xanthomycin „Egyt" 3961
Xanthoxin 1574
Xantimetten 532 b
*Xantinolnicotinat*** 2034
Xantociclina 4664
*Xantocillin** 2939
*Xantofyli palmitas*** 4967
Xantomicina 4664
Xantoscabin 385
Xanturenasi 735
Xanturil 1743
Xantyrid 2939
Xaviercetina 1375
Xaviercetina pediatrico 4568
Xavin 2034
Xaxa 847
Xaxaquin 3545 e
Xenagol 4001
Xenalamina 4134
Xenalazone 3459
Xenaldial 2547
Xenalvis 2547
*Xenazoic acid*** 4134
Xenovis 4134
Xenovister 4134
*Xenthiorat*** 4044
*Xenygloxal*** 2547
*Xenyhexenic acid*** 2983
*Xenysalathydrochlorid*** 3317
*Xenytropiumbromid*** 4708
Xenytroponi bromidum 4708
Xeral 1208
Xeroform 287 a
Xeroftal 3659
Xerophen 287 a
Xerophthol 3659
*Xibornol*** 3124
Xilamida 3119
Xilanest 2008
Xilina 2258
Ximaol 798
*Xipamid*** 2362
*Xipranololhydro-chlorid*** 4234
Xitix 359
XL-7 1565
XL-90 1209
Xobaline 4966
X-Prep 4880
Xtro 2858 a
Xumbradil 475
Xycain 2258
Xyde 3119
Xylamide 3119
*Xylamidintosilat** 3343
Xylamine 1721
*Xylazin** 1705
Xylesin 2258
Xylestesin 2258
Xylit 275
Xylitol 275
Xylocain 2258
Xylocard 2258
Xylocholine 2036
Xylocitin 2258
*Xylocoumarol*** 2741
Xylocumarolum 2741
*Xylometazolinhydro-chlorid*** 2680
Xylonest 2008
Xylopinine 3781
Xylopropamin 1519
Xylose 256
D-*Xylose* 256
o-Xylotocopherol 4635
p-Xylotocopherol 4634
Xyloton 2258
Xylotox 2258
*Xyloxeminhydrochlorid** 4235
Xyloylsulfaminum 2379
Xynisone 3806

Y-3642 137 N
Y 9525 3965
Yacutin 316
Yadalan 485
Yagein 1882
Yapamicin 3181
Yasta 847
Yatemin 820
Yatren (105) 820
Yatrocin 322
Yatrodil 706
Yatroformio 815
Yatroneural 3753
Yatrovermin 185 a
Yavión (105) 820
Ydrocod 3023
Yellamycin 3970
Yellon 820
Yetrazol 382
Yetrium 4408
Ylestrol 3555
Yobinol 3800 a
Yochinol 820
Yocrom 3441
Yodamina 1032
Yodanodia 1032
Yodhidrazina 185 b
Yodidrene 411 d
Yodiftiol 2734
Yodiflebol inyect. 1032
Yodi-Hispania 1032
Yodo-Balsatrava 1032
Yodobil 2320
Yodocondramina 434 a
Yodofar 411 d
Yodofasa 1032
Yodofucol C 1032

Yodo-Hachemina 487
Yodopalina 475
Yodorgan 1032
Yodoxin 815
Yoduron 475
Yodurtam 201
Yogal 1374
Yoguis-C 359
*Yohimbic acid*** 3550
Yohimbin 3800
δ-Yohimbin 3756
Yohimboasäure 3550
Yohimvetol 3800
Yohydrol 3800a
Yomesan 1835
Yonchlon 4078
Yonchlon-Syr. 3678
Yoshichol 1865
Yosulan 1534
Yosulan-T 1760
Yoxyrol 820
Ypenyl 952
Yperit 170
Yrigrafub 1324
Yucron 448
Yxin-Wirkstoff 1934

Z 203 3729, 4552
Z. 326 4737
Z 424 3894
Z. 6000 4779
Zactane 2670
Zaditen 3235
Zadoletten 1607
Zadonal 1607
Zaharină 476
Zamanil 3630
Zambesil 2072
Zamitan 954
Zanchol 3450
Zanil 1829
Zanilox 1829
Zarondan 578
Zarontin 578
Zaroxolyn 2555
Zartalin 578
Zearalanol 3127
Zearalenone 3062
Zebromal 1373
Zectran 1754
Zedrine 953
Zefalgin 3817
Zeisin 1968
Zem-Histine 2208a
Zenidrid 3806
Zentraferin 3970a
Zentraleptin 754
Zentropil 2328
Zenusin 3098
Zeotin 179a
Zepacole 3922
Zeph 962
Zephrol 1217
Zeptabs 469
*Zeranol** 3127
Zeresmin 2812g
Zest 245b
Zestabs 359
Zetrax 3942
Zettyn 4442
Zidafimia 340
Zidatin 185h
Zideluy 340
Zidestrepto 3927
Zilliiodina 4111
Zimatox 108N
Zim B_{12} 4966
Zimtsäure 846
Zinabol 4966
Zinacillin 2590h
Zinadon 340
Zinamide 215
Zinchokainhydrochlorid 3655
Zinc-Omadine 213a
*Zinc-Pyrithion** 213a
Zinc-Stovarsol 698c
Zinc sulfanilate 338a
Zineol 1275
Zingeron 1453
Zipam 2521
Zipcillin 2590d
Ziriton 2602
Zitofenton 1301a
Zitostop 50N
Zitronensäure 362
ZN 6-Na 4749a
Zoalene 646
Zoamix 646
Zoaquin 815
*Zolaminhydrochlorid*** 2441
Zolamox 147
Zolaphen 3245
*Zolertinhydrochlorid*** 1986
Zolidinum 3245
Zoline 1114
Zolmox 147
Zolunal 497f
Zomycétine 1375
Zonazide 340
Zondel 728
Zonifur 520
Zonol 2090
Zoofurin 636
Zoosteran 1039
Zorane 1674
Zoridorm 590
Zoriflavin 2142
Zothelone 3733
Zotil 3202
Zoxamin 466
*Zoxazolamin*** 466
Zoxine 466
Z-Phyllin 1202
Z 10 TR 2311
„*Zucker*" 1808
Zuckerin 476
„*Zuckersäure*" 29
Zurim 207
Zutracin 4964a
Zuzu 384
Zwitsalax 2054
Zylate 2090
Zyler 3970
Zyler-intramuscular 4530
*Zylofuramin*** 2240
Zyloprim 207
Zyloric 207
Zymapiril 1965
Zymarocan 411k
Zymofren 4979
Zynocyl 1553
Zystin 407
Zytoxan 605

ERGÄNZUNGEN

a) Neue Synonyma für im Buch angeführte chemische Verbindungen (Die Zahlen hinter den Synonyma sind die laufenden Nummern von Hauptteil und Nachtrag)

Aarane 4129a
AB 803 3684
Acidum chlorphibricum 1094
*Acidum iolidonicum** 102N
Acidum jobutoicum 2376
Acinol 4442
Acrizeal 3245
Acro B_6 735
Acro B_{12} 4960
Acro K Inyect. 1317a
Acromaxfenicol 1375
Acromaxiclina Inyect. 4530
Acromaxsulfa 1398
Acropirina 685
Acrosmosol 442
Actol „Heyden“ 1846
Adantol 2616
Adetrysin 1256
Adiloss Ty-Med 1214
Adipan „Grossmann“ 1994
Adolkin 1965b
Aerolin 2030
Ahbid 2600a
Aicorat 145
Ailopan 147
Airco 347 64
Alantan 146
Albacon 2120
Albatrol 3117b
Albuterol 2030
Alergietas 2642
Allerdryl 2812
Allerzine 3311
Altop 1256
Alto-Pred 3806
Aluminiumclofibrat 1094a
Ambofen 1375
Amebifan 699a
Amfetasul 953
Amilit 3514
Amiptanol 3514
Amitolen 412a
Amizepin 2325
Ampy-Penyl 2614
Anabol „Piam“ 3639
Anclizin 4596
Androsterolo 3645
Angibid 84
Angiospray 84
Anratal 4521
Antacin 4568
Anticen 2873
Antispasmin „Green Cross“ 3898
Antivert 4389
Anxitol 2549
Apara 1125
Aplactan 4456
Apolon 4812
Aporecin 4812
Apoterin-A 1668
A-Prot 4835
Arachinol 2873
Arco-Cee 359
Armasid 769a
Arsona 698a
Arumil 348
Asawin 847
Ascarotrat 1391
Aspargin 168b
Astromix 4867
Ateben 3262a
Ateles 1668
Atenase 1835
Atension 4812
Atheromide 1668
Atilen 2521
Atmol 1668
Azopiridina MK 1369

BA 17 1488
Babypasmil 3434
Bax 2812
BAX 2739Z 3625
Bay 4059 98N
*Benaprizinhydrochlorid** 3831
Benapryzine hydrochloride 3831
Bendopa 925
Benlipoid 2901
*Benproperin** 3822
*Benserazid** 1235
Benzehist 2812
Benzone 3245
Berkdopa 925
Besan-Tabs 1218
Betaserc 745
Betaurina 1765
Biciron 1960
Bilkinase 1617
Bilocol 1865
Biodopa 925
Biosain 1273
Bi-Steclin 3970
Bolinan 366
Brixilon 2614
Bromchlorophen 1831
Bubulin 171
Budirol 1961l
Bulentan 3245
Buspon 3898
Butalan 3245
Butymide 3898

Calabron 1811
*Calcifediol** 226N
Caniramin „Hokuriku“ 4812
Caprysin 855
Carxin 1486
8102 C.B. 3625
C 162D 994
Ceaclan 2873
Celeste 3813
Celpath-P 1222

Cepidan 2873
Cerepar 925
Cetadol 685
CHBS 3498 2311
Cheladrate 1254a
Chloran 1375
Chlordithane 2061
Chlornidinum hydrochloricum 855
Chloropernazinum 3536
Chloro-25 Vetag 1375
Cinfacromin 3441
Cinnaloid 4812
Circle-one 2873
Citarabina 975
CL 369 1930
Climatol 3096
Clominon 1668
Colstamin 4812
Combantril 1445a
Conclyte-L 95b
Conducil 354
Corivo 1190
Coroliq 1190
CPP 4609
Cristaviron 3395
Critex 3457
Cyantin 636
Cyclan 2873
Cycralate 2873
Cystografin 1324

Daigaku super 1102
Dalacin 3175
Darifur 1944
Darophedrin 1216
DeBeI 1236
Debicort 4038
Depix 1588
Dequafungan 4716
Deripen „G.B.-Schering“ 2614
Dermadex 1830
Dersone 4038
Dexalocal 4038
Dexa-Sequels 954
Dexium 332a
Diabetex 1145
Diabex-T 1760
Dibetos 1760
Dicoryllin 1202
Dietil-retard 1994
Dimenest 2812c
Diphostilben 3065
Dipyridoxim 2422
Disket 3817
Ditiazan 4140
Ditripentat-Heyl 2272
Diusemide 1588
Dixarit (Migräneprophylakticum!) 855
Dofami chloridum 4441
Domoso 52
Dopastral 925
*Drofeninhydrochlorid** 3668
Droxodoce 4959
DTPA 2272
Dulcepen-G 2590e
Duoprim 2187a
DuraPenicillin 2593a

Ectasule 1216
Edemex 2341
Effiron 137a
Efudix 126
E-Ionate 4485
Elamol 2813
Engemycin 3972
Entericin 847
Enzicoba 4966
Eoden-retard 794
Eparan 2873
Epholin 1222
Epidropal 207
Eprolin 3113b
Erbacetina 1375
Erpasin 4934
Ethofuriodone 2730
*Etocarlid** 2793
Eucol-50 440c
Eurikem 209
Everfree 1043
Ewin 847
Eworauta 137a
Exifarma 250

Fasigyn 757
Felunamin 2062
*Fenoterol** 2826
*Fenpiveriniumbromid** 4064
FK 880 2470
Flavopen 2593e
Flemibiotico 2614
Fluocinolonacetonid-acetat 4463
Folettes 3240
Forbesycline 3970
Fructosine 421
Frusolon 1588
FT-207 126
Ftordopan 950
Fungizone 4924
Furachel 636
Furalan 636
Furazoli chloridum 868
Furebitol 449
Furfan 1588

Galfer 137a
Gecloran 1375
Genepar 166
Genzial 527
Geristerol-Neu 206c
Giardalam 647
*Gitoformat** 4919
Glaumarin 450
Glistelone 4874
Glucosine 419
Glumilon-A 252
Glutamid 252
Glyburon 4173
Griseo 2750
*Guaifenesin** 1209
Guajasyl 1209
Guayacycline 3970e
Gynogelin 1652

Hacosan 2873
Halopidol 3735
Harmogen 3063a
Helgovit A 3659
Hemostyptanon 4468
Hepa-Durabolin 4540
Heraldium 161
Hetacin-K 3326
Hi-Cyclane 2873
Hidantina 2328
Himitan 704
Histalen 2600a
HMD 47N
Hoechst 296V 74N
Hoechst 984 119N
HS 32
HUF 2446 2998
Hydroxobase 4959
Hynax 3893
Hypertonalum 638
Hypnodil 1901
Hypodix 171
Hyponocine 1127

Hypotenamin 4812
Hypotonin „Rappai“ 728

ICI 45763 2025
Idrequin 815
I. M. 75 3203
Iminon 3779
Imipraminoxidum 3336
Inflaryl 1846
Inimur 1104
Interol 1160
*Iolidonic acid** 102 N
Iso-Autohaler 1526
Isoprothan 1816
Ispranil 1527
Izoprotan 1816

Juvacneine 464

K-315 2688
Kamerol 760
Kanacyl 3181
Karbavin 17 N
Kavitin 1317 a
Kennegin 4746
Khlofazolin 855
Klinomycin 4171
Klofibrinsäure 1094

Lactosteril 95 b
Lafena 847
Lambotran 4626
Lanchloral 32
Lantuss 4204
Laxane 3451
Laxatan forte 4255
L. D. 4003 3877 a
Ledertepa 410
Lederspan 4713
Ledervorin-Calcium 3532 a
Ledopa 925
Lemazide 2341
Leven 421
Levoripercol 1392
Liberty 2532
Lineal-Rivo 1994
Lipotrate 1668
Lisopiride 2470
L 542-Labaz 1143
Locabiosol 4695
LOM-tussis 3384
Longicid 1300
Lopres 657
Lubec 1668
Ludiomil 169 N

Magnecyl 847
Mallofeen 1369
Manipal 1374
Marax 3808
Mar-Bate 1011
Marucyclan 2873
Masoten 171
Max-Tranquil 1011
Mazulenin 2404
MCA 214
McN-JR 1625 3735
Mefamide 563 a
Méféxadyne 2481
Meprocon CMC 1011
Meprotil 1011
Mequal 2535
Metacin 685
Metalex-P 382
Metamidol 2521
Methyloxazepam 2522
*Metociniumjodid** 3360
Metosyn 4463
Micorton 794
Milurit 207
Miniscap M. D. 958
Mirenil 3989
*Mitolactol** 402
*Mitomycin** 2401
Moderane 2523
Mohathion 1273
Monazone 1937
Monocort 4306
Morepen 2614
M-6-P 4479
3 MS 664
Mucolitic „Elea“ 246
Mucorex 367
Mykosal 4861
Myofedrin (DL-Verb.!) 3315

Nafenoic acid 3507
Nalide 3357
Neo-Gilurytmal 4237
Nerifan 179 a
Neuplus 3245
Neural 847
Nevopax 1868
Nicobid 305
Nitrolan 84
Nitropar 84
Nitrosule 84
Nitrozell retard 84
Nix-Nap 711
Noflame 1846
Norma 1 3555
Noxocin 989
NR 21 P 4061 a
NSC-17590 4227
NSC-17592 4561
NSC-59813 3210
NSC-102816 750
NSC-111071 2765
NSC-122758 178 N
NSC-122870 183 N
Nulogyl 989

Odesin-A 1961
Ohproton-K 4746
Omnes 1104
Opulets 3447
Orticalm 4776
Oxilenta 3955

Panaron 1273
Parcillin 2590
Partospamin 3076
Patos 1222
Pava-Lyn 3489
Paveroid 4291
Paxisyn 2319
Payzone 2089
3 P-Bamate 1011
Peace 1011
Pectoro 3098
Pelminto 185 a
Pemacillin 4084
Penicillin 250 Mepha 2593 b
Pen-Tabs „Rexall“ 2590
*Pentapiperiummetilsulfat** 3422
Penzal 300 Q. R. 2590 d
Peridial 2742
Perispan 235
Peritol 3721
Pernazinum 3585
Pevidine 366 a
Phytoderm 3217
*Picoperin** 3364
Pipracid 185 f
Pirrangit 2188
PM 1807 1919
3 P-Methazol 887
Prednicen 3859
Prenoxdiazinhydrochlorid 4169

3P-Reserp 4776
Presun 513
Prifini bromidum 4041
Prinalgin 52 N
Promexin 2770
Protasin 4717
Proventil 2030
Provitina D_3 4573
Pryleugan 3335
Psicoland 384

R-148 2535
Rachelamine 2600a
Radiamin 1588
Rd 406 2041
Regadrin 1094
Relact 2319
Reno-M 1324
Repal 3117
Resitone 1273
Resomine 4776
Retenema 4551
Retilian simplex 2034
Rheaform 811
*Rimazoliummetilsulfat** 81 N
*Risocain** 1159
Rojamin 4960
Rosemide 1588
18429 R. P. 765
RS 570/T 209
RS-2317 4463
*Ruvazon** 1649
Rynacrom 4129a

S-211 847
S 3612 2417
Sacaryl 476
Salbid 497b
Sani-12 4960
Sani-B_6 735
Santop 179a
Sapilent 3591
Sch 13949 W 2030
Schokolax 4255
Scotcil 2590
Septosyl 1396
Serazid 1235
Simplotan 757
Sinuhist 2600a
Sobiodopa 925
Solaskil 1392
Soliwax 3700
Spazamin 3630
Spectrobact 4877
StC 1400 3863
Strodival 4685
Succinestriol 4468
Sul-Dia 1658
Sulfa-24 1658
*Sulfaclozin-Natrium** 1056
Sulfacytine 65 N
Sulfaprim 2187a
Sulfel 865
Sumadil 3311
Sunalcol 828a
Supracé 359
Supramid 1399
Syntomycetine 1375

Takazide 1760
*Talopram** 174 N
*Talsupram** 3581
Tardak 4162
Tasis 3122
TBK 2739
TBZ-2 1040
Tebejekt 3924a
Temesta 2303
Tempidon 1007
Tenac 160
Tensicarpine 1498b
Tensinase 2772
Theoral 1222
Thiadyne 1765
Thiocylate 496
Tinavet 3217
Tionetol 1046
*Todralazinhydrochlorid** 1393
Tolisan 2249
Topsym „Grünenthal" 4463
Topsyn 4463
TPIA 3507
Tranaxine 2830a
*Trazitilin** 185 N
*Trepiriumjodid** 1824
Triodurin 3096
Triten 3539
Triulco 3119
Triyosom 1324
Trolovol 263
Turisynchron 603
Tussal 3817

U-6040 3645
U. C. B. 6215 380
Ultracur oral 4036
Umbrium 2521
Uro-Angiografin 1324
Uropolinum 1324
Uvamin retard 636

Valadol 685
Vascoray 1325a
Vasoklin 2694
Vasoplex „Lappe" 3076
Veranterol 1488
Vermiplex 1849
Viacilina 2614
Vibravenös 3971
Vicin 500 2593a
Viregyt 1268
VMI 204 350

Weldopa 925

Zirkulat 2873

b) Neue als Arzneimittel verwandte chemische Verbindungen mit ihren Synonyma

1 E $C_3H_2ClF_5O$

1-Chlor-2.2.2-trifluoräthyl-difluormethyl-äther

S Forane

V Inhalationsanästheticum, Muskelrelaxans

2 E $[C_6H_{10}O_3]_n$

Poly-(2-hydroxyäthylmethacrylat)

S *Polymacon*

V Kontaktlinsenmaterial

3 E $C_7H_{11}NO_4$

N-Acetyl-hydroxyprolin

S Jonctum

V Antiarthriticum

4 E $C_7H_{15}NO_2$

N.N.2-Trimethyl-1.3-dioxolan-4-ylmethylamin = 4-(Dimethylaminomethyl)-2-methyl-1.3-dioxolan

S *Methamilane*

V Analgeticum

5 E $C_8H_6N_2O_2$

Chinoxalin-1.4-dioxid

S Grofas, ICI 8173, *Quindoxin**

V Veterinär-Chemotherapeuticum

6 E $C_8H_8Cl_2N_4$

2.6-Dichlorbenzylidenaminoguanidin

S *Guanabenz**, Wy-8678

V Antihypertonicum

7 E $C_9H_{13}NO_4$

β-(2.3-Epoxy-4-oxocyclohexyl)-alanin

S *Anticapsin*

V Antibioticum aus Streptomyces griseoplanus

8 E $C_{10}H_4O_4$

Naphthalin-1.2.3.4-tetraon = 1.2.3.4-Tetraoxo-1.2.3.4-tetrahydronaphthalin

H Dihydrat

S Oksolin, Oxolin

V Virustaticum

9 E $C_{10}H_{14}S_3$

3-(*p*-Tolylthio)-propan-1.2-dithiol

S Mecaptid

V Antidot (bei AsH_3-Vergiftungen)

10 E $C_{11}H_{13}N_3O$

3-(β-Phenylisopropyl)-sydnonimin

H Hydrochlorid

S Sidnofen, Sydnophen

V Psychostimulans

11 E $C_{11}H_{16}N_4OS$

3-(4-Amino-2-methyl-5-pyrimidinylmethyl)-4.5-dimethylthiazoliumhydroxid

S *Dimethialium*

V Coccidiostaticum

12 E $C_{11}H_{21}N$

2.2.6.6-Tetramethylchinuclidin

H Hydrobromid

S Temechin, Temekhin

V Ganglienblocker

13 E $C_{12}H_7Cl_3O_2$

5-Chlor-2-(2.4-dichlorphenoxy)-phenol

S *Cloxifenol**

V Bakteriostaticum

14 E $C_{12}H_{13}NO_2$

2-Äthyl-2-methylaminoindan-1.3-dion

S Methindione, Metindion

V Antikonvulsivum, Antiepilepticum

15 E $C_{12}H_{13}N_3$

Bis-(4-pyridylmethyl)-amin

H Citrat

S Bicordin, CCB

V peripheres Vasodilatans

16 E $C_{12}H_{14}O_5$

4-(2-Hydroxyäthoxy)-3-methoxyzimtsäure

S *Acidum cinameticum**, *Cinametic acid**

V Cholereticum, Cholagogum

17E $C_{12}H_{15}Cl_2N_5O$

4.6-Diamino-1-(3.4-dichlorbenzyloxy)-1.2-dihydro-2.2-dimethyl-1.3.5-triazin

H auch Hydrochlorid

S BRL 50216, *Clociguanil**

V Malariachemotherapeuticum

18E $C_{12}H_{17}NO_3$

α-(3.4-Dihydroxyphenyl)-2-piperidinmethanol

S *Rimiterol**

V Bronchodilatans

19E $C_{13}H_8Cl_2O_4S$

[2.3-Dichlor-4-(2-thenoyl)-phenoxy]-essigsäure

S *Acidum tienilicum**, *Tienilic acid**

V Diureticum

20E $C_{14}H_{14}ClNO$

2-(*p*-Chlorstyryl)-1-methylpyridiniumhydroxid

H Chlorid

S *Styrylpyridiniumchlorid*

V Veterinär-Anthelminthicum

21E $C_{14}H_{14}N_4O_2S_2$

p-(*p*-Aminobenzolsulfonyl)-benzaldehydthiosemicarbazon

S Thiozamin

V Tuberkulostaticum

22E $C_{14}H_{15}NO_4$

7-Hydroxy-4-(morpholinomethyl)-cumarin

S *Oxazoron**

V Choleretieum

23E $C_{14}H_{16}N_4O_3$

8-Äthyl-5.8-dihydro-5-oxo-2-pyrrolidinopyrido-[2.3-*d*]pyrimidin-6-carbonsäure

S *Acidum piromidicum*, PD-93, *Piromidic acid*

V gegen gramnegative Bakterien wirksames Chemotherapeuticum

24E $C_{14}H_{18}F_3NO$

4-Isopropyl-2-(α.α.α-trifluor-*m*-tolyl)-morpholin

S *Oxaflozan**

V Psychotropicum

25E $C_{14}H_{21}NO_2$

Mischung von Pentyl-, Isopentyl- und 2-Methylbutyl-*p*-(dimethylamino)-benzoat = Isoamyl-*p*-(dimethylamino)-benzoat

S Escalol 506, *Padimat**, Spectraban

V Lichtschutzmittel

26E $C_{15}H_{13}FO_2$

2-(2-Fluorbiphenyl-4-yl)-propionsäure

S *Flurbiprofen*

V Antiphlogisticum, Analgeticum

27E $C_{15}H_{14}O_3$

(±)-*m*-Phenoxyhydratropsäure = DL-2-(3-Phenoxyphenyl)-propionsäure

S *Fenoprofen**

V Antiphlogisticum, Analgeticum

28E $C_{15}H_{19}N_3O_5$

2.5-Bis-(1-aziridinyl)-3-(2-carbamoyloxy-1-methoxyäthyl)-6-methyl-1.4-benzochinon

S *Carbazilquinone*

V Cytostaticum

29E $C_{15}H_{20}N_2O_3$

2-Äthyliden-2.3.5.10.11.11a-hexahydro-7.11-dimethoxy-1*H*-pyrrolo[2.1-*c*]-1.4-benzodiazepin-5-on

S *Tomaymycin*

V Antibioticum aus Streptomyces achromogenes var. tomaymyceticus A-2127

30E $C_{15}H_{21}N_3O_3S$

1-(3-Azabicyclo[3.3.0]oct-3-yl)-3-(*p*-tolylsulfonyl)-harnstoff

S *Gliclazid**

V Antidiabeticum

31 E $C_{16}H_{12}Cl_2O_4$

2.10-Dichlor-12*H*-dibenzo[*d.g*]-1.3-dioxocin-6-carbonsäuremethylester

S *Treloxinat**

V Antihypercholesterinämicum

32 E $C_{16}H_{15}ClN_4O_2S$

*N*¹-[1-(*m*-Chlorphenyl)-3-methyl-5-pyrazolyl]-sulfanilamid

S *Sulfaclorazol**

V Chemotherapeuticum

33 E $C_{16}H_{19}N_3O_4S$

7-[D-2-Amino-2-(1.4-cyclohexadien-1-yl)-acetamido]-3-methyl-8-oxo-5-thia-1-azabicyclo[4.2.0]oct-2-en-2-carbonsäure

H Monohydrat

S *Cefradin**, *Cephradine*, SQ 11436

V Antibioticum

34 E $C_{16}H_{23}NO$

9-Methoxy-3-methyl-9-phenyl-3-azabicyclo[3.3.1]-nonan

H Citrat

S *Azabicyclane*

V Analgeticum

35 E $C_{16}H_{23}NO_6$

6-(3.4.5-Trimethoxybenzamido)-hexansäure

S *Acidum capobenicum**, *Capobenic acid**

V Coronartherapeuticum

35 Ea

H Natriumsalz

S C-3, *Capobenate Sodium*

V Coronartherapeuticum

36 E $C_{16}H_{24}O_5$

4-(1.2-Epoxy-1.5-dimethylhex-4-enyl)-5-methoxy-1-oxaspiro[2.5]octan-6-on

S *Ovalicin*

V Immunosuppressivum (Antibioticum aus Pseudeurotium ovalis)

37 E $C_{17}H_{14}Cl_2N_2O_2$

10-Chlor-2.3.5.6.7.11b-hexahydro-11b-(2-chlorphenyl)-benzo[6.7]-1.4-diazepino[5.4-*b*]oxazol-6-on

S *Cloxazolazepam*

V Tranquillizer

38 E $C_{17}H_{14}N_2$

5.11-Dimethyl-6*H*-pyrido[4.3-*b*]carbazol

S *Ellipticin*

V Cytostaticum

39 E $C_{17}H_{17}N$

2.3.5.6-Tetradesmethoxyglaucin

S Tenzolitin

V Antihypertonicum

40 E $C_{18}H_{24}N_2O$

3-Cinnamyl-8-propionyl-3.8-diazabicyclo[3.2.1]-octan

S *Azaprocin**

V parenterales Analgeticum

41 E $C_{18}H_{26}O_2$

p-Methoxyzimtsäure-2-äthylhexylester

S Solarstat

V Lichtschutzmittel

42 E $C_{18}H_{28}N_2O$

1-Butyl-2'.4'.6'-trimethyl-2-pyrrolidincarboxanilid

S *Bumecain**, Pirromekain, Pyrromecain

V Lokalanästheticum

43 E $C_{18}H_{29}NO_2$

1-(*tert.*-Butylamino)-3-(*o*-cyclopentylphenoxy)-2-propanol

S *Penbutolol**

V adrenergischer β-Rezeptorenblocker

44 E $C_{18}H_{40}N_2O_6$

Hexamethylen-bis-(β-dimethylaminopropionat)-bis-methylhydroxid

H Dijodid

S Hexatolin

V Myorelaxans

45 E $C_{19}H_{12}F_6N_2O_7$

2.6-Diacetoxy-3-nitro-3'.5'-bis-(trifluormethyl)-benzanilid

S *Flurantel**

V Anthelminthicum (Fasciolocid)

---

46 E $C_{19}H_{20}F_3NO_2$

2-[α-Methyl-*m*-(trifluormethyl)-phenäthylamino]-äthylbenzoat

S *Benfluorex**

V Appetitzügler

---

47 E $C_{19}H_{25}N_3O$

1-[3-(2-Pyridyloxy)-propyl]-4-(*o*-tolyl)-piperazin

S *Toprilidin**

V α-Rezeptorenblocker

---

48 E $C_{20}H_{17}ClN_2O_3$

11-Chlor-8.12b-dihydro-2.8-dimethyl-12b-phenyl-4*H*-1.3-oxazino[3.2-*d*]-1.4-benzodiazepin-4.7(6*H*)-dion

S *Ketazolam**, U-28774

V Tranquillizer

---

49 E $C_{20}H_{28}N_2O_6$

2-[4-(3.4.5-Trimethoxycinnamoyl)-piperazin-1-yl]-essigsäureäthylester

S *Äthylcinepazat*, Vascoril

V Coronarvasodilatans

---

50 E $C_{20}H_{30}N_2O$

1-Cyclohexyl-2'.4'.6'-trimethyl-2-pyrrolidincarbox-anilid

S Cyclomecain, Tsiklomekain

V Lokalanästheticum

---

51 E $C_{21}H_{27}N_5O_4S$

N-{4-[β-(5-Methylpyrazin-2-carboxamido)-äthyl]-phenylsulfonyl}-*N'*-cyclohexylharnstoff

S *Glydiazinamid*, K 4024

V Antidiabeticum

---

52 E $C_{21}H_{41}N_5O_{12}$

O-2.6-Diamino-2.6-didesoxy-α-D-glucopyranosyl-(1→4)-O-[β-D-xylofuranosyl-(1→5)]-*N'*-(4-amino-2-hydroxybutyryl)-2-desoxystreptamin (A-Form) im Gemisch mit *O*-2.6-Diamino-2.6-didesoxy-α-D-glucopyranosyl-(1→4)-*O*-[β-D-ribofuranosyl-(1→5)]-*N'*-(4-amino-2-hydroxybutyryl)-2-desoxystreptamin (B-Form)

S *Butirosin**, CI-642

V Antibioticum

---

53 E $C_{22}H_{25}N$

1-Äthyl-3-(10.11-dihydro-5*H*-dibenzo[*a.d*]cyclohepten-5-yliden)-2-methylpyrrolidin

S *Piroheptin**

V Parkinsontherapeuticum

---

54 E $C_{22}H_{25}NO_4$

o-[*p*-(2-Piperidinoäthoxy)-benzoyl]-benzoesäure-methylester

S *Pitofenon**

V Anticholinergicum, Spasmolyticum

---

55 E $C_{22}H_{26}ClFO_4$

21-Chlor-9α-fluor-17α-hydroxy-16β-methyl-1.4-pregnadien-3.11.20-trion

S *Clobetason**

V antiphlogistisch und antiallergisch wirksames Glucocorticoid

---

56 E $C_{22}H_{26}N_2O_2$

1-Benzyl-2.3-dimethylindol-5-carbonsäure-β-dimethylaminoäthylester

S Indocarb, Indokarb, K-281

V Antiserotonin

---

57 E $C_{22}H_{28}ClFO_4$

21-Chlor-9α-fluor-11β.17α-dihydroxy-16β-methyl-1.4-pregnadien-3.20-dion

S *Clobetasol**

V antiphlogistisch und antiallergisch wirksames Glucocorticoid

58 E $C_{22}H_{28}N_2OS_2$

8-Methylthio-10-[4-(3-hydroxypropyl)-1-piperazinyl]-10.11-dihydrodibenzo[*b.f*]thiepin

S *Oxyprothepin*

V Neurolepticum

---

59 E $C_{22}H_{29}FO_4$

9α-Fluor-11β.17α-dihydroxy-16β-methyl-1.4-pregnadien-3.20-dion

S *Doxibetasol**, *Doxybetasol*

V antiphlogistisch und antiallergisch wirksames Glucocorticoid

---

60 E $C_{24}H_{38}N_4O_2$

8-{6-[4-(3-Hydroxybutyl)-piperazin-1-yl]-hexylamino}-6-methoxychinolin

S 349 C 59, *Moxipraquin**

V Chemotherapeuticum (gegen Protozoeninfektionen)

---

61 E $C_{25}H_{32}N_4O_2$

4-Butyl-4-(4-methyl-1-piperazinylmethyl)-1.2-diphenylpyrazolidin-3.5-dion

S *Pipebuzon**

V Antiphlogisticum

---

62 E $C_{25}H_{34}N_2O_4$

2-(*p*-Butoxyphenoxy)-*N*-(*o*-methoxyphenyl)-*N*-[2-(1-pyrrolidinyl)-äthyl]-acetamid

S *Fexicain**

V Lokalanästheticum

---

63 E $C_{25}H_{36}O_6$

11β.17α.21-Trihydroxy-4-pregnen-3.20-dion-17-butyrat = 17α-Hydroxycorticosteron-17-butyrat

S *Hydrocortison-17-butyrat*, Locoid

V antiphlogistisch und antiallergisch wirksames Glucocorticoid

---

64 E $C_{26}H_{40}O_4$

17β-Hydroxy-5α-androst-1-en-3-on-1-(1-methoxycyclohexyl)-äther

S *Mesabolone*

V Anabolicum, Androgen

---

65 E $C_{28}H_{28}O_{11}$

S Ciba Go. 4350, *Cleistanthin*

V cytostatisch wirksames Glykosid aus Cleistanthus collinus

---

66 E $C_{28}H_{37}FO_7$

21-Acetoxy-9α-fluor-11β-hydroxy-16β-methyl-17α-(2-methylpropionyloxy)-pregna-1.4-dien-3.20-dion

S *Betamethasonacibutat**, GR 2/541

V antiphlogistisch und antiallergisch wirksames Glucocorticoid

---

67 E $C_{30}H_{42}O_6$

11β.17α.21-Trihydroxy-6α-methyl-1.4-pregnadien-3.20-dion-21-(3-cyclopentylpropionat) = 6α-Methylprednisolon-21-cyclopentylpropionat

S Urbason-Depot

V Depot-Glucocorticoid

---

68 E $C_{34}H_{53}NO_{14}$

S *Tetramycin*

V fungicides Polyenantibioticum aus Streptomyces noursei var. jenensis

---

69 E $C_{35}H_{51}N_3O_4S_2$

2-{1-[3-(2-Dimethylsulfamoylphenothiazin-10-yl)-propyl]-piperidin-4-yl}-äthylundecenoat

S *Pipotiazinundecylenat*, 19551 R. P.

V Neurolepticum

---

70 E $C_{37}H_{67}NO_{12}$

12-Desoxyerythromycin

S Abbott-24091, *Berythromycin**, *Erythromycin B*

V Antibioticum

---

71 E $C_{43}H_{66}O_{15}$

16β-Acetoxy-3β.14β-dihydroxy-5β-card-20(22)-enolid-3-tridigitoxosid = Gitoxigenin-16-acetat-3-tridigitoxosid

S *16-Acetylgitoxin*, 16-AG, Resorptol

V Cardiotonicum

---

72 E $C_{63}H_{91}CoN_{13}O_{14}P$

α-(5.6-Dimethylbenzimidazol-2-yl)-cobamid-methyl

S *Mecobalamin**

V Vitamin-B_{12}-Therapeuticum

Register (für die Synonyma der unter b) der Ergänzungen aufgeführten chemischen Verbindungen)

Abbot-24091 70 E
16-Acetylgitoxin 71 E
*Acidum capobenicum** 35 E
*Acidum cinameticum** 16 E
Acidum piromidicum 23 E
*Acidum tienilicum** 19 E
Äthylcinepazat 49 E
16-AG 71 E
Anticapsin 7 E
Azabicyclane 34 E
*Azaprocin** 40 E

*Benfluorex** 46 E
*Berythromycin** 70 E
*Betamethasonacibutat** 66 E
Bicordin 15 E
BRL 50216 17 E
*Bumecain** 42 E
*Butirosin** 52 E

C-3 35 E a
349 C 59 60 E
Capobenate Sodium 35 E a
*Capobenic acid** 35 E
Carbazilquinone 28 E
CCB 15 E
*Cefradin** 33 E
Cephradine 33 E
CI-642 52 E
Ciba Go. 4350 65 E
*Cinametic acid** 16 E
Cleistanthin 65 E
*Clobetasol** 57 E
*Clobetason** 55 E
*Clociguanil** 17 E
Cloxazolazepam 37 E
*Cloxifenol** 13 E
Cyclomecain 50 E

Dimethialium 11 E
*Doxibetasol** 59 E
Doxybetasol 59 E

Ellipticin 38 E
Erythromycin B 70 E
Escalol 506 25 E

*Fenoprofen** 27 E
*Fexicain** 62 E
*Flurantel** 45 E
Flurbiprofen 26 E
Forane 1 E

*Gliclazid** 30 E
Glydiazinamid 51 E
GR 2/541 66 E
Grofas 5 E
*Guanabenz** 6 E

Hexatolin 44 E
Hydrocortison-17-butyrat 63 E

ICI 8173 5 E
Indocarb 56 E
Indokarb 56 E

Jonctum 3 E

K-281 56 E
K 4024 51 E
*Ketazolam** 48 E

Locoid 63 E

Mecaptid 9 E
*Mecobalamin** 72 E
Mesabolone 64 E
Methamilane 4 E
Methindione 14 E
Metindion 14 E
*Moxipraquin** 60 E

Oksolin 8 E
Ovalicin 36 E
*Oxaflozan** 24 E
*Oxazoron** 22 E
Oxolin 8 E
Oxyprothepin 58 E

*Padimat** 25 E
PD-93 23 E
*Penbutolol** 43 E
*Pipebuzon** 61 E
Pipotiazinundecylenat 69 E
*Piroheptin** 53 E
Piromidic acid 23 E
Pirromekain 42 E
*Pitofenon** 54 E
Polymacon 2 E
Pyrromecain 42 E

*Quindoxin** 5 E

Resorptol 71 E
*Rimiterol** 18 E
19551 R. P. 69 E

Sidnofen 10 E
Solarstat 41 E
Spectraban 25 E
SQ 11436 33 E
Styrylpyridiniumchlorid 20 E
*Sulfaclorazol** 32 E
Sydnophen 10 E

Temechin 12 E
Temekhin 12 E
Tenzolitin 39 E
Tetramycin 68 E
Thiozamin 21 E
*Tienilic acid** 19 E
Tomaymycin 29 E
*Toprilidin** 47 E
*Treloxinat** 31 E
Tsiklomekain 50 E

U-28774 48 E
Urbason-Depot 67 E

Vascoril 49 E

Wy-8678 6 E

FSC
www.fsc.org
MIX
Papier | Fördert
gute Waldnutzung
FSC® C083411

Kolibri 360 GmbH
Ferdinand-Jühlke-Straße 7
99095 Erfurt, Deutschland
produktsicherheit@kolibri360.de